DB-Fachbuch
Herausgegeben vom Bahn Fachverlag

BAHN
FACHVERLAG

Jürgen Janicki • Horst Reinhard • Michael Rüffer

Schienenfahrzeugtechnik

3. überarbeitete und erweiterte Auflage

Bibliografische Information der Deutschen Nationalbibliothek
Die Deutsche Nationalbibliothek verzeichnet diese Publikation in der Deutschen Nationalbibliografie; detaillierte bibliografische Daten sind im Internet über http://dnb.d-nb.de abrufbar.

Jürgen Janicki • Horst Reinhard • Michael Rüffer

Schienenfahrzeugtechnik
DB-Fachbuch

3. überarbeitete und erweiterte Auflage – Bahn Fachverlag GmbH, Berlin 2013
(1. Nachdruck, Juni 2015)

Herausgeber:
Bahn Fachverlag GmbH in Kooperation mit DB Training, Learning & Consulting

Foto auf dem Titel: Jürgen Janicki

Abbildungen ohne Quelle: Autoren

Umschlaggestaltung und Satz: DB AG; CRUFF, Berlin

Druck und buchbinderische Verarbeitung: Laub GmbH & Co. KG, Elztal-Dallau

Printed in Germany

ISBN: 978-3-943214-07-9

Inhalt

1 Grundlagen

1.1 Übersicht

1.1.1 Einführung

Der Begriff „Schienenfahrzeuge“ steht für spurgebundene Fahrzeuge, die auf mit Spurkranz versehenen Rädern auf paarweise und parallel angeordneten Schienen fahren und sowohl Güter als auch Personen befördern. Die Verbindung zwischen dem Radsatz des Schienenfahrzeuges und der Schiene ist die wesentliche Schnittstelle im System Bahn. Dabei übernimmt der Radsatz die Spurführung des Fahrzeuges, stützt das Fahrzeuggewicht ab und überträgt kraftschlüssig die zur Fahrzeugbewegung erforderlichen Zug- und Bremskräfte.

Abb. 1-1: Die DIN 25003 definiert Schienenfahrzeuge als spurgebundene Fahrzeuge, die von mit Spurkranz versehenen Rädern auf Gleisen einer bestimmten gleichbleibenden Spurweite geführt und getragen werden. Foto: Janicki

Zu den Schienenbahnen zählen neben der Eisenbahn auch vergleichbare Systeme wie beispielsweise die Straßen- oder Untergrundbahn (U-Bahn) als auch die Zahnradbahn. Die Eisenbahn zählt heute zu den wichtigsten technischen Innovationen des 19. Jahrhunderts. Sie hat nicht nur die industrielle Revolution angetrieben und beschleunigt, sondern auch die alltäglichen Erfahrungsräume der Menschen nachhaltig verändert. Dabei wurde die Eisenbahn vom Anfang ihres Bestehens an nach dem Werkstoff benannt, aus dem ein wesentliches Element ihres Fahrweges besteht: der eisernen Schiene.

Die Straßenbahnen bewegen sich, wie ihr Name schon sagt, überwiegend im Straßenraum auf einem straßenbündigen Bahnkörper. Ihre Betriebsweise passt sich den Eigenarten des

Straßenverkehrs (zum Beispiel im Bremsvermögen als auch der Fahrt auf Sicht) an. Dagegen verkehren U-Bahnen grundsätzlich auf einem besonderen Bahnkörper, der im Innenstadtbereich meist unterirdisch im Tunnel oder aufgeständert ausgeführt ist. U-Bahnen unterscheiden sich hinsichtlich der Aufgaben und Einsatzbedingungen erheblich von Straßensystemen, da sie vergleichbar der Eisenbahn auf Zugsicherung fahren.

Eine Mischung aus Straßen- und U-Bahn ist die sogenannte Stadtbahn, die innerstädtisch wie eine U-Bahn im Tunnel und in der Peripherie oberirdisch wie eine Straßenbahn verkehrt. Stadtbahnfahrzeuge müssen daher die grundsätzlichen Eigenschaften von Straßen- und U-Bahn-Fahrzeugen aufweisen.

1.1.2 Fahrzeuge für den Personen- und Güterverkehr

Die Transportaufgaben eines Schienenverkehrsunternehmens lassen sich in zwei große Gruppen einteilen: den Personen- und den Güterverkehr. Die dem eigentlichen Transport dienenden Fahrzeuge weisen in beiden Fällen teilweise stark voneinander abweichende Bauformen auf. Während in Fahrzeugen des Personenverkehrs verhältnismäßig geringe Lasten mit großer Geschwindigkeit, hoher Anfahrbeschleunigung und Bremsverzögerung bei einem Höchstmaß an Laufruhe und Komfort befördert werden, dienen Güterzüge dem Transport großer Lasten bei mittleren Geschwindigkeiten und entsprechend kleineren Beschleunigungen und Verzögerungen. Somit ergab sich die Notwendigkeit einer getrennten Entwicklung von Fahrzeugen des Personenverkehrs und Güterzügen aus den verschiedenen Transportbedingungen.

1.1.3 Systematik der Schienenfahrzeuge

Eine Normung der Schienenfahrzeuge fand erstmals 1990 mit der Herausgabe des Entwurfes der DIN 25003 „Systematik der Schienenfahrzeuge“ statt. Darin finden sich neben der Systematik der spurgeführten Fahrzeuge auch die dazugehörigen Begriffsdefinitionen. Schienenfahrzeuge werden in Eisenbahnfahrzeuge, Straßenbahnfahrzeuge und sonstige Schienenfahrzeuge unterteilt. Dabei wird in der DIN 25003 bei den Erläuterungen zur Systematik der Schienenfahrzeuge auch auf die einschlägigen Gesetze und Verordnungen wie beispielsweise die EBO (Eisenbahn-Bau- und Betriebsordnung) oder BOStrab (Straßenbahn-Bau- und Betriebsordnung) Bezug genommen.

Zu den Eisenbahnfahrzeugen gehören auch die S-Bahn-Fahrzeuge, während die im Stadtverkehr eingesetzten Straßenbahn-, Stadtbahn-, U-Bahn-, Hochbahn-, Schwebebahnfahrzeuge als auch People-Mover im fahrerlosen Betrieb gemäß BOStrab zur Gruppe der Straßenbahnfahrzeuge zählen.

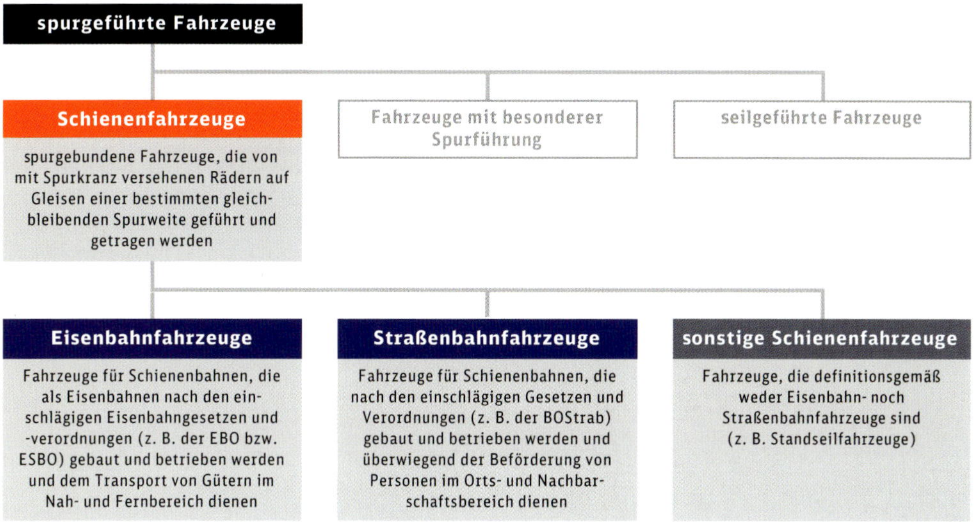

Abkürzungen:
EBO = Eisenbahn-Bau- und Betriebsordnung
ESBO = Eisenbahn-Bau- und Betriebsordnung für Schmalspurbahnen
BOStrab = Verordnung über den Bau und Betrieb der Straßenbahnen

Abb. 1-2: Einordnung der Eisenbahnfahrzeuge in den Bereich der „spurgeführten Fahrzeuge" nach DIN 25003

Schienenbahnsysteme und deren gesetzliche Grundlage

Allgemein orientiert sich die Einteilung und Unterscheidung der Schienenfahrzeuge am Gültigkeitsbereich entsprechender Gesetze und Verordnungen. Auf der einen Seite steht die Gruppe von Bahnsystemen, die unter das AEG (Allgemeines Eisenbahngesetz) fallen und neben den Zügen des Regional- und Fernverkehrs auch regionale Eisenbahnen sonstiger Betreiber umfassen, zum Beispiel, wenn sie aus städtischen Verkehrsnetzen herausfahren. Der Bau der Fahrzeuge sowie die Betriebsführung dieser Systeme sind für Bahnen des öffentlichen Verkehrs in der EBO (Eisenbahn-Bau- und Betriebsordnung) beziehungsweise ESBO (Eisenbahn-Bau- und Betriebsordnung für Schmalspurbahnen) geregelt.

Für Bahnen des nicht öffentlichen Verkehrs finden sich entsprechende Regelungen in der BOA (Verordnung über den Bau und Betrieb von Anschlussbahnen) beziehungsweise der EBOA (Eisenbahn-Bau- und Betriebsordnung für Anschlussbahnen). Demgegenüber stehen die auf Grundlage des PBefG (Personenbeförderungsgesetz) betriebenen Straßenbahnen, deren Bau und Betriebsführung der BOStrab (Straßenbahn-Bau- und Betriebsordnung) unterliegen.

Schienenbahn-Systeme und deren gesetzliche Grundlagen

gesetzliche Grundlage	Grundlage der Betriebsführung	Verkehrs- bzw. Bahnsystem	System-verknüpfung
Personen-beförderungs-gesetz **(PBefG)**	Verordnung über den Bau und Betrieb der Straßenbahnen **(BOStrab)**	**Schienenpersonenverkehr (SPV)** - Stadtverkehr (Straßenbahn, Stadtbahn) - Stadtschnellverkehr (U-Bahn)	**Regional-stadtbahn**
Allgemeines Eisenbahn-gesetz **(AEG)**	Eisenbahn-Bau- und Betriebsordnung **(EBO)**	**Schienenpersonenverkehr (SPV)** - Stadtschnellverkehr (S-Bahn) - Regionalverkehr - Fernverkehr - Hochgeschwindigkeitsverkehr	(ditto)
	Eisenbahn-Bau- und Betriebsordnung für Schmalspurbahnen **(ESBO)**	**Schienengüterverkehr (SGV)** - Einzelwagenverkehr - Ganzzugverkehr - kombinierter Ladungsverkehr - Werkverkehr	
	Verordnung über den Bau und Betrieb von Anschlussbahnen **(BOA)** Eisenbahn-Bau- und Betriebsordnung für Anschlussbahnen **(EBOA)**	nicht öffentliche Eisenbahnen des Schienengüterverkehrs mit eigener Betriebsführung und eigenen Betriebsmitteln, die unmittelbar oder vermittelt durch andere Anschlussbahnen auf öffentliche Eisenbahnen übergehen können	

Abb. 1-3: Systeme des schienengebundenen Verkehrs

Unterscheidung EBO/ESBO und BOStrab

Die EBO ist ein untergesetzliches Regelwerk für den Bau und Betrieb regelspuriger Eisenbahnen. Dieses Gesetz stellt sicher, dass Bahnanlagen und Fahrzeuge so beschaffen sind, dass sie den Anforderungen an Sicherheit und Ordnung genügen. Diese Anforderungen gelten als erfüllt, wenn die Bahnanlagen und Fahrzeuge den Vorschriften der EBO und – soweit diese keine ausdrücklichen Vorschriften enthält – den anerkannten Regeln der Technik entsprechen. Das Gleiche gilt auch für die ESBO, in der die Grundsätze für den Bau und Betrieb schmalspuriger Eisenbahnen festgelegt sind.

Auch die BOStrab ist eine Rechtsgrundlage und gilt für Schienenfahrzeuge im Sinne des Personenbeförderungsgesetzes. Sie schließt nicht nur Bahnen in straßenbündigem Gleiskörper (Straßenbahn), sondern auch auf ganz oder teilweise eigenem Gleiskörper geführte eisenbahnähnliche Systeme wie beispielsweise U-Bahnen und Hochbahnen mit ein. Um den Anforderungen der unterschiedlichen Systeme gerecht zu werden, ist die BOStrab im Gegensatz zur EBO flexibler und lässt Anpassungen an die historisch gewachsenen, lokalen Gegebenheiten der jeweiligen Kommunen ausdrücklich zu. Ein Mischbetrieb zwischen beiden Betriebsordnungen entsteht bei Regionalstadtbahnen, wenn Fahrzeuge sowohl auf BOStrab- als auch auf EBO-Strecken verkehren. Diese müssen deshalb für die Anforderungen beider Betriebsarten ausgelegt und zugelassen sein.

Abb. 1-4: Zweisystemfahrzeug für den Mischbetrieb auf EBO- und BOStrab-Strecken Foto: Bombardier

1.2 Eisenbahnfahrzeuge

1.2.1 Systematik der Eisenbahnfahrzeuge

Eisenbahnfahrzeuge sind Fahrzeuge für Schienenbahnen, die nach den einschlägigen Eisenbahngesetzen und -verordnungen (zum Beispiel der EBO beziehungsweise ESBO) gebaut und betrieben werden.

Regel- und Nebenfahrzeug

EBO und ESBO unterscheiden die Fahrzeuge in Regel- und Nebenfahrzeuge. Die jeweilige Zuordnung richtet sich nach der Zweckbestimmung des Fahrzeuges und den dadurch bedingten baulichen Merkmalen. Aus ihnen ergibt sich auch die Möglichkeit für die betriebliche Verwendung.

Regelfahrzeuge sind die für den regelmäßigen Betrieb einer Bahn notwendigen Fahrzeuge. Sie müssen hinsichtlich ihrer Ausrüstung den in der EBO/ESBO beschriebenen Bauvorschriften entsprechen. So sind hier die Anforderungen und die Ausrüstung der Fahrzeuge mit technischen Einrichtungen sowie die Maße und Bestimmungen über Abnahme und Untersuchungen beschrieben. Regelfahrzeuge können in der Regel unter Beachtung bestimmter Beschränkungen wie beispielsweise der Geschwindigkeit oder Zuladung ohne weitere Prüfung im Eisenbahnbetrieb verwendet werden.

Nebenfahrzeuge sind Sonderfahrzeuge, die speziellen Aufgaben der Eisenbahnen dienen. Meistens werden sie zur Instandhaltung von Bahnanlagen eingesetzt. Im Betrieb können auch Nebenfahrzeuge in der Regel wie Züge behandelt werden.

Nach EBO und ESBO werden Regelfahrzeuge in Triebfahrzeuge und Wagen unterschieden. Während Triebfahrzeuge mit Fahrantrieb ausgerüstet sind und somit den Zug befördern oder selbsttätig als Züge fahren können, besitzen Wagen keinen eigenen Antrieb und werden deshalb in Züge eingestellt.

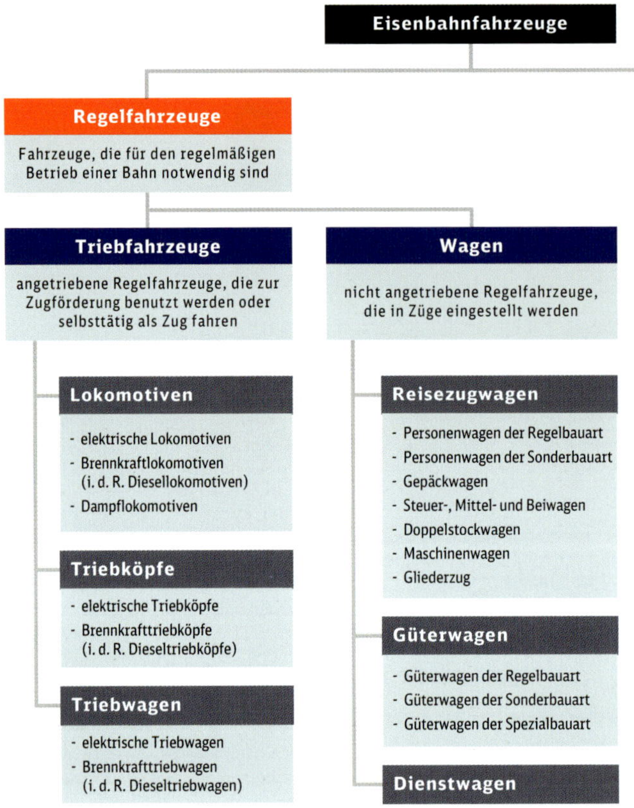

Abb. 1-5: Einteilung der Eisenbahnfahrzeuge im Gültigkeitsbereich der EBO in Anlehnung an die DIN 25003

Fahrzeuge und Fahrzeugkombinationen

Während Lokomotiven, Triebwagen und ein Großteil der Nebenfahrzeuge im Betrieb auch unabhängig eingesetzt werden können, werden Eisenbahnfahrzeuge häufig zu einem Zug kombiniert. Dabei kommen verschiedene Fahrzeugkombinationen zum Einsatz.

Lokbespannte Züge bestehen aus einer oder auch mehreren Lokomotiven, meist an der Zugspitze, und einer Reihe von gekuppelten und nicht angetriebenen Wagen. Die Vorteile dieses Zugkonzeptes bestehen darin, dass der Zug entsprechend den unterschiedlichen betrieblichen und kommerziellen Anforderungen zusammengestellt werden kann. Angetriebene Fahrzeuge und Wagen sind frei tauschbar. Güterzüge werden nach wie vor fast ausschließlich so betrieben. Nachteile des Konzepts ergeben sich dadurch, dass bei Fahrtrichtungsänderungen, zum Beispiel in Kopfbahnhöfen, die Lokomotive getauscht werden muss. Bei Wendezügen wird dieses Problem durch den Einsatz spezieller Steuerwagen gelöst, die über einen voll ausgerüsteten Führerstand verfügen, über den die Lokomotive gesteuert werden kann.

Triebzüge sind von der Bauart her aufeinander abgestimmte Fahrzeuggruppen, deren Zusammensetzung nur in der Werkstatt geändert werden kann. Die Einzelfahrzeuge können angetrieben oder nicht angetrieben sein. Zu den Triebzügen zählen beispielsweise auch

Fahrzeugeinheiten mit einem Triebkopf und einem (nicht angetriebenen) Steuerwagen an den Fahrzeugenden. Bei Triebzügen können mehr Achsen als beim lokbespannten Zug angetrieben werden, die Kraftschlussausnutzung sinkt. Dadurch können größere Steigungen überwunden werden.

Triebwagenzüge bestehen aus betrieblich trennbaren Mehrfachtraktionen von Einzeltriebwagen beziehungsweise Einzeltriebzügen. Die schnelle Trennung oder Verstärkung von Zugverbänden im Betrieb wird durch die Verwendung von automatischen Mittelpufferkupplungen möglich, was Flügeln von Zügen insbesondere im Regionalverkehr und grundsätzlich eine flexible Anpassung an Lastspitzen im Tagesablauf zulässt.

Lokomotive

Angetriebenes Fahrzeug (Triebfahrzeug), das nicht für die Aufnahme einer Nutzlast ausgelegt ist: Neben den Streckenlokomotiven zählen hierzu auch die Rangierlokomotiven, die ausschließlich für den Einsatz in Rangierbereichen, auf Bahnhöfen und in Betriebswerkstätten ausgelegt sind.

Triebkopf

Angetriebenes Fahrzeug ohne Nutzlastbeförderung an der Spitze oder am Ende einer Triebzugeinheit. Triebköpfe werden zum Bewegen von kurzgekuppelten Mittel- und/oder baugleichen Steuerwagen genutzt.

Triebwagen

Einzelfahrzeug, das im Betrieb unabhängig eingesetzt werden kann. Es enthält Einrichtungen für die Nutzlastbeförderung (Personen, Güter).

Wagen

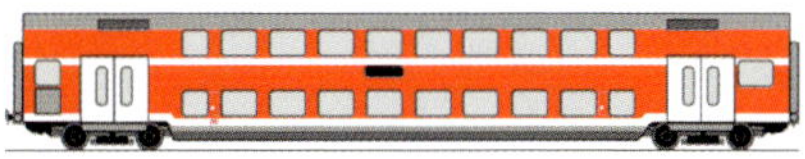

Nicht angetriebenes Fahrzeug zur Beförderung von Personen, Gepäck und Gütern aller Art. Wagen werden nach ihrem jeweiligen Hauptverwendungszweck in Reisezug- und Güterwagen unterteilt.

Zugverband (Zug)

aus einem oder mehreren Triebfahrzeugen und Wagen bestehende Zusammenstellung, die betrieblich getrennt werden kann

Wagenzug

Zugverband ohne Antrieb bestehend aus mehreren Reisezug- und/oder Güterwagen, die permanent aneinandergekuppelt sind oder deren Konfiguration nur geändert werden kann, wenn sie nicht in Betrieb sind

Triebzug

von der Bauart her aufeinander abgestimmte Fahrzeuggruppe, deren Zusammensetzung nur in der Werkstatt geändert werden kann

Triebwagenzug

aus mehreren Triebwagen beziehungsweise Triebzügen bestehender Zug, der betrieblich getrennt werden kann

Abb. 1-6: Eisenbahnfahrzeuge und Fahrzeugkombinationen

Quellen: DIN 25003 und TSI

Hochgeschwindigkeitszüge

Das transeuropäische Eisenbahnsystem umfasst neben dem konventionellen Bahnsystem (CR = Conventional Rail System) auch ein Hochgeschwindigkeitsbahnsystem (HS = High Speed Rail System). Zum Hochgeschwindigkeitsbahnsystem gehört der Fahrbetrieb jenseits der 250-km/h-Grenze auf eigens dafür gebauten Strecken beziehungsweise jenseits der 200-km/h-Grenze auf ausgebauten Strecken.

In aller Regel besitzen Fahrzeuge für den Hochgeschwindigkeitsverkehr elektrische Antriebe. Diesel- oder Gasturbinenfahrzeuge wurden in der Vergangenheit zwar erprobt, ihr planmäßiger Einsatz beschränkt sich jedoch auf wenige Ausnahmen.

Hochgeschwindigkeitszüge bestehen meist aus untrennbaren Triebzugeinheiten, die teilweise zusammengekuppelt eingesetzt werden. Darüber hinaus werden auch langsamere Züge als Hochgeschwindigkeitszüge bezeichnet, wenn sie einem hohen Qualitätsanspruch genügen, wie dies beispielsweise bei Neigezügen der Fall ist. Schließlich fallen auch bestimmte klassische lokbespannte Züge in diese Rubrik, wenn sie mit einer Geschwindigkeit von 200 km/h fahren können und bestimmte Kriterien erfüllen.

Zur Erzielung hoher Geschwindigkeiten wird eine relativ hohe Antriebsleistung benötigt und der Zug zugleich so leicht wie möglich gebaut. Aufgrund der Leichtbauweise und des geringen Luftwiderstandes konnte der Energiebedarf der Fahrzeuge deutlich gesenkt werden. Die für ihre Masse äußerst stark motorisierten Züge sind heute in der Lage, wesentlich größere Steigungen zu überwinden als herkömmliche Züge. Nicht zuletzt deshalb ist der Bau reiner Hochgeschwindigkeitsstrecken möglich, was deutlich Baukosten spart.

Abb. 1-7: Hochgeschwindigkeitstriebzug ICE 3 Foto: DB AG/Jazbec

1.2.2 Triebfahrzeuge

Triebfahrzeuge sind Regelfahrzeuge mit Fahrantrieb, die zur Zugförderung benutzt werden oder selbsttätig als Zug fahren. Sie werden entweder unmittelbar bedient oder gesteuert. Dabei wird unter Steuerung die Regelung der Antriebs- und Bremskraft durch eine Steuereinrichtung von einem führenden Fahrzeug, zum Beispiel von einem Steuerwagen aus, oder durch Fernsteuerung verstanden. Triebfahrzeuge werden in Lokomotiven (Kurzform: Lok), Triebkopf und Triebwagen unterschieden.

Formal ist die Zuordnung eines Fahrzeuges zu einer Fahrzeuggruppe nicht immer eindeutig. Dies gilt speziell für Fahrzeuge ohne Fahrantrieb, die nur in Kombination mit einem anderen angetriebenen Fahrzeug einer exakt definierten Bauart eingesetzt werden können. Hierzu zählen beispielsweise die nicht angetriebenen Steuer-, Mittel- und Beiwagen beim ICE. Rein formal werden diese Fahrzeuge deshalb in der Regel auch den Triebfahrzeugen zugeordnet.

In Bezug auf den Antrieb kann eine Unterteilung der Triebfahrzeuge in Elektro-, Brennkraft- oder Dampffahrzeuge vorgenommen werden.

- Elektrofahrzeuge beziehen ihre Energie über Fahrleitungsanlagen (Oberleitungs- oder Stromschienenanlagen). Elektrische Fahrzeuge lassen die Installation einer hohen Leistung mit vertretbarem Aufwand zu.
- Brennkraftfahrzeuge besitzen zur Energieerzeugung eine „Brennkraftmaschine" – in der Regel einen Dieselmotor. Dieser wandelt die chemische Energie des Kraftstoffes in Wärmeenergie und diese in mechanische Arbeit um.
- Dampffahrzeuge erzeugen ihre Energie durch kohle-, holz- oder ölgefeuerten Dampfkessel oder mit fremder Energieversorgung und Speicherung in einem Dampfspeicher. Die Leistungsübertragung erfolgt durch eine Dampfmaschine (Kolbendampfmaschine, Dampfturbine).

Triebfahrzeuge werden, wenn sie eine bestimmte Leistungsklasse und Höchstgeschwindigkeit unterschreiten und überwiegend im Rangierdienst eingesetzt werden, auch als Kleinlokomotiven bezeichnet.

Abb. 1-8: Güterwagen für den Pkw-Transport und elektrischer Triebwagen für den Regionalverkehr

Foto: Janicki

1.2.3 Wagen

Wagen sind nicht angetriebene Eisenbahnfahrzeuge und dienen der Beförderung von Personen, Gepäck und Gütern aller Art. Aufgrund ihrer Bauart dürfen sie auf Eisenbahnen des öffentlichen Verkehrs als Regelfahrzeuge in Züge eingestellt werden. Die EBO unterteilt Wagen nach ihrem jeweiligen Hauptverwendungszweck in Reisezug- und Güterwagen.

Güterwagen

Güterwagen dienen dem Transport von Gütern und werden überwiegend in Güterzügen eingesetzt. Bei den Eisenbahnen stellen sie die weitaus größte Gruppe an Schienenfahrzeugen. Güterwagen unterscheiden sich nach DIN 25003 wie folgt:

- Güterwagen der Regelbauart sind vielseitig verwendbare Wagen ohne besondere Einrichtungen. Sie werden zur Beförderung verpackter, unverpackter oder palettierter Güter eingesetzt. Zu dieser Gruppe gehören neben einfachen offenen und gedeckten Güterwagen auch Flachwagen.
- Güterwagen der Sonderbauart sind Ein- oder Mehrzweckwagen, die in der Regel mit zusätzlichen Einrichtungen für die Beförderung bestimmter Ladegüter ausgerüstet sind. Beispiele für Fahrzeuge dieser Gruppe sind spezielle Lkw- und Pkw-Transportwagen, aber auch Selbstentladewagen mit sattelförmig oder einseitig geneigten Böden.
- Güterwagen der Spezialbauart sind in der Regel Einzweckwagen zum Transport nur einer Art von Gütern. Ihre Bauform richtet sich nach der Art des Ladegutes sowie dessen Verladung und Beförderung. Ein Beispiel für Fahrzeuge dieser Gruppe sind Pfannenwagen für heißflüssige Güter.

Reisezugwagen

Reisezugwagen dienen der Beförderung von Personen beziehungsweise dem Transport von Gütern in Reisezügen. Im Betriebseinsatz werden sie von Lokomotiven gezogen oder geschoben. Bei geschobenen Zügen befindet sich an der Zugspitze ein Steuerwagen mit Führerraum, von dem aus der Triebfahrzeugführer die Fahr- und Bremssteuerung des Triebfahrzeuges bedient. In der DIN 25003 sind Reisezugwagen wie folgt kategorisiert:

- Personenwagen der Regelbauart sind Reisezugwagen nach vereinheitlichten Baugrundsätzen zur überwiegenden Beförderung von Reisenden. Zu dieser Gruppe gehören Sitzwagen mit Fahrgasträumen in Abteil- oder Großraumausführung gegebenenfalls mit besonderen Räumen für Reisegepäck, Klein- oder Postgut.
- Personenwagen der Sonderbauart sind Reisezugwagen mit Sonderausstattung zur überwiegenden Beförderung von Reisenden. Beispiele für Fahrzeuge dieser Gruppe sind Liege-, Speise-, Schlaf- und Gesellschaftswagen.
- Gepäckwagen sind Wagen zur Beförderung von Gütern (zum Beispiel Reisegepäck, Postgut, Expressgut und Pkw) vorwiegend in Reisezügen.
- Steuer-, Mittel- und Beiwagen sind Wagen in Triebwagen- oder Reisezugwagenbauart, die in der Regel mit ausrüstungsgleichen Fahrzeugen eingesetzt werden. Steuerwagen besitzen zusätzlich einen Führerraum und Einrichtungen zur Fernsteuerung von Triebfahrzeugen.
- Doppelstockwagen sind Wagen der Regelbauart, bei denen die Unterbringung der Reisenden in zwei Ebenen erfolgt.
- Maschinenwagen sind Wagen, die Einrichtungen zur Energieversorgung eines Zuges enthalten.
- Der Gliederzug ist ein mehrteiliger Zug, der aus allein nicht betriebsfähigen Einzelgliedern besteht.

Dienstwagen

Dienstwagen sind im Allgemeinen nicht für den öffentlichen Verkehr bestimmt. Sie werden entweder als Bahndienstwagen (zum Beispiel Mess-, Unterkunfts-, Arbeits-, Vorrats- und Gerätewagen) oder Dienstgüterwagen (zum Beispiel Transportwagen) eingesetzt. Dienstwagen wurden zum großen Teil aus vorhandenen Reisezug- oder Güterwagen umgebaut.

1.2.4 Fahrzeuggattung

Bei Wagen und Triebwagen erfolgt in der Regel eine weitere Kategorisierung nach der Fahrzeuggattung. Diese Klassifizierung stützt sich auf deren konstruktive Hauptmerkmale sowie den Verwendungszweck. Dabei wird die jeweilige Fahrzeuggattung durch einen großen Buchstaben, den sogenannten Gattungsbuchstaben, angezeigt. Hinter dem großen Gattungsbuchstaben stehen kleingeschriebene Kennbuchstaben, die der weiteren Beschreibung dienen. Die Kennbuchstaben können von nationaler oder internationaler Geltung sein oder auch nur für bestimmte Gattungen gelten. Aus den Gattungsbuchstaben lassen sich die wesentlichen Merkmale eines Fahrzeuges vom Gesichtspunkt seiner Verwendung aus ableiten.

Abb. 1-9: Anschrift der Gattung am Fahrzeug

bei Güterwagen der Regelbauart	
E	offene Wagen
G	gedeckte Wagen
K	Flachwagen mit zwei Radsätzen
O	gemischte offene Flachwagen
R	Drehgestellflachwagen
bei Güterwagen der Sonderbauart	
F	offene Wagen
H	gedeckte Wagen
I	Wagen mit Temperaturbeeinflussung
L	Flachwagen mit unabhängigen Radsätzen
S	Drehgestellflachwagen
T	Wagen mit öffnungsfähigem Dach
U	Sonderwagen
Z	Kesselwagen

bei Reisezugwagen *1	
A	Wagen 1. Klasse
AB	Wagen 1. und 2. Klasse
B	Wagen 2. Klasse
D	Gepäckwagen
...D	mit Gepäckabteil
...R	mit Küche und Bordbistro
D...	Doppelstockwagen *2
WR	Bordrestaurant
WL...	Schlafwagen *2
WG	Gesellschaftswagen
K...	Schmalspurwagen *2

*1 werden zum Teil auch bei Triebwagen verwendet
*2 werden nur vor anderen Gattungsbuchstaben verwendet

Abb. 1-10: Fahrzeuggattungen (Erläuterungen zum Teil vereinfacht)

1.2.5 Nebenfahrzeuge

Für die Wartung und Instandhaltung der Bahnanlagen sowie für besondere Aufgaben der Eisenbahnunternehmen werden spezielle Arbeits- und Sonderfahrzeuge eingesetzt, deren Bauformen zum Teil stark voneinander abweichen. Diese Fahrzeuge werden unter dem Begriff Nebenfahrzeuge zusammengefasst.

Da ihre baulichen Merkmale aus wirtschaftlichen und technischen Gründen für den jeweiligen Verwendungszweck angepasst sind, unterliegt ihre Verwendung Beschränkungen. Nebenfahrzeuge dürfen nur dann in Züge eingestellt oder wie Züge behandelt werden, wenn sie dafür extra zugelassen sind. Deshalb müssen sie den Bauvorschriften der EBO nur so weit entsprechen, wie es für ihren Sonderzweck erforderlich ist.

Abb. 1-11: Nebenfahrzeug zur Instandhaltung von Bahnanlagen (Gleisarbeitsfahrzeug) Foto: Janicki

1.3 Straßenbahnfahrzeuge

1.3.1 Systematik der Straßenbahnfahrzeuge

Straßenbahnfahrzeuge sind Fahrzeuge für Schienenbahnen, die nach der BOStrab gebaut und betrieben werden und überwiegend in Verkehrssystemen des Stadtverkehrs zur Beförderung von Personen eingesetzt werden. Straßenbahnfahrzeuge werden nach DIN 25003 und BOStrab wie folgt unterschieden:

- Fahrzeug, das am öffentlichen Verkehr teilnimmt und als Straßenbahn ausschließlich oder als Stadtbahn teilweise den Verkehrsraum öffentlicher Straßen benutzt. Die Fahrzeuge passen sich mit ihren baulichen und betrieblichen Einrichtungen sowie ihrer Betriebsweise der Eigenart des Straßenverkehrs an. Ihre Stromzuführung erfolgt ausschließlich über Oberleitung.
- Fahrzeug, das nicht am öffentlichen Verkehr teilnimmt und als Hoch- oder Untergrundbahn ausschließlich auf besonderen Bahnkörpern mit Zugsicherungseinrichtungen betrieben wird. Die Betriebsweise gleicht oder ähnelt derer der Eisenbahnen. Ihre Stromzuführung erfolgt meist aufgrund des dann kleineren erforderlichen Tunnelquerschnitts über Stromschiene, kann aber auch über Oberleitung erfolgen.
- Fahrzeug, das am öffentlichen und nicht öffentlichen Verkehr teilnimmt und als Stadtbahn somit auf straßenbündigen und besonderen Bahnkörpern betrieben wird. Dabei müssen die Anforderungen beider Betriebssysteme abgedeckt werden (zum Beispiel Fahrt auf Zugsicherung und Sicht, Berücksichtigung der Eigenarten des Straßenverkehrs). Die Stromzuführung erfolgt über Oberleitung.

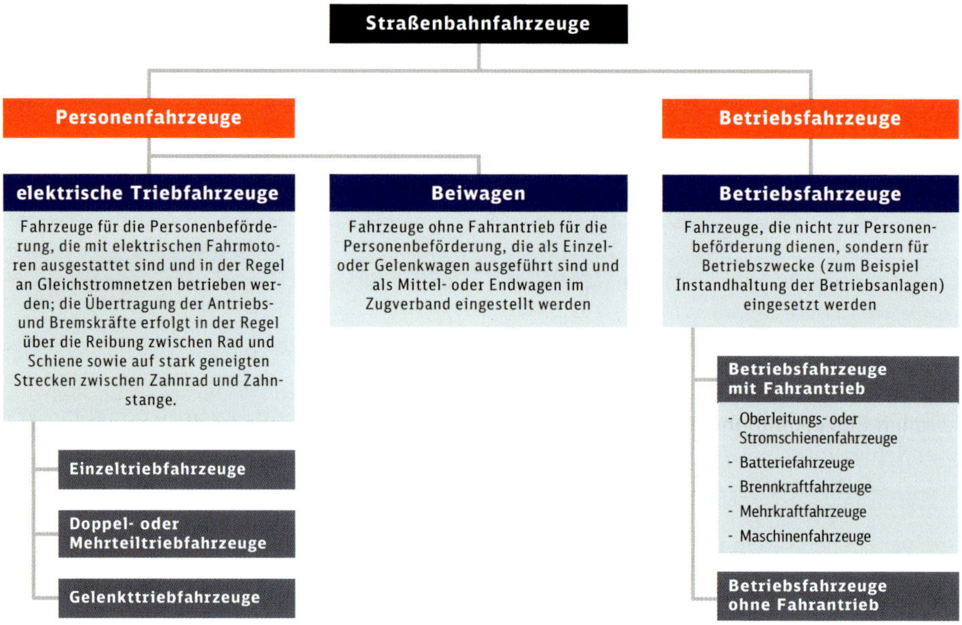

Abb. 1-12: Fahrzeuge im Gültigkeitsbereich der BOStrab

Quelle: DIN 25003

1.3.2 Fahrzeugkonzepte

Straßenbahnfahrzeuge können in den nachfolgend dargestellten Ausführungen vorkommen. Dabei sind Fahrzeuge für Untergrundbahnen in der Regel als Doppel- oder Mehrteiltriebfahrzeug ausgeführt. Die nachfolgend dargestellten Fahrzeuge können einzeln oder im Zugverband betrieben werden und als Einzel- oder Zweirichtungsfahrzeug ausgeführt sein.

Einzeltriebfahrzeug

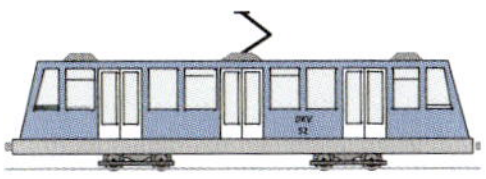

einzelnes Triebfahrzeug, das mit einem nicht angetriebenen Beiwagen zu einem Zugverband ergänzt werden kann

Doppel- beziehungsweise Mehrteiltriebfahrzeug

Triebfahrzeug, das aus mindestens zwei Wagen besteht, die betriebsmäßig nicht trennbar sind

Gelenktriebfahrzeug

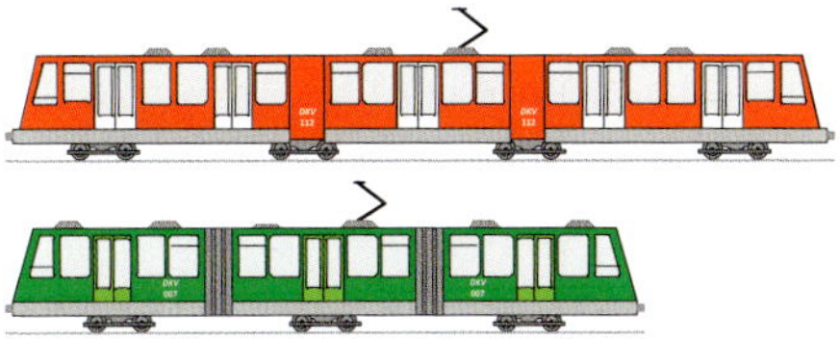

mehrteiliges Triebfahrzeug, dessen einzelne Wagen über Gelenke verbunden sind und einen gemeinsamen Fahrgastraum besitzen

Abb. 1-13: Fahrzeugkonzepte bei Straßenbahnfahrzeugen nach DIN 25003

1.4 Zusammenwirken der Systeme

1.4.1 Systemkomponenten

Schienenbahnen sind komplexe Systeme, die aus einer Vielzahl von technischen und funktionellen Einzelkomponenten bestehen. Für den Infrastrukturzugang ist die Kompatibilität eines Schienenfahrzeuges mit den technischen, betrieblichen und sicherheitlichen Anforderungen des zu befahrenden Netzes von entscheidender Bedeutung.

Die Zugangsbedingungen zu einem Netz werden von den Betreibern der Infrastruktur in Form von Schienennetz-Benutzungsbedingungen veröffentlicht. Durch Erfüllung der darin genannten Anforderungen stellt das Schienenverkehrsunternehmen beziehungsweise der Fahrzeughalter sicher, dass die von ihm eingesetzten Fahrzeuge sicher sowie störungs- und fehlerfrei auf dem Schienennetz zum Einsatz kommen und insbesondere die in der EBO, ESBO beziehungsweise BOStrab genannten Anforderungen erfüllen.

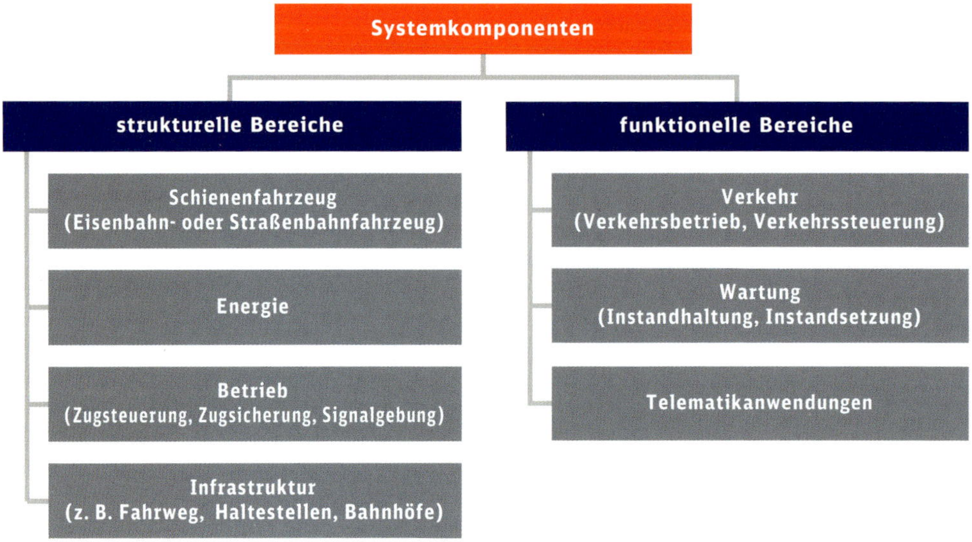

Abb. 1-14: wichtigste Teilsysteme eines Schienenbahnsystems

Die Infrastruktur legt wesentliche Randbedingungen für die Teilsysteme Schienenfahrzeug und Betrieb fest. Grundlegende Vorschriften dazu enthalten die EBO beziehungsweise ESBO und die BOStrab. Beispielsweise sind die Spurweite der Gleise und die Lichtraumverhältnisse die wichtigste Grundlage für die Beschaffenheit und Dimensionierung der einzusetzenden Schienenfahrzeuge. Beschränkungen der Fahrzeuggewichte ergeben sich aus der Beschaffenheit des Fahrweges sowie durch Kunstbauten wie Brücken und Tunnel.

Während EBO-Bahnen große Gleisradien und geringe Neigungen aufweisen, sind bei ESBO- und BOStrab-Bahnen die Radien klein und die Neigungen vergleichsweise hoch. Unterschiede bestehen auch hinsichtlich der Zugsicherung und -steuerung: Im EBO-Bereich wird im „Raumabstand" gefahren, die Hauptbahnen weisen Vollsignalisierung und Zugbeeinflussung auf, was auch für nicht am öffentlichen Verkehr teilnehmende BOStrab-Fahrzeuge gilt; Straßenbahnen, die am öffentlichen Verkehr teilnehmen, fahren hingegen mit herkömmlichen Lichtsignalanlagen des Individualverkehrs auf Sicht.

1.4.2 Spurführungstechnik bei Schienenfahrzeugen

Eisen- und Straßenbahnen sind spurgeführte Systeme, bei denen das Fahrwerk – vielfach auch als Laufwerk bezeichnet – die Führung der Fahrzeuge im Gleis, die Übertragung der Last sowie deren Federung übernimmt. Zusätzlich übernimmt das Fahrwerk bei den angetriebenen Fahrzeugen in der Regel auch die Übertragung der Antriebskräfte und bei allen Fahrzeugen die Übertragung der Bremskräfte.

Im Fahrwerk stellt der Radsatz die Verbindung zum Gleis her. Die zur Führung und Traktionserbringung von Schienenfahrzeugen erforderlichen Kräfte entstehen im Kontaktbereich von Rad und Schiene kraftschlüssig. Dabei wird unter Führen die Kraftübertragung in die Querrichtung bezogen zur Bewegungslängsrichtung des Fahrzeugs verstanden. Die Führung erfolgt über den Spurkranz sowie über die Fahrfläche des Rades im Kontakt zur Schiene.

Rad-Schiene-Geometrie

Die Zusammenhänge bei der Spurführung von Schienenbahnen sind äußerst komplex und zudem für Eisenbahn- und Straßenbahnsysteme unterschiedlich. Der betriebssichere und ruhige Lauf wird nicht nur durch das Laufwerk eines Fahrzeuges, sondern auch durch das zu befahrende Gleis bestimmt. Das Rad-Schiene-System stellt damit eine technologische Einheit dar, die aufgrund der sehr komplexen Wechselwirkungen äußerst sensibel auf einseitige Änderungen reagiert. In Bezug auf die Rad-Schiene-Geometrie lassen sich folgende „Betriebssysteme" definieren:

- Beim „Betriebssystem Eisenbahn" nach EBO wird die Rad-Schiene-Geometrie maßgeblich durch rillenlose Schienen auf unabhängigem Bahnkörper geprägt.
- Beim „Betriebssystem Straßenbahn/Stadtbahn" nach BOStrab wird die Rad-Schiene-Geometrie maßgeblich durch Rillenschienen im straßenbündigen Bahnkörper beeinflusst, muss aber auch die Belange rillenloser Schienen auf unabhängigem Bahnkörper abbilden können.
- Beim Mischsystem wird die Rad-Schiene-Geometrie maßgeblich durch den Übergang der Fahrzeuge aus dem Netz nach BOStrab in das Netz nach EBO geprägt, da hier unterschiedliche Spurführungskriterien gelten, zum Beispiel in Bezug auf Spurkranzhöhe und Radbreite.

In der Vergangenheit wurden die beiden Komponenten Rad-Schiene immer gemeinsam weiterentwickelt. So sind beispielsweise aufeinander abgestimmte Rad-Schiene-Profile die Voraussetzung dafür, gute Fahreigenschaften zu erzielen und den Verschleiß zu minimieren. In der Geschichte der Bahnen sind die Fahrwerke stetig weiterentwickelt worden, insbesondere im Hinblick auf höhere Geschwindigkeiten und Lasten.

Abb. 1-15: Güterwageninstandhaltung im Werk Eberswalde; Radsatzwechsel an einem K-Wagen Foto: DB AG/Reiche

Radsatz

Bei der überwiegenden Zahl der Schienenfahrzeuge besteht der Radsatz aus zwei parallelen und in ihrer axialen Mittellinie durch eine Welle verbundenen Rädern. Das Lauf- und Schwingungsverhalten eines Radsatzes wird von den zwischen Rad und Schiene wirkenden Kräften geprägt, die in ihrer Größe und Wirkung von der Geometrie der Berührung, aber auch den Kraftschlussverhältnissen abhängen. Das heute übliche Radprofil wird im Prinzip seit den Anfangstagen der Eisenbahn verwendet. Es besteht aus einem innen liegenden Spurkranz und einer Lauffläche (Fahrfläche), die als Kegel mit einer bestimmten Neigung ausgeführt ist. Beide Räder sind ein komplettes System: Beide Radreifen-Laufflächen sind als Doppelkegel ausgebildet und drehen sich gemeinsam.

Losradsatz

Bei Straßenbahnfahrzeugen und in geringem Umfang auch bei Eisenbahnfahrzeugen kommen auch Radpaare zum Einsatz, die von zwei im geraden Gleis parallel zueinander ausgerichteten Rädern gebildet werden, die nicht durch eine durchgehende Welle miteinander verbunden sind. Dadurch können sich die beiden gegenüberliegenden Räder unabhängig voneinander um ihre Querachse drehen, während die anderen Relativbewegungen aber wie beim Radsatz blockiert sind.

Profilform

Je nach Art der Bahn, Fahrzeugart, Raddurchmesser und Spurweite gibt es diverse Profile. In der Regel besteht das Profil aus einer kegeligen Lauffläche (Fahrfläche), dem meist kreisförmigen Übergangsbereich (Hohlkehle) sowie dem Spurkranz, der als steiler Kegel ausgeführt ist. Die Profilform beeinflusst das Laufverhalten des Fahrzeuges sehr stark. Verschleiß führt zu einer Änderung des Profils und damit auch der Laufeigenschaften. Untersuchungen zum Verschleißverhalten haben ergeben, dass sich nach kurzer Zeit eine charakteristische Verschleißform einstellt, die anschließend annähernd konstant bleibt. Dann ändert sich nur noch der Raddurchmesser. Dem wurde mit der Einführung von verschleißangepassten Radprofilen Rechnung getragen.

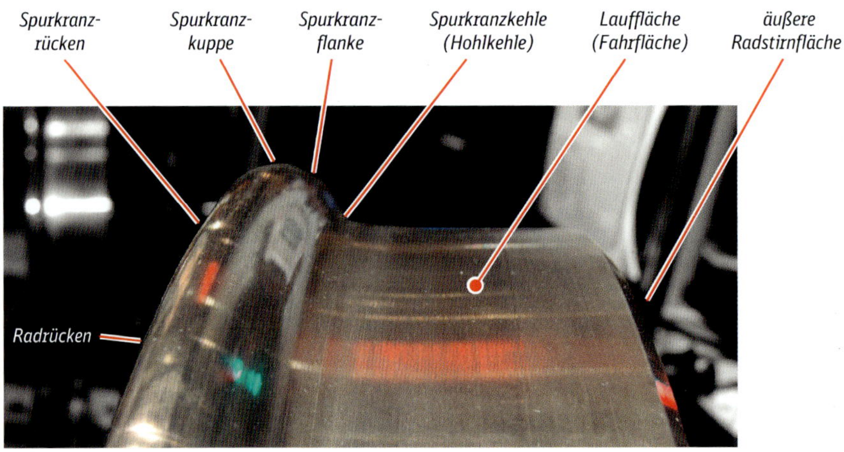

Abb. 1-16: spurführungstechnisch relevante Begriffe

Abbildung: Janicki

Sinuslauf

Die kegelige Form der Lauffläche führt bei einem seitlichen Versatz der Radsatzeinheit relativ zur Schienenmitte zu einem Selbstzentrierungseffekt. Bei einem Radsatz, der außermittig steht, sind die Radradien an den beiden Berührungspunkten mit dem Gleis unterschiedlich.

Jede seitliche Auslenkung des Radsatzes führt zu einer entgegengesetzt gerichteten Kraft. Da beide Räder eines Radsatzes über die Achse starr miteinander verbunden sind, bewegt sich das Rad mit dem am Berührungspunkt größeren Radius (D) schneller nach vorn als das Rad mit dem kleineren Radius (d). Folglich lenkt ein zu weit rechts stehender Radsatz nach links, weil der Radradius am rechten Berührungspunkt größer ist als am linken; analog lenkt ein zu weit links stehender Radsatz nach rechts. So kommt es zu einer Längsbewegung des Radsatzes in Form einer Sinuskurve.

Der Radsatz pendelt sich in ein Gleichgewicht ein und stabilisiert sich. Die (geringe) Reibung am Berührungspunkt führt dazu, dass dieser Schwingbewegung ständig Energie entzogen wird, sodass die Amplitude (X) der Sinusbewegung immer mehr abnimmt. Dies gewährleistet, dass ein Radsatz, der beispielsweise wegen eines Fehlers in der Gleislage oder einer Kurve in eine außermittige Lage geraten ist, nach einigen Sinusschwingungen wieder in die mittige Lage zurückkehrt.

Die kegelige Form stellt darüber hinaus sicher, dass die im Gleisbogen abweichenden Laufwege der beiden Räder ausgeglichen werden. Dieser Effekt entsteht durch eine Querverschiebung des Radsatzes und den daraus resultierenden unterschiedlichen Radien in den Berührungspunkten des bogeninneren und bogenäußeren Rades. Anders gesagt: Die beiden Räder eines Radsatzes rollen mit unterschiedlich wirksamen Durchmessern auf der Schiene ab, wobei das Rad mit dem größeren Durchmesser bei der gemeinsamen Umdrehung auch den längeren Weg zurücklegt. Folglich stellt sich der Radsatz leicht schräg zum Schienenverlauf und läuft wieder etwas näher zur Schienenmitte.

Die Laufflächen sind als „Doppelkegel“ ausgeführt. Bei Bogenfahrt werden die unterschiedlichen Laufwege an innerer und äußerer Schiene mittels einer Querschiebung ausgeglichen.

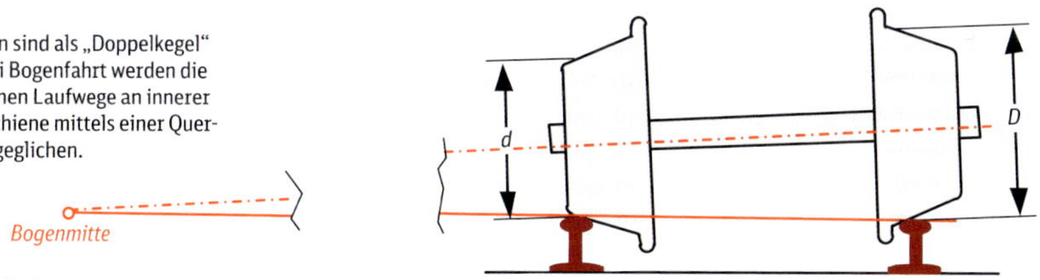

Sinuslauf eine Radsatzes:

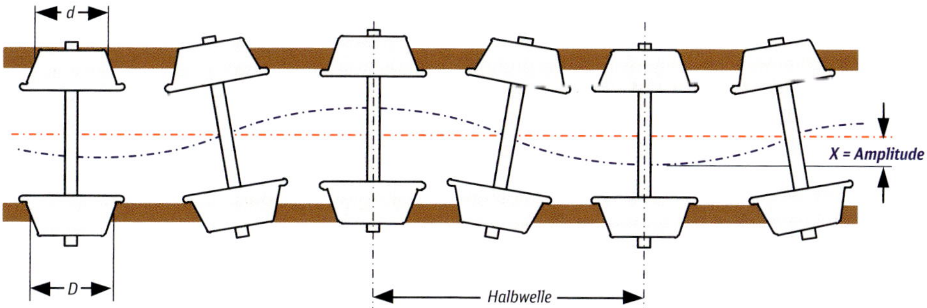

Abb. 1-17: Bewegung des Radsatzes im Gleis

Abbildung: Janicki

Kommt der Berührungspunkt in den Bereich der Spurkranzflanke, ergibt sich eine hohe Rückstellkraft auf das Rad. So funktioniert der Selbstzentrierungseffekt unabhängig vom Spurkranz. Der Spurkranz ist eine zusätzliche Absicherung und verhindert das seitliche Verlassen der Schiene in Extremfällen.

Der Sinuslauf der Radsätze versetzt die Wagenaufbauten in waagerechte Schwingungen quer zum Gleis. Bei steigender Geschwindigkeit nimmt die Frequenz dieser Schwingungen zu. Fällt die Erregerfrequenz des Radsatzes mit der Eigenfrequenz des Wagenaufbaus zusammen, schaukeln sich die Schwingungen auf. Der Wellenlauf geht in einen Zickzacklauf über.

Radsatz im Gleis

Das Zusammenwirken von Radsatz und Gleis wird maßgeblich von den relativen Positionen der Räder und Schienen zueinander geprägt. Die Schiene gibt die Spurweite vor, der Radsatz das Spurmaß. Das Maß der freien Beweglichkeit des Radsatzes im Gleis definiert das Spurspiel, dessen Größe entscheidend für das Laufverhalten des Schienenfahrzeuges ist. Meist berühren sich Rad und Schiene nur an einem Punkt auf ihrer Oberfläche. Es gibt jedoch auch Situationen, wo Mehrpunktberührung auftreten kann. Das ist von Nachteil, da es aufgrund der unterschiedlichen Laufkreisradien an den beiden Berührungspunkten zu hohem Längsschlupf und Verschleiß kommt.

Radprofilarten

Im EBO-Bereich kommen bei den Schienen fast ausschließlich Vignolschienen zum Einsatz. Im BOStrab-Bereich werden neben Vignolschienen bei straßenbündiger Führung der Gleise auch Rillenschienen verwendet, die zum Teil auch noch besonders kleine Kurvenradien aufweisen. Dadurch ergibt sich die Notwendigkeit, im EBO- und BOStrab-Bereich unterschiedliche Radprofile zu verwenden. Mit Rücksicht auf andere Verkehrsteilnehmer wie beispielsweise Zweiradfahrer ist die Breite der Rillen in den Schienen beschränkt. Deshalb weisen die Räder der Straßenbahnfahrzeuge in der Regel geringere Spurkranzdicken auf.

Damit die Räder der Straßenbahnfahrzeuge auf den Außenseiten nicht über den Schienenkopf herausragen und so unter Umständen auf der Fahrbahn der Straßenfahrzeuge auflaufen, weisen sie eine geringere Laufflächenbreite auf. Die Spurkranzkuppe der Straßenbahnfahrzeuge ist abgeflacht, da auf ihm regulär Flachrillenherzstücke in Weichenanlagen befahren werden. Beim Mischbetrieb von Fahrzeugen auf EBO- und BOStrab-Netzen sind hier besondere spurführungstechnische Lösungen zu schaffen.

Während im EBO-Bereich inzwischen eine weitgehende Standardisierung der Radprofile erreicht ist, existieren im BOStrab-Bereich aufgrund der straßenbahntypischen Inselbetriebe noch verschiedene Sonderformen.

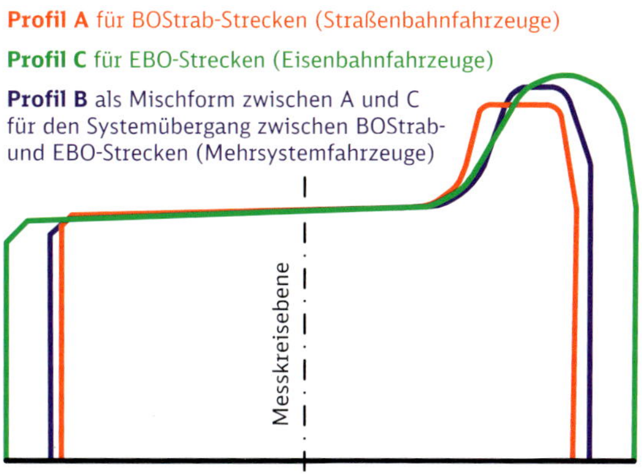

Abb. 1-18: Unterscheidung der Radprofile nach DIN 2511

Profilverschleiß

Permanentes Abrollen, Fahrten im Gleisbogen, beim Antreiben und Bremsen wirkende Längsreibkräfte und Gewalteinflüsse führen zu einer kontinuierlichen Veränderung der Laufflächen und mithin zum Profilverschleiß. Maßabweichungen haben immensen Einfluss auf die Laufruhe sowie die Betriebssicherheit des Laufs. Je nach Auftreten der Materialabtragung wird zwischen Laufflächen- und Spurkranzverschleiß unterschieden.

Der Laufflächenverschleiß drückt sich in einer wachsenden Spurkranzhöhe aus. Besonders prägnant ist er beim Lauf des Radsatzes auf weitgehend geraden Strecken und bei hohen Zugkräften. Der Spurkranzverschleiß entsteht beim Befahren enger Gleisbögen, insbesondere im Straßenbahnbereich. Dabei wird der Spurkranz dünner und teilweise auch steiler. Dies schränkt seine Festigkeit ein und beeinträchtigt die Entgleisungssicherheit im Weichenbereich.

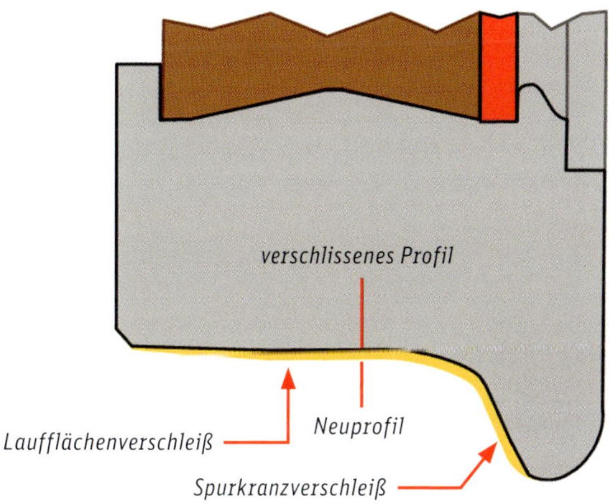

Abb. 1-19: Profilverschleiß

Für die Beurteilung der Betriebsfähigkeit eines Rades und zur Sicherstellung der Entgleisungssicherheit sind für das Radprofil Kennmaße und deren zulässige Abweichungen nach gesetzlichen Vorschriften definiert: die Spurkranzdicke S_d, die Spurkranzhöhe S_h, das q_R-

Maß und das Spurmaß S_R. Bezugspunkt für diese Maße sind die Messkreisebene sowie ein Punkt am Spurkranz, der 10 mm oberhalb des Messpunkts auf der Messkreisebene liegt.

Um beim Befahren von Gleisbögen den übermäßigen Verschleiß des Spurkranzes zu vermeiden, der vom Anlaufen an die Schienenflanke verursacht wird, verfügen Fahrzeuge mit Fahrantrieb und Steuerwagen über Einrichtungen zur Spurkranzschmierung.

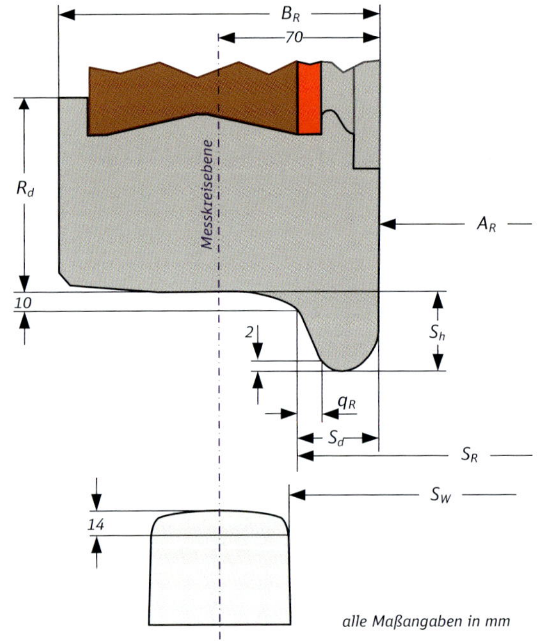

A_R = Abstand der inneren Stirnflächen

B_R = Radreifen-/Radkranzbreite

S_d = Spurkranzdicke
wichtiges Maß zur Errechnung des Spurmaßes

S_h = Spurkranzhöhe

R_d = Radreifendicke
Dicke des Radreifens in Messkreisebene

q_R = Spurkranzflankenmaß
Maß zur Beurteilung der Spurkranzabnutzung

S_W = Spurweite
kleinster Abstand der Innenflächen der Schienenköpfe im Bereich von 0 bis 14 mm unter Schienenoberkante

S_R = Spurmaß
Abstand zweier Bezugspunkte am Spurkranz

Spurspiel = S_W - S_R
Differenzmaß zwischen Spurweite und Spurmaß

Abb. 1-20: Maße am Radsatz von Eisenbahnfahrzeugen: Die Verschleißgrenzmaße sind für regelspurige Fahrzeuge in der EBO vorgeschrieben.

1.4.3 Kräfte zwischen Rad und Schiene

Das Verhalten eines Radsatzes im Gleis wird in erster Linie von den wirkenden Kräften bestimmt. Die Radkraft Q wirkt im Berührungspunkt am Rad. So entsteht eine Reaktionskraft, die Normalkraft N, die senkrecht zur Berührungsebene wirkt. Aufgrund der Profilneigung des Rades entsteht am Berührungspunkt zusätzlich eine Querkomponente, die Führungskraft Y. Diese drückt das Rad in Richtung Gleismitte. Die Höhe der Normalkraft N und der Führungskraft Y hängt von der Profilneigung im Berührungspunkt ab, dessen Lage sich mit der relativen Position von Rad und Schiene ändert.

Der Zusammenhang zwischen der Profilneigung und den Kräften ist nicht linear und die Normalkraft N steigt im Bereich des Spurkranzes stark an. Im Normalfall treffen Rad und Schiene in einem Berührungspunkt aufeinander. Findet ausnahmsweise eine Mehrpunktberührung statt, dann verursachen die unterschiedlichen Laufkreisradien der Berührungsflächen einen hohen Längsschlupf und Verschleiß. Da Rad und Schiene relativ elastisch sind, verformen sie sich in Abhängigkeit von der Größe der Normalkraft N. Somit ist der Berührungspunkt bei genauer Betrachtung kein Punkt, sondern eine mehr oder weniger große elliptische Berührungsfläche.

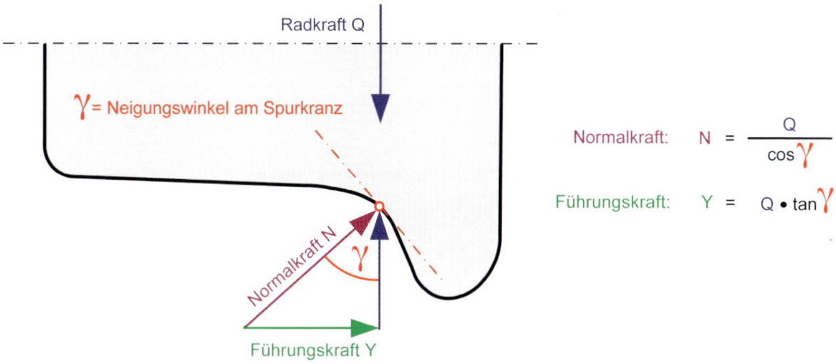

Abb. 1-21: Kräfte am Berührungspunkt (bei Einpunktberührung)

1.4.4 Spurweite

Die Spurweite ist definiert als der kleinste Abstand der beiden Schienen zueinander. Die Regelspurweite beträgt 1.435 mm. Größere Spurweiten bezeichnet man als Breitspur, kleinere Spurweiten als Schmalspur. Bei den eingesetzten Fahrzeugen unterscheidet die DIN 25003 Regelspur-, Schmalspur-, Breitspur- und Spurwechselfahrzeuge.

Gemessen wird die Spurweite bei Eisenbahnfahrzeugen im Bereich von 0 bis 14 mm unter der Schienenoberkante. Abweichend dazu wird bei Schmalspurbahnen der Bereich von 0 bis 10 mm betrachtet. Der Toleranzbereich für die Regelspurweite beträgt -5/+35 mm. In Gleisbögen wird die Spurweite geringfügig erweitert, um ein „Klemmen" der Räder zu verhindern.

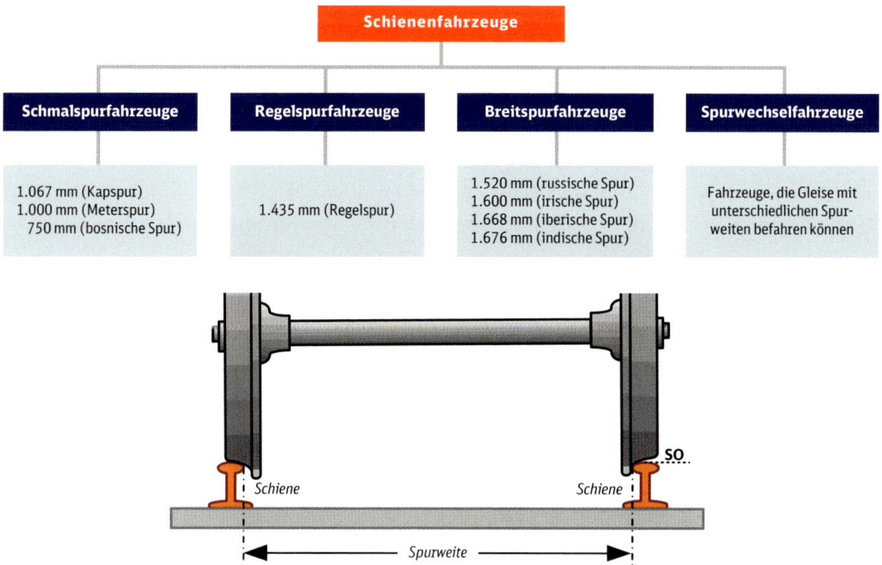

Abb. 1-22: Einteilung der Schienenfahrzeuge nach der Spurweite

Abbildung: Janicki

Regelspur

Am weitesten verbreitet ist heute die Regelspur (Normalspur) mit einer Spurweite von 1.435 mm; eine Spurweite, die nahezu zufällig zustande kam. Sie wurde im Nordosten Großbritanniens für die von Pferden gezogenen Wagen verwendet und von den Erbauern der ersten Lokomotiven in dieser Gegend einfach übernommen. Später entwickelte sie sich nach und nach zum Standard, und zwar nicht nur in Europa, sondern weltweit.

Breitspur

An zweiter Stelle stehen die verschiedenen Breitspurstrecken. Die gebräuchlichste ist die „indische“ Spur mit 1.676 mm, die auch in verschiedenen anderen Ländern zu finden ist. Mit 1.668 mm ähnliche Abmessungen weist die „iberische“ Spur auf, die durch Mittelung der spanischen und portugiesischen Breitspur entstanden ist. Weit verbreitet sind noch die „irische“ Spur mit 1.600 mm und die „russische“ Spur in den GUS-Staaten (Russland, Ukraine, Weißrussland) sowie in Finnland mit 1.520 mm.

Schmalspur

An dritter Stelle stehen die verschiedenen Schmalspurstrecken. Die meistbenutzte Spurweite ist dabei die „Kapspur“ mit 1.067 mm, die nach dem Kap von Südafrika benannt ist, wo erstmals derartige Strecken in großem Maßstab gebaut wurden. Heute lassen sich Strecken in dieser Spurweite auch in Japan und Australien finden. Ihr folgt die „Meterspur“ mit einer Breite von 1.000 mm. Diese Spur gibt es in Brasilien, Indien, Asien und Afrika. In Europa sind größere Netze in dieser Spurweite auch in der Schweiz, in Griechenland und auf einigen Mittelmeerinseln zu finden. Oft wird die Meterspur zudem für Straßenbahnen benutzt. Ihr folgt mit 750 mm die „bosnische“ Spur, die erstmals während des Ersten Weltkrieges in Bosnien verwendet wurde, heute aber auch in anderen Ländern zu finden ist. Schmalspurige Bahnen in noch kleineren Spurweiten haben nur eine geringe Bedeutung. Zu finden sind sie bei Parkeisenbahnen, Industrie- und Werkbahnen, Militärbahnen sowie in der Landwirtschaft (Torfbahnen, Zuckerrübenbahnen).

Abb. 1-23: schmalspurige Borkumer Kleinbahn mit einer Spurweite von 900 mm Foto: Borkumer Kleinbahn

Systemwechsel (Spurwechsel)

Natürlich verhindern die unterschiedlichen Spurweiten, dass Regelspurwagen im durchgehenden Verkehr zu Bahnen mit abweichender Spurweite eingesetzt werden. Aber es gibt Lösungen in Form von umspurbaren beziehungsweise umachsbaren Spezialwagen, die einen durchgehenden Eisenbahnverkehr mit diesen Ländern ermöglichen. Selbstverständlich bietet sich als Alternative das Umladen auf Güterwagen der entsprechenden Spurweite beziehungsweise der Transport in Containern an.

1.4.5 Fahrzeuggewicht

Bei der Konstruktion eines Fahrzeugs muss die Tragfähigkeit der zu befahrenden Strecken berücksichtigt werden. Die Streckenklasse für eine Eisenbahnstrecke verweist auf die maximal zulässige Radsatz- und Meterlast.

- Die Radsatzlast, auch Achslast genannt, ist das Verhältnis aus dem Gesamtgewicht des Fahrzeugs zur Anzahl seiner Radsätze. Das Gesamtgewicht setzt sich zusammen aus dem Wagen- und Ladungsgewicht.
- Das „Gewicht je Längeneinheit", auch als Meterlast bezeichnet, ist das Verhältnis aus dem Gesamtgewicht des Fahrzeugs zur Fahrzeuglänge gemessen über die nicht zusammengedrückten Puffer.

Begrenzender Faktor für die Radsatzlast ist die Tragfähigkeit von Ober- und Unterbau, während die Meterlast von der Belastbarkeit der Brückenbauwerke bestimmt wird.

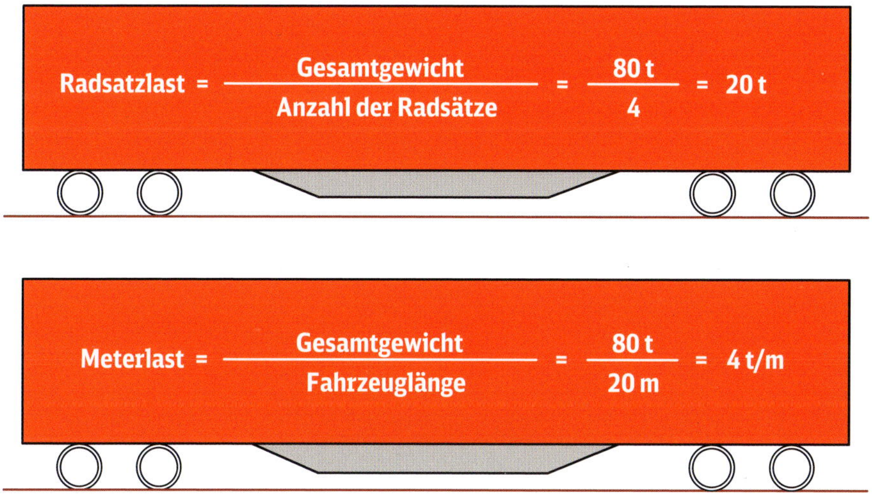

Abb. 1-24: Berechnung der Radsatz- und Meterlast am Beispiel

Bei Eisenbahnen werden zur Kennzeichnung der Streckenklassen Großbuchstaben A bis G (zur Angabe der Radsatzlast) und die Ziffern 1 bis 6 (zur Angabe der Meterlast) verwendet. Dabei werden nicht alle möglichen Buchstaben-Zahlen-Kombinationen genutzt.

Die an Güterwagen in einem Lastgrenzenraster angeschriebenen Lastgrenzwerte berücksichtigen ihre geometrischen Merkmale, die Radsatzlasten und die Fahrzeuggewichte je Längeneinheit.

Gewicht je Längeneinheit (Meterlast)	Streckenklasse/Radsatzlast in Tonnen (t)						
	A	B	C	D	E	F*	G*
	16,0 t	18,0 t	20,0 t	22,5 t	25,0 t	27,5 t	30,0 t
5,0 t/m	A	B1					
6,4 t/m		B2	C2	D2			
7,2 t/m			C3	D3			
8,0 t/m			C4	D4	E4		
8,8 t/m					E5		
10,0 t/m							

* für Strecken, auf denen diese höheren Radsatzlasten zugelassen sind, gelten nationale Regelungen

Abb. 1-25: Kennzeichnung der Streckenklassen bei Eisenbahnen

Radsatzlasten bei BOStrab-Bahnen

Bei den BOStrab-Bahnen ist eine Einteilung in Streckenklassen nicht üblich. Hier wird jeweils in den Schienennetz-Benutzungsbedingungen die für das Befahren einer Strecke beziehungsweise eines Netzes maximal zulässige Radsatzlast angegeben. Im BOStrab-Bereich liegen die Radsatzlasten in der Regel unter 12 Tonnen.

1.4.6 Fahrzeugabmessungen

Die sichere Betriebsdurchführung verlangt eine kollisionsfreie Fahrt in allen zulässigen Betriebszuständen. Daher dürfen die eingesetzten Fahrzeuge bestimmte Fahrzeugabmessungen nicht überschreiten. Auch ist der zum Gleis gehörende Raum von festen und beweglichen Gegenständen frei zu halten. Bei Eisenbahnen wird dieser als Regellichtraum bezeichnete Bereich von einer Lichtraumbegrenzungslinie umschlossen. Seine Abmessungen sind von Gleis- und Trassierungsparametern unabhängig.

Abb. 1-26: Zusammenhang zwischen den verschiedenen Bezugs- und Grenzlinien nach der Eisenbahn-Bau- und Betriebsordnung (EBO)

Abbildung: Janicki

Bezugslinien

Der Wunsch nach einem freizügigen Fahrzeugeinsatz führte bei den Eisenbahnen schon sehr früh zu Vereinbarungen, um die zulässigen Fahrzeugabmessungen festzulegen. Sie fanden ihren Niederschlag in der „Technischen Einheit im Eisenbahnwesen“ (TE), die in ihrer letzten modifizierten Fassung aus dem Jahr 1938 die Grundlage für den Bau von Reisezug- und Güterwagen für den internationalen Eisenbahnverkehr in Europa bildet.

Basis dieser Festlegungen sind definierte Bezugslinien, aus denen mittels Formeln sowohl die Fahrzeugbegrenzungslinie wie auch die Grenzlinien der ortsfesten Anlagen berechnet werden. Die EBO definiert hier zwei Bezugslinien:

- Bezugslinie G1 für die Abmessungen der Fahrzeuge, die freizügig im grenzüberschreitenden Verkehr eingesetzt werden sollen.
- Bezugslinie G 2 für die Abmessungen der übrigen Fahrzeuge.

Fahrzeugbegrenzungslinie

Die Fahrzeugbegrenzungslinie beschreibt die Umrisslinie, die bei der Konstruktion von keinem Fahrzeugteil überschritten werden darf. Gleiches gilt natürlich bei der Beladung eines Güterwagens für die Dimensionierung der Ladung.

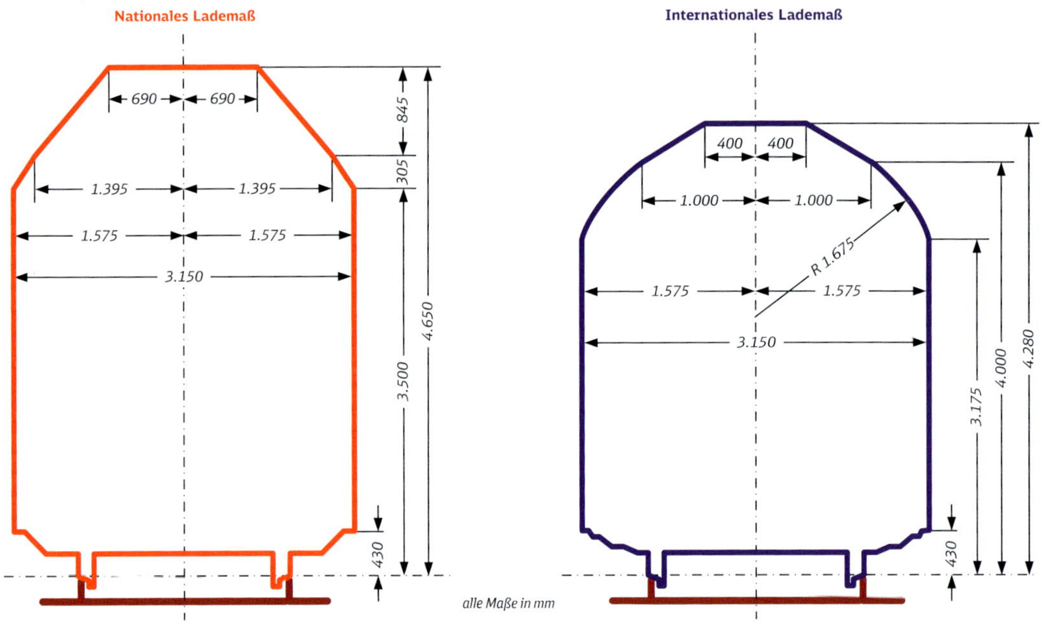

Abb. 1-27: Fahrzeugbegrenzungslinie (Lademaß) Quelle: EBO

Bei der Berechnung dieser Linie wird davon ausgegangen, dass sich das Fahrzeug im Stillstand befindet und die Mittelstellung im geraden Gleis einnimmt. Somit hat die Fahrzeugbegrenzungslinie einen statischen Charakter, das heißt Bewegungen der Wagen während der Fahrt sind nicht berücksichtigt. Für die Berechnung der Fahrzeugabmessungen sind folglich die Maße der in der EBO genannten Bezugslinien entsprechend einzuschränken.

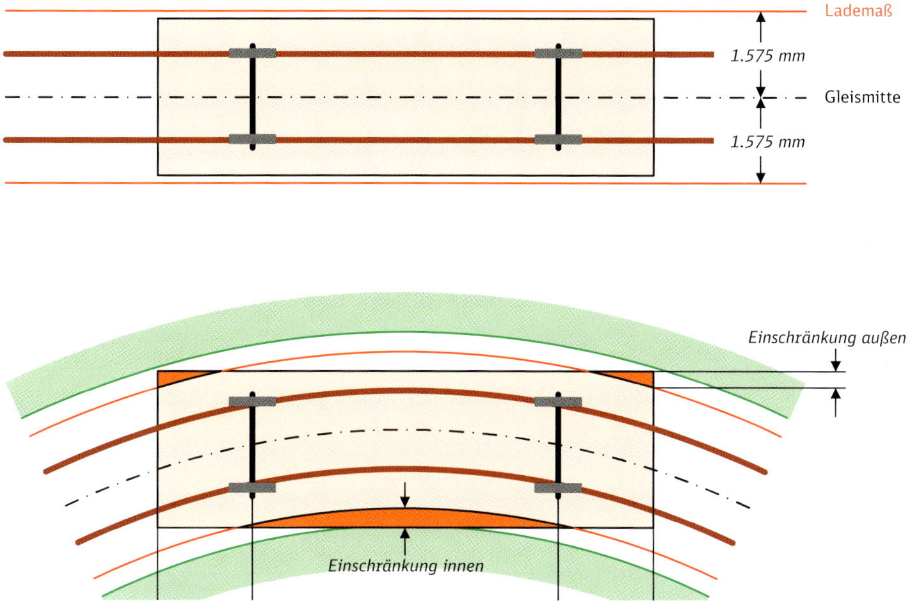

Abb. 1-28: Einschränkung der Ladebreite in Gleisbögen

Das Breitenmaß wird nicht nur mit Blick auf die europäischen Eisenbahnstrecken definiert. Auch die Veränderung des Fahrzeugbaus selbst spielt eine entscheidende Rolle bei den Festlegungen. Beispielsweise würde der Einbau einer weichen Federung ein Fahrzeug dermaßen stark beeinflussen, dass im Gleisbogenbereich ein Fahrzeug im Nachbargleis berührt werden könnte.

Um diese Berührungen zu vermeiden, muss nach den Berechnungen und gewünschter weicher Federung das Fahrzeug entsprechend schmal gebaut werden. Für Fahrzeuge in besonderen Einsatzbereichen des Fernschnellverkehrs und der Stadtschnellbahnen sind Überschreitungen der Maße der Bezugslinien mit besonderer Genehmigung zulässig.

Abb. 1-29: Lademaßüberschreitung: Transport eines Generatorständers auf einem Tiefladewagen der Bauart Uai
Foto: DB AG

BOStrab-Fahrzeuge

Die Fahrzeugmaße werden durch die in der BOStrab festgelegten Höchstwerte begrenzt. Ein Regellichtraum mit Grenzlinien analog der EBO existiert hier nicht. Es wird lediglich ein für den sicheren Betrieb notwendiger freier Raum definiert, der zwischen Fahrzeug, Gleis sowie festen und beweglichen Gegenständen eingehalten werden muss und vom jeweiligen Betreiber individuell sicherzustellen ist. Als Fahrzeugmaße sind jedoch mit einer Breite von 2,65 m, oberhalb von 3.400 mm nur 2.250 mm, und einer Zuglänge von 75 m im Falle der Teilnahme am Straßenverkehr zwei für die Fahrzeuggestaltung elementare Maximalwerte festgelegt. Die Fahrzeughöhe ist – mit abgezogenem Stromabnehmer – auf 4.000 mm über Schienenoberkante beschränkt.

1.5 Zugfördertechnik

1.5.1 Einführung

Das Wissen um die technischen Einflussgrößen der Bewegung eines Schienenfahrzeugs ist unabdingbar, um den Kraft-, Leistungs- und Energiebedarf einer Zugfahrt sowie die erreichbare Transportleistung bestimmen zu können. Da Schienenfahrzeuge spurgebunden sind, kann ihre Bewegung im Wesentlichen als translatorischer Vorgang beschrieben werden oder – einfacher ausgedrückt – als eine geradlinige, fortschreitende Bewegung. Störeinflüsse während der Fahrt führen jedoch zusätzlich zu vertikalen und horizontalen Bewegungen und beeinflussen so den Fahrkomfort. Sollen die Bewegungsabschnitte einer Zugfahrt in ihrer Gesamtheit beschrieben werden, gilt es die Fahrzeugausrüstung, die Fahrzeugbeschaffenheit und die Streckenverhältnisse zu berücksichtigen. Im Folgenden einige Ausführungen zu den Bewegungsabschnitten.

Abb. 1-30: Hochgeschwindigkeitszug auf Hochgeschwindigkeitsstrecke Foto: SBB

1.5.2 Bewegungsabschnitte einer Zugfahrt

Der Streckenverlauf ist charakterisiert durch die Streckenlänge, die Neigungsabschnitte, die Anzahl und Krümmung der Schienenbögen und gegebenenfalls die Tunnelstrecken. Bei der Planung und Durchführung der Transportprozesse sind in der Regel die Fahrzeit und die erreichbare Transportleistung auf der Strecke zugunsten eines möglichst geringen Energiebedarfs zu optimieren. Daher ist bereits bei der Konstruktion von Schienenfahrzeugen die Dimensionierung der Antriebsleistung und des Bremssystems für die späteren Einsatzbedingungen zu berücksichtigen. Umgekehrt kann bei einer Neubauplanung der Infrastruktur das System Schienenfahrzeug-Schienennetz optimal aufeinander abgestimmt werden. Ein gutes Beispiel hierfür sind die neuen Hochgeschwindigkeitsstrecken in Europa, die nur noch für den reinen Hochgeschwindigkeitsverkehr geplant werden.

Die vier Bewegungsabschnitte einer Zugfahrt

Diese vier Abschnitte sind: Beschleunigung, Beharrung, Auslauf und Bremsung.

- Der Anfahr- oder auch Beschleunigungsbereich ist von der Antriebsleistung des Zugs und der Übertragung der Antriebskräfte über das Rad auf die Schiene geprägt. Solange die Zugkraft größer als der Fahrwiderstand ist, beschleunigt der Zug.
- Die Bewegung geht in den Beharrungsabschnitt mit annähernd konstanter Geschwindigkeit über, sobald die Zugkraft dem Fahrwiderstand entspricht.
- Wird die Zugkraft zurückgenommen, beginnt der Zug zu rollen, und durch den Fahrwiderstand verringert sich allmählich seine Geschwindigkeit. Dieser Bewegungsabschnitt wird daher auch als Roll- oder Auslaufphase bezeichnet.
- Beim Bremsen schließlich wirken neben dem Fahrwiderstand auch die Bremskräfte. Die Geschwindigkeit des Zuges nimmt entsprechend der Bremskraft ab. Geht dabei die Geschwindigkeit auf null herunter, spricht man von der Haltphase.

Die folgende Darstellung der Bewegungsabläufe einer Zugfahrt wird auch als Fahrspiel bezeichnet. Damit kann die benötigte Reisezeit oder die zurückgelegte Wegstrecke zwischen dem Ausgangs- und dem Zielbahnhof als Summe der Einzelphasen aufgezeigt werden. Das Fahrspiel bildet die Grundlage für Bild- und Buchfahrpläne.

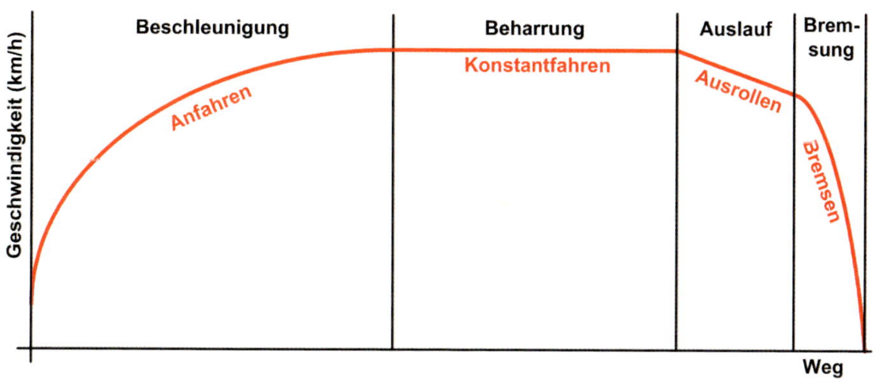

Abb. 1-31: Bewegungsabschnitte einer Zugfahrt (Fahrspiel)

Traktion und Haftreibung

Zur Fortbewegung und Abbremsung eines Schienenfahrzeugs müssen die Antriebs- und Bremskräfte auf die Schiene übertragen werden. Diese Kräfte wirken nur am Berührungspunkt zwischen dem Rad und der Schiene. Sie werden wirksam, wenn hier ein Widerstand entgegen der Fahrtrichtung hervorgerufen wird. Die Arbeit, die der Fahrmotor erbringt, wird am Berührungspunkt aufgezehrt und in die Bewegung des Fahrzeugs umgesetzt. Diese Übertragung der Antriebsmotorleistung über die Triebräder auf die Schiene unter gleichzeitiger Transformation in Zugkräfte für die Bewegung wird als Traktion definiert.

Welcher Anteil der Motorleistung tatsächlich als nutzbare Zugkraft umgesetzt wird, hängt erstens vom Reibungsgewicht als Gewichtskraft und zweitens von der Haftreibungskraft ab. Mit Reibungsgewicht wird das auf die angetriebenen Radsätze entfallende Gewicht des Triebfahrzeuges bezeichnet. Der Zusammenhang zwischen der Haftreibungskraft und der Gewichtskraft ist wie folgt beschrieben:

$$R_H = G_R \cdot \mu_H \quad \text{oder umgestellt} \quad \mu_H = R_H / G_R$$

R_H = Haftreibungskraft
G_R = Gewichtskraft
μ_H = Haftreibungsbeiwert

Der Haftreibungsbeiwert ist der Quotient aus der übertragbaren Tangentialkraft in Schienenlängsrichtung und der vorhandenen Normalkraft. Er ist stets kleiner als 1,0 und begrenzt die Antriebs- und Bremskräfte, die vom Rad auf die Schiene übertragen werden. Der Haftreibungsbeiwert ändert sich mit der Geschwindigkeit und hängt zugleich vom Zustand der Schienenoberfläche (trocken, feucht, nass, vereist, verunreinigt) ab. Die Geschwindigkeitsabhängigkeit der Haftreibung wird wiederum durch das dynamische Verhalten der unterschiedlichen Fahrwerkskonstruktionen bestimmt. So vermindern zum Beispiel pulsierende Drehmomente die ausnutzbare Haftreibung.

Die höchsten Haftreibungswerte erzielen die elektrischen Triebfahrzeuge mit Drehstrommotoren, da hier Vibrationen und sonstige Erschütterungen deutlich geringer sind und die Gleitvorgänge zwischen Rad und Schiene in geringerem Maße auftreten.

Niedrige Haftreibungswerte sind Ursache für das schlechte Steigungsvermögen von Schienenbahnen im Vergleich zu Straßenfahrzeugen. Insbesondere in den Bahnhöfen und an Haltepunkten darf die Steigung nur gering sein, um das Anfahren und Bremsen der Züge zu erleichtern. Eine einfache Möglichkeit, den Reibwert zu erhöhen, ist das Sanden.

Bewegungszustände

Bei der Übertragung von Antriebs-, Lauf- und Bremskräften sind die Bewegungszustände Rollen, Gleiten und Schlüpfen zu betrachten.

- Rollen: Die Antriebs- und Bremskräfte übersteigen die Haftreibungskraft des Rades nicht. Dieser Zustand ist der angestrebte Normalfall. Physikalisch ausgedrückt muss die zurückgelegte Fahrstrecke des Triebfahrzeuges genauso groß sein wie der Weg, den ein gedachter Punkt am Radumfang des Triebrades zurücklegt.
- Gleiten: Wird das Fahrzeug während der Rollphase stark abgebremst, kann es passieren, dass der zurückgelegte Radumfangsweg kleiner als die Fahrgeschwindigkeit ist. Das

Triebrad dreht sich langsamer, als es der Fahrgeschwindigkeit entspricht – es gleitet. Dieser Fall tritt ein, wenn die Bremskraft größer als die Haftreibungskraft ist. Das Rad beginnt zu blockieren und eilt der Fahrzeuggeschwindigkeit hinterher. Im Extremfall geht die Radumfangsgeschwindigkeit auf null und das Rad blockiert völlig. Da das Gleiten einen großen Verschleiß für Rad und Schiene zur Folge hat, wird es heute mit einer entsprechenden Steuerungselektronik weitgehend verhindert.

- Schlüpfen (Schleudern): Dreht im umgekehrten Fall, bei starker Beschleunigung in der Anfahrtsphase, das Rad durch und der zurückgelegte Radumfangsweg ist größer als die Fahrgeschwindigkeit, spricht man vom „Schlüpfen". Die Triebkraft ist in diesem Moment größer als die Haftreibungskraft und das Rad dreht sich schneller, als es der Fahrgeschwindigkeit entspricht. Im Extremfall heißt das, dass sich das Rad auf der Stelle dreht und die Fahrgeschwindigkeit gleich null ist. Da diese Bewegung, die als Schleudern bezeichnet wird, ebenfalls sehr hohen Verschleiß verursacht, wird sie heute mithilfe der Leistungs- und Steuerungselektronik verhindert.

Zusammenhang zwischen Kraftschluss und Schlupf

Der Kraftschluss im Rad-Schiene-System ist, wie bereits beschrieben, von der Qualität der Berührung am Berührungspunkt Rad-Schiene und der Aufstandskraft abhängig. Zugleich ist der Kraftschluss im Rad-Schiene-System immer an einen Schlupf beider Berührungspunkte zueinander gebunden. Tritt bei einem Rad Schlupf auf, so weicht die Fahrgeschwindigkeit von der Umfangsgeschwindigkeit des Rades um die sogenannte Schlupfgeschwindigkeit ab. Ein Schlupf von null heißt: Das Rad rollt frei, es wirken keine Drehmomente am Rad. Sobald aber Leistung übertragen wird, tritt Schlupf auf. Bei einem Schlupf von null ist demnach keine Leistungsübertragung möglich.

Ein sehr großer Schlupf beim Anfahren bedeutet, dass das Rad auf der Stelle dreht und schleudert. In der Folge kann aus der Motorleistung wenig Zugkraft erzeugt werden. Tatsächlich haben Messungen gezeigt, dass die übertragbare Zugkraft im Promillebereich der Schlupfwerte (Mikroschlupf) bis zu einem bestimmten Wert ansteigt, um dann bei größer werdendem Schlupf (Makroschlupf) wieder abzunehmen.

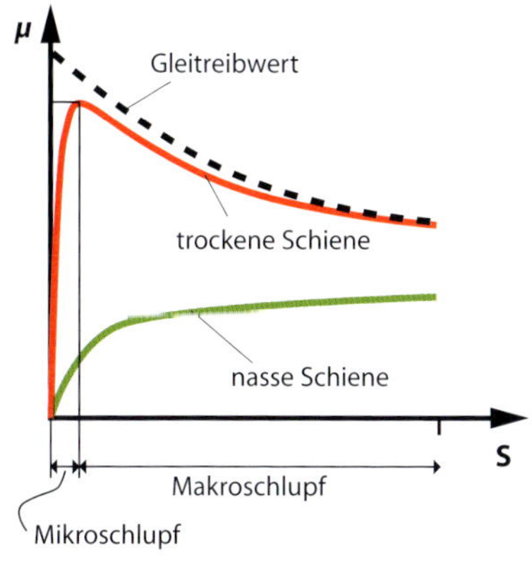

Größe des Schlupfs:

$S = |v - v_U| / |\max(v, v_U)|$

S = Schlupf
v = Fahrgeschwindigkeit
v_U = Umfangsgeschwindigkeit

Erläuterung: Der Betrag der Differenzgeschwindigkeit wird durch den Maximalwert beider Geschwindigkeiten dividiert.

Abb. 1-32: Kraftschluss-Schlupf-Beziehungen (qualitativ)

Verwendet man die nachfolgende Definition für die Größe des Schlupfs, so ist dieser immer positiv und liegt als relative Größe zwischen den Werten 0 und 1. Die Grenzzustände sind demnach das reine Rollen (für s = 0) und das Schleudern des Rades (für s = 1) beziehungsweise das Blockieren des Rades während der Bremsung.

Während das Maximum beim optimalen Schlupf von der Fahrzeuggeschwindigkeit nahezu unabhängig ist, ändert sich der absolute Wert mit der Qualität der Berührungsfläche. Die Größe des Schlupfs ist maßgeblich für die Höhe der Kraftübertragung. Er wird vom Fahrzeuglauf, dem Sinuslauf und dem Anlaufwinkel des Rades beeinflusst, da neben dem beschriebenen Längs- auch der Querschlupf zu berücksichtigen ist. Dieser tritt besonders in der Querbewegung bei einer Kurvenfahrt auf und verringert infolge des größer werdenden Gesamtschlupfes den Kraftschlussbeiwert. Die heutige moderne Technik der elektrischen Zugförderung sorgt zum Beispiel mit einer stufenlosen Einzelachssteuerung bei den Antriebsfahrzeugen dafür, dass der Kraftschluss, der durch das Reibungsgewicht vorgegeben ist, weitgehend erhalten bleibt und damit die jeweils zur Verfügung stehende Zugkraft optimal ausgenutzt werden kann.

Eine weitere Möglichkeit, auf die heute zurückgegriffen wird, ist die Radschlupfregelung. Sie funktioniert ähnlich wie die moderne Technik bei Autos, die den Autofahrer auf vereister oder nasser Straße mit einem Antiblockiersystem (ABS) oder einer Antriebsschlupfregelung (ASR) unterstützt. Die Radschlupfregelung überwacht die Drehzahlen der Fahrmotoren und stellt über die Motorleistung den für eine möglichst große Anfahr- oder Bremskraft jeweils optimalen Schlupf zwischen Rad und Schiene ein. So kann der Triebfahrzeugführer den Fahrhebel als „Sollwertgeber" bei jedem Wetter bedenkenlos auf volle Anfahr- oder Bremskraft stellen, ohne dass das gefürchtete Schleudern oder Gleiten der Räder auftritt. Zusätzlich kann durch diese Techniken das Sanden beim Anfahren und Bremsen wirksam reduziert werden, sodass die Wartungs- und Unterhaltungskosten der Fahrzeuge sinken.

1.5.3 Fahrwiderstand

In allen beschriebenen Bewegungsabschnitten treten Fahrzeug- und Streckenwiderstandskräfte als Fahrwiderstandskräfte auf. Die Antriebskräfte dienen der Überwindung dieser Fahrwiderstandskräfte und somit der Zugbeschleunigung. In Auslaufabschnitten rollt der Zug ohne Antriebskraft, während zum Bremsen die Bremskräfte erzeugt werden. Bereits bei der Konstruktion und später beim Betrieb von Fahrzeugen muss der Energiebedarf der Transportleistung ermittelt werden. Der für die Beförderung eines Zuges benötigte Energieaufwand wird als Traktionsenergiebedarf bezeichnet.

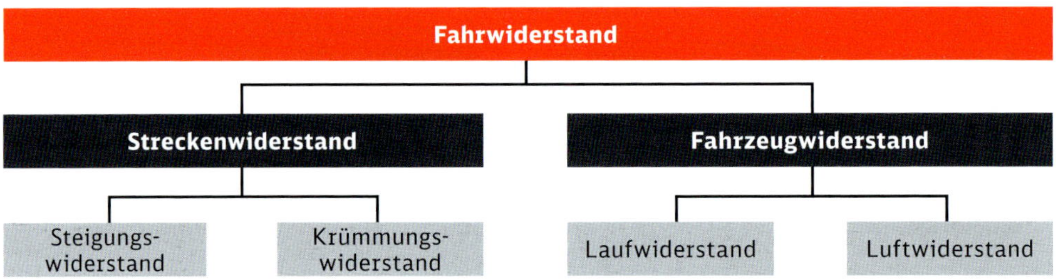

Abb. 1-33: Fahrwiderstand eines bewegten Schienenfahrzeuges

Unter dem Begriff Fahrwiderstand werden alle Widerstände, die beim Fahren eines Zuges auftreten, zusammengefasst. Der Fahrwiderstand lässt sich in den Strecken- und den Fahrzeugwiderstand aufteilen. Der Streckenwiderstand geht auf den Streckenverlauf zurück: Hier sind der Steigungswiderstand, der den Einfluss der Neigung beschreibt, der Krümmungswiderstand, der die Krümmung der Schienenbögen berücksichtigt, der Weichenwiderstand und auf einigen Streckenabschnitten der Tunnelwiderstand zu betrachten, der beim Durchfahren von Tunnelstrecken auftritt. Der Fahrzeugwiderstand wird durch den Laufwiderstand, der insbesondere von der Haftung des Rad-Schiene-Systems beeinflusst wird, und den Luftwiderstand beschrieben. Der Luftwiderstand nimmt bei höheren Geschwindigkeiten stark zu und ist einer der wesentlichen begrenzenden Faktoren für die Höchstgeschwindigkeit.

1.5.4 Fahrzeugwiderstand

Der Fahrzeugwiderstand setzt sich zusammen aus Lauf- und Luftwiderstand.

Laufwiderstand

Der Laufwiderstand von Eisenbahnfahrzeugen entsteht aus Anfahrwiderstand, Widerständen der Rollreibung, Unebenheiten der Fahrbahn und Schlingerbewegungen der Fahrzeuge. Diese Bewegungen sind von der Fahrgeschwindigkeit, vom Zuggewicht und der äußeren Gestalt der Fahrzeuge abhängig.

Der Rollwiderstand entsteht dadurch, dass Rad und Schiene unter der Radlast zusammengepresst werden. Beim Vorwärtsrollen des Rads wird daher Walkarbeit (plastische Deformation) geleistet, die mit der Radaufstandskraft und mit steigender Geschwindigkeit leicht zunimmt. Bei größeren Raddurchmessern nimmt der Rollwiderstand dagegen etwas ab.

Der Lagerreibungswiderstand entsteht durch Reibungswiderstände innerhalb der Achslager und durch Getriebewiderstände, die bei der Leistungsübertragung auftreten. Diese beiden Widerstände bestimmen wesentlich den Anfahrwiderstand, auch als Losbrechwiderstand bezeichnet, der beim Anfahren eines Schienenfahrzeuges aus dem Stand auftritt. Dieser Anfahrwiderstand klingt sehr schnell ab und ist nach circa einer Radumdrehung überwunden. Während er bei Triebfahrzeugen mit Allachsantrieb nahezu null ist, kann er bei Wagenzügen einen Wert von bis zu 5 ‰ erreichen. Bedeutsam ist der Anfahrwiderstand besonders bei Güterzügen. Hier kann es bei ungünstigen Verhältnissen dazu kommen, dass die Zugkraft nicht mehr ausreicht, um den Zug in Bewegung zu setzen. Damit nicht gleichzeitig der Losbrechwiderstand aller Wagen überwunden werden muss, kann der einzelne Wagen lose gekuppelt werden. Dies führt allerdings zu einem unruhigen, ruckartigen Anfahren, das bei Reisezügen aus Komfortgründen nicht akzeptiert werden kann.

Luftwiderstand

Der Luftwiderstand ist abhängig von der Fahrzeugform und -oberfläche, der Geschwindigkeit der Luft, die die Fahrzeuge umströmt, und dem Anblaswinkel. Der Luftwiderstand kann analytisch in drei Teilgrößen zerlegt werden: den Druckwiderstand, den Luftreibungswiderstand und den Sogwiderstand. Der Druckwiderstand wirkt als Staudruck auf die Stirnfläche. Der Luftreibungswiderstand entsteht durch die Luft, die an der Fahrzeugaußenhaut seitlich entlangströmt. Der Sogwiderstand hingegen entwickelt sich am Fahrzeugheck durch Strömungsablösung mit Wirbelbildung. Eine Veränderung der Zuglänge hat auf den Druck- und Sogwiderstand keinen Einfluss, während sich der Luftreibungswiderstand ungefähr proportional zur Zuglänge ändert.

Der Einfluss der Oberflächenbeschaffenheit und -form der jeweiligen Teilkomponenten kann bei Messungen am gesamten Fahrzeug nicht einzeln erfasst werden. Es lassen sich jedoch näherungsweise Formzahlen (Luftwiderstandsbeiwerte) für Lokomotiven sowie den Mittel- und Endwagen ermitteln.

Zusätzlich muss noch der Durchströmungswiderstand beachtet werden, der durch Lüftung und Kühlung auftritt. Dieser Widerstand ist jedoch viel kleiner als der Form- und der Reibungswiderstand. Der Formwiderstand, hervorgerufen durch Sog und Druck, und der Reibungswiderstand, generiert durch die am Fahrzeug entlangströmende Luft, können nach folgenden Formeln berechnet werden:

Formwiderstand:

$$W_L = \rho/2 \cdot v^2 \cdot c_W \cdot A_F$$

Reibungswiderstand:

$$W_{LR} = \rho/2 \cdot v^2 \cdot c_{WLR} \cdot A_O$$

ρ = Luftdichte [1.215 kg/cm]
c_W = Formbeiwert
c_{WLR} = Widerstandsbeiwert, der die Oberfläche und die Übergänge berücksichtigt
v = Geschwindigkeit
A_F = Querschnittsfläche des Zuges [qm]
A_O = Oberfläche des Zuges [qm]

Während der Formbeiwert bei einer ungünstigen rechteckigen Form bei etwa 0,8 liegt, erreicht er bei modernen Hochgeschwindigkeitszügen Werte um 0,25 und niedriger. Dem großen Einfluss der Querschnittsfläche wurde zum Beispiel beim TGV (französischer Hochgeschwindigkeitszug) mit einer im Vergleich zum ICE deutlich geringeren Querschnittsfläche Rechnung getragen.

Der Reibungswiderstand hängt von der Gesamtoberfläche des Zuges und somit von der Zuglänge ab. Der Widerstandsbeiwert hingegen ist von der Oberflächenbeschaffenheit des Zuges abhängig. Um niedrige Widerstandswerte zu erzielen, ist daher bei der Fahrzeugkonstruktion auf einen glatten Verlauf der Fahrzeugoberfläche sowie bündige Fenster und Türen zu achten. Einfache gestufte Übergänge sind ungünstig, weil sie starke Verwirbelungen und folglich Verluste mit sich bringen. Ebenso muss bei der Gestaltung der Fahrzeugunterseite, der möglichen Verkleidung der Drehgestelle und der Bodenwanne ein möglichst geringer Widerstandsbeiwert angestrebt werden. Verwirbelungen und Reibungswiderstände treten auch an den Stromabnehmern auf, die zudem bei hohen Zuggeschwindigkeiten viel Lärm verursachen können.

Anstatt mit den einzelnen Widerstandsanteilen des Laufwiderstandes zu rechnen, verwendet fast jede größere Bahnverwaltung auf ihren Fahrzeugpark bezogene empirische Formeln für die Ermittlung des spezifischen Laufwiderstandes. Bei der DB AG werden die Formeln von Sauthoff/Strahl angewendet, die in Fahrversuchen für die unterschiedlichen Züge ermittelt wurden. Diese Formeln berücksichtigen die geschwindigkeitsunabhängigen und -proportionalen Anteile sowie die mit dem Quadrat der Geschwindigkeit zunehmenden Anteile. Bei Geschwindigkeiten über 150 km/h werden in der Regel Messungen auf der Strecke zur Ermittlung des Luftwiderstandes herangezogen, da in diesem Bereich die Formeln zu ungenau sind. Ergänzt werden diese Messungen von Untersuchungen im Windkanal.

Bei den Hochgeschwindigkeitszügen wie dem ICE oder dem TGV dominiert bei sehr hohen Geschwindigkeiten der Luftwiderstand, während die von der Geschwindigkeit unabhängigen beziehungsweise linear abhängigen Anteile nur bei etwa 15 % liegen.

1.5.5 Streckenwiderstand

Der Streckenwiderstand ist zurückzuführen auf: Steigungswiderstand (Neigungswiderstand), Krümmungs- beziehungsweise Bogenwiderstand, aerodynamischen Widerstand im Tunnel (Tunnelwiderstand) und Weichenwiderstand.

Der Steigungswiderstand

Beim Befahren von Steigungen und Neigungen entsteht eine Komponente der Gewichtskraft, die in Bewegungsrichtung bremsend oder antreibend wirkt. Die für den Steigungswiderstand maßgebliche Streckenneigung wird in ‰ (Promille) angegeben. Sie bestimmt entscheidend die Anhängelast und Geschwindigkeit der Züge auf einem Streckenabschnitt und, zusammen mit anderen Faktoren, deren Leistungsfähigkeit.

Streckenneigung in ‰	
Grenzwerte der Steigung in Deutschland, nach EBO: - Hauptbahnen - Nebenbahnen - Bahnen im Flachland	 bis 25 ‰ bis 40 ‰ 0–12 ‰
schmalspurige Bahnen im Gebirge	bis 50 ‰
Straßenbahnen auf Neubaustrecken mit nicht angetriebenen Radsätzen	bis 50 ‰ bis 70 ‰
Zahnradbahnen Steilstrecken bei Zahnradbahnen	60–250 ‰ 500 ‰

Abb. 1-34: typische Werte für Steigungen

Abb. 1-35: Bayerische Zugspitzbahn Foto: Bayrische Zugspitzbahn

Der Krümmungs- oder Bogenwiderstand

Wenn die Räder von Schienenfahrzeugen fest auf den Achswellen sitzen und die Radsätze starr im Rahmen gelagert sind, können sie sich im Bogen nicht radial einstellen. Da die Räder – je nachdem, ob sie auf der Innen- oder Außenschiene laufen – verschieden lange Wege zurückzulegen haben, kommt es zwischen Rad und Schiene zu einer gleitenden Bewegung, dem Längsgleiten. Durchfahren sie Gleisbögen, laufen die starr gelagerten Radsätze am Schienenkopf an, weil sie vom Spurkranz des führenden Rades quer zur Fahrtrichtung (radial) abgedrängt werden. Dabei dreht sich das Fahrzeug um den sogenannten Reibungsmittelpunkt und es kommt zum Quergleiten. Dieses Quergleiten macht den größten Anteil des Bogenwiderstands aus.

Die Größe des Bogenwiderstandes ist abhängig vom Bogenradius, dem Achsabstand, dem Spurspiel, dem Raddurchmesser, der Lenkfähigkeit der Räder und von der Außentemperatur. Gegenmaßnahmen können eine Verringerung des Achsabstandes, der Einsatz einer Spukranzschmierung oder radial einstellbare Fahrwerke sein, wie sie zum Beispiel der Regionaltriebzug Integral aufweist.

Weichenwiderstand

Der Weichenwiderstand ist abhängig von der Weichenbauart. Er geht auf Stöße und Reibvorgänge zwischen Rädern und Radlenkern beziehungsweise Herzstücken der Weiche zurück. Er ist nur für ablaufdynamische Betrachtungen von Bedeutung.

Abb. 1-36: Weiche Foto: DB AG/Günter Jazbec

Abb. 1-37: Nord-Süd-Tunnel in Berlin Foto: DB AG/Christian Bedeschinski

Tunnelwiderstand

Wer schon einmal in einer U-Bahn-Station auf einen Zug gewartet hat, weiß, dass sich das Herannahen des Zuges mit einer leichten Druckwelle ankündigt. Die Luft im Tunnel wird vom einfahrenden Zug beschleunigt und aus dem Tunnel geschoben, während hinter dem Zug wieder neue Luft nachströmt. Bei langen Tunnelstrecken wird die Luft zwar auch beschleunigt, aber nicht vollständig verschoben. Ihre Strömungsgeschwindigkeit ist kleiner als die Geschwindigkeit des Zuges. Dies führt zu einer verhältnismäßig großen Luftbewegung zwischen der Tunnelwand und dem Zug. Die dabei entstehenden Reibungskräfte bewirken eine Lufterwärmung und führen zu einem erhöhten Reibungswiderstand. Der aerodynamische Widerstand im Tunnel ist abhängig von der Tunnel- und Zuglänge, dem Verhältnis von Tunnel- zu Fahrzeugquerschnitt und davon, wie rau die Tunnelwand ist. Die Erhöhung des Widerstandsbeiwertes erreicht bei einem langen Tunnel annähernd den Faktor zwei.

Neben der Erhöhung des Reibungswiderstandes treten im Tunnel durch Überlagerung der Druckwellen und Luftströmungen sehr hohe Druckunterschiede auf. In Abhängigkeit von der Dichtigkeit des Fahrzeugs pflanzen sich diese Druckunterschiede in das Fahrzeuginnere fort. Da der Fahrgast dies als unangenehm empfinden kann, weisen moderne Fahrzeuge eine bestimmte Druckdichtigkeit auf.

Beschleunigungswiderstand

Neben Lauf- und Streckenwiderstand als wichtigste Widerstandsparameter ist bei einer Zugfahrt auch der Beschleunigungswiderstand, vielfach auch als Trägheitswiderstand bezeichnet, zu beachten. Bei der Beschleunigung eines Eisenbahnfahrzeugs erfolgt nicht nur dessen translatorische Beschleunigung, sondern auch die Beschleunigung der Radsätze sowie der rotierenden Antriebsmassen in eine Drehbewegung. Zur Überwindung dieses Beschleunigungswiderstandes muss zusätzliche Zugkraft aufgewendet werden. Dieser Beschleunigungswiderstand kann allerdings nur dann auftreten, wenn im Verhältnis von Zugkraft am Triebrad zur Summe aller Widerstände ein gewisser Zugkraftüberschuss bleibt. Da er der Zugkraftschlussgröße entgegenwirkt, ist er stets der Beschleunigung beziehungsweise Verzögerung entgegengerichtet.

Besonders im Nahverkehr sind wegen der häufigen Haltestellen und der geringen Haltestellenabstände hohe Beschleunigungswerte erforderlich. Daher werden bei Straßenbahnen die höchsten Beschleunigungswerte von bis zu 1,3 m/s^2 im Anfahrbereich erreicht. Schnelltriebzüge erreichen hier nur Werte um 0,6 m/s^2, während bei schweren Güterzügen die Beschleunigung teilweise unter 0,1 m/s^2 liegt.

1.5.6 Zugkräfte

Zur Überwindung der Fahrwiderstände und für Beschleunigungsvorgänge ist eine ausreichende Zugkraft des Triebfahrzeuges erforderlich. Die Höhe der Zugkraft hängt von der installierten Leistung des Triebfahrzeuges ab. Sie wird begrenzt von der am Kontaktpunkt zwischen Rad und Schiene übertragbaren Leistung. Eine Erhöhung der Antriebsleistung ist durch die Anordnung mehrerer Lokomotiven im Zug möglich. Dabei muss beachtet werden, dass die im Zug über die Zugeinrichtungen übertragbaren Längskräfte (Zughakenkraft) begrenzt sind. Bei den europäischen Bahnen werden relativ schwache Kupplungen verwendet. Die Zughakenkräfte liegen typischerweise bei 380 kN beim Anfahren und 280 kN beim Fahren. Zum Vergleich: In den USA werden hier Werte von 1.500 kN erreicht.

Zugkraft-Geschwindigkeitsdiagramm

Moderne Triebfahrzeuge mit Drehstromantrieb sind in der Lage, annähernd über den gesamten Geschwindigkeitsbereich eine konstante Leistung abzugeben. Damit ergibt sich folgender Verlauf des Angebots an Zugkraft:

Leistung des Triebfahrzeuges: $P = Z \cdot v$

bezogen auf die Zugkraft: $Z = P/v$

P = Leistung
v = Geschwindigkeit
Z = Zugkraft

Der hyperbolische Verlauf der Zugkraft wird im oberen Geschwindigkeitsbereich von der maximalen Geschwindigkeit und bei niedrigen Geschwindigkeiten von der Haftreibung zwischen Rad und Schiene begrenzt.

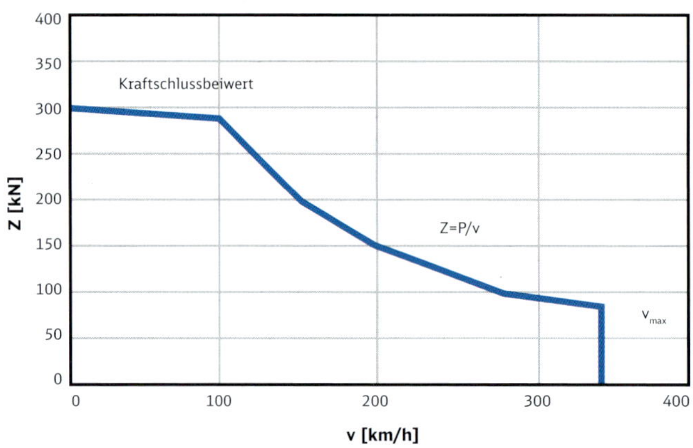

Abb. 1-38: Zugkraft-Geschwindigkeitsdiagramm (qualitativ)

Zugkraftangebot und Zugkraftüberschuss

Um eine Aussage über die tatsächliche Fahrzeit eines Zuges machen zu können, muss die zur Verfügung stehende Zugkraft den Fahrwiderständen gegenübergestellt werden, um den tatsächlich zur Verfügung stehenden Zugkraftüberschuss zu ermitteln. Das nachfolgende Diagramm zeigt das Zugkraftangebot und den geschwindigkeitsabhängigen Bewegungswiderstand. Der Streckenwiderstand wurde dabei nicht berücksichtigt. Der dargestellte Zugkraftüberschuss steht daher noch für die Überwindung des Streckenwiderstandes und zur Beschleunigung zur Verfügung.

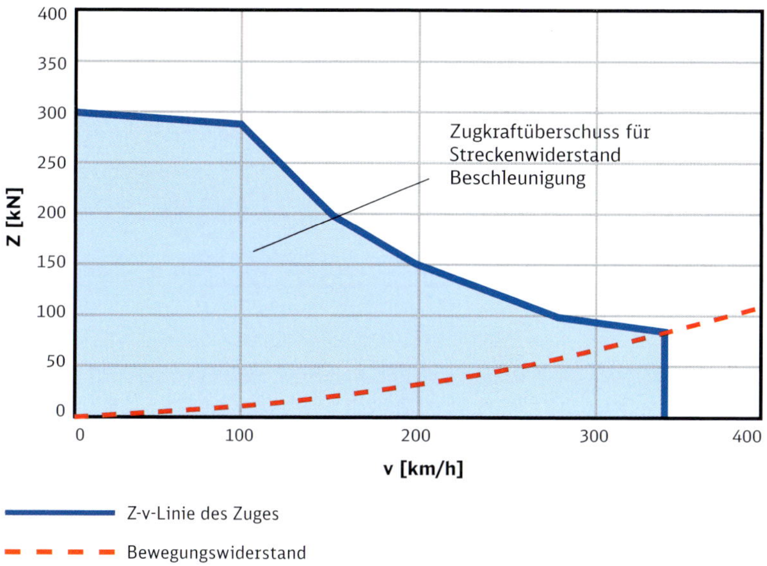

Abb. 1-39: Zugkraft-Widerstandskraft-Geschwindigkeitsdiagramm (qualitativ)

Den Einfluss der Streckenneigung und der Beschleunigung geben nachfolgende Diagramme wieder, die grob die Verhältnisse beim ICE 3 zeigen. Die erste Grafik illustriert die Verhältnisse bei einer Steigung von 40 ‰. Bei einer derartigen Steigung lässt die zur Verfügung stehende Zugkraft nur relativ kleine Geschwindigkeiten von circa 150 km/h zu. Der ICE 3 muss zusätzlich die Anforderung erfüllen, dass er bei Ausfall einer Antriebseinheit auch bei einer Steigung von 40 ‰ noch anfahren kann. Inwieweit eine Beschleunigungsreserve vorhanden ist, kann dem zweiten Diagramm entnommen werden. Hier ist eine Beschleunigung von 0,2 m/s^2 bis zu einer Geschwindigkeit von circa 200 km/h möglich. Weiterhin zeigt das Diagramm, dass im Bereich der Höchstgeschwindigkeit von 330 km/h praktisch keine Beschleunigungsreserve mehr vorhanden ist.

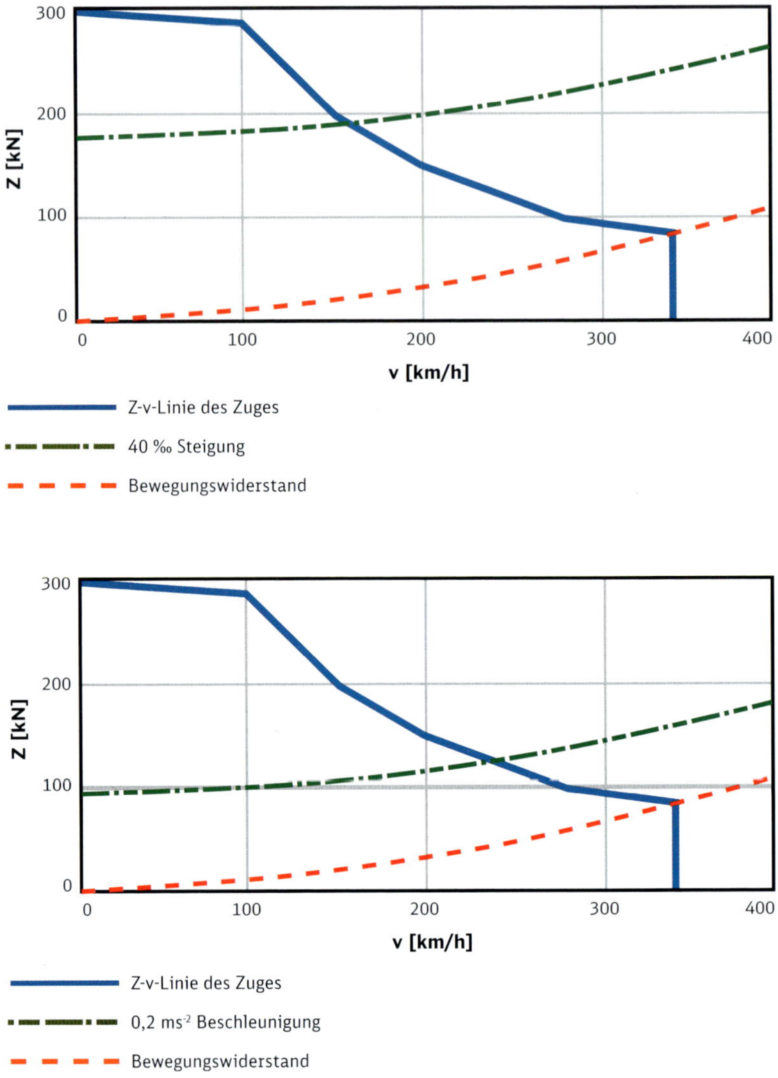

Abb. 1-40: Zugkraft-, Widerstandskraft-, Geschwindigkeitsdiagramm mit unterschiedlichen Parametern (qualitativ)

1.5.7 Zugbremsung

Wie bei jedem Bewegungsvorgang ist auch für den spurgebundenen Schienenverkehr die Bremsfrage von elementarer Bedeutung. Von der zuverlässigen Funktion der Bremse hängt die Sicherheit des Betriebs ab; die Höhe der Bremsverzögerung prägt die Leistungsfähigkeit und damit die Wirtschaftlichkeit des Transportsystems.

Bremskraft

Zugbildung und Fahrplangestaltung werden stark auf den Aspekt der Ausrüstung der Fahrzeuge mit ausreichend wirkenden Bremsen abgestimmt. Jeder Zug muss so zusammengestellt sein, dass er mit der Höchstgeschwindigkeit, die für die Zugfahrt örtlich zulässig ist, innerhalb des Vorsignalabstands zum Stillstand gebracht und festgehalten werden kann. Die erreichbare Bremskraft wird für Fahrzeuge in der Regel zusammen mit der Zugkraft in einem geschwindigkeitsabhängigen Zug-Bremskraft-Diagramm dargestellt.

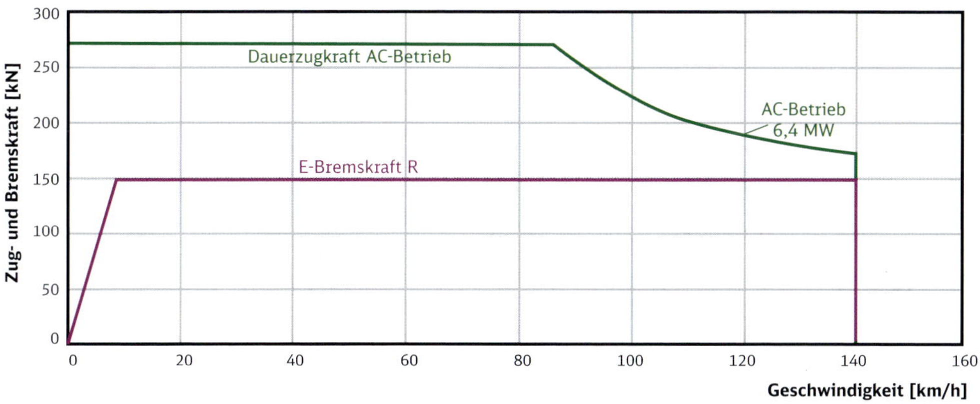

Abb. 1-41: Zug-Bremskraft-Geschwindigkeitsdiagramm der BR 189 mit unterschiedlichen Parametern (qualitativ)

Bremsvermögen, Bremshundertstel, Bremstafel

Maßstab für die Eigenschaften und Wirkungsweise der Bremseinrichtung eines Eisenbahnfahrzeugs ist das Bremsgewicht. Es ist eine ideelle Größe und wird für jedes Fahrzeug separat in Versuchsfahrten ermittelt oder nach Unterlagen berechnet, die aufgrund von Versuchen erstellt wurden. Bei Fahrzeugen mit Umstelleinrichtungen für die Bremsart oder den Lastwechsel ist für jede Stellung das entsprechende Bremsgewicht am Fahrzeug angeschrieben. Bei der Ermittlung des Bremsvermögens eines Zuges müssen die Bremskräfte sämtlicher Fahrzeuge zusammengefasst werden.

Aus den Einzelbremsgewichten der Fahrzeuge erhält man also das Bremsgewicht des Zuges für die Zugfahrt. Wird ein Fahrzeug beladen, verändert sich nicht nur sein Gesamtgewicht, sondern auch die Bremswirkung und damit auch der Bremsweg. Die Bremswirkung wird mit zunehmender Last geringer, der Bremsweg länger.

Um die Bremsleistungen der unterschiedlichen Züge mit ihren unterschiedlichen Lasten in einem vergleichbaren Wert auszudrücken, wird das Gesamtbremsgewicht des Zuges auf das Gesamtzuggewicht bezogen. Das Ergebnis wird als „Bremshundertstel" bezeichnet.

Bremshundertstel eines Fahrzeuges:

$$\lambda = \frac{\textbf{Bremsgewicht [t] x 100 [\%]}}{\textbf{Fahrzeuggewicht [t]}} = \dots \%$$

Bremshundertstel eines Zuges:

$$\lambda = \frac{\textbf{Gesamtbremsgewicht [t] x 100 [\%]}}{\textbf{Gesamtzuggewicht [t]}} = \dots \%$$

Bei gleichem Bremshundertstel und gleicher Bremsart haben verschiedene Fahrzeuge beziehungsweise Züge bei einer Schnellbremsung aus gleicher Geschwindigkeit gleiche Bremswege.

Die Beziehung zwischen Bremshundertstel, Fahrgeschwindigkeit, Bremsweg und Streckenneigung ist in tabellarischen Bremstafeln wiedergegeben. Diese Tabellen geben an, wie viele Bremshundertstel ein Zug haben muss, um aus einer bestimmten Geschwindigkeit in einem bestimmten Gefälle innerhalb des Vorsignalabstands zum Halten zu kommen. Ebenso geben diese Tabellen die Information, wie schnell ein Zug mit den für ihn errechneten Bremshundertsteln noch fahren darf, ohne dass der Bremsweg den Vorsignalabstand bei einer Schnellbremsung (maximale Bremswirkung) überschreitet.

Die für eine Zugfahrt erforderlichen Bremshundertstel werden im Fahrplan jedes Zuges angegeben. Vor Abfahrt des Zuges aus dem Ausgangsbahnhof hat der Triebfahrzeugführer zu prüfen, ob die vorgeschriebenen Bremshundertstel für den Zug vorhanden sind.

Bremswegermittlung

Bei bremstechnischen Untersuchungen ist zwischen dem Anhalteweg, dem Bremsweg und dem verkürzten Bremsweg zu unterscheiden.

- Der Anhalteweg ist der gesamte Weg zwischen Aufforderung zum Bremsen bis zum Zugstillstand.
- Der Bremsweg ist der Weg, den der Zug von der Betätigung des Führerbremsventils bis zum Stillstand des Zuges zurücklegt.
- Da die Verzögerungswirkung nicht sofort einsetzt, unterscheidet man schließlich den verkürzten Bremsweg, der ab Beginn der Verzögerungswirkung gemessen wird.

Für die Bremsbewertung ist die Wegermittlung zur Schnellbremsung auf waagerechter Strecke vorzunehmen. Eine Berechnung des Bremsweges ist sehr schwierig, da er von einer Reihe schwer erfassbarer Faktoren abhängt.

Bremswegermittlung nach Mindener Formel

Eine relativ genaue Ermittlung des Bremsweges auf der Grundlage der Bremshundertstel bei klotzgebremsten Zügen liefert die Mindener Formel. Sie gibt einen Wert für die Schnellbremsung, also die maximal mögliche Bremswirkung an. Verschiedene Zuglängen und unterschiedliche Bremsarten fließen in Form von Korrekturwerten ein. Die Formel kann auch bei Betriebsbremsungen angewendet werden, bei denen nicht die volle Bremswirkung eintritt. Dann ist jedoch für die Bremshundertstel nur ein Teil des Wertes (zwei Drittel bis drei Viertel des Wertes) anzusetzen.

Die Mindener Formel besteht aus folgendem, für den Laien etwas kryptisch anmutenden Ansatz:

Bremsweg bei Bremsart R/P:

$$S = (3{,}85 \cdot v^2) / (6{,}1 \cdot \psi \cdot (1 + \lambda_R / 10) \pm i_R)$$

Bremsweg bei Bremsart G:

$$S = (3{,}85 \cdot v^2) / (5{,}1 \cdot \psi \cdot \lambda_R / 10 - 5 \pm i_R)$$

v = Geschwindigkeit des Zuges

Ψ = geschwindigkeitsabhängiger Koeffizient für Brems- und Klotzbauart

λ_R = für die Zuglänge korrigierter Wert der Bremshundertstel

i_R = rechnerisch korrigierter Wert der tatsächlichen Streckenneigung **i**

Anzumerken ist, dass diese Formel empirischer Natur ist, das heißt physikalisch ist sie nicht nachvollziehbar. Zur Verzögerung tragen sowohl die Bremswirkung der Zugbremsen als auch die Fahrwiderstände bei. Für die Errechnung eines Näherungswertes für die Fahrzeit ist deshalb die Annahme von zutreffenden Beschleunigungs- und Verzögerungswerten durchaus sinnvoll.

2 Aufbau und Konstruktion von EBO-Fahrzeugen

2.1 Einführung

2.1.1 Technische Spezifikationen für die Interoperabilität

Der Begriff Interoperabilität beschreibt die Fähigkeit eines Eisenbahnfahrzeuges, die Schienennetze verschiedener Staaten durchgängig und sicher zu nutzen. Das Gesamtsystem Eisenbahn ist nur dann interoperabel, wenn die technischen Schnittstellen zwischen den verschiedenen Teilsystemen aufeinander abgestimmt sind. Mit den „Technischen Spezifikationen für die Interoperabilität" (TSI) hat die Europäische Union (EU) ein Regelwerk erlassen und so den rechtlichen Rahmen für eine Angleichung der verschiedenen technischen Systeme der Mitgliedsstaaten geschaffen.

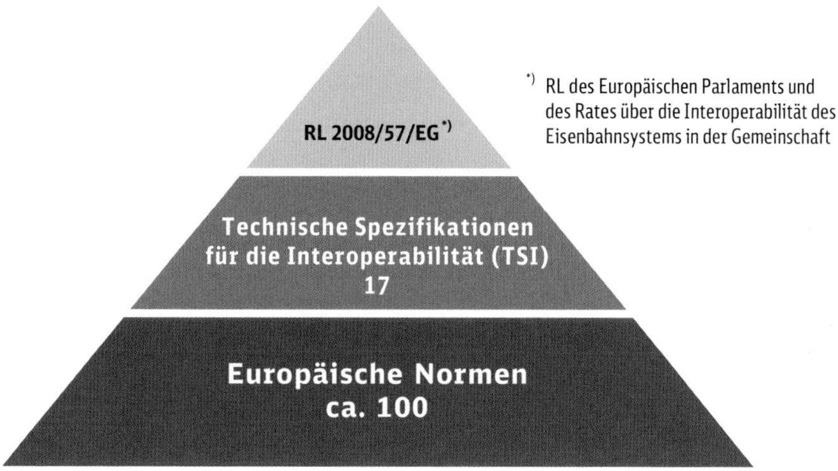

Abb. 2-1: Normen als technische Grundlage der Eisenbahn Quelle: DIN-FSF

Gliederung der TSI

Die TSI gliedert das Gesamtsystem Eisenbahn nach Richtlinie RL 2008/57/EG in Teilsysteme, für die jeweils eigene TSI erstellt wurden. Diese Gliederung erfolgt in einen strukturellen und funktionellen Bereich. Für die Teilsysteme wurden jeweils TSI für das transeuropäische Hochgeschwindigkeitssystem und das konventionelle Eisenbahnsystem erlassen. Ergänzende Themen werden in übergreifenden TSI behandelt.

Inhalt und Geltungsbereich der TSI

In der TSI sind die Bedingungen festgelegt, die für die Verwirklichung der Interoperabilität erfüllt sein müssen. Wesentlicher Inhalt jeder TSI sind die funktionellen und technischen Spezifikationen (Eckwerte), denen das jeweilige Teilsystem und seine Schnittstellen mit anderen Teilsystemen entsprechen müssen.

In den EU-Mitgliedsstaaten sind die TSI den nationalen Vorschriften übergeordnet. Damit stellt die TSI sicher, dass für das jeweilige Teilsystem die grundlegenden Anforderungen erfüllt werden und die Interoperabilität gewährleistet wird.

System	**transeuropäisches Hochgeschwindigkeitssystem** HS (High-speed rail system)	**transeuropäisches konventionelles Eisenbahnsystem** CR (Conventional rail system)
Definition	Fahrbetrieb jenseits der 250-km/h-Grenze auf eigens dafür gebauten Strecken bzw. jenseits der 200-km/h-Grenze auf ausgebauten Strecken	Fahrbetrieb auf der Gesamtheit oder einem Teil des übrigen Netzes; hierfür wird keine Höchstgeschwindigkeit angegeben
struktureller Bereich	**Infrastruktur** HS TSI INS (infrastructure)	**Infrastruktur** CR TSI INS (infrastructure)
	Energie HS TSI ENE (energy)	**Energie** CR TSI ENE (energy)
	Fahrzeuge HS TSI RST (rolling stock)	**Lokomotiven und Reisezugwagen** * CR TSI LOC & PAS (rolling stock locomotives and passenger)
		Güterwagen CR TSI WAG (rolling stock-freight wagons)
		Lärm CR TSI NOI (rolling stock-noise)
	Zugsteuerung, Zugsicherung und Signalgebung HS TSI CCS (control-command and signalling)	**Zugsteuerung, Zugsicherung und Signalgebung** CR TSI CCS (control-command and signalling)
funktioneller Bereich	**Verkehrsbetrieb und -steuerung** HS TSI OPE (operation)	**Verkehrsbetrieb und -steuerung** CR TSI OPE (operation)
	Instandhaltung HS TSI MAI (maintenance)	**Telematikanwendungen für den Personenverkehr** CR TSI TAP (telematic applications for passengers)
		Telematikanwendungen für den Güterverkehr CR TSI TAF (telematic applications for freight)
Querschnittsthemen	**eingeschränkt mobile Personen** TSI PRM (persons with reduced mobility)	
	Sicherheit in Eisenbahntunneln TSI SRT (safety in railway tunnels)	

* gilt auch für Triebzüge und -wagen sowie mobile Ausrüstungen für Bau und Instandhaltung von Eisenbahninfrastrukturen

Abb. 2-2: Technische Spezifikation für die Interoperabilität (TSI)

Inbetriebnahmegenehmigung

Für Eisenbahnfahrzeuge, die auf dem transeuropäischen Eisenbahnnetz verkehren sollen, sind Inbetriebnahmegenehmigungen durch das Eisenbahn-Bundesamt erforderlich. Damit müssen Eisenbahnfahrzeuge neben den grundlegenden Anforderungen aus der Eisenbahn-Bau- und Betriebsordnung (EBO) auch den einschlägigen Technischen Spezifikationen für die Interoperabilität (TSI) entsprechen.

Interoperabilitätskomponenten

In den TSI sind Verzeichnisse für Interoperabilitätskomponenten (IOP-Komponenten) aufgeführt. Diese Komponenten bezeichnen Unterbaugruppen oder komplette Materialbaugruppen, die in Teilsysteme eingebaut sind. Unter Komponenten sind materielle, aber auch immaterielle Produkte wie Software zu verstehen.

Bereits im Frontbereich wird deutlich, welche Komponenten durch die TSI erfasst sind.

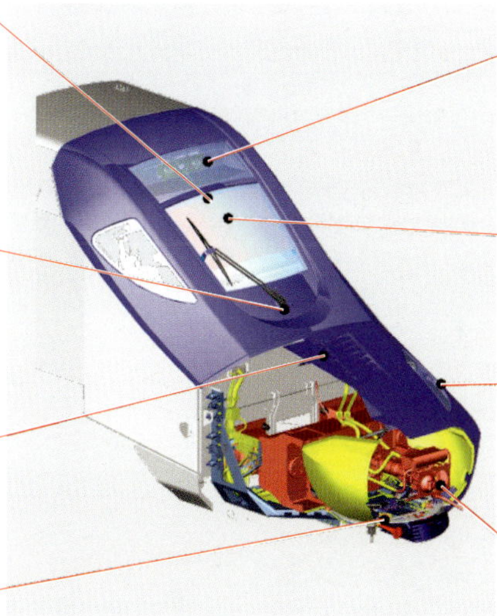

Abb. 2-3: Frontbereich Talgo 250

Zeichnung: Voith

Die TSI unterliegen einer ständigen Weiterentwicklung, die sich an den Erkenntnissen aus technischer Weiterentwicklung und Bahnpraxis orientiert. Ziel ist, dass Komponenten und Teilsysteme, die in einem beliebigen europäischen Land hergestellt und zugelassen wurden, in den anderen europäischen Ländern ohne weitere Prüfung in den Verkehr kommen können. Das System Bahn ist auf dem Weg zu einem europäischen System Bahn.

Fahrzeughalter

Neben den TSI, die insbesondere die Hersteller und Lieferanten binden, sind zur Sicherstellung der Interoperabilität und der Sicherheitsstandards im europäischen Eisenbahnverkehr zahlreiche Regelungen und Verordnungen getroffen worden, welche die Beteiligten Betreiber, Halter und Instandhalter von Eisenbahnfahrzeugen betreffen. Hervorzuheben ist in diesem Zusammenhang die neue Rolle der für Instandhaltung zuständigen Stelle ECM (entity in charge of maintenance). Die Regelungen der Aufgaben und Verantwortlichkeiten sind in der EU-Richtlinie 2008/110/EG und Verordnung 44/2011/EG festgelegt. Danach wird mit dem Begriff Halter die natürliche oder juristische Person bezeichnet, die als Eigentümer oder Verfügungsberechtigte das Fahrzeug als Beförderungsmittel nutzt und als solche im nationalen Einstellungsregister eingetragen ist. Darüber wird im Einstellungsregister auch die für die Instandhaltung zuständige Stelle eingetragen.

Die Halter sind gemäß AEG für den sicheren Zustand der Schienenfahrzeuge verantwortlich. Die ECM sind verpflichtet, die von ihr übernommenen Fahrzeuge in betriebssicherem Zustand zu halten.

2.1.2 Mechanischer Aufbau

Allgemein betrachtet besteht ein Fahrzeug aus den Komponenten Untergestell, Fahrzeugaufbau und Laufwerk. Dabei sind die Fahrzeugaufbauten je nach Fahrzeugtyp und Transportaufgabe unterschiedlich gestaltet. Die Anforderungen an den Fahrzeugaufbau sind jedoch grundsätzlich bei allen Fahrzeugen identisch:

- Aufnahme der Gewichts- und Fliehkräfte sowie deren Übertragung auf die Laufwerke,
- Übertragung der in Längsrichtung wirkenden Zug- und Druckkräfte von und zu den angrenzenden Fahrzeugen,
- beschränkte elastische Durchbiegung unter Belastung und Ausgleich von Verwindungen durch elastische Verformung,
- Schutz der Fahrgäste und Ladungen bei einem Zusammenstoß mit anderen Fahrzeugen oder sonstigen Hindernissen.

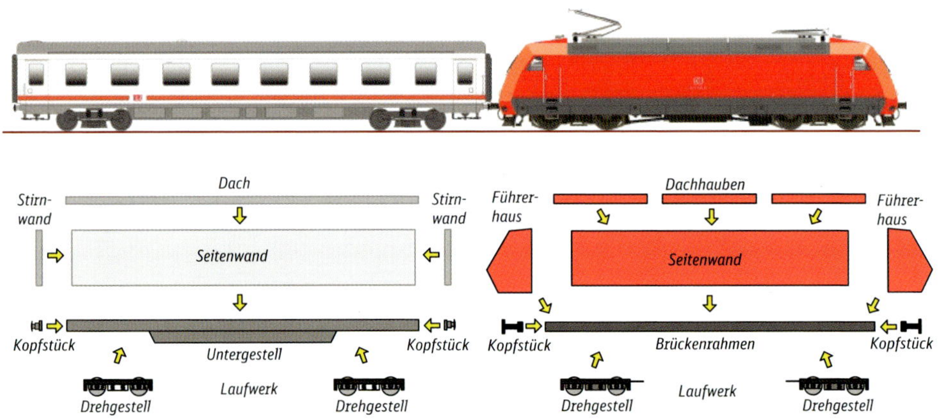

Abb. 2-4: Hauptbauteile des Fahrzeugaufbaus an den Beispielen Lokomotive und Reisezugwagen Abbildung: Janicki

Fahrzeugrahmen

Tragendes Element für die Fahrzeugaufbauten ist der Fahrzeugrahmen, auch Brückenrahmen genannt. Er besteht aus dem Untergestell sowie den Kopfstücken mit der Zug- und Stoßeinrichtung. Die Bauteile des Fahrzeugrahmens sind entweder miteinander vernietet oder verschweißt.

Die in Längsrichtung eines Fahrzeugs wirkenden Kräfte werden über die Langträger übertragen. Diese liegen in der Wagenmitte (innerer Langträger), in der Verbindungslinie der Seitenpuffer oder unter der Seitenwand (äußerer Langträger). Die Langträger müssen so dimensioniert sein, dass sie allen im Normalbetrieb vorkommenden Belastungen standhalten. Sie sind mit Querstreben und den Kopfstücken verbunden. Während die Querträger die Langträger versteifen und verbinden, dienen die Diagonalträger einer gleichmäßigen Verteilung von Zug- und Druckkräften auf das gesamte Untergestell.

Bei Güterwagen werden zur Erhöhung der Biegesteifigkeit des Untergestells Sprengwerke verwendet. Zum Teil tragen auch eine eventuell vorhandene Bodenwanne sowie die Bodenplatte zur Steifigkeit des Untergestells bei.

Das Kopfstück übernimmt die Kraftübertragung an die Langträger. Die am Kopfstück angebrachte Zug- und Stoßeinrichtung ermöglicht die Übertragung der Zugkräfte des Triebfahrzeuges sowie der Pufferdruckkraft beim Auflaufen und Bremsen.

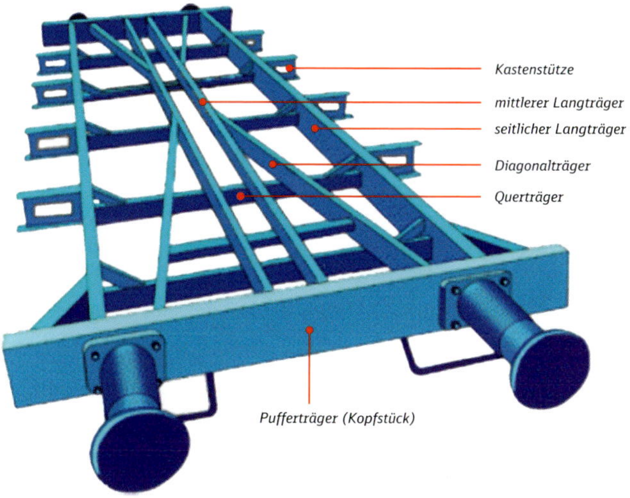

Abb. 2-5: Untergestell eines Güterwagens

Anhebestellen und Abstützpunkte

Am Fahrzeug dienen gekennzeichnete Positionen als Anhebestellen und Abstützpunkte. Hier können Hebe- und Abstützvorrichtungen angesetzt werden. Diese Punkte sind so positioniert, dass ein sicheres und stabiles Anheben des Einzelfahrzeugs auch im beladenen

Zustand möglich ist. Freiräume unter den Anhebestellen und Abstützpunkten stellen sicher, dass die Hebe- und Abstützvorrichtungen positioniert werden können.

Abb. 2-6: Punkt für das Anheben und Abstützen

Abbildung: Janicki

Laufwerk (Fahrwerk)

Das Laufwerk hat die primären Funktionen, die Fahrzeugstruktur zu tragen und das Fahrzeug am Gleis zu führen. Zusätzlich übernimmt das Laufwerk die Federung und Dämpfung des Schienenfahrzeuges. Heute sind fast alle Schienenfahrzeuge reine Drehgestellfahrzeuge.

Hauptziele der Verwendung von Drehgestellen – anstelle von fest montierten Starrachsen – sind sowohl eine bessere Kurvengängigkeit längerer Fahrzeuge als auch die Verwirklichung einer zweiten Federstufe, die für eine möglichst weit gehende Entkoppelung des Wagenkastens von den Unregelmäßigkeiten der Gleislage und mithin für guten Fahrkomfort sorgt. Drehgestelle verbessern die Laufeigenschaften, erhöhen die Entgleisungssicherheit und verursachen geringeren Schienenverschleiß. Je mehr Achsen ein Schienenfahrzeug hat, desto wichtiger ist ihre kurvengängige Lagerung. Aufbau und Funktion der Laufwerke werden im Kapitel 2.2 ausführlich beschrieben.

Abb. 2-7: Laufwerk eines Güterwagens Foto: Janicki

2.1.3 Lokomotiven

Der Lokomotivkasten mit den beiden Endführerständen hat spezielle mechanische Eigenschaften. Aufgrund der hohen Festigkeitsanforderungen ist er als selbsttragende Struktur ausgeführt. Der Lokomotivkasten ohne Dachhauben ist eine komplette Stahlbau-Schweiß-Konstruktion, die zur Erhöhung der Stabilität mit dem Brückenrahmen verschweißt ist.

Zur einfachen Montage der Geräte ist der Maschinenraum nach oben offen. Die Öffnungen werden von abnehmbaren Dachsegmenten abgedeckt, die bei neueren Lokomotiven aus Aluminiumblechen bestehen. Sie sind lediglich angebaut und bilden keine tragenden Elemente der Kastenstruktur. Die Dachteile sind bei elektrischen Lokomotiven dazu vorgesehen, Stromabnehmer und Dachausrüstung aufzunehmen. Die Gerüste und Schränke mit der technischen Ausrüstung sind im Maschinenraum entweder beidseitig entlang eines geraden Mittelganges oder mittig zwischen zwei Seitengängen angeordnet. Bei neuen elektrischen Fahrzeugen ist der Transformator unterflur, also unter dem Fahrzeug, zwischen den beiden Drehgestellen aufgehängt. Bei älteren elektrischen Lokomotiven befindet er sich im Maschinenraum. Hier sind bei Dieselfahrzeugen der Dieselmotor und das Getriebe untergebracht.

Bei einem Aufprall werden die Kräfte bei neueren Lokomotiven von Hochleistungspuffern sowie dahinter liegenden Crashelementen in das Kopfstück und weiter in die Seitenlangträger geleitet. Dank der Auffaltung der verschraubten Crashelemente können relativ hohe Kräfte, die einem Aufprall von 40 km/h entsprechen, ohne weitere Schäden an der Lokomotive bewältigt werden. Die Führerhäuser sind modern und ergonomisch gestaltet und gegen Schall, Hitze und Kälte isoliert.

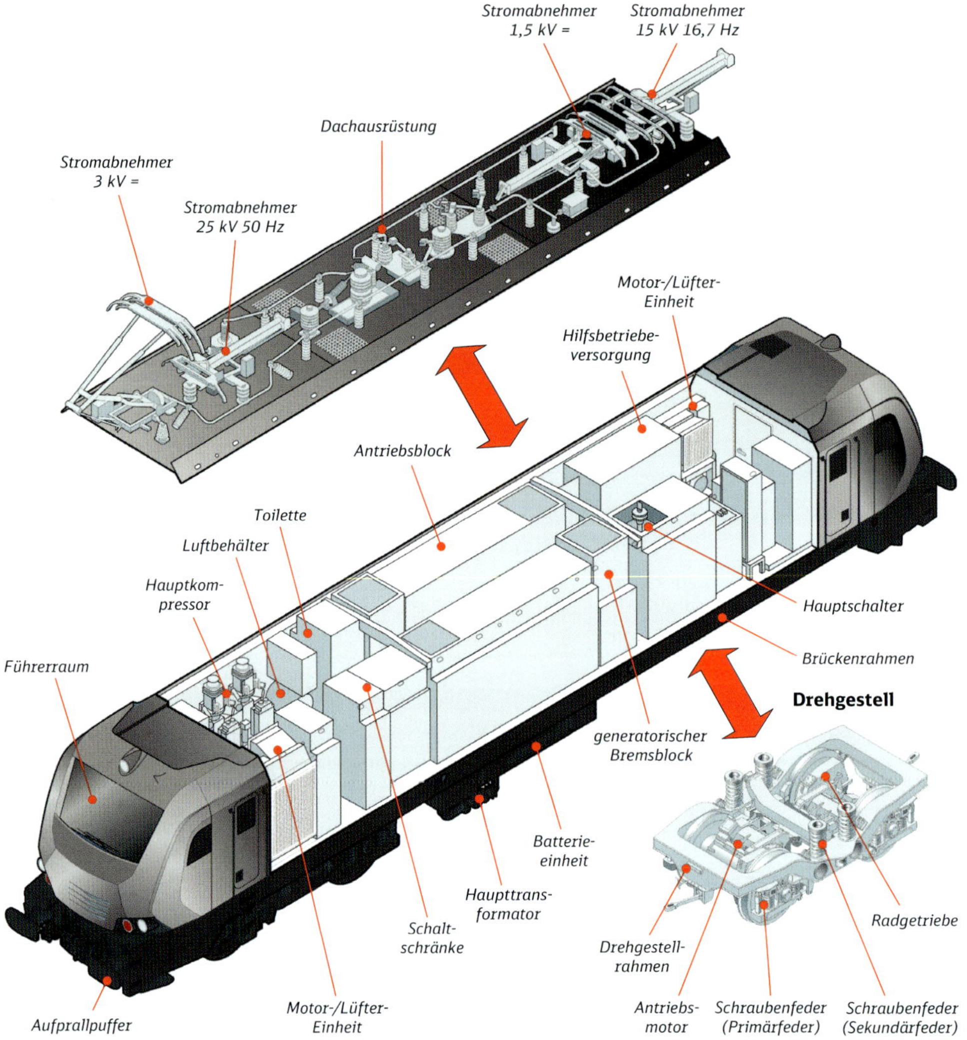

Abb. 2-8: grundlegender Aufbau einer elektrischen Lokomotive

Quelle: Alstom/Prospekt Elektrische Lokomotive Prima

2.1.4 Güter- und Reisezugwagen

Der Aufbau eines Wagens wird vom jeweiligen Verwendungszweck bestimmt. Die Seitenwände der Fahrzeuge sowie das Dach tragen in der Regel zur Kraftübertragung bei (selbsttragende Bauweise). Seit 1960 werden Reisezugwagen sowie viele Güterwagen nicht mehr in der klassischen Rahmenbauweise hergestellt.

Der mechanische Aufbau von Güter- und Reisezugwagen unterscheidet sich in einigen wesentlichen Merkmalen.

Reisezugwagen

Bei Reisezugwagen ist der Aufbau als selbsttragende Zelle mit einer verstärkten Bodengruppe zur Aufnahme der Zug- und Stoßkräfte ausgeführt. Hinsichtlich des weiteren Aufbaus wird zwischen Nah- und Fernverkehrswagen differenziert. Als Variante gibt es zudem eine Unterteilung in doppelstöckige und einstöckige Wagen. Die Fahrgasträume der Doppelstockwagen sind in zwei Stockwerken übereinander angeordnet. Bei gleicher Fahrzeuglänge bieten sie deutlich mehr Sitzplätze und gestalten damit den Verkehr noch wirtschaftlicher.

Abb. 2-9: grundlegender Aufbau eines Reisezugwagens (Beispiel Steuerwagen) Abbildung: DB AG

Güterwagen

Neben den offenen und geschlossenen Fahrzeugbauarten gibt es Spezialwagen für jeden Verwendungszweck. Selbst außergewöhnliche und schwierige Transporte großer Mengen an Material in unterschiedlichen Aggregatzuständen sind problemlos möglich. Breite Türen und tragfähige Wagenböden erlauben das Befahren mit Gabelstaplern und anderen schweren Fahrzeugen. Bei einigen Wagengattungen lassen sich Wagendächer, Seiten- und Stirnwände öffnen und ermöglichen so ein Be- und Entladen mit Kran, Bagger oder Förderband und Gabelstapler. Hinzu kommen Selbstentladewagen für Massengut wie Kohle, Kalk, Erz und Schotter sowie Spezialwagen für staubförmige und körnige Güter.

Kesselwagen sind zum Teil selbsttragend konstruiert, wobei der Kessel auch die Längskräfte überträgt. Bei neuen Güterwagen wird das Prinzip der tragenden Röhre ebenfalls angestrebt oder schon angewendet.

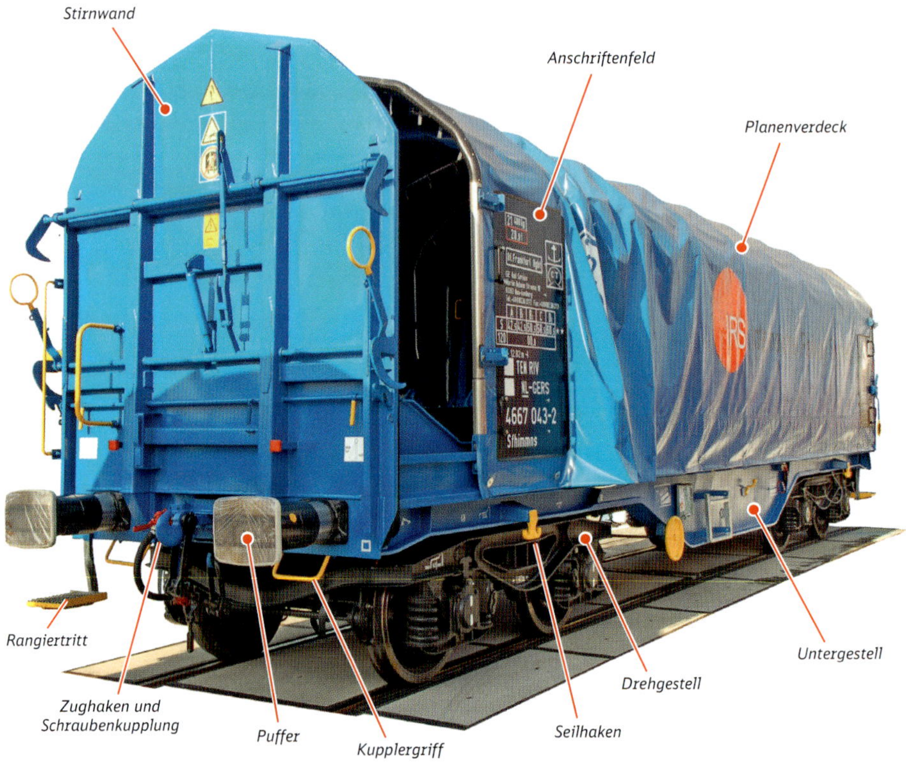

Abb. 2-10: grundlegender Aufbau eines Güterwagens

Abbildung: Janicki

Rangiertritte

Beim Rangieren kommt es häufig vor, dass Fahrzeuge begleitet werden müssen. Güter- und Reisezugwagen sind deshalb auf jeder Seite mit mindestens einem Tritt und entsprechenden Handläufen ausgestattet, wo sich der Rangierer während des Betriebs aufhalten kann. Ausgenommen davon sind Wagen, die als permanent gekuppelte Wageneinheit betrieben werden. Weitere Tritte befinden sich überall dort, wo sie notwendig sind, beispielsweise um den Zugang zu Teilen des Wagens während seiner Be- und Entladung zu ermöglichen.

Kupplergriff

Beim Kuppeln von Fahrzeugen mit Schraubenkupplung steht der Rangierer im Gleis zwischen den Fahrzeugen im freien Raum, der zwischen Seitenpuffer und Schraubenkupplung vorhanden ist. Um dorthin zu gelangen, muss er unter den Puffern gebückt hindurchgehen. Dieser Vorgang wird dadurch erleichtert, dass an den Kopfstücken Kupplergriffe zum Festhalten angebracht sind.

Seilhaken

Für die Bewegung einzelner Güterwagen oder Wagengruppen an Umschlagstellen werden vielfach ortsfeste Seilzuganlagen benutzt. Die Güterwagen sind dazu beidseitig mit Seilhaken ausgerüstet, die entweder in der Nähe der Fahrzeugecke oder in der Fahrzeugmitte angebracht sind. Zur Vermeidung von Gefahren sind die Seilhaken mit einem Gefahrenanstrich versehen.

Zettelhalter

Bei Güterwagen dient ein am Langträger oder an der Fahrzeugseitenwand angebrachter Zettelhalter zum Einlegen von Begleitpapieren und Beförderungsunterlagen.

Abb. 2-11: Seilhaken Foto: Janicki

Abb. 2-12: Zettelhalter Foto: Janicki

2.1.5 Triebzüge

Triebzüge bestehen meist aus mehreren Einzelfahrzeugen (Einheiten), die im Betrieb in der Regel nicht trennbar sind. Um die Transportkapazität an die jeweiligen Erfordernisse anzupassen, können mehrere Züge automatisch zu einer Zugeinheit gekuppelt werden. Dazu sind die Fahrzeuge stirnseitig in der Regel mit je einer automatischen Mittelpufferkupplung (Scharfenbergkupplung) ausgerüstet.

Je nach vorgesehenem Einsatzgebiet kann die Fußbodenhöhe im Fahrgastraum variieren. Über den Drehgestellen befinden sich meist Hochflurbereiche. Der Übergang zwischen den Wagenkästen besteht aus einem Doppelwellenbalg mit einer Gliederbrücke als Spaltabdeckung. So sind die Fahrzeuge auf ganzer Länge begehbar. Pro Wagenkastenseite kommen bis zu zwei elektrisch betätigte Einzel- oder Doppelschwenkschiebetüren zum Einsatz. Zur Verbesserung der Einstiegsverhältnisse können zusätzliche Trittstufen angebracht werden.

Elektrische Antriebsmotoren sind im Drehgestell untergebracht. Bei den Dieselfahrzeugen ist die Maschinenanlage unterflur angeordnet. Die Verteilung der Antriebsleistung über mehrere Achsen sorgt für eine gleichmäßige und sichere Übertragung der Antriebs- und Bremskräfte. Die technische Ausrüstung der Traktion und Teile des Bordnetzes sind zum Großteil unter den Einzelfahrzeugen verteilt. Heiz- und Kühlaggregate befinden sich vorwiegend auf den Fahrzeugdächern. Alle wartungsbedürftigen Komponenten sind in der Regel über Klappen oder Türen zugänglich.

Beim ICE 3 bedeutet dies beispielsweise, dass im Vergleich zu einer lokbespannten Einheit bei gleicher Länge etwa 20 % mehr Platz für Passagiere vorhanden ist. Weil die Hälfte der Achsen direkt angetrieben wird und keine elektrische Lokomotive vorn oder hinten am Zug hängt, beschleunigt der Zug aufgrund der besseren Antriebsverteilung schneller. Außerdem kann er steilere Streckenabschnitte befahren.

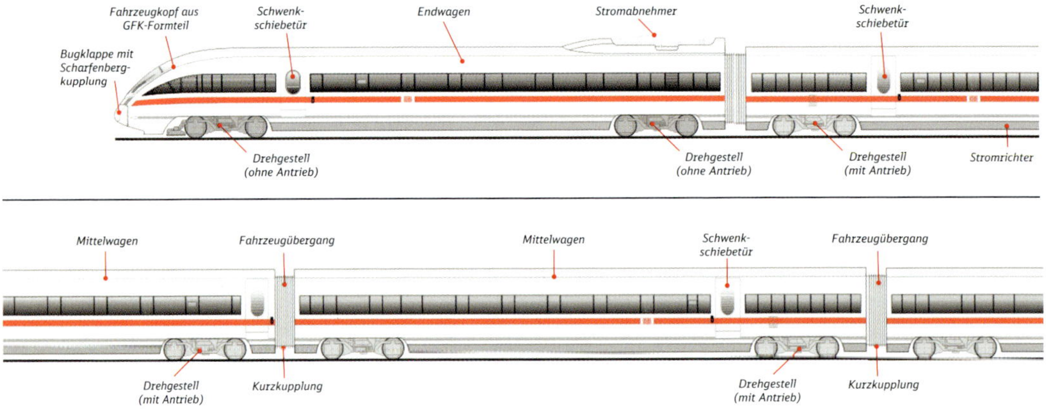

Abb. 2-13: allgemeiner Aufbau eines Fernverkehrstriebzuges (ICE) Abbildung: Janicki

Triebzug mit Jakobsdrehgestellen (Gliedertriebzug)

Die meisten Bauarten der im Regionalverkehr eingesetzten neueren Triebzüge besitzen Brücken- beziehungsweise Jakobsdrehgestelle, die sich jeweils zwischen zwei Wagen befinden und auf denen die beiden benachbarten Wagenkästen aufliegen (Gliedertriebzug). Dabei sind die Endtriebwagen (ETW) in der Regel identisch. Je nach Triebzug sind die ebenfalls weitgehend identischen Mitteltriebwagen (MTW) innerhalb der Fahrzeugeinheit durch Gelenke über den Drehgestellen mit den Endtriebwagen sowie untereinander verbunden.

Der Führerraum befindet sich auf einer Ebene mit dem Hochflurbereich und kann durch den Fahrgastraum betreten werden. Ein Vorteil dieser Bauart ist, dass sich bei längeren Zugeinheiten die Anzahl der Drehgestelle verringert. Nachteilig ist jedoch, dass die Zugeinheit betrieblich nicht getrennt werden kann und sich die Radsatzlast erhöht.

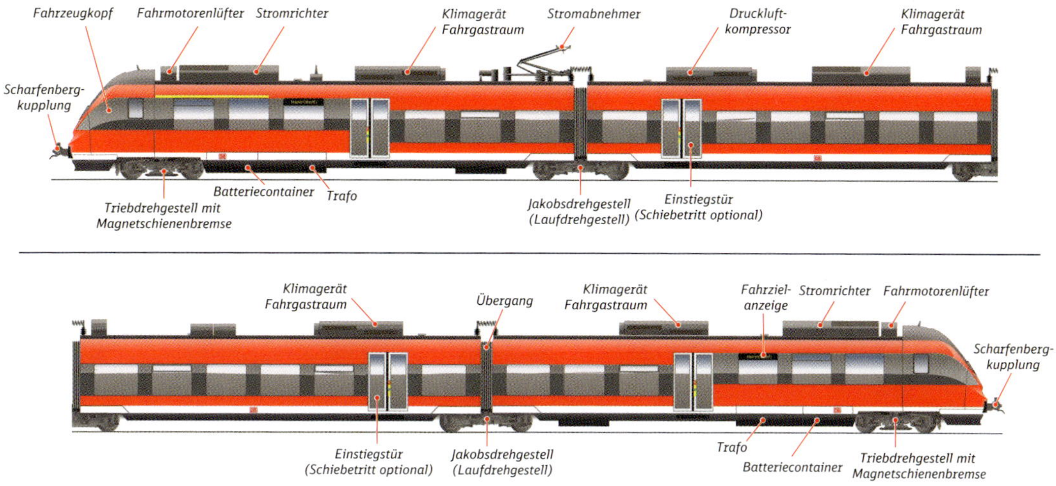

Abb. 2-14: allgemeiner Aufbau eines elektrischen Gliedertriebzuges

Abbildung: Bombardier

Gelenk- und Multigelenktriebzüge

Gelenktriebzüge sind mehrteilige Einheiten, deren einzelne Fahrzeuge über Gelenke verbunden sind. Bei Einzelgelenktriebzügen stützt sich jeder Wagenkasten auf ein eigenes Laufwerk ab. Hier übertragen die Gelenke neben den Längskräften nur Vertikalanteile, die sich aus Gewichtsdifferenzen in den einzelnen Fahrzeugmodulen ergeben. Im Dachbereich werden daher auch nur geringe Stützkräfte in Längsrichtung eingeleitet. Gelenkanschlüsse und Stirnwandstruktur können den geringen Belastungen entsprechend gewichtsoptimiert werden, ohne die Festigkeit des Wagenkastens zu gefährden.

Im Gegensatz zu den Gelenktriebzügen besitzen Multigelenktriebzüge mehr als ein Gelenk zwischen zwei Laufwerken. Hier sind zwischen den mit Einzellaufwerken ausgestatteten End- oder Mittelwagen Fahrgastzellen als „Sänften" eingehängt. Bei Multigelenktriebzügen sind die Gelenke in vertikaler Richtung hoch belastet, da hier das Gewicht der Sänfte und ein überwiegender Teil der Nutzlast übertragen werden muss. Dazu kommen noch höhere Stützkräfte im Dachbereich, die nur an den Kopfenden teilweise durch den Massenüberhang kompensiert werden.

Abb. 2-15: Ein Beispiel für einen Multigelenktriebzug ist der „Integral“ der Bayerischen Oberlandbahn, der für den Regionalverkehr konzipiert worden ist.
Quelle: Bayerische Oberlandbahn

2.1.6 Kennzeichnungssystematik für Schienenfahrzeuge

Da Schienenfahrzeuge in der Regel an beiden Fahrzeugenden identisch aussehen, gibt es eindeutige Festlegungen für die Kennzeichnung der Fahrzeugenden und Führerräume (Führerplätze). Die Grundausrichtung eines Schienenfahrzeuges und damit die Angabe von Vorder- und Rückseite wird mit dem Begriff Orientierungsrichtung beschrieben. Die Regeln für die Festlegung der Orientierungsrichtung sowie für deren Darstellung in Zeichnungen und sonstigen Dokumenten sind in der DIN 25005 enthalten.

Orientierungsrichtung

In Zeichnungen und Plänen werden Schienenfahrzeuge immer von rechts nach links dargestellt – das vorn liegende und damit rechts dargestellte Fahrzeugende ist mit 1, das andere mit 2 gekennzeichnet. Die Fahrzeugseiten ergeben sich aus der Orientierungsrichtung. Sie werden mit L für links und R für rechts gekennzeichnet.

Bei Zugverbänden werden beginnend mit dem führenden Fahrzeug die folgenden Fahrzeuge nach links gezeichnet und entsprechend durchnummeriert. Befinden sich zwei Triebfahrzeuge (Triebwagen) im Zugverband, wird das in Orientierungsrichtung vordere Fahrzeug mit A und das hintere mit B gekennzeichnet; die dazwischenliegenden Fahrzeuge werden entgegengesetzt zur Orientierungsrichtung mit C, D, E usw. gekennzeichnet.

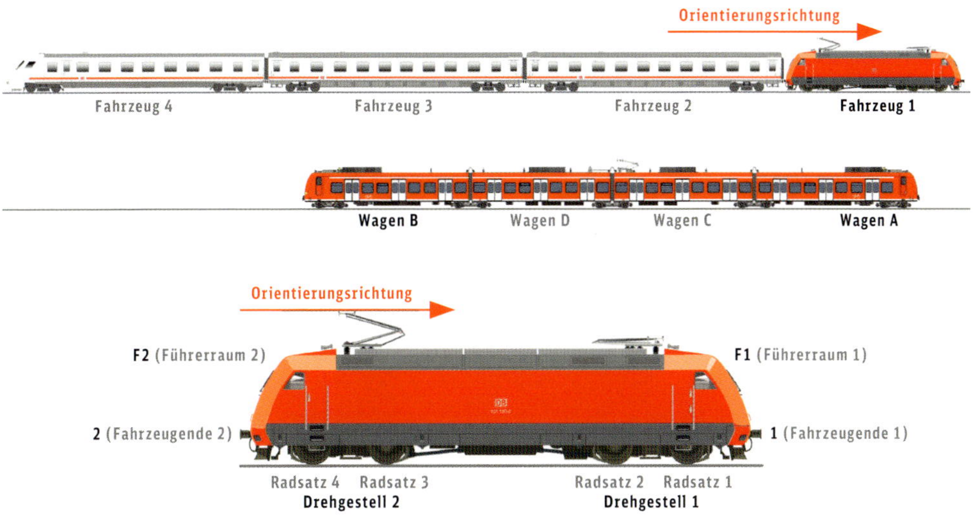

Abb. 2-16: Darstellungsregeln für Schienenfahrzeuge nach DIN 25005 Abbildung: Janicki

Triebfahrzeuge

Bei äußerlich symmetrischen Fahrzeugen mit zwei gleichwertigen Führerräumen erfolgt deren Kennzeichnung analog der Kennzeichnung der Fahrzeugenden. Zur Festlegung der Fahrzeugenden gelten folgende Festlegungen:

- Besitzen Triebfahrzeuge einen Hauptseitengang oder unsymmetrisch angeordneten Mittelgang, befindet sich dieser auf der rechten Seite.
- Bei Vorhandensein eines Mittelganges oder zweier Seitengänge wird das Fahrzeugende 1 durch die bessere Ausstattung des betreffenden Führerraums (Führerplatzes) festgelegt.
- Diesellokomotiven besitzen oftmals einen zwischen zwei ungleich langen Vorbauten liegenden Führerraum. Hier ist der längere Vorbau das Fahrzeugende 1.

Wagen

Hier gelten zur Festlegung der Fahrzeugenden folgende Regeln:

- Bei Reisezugwagen mit Hauptseitengang oder unsymmetrisch angeordnetem Mittelgang befindet sich dieser auf der rechten Seite.
- Bei Reisezugwagen mit zur Längsachse symmetrischer Inneneinrichtung befindet sich der Schaltschrank am Wagenende 1.
- Bei Steuerwagen befindet sich der Führerraum (Führerplatz) ohne Rücksicht auf die Lage eines eventuell vorhandenen Seitenganges am Wagenende 2.
- Bei Güterwagen mit Handbremse ist das Handbremsende das Wagenende 2.
- Bei Güterwagen mit Druckluftbremse ist das Wagenende, das auf der Kolbenstange des Bremszylinders liegt, das Wagenende 2.

Bauteilkennung

Die Orientierungsrichtung ist auch Grundlage für die Kennzeichnung von Bauteilen oder Messstellen nach ihrer Lage am Fahrzeug. In der DIN 25005 ist festgelegt, dass Laufwerke und alle übrigen Bauteile mit arabischen Ziffern beginnend vom Fahrzeugende 1 für jedes Einzelfahrzeug laufend zu nummerieren sind. Je nach Fahrzeugseite erhalten die Bauteile zur Kennzeichnung den Zusatz L oder R entsprechend der Fahrzeugseite. Kommen Bauteile auf jeder Fahrzeugseite jeweils paarweise vor (zum Beispiel Radsatzhalter, Federbock), werden diese je nach ihrer Zuwendung zu einem Fahrzeugende noch mit einer 1 oder 2 gekennzeichnet.

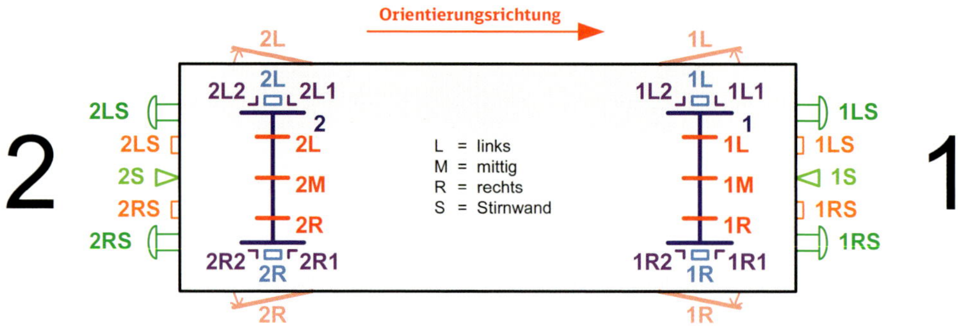

1, 2 = Radsätze
1L, 1R, 2L, 2R = Radsatzlager
1L1, 1L2, 1R1, 1R2, 2L1, 2L2, 2R1, 2R2 = Radsatzhalter
1L, 1R, 2L, 2R = Einstiegstüren
1LS, 1RS, 2LS, 2RS = Stoßeinrichtungen
1S, 2S = Kupplungen
1LS, 1RS, 2LS, 2RS = Luftabsperrhähne
1L, 1M, 1R, 2L, 2M, 2R = Bremsscheiben

Abb. 2-17: beispielhafte Bauteilkennung nach DIN 25005 Abbildung: Janicki

2.1.7 Bauweisen und Werkstoffe

Neben Stahl und Edelstahl werden, um die Fahrzeuge leichter zu machen, immer häufiger Werkstoffe mit geringem spezifischem Gewicht verarbeitet. Aluminium verfügt über vielfältige Einsatzmöglichkeiten und Eigenschaften. Es ist besonders leicht, dehnbar und lässt sich zu unterschiedlichen Teilen in diversen Formen verarbeiten. Darüber hinaus bietet es einen guten Korrosionsschutz dank einer beständigen Oxidschicht. Verstärkt kommen auch Kunststoffe zum Einsatz. In der Regel werden hier glasfaserverstärkte Kunststoffe (GFK) verwendet, die entweder als ganze Röhre gewickelt (Wickeltechnik) oder aus Segmenten hergestellt und teilweise verschraubt oder verklebt sind.

Fahrzeugherstellung

Der Produktionsprozess eines Schienenfahrzeugs besteht aus verschiedenen Etappen. So erstreckt sich die Fertigung von der Einzelteilfertigung und Baugruppenmontage über die Rohbaufertigung, Nachbearbeitung und Farbgebung bis hin zum Ausbau und der Endmontage. Die Fertigung verläuft dabei vorwiegend arbeitsteilig und orientiert sich an der Bauweise des Wagenkastens. Hier wird wie folgt unterschieden:

- Differenzialbauweise: Auf einer aus Stahl-, Aluminium- oder Edelstahlprofilen hergestellten Wagenkastenstruktur (skelettartige Stringer- und Spantenbauweise) werden glatte oder gesickte Bleche aufgeschweißt. Tragende und verschalende Funktionen werden hierbei klar getrennt.
- Verbundbauweise: Im Gegensatz zur Differenzialbauweise werden für die Beplankung der metallischen Wagenkastenstruktur nichtmetallische Werkstoffe verwendet.
- Integralbauweise: Hier wird der Wagenkastenrohbau aus durchgehenden Aluminium-Strangpressprofilen aufgebaut, die mithilfe einer speziellen Schweißtechnik zu Untergestellen, Seitenwänden und Dächern zusammengefügt werden. Aus den vorgeschweißten Seitenwänden werden die Ausschnitte für Fenster und Türen ausgefräst und mechanisch bearbeitet. Bei dieser Bauweise werden tragende und verschalende Funktionen kombiniert.

Die Ende der 1920er-Jahre eingeführte Differenzialbauweise war im Schienenfahrzeugbau ein Meilenstein und herrschte über 60 Jahre hinweg vor. Aufgrund ihrer hohen Flexibilität sowie der geringen Produktspezifität der Betriebsmittel wird die Differenzialbauweise im Einzelfall für kleinere Fahrzeugserien heute noch angewendet.

Abb. 2-18: Fertigung eines ICE Hochgeschwindigkeitszuges in Integralbauweise; Kernstück der Endwagen ist der extrem stromlinienförmige, lange Kopf aus sphärisch gebogenen Aluminium-Strangpressprofilen. Foto: Siemens TS

Differenzialbauweise

Der Fahrzeugkasten ist als selbsttragende Konstruktion ausgeführt und gliedert sich in verschiedene Baugruppen. Die Kastenstruktur ist fertigungstechnisch so ausgelegt, dass neben den statischen und dynamischen Lastfällen auch die darüber hinausgehenden fahrzeug- beziehungsweise einsatzspezifischen Besonderheiten berücksichtigt sind. Die neuesten Anforderungen hinsichtlich der passiven Sicherheit sind zu berücksichtigen. Bei Lokomotiven stellen die Traktionsausrüstungen – Dieselmotor und Turbogetriebe können ein Gewicht von bis zu 30 Tonnen aufweisen – hohe Anforderungen an die Festigkeit und Steifigkeit des Fahrzeugkastens.

Abb. 2-19: Lokomotivkasten der Diesellok Voith Maxima

Abbildung: Karl Gerhard Baur

Integralbauweise

Die Struktur des Wagenkasten-Rohbaus neuerer Fahrzeuge wird heute meist in Integralbauweise hergestellt. Dabei kommen für die Beplankung großformatige, bis zu 650 mm breite Strangpressprofile zum Einsatz. Aufgrund der profilierten Struktur dieser Bauteile wird eine Steifigkeit erreicht, die die Herstellung und Verwendung eines separaten tragenden Gerippes überflüssig macht. Die einzelnen Aluminium-Strangpressprofile werden aneinandergesetzt und miteinander verschweißt. Sie erstrecken sich zum Teil über die gesamte Länge des Wagenkastens. Die Fenster- und Türöffnungen werden bereits in der Schweißvorrichtung ausgespart und im nächsten Arbeitsgang auf das Sollmaß gefräst. Der Einsatz der großflächigen Strangpressprofile reduziert den Montageaufwand in der Rohbaufertigung erheblich.

Auch die Bodenplatte setzt sich aus Langträgern und Bodenelementen aus Aluminium-Strangpress-Hohlkammerprofilen zusammen. C-förmige Schienen erfüllen ihren Zweck als Unterkonstruktion für Fußboden und Sitze beziehungsweise zur Aufnahme von Medienleitungen. Zur Befestigung der Drehgestell-Traversen sowie eventuell vorhandener Hauptbauteile – wie beispielsweise Transformator oder Umrichter – verfügen die Langträger an ihrer Unterseite ebenfalls über C-förmige Nuten. Bei angetriebenen Fahrzeugen kommen aufgrund der Anordnung von Antriebskomponenten unterhalb des Fahrzeugbodens hohe statische Anforderungen auf die Wagenkästen zu, was bei der Materialauswahl und Dimensionierung berücksichtigt werden muss.

Das Dach besteht ebenfalls aus zusammengeschweißten Aluminium-Strangpress-Hohlkammerprofilen. Die Stirnwände an den Kupplungsenden bestehen aus einer massiven Schweißkonstruktion aus Aluminiumblech und Kastenprofilen, die einen kräftigen umlaufenden Rahmen bilden.

Abb. 2-20: Am Anfang stehen große Aluminiumprofile, die zusammen den Wagenkasten formen. Die größten Profile sind etwa 21 Meter lang und bis zu 640 Kilogramm schwer. Mit einem Kran werden die Alu-Teile auf die Schweißanlage gehoben. Foto: Siemens

Fügeverfahren

In der Regel ist Schweißen das vorherrschende Fertigungsverfahren zur Herstellung des Wagenkastenrohbaus. Auch die Verwendung von Leichtmetallen wie Aluminium setzte sich erst mit dem Aufkommen des Aluminiumschweißens durch. Aufgrund der hohen Steifigkeitsanforderungen und der betriebsbedingten großen dynamischen Belastungen, die auf den Wagenkasten wirken, werden die Bauteile für den Wagenkastenrohbau in der Regel durch Lichtbogenschweißen in langen durchgängigen Nähten miteinander verbunden. Das in der Automobilproduktion angewendete produktivere Punktschweißen kommt nur sehr eingeschränkt in weniger belasteten Bereichen zum Einsatz.

Moderne Klebstofftechnologien werden immer häufiger eingesetzt. So bestehen die Seitenwände neuerer Triebzüge zum Teil aus vormontierten Modulen, die aus einem Gerippe aus Stahl mit aufgeklebter GFK-Außenhaut bestehen. Vielfach werden die Fahrzeugaußenseiten auch in einer modularen Sandwichbauweise hergestellt, bei der Edelstahlbleche mit einem starren Schaumkern verklebt werden. Neben den Außenfenstern werden auch die Innenverkleidungen eingeklebt.

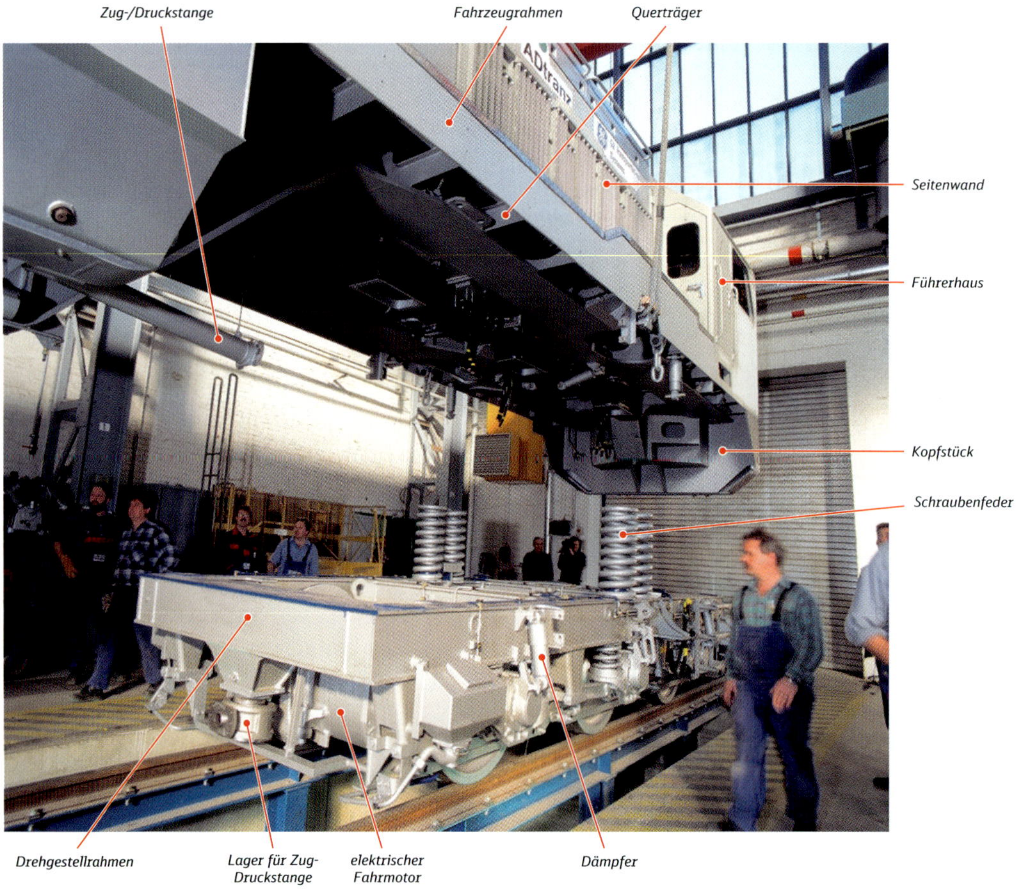

Abb. 2-21: Endmontage; der Fahrzeugkasten wird auf die Drehgestelle aufgesetzt und befestigt. Abbildung: Bombardier

Lackierung

Nach Fertigstellung des Rohbaus werden die Wagenkästen innen und außen mit einem mineralischen Mittel gestrahlt. Anschließend erhält das Fahrzeug den Grundanstrich mit einem Zwei-Komponenten-EP-Metallgrund. Zur optischen Verbesserung der Oberflächen werden in Problemzonen Spachtelarbeiten mit Zwei-Komponenten-Spachtel ausgeführt, der anschließend geschliffen wird. Als Zwischenanstrich wird ein Zwei-Komponenten-Polyurethan-Grundanstrich aufgetragen.

Beim folgenden Deckanstrich kommt Zwei-Komponenten-Polyurethan-Decklack in den gewünschten Farbtönen zum Einsatz. Auch die Unterseite des Fahrzeugs erhält zunächst eine Grundierung, dann eine partielle Spritzisolierung zum Abbau von Körperschall und zum Schluss ein elastifiziertes Dickschicht-Material. Nach dem Lackieren des Wagenkastens werden die Fenster eingeklebt, die Türen montiert und die Innenisolierung wird angebracht. Damit ist das Fahrzeug für die Endmontage vorbereitet.

Modularisierung und Standardisierung

Eine wesentliche Grundlage zur Vereinheitlichung der Fahrzeuge sowie zur kostengünstigen Fertigung schafft die Modularisierung der Produktstruktur des Wagenkastens. Laut Definition ist ein Modul eine abgrenzbare, einbau-, anschluss- und betriebsfertige Einheit, deren Elemente physisch miteinander verbunden sind und die eine spezifische festgelegte Gesamtfunktion erfüllt. Meist integriert ein Modul verschiedene Komponenten, die jeweils Einzelfunktionen beitragen.

Der Fahrzeugkopf neuerer Nahverkehrstriebwagen ist ein Beispiel für die Modularisierung im Fahrzeugbau. Die moderne Formgebung konnte durch den Einsatz glasfaserverstärkter Kunststoffe realisiert werden. Vor der Montage des Moduls wird die Kunststoffschale mit Front- und Seitenscheiben, allen Innenverkleidungen und Teilen der technischen Ausrüstung ausgebaut. Neben der einteiligen Front kommen auch Fronten aus einzelnen GFK-Teilen zum Einsatz, die im Schadensfall einzeln ausgetauscht werden können.

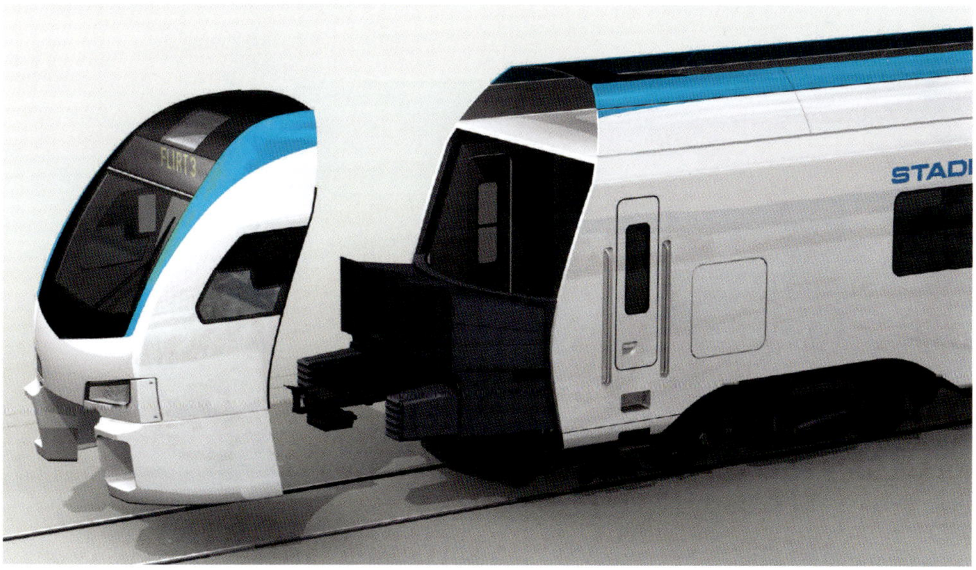

Abb. 2-22: Front aus glasfaserverstärktem Kunststoff (GFK-Front) Abbildung: Stadler

Recycling

Ökobilanzen spielen auch beim Bau von Schienenfahrzeugen eine immer wichtigere Rolle. Schon bei der Konstruktion wird der Fokus auf die Recyclingfähigkeit und Verwertbarkeit der Produkte gelegt. Durch geschickte Wahl der Materialien und Herstellprozesse werden nicht nur bei der Herstellung möglichst wenig Rohstoffe und Energie verbraucht, sondern die Schienenfahrzeuge lassen sich später auch leicht wieder zerlegen. Kunststoffe und Batterien werden entsprechend gekennzeichnet, um deren Identifizierung für Recyclingzwecke zu erleichtern. Die Verwendung giftiger Stoffe wird auf ein Minimum beschränkt. Recyclingquoten von bis zu 95 Prozent sind heute Standard.

Abb. 2-23: Stahlgerippe eines Reisezugwagens Foto: Siemens

2.1.8 Brandschutz

Die im Personenverkehr eingesetzten Eisenbahnfahrzeuge müssen so konzipiert sein, dass Fahrgäste und Zugpersonal in Gefahrensituationen, zum Beispiel bei einem Brand im Zug, geschützt sind und eine wirksame Evakuierung und Rettung möglich sind. Beim Bau der Fahrzeuge werden Werkstoffe verwendet, die eine Entstehung und Ausbreitung von Bränden verhindern und bei denen im Brandfall keine für Menschen gefährliche Rauch- und Gasentwicklung stattfindet. An verschiedenen Stellen im Zug sowie zu gegebenenfalls vorhandenen Verbrennungsmotoren und Kraftstofftanks sind Brandschutzwände vorgesehen. Bereiche mit Hochspannungsausrüstung (Schaltschränke) sowie Bereiche, die von Zugpersonal und Fahrgast nicht unmittelbar einsehbar sind – beispielsweise die WC-Räume –, sind mit einer Brandmeldeanlage ausgestattet.

Brandschutztechnische Einstufung für Personenfahrzeuge

Die brandschutztechnische Einstufung von Fahrzeugen des Personenverkehrs erfolgt in Abhängigkeit vom Brandrisiko nach Betriebsklassen. Maßgeblichen Einfluss bei der Klassifizierung hat dabei die zu befahrende Strecke. Während beim komplett oberirdischen Verkehr ohne aufgeständerte Streckenabschnitte alle Fahrzeugbauarten zum Betriebseinsatz kommen können, werden für das Befahren unterirdischer Nahverkehrssysteme in Ballungsräumen sowie im Fernverkehr mit hohen Anteilen langer Tunnel besondere Anforderungen an Konstruktion und Ausrüstung der Fahrzeuge gestellt. Die Begründung dafür liegt in der gegebenenfalls längeren Verweildauer der Fahrgäste bei Bränden oder Havarien. Dabei spielt für die Auslegung der Fahrzeuge auch der Abstand zwischen zwei sicheren Orten (Nothalteplatz oder Haltestellen) eine wichtige Rolle.

Anforderungen an Güterverkehrsfahrzeuge

Die Auslegung der Fahrzeuge und aller festen Ausrüstungsteile sowie die dafür verwendeten Werkstoffe müssen das Entstehen, die Ausbreitung und die Auswirkungen von Feuer und Rauch bei einem Brand begrenzen. Unter Umständen müssen dabei auch die zu befördernden Güter berücksichtigt werden.

2.1.9 Crashkonzepte

Die aktive Sicherheit zur Vermeidung von Unfällen bildet das grundlegende Konzept der Eisenbahnsicherheit. Hindernisse im Gleis führen zu einem bestehenden Restrisiko. Bei einer Kollision treten hohe Stoßbelastungen in Fahrzeuglängsrichtung auf. Die Erhöhung der passiven Sicherheit erfordert eine crashgerechte Konstruktion von Schienenfahrzeugen. Ziel der konstruktiven Maßnahmen ist der maximale Schutz von Personen, bei Gefahrgütern der Schutz der Umwelt sowie die Verringerung von Reparaturkosten nach Unfällen.

Mit dem Ziel, die Folgen von Kollisionen zu mindern, wurden in verschiedenen Dokumenten und Normen Anforderungen an die passive Sicherheit von Schienenfahrzeugen beschrieben:

- Standards für Crashanforderungen: Europäische Norm DIN prEN 15227: 2008 (Anforderungen an die Kollisionssicherheit von Schienenfahrzeugkästen)
- Kompatibilität für Zugsysteme: TSI 2008 (Technische Spezifikation für die Interoperabilität des Teilsystems Fahrzeuge des transeuropäischen Hochgeschwindigkeitssystems)

Kollisionsszenarien

Die DIN prEN 15227 beschreibt die Kollisionsszenarien. Diese „Referenzunfälle" sind bei der Entwicklung und Konstruktion der mechanischen Struktur des Fahrzeugs zu berücksichtigen.

- Szenario 1: Frontalzusammenstoß zwischen zwei identischen Zügen (Kollisionsgeschwindigkeit 36 km/h)
- Szenario 2: Frontalzusammenstoß mit einem Schienenfahrzeug, ausgestattet mit Seitenpuffern (80-Tonnen-Güterwagen, Kollisionsgeschwindigkeit 36 km/h)

- Szenario 3: Frontalzusammenstoß mit einem schweren Hindernis (Lkw auf Bahnübergang, Kollisionsgeschwindigkeit 110 km/h)
- Szenario 4: Zusammenstoß mit einem niedrigen Hindernis (zum Beispiel Pkw oder Tier)

Die mechanische Struktur des Fahrzeugs muss bei einem Frontalzusammenstoß das Risiko des Aufkletterns und des Entgleisens reduzieren. Das Eindringen von Hindernissen soll verhindert und der Führerstand und die Fahrgastbereiche optimal geschützt werden. Die Aufprallenergie ist durch eine kontrollierte Verformung zu absorbieren.

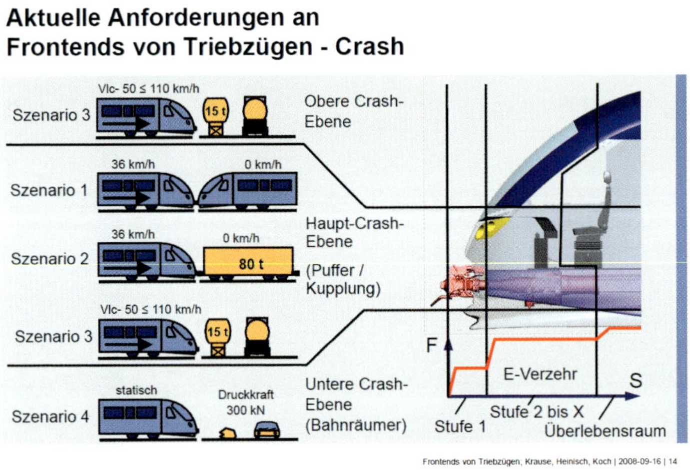

Abb. 2-24: Kollisionsszenarien zur Ermittlung des Energieverzehrs Abbildung: Voith Turbo

Neben der Anordnung von Energieverzehrelementen in der Frontpartie werden bei Triebzügen auch Deformationszonen zwischen den Einzelfahrzeugen über die gesamte Zuglänge verteilt angeordnet. Energieverzehrelemente beziehungsweise Deformationszonen gewährleisten bei einer Kollision eine höhere passive Sicherheit für Triebfahrzeugführer und Fahrgäste, indem der Energieverzehr außerhalb des Überlebensraums stattfindet und ein Aufklettern des Fahrzeuges verhindert wird.

Aufkletterschutzeinrichtung

Bei einem Crash entstehen aus den Längskräften vertikale Kräfte, die bei Erreichen einer bestimmten Größenordnung zu einem Aufklettern des Fahrzeuges führen können. Dadurch kann sich der Wagenkasten vom Drehgestell lösen oder andere Strukturen beschädigen. Der Aufkletterschutz soll dies verhindern. Aufkletterschutzeinrichtungen „verzahnen" zwei Fahrzeuge an der Kuppelstelle formschlüssig und unterdrücken so eine Relativbewegung. Dadurch wird sichergestellt, dass die Fahrzeuge bei einer Kollision möglichst lange im Gleis bleiben und nicht seitlich oder nach oben ausbrechen.

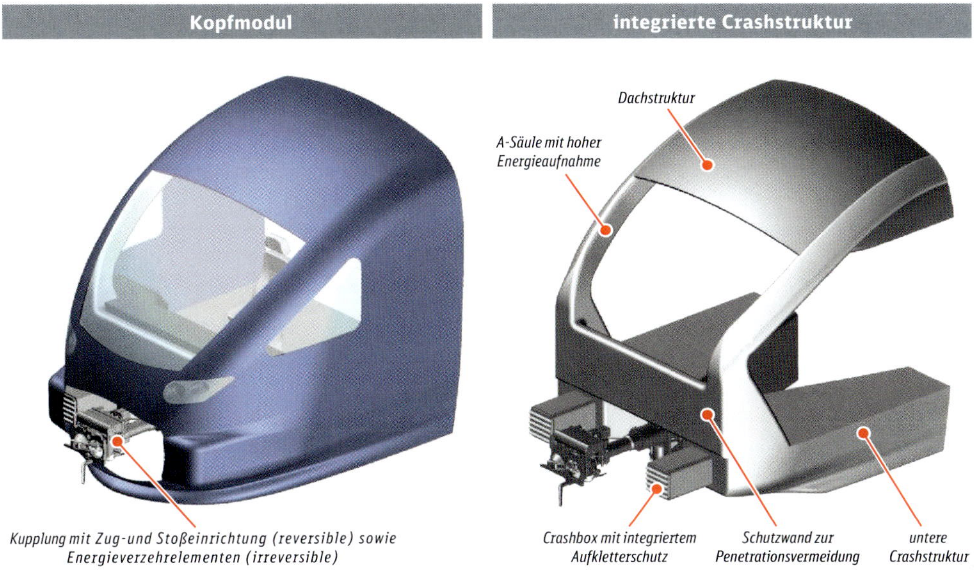

Abb. 2-25: Der Fahrzeugkopf des Endtriebwagens besteht hier aus einer GFK-Haube sowie einer integrierten Crashstruktur. Der Fahrzeugkopf wird über eine dauerelastische Verklebung mit der Crashstruktur verbunden. Abbildung: Voith Turbo

Crashmanagement

Gerade im Bereich der Zugfront spielen energieverzehrende Elemente eine große Rolle. Im Fall eines Aufpralls wird die entstehende Energie durch regenerative oder destruktive Energieverzehrelemente umgewandelt; Fahrzeugstruktur und Fahrgäste werden bestmöglich geschützt.

Für das Gesamtkonzept sind alle Elemente so aufeinander abgestimmt, dass die aufgenommenen Längskräfte über Kupplung, Crashmodule, das Frontgerippe und zuletzt die Kastenstruktur aufgenommen werden. Die schematische Darstellung der Kraft-Weg-Charakteristik eines Fahrzeugs zeigt, welche Bauelemente die Längskräfte aufnehmen.

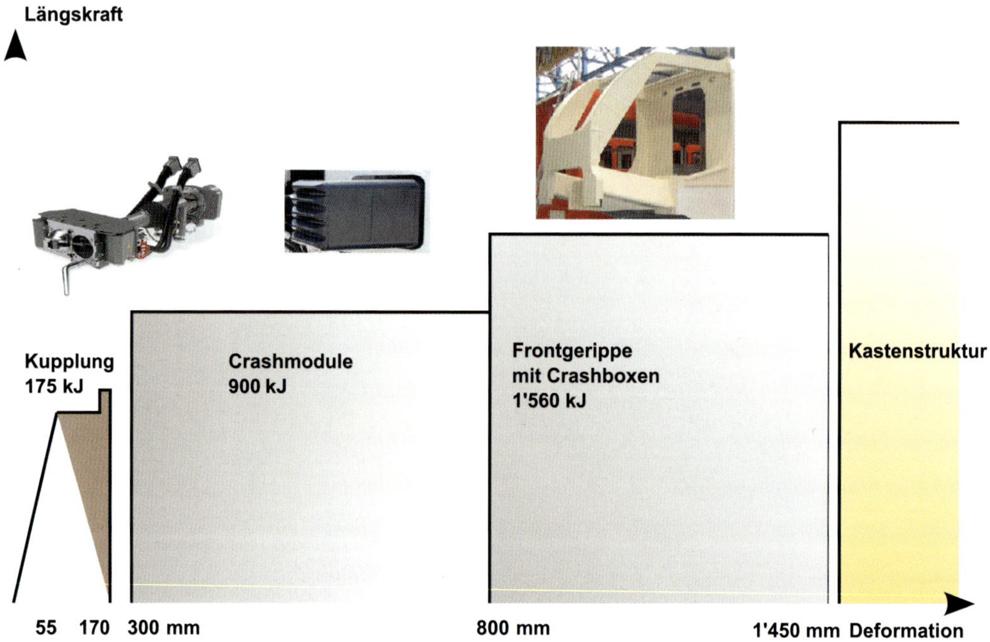

Abb. 2-26: Kraft-Weg-Charakteristik des Gesamtfahrzeugs nach: Stadler

Im Zugverband sorgen reversible Energieverzehrelemente wie Puffer für einen ruckfreien Fahrbetrieb und gleichen kleinere Stöße aus. Größere Stöße werden dagegen durch irreversible (destruktive) Energieverzehrelemente wie Verformungsrohre aufgefangen. Die Energieverzehrelemente aller Kupplungen im Zugverband sind dabei exakt aufeinander abgestimmt.

Neueste Entwicklungen, wie zum Beispiel der kollisionssichere Faserverbundkopf GALEA von Stadler, wirken wie ein Sicherheitshelm. Der Energieverzehr ist bei dieser Konstruktion bereits in die Struktur des Kopfes integriert.

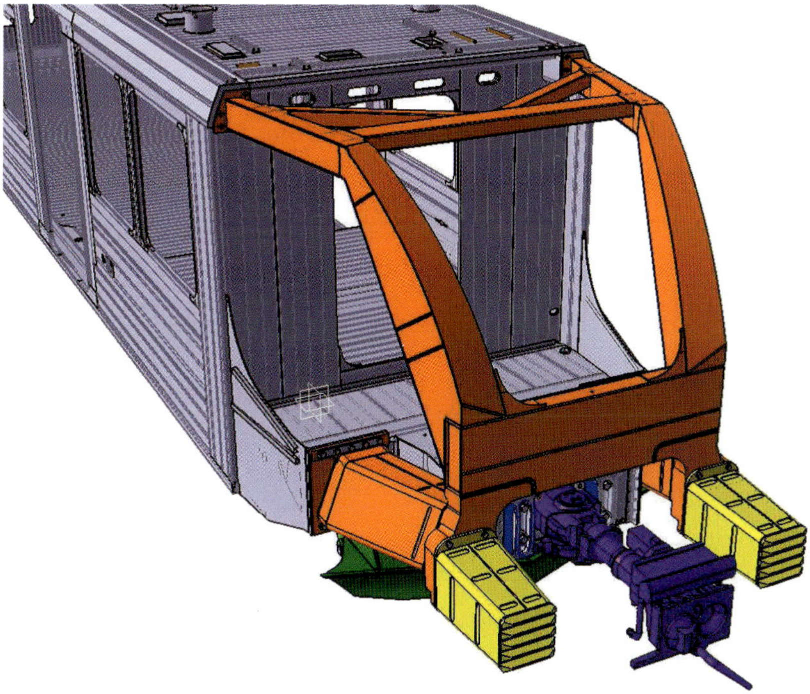

Abb. 2-27: definitive Crashstruktur Abbildung: Stadler

2.2 Laufwerk (Fahrwerk)

2.2.1 Grundsätzliche Anforderungen an das Laufwerk

Laufwerk ist der Oberbegriff für alle Teile, die zur Verbindung mit dem Fahrweg dienen. Vielfach wird dafür auch der Begriff Fahrwerk verwendet. Die Laufwerke übernehmen die Führung der Fahrzeuge im Gleis, sie geben die Lasten an die Radsätze weiter und federn diese gegen das Gleis ab. Während die Antriebsleistung nur von den angetriebenen Fahrzeugen übertragen wird, müssen die Bremskräfte auch von den Laufwerken der Wagen weitergegeben werden. Dabei gilt es, die sichere Führung des Fahrzeuges unter allen Betriebsbedingungen sicherzustellen. An das Laufwerk werden folgende Anforderungen gestellt:

- Im geraden Gleis sollen die Radsätze so geführt werden, dass Gleismitte und Radsatzmitte senkrecht zueinander stehen.
- Im Gleisbogen sollen sich die Radsätze möglichst radial einstellen, um die unterschiedliche Länge der Laufwege fester Räder ausgleichen zu können.
- Dem Aufsteigen (Entgleisen) des an der Schiene anlaufenden (führenden) Rades muss mit einer ausreichenden Sicherheit entgegengewirkt werden, besonders in Gleisbögen. Die Ablenkung des Radsatzes soll gleichmäßig und ohne Stöße erfolgen und darf die Laufruhe nicht beeinträchtigen.

Abb. 2-28:
Die sichere Führung des Fahrzeugs ist unter allen Betriebsbedingungen sichergestellt.
Foto: DB AG/Volker Emersleben

Einflüsse und Bewegungen während der Fahrt

Schienenfahrzeuge unterliegen während der Fahrt bestimmten Einflüssen, die einen unruhigen Lauf bewirken. Ursache hierfür sind unter anderem Schienenstöße oder -brüche, eine ungenaue Gleislage und abgenutzte Radreifen oder Seitenspiele zwischen Rad und Schiene beziehungsweise im Drehgestell: Am Fahrzeugkasten entsteht sogenanntes Nicken, Wanken, Wogen oder Schlingern.

- Nicken tritt auf, wenn Fahrzeuge mit kurzem Achsstand über Schienenstöße fahren. Das Fahrzeug versucht, um die Quermittenachse zu drehen.
- Dagegen sind beim seitlichen Wanken Unebenheiten nur einer Schiene die Ursache. Man versteht darunter eine Bewegung um die Längsachse.
- Periodische Auf- und Abwärtsbewegungen des Fahrzeuges werden als Tauchen oder Wogen bezeichnet.
- Schließlich tritt noch das Schlingern auf, ein periodisches Anlaufen der Räder der vorderen Achse an den Schienen.

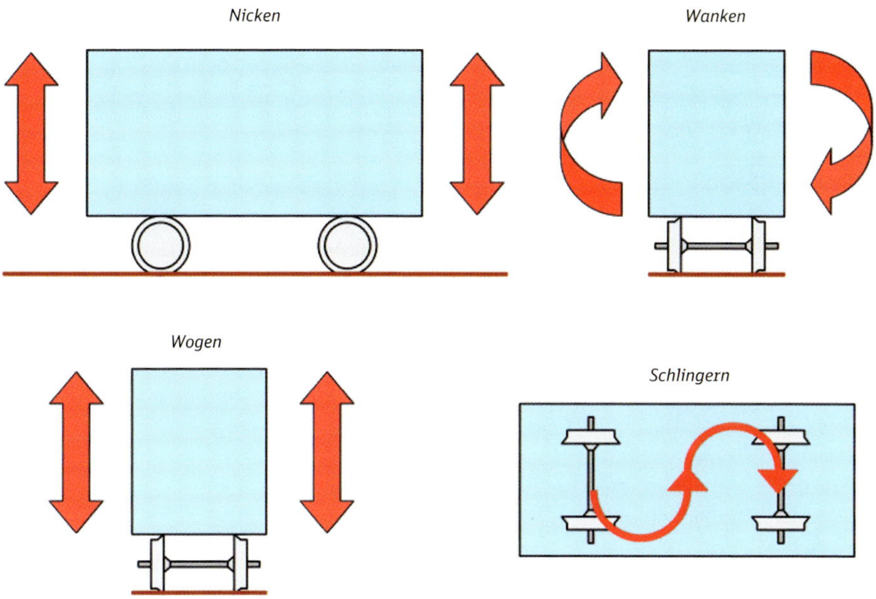

Abb. 2-29: Bewegungen des Fahrzeugkastens während der Fahrt Abbildung: Janicki

In der Praxis ist für gewöhnlich eine Überlagerung mehrerer dieser Bewegungen zu beobachten. Alle Einflüsse treten sowohl im geraden Gleis wie auch im Gleisbogen auf. Besonders bei höheren Geschwindigkeiten können sie zu unangenehmen Begleiterscheinungen führen. Federsysteme und Stoßdämpfer können sie zwar abschwächen, jedoch nicht beseitigen.

Schwingungen

Der bereits beschriebene Sinuslauf des Radsatzes versetzt die Wagenaufbauten in waagerechte Schwingungen quer zum Gleis, wobei mit steigender Geschwindigkeit die Frequenz der Schwingungen zunimmt. Fällt die Erregerfrequenz des Radsatzes mit der Eigenfrequenz des Fahrzeugaufbaus zusammen, kommt es zu einer Verstärkung der wirkenden Kräfte und zu einem Aufschaukeln der Schwingungen. Der Sinus- geht in einen Zickzacklauf über. Je nachdem, ob die Erregerfrequenz oberhalb oder unterhalb der Eigenfrequenz des Wagens liegt, spricht man von überkritischem oder unterkritischem Laufwerk. Wagen mit unterkritischen Laufwerken haben bis zu einer Geschwindigkeit von 65 km/h bis 70 km/h akzeptable Fahreigenschaften, die sich jedoch mit zunehmender Geschwindigkeit verschlechtern.

Da auch im Güterverkehr höhere Geschwindigkeiten erzielt werden sollten, wurden konstruktive Maßnahmen eingeleitet, welche die Erregerfrequenz des Radsatzes über die Eigenfrequenz brachten. Dies erreicht man durch einen verhältnismäßig kurzen Radstand, lose Kopplung zwischen Wagenkasten und Radsatz, weich federnde Radsatzhalter und ein entsprechend großes Querspiel der Radsätze. Der Resonanzfall liegt damit bei etwa 35 km/h, einer Geschwindigkeit also, bei der die Schwingungsanschläge und die dabei auftretenden seitlichen Anlaufkräfte relativ gering sind. Mit zunehmender Geschwindigkeit laufen diese Wagen ruhiger.

Stellung des Laufwerks bei Bogenfahrt

Ein zwei- oder mehrachsiges Laufwerk in einem festen Rahmen (steifachsig) kann vier Extremstellungen im Gleisbogen einnehmen: den Freilauf und Spießgang sowie die Außen- und Innensehnenstellung.

- Beim Freilauf berührt der führende Radsatz im Laufwerk mit dem Spurkranz des Bogenaußenrades die Bogenaußenschiene. Die Spurkränze der nachlaufenden Radsätze im Laufwerk laufen weder an der Bogeninnenschiene noch an der Bogenaußenschiene an; die Radsätze laufen frei.
- Beim Spießgang berührt zusätzlich einer der nachlaufenden Radsätze mit dem Spurkranz des Bogeninnenrades die Bogeninnenschiene. Diese beiden Stellungsbilder werden auch als die natürlichen Stellungsbilder eines Eisenbahnlaufwerkes bezeichnet. Je kleiner der Kurvenradius und je größer der feste Achsstand im Laufwerk sind, desto wahrscheinlicher ist der Spießgang als Stellungsbild.
- Bei der eher seltenen Außen- oder Innensehnenstellung berühren beide Radsätze mit dem Spurkranz entweder die Bogenaußen- oder Bogeninnenschiene.

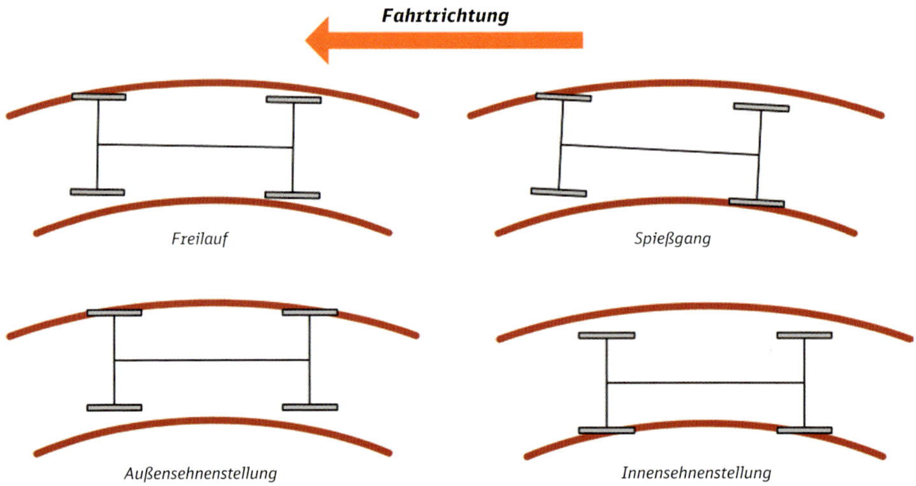

Abb. 2-30: Stellung des Laufwerkes bei Bogenfahrt

Abbildung: Janicki

Radiale Einstellbarkeit

Eine optimale Position des Radsatzes in der Kurve liegt vor, wenn jeder Radsatz eines Laufwerks radial zum Kurvenmittelpunkt steht und dadurch die sogenannte Einstellbedingung erfüllt ist. Bei steifachsigen Laufwerken mit mehr als zwei Achsen steht jedoch mindestens eine dieser Achsen nicht radial zum Kurvenmittelpunkt. So kommt es zu hohen Quer- und Längskräften im Kontakt zwischen Rad und Schiene und zu einem hohen Verschleiß. Dieses Verhalten wird mit der Radialstellung der Radsätze verbessert. Dabei werden die Radsätze in engen Kurvenradien durch Selbsteinstellung aufgrund der Kräfte im Rad-Schiene-Kontakt oder durch Stellelemente am Laufwerk gesteuert.

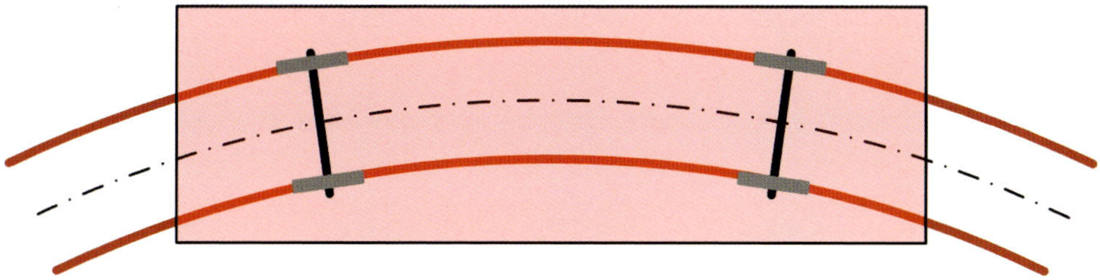

Abb. 2-31: Radialstellung von Radsätzen Abbildung: Janicki

Nach dem Funktionsprinzip werden folgende Arten der Radialstellung unterschieden:

- selbststeuernde Radsätze durch eine in Fahrzeuglängsrichtung weich ausgeführte Radsatzanlenkung,
- Radsatzkopplung durch Herstellung verschiedener Verbindungen zwischen den beiden Radsätzen eines Drehgestells,
- Wagenkastenkopplung durch Verbindung der Radsatzkopplung mit dem Wagenkasten.

Solange das Rad-Schiene-System verschleißfrei und der Rad-Schiene-Kontakt gut ist, wirken die benötigten Stellkräfte und die Selbststeuerung funktioniert sehr gut. Bei passiven Radsatzsteuerungen werden häufig kostenintensive Steuer- und Stellglieder benötigt. Sowohl die längsweiche Anlenkung als auch die Steuerbarkeit stehen zudem in einem Zielkonflikt, wenn mit diesen Laufwerken zugleich hohe Geschwindigkeiten gefahren werden sollen.

Radial einstellende Laufwerke bieten den Vorteil einer Gewichtsreduzierung infolge einer günstigeren Laufwerksanordnung. Dem steht jedoch ein höherer Aufwand bei der Konstruktion und der Wartung gegenüber, sodass sich diese Laufwerke bisher kaum verbreitet haben.

2.2.2 Aufbau und Konstruktion

Das einwandfreie Zusammenspiel aller Komponenten eines Laufwerkes ist Voraussetzung für die Sicherheit des Wagenlaufes, für die Laufruhe und für eine geringe Beanspruchung von Rad und Schiene. Dabei stellt die Bauform eines Laufwerkes eine wichtige Einflussgröße dar. Hier wird im Wesentlichen zwischen Einzelachs- und Drehgestelllaufwerken unterschieden:

- Beim Einzelachslaufwerk sind Wagenuntergestell und Radsätze durch Federn miteinander verbunden. Sie fangen Stöße und Schwingungen auf und verhindern einseitige Radentlastungen (Entgleisungsgefahr).
- Drehgestelle bestehen aus zwei oder mehr in einem Rahmen angeordneten Radsätzen. Sie sind drehbar unter dem Wagenuntergestell angeordnet.

Der Aufbau der Laufwerke unterscheidet sich somit in seiner technischen Ausführung, nicht aber in der Funktion der einzelnen Bauteile.

Element/Bauteil	Aufgabe(n)	Ausführungen
Rad bzw. Radsatz	▮ Übertragung und Führung der Last auf den Gleisen ▮ Übertragung der Antriebs- und Bremskräfte	▮ bereiftes Rad ▮ Vollrad
Lager	▮ Übergang zwischen feststehendem und rotierendem Bauteil	▮ Gleitlager ▮ Wälzlager
Federung	▮ Milderung von Stößen in vertikaler und zum Teil horizontaler Richtung	▮ Stahlfeder (Blatttragfeder, Parabelfeder) ▮ Schraubenfeder ▮ Gummifeder ▮ Luftfeder
Dämpfung	▮ Verringerung von Schwingungen	▮ Reibung in Bauteilen (Stahlfeder) ▮ Reibungsdämpfer ▮ hydraulische Dämpfer
Rad- bzw. Achsführung	▮ Übertragung von Horizontalkräften ▮ Stabilisierung des Radsatzes durch Koppelung an Wagenkasten oder Drehgestellrahmen	▮ Gleitführungen ▮ Lenkerführungen (Radsatzlenker) ▮ elastische Führungen
Fahrgestell- bzw. Fahrzeugrahmen	▮ Aufnahme der Kräfte von Federung und Achsführung	▮ Untergestell (Brückenträger) ▮ Drehgestellrahmen
Abstützung	▮ Abstützung des Wagenkastens ▮ Übertragung der Zug- und Schubkräfte	▮ Drehpfanne ▮ seitliche Gleitstücke und Mitnehmerzapfen ▮ Zwischenträger und Mitnehmerzapfen ▮ Traverse und Zug- und Schubstangen bzw. Lemniskatenlenkung

Abb. 2-32: Aufgaben und Ausführungen der Laufwerkelemente

2.2.3 Radsatz

Der Radsatz stellt die Verbindung zwischen Fahrzeug und Schiene her. Von ihm hängt die Laufgüte, vor allem aber die Betriebssicherheit ab. Der Radsatz besteht aus der Radsatzwelle, den beiden Rädern und der Radsatzlagerung.

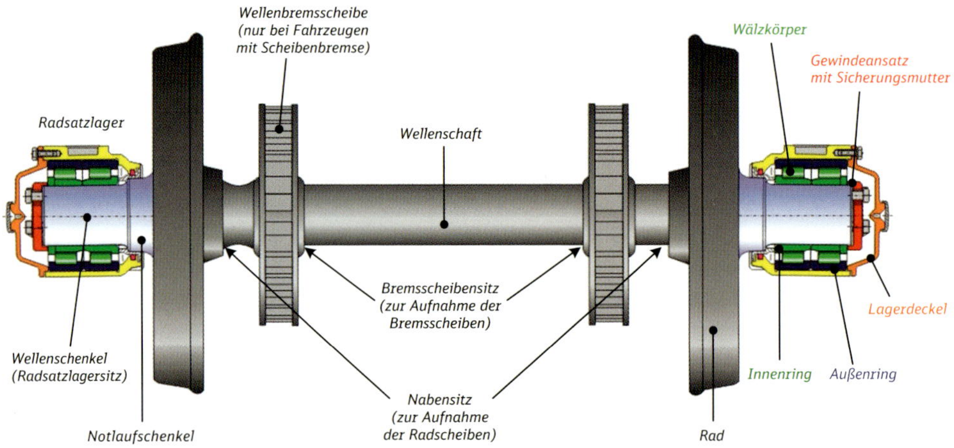

Abb. 2-33: Radsatz und Radsatzlagerung

Abbildung: DB Training

Radsatzherstellung

Am Anfang der Radsatzherstellung steht immer ein 10 m langer Stahlblock, der mit einer Hartmetallsäge in Blöcke geschnitten wird. Diese bis zu 1 m hohen Zylinder werden anschließend gewogen. Dann werden die 1.200 kg schweren Stahlblöcke in einem Ofen etwa vier Stunden lang von Raum- auf Schmiedetemperatur (circa 1.300 °C) erwärmt. Dabei bildet sich auf der Oberfläche des Materials eine dicke Zunderschicht aus verbranntem Stahl, die vor der weiteren Verarbeitung entfernt werden muss. Dies geschieht in der „Entzunderung" mit Presswasser unter einem Druck von 200 bar. Anschließend wird der Stahlblock in einer Schmiedepresse in mehreren Schritten geschmiedet.

- Schritt 1: Beim Anstauchen wird der Block auf etwa zwei Drittel seiner ursprünglichen Höhe gestaucht.
- Schritt 2: Beim Vorstauchen wird ein flaches rundes Stück („Pfannkuchen") erzeugt, das auf der Ober- und Unterseite bereits vorprofiliert ist.
- Schritt 3: Beim Fertigstauchen entsteht in einem geschlossenen Gesenk die Vorform in ihrer endgültigen Kontur.
- Schritt 4: Beim Lochen wird mit einem Titanzapfen in der Mitte des Körpers noch eine Bohrung eingeprägt.

Der noch glühende Rohling wird anschließend auf seine Endabmessungen und seine Kontur gewalzt. Dabei wächst das Rad im Durchmesser noch um 10 bis 15 %. Ein letzter Pressvorgang – das „Kümpeln" – gibt ihm seine endgültige Form und ein Stempelaufdruck mit Schmelzennummer, Herstellerkennzeichen und Produktionsnummer macht das Rad identifizierbar. Anschließend wird es mittels Laser vermessen, wobei sowohl die Kontur wie auch die geometrischen Abmessungen geprüft werden.

Das nun fertige Rad wird nach der Abkühlung erneut im Ofen auf rund 850 °C aufgeheizt und dann mit Wasser abgeschreckt. Im Zuge dieses Glühprozesses entsteht im Bereich der Lauffläche ein spezieller Gefügezustand, der durch das Abschrecken quasi eingefroren wird – Fachleute nennen diesen Vorgang „Härten". Ein nachgeschalteter Glühprozess – das „Anlassen" – sorgt dafür, dass der Radkörper seine notwendige Geschmeidigkeit erhält.

In Drehmaschinen erhalten die Räder ihre endgültigen Abmessungen. Dabei wird auch die Schmiedhaut abgedreht und das Rad bekommt sein glänzendes Aussehen. Nach der anschließenden Nabenbohrung werden die beiden Räder und die Welle vereint. Dazu wird die Radsatzwelle mithilfe einer Radsatzpresse unter hohem Druck in die Nabenbohrung gedrückt.

Bereiftes Rad/Vollrad

Die Räder sind als Scheibenräder ausgeführt. Nur bei älteren Museumsfahrzeugen findet man heute noch Speichenräder. Bei den Rädern wird zwischen dem Rad mit Radreifen (bereiftes Rad) und dem Vollrad (Monoblockrad) unterschieden.

Bei der Fertigung eines bereiften Rades verwendet man die im Maschinenbau gebräuchliche Technik des Aufschrumpfens. Dabei macht man sich eine Eigenschaft von Stahl zunutze: Er ändert bei Temperaturschwankungen seine Ausdehnung. Der Radreifen wird so gefertigt, dass er im kalten Zustand nicht auf die Radfelge passt. Er wird auf eine Temperatur von 473 bis 523 K (Kelvin) erwärmt, sodass sein Innendurchmesser geringfügig über dem Durchmesser des Radkörpers liegt. Bei der anschließenden Abkühlung zieht sich der Radreifen zusammen und es entsteht eine kraftschlüssige Verbindung mit der Radfelge.

An der Radaußenseite besitzt der Radreifen einen Bund, der verhindert, dass der Reifen nach innen abrutscht. Auf seiner Innenseite ist eine schwalbenförmige Nut eingedreht, in die ein stählerner Sprengring eingesetzt und mit einer Sprengringeinwalzmaschine eingewalzt wird. Neben der kraftschlüssigen Schrumpfverbindung wird so der Radreifen noch zusätzlich formschlüssig auf dem Radkörper gesichert. Ein abgefahrener Radreifen wird durch Aufbrennen von der Radfelge getrennt.

Abb. 2-34: Rad mit Radreifen (oben) und Vollrad (links) Abbildungen: Janicki

Radscheibe

Bei Leichtbaurädern sind die Radscheiben einfach oder doppelt gewellt (S-Form). Mit dieser Bauform wird eine höhere statische Festigkeit erzielt. Somit sind kleine Wandstärken und damit auch niedrigere Massen realisierbar (Gewichtseinsparung). Mit der größeren Oberfläche wird bei klotzgebremsten Rädern zudem eine verbesserte Wärmeabfuhr erreicht und so das

Entstehen von Spannungsrissen verhindert. Bei bestimmten Radbauformen werden Schallabsorber an der Radscheibe befestigt, die zu einer Reduzierung der Schallabstrahlung führen.

Gummigefederter Radsatz

Eine Sonderbauform stellen gummigefederte Radsätze dar. In ihrer Grundform bestehen sie aus einem metallischen Radreifen, einer elastischen Zwischenschicht und einer metallischen Radscheibe. Die elastische Zwischenschicht besteht aus Elastomerelementen, welche die Kräfte vom Radreifen auf die Radscheibe übertragen. Mit ihnen erzielt man eine Verringerung der ungefederten Masse aufgrund der Federung im Rad selbst. Die Entkopplung eines wesentlichen Teils der sonst ungefederten Masse führt zu einer deutlichen Verminderung der Fahrgeräusche.

Radsatzwelle

Radsatzwellen bestehen aus geschmiedetem Stahl mit einer Festigkeit von mindestens 50 kN/cm^2. Sie nehmen in den Schenkeln die Last des Schienenfahrzeuges auf und übertragen sie über die Räder auf die Schienen. Für die Aufnahme der Radsatzlager, Bremsscheiben und Antriebsmitnehmer weist die Radsatzwelle verschiedene Absätze und Sitze auf. Die Räder werden meist kalt auf die Radsatzwelle aufgepresst; zum Teil wird aber auch ein kombiniertes Klebe-Schrumpf-Verfahren verwendet.

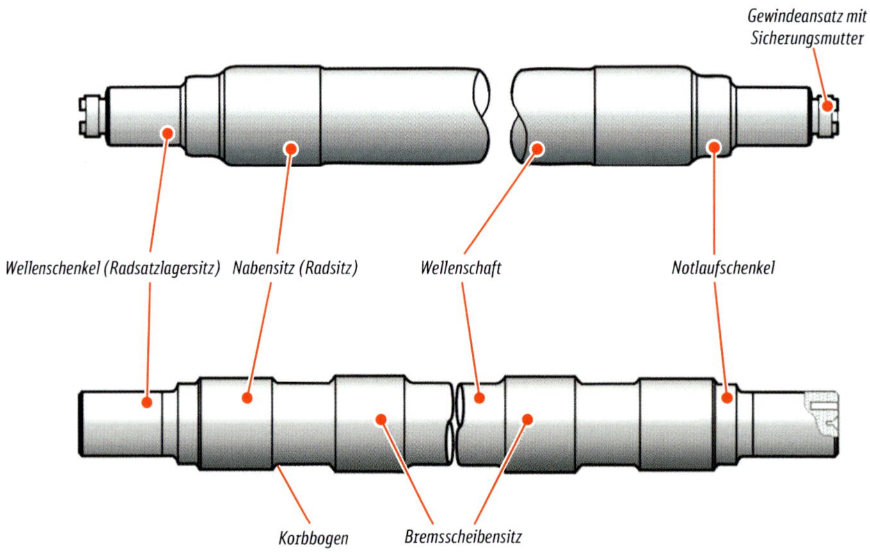

Abb. 2-35: Radsatzwelle

Abbildung: DB Training

Radsatzlagerung

Die Radsatzlager sind die am stärksten beanspruchten Teile eines Schienenfahrzeugs. Neben den statischen Kräften treten hohe dynamische Kräfte auf. Dieser Beanspruchung werden die heute fast ausschließlich verwendeten Wälzlager am besten gerecht. Die früher üblichen Gleitlager sind nur noch bei Museumsfahrzeugen in Gebrauch. Das Radsatzlager besteht aus dem Radsatzlagergehäuse, dem Lagerdeckel, dem Innen- und Außenring, zwischen denen die Wälzkörper angeordnet sind, sowie aus Elementen zur Abdichtung. Die Radsatzwellen sind aus geschmiedetem Stahl. Sie nehmen in den Wellenschenkeln die Wagenlast auf und übertragen sie über die Räder auf die Schienen.

Abb. 2-36: Radsatzlager im Schnitt; Zylinderrollen dienen hier als Wälzkörper Abbildung: Schaeffler

Abb. 2-37: Kegelrollenlagereinheit; hier dienen Kegelrollen als Wälzkörper Abbildung: Schaeffler

2.2.4 Drehgestell

Als Drehgestell wird ein Laufwerk mit zwei oder mehr in einem Rahmen angeordneten Radsätzen bezeichnet, das sich gegenüber dem Fahrzeugkasten um einen Drehpunkt verdrehen kann. Im Vergleich zum Einzelachslaufwerk zeichnen sich Drehgestelle durch höhere Tragfähigkeit und Maximalgeschwindigkeit sowie bessere Laufeigenschaften aus. Der Drehgestellrahmen ist das verbindende Element aller Bauteile im Drehgestell. Er ist entweder als geschlossener Rahmen mit Kopfträgern oder als H-Rahmen mit einer oder zwei Querverbindungen ausgeführt.

Der Drehgestellrahmen trägt das Bremsgestänge und zum Teil auch die Bremszylinder. Je nachdem, in welchem Fahrzeug das Drehgestell eingebaut ist, können weitere Bauteile der Lastabbremsung, Generatoren sowie bei Fahrzeugen mit Führerstand Schienenräumer, Sandkästen, die Spurkranzschmiereinrichtung und Bauteile der Zugsicherungseinrichtung angebaut sein.

Abb. 2-38: Jakobslaufdrehgestell eines Triebzuges Foto: Janicki

Folgende Drehgestellbauarten kommen zum Einsatz:

- Bei den Triebdrehgestellen (TD) sind in der Regel alle Achsen angetrieben und gebremst. Dagegen sind Laufdrehgestelle (LD) antriebslos.
- Jakobstriebdrehgestelle befinden sich jeweils zwischen zwei Wagen, deren Kästen auf dem Drehgestell aufliegen. In der Regel sind beide Achsen angetrieben und gebremst. Dagegen sind Jakobslaufdrehgestelle antriebslos.

Bei dreiachsigen Drehgestellen läuft der mittlere Radsatz gegenüber den äußeren Radsätzen mit erhöhtem freiem Querspiel, um in Kurven die Führungskräfte zu reduzieren – insbesondere natürlich jene des jeweils führenden Radsatzes.

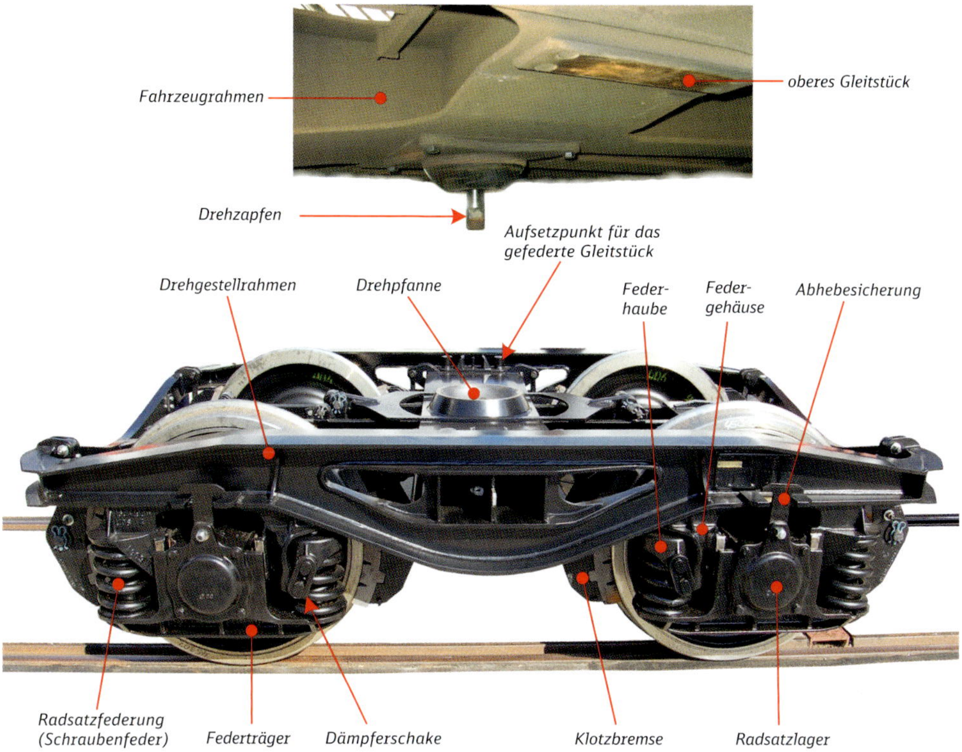

Abb. 2-39: schraubengefedertes Güterwagendrehgestell mit längsstarrer Radsatzführung und lastabhängigem Reibungsdämpfer

Abbildung: Janicki

Drehpfanne

Zur Übertragung der Zug- und Schubkräfte ist bei vielen antriebslosen Fahrzeugen der Drehgestellrahmen über eine Drehpfanne mit dem Wagenkasten verbunden. Der Drehpfannenbolzen wird durch einen Bügel mit Splint gesichert. Ist die Drehpfanne mit einer Kunststoffeinlage ausgekleidet, ist die Leitfähigkeit für elektrische Ströme nicht ausreichend. Deshalb sind hier Erdungsseile zwischen dem Wagenkasten und dem Drehgestellrahmen angebracht. Die seitliche Abstützung des Wagenkastens übernehmen im Drehgestell angeordnete gefederte oder ungefederte Gleitstücke mit Kunststoffauflage sowie die unter dem Wagenkasten befestigten Gleitflächen.

Wiege

Zur Gewährleistung eines ruhigen Laufs sind die Drehgestelle einiger Bauarten mit einer Wiege ausgerüstet, welche die Schwingungen, die zwischen Fahrzeugkasten und Drehgestellrahmen auftreten, aufnimmt. Die Wiege kann sich gegenüber dem Fahrzeugkasten ausdrehen, ist aber mit dem Drehgestell verdrehsteif verbunden. Bei Wagen mit Drehzapfen ist hier auch die Drehpfanne angeordnet.

Die Wiege selbst ruht auf Schraubenfedersätzen und ist mit dem Drehgestellrahmen über Wiegependel verbunden. Der Fahrzeugkasten stützt sich seitlich auf Gleitstücken ab, die auf der Wiege befestigt sind. Zur Begrenzung der Bewegungen des Fahrzeugkastens (Wanken) sind die Gleitstücke in der Höhe regulierbar. Die Schraubenfedersätze ruhen in einem Federträger, der über Wiegenpendel mit dem Drehgestellrahmen verbunden ist. Die Bewegungen dieses in gewissem Maß flexiblen Systems werden in Längs- und Querrichtung durch abgefederte Begrenzungsanschläge reguliert. Fangbolzen verhindern das Herabfallen der Federtröge bei Beschädigungen der Wiegenpendel (Bruch).

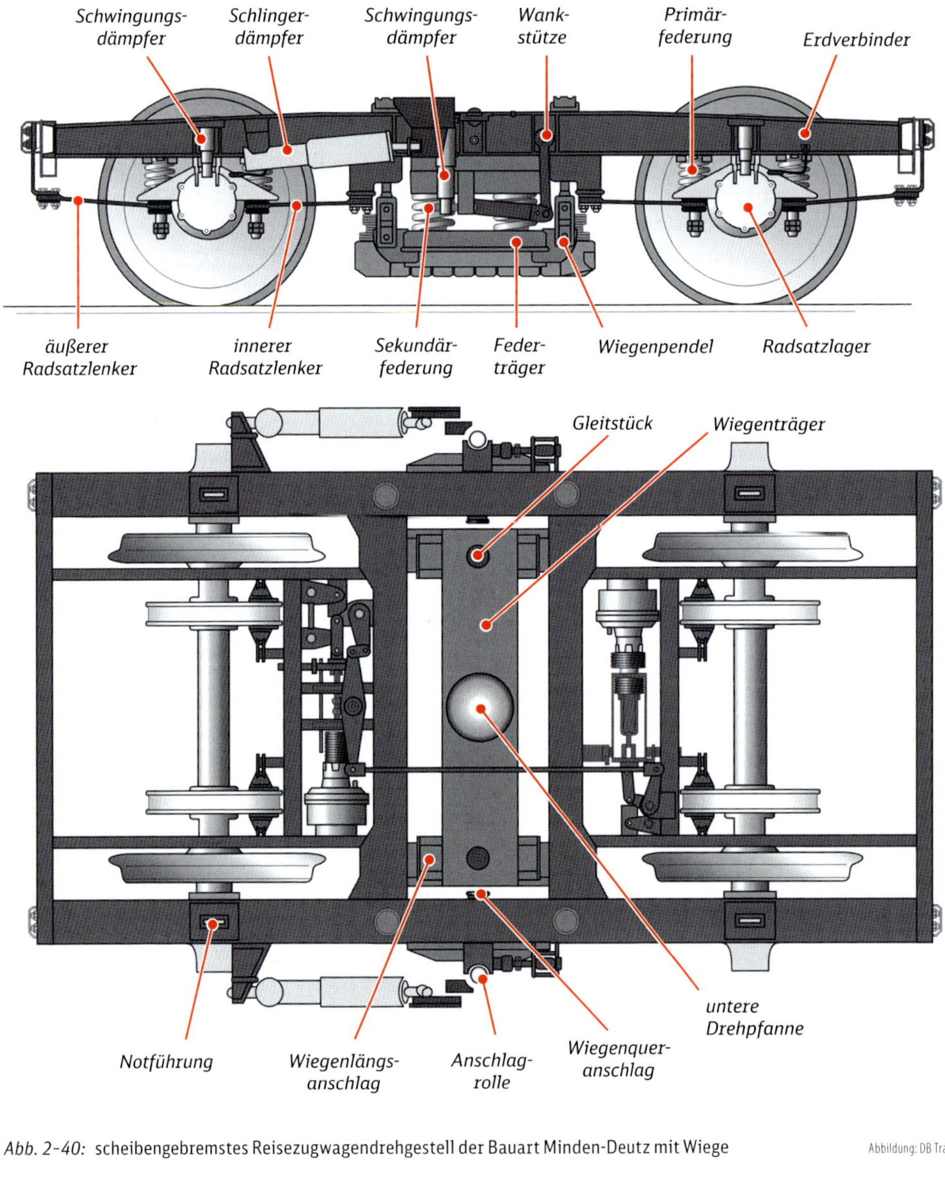

Abb. 2-40: scheibengebremstes Reisezugwagendrehgestell der Bauart Minden-Deutz mit Wiege

Abbildung: DB Training

Gleisbogenabhängige Wagenkastenquerspielsteuerung

Die im Gleisbogen auftretenden Fliehkräfte in Querrichtung des Kastens und die gleichzeitig wirkende Zug- beziehungsweise Druckkraft des Triebfahrzeuges lassen Kräfte entstehen, die sich wegen der Verbindung zwischen Drehgestell und Wagenkasten über Drehpfanne und Mitnehmerzapfen auf die Wiege übertragen und hier zu Beschädigungen führen können. Daher ist eine gleisbogenabhängige Wagenkastenquerspielsteuerung notwendig, die neben der Führung des Wagenkastens im Gleisbogen auch die Aufgabe hat, die elastischen Wiegenqueranschläge zu mindern. Weitverbreitet ist das passive System, bei dem mit einer Anschlagrolle am Drehgestellrahmen und einer Anschlagplatte am Wagenkasten eine Entlastung der Drehzapfen und Mitnehmerzapfen sowie der Wiege erreicht wird.

Zug- und Druckstange

Die Übertragung der Zug- und Bremskräfte vom Drehgestell zum Fahrzeugkasten leistet bei vielen Triebwagen und Lokomotiven eine verschleißfrei gelagerte Zug- und Druckstange, die am Kopfträger des Drehgestellrahmens angreift. Sie besteht jeweils aus zwei Lagern, die mit einem Rohr verbunden sind. Der niedrige Angriffspunkt der Kräfte gewährleistet auch bei schweren Anfahrten eine weitgehend gleiche Belastung der Radsätze und damit eine optimale Zugkraftübertragung.

Traverse

Bei vielen Drehgestellbauarten ist der Wagenkasten über eine fest verschraubte Traverse oder über einen Luftfederträger mit dem Drehgestell verbunden. Hier übertragen eine Zug- und Druckstange beziehungsweise eine Lemniskatenlenkung die Zug- und Schubkräfte. Bei einigen Bauarten dient dazu ein Mitnehmerzapfen. Die Notfederung befindet sich im Luftbalg oder ist extern angeordnet.

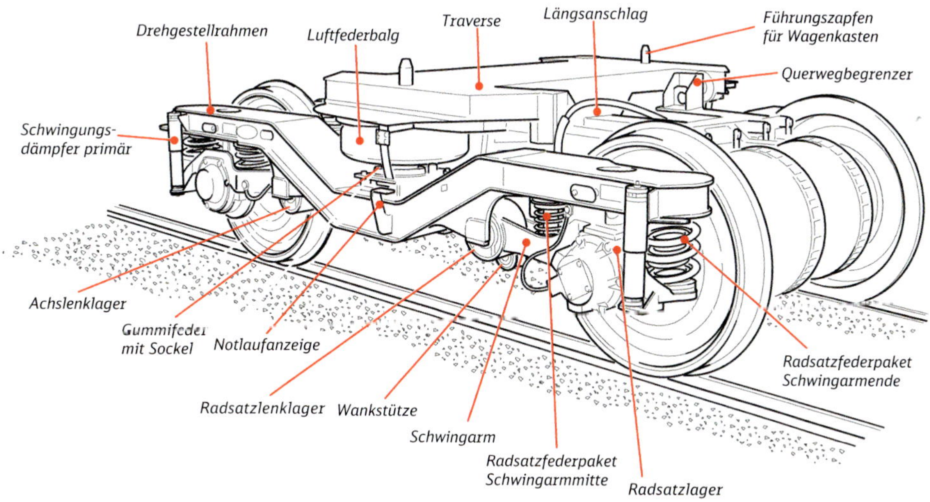

Abb. 2-41: Reisezugwagendrehgestell mit Luftfederungssystemen als Sekundärfederung

2.2.5 Federung

Die Federung soll Drehgestellrahmen und Fahrzeugkasten vor Stößen schützen, die statischen und dynamischen Kräfte übertragen und die Entgleisungssicherheit in Gleisverwindungen gewährleisten. Sie führt zu einer schwingungstechnischen und akustischen Entkoppelung des Fahrzeugkastens vom Radsatz. Die Radsatzfederung drückt alle Radsätze gleichmäßig gegen die Schiene und verhindert dadurch einseitige Radentlastungen, die zur Entgleisung führen könnten. Je nach Fahrzeugbauart und Ausführung des Laufwerkes kommen verschiedene Federarten zum Einsatz.

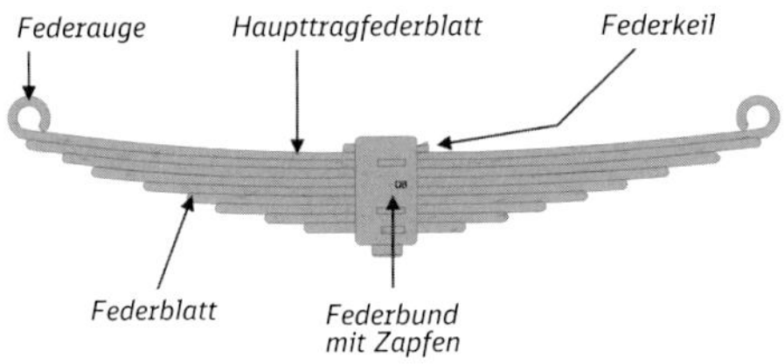

Die Blatttragfeder besteht aus Einzelblättern gestufter Länge und konstanter Stärke, die vom Federbund und Federkeil zusammengehalten werden. Besondere konstruktive Maßnahmen verhindern ein Verschieben des Blattpaketes. Die Dämpfung erfolgt hier durch die Reibung der sich berührenden Federblätter.

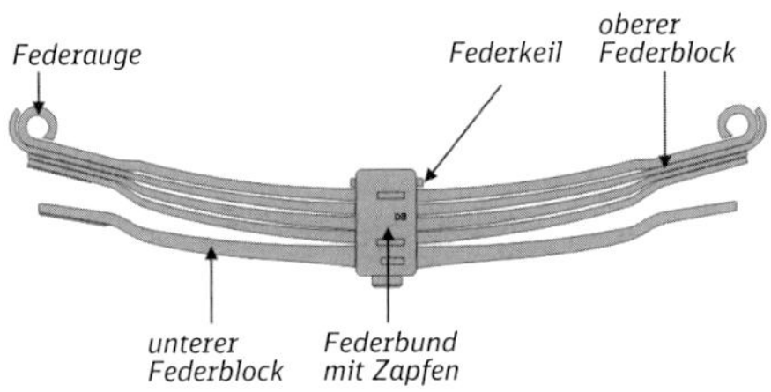

Die Parabelfeder besteht aus zwei Federblöcken mit verschiedenen Kennlinien. Die unterschiedliche Spreizung der Federblätter bewirkt ein stufenweises Ansteigen der Federkraft. So wechselt das Federverhalten mit zunehmender Belastung von weich nach hart. Laufwerke mit Parabelfedern besitzen bessere Laufeigenschaften und bieten eine größere Sicherheit gegen Entgleisungen.

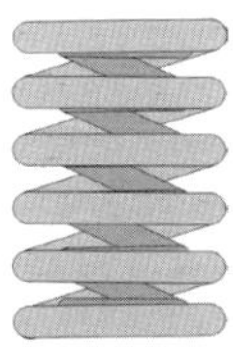

Die Schraubenfeder ist meist zylindrisch und besteht aus ineinandergeschachtelten Federn mit kreisförmigem Drahtquerschnitt. Sie weist eine lineare Kennlinie auf. Schraubenfedern haben keine Eigendämpfung und benötigen deshalb zusätzliche Dämpfungselemente.

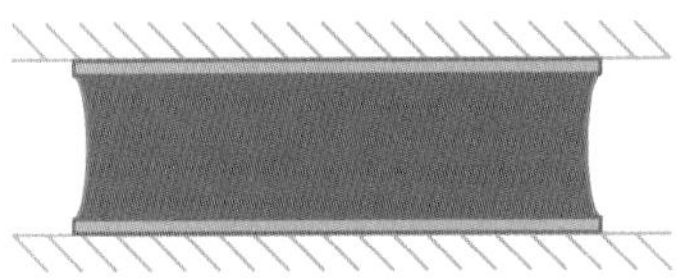

Die Gummifeder besteht aus einem Gummielement oder aus Gummiringen (Gummirollfeder). Hier werden durch die Elastizität des Gummis alle Senkrecht-, Quer- und Längsbelastungen ausgeglichen.

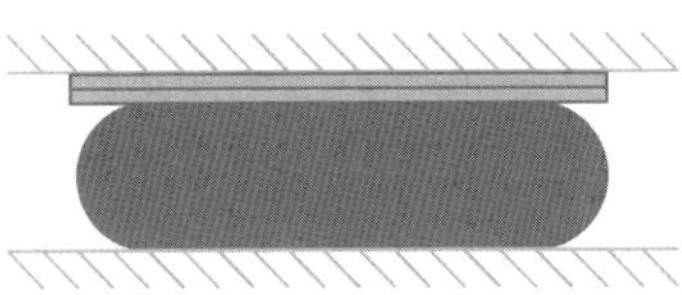

Die Luftfeder besteht aus einem luftgefüllten Federbalg, der von Luftfederungsventilen so mit Druckluft gespeist wird, dass die Fahrzeuge immer in einer mittleren Höhenlage gehalten werden.

Abb. 2-42: Federbauformen

Abbildung: Janicki

Primär- und Sekundärfederung

Bei Drehgestellfahrzeugen wird die Federung oft zweistufig ausgeführt, um den Laufkomfort zu erhöhen. Dabei wirkt die Primärfederung zwischen Radsatz und Drehgestellrahmen, während die Sekundärfederung zwischen Drehgestellrahmen und Fahrzeugkasten ansetzt.

Die Sekundärfederung sorgt für eine möglichst weit gehende Entkoppelung des Wagenkastens von den Unregelmäßigkeiten der Gleislage und damit für guten Fahrkomfort. Ihre Anteile an der Gesamtfederung werden nach den dynamischen Anforderungen errechnet: In der Primärfederung sind es 20 bis 30 %, in der Sekundärfederung 70 bis 80 %. Während die Primärfederung entweder aus Stahl-, Schrauben- oder Gummifedern besteht, wird die Sekundärstufe in der Regel durch Schrauben- oder Luftfedern gebildet.

Abb. 2-43: luftgefedertes Drehgestell mit elektrischem Antrieb

Abbildung: Bombardier

Luftfederungssysteme

Neuere Reisezugwagen und Triebwagen sind meist mit Luftfederungssystemen als Sekundärfederung ausgerüstet. Diese tragen zur Körperschallhemmung bei und erhöhen so zusätzlich den Fahrkomfort. Das Luftfederungssystem besteht aus zwei Luftfederbälgen mit einer integrierten Konus-Gummifeder als Notfeder. Die Luftfederbälge, die den Wagenkasten tragen, liegen auf den Drehgestellrahmen auf. Sie stellen die Mittellage des Wagenkastens sicher, indem sie Rückstellkräfte ausüben.

Das Luftfederungssystem wird aus der Hauptluftbehälterleitung mit Druckluft versorgt. Ein zwischengeschalteter Luftabsperrhahn dient zum Be- und Entlüften der gesamten Luftfederungsanlage. Dem Absperrhahn ist ein Druckbehälter nachgeschaltet, der einen Betrieb der Luftfederungsanlage bei Ausfall der Druckluftversorgung ermöglicht.

Bei vielen Fahrzeugen werden die Luftfederbälge von Luftfederungsventilen so gespeist, dass die Fahrzeuge – den Lastzustand berücksichtigend – immer in einer mittleren Höhenlage gehalten werden. Auch der Bremszylinderdruck wird hier in Abhängigkeit von der Fahrzeugbesetzung geregelt. Dazu wird der mittlere Druck in den Luftfederbälgen von Mitteldruckventilen zu den regelbaren Lastbremsventilen (RLV) geleitet. In der Regel zeigen Anzeigeeinrichtungen, die mit Schwingungsdämpfern kombiniert sind, an jeder Seite eines

Drehgestells die richtige Höhenlage des Wagenkastens an. Bei Störungen zeigt der Höhenstandsanzeiger nicht auf das weiße, sondern auf eines der roten Felder.

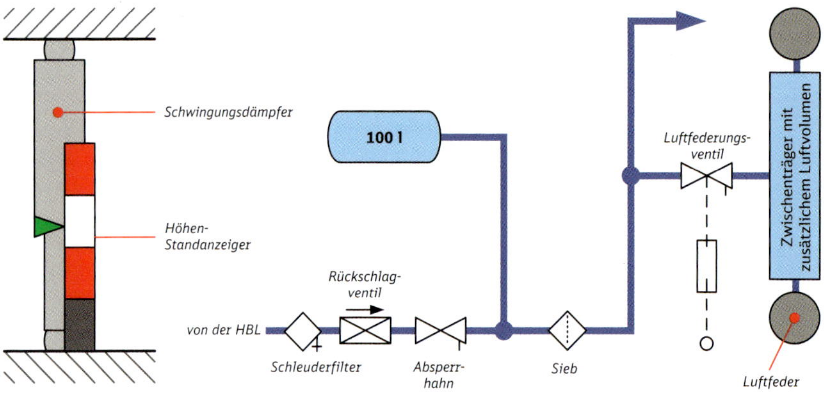

Abb. 2-44: Höhenstandsanzeige und Druckluftversorgung bei Fahrzeugen mit Luftfederungssystem Abbildung: Janicki

2.2.6 Radsatzführung

Die Radsatzführung übernimmt die funktionssichere Führung der Radsätze. Bei manchen Laufwerksarten wird diese Aufgabe gemeinsam mit der Federung von einem Bauteil erfüllt. Beim Lenkradsatz übernimmt diese Funktion der Radsatzhalter, der am Untergestell befestigt ist. Beim Reisezugwagen übernehmen in der Regel Radsatzlenker die Führung.

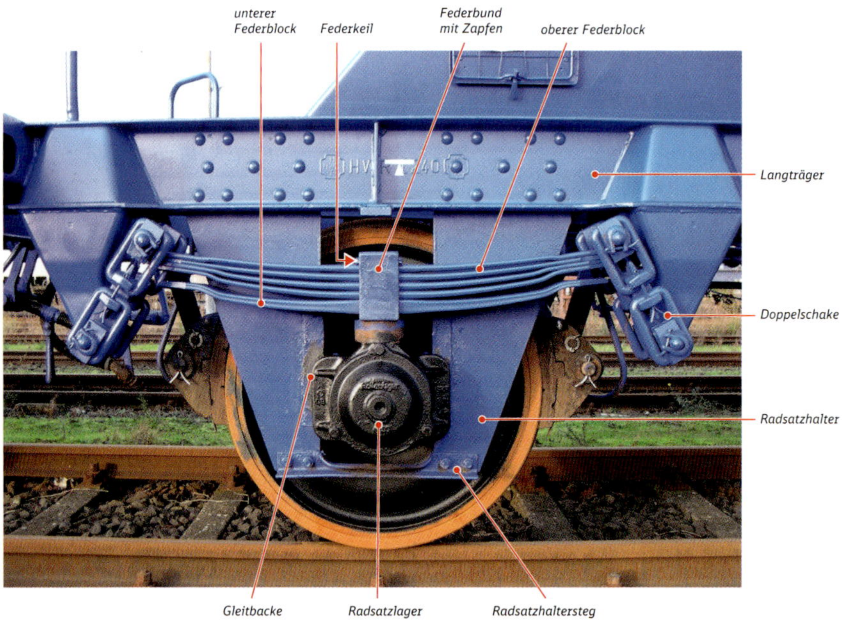

Abb. 2-45: Radsatzführung eines zweiachsigen Güterwagens mit Parabelfeder Abbildung: Janicki

Radsatzhalter

Die Radsatzhalter sind am Seitenlangträger befestigt. Die Befestigung kann genietet, geschraubt oder geschweißt sein. Die beiden Hälften eines Radsatzhalters sind mit einem Radsatzhaltersteg verbunden. Wagenuntergestell und Radsätze sind durch Federn miteinander verbunden. Die Feder ist mit den Federböcken am Untergestell des Wagens mit Laschen oder Schaken befestigt. Im Gegensatz zu den Radsatzhaltern haben hier die Radsatzlagergehäuse ein Spiel in Längs- und Querrichtung (Lenkradsatz).

Federaufhängung

Die in den Abbildungen gezeigten Ausführungen illustrieren exemplarisch typische Ausführungsformen der Federaufhängung. Das Tragfederhauptblatt der Parabel- oder Blatttragfeder besitzt an jedem Ende ein Auge für die Aufnahme des Tragfederbolzens. Am Tragfederbolzen sind Schaken aufgehängt, die ihrerseits am anderen Ende in den Tragfederböcken hängen. Der Tragfederbolzen hat einen Hals, um den sich ein gabelförmiges Verschlussstück legt, das mit einem Splint gegen Herausfallen gesichert ist. Zum Verständnis der Wirkungsweise ist es wichtig zu wissen, dass die Schaken im Prinzip wie reibungsgedämpfte Pendel mit unterschiedlichen Pendellängen für die Längs- und Querrichtung zu betrachten sind. Hinsichtlich ihrer Ausführung wird unterschieden zwischen Federschaken einfach, Federschaken doppelt (Doppelschaken), Langschaken und Trapezschaken. Daneben gibt es mit den Federlaschen auch noch eine ältere Form der Befestigung.

Die für die Längsrichtung wirksame Pendellänge ist vom Mittenabstand der beiden Tragfederbolzen und ihrer Neigung zueinander definiert. Die Dämpfung wird bestimmt durch die Reibung zwischen den beteiligten Bauteilen (Tragfederbolzen, Bohrung im Federbock, Schakenstein, Verschlussstück) sowie dem Beladezustand des Fahrzeuges.

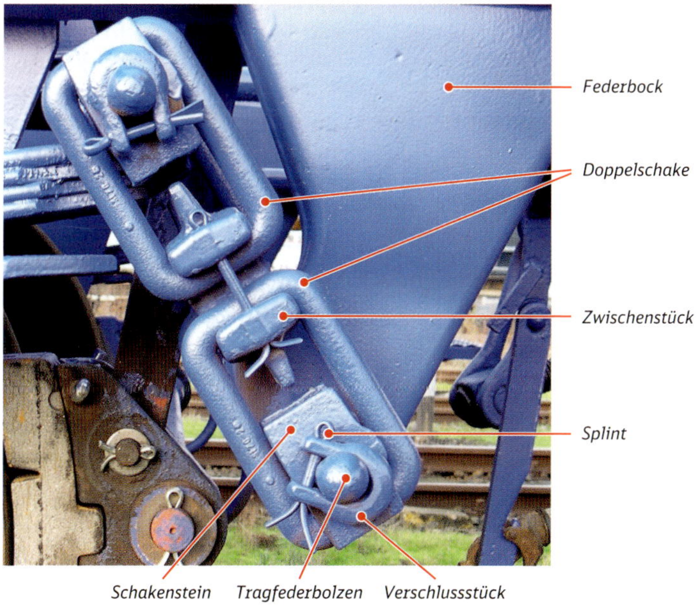

Abb. 2-46: Aufbau und Bauteilbenennung einer Doppelschake

Abbildung: Janicki

Abb. 2-47: Parabelfeder und Trapezschake Foto: Janicki

Abb. 2-48: Blattfeder und Langschake Foto: Janicki

Lenkerführung (Radsatzlenker)

Bei Drehgestellen bestimmter Bauart verbinden Radsatzlenker den Radsatz über das Radsatzlagergehäuse mit dem Drehgestellrahmen. In der Praxis existiert hierzu eine Vielzahl von konstruktiven Ausführungen. Radsatzlenker sind entweder aus vergütetem Flachstahl oder GUP (Glasfaser unberuhigter Polyester) hergestellt. Sie können am Lagergehäuse doppelt-einseitig oder beidseitig sowohl als innerer wie auch äußerer Radsatzlenker angeordnet sein. Die inneren Lenker (Hauptführungselement für die Radsätze) sind an den Festböcken des Drehgestellrahmens einstellbar gehalten und mit Schrauben verbunden. Die äußeren Lenker sind analog zu den inneren Lenkern ebenfalls mit Schrauben über einen in Längsrichtung elastischen Winkellenker befestigt. Die Befestigung der inneren und äußeren Lenker am Radsatzlagergehäuse erfolgt über Dehnschrauben.

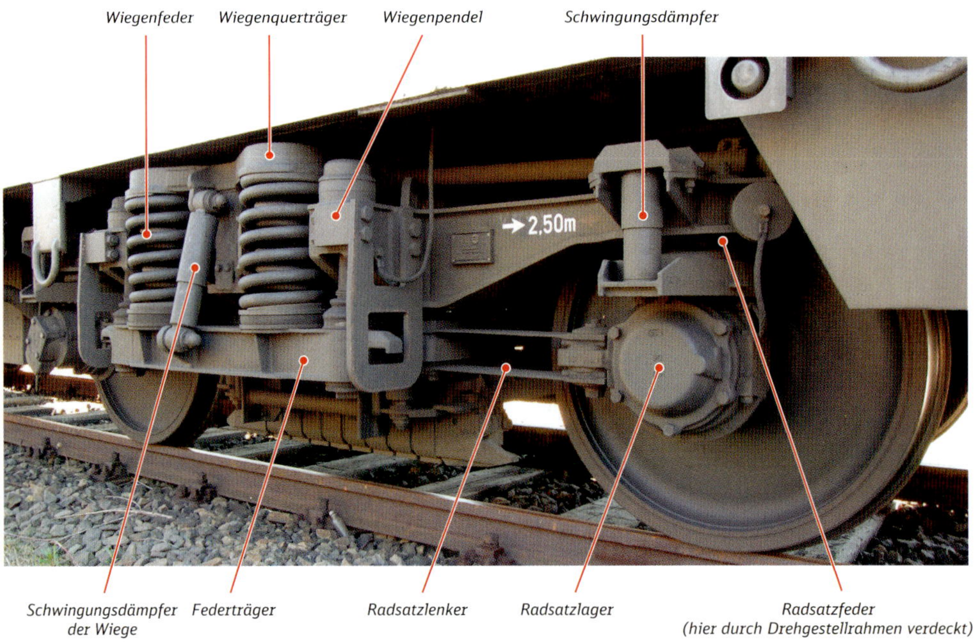

Abb. 2-49: Aufbau eines Reisezugwagendrehgestells mit paralleler Lenkeranordnung Foto: Janicki

Elastische Führung (Schwingenführung)

Eine besondere Form der Radsatzlenkung ist die Schwingenführung. Sie ist auf der einen Seite direkt mit dem Radsatzlagergehäuse verbunden, während sie auf der anderen Seite über eine gummigefederte Verbindung zum Drehgestellrahmen hin elastisch gelagert ist. Auf diese Weise kann die Schwingenführung neben den Zug- und Druckkräften auch auftretende Schwingungen übertragen.

Notführung

Die Notführung ist eine Sicherheitseinrichtung und zwischen Drehgestellrahmen und Radsatzlagergehäuse angebracht. Sie hat die Aufgabe, bei losen oder gebrochenen Radsatzlenkern dem Radsatz noch einen Notlauf im Drehgestellrahmen zu ermöglichen.

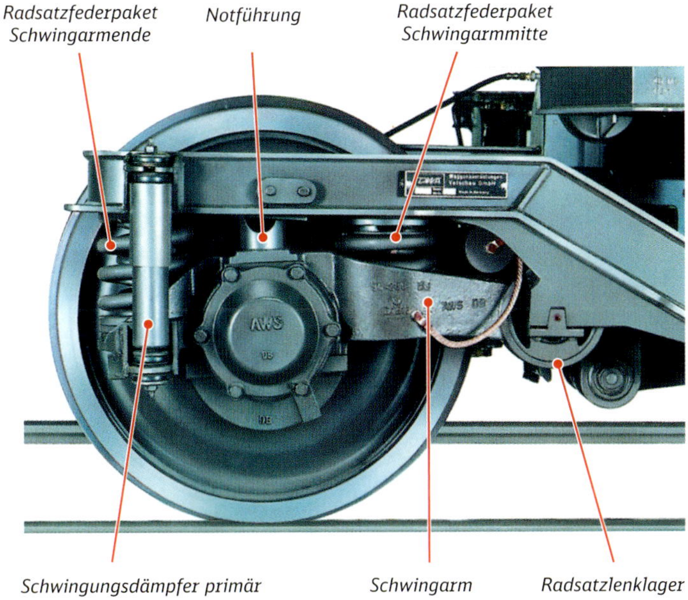

Abb. 2-50: Lenkerführung mit Schwingarm und Gummilager Abbildung: Bombardier

2.2.7 Schwingungsdämpfer

Die Federelemente Schraubenfeder oder Luftfeder haben keine oder eine so minimale Eigendämpfung, dass zusätzliche Dämpfer parallel zur Feder geschaltet werden müssen. Dämpfer dienen dazu, Schwingungen abzubauen und die Amplituden der Schwingungen im Resonanzfall zu beschränken. In der Regel werden hydraulische Dämpfer und Reibungsdämpfer verwendet. Hydraulische Dämpfer führen Schwingungsenergie ab, indem Öl durch kleine Öffnungen gepresst wird. Die Zähigkeit des Öls dämpft die Schwingungen. Infolge der hervorgerufenen Strömungsverluste wird Energie in Wärme umgewandelt.

Abb. 2-51: Stoß- und Schlingerdämpfer

Abbildung: Janicki

Hydraulische Schlingerdämpfer

Um die Schlingerbewegungen der Drehgestelle in Grenzen zu halten, werden Fahrzeuge, die schneller als 160 km/h fahren, mit Schlingerdämpfern ausgerüstet: mit hydraulischen Dämpfern, die zwischen Drehgestellrahmen und Wagenkasten angebaut sind. Eine vergleichbare Funktion haben bei einigen Drehgestellbauarten Wiegenlängslenker. Im Gegensatz zum Schlingerdämpfer sind sie jedoch nicht am Wagenkasten, sondern an der Wiege befestigt. Sie sind in Gummiblöcken gelagert und arbeiten verschleißfrei.

Drehhemmungsgestänge

Bei einigen Drehgestellbauarten wird die Schlingerbewegung von einer mechanischen Drehhemmung begrenzt. Die Wiege ist durch ein Drehhemmungsgestänge verdrehfest mit dem Drehgestellrahmen verbunden. In Kombination mit der mechanischen Reibung zwischen den Kunststoffgleitstücken der Wiege und den Stahlgleitplatten unter dem Wagenkasten wird die Schlingerbewegung gedämpft. Das Drehhemmungsgestänge ist so konstruiert, dass Längsbewegungen der Wiege im freien Längsspiel zwischen Wiege und Drehgestellrahmen nicht behindert werden.

Reibungsdämpfer

Eine weitere Form der Dämpfung ist die Reibungsdämpfung. Sie findet sich bei der Blatttragfeder, der Parabelfeder oder bei den Gleitführungen mit Radsatzhaltern. Daneben werden besondere Reibdämpfer verwendet, bei denen meist mit Federn vorgespannte Stößel auf Gleitplatten reiben.

Abb. 2-52: Bauteile der Reibungsdämpfung beim Güterwagendrehgestell der Bauart Y25 Abbildung: Janicki

Wird eine auf die Beladung des Fahrzeugs abgestimmte Dämpfung gewünscht, ist die Reibungsdämpfung lastabhängig auszuführen, wie sie zum Beispiel beim Güterwagendrehgestell mit Schraubenfeder (Bauart-Bezeichnung Y25) verwendet wird. Die Federkraft belastet hier schräg angeordnete innere und äußere Dämpferschaken, die mit dem Drehgestellrahmen und der Federhaube über die Schraubenfeder verbunden sind. Beim Abfedern des Rahmens werden Längskräfte in Richtung Radsatzlager erzeugt. Über im Rahmen gelagerte Druckstücke werden diese Kräfte auf Verschleißplatten am Lagergehäuse übertragen. So sorgen diese Gleitflächen gleichzeitig für eine Dämpfung.

Wankstütze

Mit einer Wankstütze sind jene Fahrzeuge ausgerüstet, die wegen ihres hohen Eigengewichts, ihres sehr hohen Schwerpunkts oder sehr weichen und tief liegenden Wiegefedern zu starken Wankbewegungen neigen. Der Einbau einer Wankstütze verringert den Wankwinkel und verbessert den Fahrkomfort in Gleisbögen, ohne die Wiegenfederung zu beeinflussen. Die Querbewegungen der Wiege können ohne Behinderungen ausgeführt werden, da die Stabilisatoren der Wankstütze mit Kugelgelenken ausgerüstet sind. Die Wankstütze ist spannungslos, wenn der Wagen im geraden Gleis steht. Es werden also nur die dynamischen Kräfte übernommen.

2.2.8 Triebdrehgestell

In der Regel sind bei Triebdrehgestellen alle Achsen angetrieben. Bei Dieseltriebfahrzeugen überträgt ein Radsatzgetriebe das vom Getriebe kommende Drehmoment auf den jeweiligen Treibradsatz. Bei elektrischen Fahrzeugen wird jede Achse über einen eigenen Fahrmotor angetrieben. Die elektrischen Fahrmotoren sind im Drehgestellrahmen aufgehängt und über eine Kupplung mit dem Getriebe verbunden. Bei bestimmten Bauformen stützen sie sich auf der Radsatzwelle ab und hängen mit einer gummigelagerten Drehmomentstütze pendelnd am jeweils dahinterliegenden Drehgestellquerträger. Bei einigen Drehgestellbauarten sind die beiden Fahrmotoren eines Drehgestells auf einem Motorträger befestigt, der gegen den Drehgestellrahmen in Querrichtung mit Blattfedern abgefedert ist.

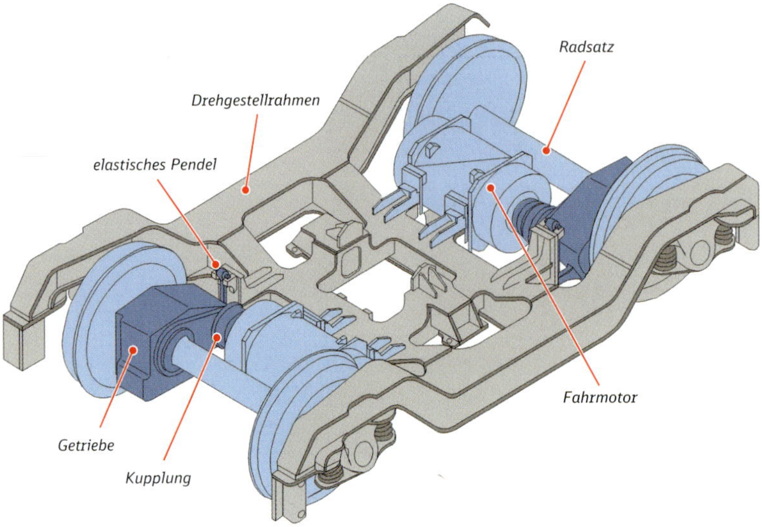

Abb. 2-53: Triebdrehgestell eines elektrischen Triebwagens Abbildung: Voith Turbo

Bei den Lokomotiven ist die Bauform des Drehgestells von den hohen Belastungen infolge von Zugkraft und hoher Achslast geprägt. Wegen der starken Leistungen sind die elektrischen Fahrmotoren hier relativ groß. Eine wirksame Längsanlenkung des Drehgestells verhindert einseitige Radentlastungen.

Federung

Während die Drehgestelle von Lokomotiven fast ausschließlich mit Schraubenfedern in der Primär- und Sekundärstufe ausgeführt sind, kommen bei den Triebwagendrehgestellen moderner Fahrzeuge als Sekundärfederung in der Regel Luftfederungssysteme zum Einsatz, wie bereits im Abschnitt zur Federung beschrieben.

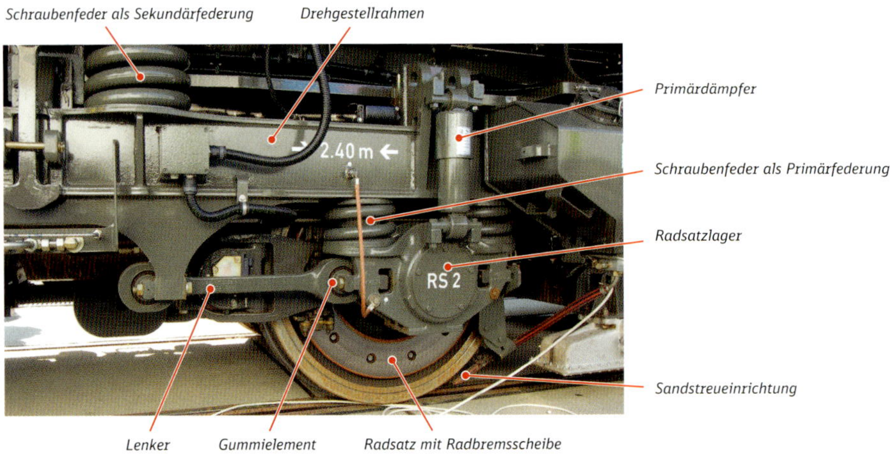

Abb. 2-54: Lokomotivdrehgestell mit Schraubenfeder in der Primär- und Sekundärstufe Abbildung: Janicki

2.2.9 Radsatzfolge

Die Radsatzfolge (früher Achsfolge) eines Fahrzeugs lässt sich auch durch Kurzzeichen ausdrücken. Die Grundlagen für diese Kennzeichnungsform sind in der DIN 30052 beschrieben. Die Radsatzfolge ergibt sich aus Anzahl und Anordnung der angetriebenen Radsätze und Laufradsätze sowie deren Führung am Untergestell oder im Drehgestell. Dabei werden die Radsätze entgegen der Orientierungsrichtung beginnend am Fahrzeugende 1 gezählt. Bei mehrteiligen Fahrzeugen werden die Kurzzeichen aneinandergereiht.

Folgende Benennungen werden nach DIN 30052 verwendet (Aufzählung nicht vollständig):

1, 2, 3	(arabische Ziffern)	Zahl der aufeinanderfolgenden nicht angetriebenen Radsätze (Laufradsätze) unter dem gleichen Untergestell beziehungsweise im gleichen Drehgestellrahmen.
A, B, C	(Großbuchstaben)	Eine, zwei oder drei angetriebene Radsätze (Treibradsätze) unter dem gleichen Untergestell beziehungsweise im gleichen Drehgestellrahmen. Die Art der Kraftübertragung wird dabei nicht besonders angegeben.
o	(kleines „o“)	Wird bei angetriebenen Radsätzen als Zusatz angegeben, wenn der Radsatz einzeln angetrieben wird. Fehlt dieser Zusatz, werden alle angetriebenen Radsätze von einem gemeinsamen Antrieb (Zentralantrieb) angetrieben.
'	(hochgestellter Strich)	Wird bei Anordnung im Drehgestellrahmen als Zusatz verwendet, wenn die Radsätze fest oder seitlich begrenzt verschiebbar angeordnet sind.
( )	(Klammer)	Wird als Zusatz verwendet, wenn in einem Drehgestellrahmen Lauf- und Treibradsätze gemischt enthalten sind.
[ ]	(Eckige Klammer)	Wird als Zusatz bei Jakobsdrehgestellen verwendet. Alternativ kann sich auch ein Querstrich über dem Kurzzeichen befinden.
+	(Pluszeichen)	Wird als Verbindungszeichen bei Fahrzeugen verwendet, die aus einzeln verfahrenden Teilen ohne gemeinsames Untergestell bestehen.

Elektrische Lokomotive

Achsfolge: Bo´Bo´

Reisezugwagen

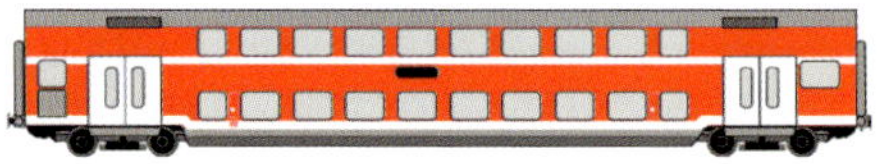

Achsfolge: 2´2´

Dieseltriebzug mit Jakobsdrehgestell

Achsfolge: B‘[2’]B‘

Zweiteiliger Dieseltriebzug (je Fahrzeugteil ein Lauf- und ein Triebdrehgestell)

Achsfolge: 2’B’ + B’2’

8-teiliger Triebzug*

Achsfolge: Bo‘Bo‘+2‘2‘+Bo‘Bo‘+2‘2‘+2‘2‘+Bo‘Bo‘+2‘2‘+Bo‘Bo‘

* nur teilweise abgebildet

Abb. 2-55: Beispiele für die Bezeichnung der Radsatzfolge Abbildung: Janicki

2.2.10 Spezialllaufwerke

Für besondere Fahrzeugbauarten sowie spezielle Einsatz- und Verkehrsbereiche existiert eine Vielzahl von Spezialllaufwerken.

Einzelradlaufwerk (Losradlaufwerk)

Beim Einzelradlaufwerk sind die beiden gegenüberliegenden Räder im Verhältnis zueinander bewegbar. Damit können sie sich unabhängig voneinander um ihre Querachse drehen, während die Relativbewegungen wie beim Radsatz blockiert sind. Einzelradlaufwerke erlauben den Bau von Schienenfahrzeugen mit besonders niedrigen Fußbodenhöhen. Sie werden deshalb bevorzugt in niederflurige Straßenbahnfahrzeuge eingebaut. Auch Fahrzeuge mit einer passiven Neigetechnik können mit Einzelradlaufwerken ausgerüstet sein.

Drehgestelle für Niederflurwagen

Für den Transport von Lkw werden spezielle Niederflurwagen eingesetzt. Die üblichen Tunnelquerschnitte erfordern hier eine Spezialkonstruktion mit einer extrem geringen Aufstellhöhe (Fußbodenhöhe) von nur 0,41 m über SO (Schienenoberkante). Dies ist nur mit einer speziellen Drehgestellbauart möglich: Die Niederflurwagen haben daher zwei vierachsige Drehgestelle mit Rädern im Durchmesser von nur 0,36 m.

Abb. 2-56: Drehgestell eines Niederflur-Güterwagens Foto: Janicki

Spurwechselradsatz

Je mehr Europa zusammenwächst, desto höher sind die Ansprüche an ein leistungsfähiges Transportsystem. Die Entwicklung der Personen- und Gütertransporte der letzten Jahre zeigt, dass sich die Bahn als effizientes Verkehrssystem im europäischen Wettbewerb bisher behaupten konnte. Doch gibt es mehrere technische „Altlasten", die eine uneingeschränkte Weiterentwicklung behindern. Dazu gehört vor allem die Tatsache, dass die Bahnen ihre Netze nicht in einer einheitlichen Spurweite ausgeführt haben.

Bislang müssen deshalb an den Systemgrenzen die Fracht umgeladen oder Radsätze beziehungsweise Drehgestelle getauscht werden, Reisende sind gezwungen umzusteigen. Dies kostet nicht nur Zeit und Geld, sondern schränkt auch die Wettbewerbsfähigkeit der Bahn im Vergleich zu anderen Verkehrssystemen ein. Zur Überwindung dieser Systemgrenzen werden Fahrzeuge mit einer automatischen Spurwechseltechnik eingesetzt.

Kernstück derartiger Konzepte ist der Spurwechselradsatz: Durch die Zwangsführung in einer Spurwechselanlage werden die axialen Verriegelungen der Räder auf der Radsatzwelle gelöst und die Räder auf die neue Spurweite verschoben. Infolge der Wirkung der integrierten Druckfedern werden die Räder anschließend in der neuen Position verriegelt.

Ein so ausgerüsteter Zug kann in 15 bis 20 Minuten von Normal- auf Breitspur wechseln – die entsprechenden Adaptionen der Bremsen und der Kupplungsmechanismen sowie die erforderliche Spurwechselanlage vorausgesetzt.

Abb. 2-57: besonderer Radsatz für Spurwechselfahrzeuge mit Spurwechseleinrichtung Foto: Janicki

2.2.11 Spurkranzschmieranlage

Die Spurkranzschmieranlage bringt während der Fahrt gezielt eine genau abgemessene Schmierstoffmenge auf die Spurkränze des Schienenfahrzeuges auf und reduziert auf diese Weise merklich die Reibung und mithin den Verschleiß an Fahrzeugen und Schienen. Damit geht keine Beeinträchtigung der Traktion und des Bremsverhaltens einher. Ebenso wenig werden die Fahrzeuge verunreinigt oder die Umwelt durch Schmierstoffe belastet.

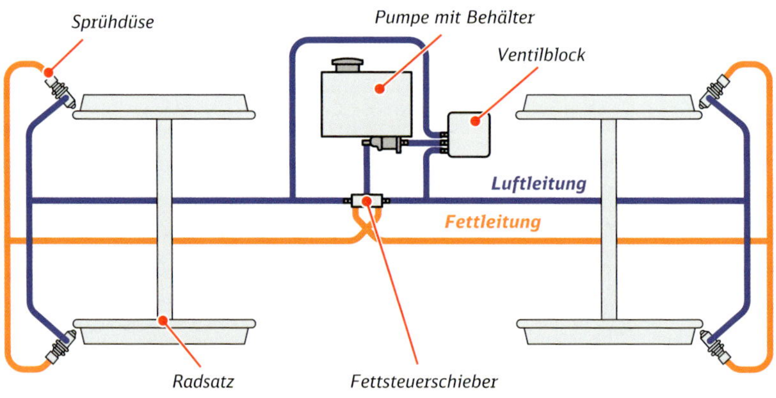

Abb. 2-58: Spurkranzschmieranlage Abbildung: Janicki

Abb. 2-59: Sprühdüse
Foto: Janicki

Ausführungen

Es gibt diverse Varianten von Spurkranzschmieranlagen, die immer vom entsprechenden Schienenfahrzeugtyp abhängig sind. Bei der Funktionsweise wird zwischen zeit- und wegeabhängiger Steuerung unterschieden. Bei allen Anlagentypen wird eine genau dosierte Schmierstoffmenge mit Druckluft vermischt und in bestimmten Weg- oder Zeitabständen auf den Spurkranz aufgesprüht.

Spurkranzschmieranlagen sind Hochdruckanlagen. Eine pneumatische Pumpe übersetzt die Druckluft vom Schienenfahrzeug im Verhältnis 1:12 und fördert den Schmierstoff mit einem Druck von bis zu 120 bar zu den Sprühdüsen.

2.2.12 Maßnahmen zur Lärmminderung

Der Schienenverkehrslärm soll in den nächsten Jahren deutlich verringert werden. Dazu gibt es eine Palette von Maßnahmen: Neben den technischen Innovationen an der Schieneninfrastruktur und der Anbringung von Schallschutzwänden im Ausbreitungsweg wird auch die Entstehung des Lärms an den Fahrzeugen selbst und im Zusammenspiel zwischen Laufwerk und Fahrweg verhindert.

Flüsterbremse

Die größte Lärmquelle ist nach wie vor das Rollgeräusch der Stahlräder auf den Stahlschienen. Verstärkt werden diese Geräusche, wenn die Lauffläche des Rades und die Schiene mikroskopische Unebenheiten (Rauheiten) aufweisen. Diese entstehen vor allem bei Fahrzeugen, deren Bremseinrichtung noch mit Bremsklötzen aus Grauguss ausgerüstet ist. Beim Bremsen drücken die Bremsklötze auf die Lauffläche und rauen diese auf. Die Folge sind verstärkte Rollgeräusche.

Der Einsatz von Verbundbremsstoffsohlen verhindert das Aufrauen der Räder und soll so das Rollgeräusch reduzieren. Derartig ausgerüstete Bremsen werden deshalb auch als Flüsterbremsen bezeichnet.

Verhinderung der Schallabstrahlung

Ein weiterer Fokus liegt auf den Wechselwirkungen zwischen Rad und Schiene. Hier wird durch verschiedene Maßnahmen an den Laufwerken der Fahrzeuge und am Fahrweg eine nennenswerte Lärmminderung erreicht. Neben der Reduzierung der Schallabstrahlung der Radscheibe durch den Einsatz von optimierten Radschallabsorbern und den Einbau von Radabdeckungen zählt dazu der Einsatz spezieller Feder- beziehungsweise Dämpferelemente.

2.2.13 Entgleisungsdetektion

Um bei einer Entgleisung das Risiko der Entstehung von Folgeschäden zu verringern, werden Güterwagen, die für den Transport von Gefahrgut eingesetzt werden, mit Entgleisungsdetektoren ausgestattet. Diese erkennen entgleiste Achsen durch Erfassung der Stöße auf den Schwellen der Gleise. Dabei kommen zwei Systeme zum Einsatz:

- Beim elektronischen System erhält der Triebfahrzeugführer ein Warnsignal oder der Zug wird durch Schnellbremsung automatisch zum Stillstand gebracht.
- Beim pneumatischen System wird die Hauptluftleitung des betroffenen Wagens entlüftet und so eine Schnellbremsung ausgelöst.

2.3 Aktive Laufwerksysteme

2.3.1 Neigetechnik

Die maximal zulässige Geschwindigkeit eines Schienenfahrzeugs in einem Gleisbogen ist von zwei Faktoren abhängig: Sicherheit und Fahrkomfort. Zur Erhöhung der Geschwindigkeit muss also einerseits die Entgleisungssicherheit und die Oberbaustabilität gewährleistet sein, zum anderen müssen die auf den Fahrgast wirkenden Querbeschleunigungen beim schnellen Befahren bogenreicher Strecken so gering gehalten werden, dass ein komfortables Reisen ermöglicht wird. Hier setzt die Neigetechnik ein. Fahrzeuge mit Neigetechnik können Kurven schneller befahren als herkömmliche Fahrzeuge. Die im Drehgestell untergebrachte Technik neigt den Wagenkasten bei Kurvenfahrt nach innen in den Gleisbogen und gleicht dadurch die bei höheren Geschwindigkeiten stark anwachsende Seitenbeschleunigung aus. Der Einbau einer Neigetechnik dient somit dem Komfort der Reisenden bei höheren Geschwindigkeiten in den Gleisbögen und macht Fahrzeitverkürzungen von 15 bis 20 % möglich.

Abb. 2-60: Dieseltriebzug VT 612 mit Neigetechnik Foto: DB AG/Busse

Bei der Realisierung der Neigetechnik werden zwei technische Ansätze verfolgt. Wird ein Wagenkasten, sofern er wie ein Pendel aufgehängt ist, nur aufgrund der auf ihn wirkenden Fliehkräfte geneigt, so spricht man von einer passiven Neigetechnik (System Talgo). Bei der aktiven Neigetechnik wird der Wagenkasten hingegen durch hydraulische oder elektromechanische Stellantriebe und eine vorgeschaltete Steuerungseinheit nach bogeninnen geneigt und am Ende des Gleisbogens wieder in die Horizontale gelenkt.

Passive Neigetechnik

Bei der passiven Neigetechnik sind die Wagenkästen oberhalb ihres Schwerpunktes an erhöhten Fortsätzen des Laufwerkträgers aufgehängt. Durch die Fliehkraft schwingen sie im unteren Bereich nach außen, im oberen nach innen. Die Schwingungen werden durch Dämpfungselemente gedämpft. Der Neigewinkel ist hier auf 3,5° beschränkt, weshalb der Geschwindigkeitsgewinn bei Bogenfahrt deutlich geringer ist als bei den aktiven Systemen.

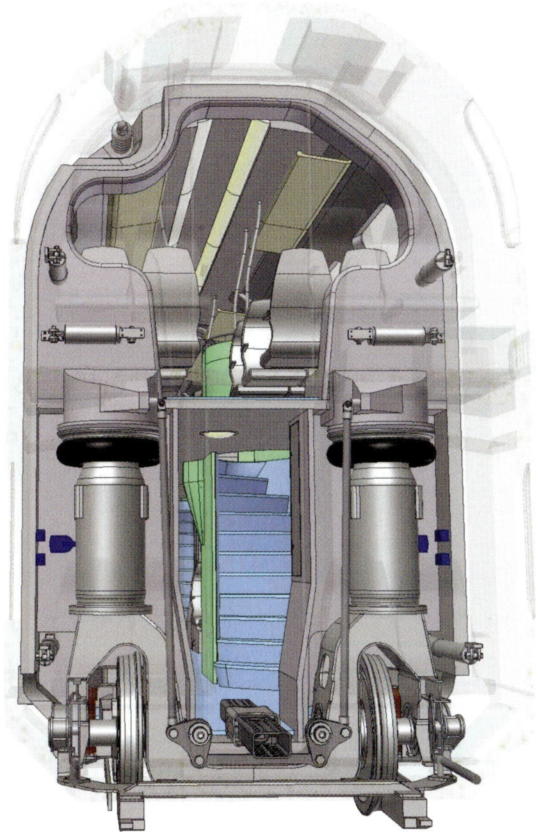

Abb. 2-61: passive Neigetechnik bei einem Fahrzeug mit Einzelradfahrwerk Abbildung: Talgo

Aktive Neigetechnik

Die aktive Neigetechnik lässt im Vergleich zur passiven Variante eine Neigung der Wagenkästen von bis zu 8° zu beiden Seiten zu. Bei fast allen aktiven Neigetechniksystemen gibt es bei der Wagenkastenverstellung eine funktionale Trennung zwischen den Laufwerkselementen (Wankstütze, Luftfeder) und den Komponenten der Neigetechnik. Die mechanische Ankopplung des Wagenkastens an das Laufwerk in der Bewegungsebene erfolgt bei fast allen Lösungen durch schräg angeordnete Stehpendel oder durch am Laufwerksrahmen angeordnete Tragrollen.

Bei elektrischen Fahrzeugen mit Neigetechnik muss zudem sichergestellt sein, dass sich der Stromabnehmer während der Kurvenfahrt nicht mitneigt, da er ansonsten nicht mehr am Fahrdraht geführt werden kann. Die bei Fiat eingesetzte und beim ICE T weiterentwickelte Konstruktion ist ein Tragjoch, das auf dem primärgefederten, also nicht aktiv geneigten Wagenkasten sitzt und den Stromabnehmer unabhängig vom Wagenkasten und dessen Neigebewegungen trägt. Eine weitere Lösung, die von anderen Herstellern eingesetzt wird, ist eine Querverschubeinrichtung auf dem Dach zur Kompensation der Neigebewegung des Wagenkastens.

Abb. 2-62: ICE T mit Neigetechnik Foto: SBB

Bei aktiven Neigesystemen werden hydraulische und elektrische Stellantriebe eingesetzt. Hydraulische Stellantriebe bieten die Vorteile einer sehr kompakten Bauweise bei hohen Stellkräften und einer feinen und zügigen Ansteuerung über elektromagnetische Ventile. Dem steht jedoch der Nachteil gegenüber, dass das Hydrauliksystem ein eigenes Energieversorgungssystem benötigt, das zudem regelmäßig gewartet werden muss. Daher werden in jüngster Zeit als Alternative elektrische Stellantriebe eingesetzt, die auf bewährte Komponenten aus der Wehrtechnik zurückgreifen.

Würde die Neigetechnik wie oben beschrieben ohne weitere Maßnahmen realisiert, läge die Drehachse des Wagenkastens auf Fußbodenhöhe oder sogar darunter. Fahrgäste nähmen die Neigebewegung als Wanken wahr und die Gefahr wäre groß, dass sich Symptome der Seekrankheit zeigten. Daher ist es notwendig, den Drehpunkt nach oben zu verlagern, was durch einen Querverschub des Wagenkastens erreicht wird. Dies kann allein mit der Mechanik des Neigevorgangs erreicht werden oder aber mit zusätzlichen Stellgliedern.

Zuletzt ist natürlich sicherzustellen, dass der Wagenkasten nach der Neigung wieder in die Nulllage zurückfindet. Diese Aufgabe übernimmt der Stellantrieb, der dabei in einigen Fällen von zusätzlichen Einrichtungen wie einer aktiven Querfederung oder Rückstellfedern unterstützt wird.

Zur Erfassung der benötigten Informationen über auftretende Fliehkräfte, Neigungswinkel und Querbeschleunigung bedarf es mehrerer Instrumente: einer umfangreichen Sensorik, die diese Werte aufnimmt, eines Bussystems, das die Werte weiterleitet, und eines Rechnersystems, das die Werte verarbeitet und die notwendigen Stellgrößen an die Stellglieder liefert. Um einen optimalen Fahrkomfort zu erreichen, fließen umfangreiche Daten über das typische Streckenprofil in die Regelalgorithmen des Rechnersystems.

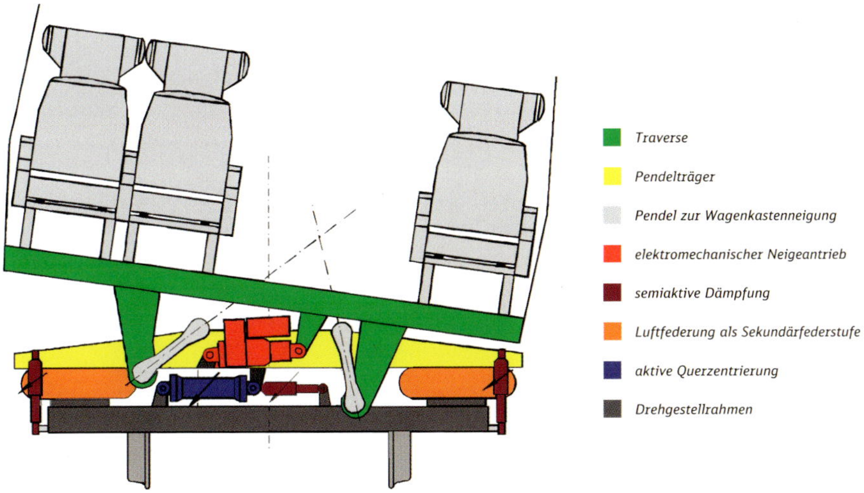

Abb. 2-63: aktive Neigetechnik

Abbildung: Bombardier

Aktive Neigetechnik mit elektrischem Stellantrieb

Die Traverse ist so konstruiert, dass sie den Pendelträger umgibt: An ihrer Unterseite befindet sich der Drehzapfen, der über eine Lemniskate mit dem Drehgestellrahmen verbunden ist und so, unter Umgehung der Neigestufe, die Längsmitnahme des Wagenkastens sicherstellt.

Der Neigeantrieb ist links an einem Pendelträger, rechts an der Traverse im Bereich der rechten Pendellager befestigt. Geführt von der Pendelkinematik kann der Antrieb den Wagenkasten gegen den Drehgestellrahmen neigen. Beidseitig der Neigemechanik sind aktiv gesteuerte Pneumatikzylinder angebracht, die den Wagenkasten quer zentrieren. Gegenüber diesem Querzentrierungszylinder sind zusätzlich Schwingungsdämpfer angebracht, die den Komfort quer zur Fahrzeugrichtung bei schneller Bogenfahrt verbessern. Die Einhaltung der zulässigen Neigungskoeffizienten wird durch zwei Wankstützen gewährleistet.

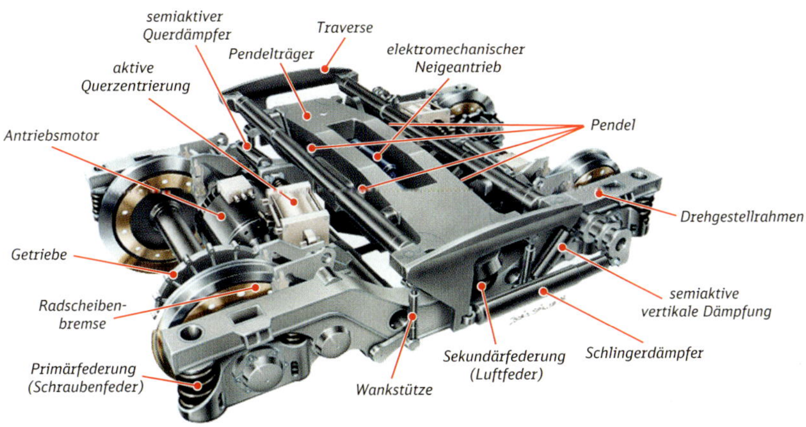

Abb. 2-64: Drehgestell mit aktiver Neigetechnik

Abbildung: Siemens TS

Von einem zentral angeordneten elektrischen Stellantrieb wird die Wiege entsprechend den Steuersignalen verzögerungsfrei angesteuert. Die maximale Neigung der Wiege in Bezug zum Drehgestell wird mit einstellbaren Anschlägen begrenzt. Bei Ausfall des Stellantriebes oder der Steuerung zentriert sich der Wagenkasten durch seine Schwerpunktlage. Zur Stabilisierung im oberen Geschwindigkeitsbereich sind Schlingerdämpfer vorhanden.

Ein elektromechanisches Stellglied je Drehgestell steuert aktiv die Neigung. Die für die Regelung notwendigen Regler sind in digitaler Form in einem Zentralrechner KSG (Komfortzug-Steuergerät) eingebaut. Die Kommunikation des KSG mit den Sensoreinheiten, der Neigesteuerung, der Steuerung der aktiven Querzentrierung und mit der übergeordneten Leittechnik des Zuges geschieht über einen eigenen Fahrzeugbus, den sogenannten Multi-Vehicle-Bus (MVB).

Sensoreinheiten ermitteln den Bewegungszustand jedes Wagenkastens oder des Drehgestellrahmens. Daten wie Querbeschleunigung oder Rollwinkel des Wagenkastens gelangen über den MVB zum KSG. Die Neigesteuerung setzt die vom KSG ankommenden Stellbefehle in elektrische Leistungssignale zur Speisung der Servomotoren der beiden Neigeantriebe eines Wagens beziehungsweise der Pneumatikzylinder der aktiven Querzentrierung um.

2.3.2 Aktive Radsatzsteuerung

Mechatronische Laufwerke zeichnen sich durch eine Reduktion mechanischer Komponenten und das Einfügen von aktiven Feder- und Dämpferelementen aus. Zur Optimierung des Laufverhaltens in Echtzeit sind elektronische Regelkreise und Informationssysteme integriert. Die Regelkreise sind in ein übergeordnetes Informationsnetzwerk eingebunden. Der Zustand des Gesamtsystems wird durch Sensoren permanent überwacht.

Typischerweise werden passive Bauelemente durch Aktoren (Stellglieder) ersetzt. In mechatronischen Laufwerken kommen derzeit aktive Querfederungs- und Dämpfungselemente und eine aktive Radsatzsteuerung zum Einsatz. Durch die aktiven Bauelemente sind die Eigenschaften des Laufwerks nicht mehr durch das mechanische Design begrenzt. Eine adaptive Anpassung an unterschiedliche Anforderungen ist möglich.

Die wesentlichen Merkmale mechatronischer Laufwerke sind:

- beste Bogenlaufeigenschaften
- drastische Reduktion der Rad-/Schiene-Kräfte
- geringer Rad- und Schienenverschleiß
- hoher Fahrkomfort, insbesondere bei Kurvenfahrten im Hochgeschwindigkeitsbereich
- niedrige Geräuschentwicklung, insbesondere bei Kurvenfahrten
- geringerer Energieverbrauch durch niedrigeren Rollwiderstand
- hohe Zuverlässigkeit und geringe Störanfälligkeit
- hohe Sicherheit, da eine Rückfallebene bei Ausfall des Systems implementiert wird
- Laufwerk-Zustandsüberwachung
- Informationen können zur bedarfsgerechten Wartung genutzt werden

Aktive Radsatzsteuerung am Beispiel der FLEXX Tronic-Technologie von Bombardier

Eine aktive Radialsteuerung und Stabilisierung der Radsätze (FLEXX Tronic ARS) sind die Kernelemente der von Bombardier entwickelten FLEXX Tronic-Technologie. Diese Technologie ermöglicht eine individuelle und aktive Lenkung jedes Radsatzes sowie dessen kurvenangepasste Einstellung im Gleisbogen.

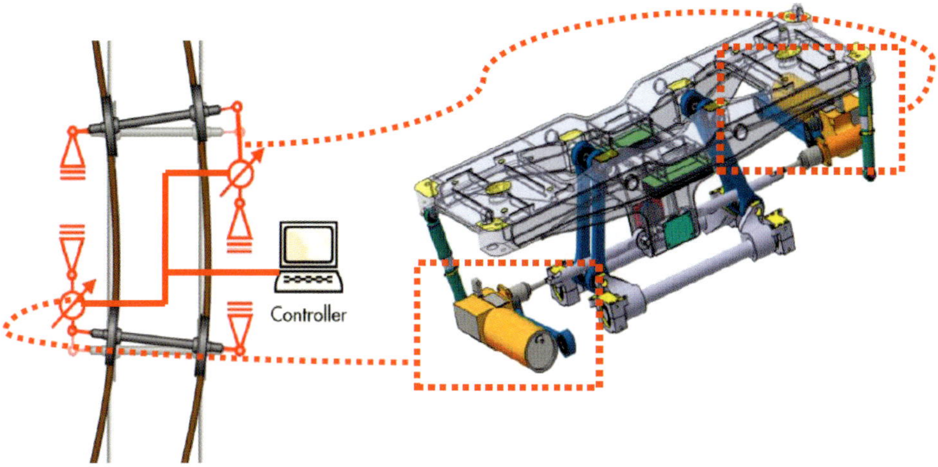

Abb. 2-65: aktive Steuerung der Radsätze im Bogen mit aktiver Stabilisierung Abbildung: Bombardier

Das Grundprinzip von ARS lässt sich wie folgt beschreiben: Die Radsätze des ARS-Systems können durch die längsweiche Führung ohne große rücktreibende Kräfte im Bogen eingestellt werden. Zur Einstellung wird eine hochdynamische aktive Lenkeinrichtung eingesetzt, die mit einem elektrohydraulischen Aktuator realisiert wurde.

Das Regelsystem arbeitet in zwei Frequenzbereichen. Im niederfrequenten Bereich erfolgt eine radiale Einstellung des Radsatzes entsprechend dem Übergangs- und dem Kreisbogen des Gleises. Im höherfrequenten Bereich wird jede Gleisstörung durch entsprechendes Gegenlenken des betroffenen Radsatzes ausgeglichen und der Radsatzlauf so beruhigt. Dies verhindert harmonische Bewegungen, die bei konventionellen Drehgestellen auftreten. Bei Bogenfahrten ergänzen sich beide Regelungsverfahren.

Konventionelle Drehgestelle verwenden zur Stabilisierung der sinusförmigen Bewegung Schlingerdämpfer beziehungsweise Reibungsschlingerdämpfungssysteme zwischen Drehgestell und Wagenkasten. Beim Einsatz einer aktiven Stabilisierung der Radsätze kann auf diese Elemente verzichtet werden. Durch den Wegfall der Schlingerdämpfer entfällt auch die starke Kopplung zwischen Laufwerk und Wagenkasten, was zu einer deutlichen Reduzierung der Körperschall- und Vibrationsübertragung vom Laufwerk auf den Wagenkasten führt. Durch den Wegfall der Schlingerdämpfer sowie weniger Gestängen und Lagerungen sinkt insgesamt die mechanische Komplexität des Drehgestells und ermöglicht eine leichtere Bauweise.

2.3.3 Wankkompensation

Unter Wankkompensation versteht man ein System zur Kompensation oder auch Überkompensation des natürlichen Wankwinkels eines Wagenkastens bei Bogenfahrt. Die Wankkompensation ermöglicht wie die Neigetechnik höhere Geschwindigkeiten bei Kurvenfahrten. Ein mit Wankkompensation ausgestatteter Zug neigt sich jedoch nur bis maximal 1 Grad und der Wagenkasten bleibt dabei fast senkrecht zur Gleisebene. Die Schräglage wird durch das System kompensiert. Mit dieser Technik ist keine Gegenneigung der Stromabnehmer mehr nötig.

Technisch ist die Wankkompensation ganz anders gelöst als die Neigetechnik. Die Wankkinematik ist in der bestehenden Federung integriert und nicht wie bei der Neigetechnik über einen frei schwingenden Wagenkasten umgesetzt. Damit kann sie weniger komplex gestaltet werden. Das Grundprinzip der Wankkompensation funktioniert wie ein fiktives Pendel. Der Wagenkasten dreht sich wie in der Abbildung dargestellt um den fiktiven roten Punkt. Das Pendelsystem wird über eine aktive Stellvorrichtung verstärkt.

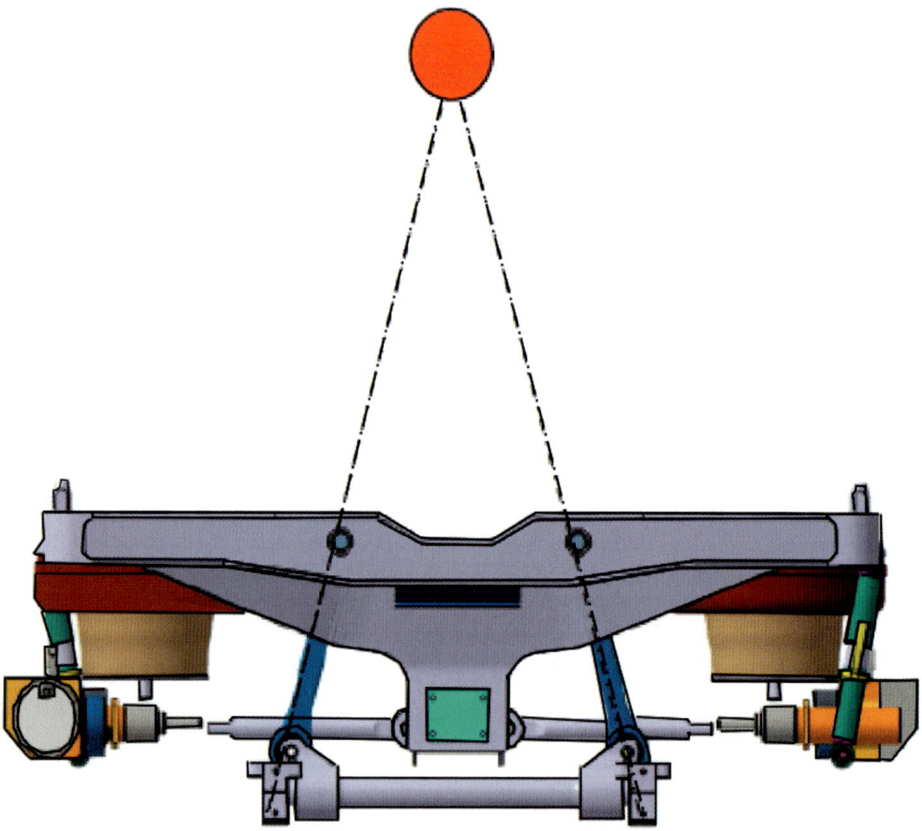

Abb. 2-66: Grundprinzip des Wankkompensationssystems

Abbildung: Bombardier

Wankkompensation am Beispiel der WAKO-Technologie von Bombardier

Bei der FLEXX Tronic WAKO-Technologie, dem Wankkompensationssystem von Bombardier, werden primäre und sekundäre äußere Wankbewegungen durch die Neigung der Innenkörper reduziert. Die Wankkinematik ist so ausgeführt, dass alle durch das Wankkompensationssystem entstehenden Kräfte durch die Luftfederungssysteme absorbiert werden.

In dem System sind zwei parallel arbeitende elektrohydraulische Aktuatoren eingebaut. Ein Aktuator, Seitenkomfortaktuator genannt, reguliert die Neigung, ein weiterer Aktuator, Kompensationsaktuator genannt, optimiert das Komfortverhalten. Er sorgt für die Kräfte und Verschiebungen, die für die Wankkompensation notwendig sind. Um Redundanz zu erreichen, wechselt bei Ausfall des Seitenkomfortaktuators der Kompensationsaktuator in den Neigebetrieb. Das System kann in diesem Fall die Bogengeschwindigkeit beibehalten. Der Komfort wird etwas reduziert.

Die zur Regelung von Wankkompensation und Komfort erforderlichen Messgrößen werden durch Sensoren am Laufwerk sowie im Wagenkasten bereitgestellt.

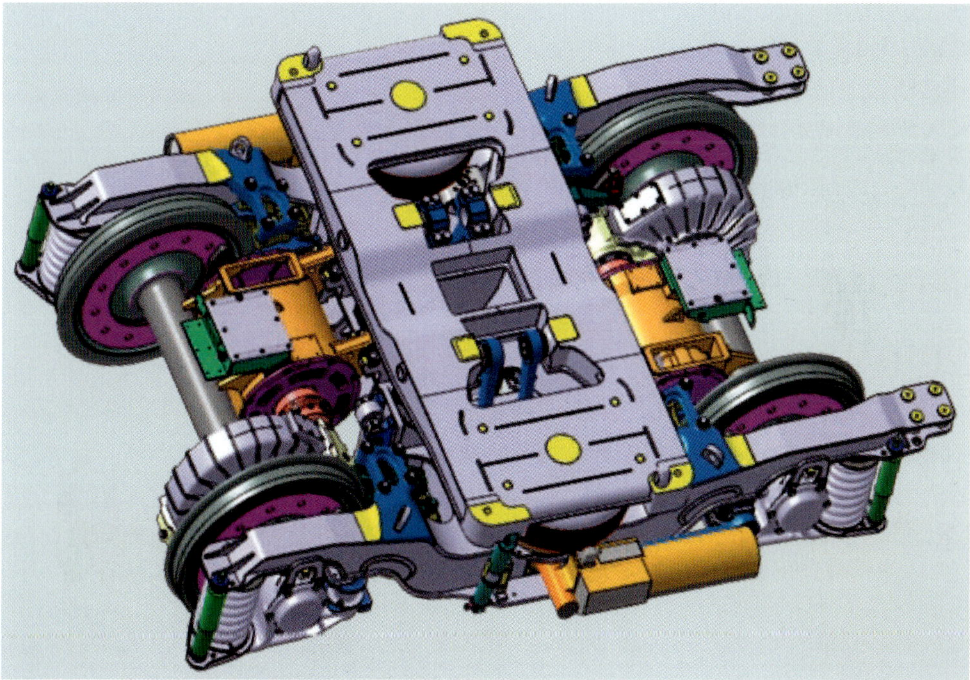

Abb. 2-67: Wankkompensations-Drehgestell FLEXX Tronic WAKO Abbildung: Bombardier

2.4 Zug- und Stoßeinrichtung

2.4.1 Kraftübertragung der Zug- und Stoßeinrichtung

Die Zug- und Stoßeinrichtung soll die Verbindung der Fahrzeuge untereinander herstellen und die in Längsrichtung auftretenden Kräfte federnd aufnehmen. Sie ist so ausgelegt, dass Gleisbögen mit einem Radius von 150 m sicher befahren werden können. Neben der von Hand zu kuppelnden Zug- und Stoßeinrichtung (UIC-Schraubenkupplung) werden heute immer häufiger automatische Mittelpufferkupplungen eingesetzt.

Übertragung der Zugkräfte

Der Verlauf der Zugkräfte kann am Beispiel der Schraubenkupplung einfach aufgezeigt werden. Die Übertragung der Zugkräfte erfolgt über die Schraubenkupplung und Zughaken auf die Zugeinrichtung, die sich am Kopfstück abstützt. Das Kopfstück wiederum verteilt die Kräfte über die äußeren und inneren Langträger sowie die Diagonalstreben auf das gesamte Untergestell des Fahrzeuges. Stoßkräfte treten sowohl beim Bremsen als auch in viel größerem Maße beim Ablaufbetrieb und Schieben eines Fahrzeuges auf. Sie werden vom Pufferteller an die innen liegenden Pufferfedern weitergegeben. Diese dämpfen einen etwaigen Stoß in gewissem Umfang ab. Die weitere Kraftübertragung an das Untergestell erfolgt den Zugkräften entgegengesetzt.

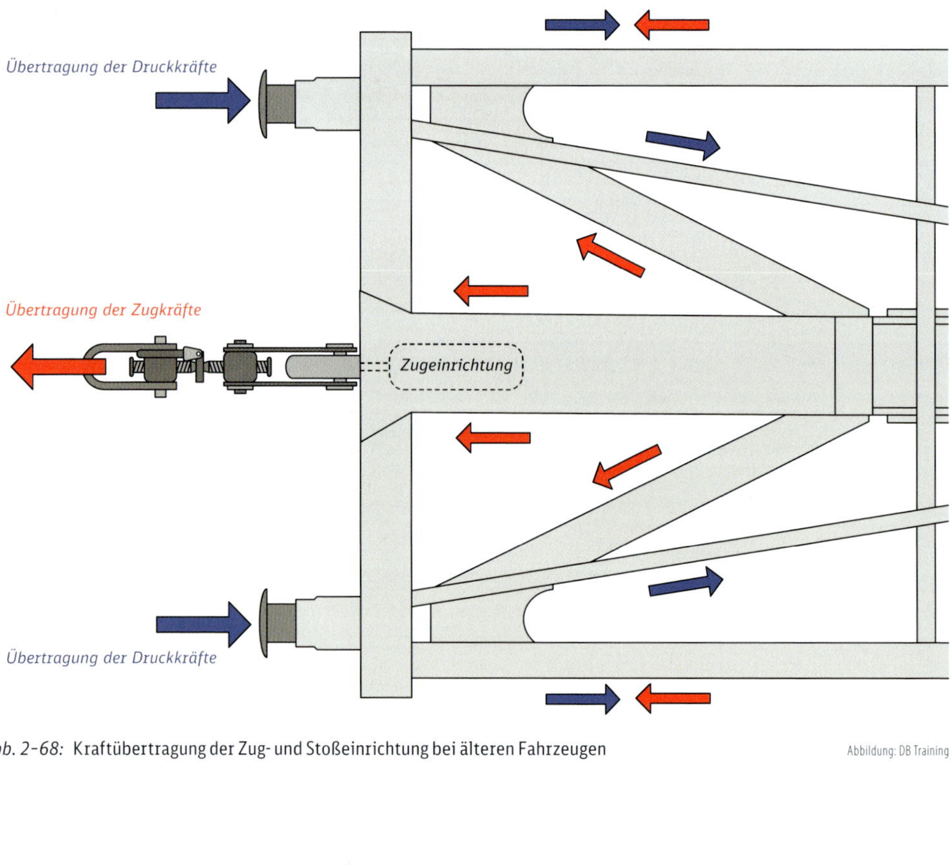

Abb. 2-68: Kraftübertragung der Zug- und Stoßeinrichtung bei älteren Fahrzeugen

Abbildung: DB Training

Sind die Fahrzeuge für den Einbau einer automatischen Kupplung vorbereitet, erfolgt die Übertragung über Schraubenkupplung und Zughaken auf das Federwerk und weiter auf die mittleren Langträger. Von dort geht der Kraftverlauf über die Diagonalträger auf die Kopfträger der Fahrzeuge.

Zugeinrichtung

Die Zugeinrichtung wird nach ihrem Aufbau in durchgehende und geteilte Zugeinrichtung unterschieden. Dabei entspricht die in beide Fahrtrichtungen wirkende durchgehende Zugeinrichtung nicht mehr dem Stand der Technik. Bei einer geteilten Zugeinrichtung ist die Zugeinrichtung (Zugapparat) hinter dem Kopfstück eingebaut. Der Zughaken wird in einem Federtopf durch einen Bolzen gesichert. Die Zugkraft wird direkt auf das Untergestell übertragen. Als Federelemente dienen Ringfedern aus Stahl oder Gummischichtfedern. Neuerdings werden auch Federelemente aus Kunststoff/Elastomer-Segmenten eingesetzt. Fahrzeuge, die mit einer automatischen Kupplung ausgerüstet beziehungsweise für deren Einbau vorbereitet sind, besitzen einen Federapparat.

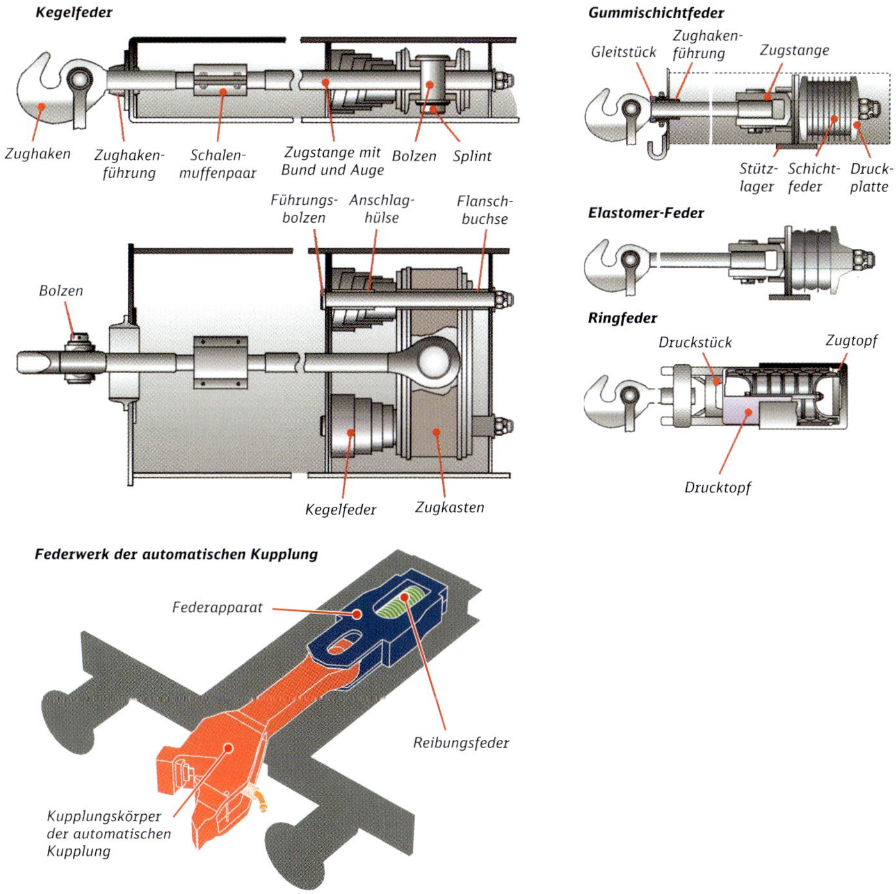

Abb. 2-69: Ausführungsformen der geteilten Zugeinrichtung bei Fahrzeugen mit Schraubenkupplung (oben) und automatischer Kupplung (links)

Abbildung: DB Training

2.4.2 UIC-Schraubenkupplung

Die manuell zu bedienende Schraubenkupplung verbindet die Fahrzeuge miteinander. Sie besteht aus der Kupplungsspindel mit den beiden Kupplungsmuttern, dem Kupplungsbügel, dem klappbaren Kupplungsschwengel und den Kupplungslaschen.

Zum Kuppeln wird der Kupplungsbügel in den Zughaken des anderen Fahrzeuges eingehängt und diese Verbindung mit der Spindel gespannt. Die Kupplungsspindel weist auf einer Seite ein linksdrehendes und auf der gegenüberliegenden Seite ein rechtsdrehendes Gewinde auf. Dadurch kann die Kupplung über den Kupplungsschwengel lockerer oder straffer gespannt werden.

Die Kupplungslaschen sind der schwächste Teil der gesamten Zugeinrichtung und dienen beim Auftreten außergewöhnlicher Zugkräfte als Sollbruchstelle. Ein Kupplungsbolzen verbindet die Schraubenkupplung mit dem Zughaken. Der zum Kuppeln erforderliche Arbeitsraum für den Rangierer wird als „Berner Raum" bezeichnet.

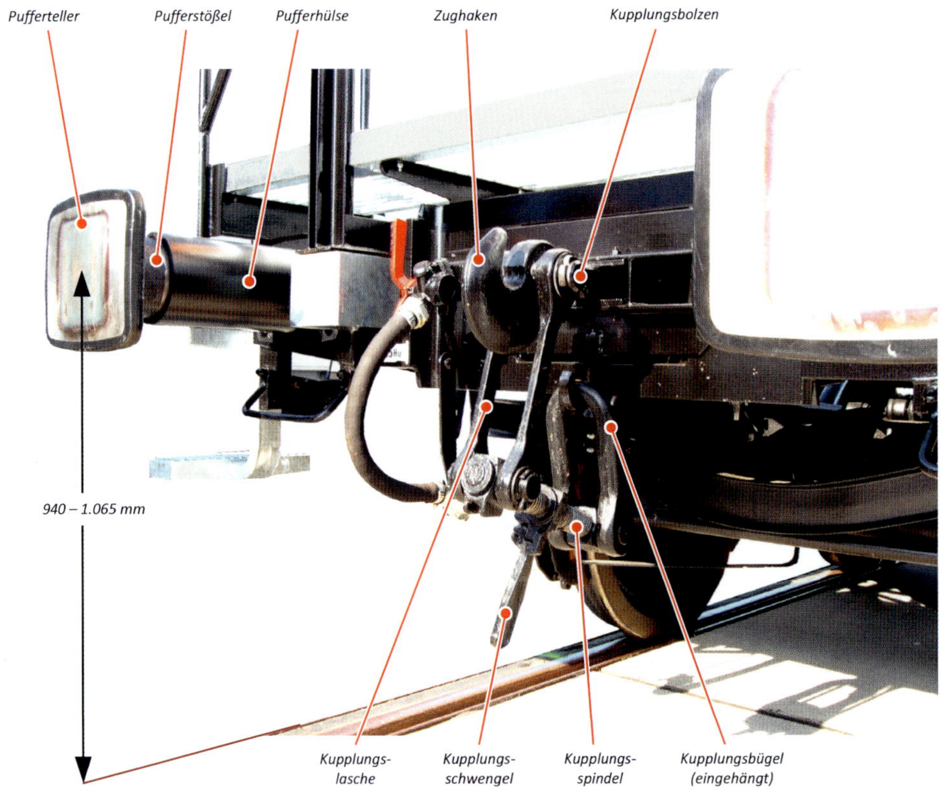

Abb. 2-70: Bauteile der Zug- und Stoßeinrichtung eines Güterwagens Abbildung: Janicki

2.4.3 Puffer

Die waagerecht auftretenden Stoßkräfte werden von den zusammendrückbaren Puffern aufgenommen, welche so konstruiert sind, dass sie sich in Gleisbögen nicht ineinander verhaken. Die Mittellinie der Puffer muss unter allen Ladebedingungen zwischen 940 mm (bei Wagen mit Übergangsbrücken 980 mm) und 1.065 mm über Schienenoberkante liegen; der Abstand der Mittellinien beider Puffer beträgt 1.750 mm.

Beim Ringfederpuffer wird der größte Teil (etwa zwei Drittel) der Stoßenergie durch Reibung zwischen den Innen- und Außenringen der Ringfeder in Reibungswärme umgewandelt und damit verzehrt. Längsschwingungen im Zug werden damit wirkungsvoll gedämpft. Um auch Gleisbögen mit kleinen Halbmessern sicher befahren zu können, sind die Stoßflächen der Puffer leicht gewölbt. Ältere Fahrzeuge besitzen einen ebenen und einen gewölbten Pufferteller.

Im Sinne der fahrzeug- und gleisgeometrischen Anforderungen sowie zur Erhöhung der Sicherheit gegen Entgleisung und Überpufferung wurden die Puffertellerabmessungen in den letzten Jahren vergrößert. Vereinzelt kommen gehärtete rechteckige Pufferteller zum Einsatz. Diese sind mit einem „H" im Kennschild markiert. Die Pufferteller mit diesen Baumerkmalen sind gegen Verdrehen gesichert. Zur Verminderung des Reibwertes an der Stoßeinrichtung wurde eine neue Pufferbauart entwickelt, die mit einer eingepressten Einlage aus Kunststoff im Pufferteller ausgerüstet ist (QGO-Puffer).

Abb. 2-71: Im Gegensatz zum Hülsenpuffer (rechts) greift beim Hochleistungspuffer (links) der Pufferstößel über die Pufferhülse. Foto: Janicki

Abb. 2-72: Keystonepuffer mit Kunststoffgleiteinlage

Hochleistungspuffer

Die in einigen Fahrzeugen eingebauten Hochleistungspuffer gestatten die Übertragung besonders hoher Stoßkräfte. Sie werden in Fahrzeuge eingebaut, die in Zügen mit hohen Zuggewichten eingesetzt werden. In der Regel sind die Hochleistungspuffer wie die Hülsenpuffer mit einer mechanisch wirkenden Ringfeder ausgestattet.

Durch die Kombination mit einer Gas/Hydraulik-Kapsel wird die Energieaufnahme erhöht. Vom normalen Hochleistungspuffer der Kategorie A sind diese „Superpuffer" der Kategorie C anhand des Buchstabens „C" auf dem Kennschild am Pufferstößel zu unterscheiden.

Crashpuffer

Crashpuffer vereinen die Funktion eines herkömmlichen Seitenpuffers und eines Deformationselementes in einem Bauteil. Der Crashpuffer verhindert eine Beschädigung des Fahrzeuges bei starken Auflaufstößen oder Kollisionen durch gezielte Deformation der Pufferhülse. Die Puffer sind so konzipiert, dass dieser Energieverzehr nur in Situationen erfolgt, die außerhalb des normalen Betriebes liegen. Dabei kann ein Crashpuffer das Zehn- bis Zwanzigfache der Energieaufnahme herkömmlicher Puffer absorbieren. So führen sogar Auflaufgeschwindigkeiten von bis zu circa 30 km/h zu keiner weiteren Beschädigung des Fahrzeuges.

Aufkletterschutz

Um bei einem Unfall das Aufklettern der Puffer der kollidierenden Fahrzeuge beziehungsweise anderer im Zug hintereinander laufender Fahrzeuge zu verhindern (Überpufferung), werden Fahrzeuge mit Aufkletterschutzmodulen ausgestattet.

Abb. 2-73: Crashpuffer mit integriertem Aufkletterschutz Foto: Janicki

2.4.4 Langhubstoßdämpfer

Bestimmte Ladungen dürfen keiner größeren Stoßbelastung ausgesetzt werden. Die normalen Stoßverzehreinrichtungen (Puffer) sind hier nicht ausreichend, da ihr Hub zu gering ist. Einige Güterwagen, wie zum Beispiel Containertragwagen, sind aus diesem Grund mit einer zusätzlichen Stoßdämpfungseinrichtung ausgerüstet, die einen größeren Hub ermöglicht. Diese zusätzliche Einrichtung besteht im Allgemeinen aus einem Stoßbalken, der an den beiden Enden die Kopfstücke des Wagens mit der üblichen Zug- und Stoßeinrichtung trägt, und dem Langhubstoßdämpfer.

Rollrahmen

Einige Drehgestellwagen sind anstelle des Stoßbalkens mit einem Rollrahmen ausgerüstet. Dieser besteht aus Seitenträgern und einem verbindenden Mittelteil. Unter den Seitenträgern sind im Bereich der klappbaren Container-Aufsetzzapfen Laufschienen angebracht, die sich auf im Untergestell angeordnete Laufrollen stützen und auf diese Weise eine Bewegung des Rollrahmens ermöglichen. Der Langhubstoßdämpfer verbindet den Stoßbalken oder Rollrahmen mit dem Untergestell des Wagens und dämpft so den Stoß. Ein Gasdruckspeicher oder die Rückholfedern bringen die Stoßdämpfungseinrichtung wieder in die Mittelstellung.

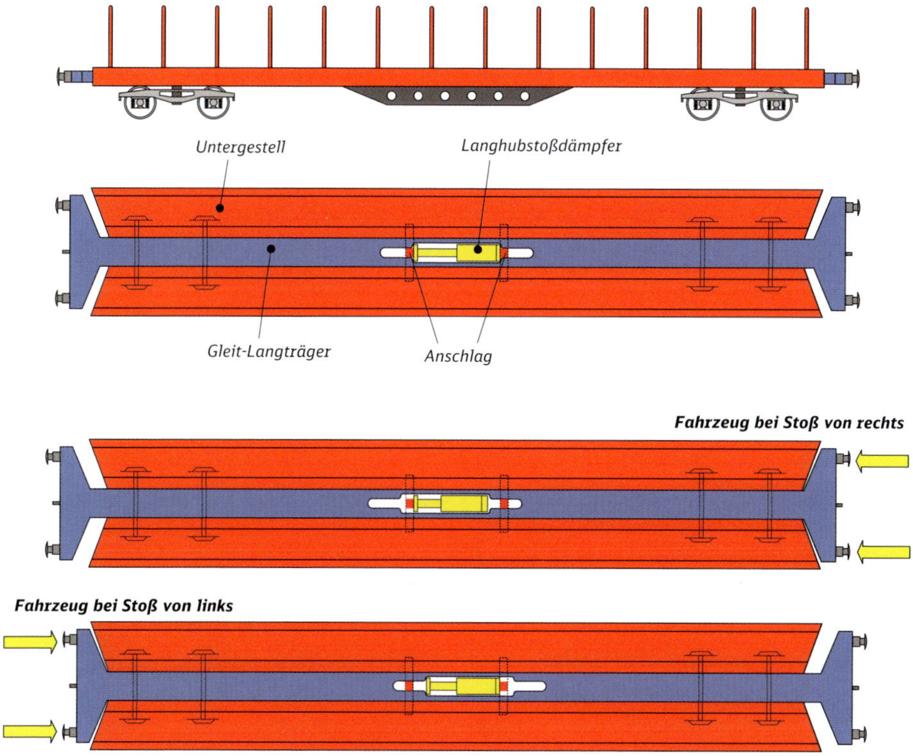

Abb. 2-74: Stoßdämpfungseinrichtung mit Stoßbalken

Abbildung: Janicki

Abb. 2-75: Containertragwagen mit Langhubstoßdämpfer

Foto: Janicki

2.4.5 Automatische Kupplung

Die automatische Kupplung (AK) erlaubt im Gegensatz zur herkömmlichen Schraubenkupplung nicht nur das automatisierte Verbinden zweier Fahrzeuge, sondern auch die Anwendung hoher Zuglasten. Dabei werden die Luftleitungen automatisch mitgekuppelt. Während das Verbinden der Kupplung selbsttätig erfolgt, muss zum Trennen ein Handgriff betätigt werden, der über ein Betätigungssystem die Kupplung entriegelt.

Die automatischen Kupplungen gewährleisten einen sicheren Kuppelvorgang mit minimalem Zeitaufwand. Sie verbinden große Zuverlässigkeit mit hohem Fahrkomfort. Das Entkuppeln ist unter allen Rahmenbedingungen möglich, Fehlbedienungen sind ausgeschlossen. Ein spezielles Profil des Kupplungskopfes garantiert einen großen Greifbereich. Das selbstständige Kuppeln in Kurven und bei unterschiedlichen Kupplungshöhen sowie das automatische Kuppeln bei niedriger Kuppelgeschwindigkeit erfordern nur einen geringen Kraftaufwand. Im gekuppelten Zustand bilden zwei automatische Kupplungen eine starre Verbindung zwischen den Fahrzeugen. Die Gelenkpunkte im Fahrzeug lassen dennoch horizontale und vertikale Verschiebungen der Fahrzeuge gegeneinander zu.

Varianten

Während die automatische Zugkupplung (Z-AK) lediglich Zugkräfte aufnehmen kann und mit der normalen Zugeinrichtung kompatibel ist, kann die ältere Mittelpufferkupplung vom Typ 69e (UIC-AK) auch Druckkräfte aufnehmen und abfedern. Eine solche Kupplung benötigt keine seitlichen Puffer.

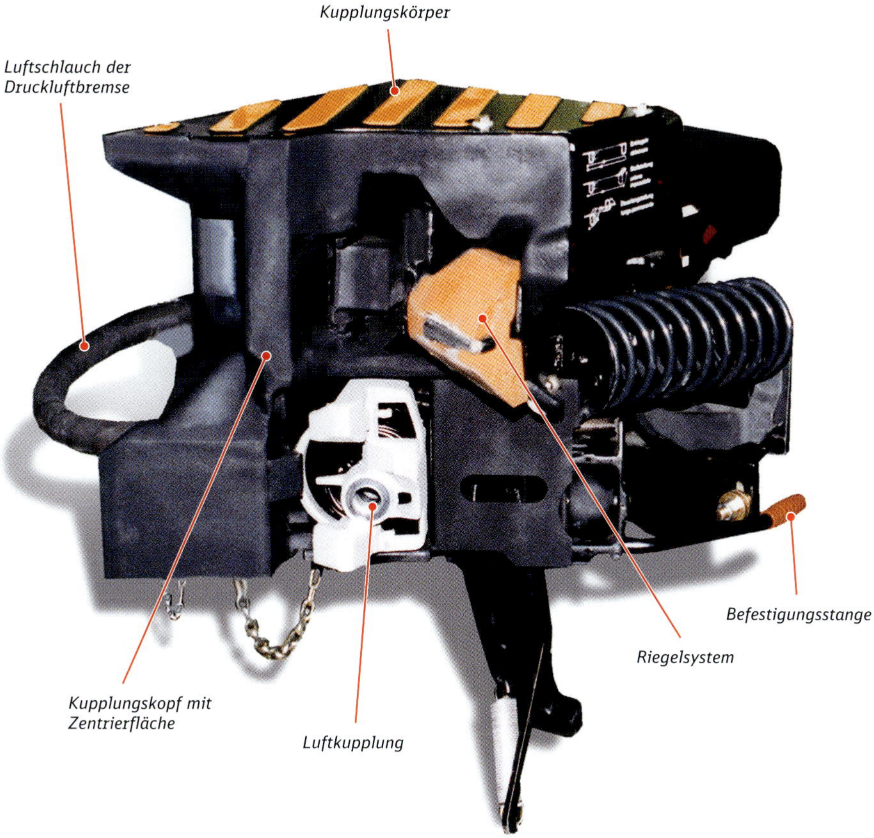

Abb. 2-76: Automatische Zugkupplung (Z-AK). Während das Verbinden der Kupplung selbsttätig erfolgt, muss zum Trennen ein Handgriff betätigt werden, der über ein Betätigungssystem die Kupplung entriegelt. Abbildung: Knorr-Bremse

Baugruppen der automatischen Kupplung

Die Kupplungskörper stellen die mechanische Verbindung zwischen zwei Fahrzeugen her. Das Riegelsystem, angeordnet im oberen Teil des Kupplungskörpers, schließt (beim Kuppeln) oder öffnet (zum Entkuppeln) das Kupplungsprofil. Die Leitungskupplung im unteren Teil des Kupplungskörpers verbindet im gekuppelten Zustand die Luftleitungen. Die horizontal und vertikal federnden Abstützungen tragen und zentrieren die Kupplungskörper. Mit den Betätigungseinrichtungen werden die Verschlussteile des Riegelsystems zum Zweck des Entkuppelns oder für den Abstoßbetrieb betätigt.

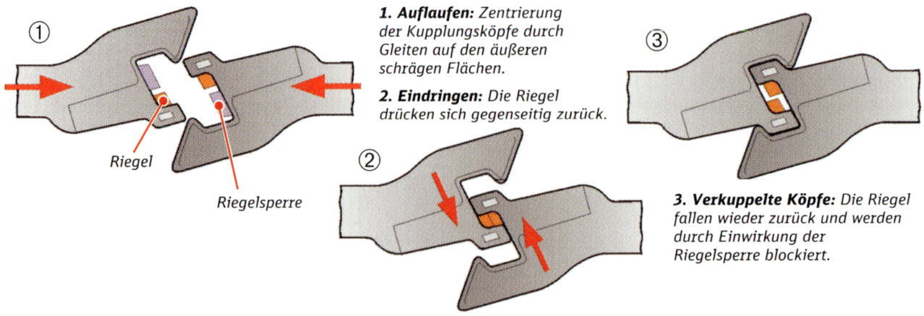

Abb. 2-77: Arbeitsweise der automatischen Kupplung (AK Typ 69e) Abbildung: DB Training

Gemischtzugkupplung

Mithilfe der Gemischtzugkupplung (GZK) kann die AK auch mit der Schraubenkupplung gekuppelt werden. Die GZK wird zuerst mit dem Formstück in die AK eingehängt. Der Bügel der GZK kann anschließend in gewohnter Weise in den Zughaken des anderen Fahrzeugs eingehängt werden. Nach der Entriegelung der AK fällt das GZK-Formstück nach unten aus dem AK-Kopf heraus, während der GZK-Bügel im Zughaken verbleibt.

2.4.6 Vereinfachte Compakt-AK

Die automatische Kupplung C-AKv (Compakt-Automatische Kupplung vereinfacht) ist eine Weiterentwicklung der AK. Sie dient dem automatischen Kuppeln und manuellen Entkuppeln der damit ausgerüsteten Schienenfahrzeuge. Neben der mechanischen Verbindung werden mit den Luftkupplungen auch die pneumatischen Verbindungen automatisch hergestellt. Die C-AKv ist mit einer integrierten Gemischtzugkupplung (Zughaken/C-AKv) ausgerüstet. Ebenso ist ein Gemischtbetrieb mit anderen automatischen Kupplungen wie beispielsweise der UIC-AK möglich.

Baugruppen

Der Kupplungskörper besteht aus vergütetem Stahlguss. An den Kupplungskörper sind die weiteren Teile wie Riegelgetriebe, Luftkupplung mit Halte- und Schwenkvorrichtung, Gemischtzugkupplung und Einhängehaken angebaut. Die vertikale Kontur besteht aus einer entsprechend gestalteten Tasche und einem Horn zur vertikalen Stabilisierung der Kupplung.

Der Kopf des Kupplungskörpers ist über den Kupplungsarm mit dem allseitigen Stabilisierungsgelenk verbunden. Dieses Stabilisierungsgelenk erhöht im Zusammenwirken mit dem Federwerk die ertragbaren Längsdruckkräfte und ist ein wichtiges Element, um die Sicherheit im Betrieb zu erhöhen. Der Kupplungsarm ist so ausgebildet, dass er Aufkletter- und Anhebekräfte überträgt.

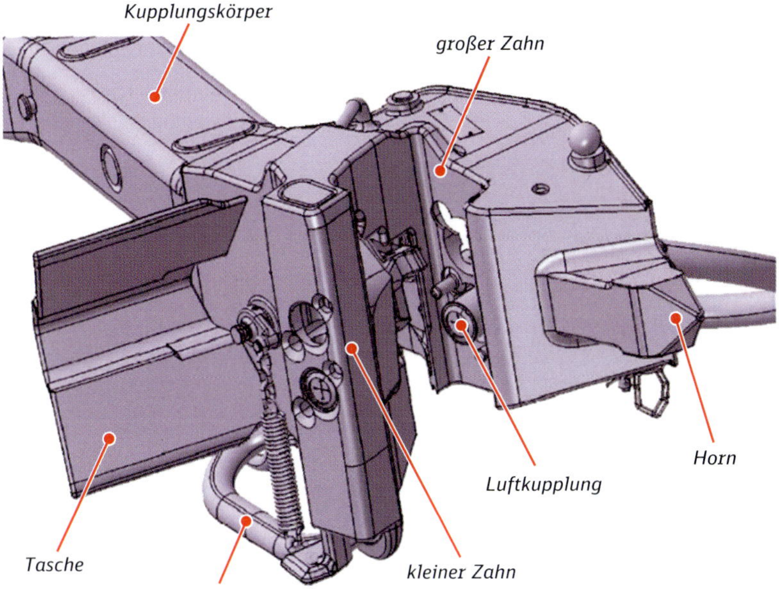

Abb. 2-78: automatische Kupplung C-AKv (Compakt-Automatische Kupplung vereinfacht)

Integrierte Gemischtzugkupplung

Die in den Kupplungskörper integrierte Gemischtzugkupplung besteht aus vergüteten Schmiede- und Stahlgussteilen. Hier wird eine Verbindung durch Ein- beziehungsweise Aushängen eines Kettengliedes in den Zughaken hergestellt. Die Druckkräfte werden über die Güterwagenseitenpuffer übertragen. Als Gemischtluftkupplungen dienen die mit Schlauchverbindungen und Halbkupplungen an den wagenseitigen Luftabsperrhähnen angeordneten Luftkupplungen. Die Gemischtzugkupplung wird über eine außerhalb der Seitenpuffer liegende Riegelbetätigung auf „lang" oder „kurz" gestellt. Die Position „lang" kommt der langgedrehten UIC-Schraubenkupplung nahe und macht es möglich, auch in den Bögen dem Schraubenkupplungssystem entsprechende Bedienungshandlungen auszuführen.

Kuppelstange

Die Kuppelstange dient dem mechanischen Kuppeln der Schienenfahrzeuge. Sie kann nur in der Werkstatt getrennt werden und ersetzt zwei gekuppelte C-AKv-Güterwagenkupplungen in der mechanischen Kraftübertragung. Mit ihrer Hilfe werden mehrere Güterwagen zu einer Gruppe zusammengekuppelt und im Betrieb als nicht trennbare Wageneinheit eingesetzt.

Abb. 2-79: Kuppelstange als feste Verbindung zwischen zwei Fahrzeugen Foto: DB AG

2.4.7 Scharfenbergkupplung

Die in fast alle Triebwagen eingebaute Scharfenbergkupplung® (Schaku) hat sich seit ihrer Erfindung durch Karl Scharfenberg und der Einführung im Jahre 1903 zu einem der bedeutendsten Kupplungssysteme der Bahngeschichte entwickelt. In Europa sind diese Kupplungen bei nahezu allen Bahnen im Einsatz – und zwar nicht nur im Regional- und Hochgeschwindigkeitsverkehr, sondern auch bei vielen Schnellbahn- und Metrobetrieben.

Kupplung im Betrieb

Beim mechanischen Kuppelvorgang werden auch die elektrischen und pneumatischen Leitungen automatisch miteinander verbunden. Die Kupplung ist dazu mit je einer Luftleitungskupplung für die Hauptluftleitung (HL) und die Hauptluftbehälterleitung (HBL) versehen. Kopfprofil und Verschluss bilden eine starre Verbindung in Längs- und Querrichtung. Die Parallelogrammanordnung der Kuppelverschlüsse verteilt die Zugkräfte gleichmäßig.

Dank ihres minimalen Verschleißes ist die Lebensdauer der Kupplung sehr hoch. Die starre Verbindung garantiert hohen Fahrkomfort durch ruckfreies Beschleunigen und Bremsen und verhindert das Aufklettern der Fahrzeuge.

Automatisches Entkuppeln

Die Geometrie des Verschlusses erlaubt ein Entkuppeln selbst bei jenen Fahrzeugen, die unter Zugkraft stehen. Auch bei ungünstigen Fahrzeugstellungen kann automatisch entkuppelt werden. Der Entkuppelvorgang selbst ist irreversibel: Ein erneutes Kuppeln ist erst nach dem Trennen der Fahrzeuge möglich.

Bugklappe

Bei vielen Fahrzeugen befindet sich die Scharfenbergkupplung hinter zwei Bugklappen aus glasfaserverstärktem Kunststoff, die vor dem Zusammenkuppeln zweier Fahrzeuge seitlich horizontal hinter die Bugverkleidung weggeklappt werden. Die Betätigung dieser Bugklappen erfolgt normalerweise elektropneumatisch vom Führerstand aus. Sie kann im Störungsfall auch manuell vorgenommen werden.

Abb. 2-80: Scharfenbergkupplung® bei einem Triebwagen Foto: Janicki

Kupplungsaufbau

Der modulare Aufbau der Kupplung ermöglicht verschiedene Kombinationen und kundenspezifische Lösungen. Die Kupplung besteht aus den beiden Hauptfunktionsgruppen „Kopfbereich mit Verschluss und E-Kupplung" sowie „Anlenkung mit Stoßsicherung". In der Anlenkung sind Mittelstellung und Abstützung integriert.

Der Kopf ist mit einem Zweistellungsverschluss ausgestattet, der zusätzliche Sicherheit gewährleistet. Materialauswahl und Ausgestaltung des Kopfes und der Verschlusselemente sind für die Übertragung der in den UIC-Richtlinien geforderten Zug- und Druckkräfte ausgelegt und mit Typentests nachgewiesen. Alternativ lässt sich die Stirnplatte für einen störungsfreien Winterbetrieb mit einer Heizung ausstatten.

Die Anlenkung umfasst den hinteren Teil der Kupplung, bestehend aus der Zug- und Stoßeinrichtung sowie der Stoßsicherung. Sie ermöglicht die kardanische Bewegung der Kupplung. Bis zu einer fest definierten Größe nehmen die Zug- und Stoßeinrichtungen Zug und Druck auf und leiten überschüssige Kräfte über den Lagerbock in das Fahrzeuguntergestell.

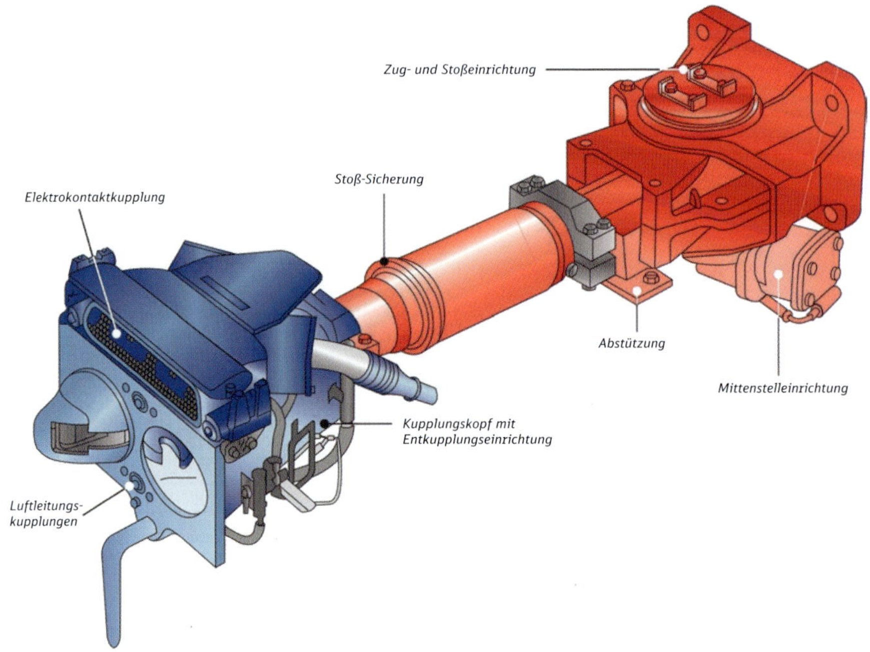

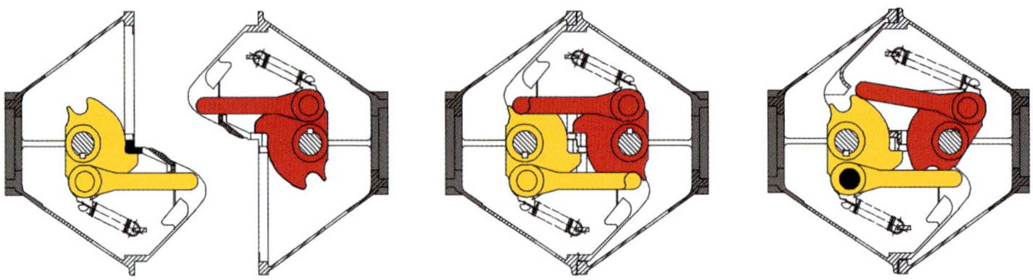

Abb. 2-81: Aufbau und Kupplungsvorgang der Scharfenbergkupplung®

Abbildungen: Voith Turbo

Ein Überlastschutz bietet zusätzliche Stoßsicherung zum Schutz des Fahrzeuguntergestells gegen Beschädigung bei starken Aufprallstößen. Der Überlastschutz ist eine Kombination aus einer Platte und vier Abreißelementen an den Ecken. Nach Ausschöpfen des Arbeitsverzehrs werden die Abreißelemente durch Düsen gepresst und die Stoßenergie wird in Verformungsarbeit und Wärme umgewandelt. Die Stoßenergie wird in mehreren Stufen abgebaut: Wenn die letzte Stufe überschritten ist, wird die Kupplung nach hinten geschoben und fällt ab. In Abhängigkeit von Fahrzeuggewicht und Zugkonfiguration wird bei Auffahrgeschwindigkeiten von bis zu 20 km/h das Fahrzeuguntergestell nicht beschädigt.

Für Montage- und Wartungsarbeiten kann der Kupplungsverschluss manuell in die gekuppelte Stellung gebracht werden. Mithilfe einer separaten Übergangskupplung kann die Mittelpufferkupplung mit der Regel-, Zug- und Stoßeinrichtung gekuppelt werden.

Schlüsselschalter

Bei den meisten Fahrzeugen kann die Trennung der Kupplung sowohl manuell als auch automatisch mit einem Schlüsselschalter im Führerraum erfolgen: Der Schlüssel muss aus dem Fahrtrichtungsschalter in Stellung „0“ abgezogen und damit der „Entkuppelschalter“ aufgeschlossen werden. Ein Leuchtmelder zeigt das ordnungsgemäße Entkuppeln an. Ein Entkuppeln ist nur möglich, wenn die Federspeicherbremse angelegt ist.

2.4.8 Spezialkupplungen

Einige Reisezugwagenbauarten sowie die Mittelwagen der ICE-Hochgeschwindigkeitszüge werden über spezielle Kupplungen miteinander verbunden. Diese Verbindung ist nur in den Werken zu trennen. Hier kommen neben speziellen Mittelpufferkupplungen auch Kurzkupplungen zum Einsatz.

Kurzkupplung

Kurzkupplungen bestehen aus zwei Hälften, die aneinander befestigt werden. In den Kupplungsstangen sind Energieverzehrelemente integriert. Die pneumatische Verbindung der einzelnen Fahrzeuge leisten entweder Luftverbinder, die an der Unterseite des Kupplungskopfes in der Ebene der Stirnfläche des Kupplungskopfes angebracht sind, oder neben der Kupplung angebrachte Luftleitungen. Die Strom-, Steuer- und Busleitungen werden grundsätzlich über separate Leitungen zum nächsten Fahrzeug geführt.

Abb. 2-82: Kurzkupplung eines Reisezugwagens Foto: Janicki

Abb. 2-83: Kupplung und Kabelverbindungen beim ICE 3 Foto: DB AG/Kranert

Mittelpufferkupplung mit Elektrokontaktkupplung

Bei den Mittelwagen des ICE 1/2 sind spezielle Mittelpufferkupplungen eingebaut. Hier sind nicht nur die Leitungen für die Versorgung mit Druckluft und elektrischer Energie untergebracht, hier werden auch sämtliche für den Bahnbetrieb erforderlichen Signale mithilfe einer Elektrokontaktkupplung übertragen – auch die Signale für den Fahrzeugbus und die Unterhaltungselektronik. Anordnung, Steuerung und Größe der Elektrokontaktkupplung sind außer von der Anzahl und den Anforderungen der zu übermittelnden Signale auch abhängig vom Bauraum im Fahrzeug.

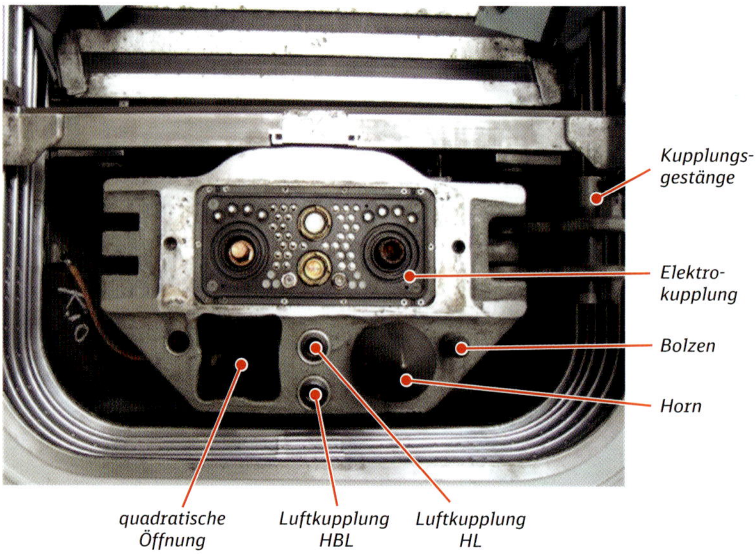

Abb. 2-84: Mittelpufferkupplung als Zwischenkupplung Abbildung: DB AG

Die seitliche Verbreiterung des Flansches über das Kastenprofil des Kuppelkopfgehäuses hinaus schafft Platz für die Anordnung des eigentlichen Verschlusssystems zur Zugkraftübertragung. Das System „Bügelverschluss mit Kronenmutter" ist ein wesentliches Kennzeichen dieses ICE-Kupplungskopfes. Eine Vorzentrierung, bestehend aus einem Horn und einer quadratischen Öffnung, zentriert die Kupplung beim Kuppelvorgang. Eine Feinzentrierung mit Bolzen und Buchse richtet die Kupplungen dann exakt aufeinander aus.

2.4.9 Automatische Rangierkupplung

Um dem Lokrangierführer das manuelle Kuppeln beziehungsweise Entkuppeln zu ersparen, werden funkgesteuerte Rangierlokomotiven beidseitig mit einer automatischen Rangierkupplung ausgerüstet.

Zum Entkuppeln müssen am Fernsteuerbediengerät zwei Tasten betätigt werden: die erste für die Auswahl der Kupplung, die angesteuert werden soll, die zweite zum Öffnen der gewählten Kupplung (Zweitastenbedienung). Anschließend bleibt die Rangierkupplung circa 30 Sekunden geöffnet. In dieser Zeit kann die Lok vom Wagen wegbewegt werden.

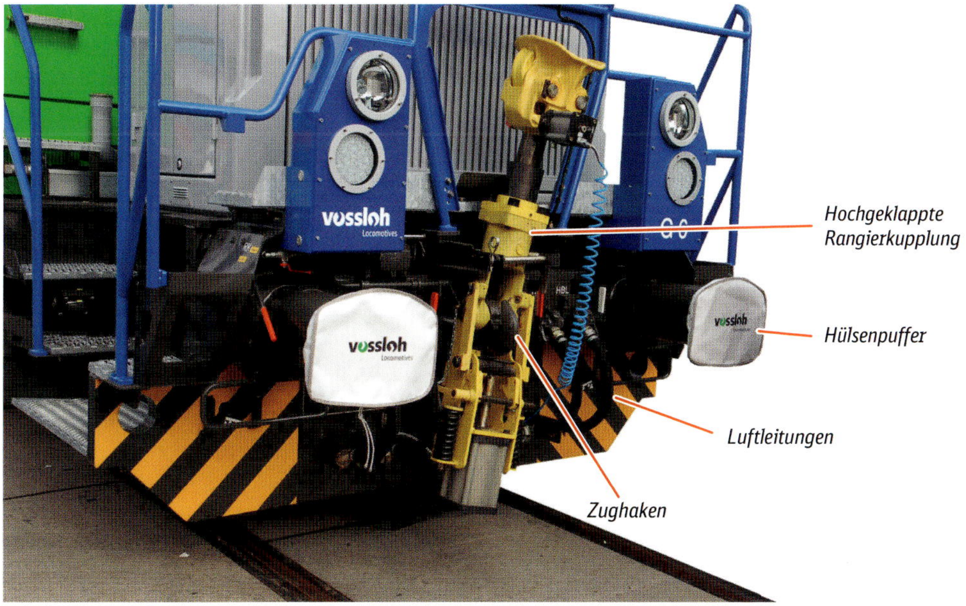

Abb. 2-85: Rangierkupplung RK 900 zum automatischen An- und Abkuppeln von Wagen an Triebfahrzeugen Abbildung: Janicki

2.4.10 Absenkbare und ausschwenkbare Kopfstücke

Für die horizontale Verladung von Lastkraftwagen und Sattelanhängern sowie für die Überfahrt von Wagen zu Wagen sind einige Flachwagen mit ausschwenkbaren Kopfstücken ausgerüstet. Bei einigen Bauarten ist dieses Kopfstück zudem abnehmbar.

Für die Verladung großer Ladegüter über mehrere Wagen hinweg besitzen einige Flachwagen absenkbare Kopfstücke. Das Anheben und Absenken erfolgt dabei mechanisch oder hydraulisch.

Abb. 2-86: mehrteiliger Flachwagen mit absenkbaren Kopfstücken

Abbildungen: Janicki

2.5 Fahrzeugübergang

2.5.1 Bauliche Ausführung

Fahrzeugübergänge ermöglichen dem Reisenden den Wechsel von einem Wagen oder Zugteil in den anderen. Um dies in druckertüchtigten Fahrzeugen, die auf Schnellfahrstrecken (SFS) mit hohem Tunnelanteil verkehren, angenehm zu gestalten, werden die Fahrzeuge mit einem speziellen druckdichten Fahrzeugübergang ausgerüstet. Dieser verhindert das Eindringen von Druckwellen. Bei der baulichen Ausführung unterscheidet man zwischen ein- und zweiteiligen Fahrzeugübergängen. Zweiteilige Übergänge werden eingesetzt, wenn Fahrzeuge häufig aus einem Zugverbund herausgenommen werden.

Die Fahrzeugübergänge sind mit einem Anschraub- und Kuppelrahmen befestigt. Beide bestehen in der Regel aus geschweißten und pulverbeschichteten Aluminiumprofilen. Der Anschraubrahmen ist direkt am Fahrzeug montiert, während der Kuppelrahmen durch eine Verriegelungseinheit mit einer Fahrzeugstirnwand (einteiliger Übergang) oder gestützt auf die Fahrzeugkupplung mit einer zweiten Übergangshälfte (zweiteiliger Übergang) gekuppelt wird. Zur Optimierung ist am Kuppelrahmen ein Zentriersystem integriert. Es erleichtert den Kuppelvorgang und minimiert die Montage- und Stillstandszeiten.

Abb. 2-87: Übergang beim ICE 3 Foto: DB AG

Abb. 2-88: Übergang beim ICE 1 in getrenntem Zustand im Instandhaltungswerk Foto: DB AG/Busse

Bodenverbindung

Die Bodenverbindung im Fahrzeugübergang gibt es in zwei Varianten: Die Gliederbrücke ermöglicht Fahrgästen das bequeme Begehen des Übergangs. Sie nimmt alle definierten Bewegungen der Fahrzeuge zueinander so auf, dass kein Spalt im Übergangsbereich entsteht. Der Übergang ist bei jeder Bewegung des Zuges problemlos zu betreten. Für Wartungsmaßnahmen kann die Gliederbrücke entriegelt und hochgeklappt werden. Ein Entkuppeln ist hierzu nicht erforderlich, auch nicht die Demontage des Wellenbalges. Brückenbleche bieten einen einfachen, weitestgehend spaltfreien Übergang. Aufeinanderliegende Bleche in geriffelter Ausführung nehmen hier die Fahrzeugbewegungen auf und bilden so eine sichere Übergangsbrücke. Gegen ein Hochschlagen der Übergangsbleche durch Luftdruck bei Begegnungsfahrten im Tunnel besitzen die Übergänge eine Sicherung.

2.5.2 Übergänge der Reisezugwagen

Reisezugwagen weisen meist einen Gummiwulstübergang auf, der die Vorgaben des internationalen Eisenbahnverbandes UIC für Wulstübergänge erfüllt und das Kuppeln mit einem UIC-Wulstübergang ermöglicht. Hier schützen zwei senkrechte und ein waagerecht angebrachter Gummiwulst die Reisenden vor äußeren Witterungseinflüssen. Als Übergangstür haben ältere Wagen (besonders im Nahverkehr) noch Rollos aus schmalen Blechlamellen, während neuere Wagen immer mit Schiebetüren ausgerüstet sind. Die Stirnwandschiebetür wird entweder mechanisch oder pneumatisch geöffnet. Sie kann mit einem Vierkantschlüssel verschlossen werden.

Abb. 2-89:
UIC-Übergang (Gummiwulstübergang) Foto: Janicki

Einige Wagen weisen besondere Bauarten von Übergängen auf. Diese können besonders breit, niederflurig oder druckertüchtigt ausgeführt sein. Ihre Bauform unterscheidet sich erheblich vom Gummiwulstübergang und sie sind mit diesen in der Regel auch nicht kuppelbar.

2.5.3 Übergänge der Triebwagen und Triebzüge

Triebzüge verfügen über keine herkömmlichen Übergänge, da sie im Betrieb meist nicht getrennt werden. Die normalerweise mit Faltenbälgen verkleideten Übergänge der neueren Triebwagen-Bauarten sind relativ breit ausgeführt. Der Innenraum wirkt dadurch großzügig und hell. Das gewährt dem Reisenden einen freien Blick durch das gesamte Fahrzeug und vermittelt ihm ein gewisses Sicherheitsgefühl.

Abb. 2-90: Faltenbalgübergang im Nahverkehrstriebwagen

Doppelwellenbalg

Bei den ICE-Mittelwagen erfolgt der Übergang zwischen zwei Wagen über einen Doppelwellenbalg und eine Gliederbrücke. Der Doppelwellenbalg setzt sich zusammen aus einem Innen- und Außenwellenbalg sowie zwei Kuppelrahmen, die mit den beiden Bälgen kraftschlüssig verbunden sind. Die angeschraubten Übergangshälften liegen mit den Traversen auf den Wagenkupplungen auf.

Abb. 2-91: Doppelwellenbalgübergang beim ICE-Mittelwagen Foto: DB AG/Hierl

2.6 Versorgungs- und Steuerleitungen

2.6.1 Druckluftleitungen und Bremskupplungen

Über die Versorgungsleitungen werden die verbundenen Wagen mit Luft und Energie versorgt. Eine stabile Verbindung der Versorgungsleitungen aus Sicherheits- und Komfortgründen ist notwendig, daher müssen sie in der Regel gekuppelt sein. Eine internationale Normung stellt sicher, dass auch Wagen verschiedener Bahnen miteinander harmonieren und in einen gemeinsamen Zug eingestellt werden können.

Die Bremskupplung dient als flexible Verbindung der Luftleitung (Hauptluftleitung und Hauptluftbehälterleitung) zwischen zwei Fahrzeugen.

Hauptluftleitung

Grundsätzlich sind alle Schienenfahrzeuge mit einer Hauptluftleitung (HL) ausgerüstet. Sie sorgt für die Luftversorgung und die Steuerung der Druckluftbremsen. Ihr Regelbetriebsdruck beträgt 5 bar. Mit Ausnahme eines Großteils der Güterwagen ist die HL an den Enden gegabelt.

Abb. 2-92: Luftleitungen bei einer Lokomotive Abbildung: Janicki

Hauptluftbehälterleitung

Alle neueren Reisezugwagen wie auch einige Güterwagen haben zusätzlich eine durchgehende Hauptluftbehälterleitung (HBL). Diese ist an den Fahrzeugenden ebenfalls gegabelt.

Sie steht unter einem Druck von maximal 10 bar und dient folgenden Verbrauchern als Versorgungsleitung:

- den zusätzlichen Bremsausrüstungen wie der Führerbremsventilanlage eines Steuerwagens, der Magnetschienenbremse und der elektropneumatischen Bremse,
- den Einstiegs-, Zwischen- und Übergangstüren,
- der Luftfeder bei Fahrzeugen mit luftgefedertem Drehgestell,
- Nebenverbrauchern wie zum Beispiel der WC-Anlage.

Luftabsperrhahn

An den Enden der HL jedes Fahrzeugs befinden sich je ein Luftabsperrhahn und eine Bremskupplung bestehend aus Bremsschlauch und Kupplungskopf. Luftabsperrhähne benötigt man zum Schließen und Öffnen der jeweiligen Leitung. Der Handgriff steht in geschlossener Stellung des Hahnes senkrecht; bei geöffneter Stellung zeigt er hingegen in Richtung des Bremsschlauches. Somit ist während der Fahrt gewährleistet, dass bei Steinschlag oder anderen Unregelmäßigkeiten die Hähne nicht versehentlich zugeschlagen werden.

Beim Schließen des Hahns wird eine Entlüftungsbohrung frei, sodass die Schläuche zwischen den geschlossenen Luftabsperrhähnen stets entlüftet sind. Dies ist erforderlich, um sie gefahrlos entkuppeln zu können. Die Schläuche werden dabei bereits entlüftet, bevor die Hähne ganz geschlossen sind. So kann man teilweise geöffnete Hähne am Ausströmgeräusch erkennen.

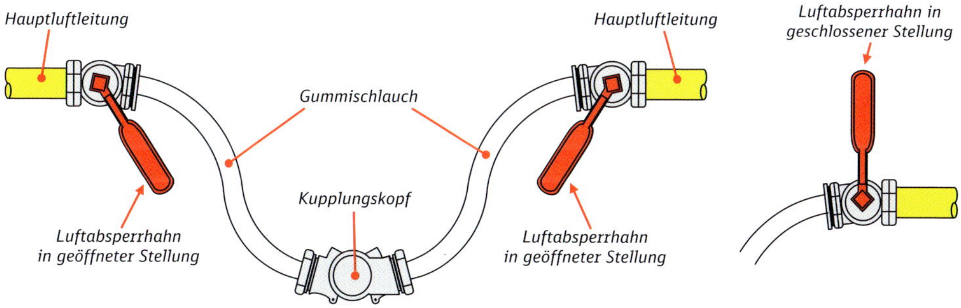

Abb. 2-93: Bremskupplung mit Luftabsperrhahn

Abbildung: Janicki

Kupplungskopf

Die Dichtung der Kupplungsköpfe besteht aus besonders geformten Gummiringen, sodass eine dichte Verbindung entsteht. Durch folgende Maßnahmen wird eine Verwechslung der HBL und der HL vermieden:

- Die Kupplungsköpfe der HL und HBL sind spiegelbildlich ausgeführt.
- Auf dem HBL-Kupplungskopf sind kreuzförmige Rippen ausgebildet.
- An den Stirnseiten der Fahrzeuge sind die Bremskupplungen der HBL außen und die der HL innen angebracht.

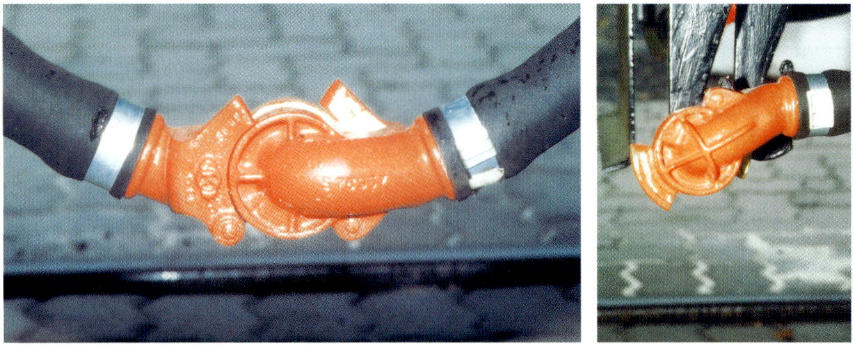

Abb. 2-94: Kupplungskopf der Hauptluftleitung (links) und der Hauptluftbehälterleitung (rechts)

Abb. 2-95: Dichtungsring im Kupplungskopf

2.6.2 Kabel der zentralen Energieversorgung (ZEV)

Reisezugwagen sind mit elektrischen Heizeinrichtungen beziehungsweise Klimaanlagen ausgestattet, die über die zentrale Energieversorgung – ein früher geläufiger und heute noch häufig verwendeter Begriff ist auch Zugsammelschiene (ZS) – direkt vom Triebfahrzeug versorgt werden. Bei der DB sowie einigen Nachbarbahnen beträgt die Spannung in der ZEV 1.000 V/16,7 Hz. Andere Bahnverwaltungen greifen auf andere Spannungssysteme zurück. Im unbenutzten Zustand sind die ZEV-Leitungen immer in die dafür vorgesehenen Blinddosen zu stecken.

Abb. 2-96: Kabel der zentralen Energieversorgung im ungekuppelten Zustand. Der Kupplungsstecker ist hier in die Blinddose gesteckt.

Abbildung: Janicki

Abb. 2-97: Kupplungsdose der zentralen Energieversorgung in gekuppeltem Zustand Foto: Janicki

2.6.3 Informations- und Steuerleitungen

Für fahrzeugübergreifende Funktionen müssen analoge und digitale Informations- beziehungsweise Steuersignale zu den entsprechenden Endgeräten in den Wagen oder Triebfahrzeugen geleitet werden. Dazu dienen Informations- und Steuerleitungen, die zwischen den Fahrzeugen mit speziellen Steckverbindungen gekuppelt werden. Je nach Ausrüstungsstand der Fahrzeuge kommen die nachfolgend aufgeführten Leitungen zum Einsatz:

18-polige Informations- und Steuerleitung (ISL)

Reisezugwagen sind im Übergangsbereich mit einer 18-poligen Informations- und Steuerleitung (ISL) ausgerüstet, deren Kupplung für folgende Einrichtungen nötig ist:

- Fahrgastinformationssystem (FIS) mit elektronischen äußeren und inneren Zuglaufschildern beziehungsweise Anzeigern und Lautsprecheranlagen für die Beschallung,
- zentrale Türschließeinrichtung sowie seitenselektive Türfreigabe durch den Triebfahrzeugführer,
- Fernschaltung der Beleuchtung sowie der klimatechnischen Anlagen,
- Notbremsüberbrückung (NBÜ) und elektropneumatische Bremssteuerung (ep-Bremse),
- Wendezugsteuerung bei Wendezügen,
- zugübergreifende Diagnose für die vorgenannten Systeme.

Die ISL leitet analoge und digitale Informations- und Steuersignale zu den entsprechenden Endgeräten in den Fahrzeugen weiter. Um ein unbefugtes Trennen der IS-Leitung zu vermeiden, sind in vielen Reisezugwagen Kupplungsdosen eingebaut, die mit einem Vierkantschlüssel verschlossen werden.

Abb. 2-98: Informations- und Steuerleitung (ISL) (ungekuppelt)
Foto: Janicki

NBÜ/ep-Steuerleitung

Reisezugwagen bestimmter Bauarten (zum Beispiel Doppelstockwagen) sind mit einer zusätzlichen Steuerleitung für die Notbremsüberbrückung und die elektropneumatische Bremse ausgerüstet. Die Steuerleitung ist grundsätzlich zu verbinden, wenn alle Fahrzeuge mit ep-Bremse und NBÜ versehen sind. Nicht benutzte Leitungen sind in die entsprechende Blinddose zu stecken.

Abb. 2-99:
zusätzliche NBÜ/ep-Steuerleitung eines Doppelstockwagens (gekuppelt)
Foto: Janicki

Ethernet-Netzwerk-Wagenübergang

Moderne Reisezugwagen sind mit Systemen ausgestattet, die zur Datenübertragung Ethernetkomponenten aus der Netzwerktechnik nutzen und damit erhöhte Anforderungen an die Informationsübertragung stellen. Zu diesen Systemen zählen die Videoüberwachung, das Reisenden- und Fahrgastinformationssystem, die automatische Fahrgastzählung (AFZ) sowie Sprachsteuerungen und Diagnosefunktionen.

Zur sicheren Datenübertragung zwischen Reisezugwagen untereinander sowie zur Lokomotive besitzen diese Fahrzeuge spezielle Bahnsteckverbinder. Diese sind mit einem 8-poligen Ethernetmodul und Signalkontakten für 24 Volt ausgerüstet und werden wie die IS-Leitung im Wagenübergang gekuppelt.

Abb. 2-100: Ethernet-Kupplungsdose und Stecker Abbildung: Schaltbau GmbH

Wendezugsteuerkabel

Das 34- oder 36-polige Steuerkabel ist noch bei einigen älteren Nahverkehrswagen vorhanden und dient zur Steuerung des Triebfahrzeuges vom Steuerwagen aus (Wendezugbetrieb).

Abb. 2-101: Kupplungsdose des Wendezugsteuerkabels Foto: Janicki

2.7 Fahrzeuganschriften, Fahrzeugnummern

2.7.1 Systematik der Fahrzeugnummerierung

Die im Eisenbahnsystem der Europäischen Gemeinschaft eingesetzten Fahrzeuge sind mit einer zwölfstelligen europäischen Fahrzeugnummer (European Vehicle Number – EVN) versehen. Diese beschreibt nicht nur die grundlegenden Merkmale des Fahrzeugs, sondern macht Fahrzeuge gleicher Bauart auch eindeutig identifizierbar. Die europäische Fahrzeugnummer muss sichtbar am Fahrzeug angebracht sein. Bei Fahrzeugen mit Führerraum muss sie auch im Führerraum angebracht sein. Die europäische Fahrzeugnummer ist nicht erforderlich bei historischen Fahrzeugen (Oldtimer) sowie bei Fahrzeugen, die nur ausnahmsweise auf Streckennetzen der Europäischen Gemeinschaft eingesetzt werden. Dennoch ist den letztgenannten Fahrzeugen zeitweilig eine Fahrzeugnummer zuzuordnen, die ihren Betrieb erlaubt.

Vergabe der europäischen Fahrzeugnummer

Die Vergabe der Fahrzeugnummer erfolgt mit der erstmaligen Inbetriebnahme und obliegt in Deutschland dem Eisenbahn-Bundesamt (EBA). Grundsätzlich legt das EBA zudem einmalig die Kennzeichnung je Bauart in Abstimmung mit dem Fahrzeughersteller fest. Dabei werden historisch gewachsene Baureihen- und Typenbezeichnungen der Hersteller oder Betreiber so weit wie möglich berücksichtigt. Unter dem Begriff „Baureihe“ fasst man gleichartige Fahrzeuge zusammen.

Reisezugwagennummer

D-DB 50 80 26 - 81 111 – 9 DBpza 780.2

Länderkennung und Fahrzeughalter: Kurzzeichen
Ziffer 1 + 2: Fahrzeugtyp und Angabe der Interoperabilität
Ziffer 3 + 4: Land, in dem das Fahrzeug registriert ist
Ziffer 5 + 6: Gattung des Wagens
Ziffer 7 + 8: Geschwindigkeit und Energieversorgung
Ziffer 9 bis 11: laufende Nummer innerhalb der Baureihe
Ziffer 12: Prüfziffer (Kontrollziffer)
Bauart/Gattungskennzeichnung (technische Merkmale)

Güterwagennummer

31 RIV
80 D-DB
0691 235- 2
Tanoos

Länderkennung und Fahrzeughalter: Kurzzeichen
Ziffer 1 + 2: Fahrzeugtyp und Angabe der Interoperabilität
Ziffer 3 + 4: Land, in dem das Fahrzeug registriert ist
Ziffer 5 bis 8: wichtige technische Merkmale
Ziffer 9 bis 11: laufende Nummer innerhalb der Baureihe
Ziffer 12: Prüfziffer (Kontrollziffer für EDV)
Bauart/Gattungskennzeichnung (technische Merkmale)

Triebfahrzeugnummer

91 80 6185 750 -7 - D-BASF

Ziffer 1: bei Triebfahrzeugen immer 9 (= selbstfahrend)
Ziffer 2: Triebfahrzeugtyp (siehe nebenstehendes Schema)
Ziffer 3 + 4: Land, in dem das Fahrzeug registriert ist
Ziffer 5: Konstante (Bestandteil der Baureihe) *)
Ziffer 6 bis 8: Kennzeichnung der Baureihe
Ziffer 9 bis 11: laufende Nummer innerhalb der Baureihe
Ziffer 12: Prüfziffer (Kontrollziffer für EDV)
Länderkennung und Fahrzeughalter: Kurzzeichen

*) wird durch die jeweilige nationale Behörde definiert

Triebfahrzeugtyp:
0 = Verschiedene (z. B. Dampflok, Hybridlok)
1 = elektrische Lokomotive
2 = Diesellokomotive
3 = elektrischer Triebzug (HGV)
4 = elektrischer Triebzug (außer HGV)
5 = Dieseltriebzug
6 = Spezieller Beiwagen
7 = elektrische Rangierlok
8 = Diesel-Rangierlok
9 = Sonderfahrzeug

Abb. 2-102: Systematik der Fahrzeugnummerierung

Abbildung: Janicki

Interoperabilitätsfähigkeit (Austauschverfahren)

Die ersten beiden Ziffern der Fahrzeugnummer definieren bei Wagen neben dem Fahrzeugtyp auch die Interoperabilitätsfähigkeit, also die Eignung des Wagens für den Einsatz im grenzüberschreitenden Verkehr. Die Ziffern sagen aus, ob der Wagen im grenzüberschreitenden Verkehr oder nur im Binnenverkehr einer Bahn eingesetzt werden darf. Zudem verweisen sie darauf, ob der Wagen einem gemeinschaftlich betriebenen Wagenpark angehört oder nicht. Bei Güterwagen geben die ersten beiden Ziffern auch an, ob der Wagen nur für eine bestimmte oder für verschiedene Spurweiten geeignet ist.

Ländercodes

Die dritte und vierte Ziffer der Fahrzeugnummern sowie die Abkürzung für die Länderkennung geben den Staat an, in dem das Fahrzeug registriert wurde (Ziffercode). Der Buchstabencode für die Länderkennung kann direkt vor, hinter oder unter der europäischen Fahrzeugnummer angebracht sein.

Staat	Buchstaben-code	Ziffern-code *	Staat	Buchstaben-code	Ziffern-code *
Albanien	AL	41	Lettland	LV	25
Österreich	A	81	Litauen	LT	24
Belgien	B	88	Luxemburg	L	82
Bosnien und Herzegowina	BIH	49	Mazedonien	MK	65
Bulgarien	BG	52	Montenegro	ME	62
Kroatien	HR	78	Niederlande	NL	84
Tschechische Republik	CZ	54	Norwegen	N	76
Dänemark	DK	86	Polen	PL	51
Estland	EST	26	Portugal	P	94
Finnland	FIN	10	Rumänien	RO	53
Frankreich	F	87	Serbien	SRB	72
Deutschland	D	80	Slowakei	SK	56
Griechenland	GR	73	Spanien	E	71
Ungarn	H	55	Schweden	SE	74
Irland	IRL	60	Schweiz	CH	85
Italien	I	83	Vereinigtes Königreich	GB	70

* dritte und vierte Ziffer der Fahrzeugnummer

Abb. 2-103: Ländercodes (Auswahl)

Prüfziffer (Kontrollziffer)

Anhand der Prüfziffer lässt sich die Richtigkeit der vorhergehenden Ziffern der Fahrzeugnummer überprüfen. Zur ihrer Berechnung werden die elf Ziffern der Fahrzeugnummer von rechts beginnend abwechselnd mit zwei und eins multipliziert. Von der auf diese Weise entstandenen neuen Ziffernfolge wird die Quersumme gebildet. Die Differenz zwischen dieser Quersumme und der nächsten vollen Zehnerzahl ergibt die Prüfziffer.

11 Ziffern der Wagennummer:	9	3	8	0	5	4	0	7	2	0	1
Multiplikator:	2	1	2	1	2	1	2	1	2	1	2
Ergebnisse:	18	3	16	0	10	4	0	7	4	0	2

Quersumme:	1 + 8 + 3 + 1 + 6 + 0 + 1 + 0 + 4 + 0 + 7 + 4 + 0 + 2	= 37
Nächste volle Zehnerzahl:		40
Die Differenz ist die Prüfziffer:		**3**

Abb. 2-104: Beispiel für die Berechnung der Prüfziffer Foto: Janicki

Siebenstellige Fahrzeugnummer

Bei Triebfahrzeugen sind in der Regel die letzten sieben Ziffern der Fahrzeugnummer an der Fahrzeugfront angeschrieben. Diese Form der Schreibweise basiert auf einem älteren Triebfahrzeug-Nummernsystem: eine sechsstellige Nummer bestehend aus der dreistelligen Baureihenbezeichnung und der ebenfalls dreistelligen Ordnungsnummer, nach einem Bindestrich gefolgt von der Prüfziffer. Die diversen Bauarten der Triebfahrzeuge werden hier anhand der ersten Ziffer (Triebfahrzeugart) unterschieden.

Triebfahrzeugart (Ziffer 1):
0 = Dampflokomotive
1 = elektrische Lokomotive
2 = Diesellokomotive
3 = Kleinlokomotive
4 = elektrischer Triebwagen
5 = Akkutriebwagen
6 = Brennkrafttriebwagen
7 = Schienenomnibusse und Bahndiensttriebwagen
8 = Steuer-, Bei- und Mittelwagen zu elektrischen Triebwagen
9 = Steuer-, Bei- und Mittelwagen zu Brennkrafttriebwagen

Abb. 2-105: Bei Triebfahrzeugen ist in der Regel eine verkürzte Fahrzeugnummer auf der Fahrzeugfront angebracht. Abbildung: Janicki

Weitere Kennnummern

Der Fahrzeughalter kann am Fahrzeug eine eigene Kennnummer anbringen, wenn er dies für den Betrieb als nützlich erachtet. Diese Kennnummer besteht im Allgemeinen aus einer Seriennummer und einer alphabetischen Ergänzung. Dabei muss aber gewährleistet sein, dass die europäische Fahrzeugnummer stets leicht von der eigenen Kennnummer des Halters zu unterscheiden ist.

Nationale Einstellungsregister

Die im Eisenbahnsystem der Europäischen Gemeinschaft in Betrieb genommenen Fahrzeuge werden in ein nationales Einstellungsregister (Fahrzeugeinstellungsregister) aufgenommen. Zweck des Einstellungsregisters ist es, europaweit Informationen über Eisenbahnfahrzeuge bereitzustellen, deren Inbetriebnahme genehmigt wurde. Die Register stehen allen Mitgliedsstaaten der Gemeinschaft zur Abfrage zur Verfügung und weisen deshalb ein einheitliches Datenformat auf. Das Register enthält zum Beispiel Angaben zu Voraussetzungen der Inbetriebnahme, des Betriebes, zum jeweiligen Halter und gegebenenfalls Fahrzeugeigentümer sowie die Nennung der für die Instandhaltung zuständigen Stelle. Die Führung des nationalen Einstellungsregisters für Deutschland wurde dem EBA übertragen.

2.7.2 Allgemeine Anschriften und Zeichen

Die am Fahrzeug angebrachten Anschriften und Zeichen verweisen auf die verschiedenen Eigenschaften und technischen Merkmale und geben Auskunft über besondere Einrichtungen und Ausrüstungen. Darüber hinaus haben sie folgende Aufgaben:

- Bereitstellung von Angaben, die für die Zugbildung erforderlich sind, wie beispielsweise Bremsgewicht, Länge über Puffer und Leergewicht,

- Unterrichtung der Mitarbeiter über betriebliche Einschränkungen wie geografische Einschränkungen und Rangierverbote,
- Bereitstellung von Sicherheitsinformationen für Mitarbeiter, die ein Fahrzeug betreiben oder in Notfällen Hilfe leisten. Dazu gehören zum Beispiel Warnungen und Hinweise auf Oberleitungsspannung und elektrische Ausrüstung, Anhebepunkte und fahrzeugspezifische Sicherheitshinweise,
- bei Güterwagen Bereitstellung der wichtigsten ladetechnischen Eigenschaften wie beispielsweise Laderaum oder Lastgrenzraster.

Ausführung

Die Anschriften und Zeichen sind am Fahrzeug in der Landessprache des Halters in lateinischen Buchstaben und arabischen Ziffern an den dafür festgelegten Stellen angebracht. Die Bedeutung der verwendeten Buchstaben, Zahlen und Zeichen ist zum Teil international festgelegt. So ist sichergestellt, dass die für den reibungslosen und sicheren Betrieb wesentlichen Fahrzeugeigenschaften überall erkannt und in gleicher Weise verstanden werden. Die Anschriften und Zeichen müssen immer sichtbar sein. Normalerweise stehen sie am Langträger oder auf der linken Hälfte der Seitenwände (Güterwagen). Bei Wagen ohne Seitenwände (zum Beispiel Kesselwagen) sind sie auf besonderen Anschriftentafeln angebracht.

Abb. 2-106: Fahrzeuganschriften bei einem Dieseltriebwagen Foto: Janicki

Gattungszeichen

Alle Güter- und Reisezugwagen sowie Triebwagen und Triebzüge sind in der Regel in Gattungen eingeteilt. Gattungs- und Kennbuchstabe ergeben zusammen das Gattungszeichen eines Fahrzeuges, das Aufschluss über alle wesentlichen Merkmale gibt.

Den Anfang des Gattungszeichens bildet stets der Gattungsbuchstabe. Hiermit werden beispielsweise bei Güterwagen die Güterwagengattung (gedeckter Wagen, Flachwagen und so weiter) und die Güterwagenbauart (Regel- oder Sonderbauart) erfasst. Bei Reisezugwagen und Triebwagen enthält das Gattungszeichen Angaben zur Klasse und Fahrzeugart (Doppelstockwagen, Speisewagen und so weiter). Hier ist eine Buchstabenkombination zur Kennzeichnung von Fahrzeugen mit Bereichen, die verschiedenen Zwecken dienen, möglich.

Die dem Gattungsbuchstaben folgenden Kennbuchstaben führen dann die Beschreibung weiter aus, indem sie Abweichungen von den Grundeigenschaften oder zusätzliche Einrichtungen erfassen. Bei Güterwagen kommt ihnen, je nachdem mit welchem Gattungsbuchstaben sie kombiniert sind, unterschiedliche Bedeutung zu. Bestimmte Kennbuchstaben haben aber auch hier bei allen Fahrzeugen die gleiche Bedeutung.

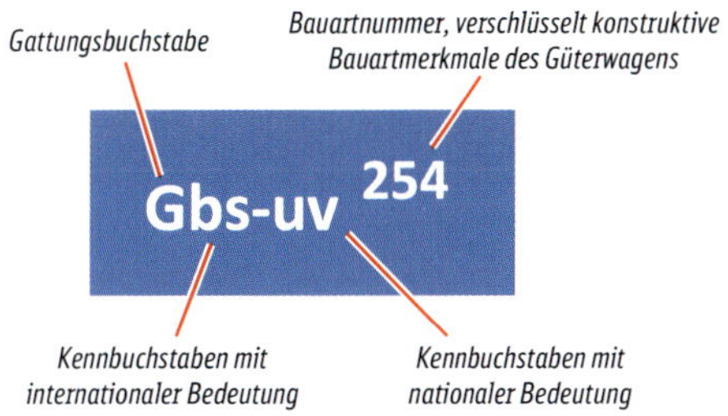

Abb. 2-107: Gattungszeichen eines Güterwagens

Abb. 2-108: Wagennummer, Gattungszeichen und Bauartnummer eines Reisezugwagens

Foto: Janicki

Technische Merkmale und Maße

Die Anschriften geben Auskunft über alle wichtigen technischen Merkmale eines Fahrzeugs sowie seine Leistungsfähigkeit und Maße. Bei Dieselfahrzeugen wird die Motorleistung mit angegeben.

Angabe der Fahrzeughöchstgeschwindigkeit. Bei einigen Fahrzeugen befinden sich hier auch Angaben über die Verwendbarkeit im internationalen Verkehr.
Bei Güterwagen ist die zulässige Geschwindigkeit im Lastgrenzenraster und mit bestimmten Kennbuchstaben angegeben.

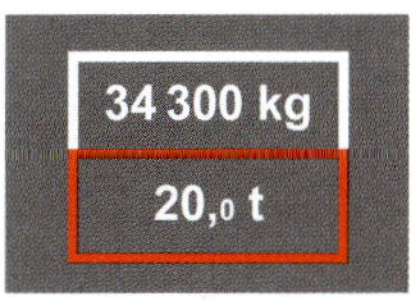

Angabe des Eigengewichtes (oben) und des Handbremsgewichtes (unten). Bei Fahrzeugen mit bodenbedienbarer Handbremse wird das Handbremsgewicht rot umrandet.

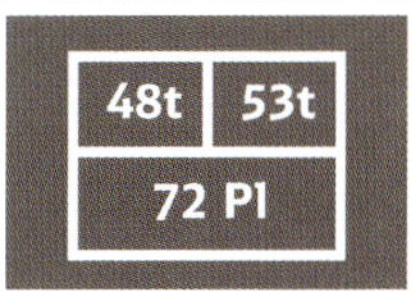

Gewichtsraster bei Fahrzeugen zur Beförderung von Reisenden. Es enthält das Eigengewicht, Gesamtgewicht sowie die Anzahl der Sitzplätze. Bei Fahrzeugen mit zwei Wagenklassen werden die Sitzplätze für beide Klassen angeschrieben (Beispiel: 08-64 Pl).

Länge des Fahrzeuges über die nicht eingedrückten Puffer beziehungsweise die automatische Kupplung (AK)

Abstand zwischen den Endradsätzen eines Fahrzeugs: Bei Drehgestellfahrzeugen gibt die Anschrift den Abstand zwischen den Drehzapfen an (Drehzapfenabstand). Am Drehgestell angeschrieben kennzeichnet die Anschrift den Abstand zwischen den Endradsätzen im Drehgestell.

Halbmesser des kleinsten befahrbaren Gleisbogens. Angabe bei Drehgestellwagen, die nur Gleisbögen mit Halbmessern über 35 m befahren dürfen.

Die Bremsanschrift enthält Angaben über die Bauart der Bremse, die am Bremsstellungswechsel einstellbaren Bremsstellungen und zusätzliche Bremsausrüstungen. Die Bauart einer Bremse wird wesentlich vom Steuerventil bestimmt und in der Bremsanschrift mit den ersten Buchstaben abgekürzt.

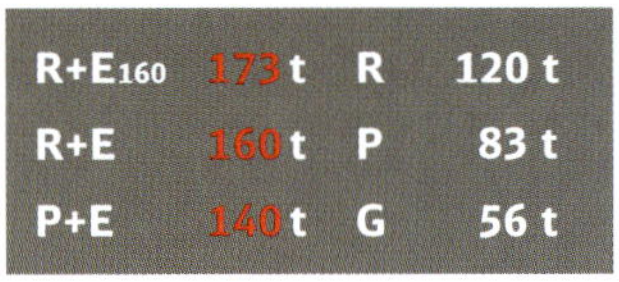

Die Bremsgewichtsanschrift beschreibt das zu einer Bremsstellung gehörende Leistungsvermögen der Fahrzeugbremse. Bei Güterwagen kann das Bremsgewicht auch am Lastwechsel angeschrieben sein.

Abb. 2-109: technische Merkmale und Maße

Abbildung: Janicki

Anhebestellen und Abstützpunkte

Der Fahrzeugkasten verfügt über Anhebestellen und Abstützpunkte, an denen das Fahrzeug in den Werkstätten beziehungsweise zum Aufgleisen angehoben oder abgestützt werden kann. Die Position dieser Stellen und Punkte, an denen beispielsweise Hubböcke oder Hebezylinder angesetzt werden können, ist am Fahrzeug mit den nachfolgenden Symbolen gekennzeichnet:

Punkte zum Anheben und Abstützen ohne Laufwerk in der Werkstatt

Punkte zum Anheben und Abstützen des gesamten Einzelfahrzeuges mit oder ohne Laufwerk

Punkte am Ende eines Einzelfahrzeuges* für das Anheben und Abstützen mit oder ohne Laufwerk

Punkte am Ende eines Einzelfahrzeuges* für das Anheben und Abstützen ohne das benachbarte Laufwerk

* zum Beispiel am Kopfstück oder in der Nähe eines Kopfstückes

Abb. 2-110: Kennzeichnung der Anhebestellen am Fahrzeug Quelle: TSI

Fährbootverkehr

Reisezugwagen, die den allgemeinen Bedingungen für den Übergang auf Fähren entsprechen, erhalten das Ankerzeichen neben dem RIC-Zeichen. In einem Feld rechts neben dem Ankerzeichen sind die Kurzbezeichnungen der Fährlinien angegeben, für die der Wagen zugelassen ist. Für den Fährbootverkehr mit Großbritannien stehen besondere Güterwagen zur Verfügung. Sie sind mit einem Anker markiert und tragen Anschriften über ihre Eigenschaft als Fährbootwagen. Bei Triebfahrzeugen findet sich das Ankerzeichen im UIC-Raster.

Fahrzeuge mit Drehgestellen sind uneingeschränkt zugelassen, wenn sie gleichzeitig den größten Knickwinkel der Fährklappe und die Gleisbögen der Fährschiffe befahren können. Sind dabei nur kleinere Winkel als 2°30' zugelassen, dann ist der höchstzulässige Knickwinkel durch ein besonderes Zeichen angegeben.

Abb. 2-111: Breitspurfahrzeuge der RZD auf dem russischen Fährschiff „Petersburg“ unterwegs von Sassnitz/Mukran zum russischen Tiefseehafen Ust-Luga bei Sankt Petersburg Foto: DB AG/Uwe Miethe

Abb. 2-112: Kennzeichnung eines Güterwagens für den Fährbootverkehr (oberes Ankerzeichen) und für den Ärmelkanaltunnel Foto: Janicki

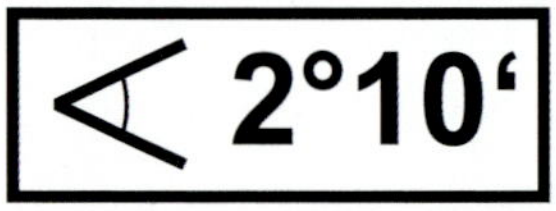

Abb. 2-113: Zeichen für Knickwinkel beim Befahren von Fähren

Übergang auf Breitspurstrecken

Einige Länder haben eine breitere Spurweite als die sonst übliche Regelspur (siehe Kapitel 1.4.4). Güterwagen für die Regelspurweite von 1.435 mm können dort nicht verwendet werden. Es gibt jedoch einige Wagen, die an den Grenzen durch Radsatzwechsel auf die Breit- oder Regelspur umgesetzt werden können. Einige Wagen sind darüber hinaus mit automatischen Spurwechselradsätzen ausgerüstet, deren Spurweite verändert werden kann. Gekennzeichnet sind die Wagen mit einer besonderen Anschrift an der Seitenwand.

Länder mit Spurweite 1.520 mm (außer Finnland)

Finnland Spurweite 1.524 mm

Spanien, Portugal Spurweite 1.668 mm

Zeichen für Drehgestelle der Regelspurweite 1.435 mm mit der Möglichkeit der Spurweitenveränderung (automatische Spurwechselradsätze)

Abb. 2-114: Kennzeichnung der Wagen, die durch Radsatzwechsel auf die Breitspur umgesetzt werden können

2.7.3 Besondere Anschriften bei Reisezugwagen und Triebwagen

Bei Reisezug- und Triebwagen befinden sich im Anschriftenfeld Angaben über Serviceeinrichtungen für Reisende wie beispielsweise Heizung, Klimatisierung, Brauchwasseranlagen und Toilette. Zu den Anschriften gehören auch die Piktogramme, die dem Reisenden Informationen geben.

RIC-Raster

Angaben über die internationale Verwendbarkeit befinden sich bei Reisezugwagen im RIC-Raster (RIC = Regolamento Internazionale delle Carrozze). Es enthält neben der zulässigen Geschwindigkeit Angaben zur Austauschfähigkeit des Wagens, zu den Ländern, für die der Wagen zugelassen ist, sowie zu den Spannungsarten der elektrischen Heizung oder der zentralen Energieversorgung.

Reisezugwagen, die den Anforderungen des RIC sowie den von allen Bahnen verlangten besonderen Bedingungen genügen, erhalten das Zeichen RIC. Reisezugwagen, die nur die spezifischen Bedingungen bestimmter Bahnen erfüllen, erhalten zusätzlich ein Raster, in dem jene Bahnen angegeben sind, auf deren Strecken der Wagen verkehren darf. Reisezugwagen, die den besonderen Anforderungen einer Bahn für einzelne Strecken nicht gerecht werden, weisen neben der Kurzbezeichnung dieser Bahn im RIC-Raster das Sternzeichen (*) auf.

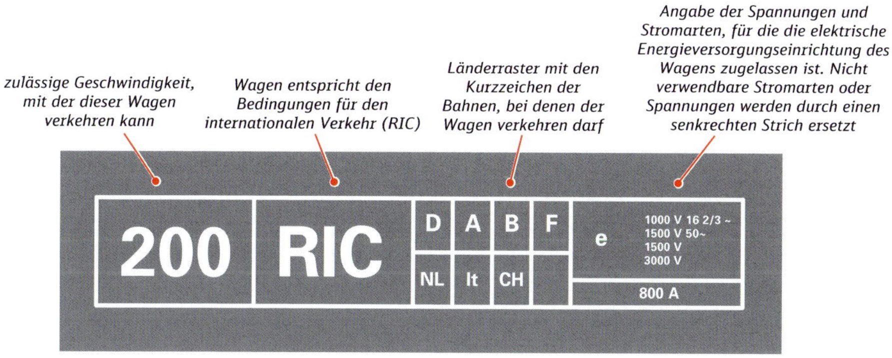

Abb. 2-115: RIC-Raster eines Reisezugwagens Abbildung: Janicki

UIC-Raster

Triebfahrzeuge, die den verbindlichen UIC-Vorschriften und speziellen Vereinbarungen über die gegenseitige Benutzung im grenzüberschreitenden Verkehr zwischen verschiedenen Bahnen entsprechen, erhalten das nachfolgend dargestellte Raster. Hier sind im zweiten Feld die Bahnen angegeben, auf deren Strecken das Fahrzeug verkehren darf. Das dritte Feld kann nur auf Grundlage bilateraler Vereinbarungen ausgefüllt werden.

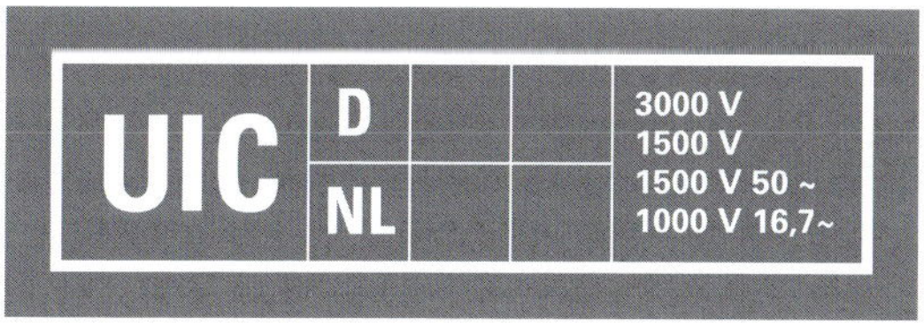

Abb. 2-116: UIC-Raster für Triebfahrzeuge Abbildung: Janicki

Vereinbarungsraster

Reisezugwagen, die nicht mit den Bestimmungen des RIC konform gehen, aber gemäß Vereinbarung regelmäßig in bestimmten Verkehrsbeziehungen mit fremden Bahnen eingesetzt werden, erhalten die nachfolgend dargestellte Anschrift. Reisezugwagen, die nicht den Anforderungen des RIC entsprechen, aber zu Zeiten hohen Bedarfs im internationalen Verkehr mit spezifischen Bahnen eingesetzt werden dürfen, zeigen im Anschriftenfeld ein liegendes Kreuz.

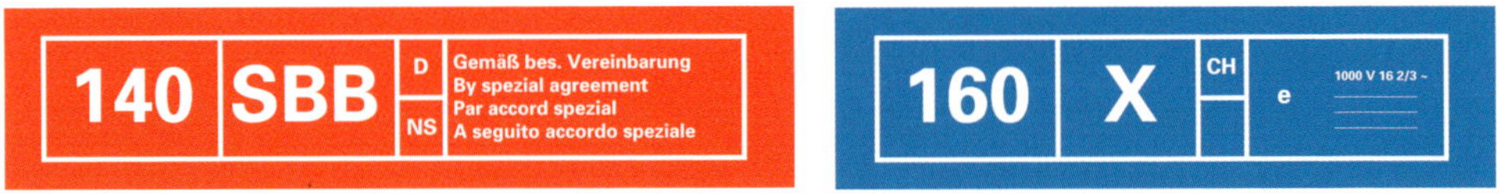

Abb. 2-117: Vereinbarungsraster bei Reisezugwagen

Befahren von Schnellfahrstrecken

Auf Schnellfahrstrecken (SFS) mit hohem Tunnelanteil dürfen nur Fahrzeuge mit „Sicherheitspaket" verkehren. Dieses beinhaltet verschiedene Maßnahmen wie zum Beispiel die Ausrüstung mit Notbremsüberbrückung und elektropneumatischer Bremse sowie gegen Hochschlagen gesicherte Übergangsbleche. Außerdem gehört zu diesem Paket, dass keine Wagenlaufschilder auf der Außenblechung angebracht sind. Diese Fahrzeuge sind am Langträger wie folgt gekennzeichnet:

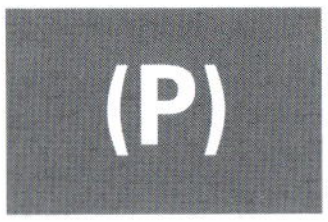

druckertüchtigter Reisezugwagen (frz. pression = Druck) mit geschlossenem WC und Sicherheitspaket

nicht druckertüchtigter Reisezugwagen mit Sicherheitspaket; ohne oder mit geschlossenem WC

Abb. 2-118: Kennzeichnung der Fahrzeuge mit „Sicherheitspaket"

Ausrüstung Informations- und Steuerleitung

Reisezugwagen sind mit umfangreichen technischen Einrichtungen ausgestattet, für die eine Übertragung von Informations- und Steuersignalen erforderlich ist. Zu diesen Einrichtungen zählen beispielsweise die zentrale Türschließeinrichtung, die Fernsteuerung der Beleuchtung und die Fahrgastinformationssysteme. Die dafür erforderlichen analogen und digitalen Signale werden über eine Informations- und Steuerleitung (IS-Leitung) übertragen. Welche Einrichtungen im Fahrzeug vorhanden sind, ist aus der Anschrift ersichtlich.

Ausrüstung/Funktion	Kennzeichnung am Langträger des Fahrzeugs									
	①	2	3	3	4	5	6	7	8	9
12-adrige IS-Leitung	X	X	X							
18-poliger Stecker/Steckdose			X							
18-adrige IS-Leitung (Leitungsfahrzeug*)				X	X					
18-adrige IS-Leitung						X	X	X	X	X
Wagen besitzt 2. Luftleitung (HBL)	X									
Fernsteuerung der Türschließung		X	X	X						
Fernsteuerung der Türschließung (Adern 9 und 12)					X	X	X	X	X	X
seitenselektive Türfreigabe (Adern 14, 15 und 16)					X		X		X	
seitenselektive Türfreigabe über Zugbus										X
Fernsteuerung der Beleuchtung		X	X	X	X	X	X	X		X
Zugbusknoten nur zur Zugtaufe fähig						X	X			
Zugbusknoten voll bustauglich								X	X	X

* Leitungsfahrzeug: Zur Zugtaufe unfähiges Fahrzeug das mit einer Leitung zur Datenübertragung ausgerüstet ist

Abb. 2-119: Ausrüstungsstand der Fahrzeuge

2.7.4 Besondere Anschriften bei Güterwagen

Der Allgemeine Vertrag für die Verwendung von Güterwagen (AVV) ist ein Vertragswerk des UIC und regelt den Einsatz der Güterwagen auf dem Netz der Mitgliedsbahnen. Der Vertrag ist am 1. Juli 2006 in Kraft getreten und der Nachfolger des RIV-Reglements. Anlage 11 des AVV beschreibt die Anschriften und Zeichen zur Kennzeichnung der Güterwagen und deren Positionierung.

Um einer fremden Bahn Wagen ohne Beanstandung übergeben zu können, müssen die Wagen gewisse Bedingungen, unter anderem hinsichtlich Radsatzlast, Meterlast und Lademaß, erfüllen. Auch muss die Fahrzeugzulassung gemäß geltenden Regeln erfolgen.

Zeichen „RIV“ und „TEN“

Jeder Güterwagen, der in seiner Bauart der Übereinkunft entspricht, trägt im Anschriftenbild zur Kennzeichnung des Austauschverfahrens im grenzüberschreitenden Verkehr das Zeichen RIV. Diese Kennzeichnung bedeutet, dass die Fahrzeugzulassung gemäß geltenden Regeln erfolgte und dass der Wagen den Vorschriften der Technischen Einheit im Eisenbahnwesen (TE) und des UIC-Kodexes und damit allen für den internationalen Verkehr gültigen Vorschriften hinsichtlich ihrer Bauart entspricht. Die so gekennzeichneten Wagen sind uneingeschränkt übergangsfähig.

Neubaugüterwagen, die ihre Zulassung gemäß TSI erhalten haben, sind mit dem Zeichen TEN (Transeuropäische Netze) gekennzeichnet. Diese Anschrift kann auch in Verbindung mit dem Zeichen RIV vorkommen.

Abb. 2-120: Zeichen TEN und RIV bei einem Güterwagen Foto: Janicki

Vereinbarungsraster

Vereinbaren Eisenbahnen, auch solche Wagen zu übernehmen, die nicht dem UIC-Kodex entsprechen, so erhalten diese Wagen ein Vereinbarungsraster, in dem das Zeichen der übernehmenden Eisenbahnverkehrsunternehmen (in der Regel ehemalige Staatsbahnen) eingetragen wird. Diese Wagen sind daher nur durch die angeschriebenen EVU verwendbar, das heißt sie sind eingeschränkt übergangsfähig.

Mit Einführung der TSI (Technische Spezifikationen Interoperabilität) sind für derartige Vereinbarungen Inbetriebnahmegenehmigungen durch die nationalen Eisenbahnbehörden erforderlich. Die Kennzeichnung derartiger Inbetriebnahmegenehmigungen am Güterwagen erfolgt dann in Form eines Ländercodes.

Abb. 2-121: Vereinbarungsraster bei Güterwagen (links ältere Form, rechts neue Form nach Einführung der TSI)

Lastgrenzenraster

Bei Güterwagen werden im Lastgrenzenraster die jeweils nach Streckenklasse und Geschwindigkeit zulässigen Ladungsgewichte in Tonnen angegeben. Dabei sind die Lastgrenzen hinter „s" bei Zügen anzuwenden, die bis zu einer Höchstgeschwindigkeit von 100 km/h und ohne besondere betriebliche Bedingungen verkehren. Die Lastgrenzen hinter „ss" sind analog für Züge anzuwenden, deren Höchstgeschwindigkeit 120 km/h beträgt.

Das nachfolgend abgebildete Lastgrenzenraster lässt beispielsweise beim Befahren einer Strecke der Streckenklasse C und einer Geschwindigkeit von 100 km/h (s) ein Ladungsgewicht von 57,5 t zu. Bei einer Erhöhung der Geschwindigkeit auf 120 km/h darf der Wagen nur leer befördert werden. Güterwagen, die bis zu 100 km/h lauffähig sind, aber nicht allen Bestimmungen für den S-Verkehr gerecht werden, erhalten ein Zusatzraster für den Verkehr zwischen den zustimmenden Verwaltungen.

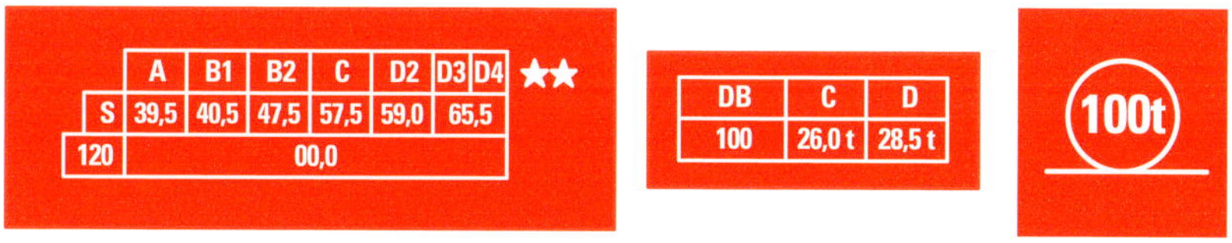

Abb. 2-122: Lastgrenzenraster (links) und Zusatzraster (Mitte) bei Güterwagen. Weist der Wagen eine im Vergleich zum Lastgrenzenraster höhere Tragfähigkeit auf, so wird diese angeschrieben (rechts).

Im Bereich der DB gilt im Allgemeinen die Normalstreckenklasse D4. Ansonsten sind in den Verladerichtlinien die bei den einzelnen Bahnen zu beachtenden Streckenklassen nachgewiesen.

Zwei oder drei Sterne neben dem Lastgrenzenraster bedeuten, dass der Güterwagen in Züge bis maximal 120 km/h eingestellt werden darf, obwohl seine Bremseinrichtung nicht in allen Punkten den Bestimmungen für den ss-Verkehr entspricht. Güterwagen mit drei Sternen neben dem Lastgrenzenraster müssen mit automatischer Lastabbremsung ausgerüstet sein. Für Wagen mit zwei oder drei Sternen neben dem Lastgrenzenraster treffen die Eisenbahnverkehrsunternehmen Regelungen für die Zugbildung von Zügen, die mit einer Geschwindigkeit von 120 km/h verkehren.

Angabe der Maximalwerte für verschiedene Auflagelängen

Voraussetzung für die Ausnutzung der zulässigen Lastgrenzen ist die gleichmäßige Verteilung des Ladegutes. Wird nicht die gesamte Ladefläche des Wagens ausgenutzt, dann kann das zulässige Ladungsgewicht kleiner sein als die angeschriebene Lastgrenze. Die dann geltenden Maximalwerte für das Ladungsgewicht sind in einem besonderen Raster angegeben. Sie gelten nur für die ebenfalls angeschriebenen zulässigen Auflagelängen und dürfen nicht überschritten werden.

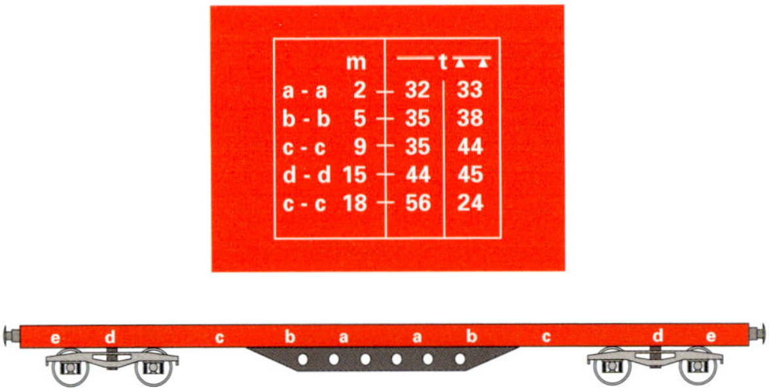

Abb. 2-123:
Raster für die Angabe der Maximalwerte für verschiedene Auflagelängen. Als maximal zulässiges Gewicht gelten bei verteilter Auflage die links angeschriebenen Gewichte, während bei Auflage des Gutes zu gleichen Teilen auf zwei quer auf dem Wagenboden liegenden Unterlagen die rechts angeschriebenen Gewichte gültig sind.

Ladeanschriften

Die bei der Beladung eines Güterwagens zu beachtenden Grenzen hinsichtlich Ladelänge, Ladefläche sowie des Fassungsraumes werden mit Zeichen angegeben.

Ladefläche | *Ladelänge* | *Tiefladelänge an Tiefladewagen* | *Fassungsraum von Behälterwagen* | *Fassungsraum von Schüttgutwagen*

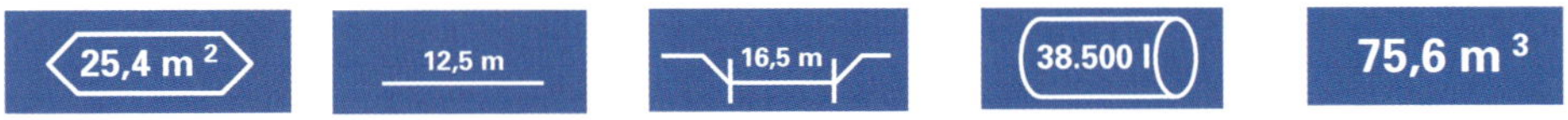

Abb. 2-124: Ladeanschriften

Lose Wagenbestandteile

Art und Anzahl der losen Wagenbestandteile wie zum Beispiel Einsteckrungen bei Flachwagen oder die Handkurbel beim Autotransportwagen werden mit einer Anschrift angegeben. Die Zahl vor dem Bruch verweist auf die Anzahl der zum Wagen gehörenden losen Wagenbestandteile, das im Zähler stehende „A" steht für lose Wagenbestandteile, die Zahl im Nenner ist eine Ordnungszahl für die Art der losen Wagenbestandteile, die nachfolgend erläutert wird. Neben den Zeichen können auch die entsprechenden Bezeichnungen angeschrieben sein.

Anzahl der losen Wagenbestandteile

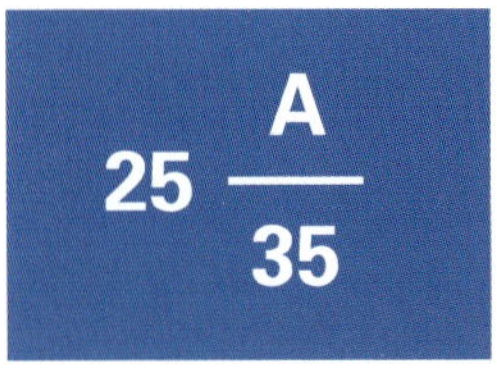

lose Wagenbestandteile

Codierung für die Art der losen Wagenbestandteile
Beispiel:
1 = Einsteckrunge
7 = Handkurbel
35 = Vorlegekeil
42 = Radvorleger

Abb. 2-125: lose Wagenbestandteile

3 Antriebstechniken

3.1 Einführung

3.1.1 Systematik der Triebfahrzeuge

Die DIN 25003 definiert Triebfahrzeuge als Regelfahrzeuge mit eigenem Fahrantrieb. In Bezug auf den Antrieb sowie die Energieversorgung und -erzeugung kann folgende Unterteilung vorgenommen werden:

- **Dampflokomotiven** erzeugen ihre Energie durch kohle-, holz- oder ölgefeuerten Dampfkessel oder mit fremder Energieversorgung und Speicherung in einem Dampfspeicher. Die Leistungsübertragung erfolgt durch eine Dampfmaschine (Kolbendampfmaschine, Dampfturbine).
- **Elektrische Triebfahrzeuge** besitzen einen elektrischen Antrieb und werden in der Regel über Fahrleitungsanlagen (Oberleitungs- oder Stromschienenanlagen) mit elektrischer Energie versorgt. Dabei kann die Energiezuführung aus einem Einphasenwechselstromsystem oder einem Gleichstromsystem erfolgen. Triebfahrzeuge, die mit beiden Systemen fahren können, werden Mehrsystemtriebfahrzeuge genannt.
- **Brennkrafttriebfahrzeuge** erzeugen ihre Energie durch eine „Brennkraftmaschine" – in der Regel einen Dieselmotor. Dieser wandelt die chemische Energie des Kraftstoffes in Wärmeenergie und diese in mechanische Arbeit um. Die Leistungsübertragung erfolgt mechanisch, hydrodynamisch, hydrostatisch oder elektrisch.

Mehrkrafttriebfahrzeuge

Mehrkrafttriebfahrzeuge besitzen neben den Einrichtungen für den Fahrleitungsbetrieb meist einen Dieselgenerator als weiteres System zur Energieversorgung. Die maximal vom Fahrzeug benötigte Leistung kann von jedem System zur Verfügung gestellt werden. Mehrkrafttriebfahrzeuge ermöglichen so den Betrieb sowohl auf elektrifizierten als auch nicht elektrifizierten Strecken.

Hybridtriebfahrzeuge

Hybridtriebfahrzeuge kombinieren unterschiedliche Antriebe beziehungsweise Antriebssysteme. Meist sind sie mit relativ kleinen Dieselmotoren oder -generatoren ausgerüstet und beziehen zusätzlich benötigte Leistung aus einem Energiespeicher (zum Beispiel Akkumulator oder Doppelschichtkondensator), der vom Generator in Phasen mit geringem Leistungsbedarf wieder aufgeladen wird. Kraftstoffverbrauch und Emission werden so deutlich reduziert.

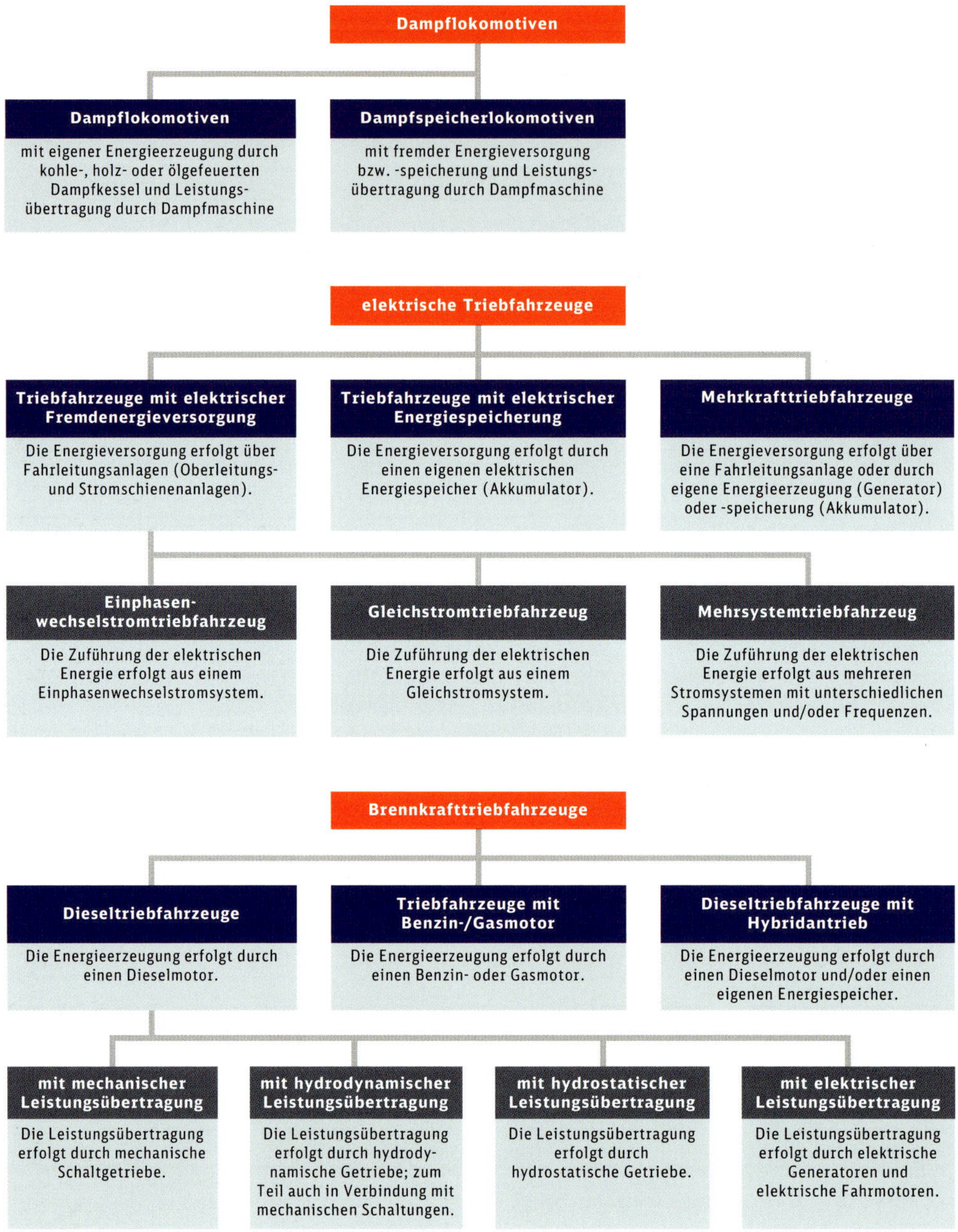

Abb. 3-1: Systematik der Triebfahrzeuge

Quelle: DIN 25003

3.1.2 Elektrischer Zugbetrieb

Ein leistungsfähiges Bahnsystem wäre heute ohne elektrische Traktion nicht möglich. Nur elektrische Fahrzeuge lassen die Installation einer hohen Leistung mit vertretbarem Aufwand zu. Haupteinsatzgebiet für elektrische Fahrzeuge ist der Streckendienst, seltener der Rangierdienst.

- Die im Güter- und Reisezugverkehr eingesetzten elektrischen Lokomotiven haben Antriebsleistungen von bis zu 6.400 kW. Ihre Höchstgeschwindigkeit beträgt 140 bis 200 km/h – je nach Baureihe. In manchen Ländern werden Doppellokomotiven eingesetzt, die Antriebsleistungen von bis zu 10.800 kW erreichen.
- Die im S-Bahn- und Regionalverkehr eingesetzten elektrischen Triebwagen und -züge erreichen Geschwindigkeiten von bis zu 160 km/h. Ihre Antriebsleistung beträgt bis zu 3.000 kW.
- Die im Fernverkehr eingesetzten ICE-Züge werden entweder als Triebkopfzug mit Antrieb in einem oder beiden Triebköpfen oder als reiner Triebwagenzug mit Unterfluranträgen eingesetzt. Sie erreichen Geschwindigkeiten von bis zu 320 km/h.

Abb. 3-2: Doppellokomotive der schwedischen Kiruna-Erzbahn für den Betrieb mit Wechselspannung von 15.000 V/16,7 Hz Foto: LKAB

In Europa kommen historisch bedingt verschiedene Einphasenwechselstrom- und Gleichstromsysteme zum Einsatz. Triebfahrzeuge für den grenzüberschreitenden Verkehr müssen deshalb bestimmte technische Anforderungen erfüllen. Diese Anforderungen beziehen sich nicht nur auf ihre Mehrsystemtauglichkeit, sondern auch auf eine Vielzahl länderspezifischer Anforderungen wie zum Beispiel die Zugsicherungssysteme.

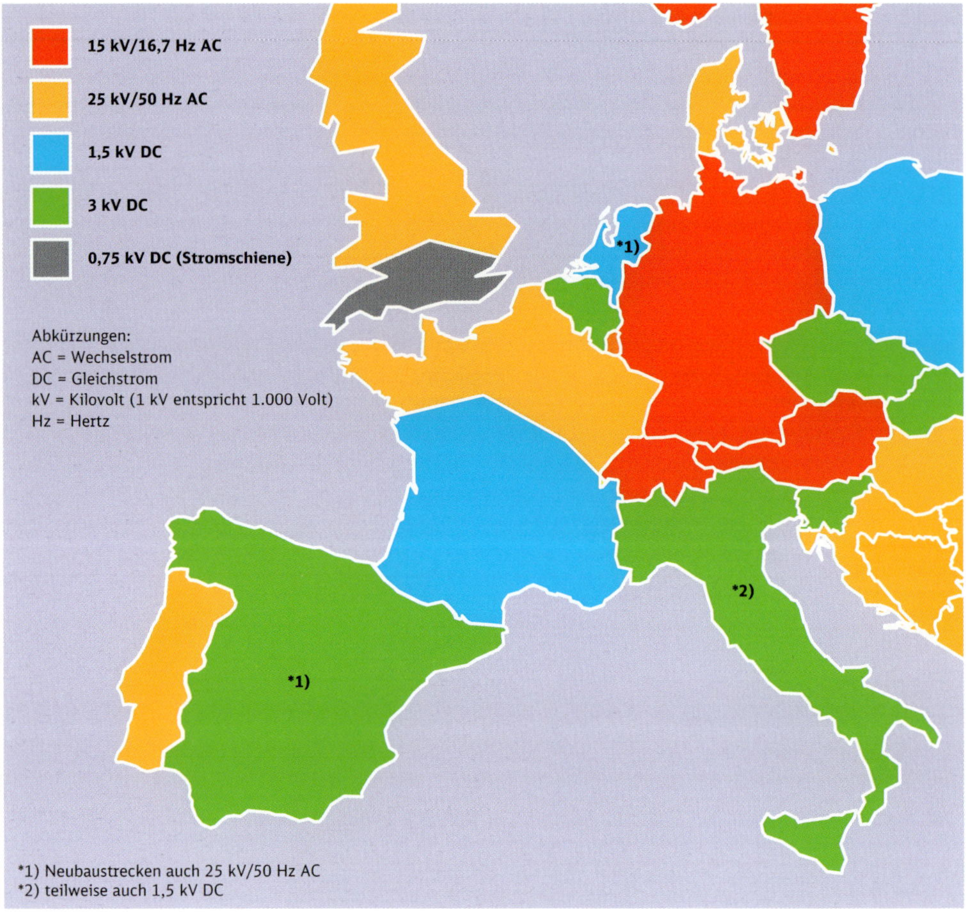

Abb. 3-3: Nennspannungen und Nennfrequenzen der Elektrifizierungssysteme in Europa Abbildung: Janicki

Bahnstromverteilung

Eine von der üblichen Landesversorgung abweichende Stromart der Bahn verlangt den Bau eigener Bahnstromverteilungsleitungen. In Deutschland speisen in dieses Verteilungssystem die Kraftwerke 110 kV ein und transportieren den Strom über die Bahnstromleitungen zu den Unterwerken. Diese sind gleichmäßig über das gesamte elektrifizierte Netz der Bahn verteilt. Sie haben die Aufgabe, den Strom auf 15 kV umzuspannen und die Energie über die Speiseleitungen an die Oberleitungen des Unterwerksspeisebezirkes abzugeben.

Stromkreis beim elektrischen Zugbetrieb (Einphasenwechselstromsystem)

Elektrische Triebfahrzeuge wandeln elektrische Energie in Bewegungsenergie um. Dazu müssen sie sich in einem geschlossenen Stromkreis befinden. Ihre Energie beziehen die Fahrzeuge in der Regel aus Fahrleitungsanlagen. Der Stromabnehmer des Triebfahrzeuges wird angehoben und an die Fahrleitung gelegt. Das geschieht in der Regel mit Druckluft. Sobald der Stromabnehmer am Fahrdraht liegt, kann der Hauptschalter eingeschaltet werden.

Der Strom fließt jetzt vom Stromabnehmer über eine isolierte Dachleitung zum Hauptschalter und von dort zum Haupttransformator. Dort wird die Fahrleitungsspannung auf die geringere Spannung der in den Drehgestellen angeordneten Fahrmotoren heruntertransformiert. Der Rückstrom fließt vom Transformator über die am Radsatzlager angebrachten Raderden zu den Schienen und von dort wieder zurück zum Kraftwerk.

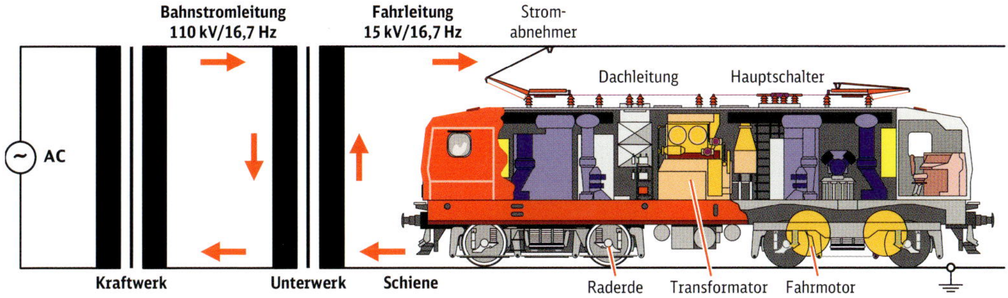

Abb. 3-4: Stromkreis beim Einphasenwechselstromsystem

Abbildung: Janicki

Nennspannungen und Nennfrequenzen

Triebfahrzeuge sind so ausgelegt, dass sie bei einer bestimmten Nennspannung und Nennfrequenz bestimmungsgemäß arbeiten. Die Bandbreiten und Grenzwerte dieser Parameter sind in der TSI definiert. Dadurch ist gewährleistet, dass ein Triebfahrzeug seine vorgesehene Betriebsleistung erreicht.

In Deutschland beträgt die Nennspannung in der Fahrleitung 15.000 V beziehungsweise 15 kV Wechselspannung. Abweichend vom öffentlichen Netz, das mit der üblichen Industriefrequenz von 50 Hz betrieben wird, beträgt die Frequenz im Bahnenergieversorgungssystem 16,7 Hz (früher 16 ⅔ Hz).

Diese „Sonderfrequenz" wurde Anfang des 20. Jahrhunderts mit Beginn der Streckenelektrifizierung von einigen europäischen Bahnverwaltungen gewählt, um eine funkenfreie Kommutierung des Fahrmotors zu ermöglichen. Parallel dazu wurden in einigen Ländern Gleichstromsysteme mit einer Spannung von 1.500 oder 3.000 V eingeführt. Länder, die ihre Strecken später elektrifizierten, verwendeten 25.000 V/50 Hz Wechselstrom, der direkt dem öffentlichen Netz entnommen werden konnte.

Zulässige Grenzen bei 16,7-Hz-Elektrifizierungssystemen

Bei Elektrifizierungssystemen mit einer Nennspannung von 15 kV und einer Nennfrequenz von 16,7 Hz sind Abweichungen von 12 bis 17,25 kV unter normalen Betriebsbedingungen möglich und zulässig. Kurzfristig sind sogar Spannungsschwankungen von 11 kV bis 18 kV unter außergewöhnlichen Betriebsbedingungen erlaubt. Die Frequenz wird durch das Drehstromnetz vorgegeben. Der zulässige Frequenzbereich liegt zwischen 15,69 und 17,36 Hz.

Gleichstrombahnen mit Stromschienenanlagen

Die S-Bahnen in Hamburg und Berlin werden ebenso wie die U-Bahnen mit Gleichstrom betrieben. Da die Strecken in der Regel völlig kreuzungsfrei ausgebaut sind, können diese Gleichstrombahnen mit Stromschienen betrieben werden. Die Stromschiene ist seitlich unten, außerhalb des Lichtraumprofils angeordnet. Sie benötigt im Gegensatz zum Fahrdraht keine Erweiterung des Lichtraumprofils nach oben und eignet sich deshalb besonders gut für S- und U-Bahn-Strecken, die in der Regel viele Brücken, Überführungsbauwerke und Tunnel aufweisen. Die Stromschiene liegt auf Stützisolatoren, die mit Isolatorböcken auf den Schwellen befestigt sind.

Abb. 3-5: mehrteiliger S-Bahn-Triebzug für den Betrieb mit Gleichstrom und Stromschiene Foto: DB AG/Ralf Kranert

3.1.3 Dieselbetrieb

Die Dieseltraktion ist die weltweit am häufigsten vorkommende Traktionsform. Haupteinsatzgebiete für Fahrzeuge mit Dieselmotor sind primär nicht elektrifizierte Strecken, der Rangierdienst und bestimmte Bahndienstzwecke. Analog unterscheidet man zwischen Streckendiesellok, Dieseltriebwagen und Rangierdiesellok.

- Die im Reise- und Güterzugdienst eingesetzten Diesellokomotiven haben gewöhnlich Antriebsleistungen von 2.000 bis 4.000 kW. Zur Vervielfachung dieser Leistung werden zwei, in manchen Ländern sogar drei und mehr Lokomotiven vor den Zug gesetzt. Bei einer derartigen Mehrfachbespannung ist in der Regel nur der Führerstand des ersten Fahrzeuges besetzt.

- Als Rangierlokomotiven bewegen Diesellokomotiven Einzelwagen oder auch ganze Züge. Je nach Aufgabe erbringen sie bis zu 1.000 kW Leistung. Der Führerstand befindet sich oftmals in der Fahrzeugmitte. Viele Rangierlokomotiven werden über Funk ferngesteuert.
- Dieseltriebwagen und -züge werden heute in der Regel auf den nicht elektrifizierten Haupt- und Nebenstrecken im Nah- und vereinzelt auch im Fernverkehr eingesetzt. Die zum Teil mit mehreren Motoren ausgerüsteten Fahrzeuge erreichen dabei je nach Bauart Geschwindigkeiten von bis zu 200 km/h.
- Mit Dieselmotoren ausgerüstete Nebenfahrzeuge werden im Fahrwegbau wie auch für Instandhaltungs- und Pflegearbeiten an den Gleis- und Fahrleitungen eingesetzt.

Abb. 3-6: Diesellokomotive „Maxima“ Foto: Voith

3.1.4 Vergleich der Traktionsarten

Dampflokomotiven haben zahlreiche Nachteile: Ihr Betrieb erfordert aufwändige Vor- und Nachbereitungsdienste, ihre Laufleistung bis zum „Nachfassen“ von Wasser ist gering und beim Betrieb wird die Umwelt durch die Rauchentwicklung stark belastet. Dampflokomotiven werden deshalb heute nur noch bei Museumsbahnen eingesetzt.

Für elektrische Triebfahrzeuge muss ein aufwändiger Energietransport vom Kraftwerk bis zum Triebfahrzeug betrieben werden. Diesellokomotiven führen hingegen ihren Energievorrat im Fahrzeug mit. So können sie unabhängiger im Streckennetz eingesetzt werden und sind anpassungsfähiger. Um wettbewerbsfähig zu bleiben, sind insbesondere kleinere Eisenbahnverkehrsunternehmen (EVU) gezwungen, den gesamten Transportweg eines Zuges einschließlich aller Rangierarbeiten mit einer einzigen Lokomotive abzuwickeln; diesen Anspruch kann eine Diesellokomotive eher erfüllen. Die relativ geringen Anschaffungskosten im Vergleich zur E-Traktion machen zudem einen Einsatz auf schwach belasteten Strecken sinnvoll.

Mit steigender Elektrifizierung der europäischen Eisenbahnen verlor die Dieseltraktion ab den 1970er-Jahren bei den großen Staatsbahnen an Bedeutung. Aus ihren Vorteilen wird dennoch ersichtlich, dass sich der Einsatz der Dieselfahrzeuge nicht nur auf jene Strecken beschränken wird, auf denen sich eine Elektrifizierung nicht lohnt, sondern dass gerade kleinere EVU Dieselfahrzeuge wegen deren Flexibilität auch in Zukunft nachfragen und universell einsetzen werden.

Vorteile	Nachteile
▮ geringere Betriebs- und Fahrzeugkosten ▮ höhere Leistungsfähigkeit, die auf relativ kleinem Raum installiert werden kann ▮ höhere Beschleunigungswerte ▮ geringe Stand- und Ausfallzeiten infolge von Werkstattaufenthalten ▮ geringere Energiekosten ▮ höherer Gesamtwirkungsgrad ▮ höhere Umweltverträglichkeit ▮ Energierückgewinnung beim Bremsen relativ einfach möglich (Energierückspeisung)	▮ aufwändigerer Energietransport ▮ höhere Investitionskosten für ortsfeste Anlagen (Fahrleitungsanlagen, Stromversorgungsanlagen) ▮ notwendige Schutzmaßnahmen wegen hoher Spannungen ▮ Störanfälligkeit der Oberleitung im Hinblick auf Naturgewalten

Abb. 3-7: Vor- und Nachteile der elektrischen Traktion gegenüber der Dieseltraktion

Wirkungsgrad

Der Wirkungsgrad beschreibt das Verhältnis der zugeführten Leistung (Primärleistung) zur abgegebenen Leistung (Nutzleistung) und ist damit ein Maß für die Effizienz eines Antriebssystems. Der Wirkungsgrad wird mit η (Eta) bezeichnet und ist eine dimensionslose Größe mit einem Wert zwischen null und eins. Zur Erläuterung: Ein Gesamtwirkungsgrad von 1,0 würde bedeuten, dass zugeführte und abgegebene Leistung gleich sind. Da jedoch kein Antriebssystem ohne Verluste arbeitet, ist der tatsächliche Wirkungsgrad immer kleiner.

In der Regel finden in einem Antriebssystem mehrere Energieumwandlungen statt. Der Gesamtwirkungsgrad lässt sich durch eine Produktbildung der Einzelwirkungsgrade berechnen.

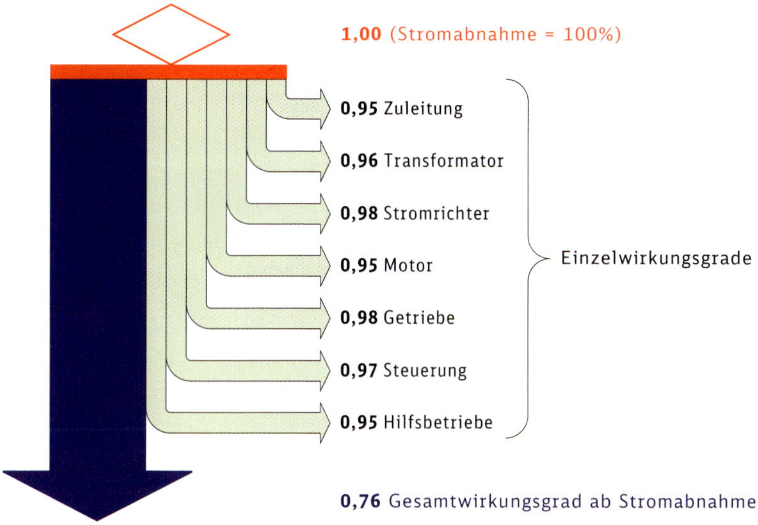

Abb. 3-8: Der Gesamtwirkungsgrad ist das Produkt aller Einzelwirkungsgrade (Beispiel: elektrische Lokomotive).

Dampflokomotiven haben den Nachteil eines besonders schlechten Wirkungsgrades. Im Vergleich dazu sind die Wirkungsgrade der Triebfahrzeuge mit Diesel- oder Elektroantrieb deutlich höher. Bei den Dieselantrieben wird die Einführung von Hybridfahrzeugen zu einer Verbesserung des Gesamtwirkungsgrades führen. Bei der elektrischen Traktion konnte der Gesamtwirkungsgrad in den letzten Jahren durch technische Fortschritte bei der Kraftwerkstechnik sowie Optimierung des Transformators und der Stromrichter in der Lok gesteigert werden. Auch sind elektrische Triebfahrzeuge mit Drehstromantriebstechnik rückspeisefähig und können bei Nutzung der elektrischen Bremse Strom in das Netz zurückspeisen, was zu einer Verbesserung des Gesamtwirkungsgrades führt.

Triebfahrzeugart	Gesamtwirkungsgrad
▮ Dampflokomotiven bezogen auf den Energiegehalt des eingesetzten Brennmittels	0,08 bis 0,12
▮ Dieseltriebfahrzeuge bezogen auf den Energiegehalt des Dieselkraftstoffes unter Berücksichtigung der Verluste im Dieselmotor und bei der Leistungsübertragung	0,28 bis 0,32
▮ elektrische Triebfahrzeuge ab Stromabnahme	0,76 *1 bis 0,84 *2
▮ elektrische Triebfahrzeuge ab Primärenergie unter Berücksichtigung der Verluste bei der Energieerzeugung in Wärmekraftwerken und beim Energietransport	0,29 *1 bis 0,43 *3

*1 Ältere Triebfahrzeug- bzw. Kraftwerkstechnik

*2 Triebfahrzeug in Drehstromantriebstechnik

*3 Triebfahrzeug in Drehstromantriebstechnik und Stromerzeugung in Kraftwerken mit Kraft-Wärme-Koppelung

Abb. 3-9: Gesamtwirkungsgrade im Vergleich

3.1.5 Leistungsangaben

Die Leistung eines Triebfahrzeuges (Kurzzeichen P) wird bei Fahrzeugen mit Dieselantrieb an der Motorwelle und bei elektrischen Fahrzeugen am Treibradumfang gemessen. Bis zum 31.12.1977 erfolgte die Leistungsangabe in Pferdestärken (PS). Heute geschieht die Angabe in kW (Kilowatt) oder MW (Megawatt).

Umrechnung: 1 PS = 0,736 kW

1 kW = 1,359 PS

1 MW = 1.000 kW

Bei den Leistungsangaben wird wie folgt unterschieden:

- Nennleistung (Dauerleistung) ist die Leistung, die ohne zeitliche Einschränkung sowie ohne Beeinträchtigung von Sicherheit und Lebensdauer erbracht werden kann.
- Maximalleistung (Anfahrleistung) ist die maximal mögliche Leistung, die kurzzeitig in besonderen Situationen wie beispielsweise beim Anfahren erbracht werden kann. Dabei können sich bestimmte Bauteile innerhalb des Fahrzeuges stark erwärmen.

3.2 Dampflokomotiven

3.2.1 Erste Eisenbahn in Deutschland

Die Geschichte der Eisenbahnen ist untrennbar mit der Entwicklung der Dampflokomotiven verbunden. Deren Zeitalter begann Anfang des 19. Jahrhunderts mit der Entwicklung der ersten brauchbaren Dampflokomotive in England und endete in Deutschland im regulären Betriebseinsatz Ende der 1970er-Jahre. Von Ausnahmen abgesehen kommen Dampflokomotiven heute nur noch als Museumsfahrzeuge zum Einsatz. Neue Dampflokomotiven werden nur noch für spezielle Einsatzgebiete wie beispielsweise für den Tourismusverkehr gebaut.

Der Adler

Am 7. Dezember 1835 begann in Deutschland das Zeitalter der Eisenbahn: Der britische Lokomotivführer William Wilson führte die Dampflokomotive „Adler“ mit neun angehängten Wagen von Nürnberg über eine sechs Kilometer lange Eisenbahnstrecke nach Fürth. Die dreiachsige Lokomotive wurde in der englischen Fabrik George Stephensons gebaut und mühsam nach Nürnberg transportiert.

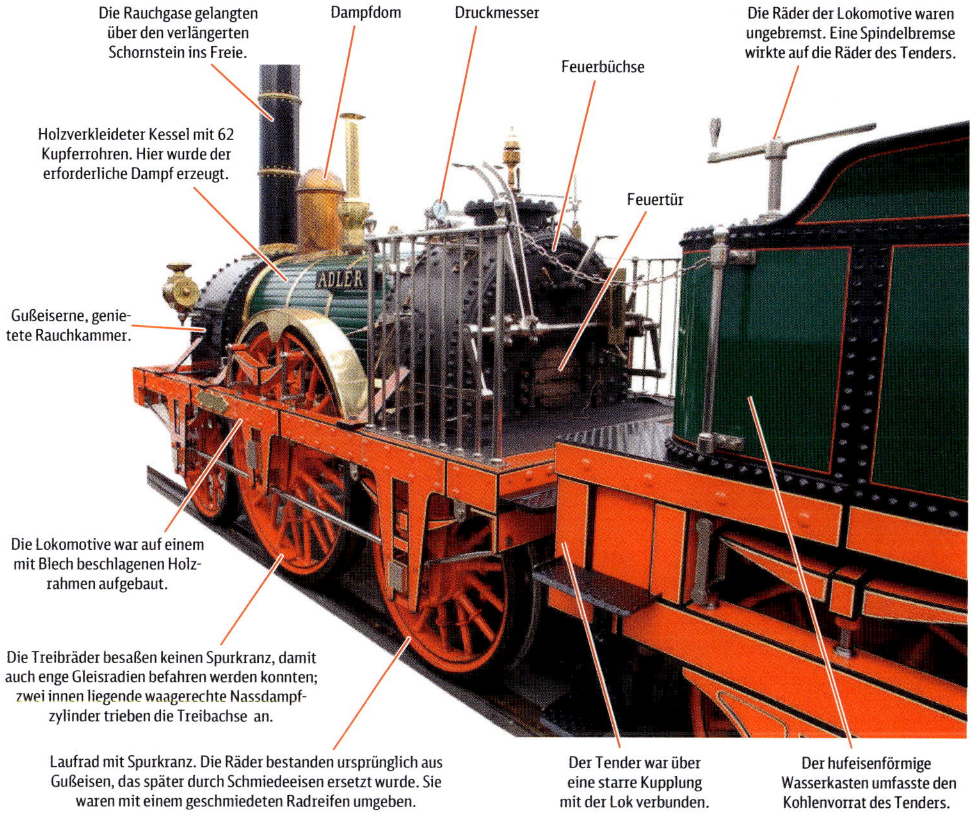

Abb. 3-10: Dampflokomotive „Adler" von 1835

Abbildung: Janicki

3.2.2 Aufbau und Funktion einer Dampflokomotive

Dampflokomotiven sind Maschinen, die Wärmeenergie in Bewegungsenergie umwandeln: Wasser wird im Kessel der Lokomotive durch Verbrennung von Holz, Kohle oder Öl erwärmt, bis es siedet und Dampf entsteht. Der Dampf sammelt sich im Dampfdom. Von dort wird er in Dampfzylinder (Kolbendampfmaschine) geleitet, wo er abwechselnd der einen und der anderen Kolbenseite zugeführt wird. Der Kolben bewegt sich dadurch hin und her und treibt über eine Treibstange die Treibachse an – die Lokomotive setzt sich in Bewegung.

Eine Dampflokomotive setzt sich zusammen aus dem Kessel, der den erforderlichen Dampf erzeugt, dem aus Rahmen und Rädern bestehenden Fahrgestell und der Dampfmaschine, die den Dampf in Arbeitsleistung umsetzt. Der Kessel besteht aus dem Stehkessel und dem Langkessel. Während der mit Wasser gefüllte Stehkessel die Feuerbüchse umschließt, enthält der Langkessel die Heiz- und Rauchrohre. Der Brennstoff (Kohle oder Holz) wird durch eine stählerne „Feuertür" der Feuerbüchse zugeführt, wo er auf einem Rost verbrennt und die Asche in den Aschkasten fällt. Durch Luftklappen des Aschkastens tritt die zur Verbrennung erforderliche Luftmenge ein. Auf dem Rost entwickeln sich Temperaturen zwischen 1.300 °C und 1.500 °C.

Abb. 3-11: schmalspurige Neubau-Dampflokomotive für den Tourismusverkehr Abbildung: Janicki

Die bei der Verbrennung entstehenden Heizgase streichen durch die Heiz- und Rauchrohre, wo sie einen Großteil ihrer Wärme an das Kesselwasser abgeben. Von dort gelangen sie weiter in die Rauchkammer und den Schornstein.

Wenn das Wasser im Kessel siedet, entsteht Dampf. Dieser sammelt sich im Dampfdom, durchströmt das vom Führerstand aus bediente Reglerventil und gelangt von hier in den Überhitzer. Hier wird der Dampf auf circa 350 °C erhitzt und kommt anschließend über einen Kolbenschieber weiter in den Zylinder, wo er einen stählernen Kolben in eine Endstellung drückt. Gleichzeitig bewegt sich der Kolbenschieber, sodass der Dampf nun auf die andere Seite des Kolbens geleitet wird und diesen wieder zurückdrückt. Diese „Schiebersteuerung" lenkt den Dampf also immer so, dass sich der Kolben hin- und herbewegt. Der Kolben ist über die Kolbenstange mit einem „Kreuzkopf" verbunden, der über eine lange „Treibstange" die Umwandlung der Pendel- in eine Drehbewegung bewirkt. Die Lokomotive setzt sich in Fahrt.

Mit einer „Speisepumpe" wird dem Kessel durch einen „Speisedom" das erforderliche Frischwasser zugeführt, nachdem es in einem „Vorwärmer" vorgewärmt worden ist. Um auch bei schlechter Witterung eine ausreichende Reibung zwischen Rad und Schiene zu erzielen, wird im „Sanddom" Sand mitgeführt, der mithilfe von Druckluft vor die Räder geblasen wird und so ein Schleudern verhindert.

Der Tender

Dampflokomotiven führen im „Tender" immer einen ausreichenden Vorrat an Brennstoff und Wasser mit. Neben dem Schlepptender, den die Lokomotive als Wagen hinter sich herzieht, gibt es auch Tenderlokomotiven, bei denen Kohle und Wasservorräte mit auf der Lok – meist in einem Raum unmittelbar hinter dem Führerhaus – untergebracht sind.

Abb. 3-12: Dampflokomotive mit Schlepptender Foto: DB AG/Roland Horn

3.2.3 Dampfspeicherlokomotiven

Im Gegensatz zur normalen Dampflokomotive erzeugen die feuerlosen Dampfspeicherlokomotiven den Dampf nicht selbst, sondern nutzen die Fähigkeit des Wassers, große Energiemengen unter hohem Druck zu speichern. Sie werden deshalb überall dort eingesetzt, wo Dampf zur Verfügung steht oder andere Lokomotiven wegen gegebener Brand- und Explosionsgefahr nicht benutzt werden können. Bei der Dampfspeicherlokomotive wird einer ortsfesten Anlage hochgespannter Dampf entnommen und im Kessel der Lokomotive gespeichert. Der nutzbare Energievorrat hängt vom Mindestkesseldruck ab, der die Größe der Schlepplast in Abhängigkeit vom Fahrweg bestimmt. Die Bedienung einer Dampfspeicherlokomotive ist sehr einfach, da sie sich nur auf die Dampfverteilung und Steuerung beschränkt.

3.3 Elektrische Triebfahrzeuge

3.3.1 Elektrische Antriebssysteme

Betrachtet man die Entwicklung der Antriebstechnik von den Anfängen bis in die heutige Zeit, so wird die ungewöhnlich große gegenseitige Abhängigkeit von Antriebstechnik und Art der Energieversorgung deutlich. Ergebnis dieser Entwicklung ist das heutige Bahnenergieversorgungssystem in Europa – mit seinen unterschiedlichen Energieversorgungsnetzen und der Notwendigkeit, Fahrzeuge im grenzüberschreitenden Verkehr, aber auch teilweise im Stadt- und Regionalverkehr, mit Mehrsystemtechnik auszustatten. Parallel zur modernen Leistungselektronik entwickelte sich die Antriebstechnik so, dass Triebfahrzeuge heute in allen Speisenetzen einsetzbar sind.

Elektrische Antriebssysteme werden nach der Art des speisenden Systems (Gleich- oder Wechselstromsystem), des Fahrmotors (Gleichstrom-, Wechselstrom-, Mischstrom- oder Drehstrommotor), der Antriebsschaltung (Direktspeisung, Gleich- oder Umrichtung) und der Steuerung (stufenförmig oder kontinuierlich) unterschieden.

Antriebsschaltung	Fahrmotor	Hochspannungsausrüstung	Steuerung und Regelung
Antriebssysteme für Einphasenwechselstrom			
Direktspeisung	Wechselstrommotor	Transformator mit Stufenschalter (Schaltwerk)	durch Ändern der angelegten Motorspannung und gegebenenfalls durch Feldschwächung
Gleichrichtung	Mischstrommotor (Gleichstrommotor)*	Transformator mit Stufenschalter (Schaltwerk) und Gleichrichter ungesteuert oder Transformator und Gleich-/Wechselrichter gesteuert	durch Ändern des Mittelwertes der angelegten Motorspannung und gegebenenfalls durch Feldschwächung
Umrichtung	Drehstrommotor	Transformator und Umrichter (Vierquadrantensteller und Pulswechselrichter) mit Gleichspannungszwischenkreis	durch Ändern des Mittelwertes und/oder der Frequenz der im Stromrichter erzeugten Spannung im Drehstromsystem
Antriebssysteme für Gleichstrom			
Direktspeisung	Gleichstrommotor	Widerstandsschaltung (Widerstände und Stufenschalter)	durch Ändern der angelegten Motorspannung und gegebenenfalls durch Feldschwächung
Umrichtung	Drehstrommotor	Umrichter (Pulswechselrichter)	durch Ändern des Spannungsmittelwertes und/oder der Frequenz über Stromrichter

*Motor muss für den Betrieb mit welligem Gleichstrom geeignet sein

Abb. 3-13: elektrische Antriebssysteme

3.3.2 Leistungssteuerung bei älteren Triebfahrzeugen

Ältere elektrische Triebfahrzeuge sind mit einem Direkt- oder Mischstrommotorantrieb ausgerüstet. Die Geschwindigkeitsregelung erfolgt in der Regel durch Änderung der am Fahrmotor angelegten Spannung.

Direktmotorantriebe

Beim Direktmotorantrieb werden die Fahrmotoren direkt aus dem jeweiligen Bahnstromsystem mit Wechsel- oder Gleichstrom gespeist.

Beim Wechselstromtriebfahrzeug fließt der Fahrleitungsstrom über Stromabnehmer und Hauptschalter in die Hochspannungswicklung des Transformators. Seine Niederspannungswicklung enthält zahlreiche Anzapfungen, die unterschiedliche Spannungen liefern. Die Anzapfungen sind mit einem Schaltwerk verbunden, das die Anzapfung der gewählten Spannung mit dem Fahrmotor verbindet.

Beim Gleichstromtriebfahrzeug erfolgt die Regelung durch eine Änderung der Verschaltung der Fahrmotoren in Verbindung mit Regelwiderständen. Beim Anfahren des Triebfahrzeuges werden die Regelwiderstände stufenweise kurzgeschlossen. Später schaltet ein Schaltwerk die Fahrmotoren seriell oder parallel beziehungsweise seriell und parallel.

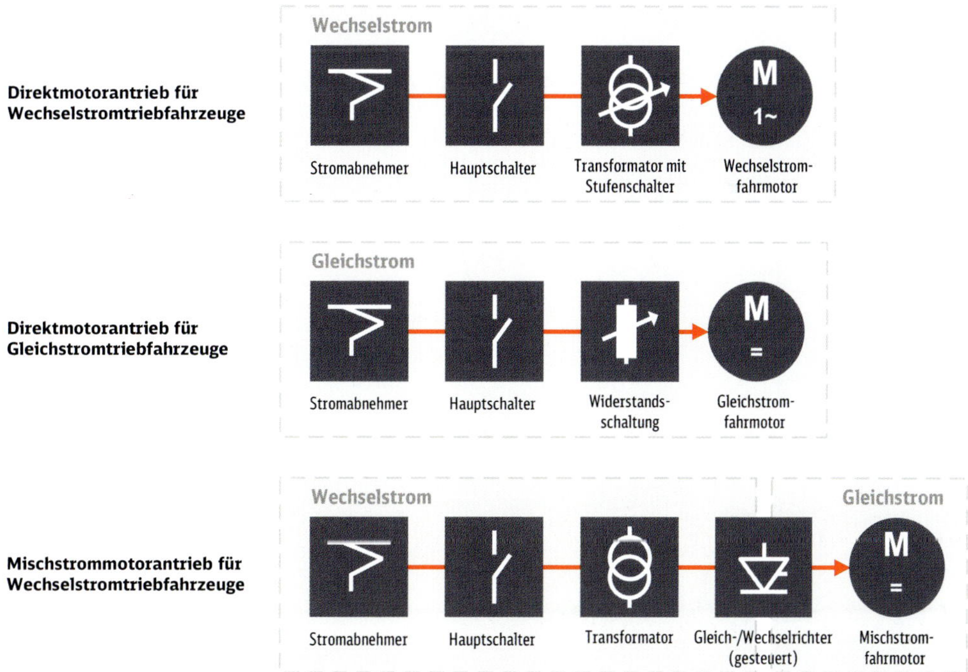

Abb. 3-14: Funktionsprinzip der Leistungssteuerung bei älteren Triebfahrzeugen

Mischstrommotorantrieb

Bei Fahrzeugen mit Mischstrommotorantrieb erfolgt die Regelung entweder über einen Transformator mit Stufenschalter (Schaltwerk) oder kontinuierlich über einen gesteuerten Gleich- und Wechselrichter (Thyristoren mit Anschnittsteuerung).

3.3.3 Drehstromantriebstechnik

Beim Neubau elektrischer Triebfahrzeuge kommt heute fast ausschließlich die Drehstromantriebstechnik zum Einsatz. Drehstrommotoren bieten den Vorteil eines geringeren Gewichtes und einer höheren Leistungsdichte.

Bereits Anfang des 20. Jahrhunderts wurde versucht, die Drehstromantriebstechnik für Bahnanwendungen zu nutzen. Bereits am 27. Oktober 1903 erreichte ein Drehstromtriebwagen der AEG eine Geschwindigkeit von 210,2 km/h. Die Strecke erhielt dazu eine dreipolige, seitlich angeordnete Fahrleitung, die mit 10.000 V und variabler Frequenz von bis zu 50 Hz gespeist wurde. Den Strom nahmen Bügelstromabnehmer ab. Die Umsetzung scheiterte jedoch an der Notwendigkeit der dreipoligen Energiezuführung und am Fehlen einer geeigneten Steuerung für die Fahrmotoren.

Der weltweite Durchbruch der Drehstromantriebstechnik gelang erst mit der modernen Umrichtertechnik. Ein wesentliches Element dazu war die Entwicklung der Gate-Turn-Off-Thyristoren (GTO), die sehr große Ströme schalten können und mit denen sich Schaltungen realisieren lassen, die Gleichstrom in Wechselstrom einer beliebigen Frequenz- und Phasenzahl umwandeln. Heute werden dazu „Insulatet Gate Bipolar Transistoren" (IGBT) eingesetzt, die eine höhere Schaltfrequenz erlauben, sehr montagefreundlich und robust sind und als spannungsgesteuertes Element eine einfachere Ansteuerung ermöglichen.

Abb. 3-15: Erste Versuche mit Drehstrom; am 27. Oktober 1903 erreichte ein Drehstromtriebwagen der AEG eine Geschwindigkeit von 210,2 km/h. Abbildung: Siemens Archiv

Umrichtung

Die Umwandlung (Umformung) einer oder mehrerer Größen eines Stromsystems wird mit dem Begriff Umrichtung bezeichnet. Umzurichtende Größen können dabei neben Spannung und Strom die Frequenz und Anzahl der Phasen sein. Umrichter, die aus einer Wechselspannung eine in der Frequenz und Amplitude unterschiedliche Wechselspannung generieren, werden Stromrichter genannt. Umrichter können auf verschiedene Weise arbeiten:

- Gleichrichter wandeln Wechselspannung in Gleichspannung um.
- Wechselrichter wandeln Gleichspannung in Wechselspannung um.
- Gleichstromumrichter (Gleichstromsteller) wandeln Gleichspannung in eine höhere oder niedrigere Gleichspannung um.
- Frequenzumrichter (Wechselstromsteller) wandeln Wechselspannung in Wechselspannung einer anderen Frequenz oder Amplitude um.

Vierquadrantensteller (4QS)

Als netzseitiger Stromrichter kommt bei Triebfahrzeugen ein Vierquadrantensteller (4QS) zum Einsatz. Dieser wandelt die vom Transformator zur Verfügung gestellte Einphasenwechselspannung der Fahrleitung in eine stabile Gleichspannung um und stellt sie dem Pulswechselrichter über einen Gleichspannungszwischenkreis zur Verfügung. Der nachgeschaltete Kondensator-Zwischenkreis dient als Energiespeicher, der die momentanen Unterschiede zwischen Leistungsangebot und -bedarf ausgleicht und zu einer konstanten Zwischenkreisspannung führt.

Pulswechselrichter

Als maschinenseitiger Stromrichter kommt ein Pulswechselrichter (PWR) zum Einsatz. Dieser erzeugt aus der Gleichspannung des Zwischenkreises eine dreiphasige Ausgangsspannung mit variabler Frequenz und Spannung für den Betrieb der Fahrmotoren. Durch Änderung dieser Größen werden Zugkraft- und Geschwindigkeitsänderungen erreicht. Im Bremsbetrieb geben die Fahrmotoren die generatorisch erzeugte Bremsenergie über den PWR, den Zwischenkreis, die 4QS und den Transformator an das Fahrleitungsnetz zurück.

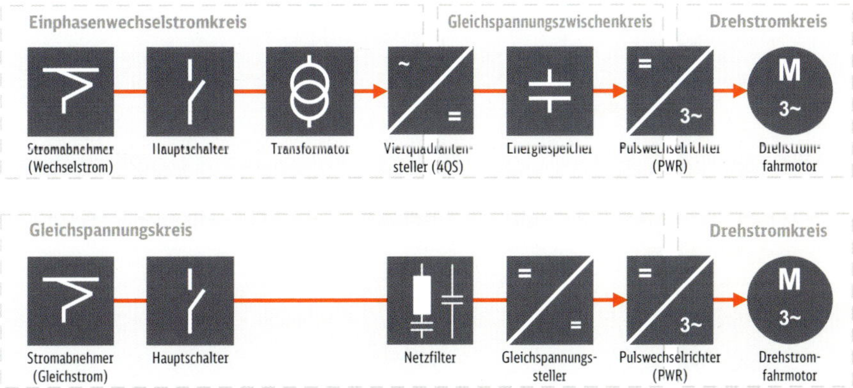

Abb. 3-16: Funktionsprinzip der Drehstromantriebstechnik beim Wechsel- und Gleichstromtriebfahrzeug

Drehstromantriebstechnik beim Gleichstromtriebfahrzeug

Da Gleichstrom bekanntlich nicht transformierbar ist, entfällt beim Gleichstromtriebfahrzeug der netzseitige Stromrichter. Der maschinenseitige Stromrichter wird hier direkt aus dem Gleichspannungsnetz versorgt. Ein Netzfilter soll hier den vom Stromrichter hervorgerufenen Oberspannungsanteil verringern. Die Stabilisierung der Gleichspannung mit einem Gleichspannungssteller soll verhindern, dass der Stromrichter den vollen Spannungsschwankungen des Netzes ausgesetzt ist.

3.3.4 Elektromotor

Elektromotoren sind elektromechanische Wandler, die elektrische in mechanische Energie umwandeln. Zwischen den Polen eines Magneten (Ständer) ist dazu eine Spule drehbar gelagert (Läufer oder Anker). Wird der Läufer vom Strom durchflossen, baut er ein Magnetfeld auf. Die Magnetfelder von Ständer und Läufer überlagern sich und das resultierende (gemeinsame) Feld ergibt das Drehmoment, das den Läufer in Bewegung setzt.

Wechselstrommotor

Der in älteren Triebfahrzeugen eingebaute Einphasenwechselstrommotor benötigt eine mechanische Kommutierung (Stromversorgung des Läufers) über einen verschleißbehafteten Kollektor mit Bürsten und Lamellen. Zugkraft und Geschwindigkeit der Fahrzeuge werden über die Spannung der Fahrmotoren gesteuert. Die Leistungssteuerung des Triebfahrzeuges hat die Aufgabe, diese Spannung von 0 Volt bis zum zulässigen Höchstwert möglichst feinstufig, unterbrechungs- und verlustfrei einzustellen.

Einphasenwechselstrommotoren zeichnen sich durch ein großes Anzugsmoment und lastabhängiges Drehzahlverhalten aus; die Drehzahl sinkt mit zunehmender Belastung und steigt, wenn die Belastung abnimmt. Eine Drehrichtungsänderung wird hier mit einem Umpolen der Erregerwicklung erreicht. Die entsprechende Polung wird durch Richtungswender festgelegt – dies sind Schalter, die pneumatisch von Magnetventilen gesteuert werden. Den Auftrag zum Umschalten erteilt der Richtungsschalter auf dem Führerstand. Die Drehzahl lässt sich mit der Veränderung der angelegten Spannung regeln. Dieser Motor findet als Fahrmotor bei älteren Wechselstromtriebfahrzeugen Verwendung. Im Vergleich mit den heute eingesetzten Drehstrommotoren sind Einphasenwechselstrommotoren groß und schwer und aufgrund der mechanischen Kommutierung instandhaltungsaufwändiger.

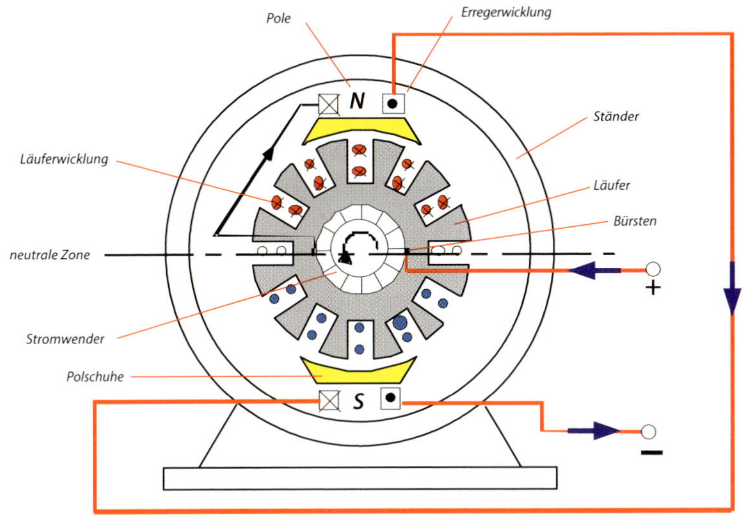

Abb. 3-17: Arbeitsprinzip eines Elektromotors

Mischstrommotor

Auf dem Triebfahrzeug wandelt ein Stromrichter den aus der Fahrleitung eingespeisten Wechselstrom in Gleichstrom um. Die Gesamtspannung besteht aus der Überlagerung einer Gleich- und Wechselspannung. Die für diese „Mischspannung“ entwickelten Motoren nennt man deshalb Mischstrommotoren.

Die Spannung und der Strom werden entsprechend der Geschwindigkeit und der Zugkraft des Fahrzeuges durch Anschnitt der Spannung mithilfe von Thyristoren gesteuert (Anschnittsteuerung). Bei dieser Steuerung wird die Fahrmotorspannung und damit auch die Zugkraft stufenlos erhöht und es lässt sich eine größere Beschleunigung und Anhängelast realisieren.

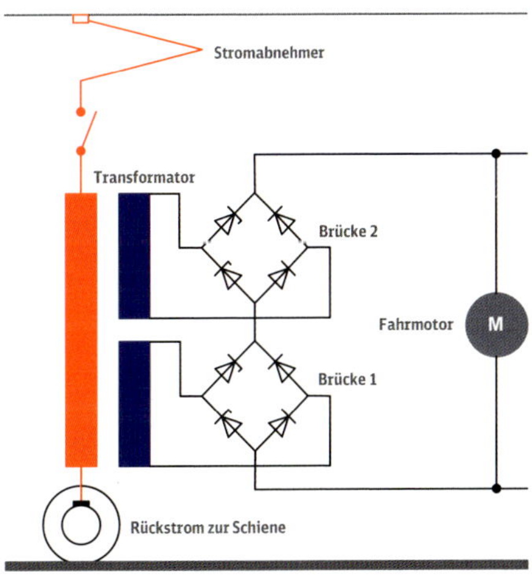

Abb. 3-18: Thyristorsteuerung

Drehstrommotor

Die Drehzahlregelung eines Drehstrommotors ist stufenlos über die Veränderung der Frequenz möglich. Um den Motor optimal zu betreiben, muss die Fahrmotorspannung mit zunehmender Motordrehzahl erhöht werden, da sonst das Drehmoment zu klein wird. Für die Umsetzung der Einphasenwechselspannung in die notwendige Fahrmotorspannung sorgt die Kombination aus Vierquadrantensteller und Pulswechselrichter.

Der Drehstrommotor besteht aus einer Ständerwicklung, deren Spulen um 120° verdreht sind. Werden diese an ein Drehstromnetz angeschlossen, erzeugen sie ein umlaufendes Magnetfeld. Dieses „Drehfeld" induziert in der Läuferwicklung eine elektromotorische Kraft. Das Drehfeld des Ständers und das Magnetfeld des Läufers bilden ein Drehmoment.

Der Drehstrommotor kann mit einer geringeren Baugröße bei gleicher Leistung aufwarten. Er sorgt über den gesamten Geschwindigkeitsbereich für eine hohe Zugkraft. Auch ist das Aufschalten des vollen Drehmoments schon im Stillstand möglich. Triebfahrzeuge mit Drehstrommotoren lassen sich daher universell sowohl vor schweren Güterzügen als auch schnellen Reisezügen einsetzen. Ein weiterer Vorteil des Drehstrommotors (Asynchronmotors): Seine Konstruktion ist verschleißarm; er besitzt weder Kollektor noch Kohlebürsten.

Abb. 3-19: Drehstrommotor

Fahrmotorlüfter

In der Regel sind die Fahrmotoren fremdbelüftet. Fahrmotorlüfter saugen die erforderliche Kühlluft an und drücken sie durch die Wicklungen des Fahrmotors.

3.3.5 Stromabnehmer

Die Stromabnehmer der elektrischen Fahrzeuge müssen den Strom bei allen Geschwindigkeiten möglichst ohne Lichtbogen und Unterbrechung vom Fahrdraht auf das Triebfahrzeug übertragen.

Viele Fahrzeuge haben zwei Stromabnehmer; benutzt wird in der Regel jedoch nur der hintere. Mehrsystemfähige Triebfahrzeuge besitzen für jedes Stromsystem einen eigenen Stromabnehmer.

Bauformen

Neufahrzeuge sind fast ausschließlich mit Einholmstromabnehmern ausgerüstet, bei älteren Lokomotiven und Triebwagen kommen hingegen teilweise noch Scherenstromabnehmer zum Einsatz. Auf dem Dach eines Fahrzeuges können bis zu vier Stromabnehmer montiert sein, deren Schleifleisten (Wippen) den jeweiligen länderspezifischen Ausführungen entsprechen.

Dies ist notwendig, da international unterschiedliche Anforderungen an die Stromabnehmer gestellt werden. Beispielsweise dürfen in der Schweiz wegen der Tunnelquerschnitte nur Stromabnehmer mit schmaleren Schleifleisten verwendet werden, die wiederum in Deutschland oder anderen Ländern nicht zulässig sind. Der Triebfahrzeugführer kann sich den Ausrüstungsstand seines Fahrzeuges auf einem Diagnose-Display anzeigen lassen.

Funktion

Um den Stromabnehmer heben zu können, ist Druckluft erforderlich. Diese wird bei abgerüstetem Fahrzeug einem Sonderluftbehälter entnommen oder vom Hilfsluftpresser erzeugt. Zum Heben eines Stromabnehmers wird bei älteren Stromabnehmerantrieben mit einem Kipptastschalter auf dem Führerpult ein Magnetventil angesteuert. Die auf diese Weise freigegebene Druckluft schaltet den Senkantrieb und mithin die Senkfeder aus. Die Kraft der Hubfeder hebt den Stromabnehmer und drückt die Schleifleiste an den Fahrdraht.

Bei neueren Fahrzeugen wird über ein Stromabnehmer-Regelventil der Stromabnehmer direkt mit Druckluft beaufschlagt. Zum Senken wird der Strom zum Magnetventil unterbrochen. Die Druckluft entweicht aus dem Senkantrieb, die Kraft der Senkfeder überwiegt gegenüber der Hubfeder und zieht den Stromabnehmer wieder nach unten.

Schleifleistenüberwachung

Die mit Kohleschleifleisten ausgerüsteten Stromabnehmer können mit einer automatischen Stromabnehmersenkeinrichtung (AS) ausgestattet sein. Die AS soll bei Störungen, wie zum Beispiel Bruchschäden an den Stromabnehmerschleifstücken, den Stromabnehmer senken und so zur Schadensbegrenzung beitragen. Dazu ist in der Schleifleiste ein Luftkanal integriert, der bei gehobenem Stromabnehmer mit Druckluft gefüllt ist. Mithilfe eines Schnellsenkventils werden auch relativ geringe Druckabsenkungen in dieser Luftleitung erfasst; der Stromabnehmerhubantrieb wird über einen großen Querschnitt entlüftet und der betreffende Stromabnehmer gesenkt.

Die automatische Stromabnehmersenkeinrichtung wird in folgenden Ausführungsformen eingesetzt:

- AS in Grundausführung (ASG) bei Fahrzeugen ohne Diagnoseeinrichtung; hier sind neben den AS-tauglichen Stromabnehmern nur die pneumatischen Schnellsenkventile vorhanden. Bei einer Beschädigung wird nur der betroffene Stromabnehmer gesenkt.

- AS mit Folgeschaltung (ASF) bei Fahrzeugen mit Diagnoseeinrichtung; hier werden zusätzlich auch alle ungestörten gehobenen Stromabnehmer sowohl auf dem betroffenen Fahrzeug wie auch im Zugverband gesenkt und der Hauptschalter ausgeschaltet. Der gestörte Stromabnehmer wird von der Steuerung gesperrt. Gleichzeitig erfolgen ein Diagnosespeichereintrag und eine Displaymeldung.

Steighöhenbegrenzung

Für den Fahrbetrieb in den Niederlanden ist zum Befahren von nicht überspannten Klappbrücken eine Steighöhenbegrenzung auf 5,86 m über Schienenoberkante erforderlich. Die entsprechenden Stromabnehmer sind mit der notwendigen Steighöhenbegrenzung versehen, die mit der Systemwahl am Display automatisch aktiviert wird.

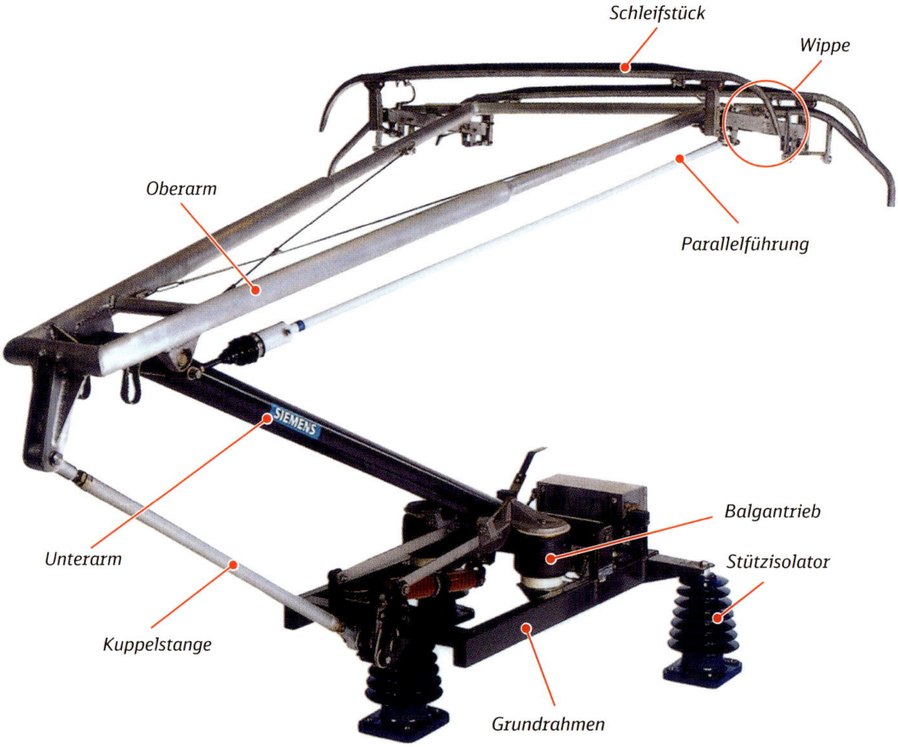

Abb. 3-20: Einholmstromabnehmer

Seitliche Stromabnehmer

Bei elektrischen Lokomotiven, die unter Verladeanlagen eingesetzt werden, wird der Strom über eine seitlich verlaufende Fahrleitung und Seitenstromabnehmer abgenommen.

U-Bahn-Triebzüge sowie die in den Netzen der S-Bahnen Berlin und Hamburg eingesetzten S-Bahn-Triebzüge sind mit einem Stromabnehmer für die seitliche Stromabnahme ausgestattet. Auf jeder Triebzugseite sind jeweils zwei Stromabnehmer parallel geschaltet. Damit können Stromschienenlücken in Weichenverbindungen und bei schienengleichen Überwegen überbrückt werden.

Abb. 3-21: elektrische Lokomotive mit Seitenstromabnehmer in der Verladeanlage bei Rheinbraun Foto: Bombardier

Abb. 3-22: seitliche Stromabnahme für den Betrieb auf Strecken mit Stromschiene Foto: Janicki

3.3.6 Dachausrüstung

Für die Übertragung des Stromes sind auf dem Dach Kupferschienen auf Stützisolatoren und Kabeltrossen montiert. Die Hochspannung wird von den jeweils miteinander verbundenen Stromabnehmern zum Hochspannungsgerüst im Maschinenraum mithilfe von zwei Durchführungen weitergeleitet. Auf dem Dach befinden sich außerdem Überspannungsableiter, die das Fahrzeug vor Spannungsspitzen im Oberleitungsnetz (zum Beispiel im Fall eines Blitzschlags) schützen. Um die Funkantennen der diversen infrage kommenden Zugsicherungs- und Funksysteme unterzubringen, können Anbauplätze vorhanden sein.

Abb. 3-23:
Dachausrüstung bei einer elektrischen Lokomotive
Foto: Siemens

Abb. 3-24: elektropneumatisch angetriebener Trennschalter (Dachtrenner), Systemumschalter und Erdungsschalter einer Mehrsystemlokomotive vom Typ Vectron (Herstellerbezeichnung) Foto: Siemens

Trenner

Je nach Ausrüstungsstand des Fahrzeuges sind auf dem Dach verschiedene Trenner montiert, die nur im lastlosen Zustand, also bei ausgeschalteten Hauptschaltern, geschaltet werden.

- Mit dem elektropneumatisch angetriebenen Stromabnehmertrenner können in Abhängigkeit von der Dachkonfiguration bestimmte Stromabnehmer abgetrennt und geerdet werden.
- Mithilfe der elektropneumatisch angetriebenen Systemtrenner wird jeweils für die DC- und AC-Systeme ein eigener Oberstromkreis geschaltet. Dabei wird der jeweils nicht geschaltete Oberstromkreis durch den Systemtrenner abgetrennt und geerdet.
- Mit dem Erdungstrenner können die Primärwicklung des Transformators, die Stromabnehmer und die Dachleitung geerdet werden.

Hauptschalter

Bei elektrischen Fahrzeugen sind ein oder mehrere elektrisch ferngesteuerte Hochspannungsleistungsschalter (Hauptschalter) auf dem Dach montiert beziehungsweise im Maschinenraum untergebracht. Der Hauptschalter setzt nicht nur den Transformator des Triebfahrzeuges unter Spannung, sondern übernimmt auch die Funktion einer Sicherung, indem er unter voller Belastung selbsttätig den Oberstromkreis unterbricht, wenn Teile der elektrischen Anlage gefährdet sind. Ein Druckluft-Federspeicher übernimmt den Antrieb des Hauptschalters. Druckluft sorgt für das Spannen des Antriebs und das Einlegen des Hauptschalters. Abgeschaltet wird der Hauptschalter, indem die Haltespule spannungslos geschaltet wird.

Der Hauptschalter wird mit einem Kipptaster auf dem Führerpult betätigt. Bei älteren Hauptschaltern dient die Druckluft auch zum Löschen des Ausschaltlichtbogens. Bei neueren Fahrzeugen wird zu diesem Zweck der einfacher aufgebaute Vakuumschalter verwendet. Da hier im Schaltraum kein Lichtbogen entstehen kann, kann die Lichtbogenlöschung entfallen.

Oberspannungswandler

Zwischen Stromabnehmer und Hauptschalter kann auf dem Fahrzeugdach ein Oberspannungswandler installiert sein. Dieser ist mit der Fahrzeugelektronik verbunden und erfasst die Fahrdrahtspannung.

Der Oberspannungswandler speist die Fahrdrahtspannungsanzeigen auf den Führerständen. Ein Unterspannungsrelais schaltet beim Unterschreiten einer bestimmten Fahrdrahtspannung (meist 10,5 kV) den Hauptschalter aus. Ein Durchführungswandler speist die Oberstromanzeigen. Wenn der aus der Fahrleitung entnommene Strom den zulässigen Höchstwert überschreitet, schaltet ein Oberstromrelais den Hauptschalter aus.

3.3.7 Transformator

Die Fahrleitung liefert in Deutschland eine Spannung von 15.000 V (15 kV). Da die Fahrmotoren für niedrigere Spannungen ausgelegt sind, muss die Spannung heruntertransformiert werden. Diese Aufgabe erledigt der Transformator, auch Umspanner genannt. Während er bei neueren Fahrzeugen seinen Platz unter oder auf dem Fahrzeug hat, kann er sich bei älteren Triebfahrzeugen auch im Maschinenraum befinden.

Abb. 3-25: Unterflurtransformator

Primär- und Sekundärwicklung

Der Transformator besteht im Wesentlichen aus einem Eisenkern mit zwei voneinander getrennten Wicklungen (Primär- und Sekundärwicklung). Die Primärwicklung nimmt elektrische Energie auf, die Sekundärwicklung gibt sie wieder ab. Primär- und Sekundärspannung sind vom Verhältnis der beiden Windungszahlen abhängig.

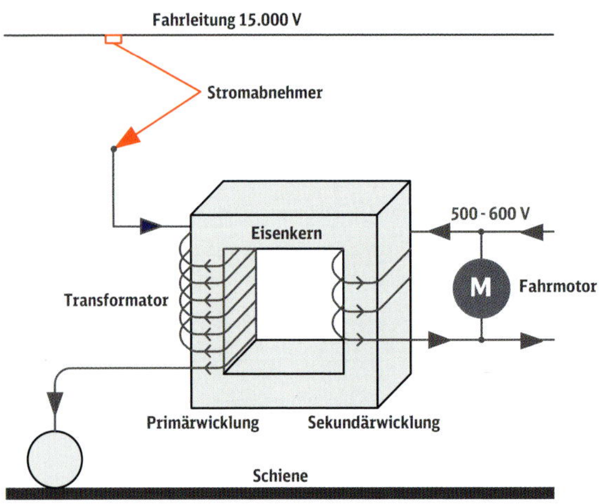

Abb. 3-26:
Prinzip des Transformators
Abbildung: Janicki

Heizung und Hilfsbetriebe

Die in den Triebfahrzeugen verwendeten Transformatoren haben außer den Traktionswicklungen für die Versorgung der Fahrmotoren eine Heizwicklung für die Versorgung der Zugsammelschiene und Hilfsbetriebewicklungen für die Energieversorgung des Gleichspannungsversorgungsgerätes (des Batterieladegerätes), der Führerraumheizung oder -klimatisierung sowie weiterer Verbraucher. Als Kühl- und Isolierflüssigkeit wird meist Mineralöl oder eine biologisch abbaubare Chemikalie verwendet.

Ältere Fahrzeuge mit mechanischer Stufensteuerung

Bei älteren Fahrzeugen mit Wechselstrommotoren wird zum Verstellen der Spannung eine Stufensteuerung eingesetzt. Hier greift man mit einem Schaltwerk eine von circa 30 Trafoanzapfungen an. Jede Schaltstufe bedeutet eine Spannungssteigerung, jeder Spannungssprung eine ruckartige Zugkrafterhöhung. Mechanische Lastschalter ermöglichen der Stufensteuerung ein stromloses Schalten und löschen den beim Schalten entstehenden Lichtbogen. Vielfach werden anstelle der Lastschalter auch Thyristoren eingesetzt.

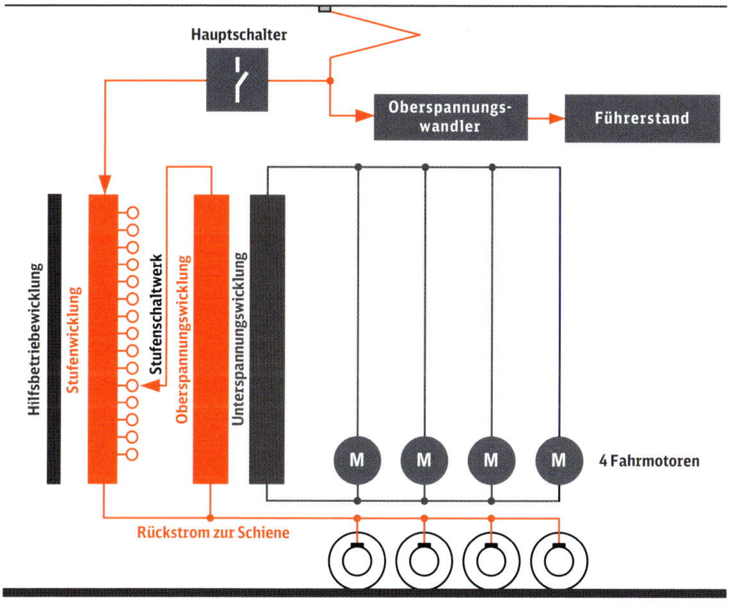

Abb. 3-27: Stufenschaltwerk bei älteren Triebfahrzeugen Abbildung: Janicki

Fahrzeuge mit elektrischer Fahrsteuerung

Bei neueren Fahrzeugen mit Wechselstrommotoren ersetzt eine elektrische Steuerung die wartungsintensive mechanische Nachlaufsteuerung. Zusätzlich kann bei einem Ausfall mit einer Hilfssteuerung gefahren werden. Bei der Baureihe 111, deren Ablaufdiagramm in folgender Abbildung dargestellt ist, wurde beispielsweise das Prinzip der Hilfssteuerung für die Hauptsteuerung angewendet. Bei dieser einfachen Steuerung wird das Auf- oder Ab-Schütz eines Schaltwerksmotors mit einem Hauptfahrschalter so lange an Spannung gelegt, bis die gewünschte Zugkraft erreicht ist. Danach wird der Schalter in eine Neutralstellung zurückgenommen. Das genaue Einlaufen des Schaltwerkes in eine Stufe übernehmen Fertigschalter.

Damit der Triebfahrzeugführer beim Anfahren im Bahnhof über das Seitenfenster den Zug und den Bahnsteig beobachten kann, ist im Seitenbereich der Fenster der Hilfsfahrschalter angebracht. Sollte es zu einem unvorhergesehenen Ereignis kommen, gestattet eine zusätzliche Stellung (SB) das Auslösen einer Schnellbremsung. Der Hauptfahrschalter hat weiterhin einen „Zugkraft-Steuerungsbereich". Hier kann die gewünschte Zugkraft des Fahrzeugs vorgegeben werden. Ein Anfahrüberwachungsgerät entlastet den Triebfahrzeugführer beim Anfahren, indem es die Grenzwerte wie beispielsweise den Motorstrom und die Motorspannung überwacht.

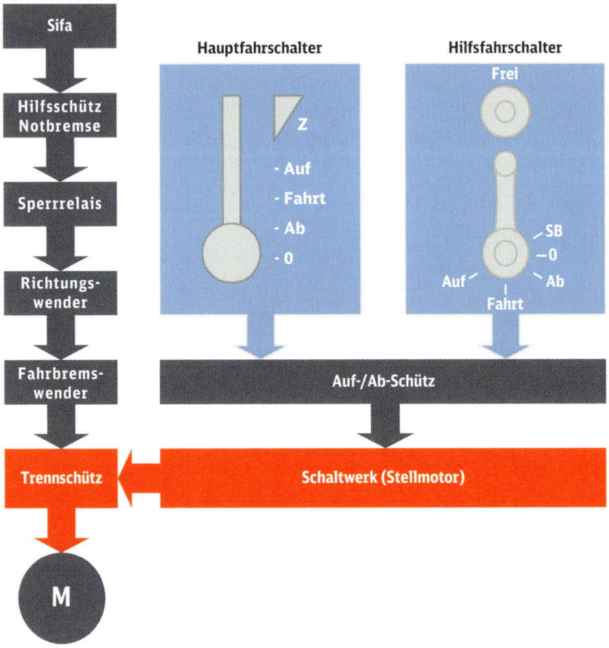

Abb. 3-28: Ablaufdiagramm der elektrischen Fahrsteuerung am Beispiel der Triebfahrzeugbaureihe 111 Abbildung: DB Training

3.3.8 Energiemesssystem

Elektrische Fahrzeuge verfügen über ein fahrzeugseitiges Energiemesssystem (EMS), das die gesamte elektrische Energie misst, die das Triebfahrzeug aus der Oberleitung aufnimmt oder bei einer Nutzbremsung in die Oberleitung zurückspeist. Dazu ist auf dem Fahrzeugdach ein Oberstrommesswandler angeordnet, der den Energiezähler versorgt.

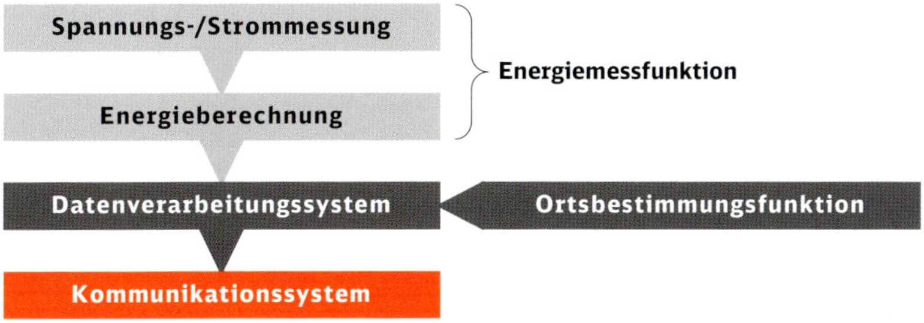

Abb. 3-29: Funktionsdiagramm des Energiemesssystems Quelle: TSI CR Lok & Pas

3.3.9 Maschinenraum

Das Anordnungskonzept mit geradem Mittelgang, symmetrisch seitlich angeordneten Stromrichtern und Gerüsten sowie Unterflurtransformator kennzeichnet alle neuen Lokomotiven.

Abb. 3-30: Maschinenraum einer Mehrsystemlokomotive vom Typ Vectron (Herstellerbezeichnung) Foto: Siemens

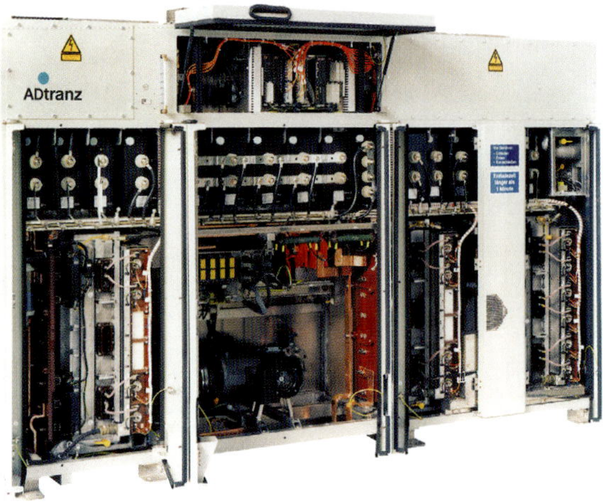

Abb. 3-31: Traktionsstromrichter (Beispiel DB-Baureihe 145) Abbildung: Adtranz

Anordnung der Hauptbaugruppen bei einem Fahrzeug mit Drehstromantriebstechnik

Ein mindestens 600 mm breiter Mittelgang, der den Maschinenraum der Länge nach trennt, verbindet die beiden Führerräume. Auf jeder Seite des Gangs ist die Traktionseinrichtung für je ein Drehgestell symmetrisch angeordnet. Dank der Tatsache, dass der Haupttransformator unterflur verstaut ist, bleibt der Maschinenraum übersichtlich. Alle Baugruppen der elektrischen Ausrüstung sowie die Gerüste zur Druckluftversorgung und für die Hilfsbetriebe sind gut zugänglich.

Die Hochspannungskabel zu den Fahrmotoren und der Zugsammelschiene sind in einer Wanne unter dem Mittelgang verlegt. Weitere Hochspannungskabel befinden sich auf dem Maschinenraumboden unter den Gerüsten. Die Signal- und Steuerleitungen sowie Hilfsbetriebe-Versorgungsleitungen sind in einem von Führerstand zu Führerstand laufenden Kanal untergebracht. Sämtliche Druckluftrohre liegen unterhalb dieser Kanäle.

Im Mittelteil stehen die Traktionsstromrichter (SR) und Hilfsbetriebeumrichter (HBU). Direkt neben den beiden SR befinden sich sowohl deren Kühlanlagen als auch jene für den Transformator. Ein erstes Hilfsbetriebegerüst (HBG) enthält die Geräte für das Drehstrombordnetz und für die beiden Hilfsbetriebeumrichter (HBU) einschließlich der notwendigen Umschalteinrichtungen für den Betrieb mit nur einem HBU, ein zweites die Geräte der Batteriestromkreise (NSG = Niederspannungsgerüst).

Das Hochspannungsgerüst (HSG) mit Hauptschalter und Wandlern, das Druckluftgerüst und die Schränke für Elektronik und Zugsicherungssysteme sowie ein Geräteschrank füllen den restlichen Raum bis zu den Fahrmotorlüftertürmen. Die Fahrmotoren erhalten ihre Luft über Gitter in der Dachschräge, die Ölkühler über Öffnungen im Dach. Die Belüftung des Maschinenraumes erfolgt über Bypässe an den Fahrmotorlüftern. Starkstrom- und Hilfsbetriebeleitungen liegen im Mittelgang, 110-V- und Elektronikleitungen auf getrennten Ebenen an der Seitenwand.

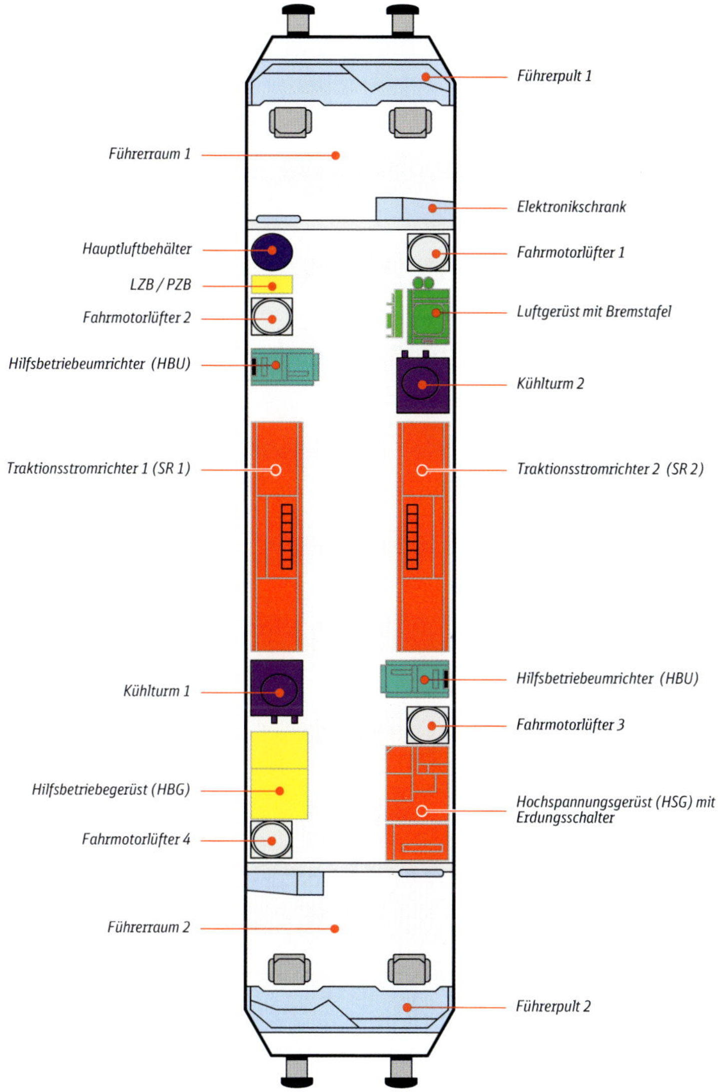

Abb. 3-32: Anordnung der Hauptbaugruppen am Beispiel eines Fahrzeuges mit Drehstromantriebstechnik Abbildung: Janicki

Kühlanlagen

Transformator und Stromrichter erwärmen sich im Betrieb und werden deshalb gekühlt. Bei neueren Triebfahrzeugen leisten dies jeweils zwei voneinander getrennte Kühlkreisläufe. Um die Wärme abzuführen, ist der Transformator mit einem Kühlmittel gefüllt. Umwälzpumpen saugen das warme Kühlmittel ab und fördern es zu einem Wärmetauscher, der in einem Kühlturm angeordnet ist. Dort befindet sich ein Lüfter, der Kühlluft von außen ansaugt und durch den Wärmetauscher drückt. Jedem Fahrmotor ist in der Regel zur Kühlung ein Fahrmotorlüfter zugeordnet. Dieser wird bei älteren Fahrzeugen in Abhängigkeit von der Fahrstufe automatisch eingeschaltet, während neuere Fahrzeuge temperaturgeregelt sind. Hier wird beim Erreichen einer Warnschwelle die Traktionsleistung reduziert und beim Erreichen einer Störschwelle gesperrt. Bremswiderstandslüfter sind bei älteren Triebfahrzeugen eingebaut, die eine elektrische Bremse besitzen und bei denen der beim Bremsen erzeugte elektrische Strom durch Widerstände in Wärme umgewandelt wird.

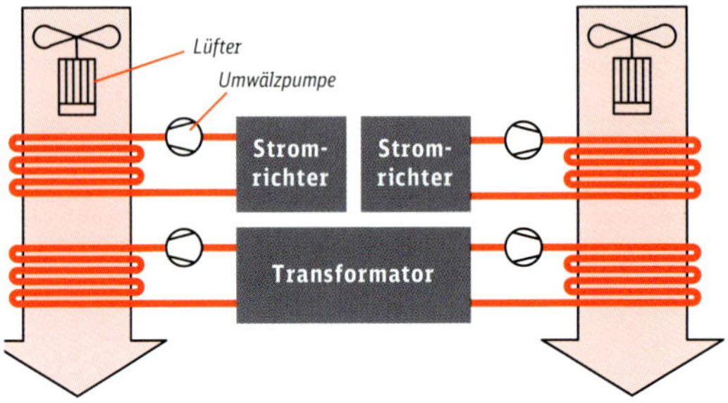

Abb. 3-33: Kühlkreislauf Transformator und Stromrichter
Abbildung: Janicki)

3.3.10 Hilfsbetriebe

Hilfsbetriebe sind Einrichtungen, die für den Betrieb eines Triebfahrzeugs oder Triebwagens erforderlich sind. Sie dienen zum Beispiel der Drucklufterzeugung, der Kühlung (Fahrmotorlüfter, Ölkühlerlüfter) und der Gleichstromversorgung. Eine Hilfsbetriebewicklung des Transformators versorgt das Batterieladegerät (BLG), das auch Gleichspannungsversorgungsgerät (GVG) genannt wird. Dieses wandelt die Wechselspannung in 110 V Gleichspannung um und versorgt damit das Bordnetz sowie die Batterie. Zur Sicherstellung der Betriebsfähigkeit werden der Ladestrom sowie die Batterietemperaturen ständig überwacht.

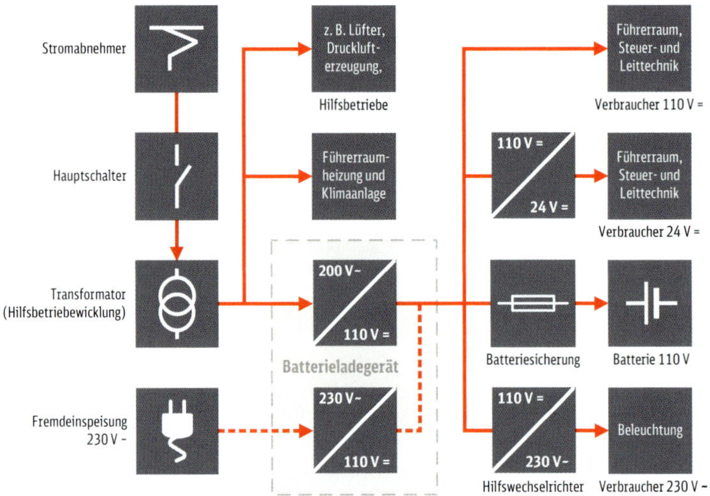

Abb. 3-34: Bordnetz und Versorgung der Hilfsbetriebe am Beispiel einer älteren elektrischen Lokomotive (angegebene Spannungswerte beispielhaft)
Abbildung: Janicki)

Fremdeinspeisung

Erfolgt bei abgerüstetem Triebfahrzeug keine Spannungsversorgung über die Fahrleitung, wird das Batterieladegerät über eine Fremdeinspeisung (230 V/50 Hz) versorgt. Damit kann eine Erhaltungsladung der Batterie vorgenommen werden.

Bei angeschlossener und zugeschalteter Fremdeinspeisung leuchtet ein Leuchtmelder in der Nähe der Einspeisung. Das Batterieladegerät erkennt automatisch, welche Einspeisung anliegt. Vorrang hat immer die Einspeisung von der Hilfsbetriebewicklung. Bei Fremdeinspeisung steht nur eine eingeschränkte Leistung zur Verfügung. Deshalb werden nicht alle Verbraucher mit elektrischer Energie versorgt.

Hilfsbetriebeumrichter

Triebfahrzeuge mit Drehstromantriebstechnik sind zur Versorgung der Hilfsbetriebe und Batterien mit einem Hilfsbetriebeumrichter (HBU) ausgerüstet. Dieser besteht aus einem Vierquadrantensteller, der aus dem Haupttransformator versorgt wird und einen Gleichstromzwischenkreis speist. Aus dem Gleichstromzwischenkreis wird ein Drehrichter gespeist, der das Drehstrom-Bordnetz mit 400 V versorgt.

Die Versorgung der 110-V-Verbraucher erfolgt über das Batterieladegerät. Findet keine Spannungsversorgung über Fahrleitung oder Fremdeinspeisung statt, kann die Batterie noch längere Zeit die Versorgung des Triebfahrzeuges sicherstellen. Zur besseren Nutzung der Batteriekapazität werden aber einige 110-V-Verbraucher abgeschaltet. Bei Fremdeinspeisung arbeitet der 3-Phasen-Drehrichter im HBU als Gleichrichter und versorgt so über den Zwischenkreis das Batterieladegerät

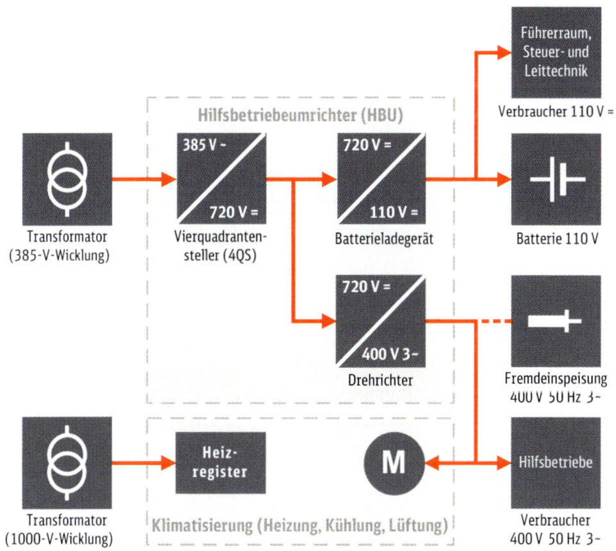

Abb. 3-35: Bordnetz eines Triebzuges mit Hilfsbetriebeumrichter (angegebene Spannungswerte beispielhaft) Abbildung: Janicki

Abb. 3-36: 400-V-Fremdeinspeisung Foto: Janicki

Mehrteilige Triebzüge

Bei mehrteiligen Triebzügen ist in der Regel auch die Bordnetzversorgung mehrfach vorhanden. Neuere ICE-Züge sind mit einem 670-V-Gleichspannungsbordnetz für die Haupt- und Nebenheizungen ausgerüstet. Eine 670-V-Gleichspannungssammelschiene wird hier durch einen Bordnetzumrichter im Transformatorwagen versorgt. Die Wagenbeleuchtung, die Tür- und Bremssteuerung, das Fahrgastinformationssystem sowie die Antriebs- und Zugsteuergeräte werden aus einer 110-V-Batteriesammelschiene versorgt, die im Zugverband durchgekuppelt werden kann.

3.3.11 Elektrische Bremse

Fahrzeuge mit elektrischem Antrieb besitzen neben der Druckluftbremse eine elektrische Bremse als zusätzliche Bremseinrichtung. Je nach Funktion wird zwischen Widerstandsbremse und elektrischer Nutzbremse unterschieden.

Widerstandsbremse

Bei der Widerstandsbremse werden die Fahrmotoren beim Bremsen zu Gleichstromgeneratoren umgeschaltet. Die erzeugte Energie wird über Widerstände in Wärme umgewandelt. Die erforderliche Erregerspannung stammt bei der netzabhängigen Widerstandsbremse aus der Hilfsbetriebewicklung des Trafos. Daher funktioniert diese Bremse nur, solange der Hauptschalter eingeschaltet ist. Bei der netzunabhängigen Widerstandsbremse wird das Erregerfeld durch einen Stromstoß aus der Batterie aufgebaut und anschließend mit dem erzeugten Bremsstrom versorgt.

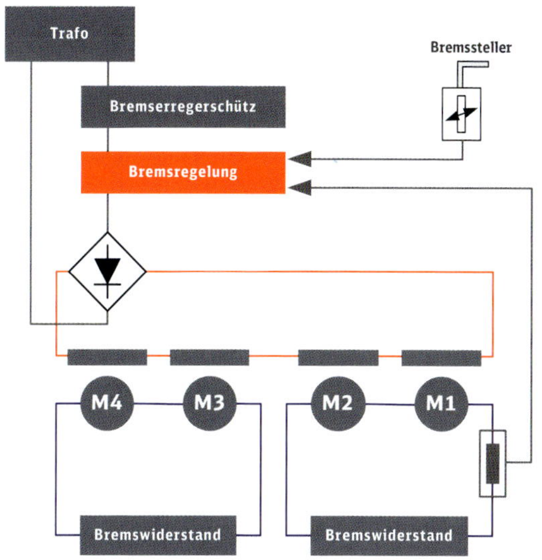

Abb. 3-37:
netzabhängige Widerstandsbremse
Abbildung: Janicki

Ein großer Nachteil der Widerstandsbremse ist, dass die kinetische und potenzielle Energie des Zuges beim Bremsen erst in elektrische Energie und dann über Widerstände in Wärme umgewandelt wird und somit verloren geht. Für die Senkung des Energieverbrauchs ist die nachfolgend beschriebene elektrische Nutzbremse wesentlich besser geeignet.

Elektrische Nutzbremse

Bei der elektrischen Nutzbremse wird die beim Bremsen erzeugte elektrische Energie wieder zurück ins Netz gespeist. Aufgrund der bereits beschriebenen Eigenschaften, die der Vierquadrantensteller in Verbindung mit dem Phasenwechselrichter aufweist, ist die elektrische Nutzbremse in allen Drehstromfahrzeugen der DB AG eingebaut. Wie in folgender Abbildung vereinfacht dargestellt, wird der Bremssollwert vom Bremsrechner zum zentralen Steuergerät übertragen. Hier wird der Bremssollwert aufbereitet und zum Antriebssteuergerät zur Ansteuerung der Stromrichter für die elektrische Bremse geleitet.

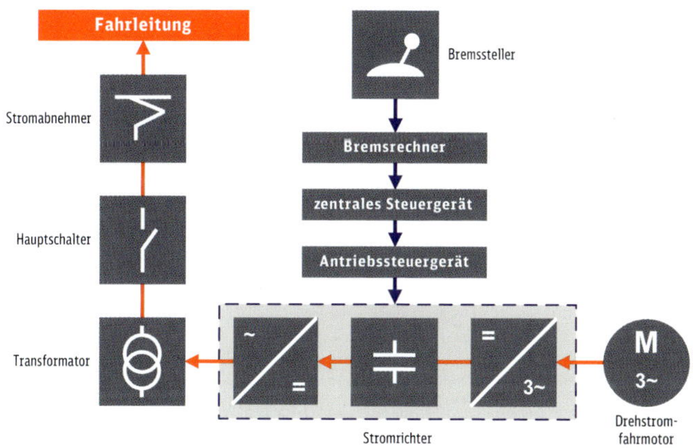

Abb. 3-38:
elektrische Nutzbremse
Abbildung: Janicki

Elektrische Nutzbremse bei Gleichstromnetzen

Aufgrund der nicht rückspeisefähigen Unterwerke bei Gleichstromnetzen kann hier im Bremsbetrieb nur so viel Energie in das Netz zurückgespeist werden, wie durch andere Triebfahrzeuge im gleichen Speiseabschnitt verbraucht wird. Da so die Einsatzfähigkeit der Netzbremse nicht in jedem Fall gewährleistet ist, sind auch hier in den Fahrzeugen Bremswiderstände eingebaut. Die Menge der zurückzuspeisenden Energie hängt von der augenblicklichen Netzspannung ab. Was nicht ins Netz fließt, wird von den Bremswiderständen aufgenommen. Bei Mehrsystemfahrzeugen übernehmen die vom Wechselstrombetrieb vorhandenen Vierquadrantensteller die Aufgabe der Bremssteller.

3.3.12 Traktionsgruppen bei Hochgeschwindigkeitstriebzügen

Zur Erhöhung des Platzangebots im Zug sind bei den neueren ICE-Triebzügen die Traktionskomponenten dezentral im Zug verteilt und im Wesentlichen unterflur angeordnet. Die Triebzüge sind hinsichtlich ihres Traktionskonzeptes und der Zugbildung modular aufgebaut. Jeweils drei oder vier Wagen, darunter die Endwagen mit ihren Führerräumen, bilden elektrotechnisch eine Einheit (Traktionsgruppe), die mit zwischengestellten antriebslosen Mittelwagen erweiterbar ist. Eine Traktionsgruppe entspricht somit in ihrer Antriebsfunktion einer „langgestreckten" Lok.

ICE 3

Beim ICE 3 besteht die achtteilige Einheit aus drei Fahrzeuggruppen. Um zwei antriebslose Mittelwagen sind je zwei dreiteilige Traktionsgruppen angeordnet. Jeder der beiden Transformatorwagen verfügt über einen Stromabnehmer mit Vakuum-Hauptschalter und Trennschalter. Von hier aus werden die beiden benachbarten Stromrichterwagen gespeist. Die beiden Transformatorwagen des Zuges sind durch eine Hochspannungsdachleitung miteinander verbunden. Bei der Mehrsystemvariante des ICE 3 sind weitere Stromabnehmer auf dem Transformatorwagen oder Stromrichterwagen aufgebaut.

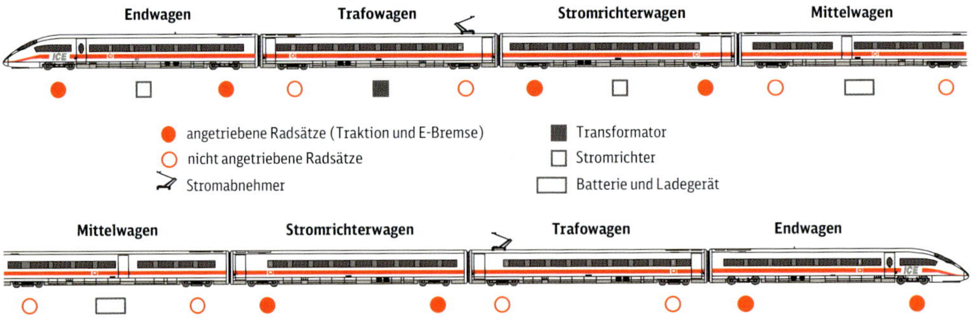

Abb. 3-39: dreiteilige „Traktionsgruppe" beim ICE 3

Abbildung: Siemens

ICE T

Beim ICE T liegt dem Entwicklungskonzept ein dreiteiliges Basismodul zugrunde, das aus drei Wagen besteht: dem Endwagen mit Transformator, Stromabnehmer und Führerraum, dem mittleren Stromrichterwagen mit zwei Fahrmotoren und dem angetriebenen Mittelwagen mit ebenfalls zwei Fahrmotoren. Stromrichter- und Mittelwagen sind durch eine Drehstromsammelschiene verbunden, aus der die insgesamt vier Fahrmotoren des Moduls versorgt werden.

PowerCar

Alle Komponenten einer Antriebseinheit – im Wesentlichen Transformator, Traktionsstromrichter, Traktionskühlanlage und die Fahrmotoren – können auch in einem autonomen Fahrzeug (PowerCar) gebündelt werden. Damit können Züge entsprechend den Anforderungen an Sitzplatzzahl und Leistung zusammengestellt werden. In Deutschland soll diese Technologie erstmals im Fernverkehrszug ICx der Deutschen Bahn AG eingesetzt werden.

3.3.13 Mehrsystemtechnik

Allgemein verbirgt sich hinter dem Begriff „Mehrsystem“ der durchgehende Betrieb ursprünglich unterschiedlich konzipierter Bahnsysteme mit voneinander abweichender Energieversorgung. Mehrsystembetrieb findet nicht nur im grenzüberschreitenden Verkehr, sondern auch im Stadt- und Regionalverkehr statt.

Mehrsystembetrieb im grenzüberschreitenden Verkehr

Wegen verschiedener Bahnstromsysteme in Europa müssen Fahrzeuge für den grenzüberschreitenden Verkehr bestimmte technische Anforderungen erfüllen. Dies betrifft nicht nur die Mehrsystemtauglichkeit, sondern eine Vielzahl länderspezifischer Anforderungen wie zum Beispiel die diversen Zugsicherungssysteme.

Mehrsystemfähige Triebfahrzeuge sind in den europäischen Ländern schon seit den 1950er- und 1960er-Jahren im Einsatz. Zunächst handelte es sich nur um wenige Lokomotiven, für die stromrichtergespeiste Mischstrommotoren mit relativ aufwändiger Technik und Steuerung verwendet wurden. Der hohe gerätetechnische Aufwand im elektrischen Traktions- und Hilfsbetriebeteil wurde im Zuge der Weiterentwicklung der Drehstromantriebstechnik wesentlich reduziert. Daher lassen sich heute Mehrsystemlokomotiven und -triebzüge mit deutlich geringerem Aufwand realisieren. Es ist davon auszugehen, dass sich im Vergleich zur Einsystemlokomotive der Beschaffungspreis bei einer Zweifrequenzlokomotive auf 105 % und bei einer Viersystemlokomotive auf 120 % erhöht.

Wegen der breiteren Einsetzbarkeit und dem aufkommenden länderübergreifenden Verkehr beschafften in den letzten Jahren viele Betreiber Mehrsystemlokomotiven, die für die unterschiedlichsten europäischen Netze geeignet sind. Im Fernreiseverkehr kommen meist mehrsystemfähige Triebzüge zum Einsatz.

Abb. 3-40: ältere mehrsystemfähige Lokomotive der DB-Baureihe 181 in konventioneller Technik Foto: DB AG

Abb. 3-41: Mehrsystemlokomotive der Baureihe 189 in Drehstromantriebstechnik Foto: Siemens

Das elektrische Antriebskonzept am Beispiel der Baureihe 189

Der nachfolgend abgebildete Hauptstromplan der in Drehstromantriebstechnik ausgeführten Mehrsystemlokomotive BR 189 illustriert die bisher beschriebenen Einzelkonzepte. Das elektrische Antriebskonzept umfasst zwei Hochleistungsstromrichter und die darüber gespeisten Drehstromasynchron-Fahrmotoren. Jeder der beiden Stromrichter ist einem Drehgestell zugeordnet und speist dort jeweils zwei Fahrmotoren. Jeder Fahrmotor wird von einem Pulswechselrichter (PWR) mit variabler Spannung und Frequenz versorgt. Jeder PWR wiederum erhält seine Energie aus einem Zwischenkreis.

Bei der BR 189 wurde die kompakte IGBT-Technologie in den Hochleitungsumrichtern eingesetzt. Die beiden Zwischenkreise eines Drehgestells sind über Trenner miteinander verbunden. Bei diesen Fahrzeugen ist der Transformator für beide Spannungen und Frequenzen ausgelegt. Für den Betrieb in 15-kV- und 25-kV-Netzen befinden sich an den Sekundärwicklungen je zwei Anzapfungen, die mit Trennschaltern entsprechend der vorhandenen Fahrdrahtspannung eingeschaltet werden.

In Netzen mit Wechselspannung speisen zwei 4QS die verbundenen Zwischenkreise mit dem dazu parallel geschalteten „Saugkreis". Damit ist der Energiefluss in beiden Richtungen (fahren/bremsen) möglich. In Netzen mit Gleichstrom werden die verbundenen Zwischenkreise über ein zweistufiges Netzfilter direkt aus dem Fahrleitungsnetz versorgt, während die Traktionswicklungen nur die Aufgabe von Filtereingangsdrosseln erfüllen. Die Umgruppierung der Bauteile erfolgt durch Schütze, Nockenschaltwerke oder Schaltwalzen.

Die Sekundärwicklungen des Trafos sowie die Saugkreisdrosseln werden als Netzfilterdrosseln verwendet, der Saugkreiskondensator dient als Netzfilterkondensator. In Abhängigkeit von der Aufnahmefähigkeit des jeweiligen Netzes wird im Bremsbetrieb die von den Fahrmotoren generatorisch erzeugte Energie in das Fahrleitungsnetz zurückgespeist. Im DC-Betrieb (und optional im AC-Betrieb) kann auch über den Bremssteller und Bremswiderstand elektrisch gebremst werden.

Tritt in den Leistungshalbleitern des Stromrichters oder in einem der Fahrmotoren ein Fehler auf, ermöglicht das Schaltungskonzept der Lokomotive den weiteren Betrieb mit reduzierter Antriebsleistung, indem der fehlerhafte Teil der Ausrüstung abgetrennt wird.

Mit den verbleibenden funktionsfähigen Elementen kann die Lokomotive noch mindestens 75 % ihrer maximalen Anfahrzugkraft und Antriebsleistung entwickeln.

Jeder der beiden Stromrichter verfügt über eine eigene unabhängige Antriebsregelung. Bei Ausfall eines Antriebssteuergerätes (ASG) bleiben ein Stromrichter und das zugehörige Drehgestell funktionsfähig, während das andere abgeschaltet wird.

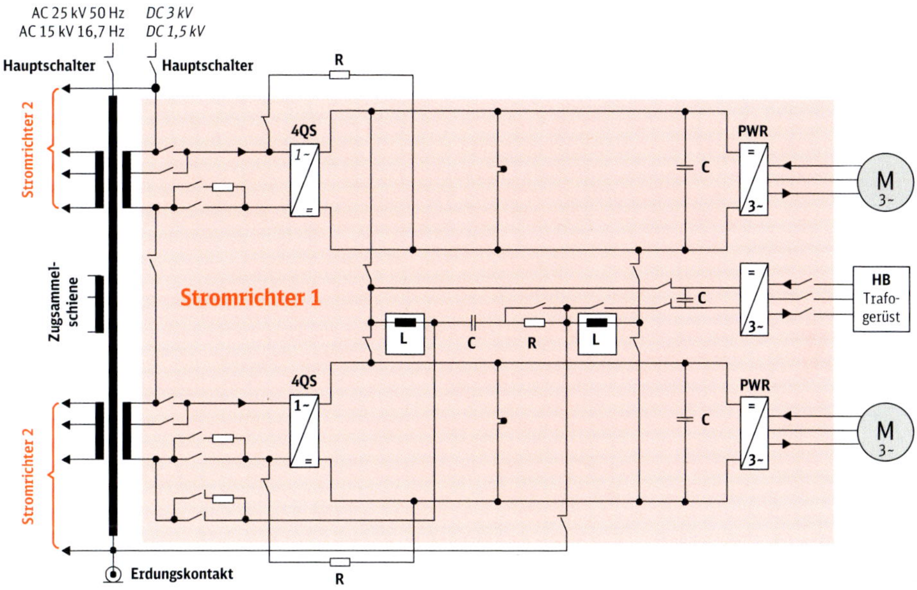

Abb. 3-42: Hauptstromplan einer Mehrsystemlokomotive Abbildung: Siemens

Versorgung der Hilfsbetriebe (HB)

Da die Hilfsbetriebeumrichter im DC-Betrieb nicht über die Hilfsbetriebewicklungen des Transformators versorgt werden können, werden sie aus den Zwischenkreisen gespeist. Dazu kommen bei den verschiedenen Baureihen folgende Verfahren zum Einsatz:

- Die Zwischenkreisspannung wird über Hochspannungsumrichtermodule (HUR-Module) heruntergesetzt und direkt in die Zwischenkreise der Hilfsbetriebeumrichter eingespeist.
- Die Gleichspannung vom Zwischenkreis wird mit einem Modul der vom AC-Betrieb vorhandenen 4QS in eine Wechselspannung umgewandelt und einem Hilfstransformator zugeführt, an dessen Sekundärseite die Hilfsbetriebeumrichter angeschlossen sind.

Versorgung der Zugsammelschiene

Im Gegensatz zu AC-Netzen, in denen die Zugsammelschiene über den Haupttransformator gespeist wird, leistet dies in DC-Netzen direkt das Heizschütz aus der Fahrleitung.

Systemwechsel (Transition)

Transition ist die Umschaltung der Spannungssysteme und Zugsicherungen eines angetriebenen Fahrzeugs für den Betrieb im Netz eines anderen Landes. Unter anderen werden die genannten Schaltgeräte gemäß der Bahnverwaltungen und Spannungssysteme geschaltet und überwacht. Je nach Streckenausrüstung wird das System im Stand oder während der Fahrt gewechselt. Spannung und Frequenz des neuen geänderten Spannungssystems werden von der Systemerkennung identifiziert und von der Leittechnik auf Plausibilität geprüft.

- Transition bei v > 0 km/h (dynamisch): Schutzstrecken mit neutralem Abschnitt trennen die Oberleitungsbereiche mit den unterschiedlichen Spannungssystemen. Nach dem Befahren dieser Schutzstrecke muss der Hauptschalter ausgeschaltet und der Stromabnehmer gesenkt sein. Danach wird am Display das neue Netz oder die neue Bahnverwaltung und damit das neue Spannungssystem ausgewählt. Nach Durchfahren des neutralen Trennabschnittes wird der länderspezifische Stromabnehmer gehoben.
- Transition bei v = 0 km/h (statisch): Im Grenzbahnhof existiert ein Fahrleitungsabschnitt, der mit beiden Spannungssystemen gespeist werden kann. Nach Ausschalten des Hauptschalters und Senken des Stromabnehmers kann die Schaltstelle die Fahrleitungseinspeisung ändern. Auf dem Führerstand wird mithilfe der Netzauswahl die neue Bahnverwaltung oder das neue System ausgewählt. Es folgt die Umkonfiguration der Hochspannungsausrüstung. Nach Zustimmung der Schaltstelle und Stromabnehmerfreigabe seitens der Leittechnik kann der Stromabnehmer gehoben werden.

Nach korrekter Umkonfiguration und Hauptschalterfreigabe kann der Hauptschalter wieder eingeschaltet werden. Zusätzlich müssen die entsprechenden Zugsicherungssysteme umgeschaltet, aktiviert oder deaktiviert werden. Die Systemumschaltung erfolgt manuell von einem Display des besetzten Führerraumes aus.

Abb. 3-43: Vorgänge bei der Umschaltung der Spannungssysteme beim Systemwechsel Abbildung: Uwe Miethe/MRCE Dispolok GmbH

Länderpakete

Die Fahrzeughersteller bieten vorsortierte „Länderpakete“ (country packages) an, in denen die für die Länderzulassungen notwendigen Zusatzausstattungen enthalten sind. Diese Länderpakete sind untereinander kompatibel und vielfältig kombinierbar. Will ein Betreiber eine bestimmte Verbindung quer durch mehrere europäische Länder bedienen, benötigt er unter Umständen nur die entsprechenden Länderpakete, um die Lok für den Verkehr in den verschiedenen Systemen tauglich zu machen.

In den Länderpaketen sind die Kennung des Schienennetzbetreibers, das Stromversorgungssystem, die Bauform des Stromabnehmers, das jeweilige Zugsicherungssystem, die Zugfunkfrequenzen, die Displaytexte, die Sprachausgabe, die Fahrzeuganschriften und gegebenenfalls die spezifische Zusatzausstattung festgelegt.

3.3.14 Akkufahrzeuge

Akkufahrzeuge sind elektrisch angetriebene Schienenfahrzeuge, die ihre Antriebsenergie aus Akkumulatoren beziehen. Der Vorteil dieser Fahrzeuge besteht darin, dass sie leise sind und keine Abgase produzieren, ohne dass dafür die Strecke mit einer Oberleitung ausgestattet sein muss. Nachteilig ist die Masse der Akkumulatoren, die das Fahrzeuggewicht erhöht, sowie die begrenzte Laufleistung pro Batterieladung. Akkuloks werden als Betriebsfahrzeuge bei U-Bahnen, im Tunnel- und Bergbau sowie im Werkbahnverkehr eingesetzt.

Abb. 3-44: Baufahrzeuge (elektrische Akkulok und Lore) Foto: DB AG/Weber

3.4 Dieseltriebfahrzeuge

3.4.1 Allgemeine Fahrzeugbeschreibung

Der Aufbau eines mit einem Verbrennungsmotor ausgerüsteten Fahrzeugs richtet sich nach dem jeweiligen Einsatzzweck. Dieseltriebfahrzeuge werden von einem oder mehreren Dieselmotoren angetrieben. Diese sind bei Lokomotiven im Maschinenraum, bei Dieseltriebwagen hingegen unterflur untergebracht. Weil Dieselmotoren nur in einem bestimmten Drehzahlbereich wirtschaftlich arbeiten können, benötigen sie Anlagen zur Leistungsübertragung. Dabei haben dieselhydraulische Fahrzeuge ein besonders günstiges Verhältnis von Leistung und Masse. Sie lassen sich deshalb meist leichter und kleiner bauen als vergleichbare Fahrzeuge mit dieselelektrischem Antrieb. Insbesondere für Dieseltriebwagen bietet der hydrodynamische Antrieb Vorteile hinsichtlich Gesamtbetriebskosten, Gewicht und Volumen. Mit der Entwicklung der Leistungselektronik sowie dem Einsatz von Drehstrommotoren lassen sich jedoch auch dieselelektrische Fahrzeuge wirtschaftlich bauen und unterhalten. Welche Lösung bei der Leistungsübertragung letztendlich gewählt wird, hängt von den Kundenanforderungen und den aktuellen Entwicklungen der Industrie ab.

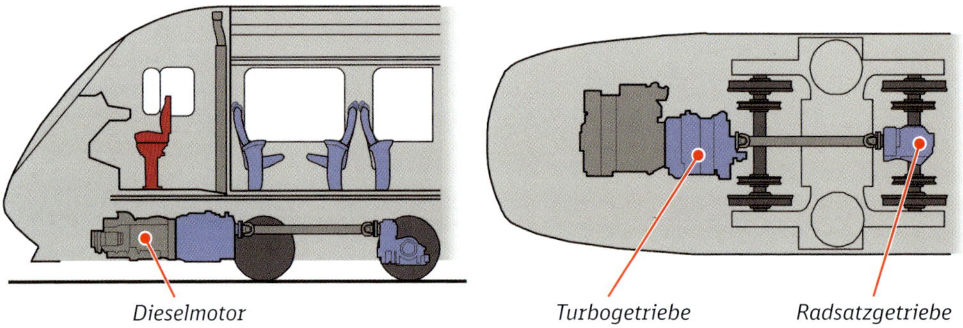

Abb. 3-45: unterflur angebrachte Antriebsanlage bei einem Dieseltriebwagen der Baureihe 641 Abbildungen: Voith

3.4.2 Dieselmotor

Ein Verbrennungsmotor ist eine Wärmekraftmaschine: Die im Kraftstoff gespeicherte chemische Energie wird durch Verbrennung im Zylinderraum in Wärmeenergie und anschließend in mechanische Energie umgewandelt. Beim Dieselmotor handelt es sich um einen Verbrennungsmotor, der nach einem 1892 von Rudolf Diesel erfundenen Verfahren arbeitet. Es beruht auf dem Prinzip der Selbstzündung: Frischluft fließt in die Zylinder des Dieselmotors, wo Kolben sie verdichten. Die Luft erreicht dabei Temperaturen von 700 bis 800 °C. Gegen Ende des Verdichtungshubs wird Dieselkraftstoff durch Düsen fein verteilt und in den Brennraum eingespritzt. Das so entstehende Kraftstoff-Luft-Gemisch entzündet sich, der Kolben bewegt sich und leistet so mechanische Arbeit.

In der Regel sind die Antriebssysteme der Fahrzeuge mit Blick auf deren Zweck maßgeschneidert. Bei modernen Dieselmotoren handelt es sich meist um flüssigkeitsgekühlte Viertaktmotoren mit Direkteinspritzung, Abgasturboaufladung und Ladeluftkühlung. Dabei setzen die aktuellen Motorenbaureihen in Bezug auf Zuverlässigkeit, Wirtschaftlichkeit und Abgasemissionen Maßstäbe. Im Vergleich mit dem Ottomotor liegt der große Vorteil des Dieselmotors im deutlich geringeren Kraftstoffverbrauch.

Dieselkraftstoff

Dieselkraftstoff ist eine Kohlenstoffverbindung, die aus Rohöl gewonnen wird und etwa 86–88 % Kohlenstoff sowie 12–13 % Wasserstoff enthält. Der im Dieselkraftstoff enthaltene Paraffinanteil wird bei Temperaturen unter -15 °C ausgeschieden und verstopft Kraftstoffleitungen und Filter. Kann der Dieselkraftstoff nicht wärmer als -15 °C gehalten werden, so muss für einen störungsfreien Winterbetrieb das Ausscheiden von Paraffin hinausgeschoben werden, indem Petroleum beigemischt wird. Die Menge richtet sich nach der Außentemperatur. Unnötig hohe Petroleumbeimischungen gilt es zu vermeiden, weil sie die Leistung des Dieselmotors mindern. Um auf die Beimischung völlig verzichten zu können, werden viele Fahrzeuge mit Warmhalteeinrichtungen für den Dieselkraftstoff gebaut.

Vereinzelt werden auch Fahrzeuge eingesetzt, die mit Biodiesel betrieben werden. Im Gegensatz zum konventionellen Dieselkraftstoff wird dieser nicht aus Rohöl, sondern aus Pflanzenölen oder tierischen Fetten gewonnen. Biodiesel zählt deshalb zur Gruppe der erneuerbaren Energieträger.

Abb. 3-46:
Dieselmotor bei einer Rangierlokomotive
Foto: Janicki

Das Diesel-Viertaktverfahren

Die Vorgänge im Motor werden in vier Takte unterteilt:

- **1. Takt – Ansaugen:** Reine Luft wird über das Einlassventil durch den nach unten gleitenden Kolben in den Verbrennungsraum gesaugt. Durch den Unterdruck strömt Verbrennungsluft in den Zylinder. Um mehr Luft in den Zylinder zu bekommen, schließt das Einlassventil erst nach dem unteren Totpunkt (UT). Im Unterschied zum Viertakt-Ottomotor® strömt nur Luft und kein Kraftstoff in den Brennraum.

- **2. Takt – Kompression:** Der Zylinderkolben bewegt sich vom unteren zum oberen Totpunkt. Er nimmt dabei Arbeit auf, die von der Welle entrichtet wird. Der Zylinderkolben verdichtet die Luft im Verbrennungsraum, wobei sich der Druck erhöht und die Temperatur auf circa 700 °C steigt (Kompressionswärme).
- **3. Takt – Zündung:** Am Ende des Verdichtungstaktes ist die Luft maximal verdichtet; Druck und Temperatur sind sehr hoch. Über die Einspritzdüse gelangt zerstäubter Dieselkraftstoff in den Verbrennungsraum. Da die Luft wegen der starken Kompression beim Verdichtungstakt die Selbstzündungstemperatur des Dieselkraftstoffs (320–380 °C) übersteigt, entzündet sich dieser nach der Einspritzung selbst. Dabei wird ein Höchstdruck von 60 bis 180 bar und eine Höchsttemperatur von 2.000 bis 2.500 °C erreicht. Der Kolben wird nach unten gestoßen und verrichtet dabei Arbeit.
- **4. Takt – Ausstoß:** Der Kolben befindet sich wieder in seiner Ausgangsstellung und läuft nach oben. Die durch die Verbrennung entstandenen Abgase werden über das Auslassventil ins Freie befördert. Das Auslassventil ist bereits seit Erreichen des unteren Totpunktes geöffnet – ebenso öffnet das Einlassventil schon vor Erreichen des oberen Totpunktes, womit ein Übergang zum ersten Takt erreicht ist. Während dieser Ventilüberschneidung wird bereits wieder Frischluft in den Verbrennungsraum gesaugt.
  Die Verbrennungsgase werden restlos ausgeblasen.

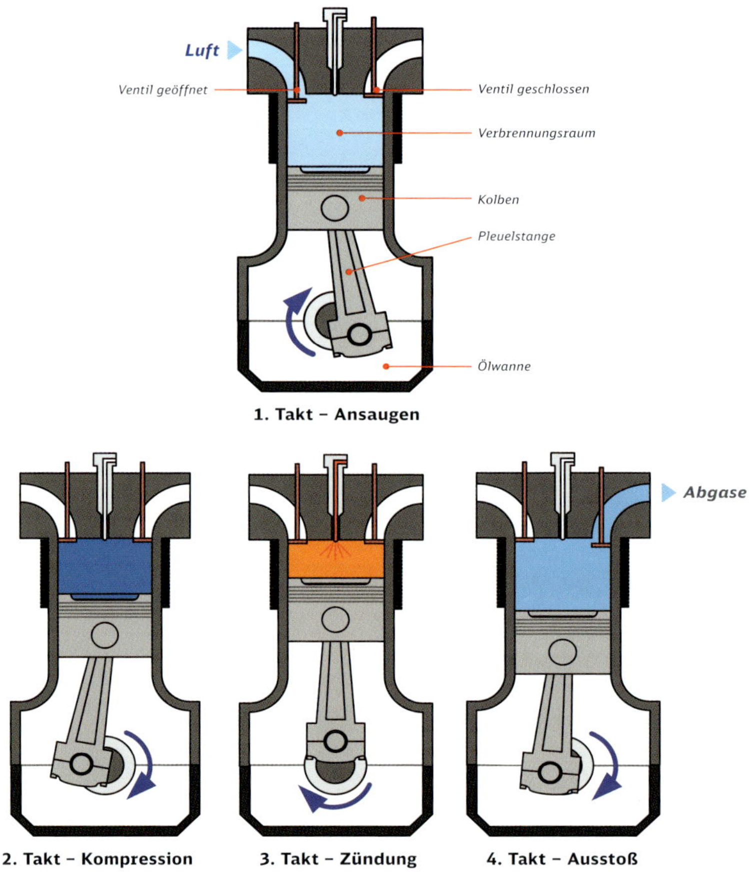

Abb. 3-47: Diesel-Viertaktverfahren

Abbildung: Janicki

Direkteinspritzung

Bei Dieselmotoren mit Direkteinspritzung wird der Kraftstoff direkt und unter hohem Druck in den Zylinder eingespritzt. Die Einspritzdüse ist so konstruiert, dass der Kraftstoff möglichst fein zerstäubt und im gesamten Brennraum verteilt wird. Mit der Direkteinspritzung erzielt man einen niedrigeren Brennstoffverbrauch und einen vereinfachten Zylinderkopfaufbau. Nachteilig wirken sich die empfindliche Mehrlochdüse (neigt zum Verkoken) und die hohe Beanspruchung des Triebwerks durch Zündschläge aus. Durch die sehr hohen Einspritzdrücke wird die Einspritzeinrichtung außerdem sehr stark belastet.

Einfachwirkend

Die Verbrennung beschränkt sich auf eine Seite des Kolbens. Es gibt Motoren, deren Laufbuchse unten geschlossen ist. Hier kann die Verbrennung auch auf beiden Kolbenseiten ablaufen.

Vorkammerverfahren

Beim Vorkammerverfahren wird der Kraftstoff einstrahlig über eine Einlochdüse mit geringerem Druck in eine dem Hauptverbrennungsraum vorgelagerte Kammer, die sogenannte Vorkammer, eingespritzt. Der wesentliche Vorgang in dieser Vorkammer ist, dass sich der Kraftstoff mit Luft vermischt und eine Vorverbrennung abläuft. Diese „Teilverbrennung" hat einen Druckanstieg zur Folge, der das entstehende Brenngas-Kraftstoffgemisch mit hoher Geschwindigkeit durch enge Öffnungen in den Zylinder strömen lässt, wo es mit der dort befindlichen Luft vollständig verbrennt. Das Vorkammerverfahren erfordert bei manchen Motoren Glühkerzen zur Starthilfe.

Abb. 3-48: 16-Zylinder-Bahn-Dieselmotor

Abbildung: MTU

Aufladung

Wie beschrieben benötigt jeder Dieselmotor für den Verbrennungsvorgang Luft (Verbrennungsluft). Bei der Ansaugung unterscheidet man zwei Varianten.

Bei der Ansaugung ohne Aufladung saugt der Dieselmotor die Verbrennungsluft über Filter (Ölbadfilter oder Trockenfilter) an und führt sie den Verbrennungsräumen zu. Um die Leistung eines Dieselmotors bei gleichem Hubraum und gleicher Drehzahl zu steigern, kann man ihn aufladen. Dabei wird den Zylindern vorverdichtete Luft zugeführt. Die erhöhte Luftzufuhr leistet ein Abgasturbolader, dessen Turbinenrad vom Abgasstrom angetrieben wird. Somit kann die Leistung des Dieselmotors bei gleichem Hubraum und gleicher Drehzahl gesteigert werden, ohne dass der Motor äußerlich größer wird.

Bei der zweiten Variante, der Aufladung, muss beachtet werden, dass durch die Verdichtungswärme im Abgasturbolader zusätzlich die Verbrennungsluft für den Dieselmotor erhitzt wird. Dieser Effekt ist unerwünscht, da sich die erhitzte Luft ausdehnt. In die Zylinder würde folglich weniger Verbrennungsluft einströmen. Die Erwärmung steht also der positiven Wirkung der Aufladung entgegen – schließlich soll ja eine höhere Luftmenge in die Zylinder gelangen. Will man also einen Motor höher aufladen, muss die Luft auf dem Weg vom Lader zum Zylinder durch einen Kühler geleitet werden, um die Verdichtungswärme so weit wie möglich zu entziehen. Der Kühlkreislauf des Motors mit einer Betriebstemperatur von 70 bis 75 °C bringt allerdings nur eine geringfügige Ladeluftkühlung mit sich. Bei Diesellokomotiven mit höheren Aufladedrücken verwendet man deshalb einen getrennten Kühlwasser-Nebenkreislauf, der die Ladeluft auf etwa 50 °C abkühlt. Bei zu hoher Ladelufttemperatur sorgt bei einigen Baureihen ein Überwachungsgerät für eine selbsttätige Begrenzung der Motorleistung.

Mit Aufladung und Ladeluftkühlung wird eine Leistungssteigerung bis zu 100 % gegenüber nicht aufgeladenen Motoren erreicht.

Bauformen

In der Regel sind Dieselmotoren als 8-, 12-, 16- und 20-Zylinder-Variante ausgeführt und erreichen Leistungen von circa 250 bis 3.000 kW. Nach Zylinderanordnung wird wie folgt unterschieden:

Reihenmotor mit sechs Zylindern

- Dieser Motor wird stehend oder liegend eingesetzt.
- Von der Hauptkraftabgabeseite aus werden die Zylinder mit „1“ beginnend gezählt.

V-Reihenmotor mit zwölf Zylindern

- Der Motor besteht aus zwei Zylinderreihen.
- Die Zylinderreihe links, beim Blick auf die Hauptkraftabgabeseite, ist die A-Seite. Die Zylinder werden mit „1“ beginnend gezählt (A1, A2, A3 usw.).
- Die Zylinderreihe rechts, bei Blick auf die Hauptkraftabgabeseite, ist die B-Seite. Auch hier werden die Zylinder mit „1“ beginnend gezählt (B1, B2, B3 usw.).

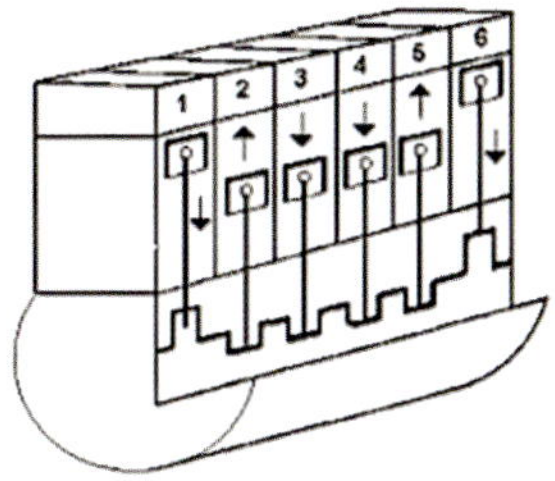

Reihenmotor mit sechs Zylindern

- Dieser Motor wird stehend oder liegend eingesetzt.
- Von der Hauptkraftabgabeseite aus werden die Zylinder mit „1“ beginnend gezählt.

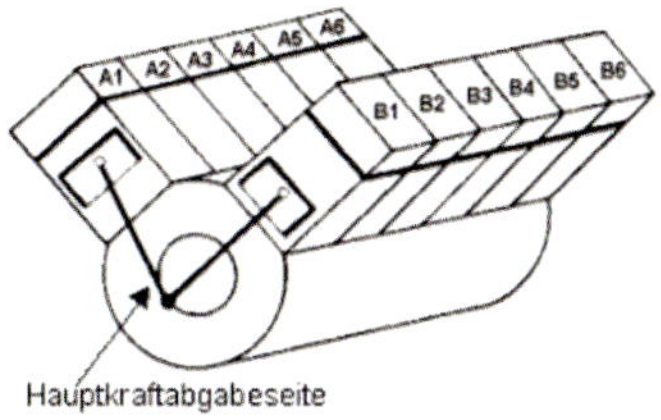

V-Reihenmotor mit zwölf Zylindern

- Der Motor besteht aus zwei Zylinderreihen.
- Die Zylinderreihe links, beim Blick auf die Hauptkraftabgabeseite, ist die A-Seite. Die Zylinder werden mit „1“ beginnend gezählt (A1, A2, A3 usw.).
- Die Zylinderreihe rechts, bei Blick auf die Hauptkraftabgabeseite, ist die B-Seite. Auch hier werden die Zylinder mit „1“ beginnend gezählt (B1, B2, B3 usw.).

Abb. 3-49: Zylinderanordnung

Mehrmotorenantrieb

Anstatt eines Großdieselmotors hoher Leistung können auch mehrere einzelne und unabhängig voneinander zu betreibende Industrie-Dieselmotoren geringerer Leistung eingebaut sein, die jeweils mit einem elektrischen Generator zu einem Aggregat zusammengebaut sind. Die Motoren werden je nach Leistungsbedarf über ein spezielles Betriebsmanagement einzeln betrieben oder zusammengeschaltet. Im Vergleich zu Diesellokomotiven mit nur einem Motor zeichnen sich diese Lokomotiven durch einen deutlich geringeren Kraftstoffverbrauch sowie geringere Abgasemissionen und Lebenszykluskosten aus.

3.4.3 Motoraufbau

Prinzipiell haben alle Dieselmotoren den gleichen Aufbau. Die einzelnen Bauteile werden unterschieden in feststehende Teile, Triebwerksteile, Steuerungsteile und Nebenapparate.

Feststehende Teile

Unter dem Begriff „Motorgehäuse“ sind alle feststehende Teile, die zugleich die äußere Begrenzung des Motors bilden, zusammengefasst: das Kurbelgehäuse, die Zylinderköpfe, die Zylinderblöcke und die Ölwanne. Im Allgemeinen sind diese Teile als Einzelteile miteinander verschraubt. Es gibt jedoch auch Ausnahmen, bei denen Zylinderkopf und -block aus einem Stück gegossen sind.

Die Ausführung richtet sich nach der Größe und Leistung des Motors. Je nach Bauart der Kurbelwelle (gekröpft oder Scheibe) ist das Kurbelgehäuse entweder geteilt oder ungeteilt ausgeführt. Ebenso können auch Kurbelgehäuse und Ölwanne aus einem Stück bestehen. Bei Dieselmotoren werden in der Regel widerstandsfähigere Materialien als beim Ottomotor®

verwendet, da das Diesel-Luft-Gemisch vor dem Verbrennen viel stärker komprimiert werden muss. Dabei entsteht eine viel stärkere Explosion als bei gewöhnlichen Benzinmotoren.

- Der Zylinderkopf schließt den Verbrennungsraum nach oben ab und nimmt die Steuerungsteile auf. Im Zylinderkopf befinden sich die Ventilführungen der Ein- und Auslassventile, Kanäle für Luft (Einlass), Abgase (Auslass) und Wasser (Kühlung) sowie Aufnahmen für die Einspritzdüse und – je nach Bauart – Vorkammer und Glühkerze. Das Einlassventil saugt die für den Verbrennungsvorgang benötigte Luft an. Nach vollzogenem Verbrennungsvorgang wird das restliche Diesel-Luft-Gemisch durch das Auslassventil ausgestoßen.
- Eine Zylinderkopfdichtung dichtet den Zylinderkopf gegen das Gehäuse ab. Bei kleineren Motoren wird der Zylinder direkt in den Zylinderblock gebohrt und eingeschliffen. Bei größeren und moderneren Motoren werden heute meist einzelne Laufbuchsen eingesetzt. Das hat den Vorteil, dass bei einer Beschädigung des Zylinders die Laufbuchse ausgetauscht werden kann, ohne dass gleich der ganze Zylinderblock erneuert werden muss.
- Die Ölwanne schließt das Motorgehäuse nach unten ab. Hier sammelt sich das zurückfließende Öl, das anschließend von der Motorschmierölpumpe wieder zu den Schmierstellen des Motors gepumpt wird (Nasssumpfschmierung). Ein Peilstab gestattet die Kontrolle der Ölmenge. Bei einigen Motoren ist die Ölwanne zweiteilig ausgeführt.
- Als Verbrennungsraum wird jener Teil des Motors bezeichnet, in dem sich der gesamte Verbrennungsvorgang abspielt. Da sich das Gemisch im Dieselmotor selbst entzündet, ist eine Zündkerze nicht erforderlich. An ihrer Stelle wird eine Glühkerze verwendet, die die Inbetriebnahme des Fahrzeugs bei Kälte erleichtert (Vorglühen).

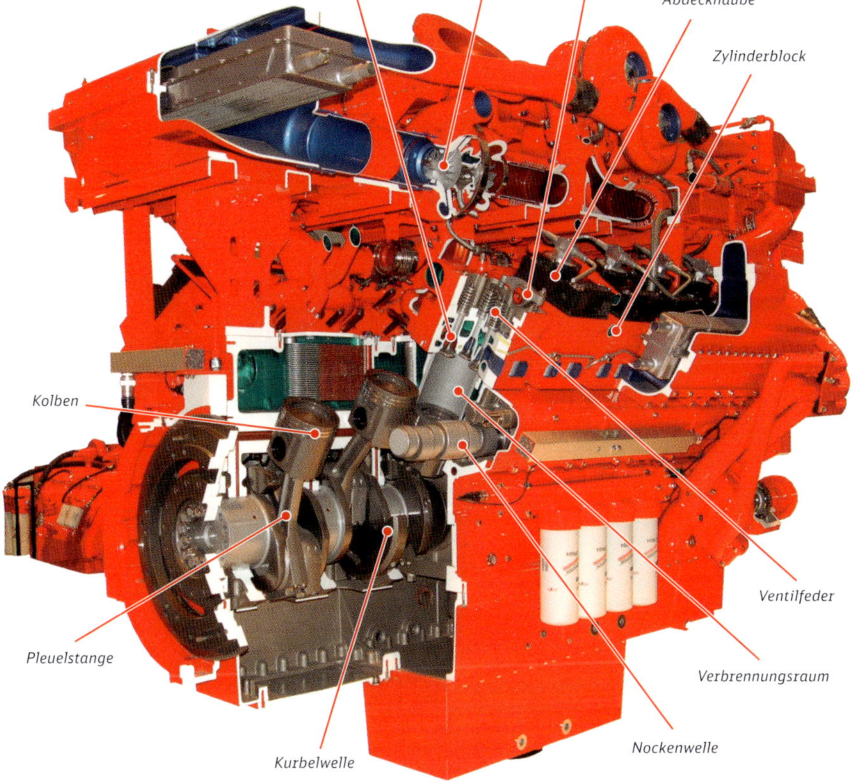

Abb. 3-50: Bauteile eines Dieselmotors Abbildung: Janicki

Triebwerks- und Steuerungsteile

Der Begriff „Triebwerk" verweist auf alle beweglichen Teile des Dieselmotors.

- Der Kolben hat die Aufgabe, die Kolbenkräfte auf den Kurbeltrieb zu übertragen und den Verbrennungsraum nach unten abzuschließen. Um einen verschleißarmen Lauf des Kolbens in der Laufbuchse zu erreichen, wird dieser geschmiert.
- Der Kolbenbolzen stellt die Verbindung zwischen der Pleuelstange und dem Kolben her. Er ist in den Kolbenbolzenaugen des Kolbens gelagert und seitlich mit Sprengringen gesichert.
- Die Pleuelstange verbindet den Kolben mit der Kurbelwelle. Sie überträgt die Kolbenkraft auf die Kurbelwelle und bewirkt dort ein Drehmoment.
- Die Kurbelwelle wandelt die geradlinige Bewegung des Kolbens in eine drehende Bewegung um. Sie übernimmt die Kräfte aller Kolben und überträgt sie weiter zu einer Schwungscheibe. Die Schwungscheibe befindet sich auf der Kraftabgabeseite der Kurbelwelle. Sie erhöht den Gleichlauf des Motors und trägt den Antriebskranz für den Anlasser.

- Die Steuerungsteile sorgen für das Öffnen und Schließen der Ventile zum richtigen Zeitpunkt. Dabei geschieht das Öffnen zwangsläufig über Nockenwellen und Kipphebel, das Schließen übernehmen Ventilfedern. Grundsätzlich kann zwischen unten- und oben liegender Nockenwelle unterschieden werden. Die Nockenwelle des Motors wird von der Kurbelwelle über Stirnräder angetrieben.

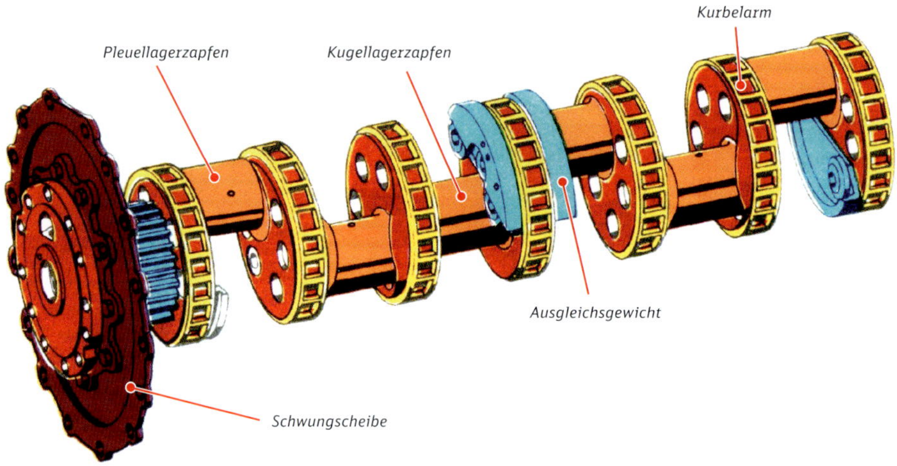

Abb. 3-51: Kurbelwelle

Abbildung: DB Training

Motorstart

Die Energie zum Starten des Motors wird entweder aus einer Starterbatterie oder – wie bei modernen Fahrzeugen generell üblich – aus Ultracaps (Hochleistungskondensatoren) bereitgestellt. Die letztgenannte Lösung bietet Gewichtsvorteile und bei Kälte wesentlich bessere Eigenschaften des Energiespeichers. Eine volle Ladung der Ultracaps reicht für mehrere Startvorgänge aus.

Vor dem Starten eines Dieselmotors muss das Kühlwasser in ausreichender Menge vorhanden und vorgewärmt sein. Das Kühlwasser bringt den Motor auf eine bestimmte Mindesttemperatur. Wenn die Motortemperatur zu niedrig ist, kann das Aufheizen bei neueren Fahrzeugen über den Vorwärmbetrieb automatisch oder beim Aufrüsten manuell veranlasst werden. Ein Kaltstart des Motors ohne Vorwärmung ist nur in Ausnahmefällen möglich und funktioniert bei einigen Fahrzeugen auch nur bis zu einer bestimmten Außentemperatur. Jeder Kaltstart führt zu einem erheblichen Verschleiß und verringert die Lebensdauer eines Dieselmotors deutlich. Niedrige Kühlwassertemperaturen schränken die Motorleistung meist ein.

Bei älteren Fahrzeugen muss vor dem Starten der Richtungsschalter in Stellung „V“ oder „R“ und der Fahrschalter in Stellung „0“ (Leerlauf) gelegt werden. Gestartet wird der Dieselmotor, indem der Anlasser und Abstellschalter in die Stellung „Start“ gelegt wird. Bei neueren Fahrzeugen mit Display auf dem Führerpult werden die Motoren meist über Softkeys gestartet beziehungsweise abgestellt.

Bei Mehrfachtraktion werden in der Regel alle Motoren jeweils von den Endführerständen aus gemeinsam beziehungsweise nacheinander gestartet und gestoppt.

Nebenaggregate

Der Dieselmotor ist direkt mit dem Getriebe verbunden. Zusätzlich treibt er die folgenden Nebenaggregate an:

- die Hydrostatikpumpe für die Kühlung des Dieselmotors,
- den am Motor angeflanschten Luftpresser für die gesamte Luftversorgung des Fahrzeugs sowie die Druckluftbremse eines angehängten Zuges,
- den Kühlmittelkompressor der Klimaanlage (bei Triebwagen),
- den Bordstromgenerator für die Versorgung des Bordnetzes sowie der Batterie.

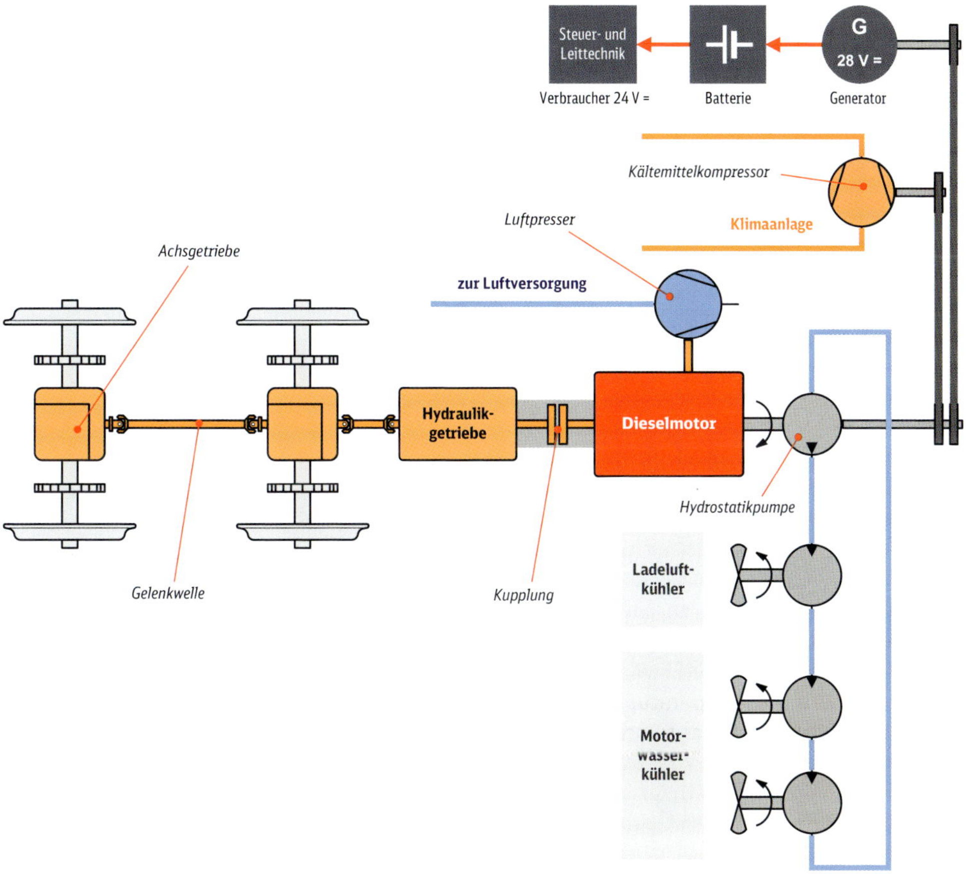

Abb. 3-52: Antrieb am Beispiel eines VT 640 mit hydraulischer Leistungsübertragung

Abbildung: Janicki

3.4.4 Partikelfilter

Die Einführung von Emissionsgrenzwerten im Jahre 1996 hat zu einer schrittweisen Reduzierung von Feinstaubpartikeln (Ruß) und Stickoxiden (NOx) geführt. Neue Fahrzeuge müssen die seit 2012 geltenden Emissionsgrenzwerte nach EU Stage III B einhalten. Diese brachte gegenüber der aus dem Jahre 2006 stammenden EU Stage III A eine Reduzierung der Feinstaubpartikel um 90 % sowie für Stickoxide um 50 %. Die Emissionsgrenzwerte gemäß EU Stage IV erfordern ab 2015 eine weitere Reduzierung der Stickoxide um 80 %, wodurch Feinstaub- und Stickoxidemissionen auf Werte nahe der Nullgrenze sinken.

Als Folge der Einführung der Emissionsgrenzwerte wurden die Dieselmotoren in der jüngeren Vergangenheit ständig weiterentwickelt. Die Reduktion von Stickoxiden erfolgt durch eine „innermotorische" Maßnahme: durch die Abgasrückführung. Dabei wird der Frischluft eine geringe Menge gekühlten Abgases zugemischt, was die Verbrennungstemperatur im Motor senkt und so die Stickoxidemissionen verringert.

Maßnahmen zur Reduzierung der Abgasschadstoffe

Die Reduzierung von Feinstaub erfolgt meist als „außermotorische" Maßnahme -mittels eines Partikelfilters, der dem Motor nachgeschaltet ist. Dieser funktioniert nach dem Prinzip der sogenannten Wandstromfilter: Das vom Motor kommende Rohabgas durchströmt poröse, katalytisch beschichtete Filterwände, die über 95 % der im Abgas enthaltenen Partikel zurückhalten. Bei normalen Betriebszuständen des Motors reagieren die überwiegend aus Kohlenstoff bestehenden Rußpartikel bei Temperaturen über 350 °C mit dem im Rohabgas enthaltenen Restsauerstoff und dem Katalysator zu Kohlendioxid (passive Regeneration). Bei besonderen klimatischen Bedingungen oder ununterbrochenem Niedriglastbetrieb muss die Abgastemperatur durch „Thermomanagement" auf die erforderliche Höhe gebracht werden. Dabei wird kurzfristig – zum Beispiel durch Nacheinspritzung von Kraftstoff in den Brennraum – zusätzliche Wärmeenergie in das Abgas eingebracht (aktive Regeneration).

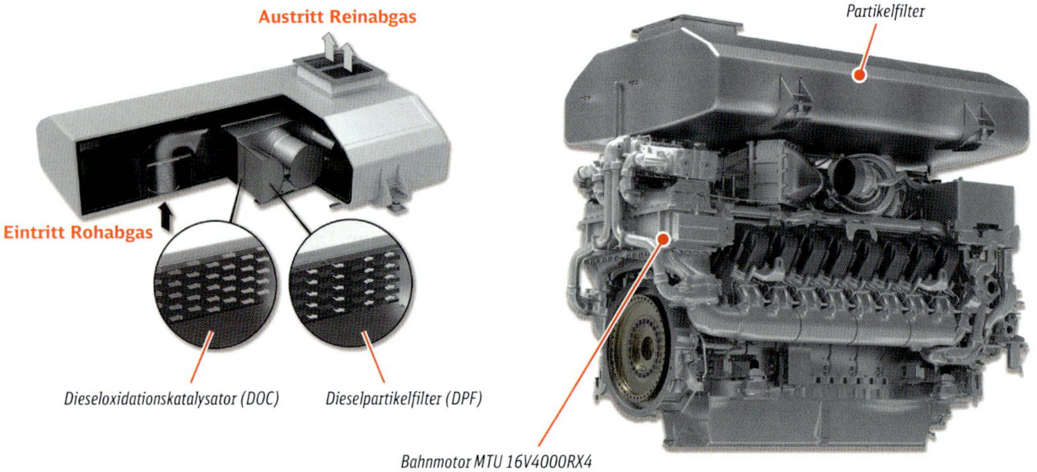

Abb. 3-53: Der Partikelfilter ist bei Diesellokomotiven meist in dem hierfür zur Verfügung stehenden Raum über dem Motor untergebracht und dient gleichzeitig als Schalldämpfer. Abbildung: MTU

3.4.5 Kraftstoffanlage

Dieselfahrzeuge haben meist mehrere tief gelegene Vorratsbehälter, die miteinander durch Leitungen verbunden sind. Unmittelbar hinter den Behältern sind Absperrhähne eingebaut, mit denen man im Fall einer Leckage die Vorratsbehälter einzeln schließen kann. Elektrisch angetriebene Zahnradpumpen führen den Einspritzpumpen unter Druck den Kraftstoff zu. Der Druck im Saugraum wird von einem Überströmventil begrenzt. Überschüssiger Kraftstoff fließt über eine Rücklaufleitung vom Überströmventil in den Vorratsbehälter zurück (Leckkraftstoff). Kraftstofffilter gewährleisten eine Reinigung des Dieselkraftstoffes und damit ein weitgehend verschleißfreies Arbeiten der Einspritzeinrichtungen. Fehler oder Störungen an der Kraftstoffanlage machen sich durch Leistungs- und Drehzahlabfall des Dieselmotors bemerkbar.

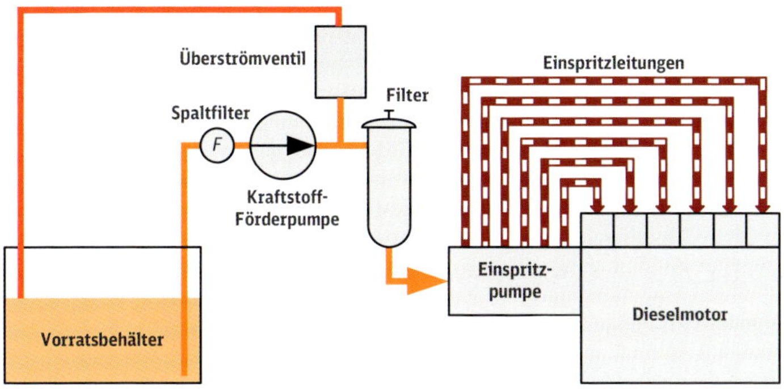

Abb. 3-54: Kraftstoffanlage Abbildung: DB Training

Reservebehälter mit Handpumpe

Um bei einem Ausfall der Kraftstoff-Förderpumpe die Kraftstoffversorgung sicherzustellen, sind bei einigen Fahrzeugen die Kraftstoffanlagen mit hoch liegenden Behältern ausgerüstet. Diese Behälter sind normalerweise gefüllt. Eine Handpumpe ermöglicht das Nachfüllen des Behälters, wenn mit „Fallkraftstoff“ gefahren werden muss.

Überfüllsicherung (Grenzwertgeber)

Es gilt, ein unbeabsichtigtes Überfüllen der Vorratsbehälter zu vermeiden. Daher werden die Fahrzeuge mit einer Überfüllungssicherung versehen, die beim Tanken an den entsprechend ausgerüsteten Zapfsäulen die Förderung bei einer bestimmten Füllmenge selbsttätig unterbricht. Elektronische Füllstandsanzeigen für Dieselkraftstoff und Heizöl zeigen nach Betätigung des Tasters auf der jeweiligen Anzeige für eine gewisse Zeit das Füllniveau an.

Abb. 3-55: Einfüllstutzen für Kraftstoff und Niveauanzeigen (Füllstandsanzeigen) Abbildung: Janicki

3.4.6 Kühlanlage

Die dem Dieselmotor mit dem Kraftstoff zugeführte Energie wird bei der Verbrennung nicht vollständig in mechanische Arbeit umgewandelt – auf diesen Sachverhalt geht der Begriff „Wirkungsgrad“ zurück. Ein großer Teil der Energie wird als Abwärme (Wärmeverlust) an die Motorbauteile abgegeben. Damit es nicht zu Überhitzungen und damit zu Schäden an diesen Bauteilen kommt, müssen die am stärksten von der Abwärme betroffenen Bauteile – wie Kolben, Zylinderlaufbuchsen und Zylinderköpfe – gekühlt werden. Das sich durch den Kontakt mit diesen Teilen ebenfalls erhitzende Motorschmieröl wird über Motorölwärmetauscher in das Kühlsystem eingebunden. Bei Dieseltriebfahrzeugen, die mit Abgasturboladern ausgerüstet sind, kann auch die durch die Verdichtung erhitzte Ladeluft rückgekühlt werden.

Analog zu den verwendeten Kühlmedien werden zwei Kühlarten angewendet. Bei Dieseltriebfahrzeugen kommt überwiegend die Wasserkühlung zum Tragen. Das Kühlwasser muss nach besonderen Vorschriften mit chemischen Zusätzen wie Korrosionsschutzöl oder Frostschutzmittel aufbereitet werden. Man spricht deshalb auch nicht mehr von Kühlwasser, sondern von „Kühlmittel“. Nicht aufbereitetes Wasser greift das Kühlsystem an. Als Emulsionsöl geht das Korrosionsschutzöl mit Wasser eine Bindung ein und verfärbt es. Beim Durchfließen hinterlässt die Flüssigkeit an den Wänden eine ölhaltige Schutzschicht. Damit die Wirkung der Mischungen erhalten bleibt, darf der Triebfahrzeugführer nur in Notfällen Frischwasser nachfüllen. Wegen der chemischen Bestandteile sollte kein Kühlmittel ins Erdreich gelangen.

Wasserstandsüberwachung

Ein zu niedriger Kühlwasserstand verursacht Überhitzungsschäden am Motor. Um dies zu vermeiden, werden Überwachungsgeräte in die Kühlwasserkreisläufe eingebaut. Sie machen auf Kühlwassermangel aufmerksam oder stellen bei Unterschreiten eines Mindestkühlwasserstandes den Dieselmotor selbsttätig ab. Ein Leuchtmelder kann dem Triebfahrzeugführer den niedrigen Kühlwasserstand anzeigen.

Temperaturüberwachung

Damit eine Motorüberhitzung durch Dampfbildung im Kühlkreis (Auskochen) bei allen atmosphärischen Bedingungen mit Sicherheit vermieden wird, ist die zulässige Kühlwassertemperatur am Motoraustritt begrenzt. Die Temperaturüberwachung erfolgt selbsttätig. Als Überwachungsmelder werden Temperaturwächter oder elektronische Messwertgeber (Thermistoren) verwendet, die Einfluss auf die Dieselmotorsteuerung nehmen. Je nach Motorbauart beziehungsweise verwendetem Kühlwasserpumpenantrieb wird der Dieselmotor abgestellt oder die Kraftübertragung unterbrochen. Bei einigen Baureihen reagiert der Mechanismus bei erhöhter Kühlwassertemperatur vor dem Abstellen des Dieselmotors zunächst mit einer Leistungsminderung. Zur Überwachung auf dem Führerstand wird die Kühlwassertemperatur bei älteren Fahrzeugen auf Anzeigemessgeräten und bei neueren Fahrzeugen auf Displays sichtbar.

Vorwärm- und Warmhalteeinrichtungen

Vorwärmanlagen sollen nicht nur verhindern, dass abgestellte Fahrzeuge einfrieren, sondern auch den schädlichen Kaltstart von Dieselmotoren vermeiden, wobei viele Dieselmotoren zusätzlich mit einer Kaltstartsperre ausgerüstet sind. Zur Vorwärmung werden meist ölgefeuerte Warmwasserheizgeräte eingesetzt, die mit einem Schalter ein- und ausgeschaltet werden und sich selbsttätig über Thermostate steuern. Ein Nachteil des Verfahrens ist der hohe Energieaufwand (Kraftstoffverbrauch) während der Abstellzeit, insbesondere bei längeren Standzeiten. Daher kann der Vorheizbetrieb mit einer Schaltuhr zu einem definierten Zeitpunkt einsetzen.

Lüfteranlage

Die im Motor und Getriebe anfallende Wärme wird zum Teil vom Kühlwasser über Kühler an die Außenluft abgegeben. Für eine ausreichende Kühlwirkung ist auch hier eine Lüfteranlage erforderlich. Diese muss regelbar sein, damit die Betriebstemperatur des Motors möglichst schnell erreicht wird und bei wechselnden Belastungen konstant bleibt.

3.4.7 Fremdeinspeisung

Eine Fremdeinspeisung (230 V oder 400 V) sorgt dafür, dass gewisse Funktionen auch bei abgestelltem Fahrzeug erfüllt werden können – insbesondere muss die Heizung betrieben und Batterien müssen geladen werden können. Für den Betrieb elektrischer Geräte sind im Fahrzeug 230-V-Steckdosen installiert, die aus dem Wechselstromnetz beziehungsweise über die Fremdeinspeisung betrieben werden. Die Fremdeinspeisung gewährleistet auch die Vorwärmung des Dieselmotors sowie die Fließfähigkeitsüberwachung für den Dieselkraftstoff und das Heizöl.

Abb. 3-56:
Fremdeinspeisung (elektrisch)
Foto: Janicki

3.4.8 Betriebsvorräte

Der Betrieb eines Dieselfahrzeuges verlangt große Mengen an Betriebsvorräten. Diese werden zu zwei Dritteln bei der Berechnung des Betriebsgewichtes berücksichtigt (Betriebsgewicht = Eigengewicht + Personal + zwei Drittel der Vorräte).

Dieselkraftstoff 2 x 600 l	**Getriebeöl (5-Gang-Getriebe) 2 x 35 l**	**Kühlwasser 2 x 134 l**
Heizöl 2 x 150 l	**Getriebeöl (Achswendegetriebe) 2 x 8,5 l**	**Frischwasser (WC) 120 l**
Motorschmieröl 2 x 42 l	**Getriebeöl (Achsgetriebe) 2 x 7,5 l**	**Brauchwasser (Sammelbehälter) 350 l**

Abb. 3-57: Betriebsvorräte am Beispiel eines Dieseltriebwagens der Baureihe 642; die Reichweite je Tankfüllung liegt bei etwa 1.000 km.

Abb. 3-58:
Nachfüllen der Betriebsstoffe
Foto: Janicki

3.4.9 Powerpack

Das Powerpack vereint alle Einzelkomponenten des Antriebs auf einem gemeinsamen Tragrahmen zu einer funktionsfähigen Einheit. An den Motor ist bei dieselmechanischem oder -hydraulischem Antrieb ein Getriebe angekoppelt, bei dieselelektrischem Betrieb ein Generator. Der Antriebsblock wird im Tragrahmen zusammen mit allen erforderlichen Aggregaten montiert. Dazu gehören Kraftstoff-, Öl- und Luftfilter, der Abgasschalldämpfer sowie die komplette Kühlanlage samt Hydrostatikpumpe, -motoren und Kühlerlüftern. Integriert sind zudem über den Fahrzeugantrieb hinausgehende Aggregate wie beispielsweise der Kompressor für die Erzeugung der Druckluft oder der Generator für die Zugstromversorgung.

Wegen ihrer flachen Bauweise sind die Powerpacks ein perfekter Unterflurantrieb für Triebwagen und Triebzüge. Das kompakte, im Baukastenprinzip aufgebaute System verringert das Gesamtgewicht der Antriebsanlage, lässt sich zu Wartungszwecken leicht aus- und wieder einbauen, kommt mit wenigen Systemschnittstellen aus und erlaubt damit Standardisierungen. Powerpacks sind auch mit einem Rußpartikelfilter erhältlich, der in den Schalldämpfer integriert ist.

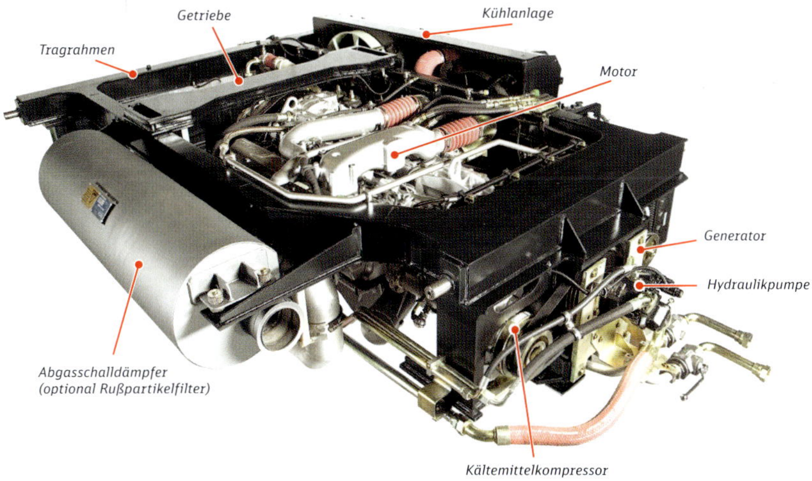

Abb. 3-59: Powerpack

Abbildung: MTU

3.4.10 Antriebsmodul

Charakteristisch für eine besondere Form von Gelenktriebzug ist die konsequente funktionsabhängige Trennung der Fahrzeugsegmente in kompakte Antriebsmodule und angrenzende Fahrgastmodule. Dabei ist die gesamte Antriebsausrüstung in einem Antriebsmodul (Zugkraft-Container) konzentriert. Im Dachbereich befinden sich keine schweren Bauteile. Der Antrieb kann dabei elektrisch oder dieselelektrisch ausgeführt sein. Alle wartungsbedürftigen Komponenten sind so angeordnet, dass sie über Wartungsklappen zugänglich sind. Große Bauteile werden grundsätzlich nach außen ausgebaut.

Die Konzentration der Antriebsmassen über dem Triebfahrwerk hat jedoch zur Folge, dass die Radsatzlasten unter dem Antriebsmodul für einen Regionaltriebwagen außergewöhnlich hoch sind und somit der Einsatz auf Strecken mit geringen Radsatzlasten nicht möglich ist. Das Fahrzeug ist durch die Antriebsmodule unterbrochen; der Gang ist aufgrund der Antriebscontainer nicht barrierefrei passierbar.

Abb. 3-60: Antriebsmodul eines Dieseltriebwagens Foto: Janicki

3.5 Dieselelektrische Triebfahrzeuge

3.5.1 Elektrische Leistungsübertragung

Dieseltriebfahrzeuge können mit einer elektrischen Leistungsübertragung ausgerüstet sein. Hier wird die mechanische Antriebsenergie des Dieselmotors in einem Generator in elektrische Energie umgewandelt. Der Strom wird den elektrischen Fahrmotoren zugeführt, die über ein einfaches Zahnradgetriebe die Radsätze antreiben. Diesellokomotiven mit elektrischer Leistungsübertragung sind in vielen Punkten von elektrischen Lokomotiven nicht zu unterscheiden; es fehlen lediglich Stromabnehmer und Transformator.

Bei neueren dieselelektrischen Fahrzeugen ist die komplette elektrische Anlage in Drehstromtechnik ausgeführt. Die dreiphasige Ausgangsspannung des Generators wird mithilfe eines Reglers über einen weiten Drehzahlbereich konstant gehalten, einem nachgeschalteten Gleichrichter zugeführt und dort in Gleichstrom umgewandelt (Zwischenkreis). Ein nachgeschalteter Kondensatorzwischenkreis dient als Energiespeicher. Der dahinter angeordnete Wechselrichter regelt die Fahrmotoren, indem er die für die Zugkraft benötigte Spannung und die erforderliche Frequenz liefert. Gleichrichter, Wechselrichter, Kondensatoren und Bremssteller sind im Stromrichter zusammengefasst.

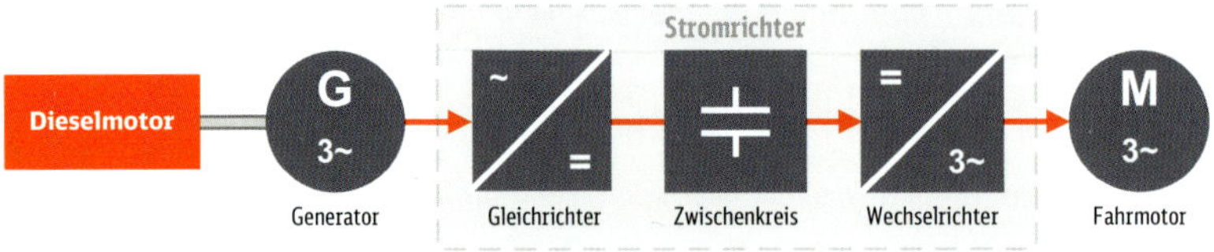

Abb. 3-61: Antriebsschema eines Dieseltriebfahrzeuges mit elektrischer Leistungsübertragung Abbildung: Janicki

3.5.2 Elektrodynamische Widerstandsbremse

Dieselelektrische Fahrzeuge sind mit einer elektrodynamischen Widerstandsbremse ausgerüstet. Wird die Bremse wirksam, arbeiten die Fahrmotoren als fremderregte Gleichstromgeneratoren und beziehen ihre Antriebsenergie aus der Bewegungsenergie der Lokomotive. Der von den Generatoren abgegebene Strom wird über einen Bremssteller im Stromrichter an Bremswiderstände abgegeben und in Wärme umgewandelt. Bremswiderstandslüfter, die ebenfalls vom Bremsstromkreis versorgt werden, führen die Wärme in die Umgebung ab. Durch den Bremssteller kann der Triebfahrzeugführer die Bremskraft regulieren.

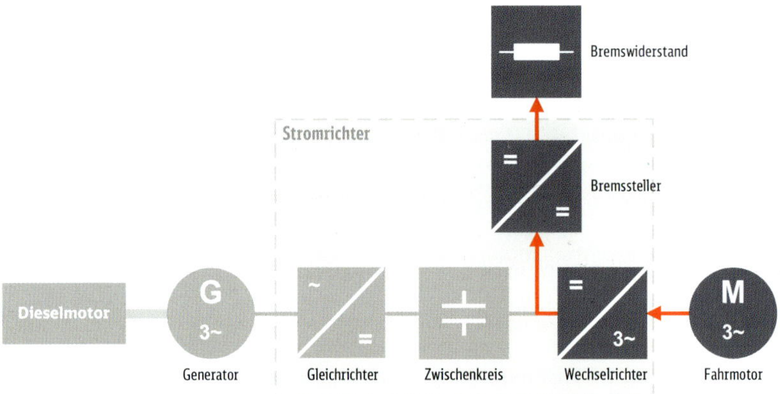

Abb. 3-62: elektrische Bremse Abbildung: Janicki

3.5.3 Energieversorgung und Bordnetz

Alle leistungsstarken Verbraucher wie Luftkühlanlagen, Führerraumklimaanlagen, Lüfter und elektrische Heizelemente werden über einen Hilfsbetriebeumrichter (HBU) mit 400 V und/oder 230 V versorgt. Die übrigen Verbraucher versorgt ein Ladegerät mit 24 V beziehungsweise 110 V; je nach Batterieanlage des Fahrzeuges. Die Batterieladung erfolgt über das Batterieladegerät aus einem Generator oder – wenn das Fahrzeug abgestellt ist – über eine Fremdeinspeisung.

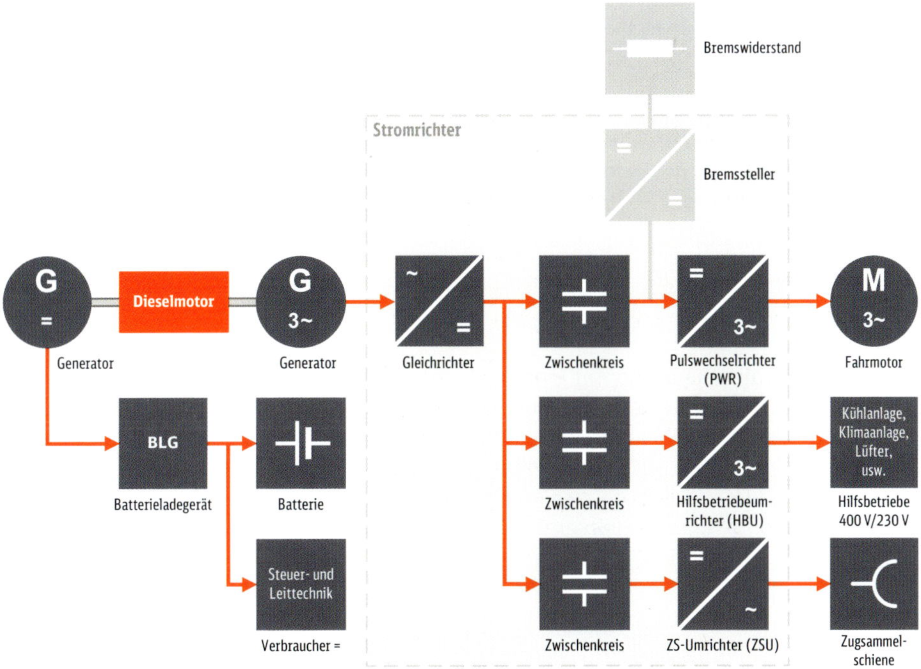

Abb. 3-63: Schema der Stromversorgung am Beispiel einer Diesellokomotive mit elektrischer Leistungsübertragung Abbildung: Janicki

Zugsammelschiene

Bei einer Ausstattung der Lok für den Reisezugverkehr ist eine Zugsammelschiene mit einer Spannung von 1.000 V eingebaut, die aus einem ZS-Umrichter (ZSU) versorgt wird.

3.6 Hybrid- und Mehrkrafttriebfahrzeuge

3.6.1 Einführung

Zukünftig müssen Eisenbahnfahrzeuge mit Dieselantrieb erheblich schärfere Abgasgrenzwerte einhalten. Großes Potenzial zur Einsparung von Energie und damit auch zur Reduzierung der Emissionen bieten Hybridantriebe mit einer Kombination unterschiedlicher Antriebssysteme.

Laut Definition sind Hybridfahrzeuge mit mindestens zwei Energiewandlern und zwei Energiespeichersystemen ausgerüstet. Triebfahrzeuge, die an der Fahrleitung betrieben werden und für das Befahren stromloser Abschnitte zusätzlich mit einem Dieselmotor oder einem elektrischen Energiespeicher ausgerüstet sind, zählen nach strikter Auslegung dieser Definition nicht zu den Hybridfahrzeugen, da sie nur einen Energiespeicher besitzen. Diese Fahrzeuge sind nach DIN 25003 Mehrkrafttriebfahrzeuge.

3.6.2 Dieselfahrzeuge mit Hybridantrieb

Der Begriff Hybridantrieb umfasst eine Vielzahl möglicher Varianten. Von wenigen Ausnahmen abgesehen werden jedoch hauptsächlich Dieselmotoren mit elektrischen Antrieben verknüpft. Diese Kombination verbindet die Vorteile beider Antriebsarten wie hohe Reichweite und schnelles Nachtanken beim Verbrennungsmotor sowie Rückgewinnung der Bremsenergie, Nutzung regenerativer Energiequellen und emissionsfreier Betrieb beim elektrischen Antrieb, wobei die Elektromotoren ihre Energie aus Akkumulatoren oder Doppelschichtkondensatoren (DSK) beziehen. Möglich ist dabei auch die Ausrüstung der Fahrzeuge mit mehreren Dieselmotoren, die je nach Leistungsbedarf individuell zuschaltbar sind und so den Kraftstoffverbrauch niedrig halten. In Verbindung mit kürzeren Einsatzstrecken für den reinen Dieselbetrieb ergeben sich deutlich niedrigere Energiekosten und verringerte Emissionen.

Abb. 3-64: Hybrid-Diesellok Foto: DB AG/Martin Jehnichen

Hybridvarianten

In Zusammenhang mit der Hybridtechnologie wird zwischen „parallelem“ und „seriellem“ Hybridantrieb unterschieden. Bei der erstgenannten Variante sind beide Antriebe mechanisch mit den Antriebsachsen verbunden. Das Fahrzeug wird primär mit dem Verbrennungsmotor angetrieben. Die Elektromotoren werden immer dann zugeschaltet, wenn eine höhere Leistung benötigt wird. Diese „Leistungsaddition“ bietet den Vorteil, dass beide Motoren relativ leistungsschwach ausgelegt werden können.

Beim seriellen Hybridantrieb sind beide Antriebe „in Reihe“ geschaltet. Dabei besteht keine Verbindung des Dieselmotors mit den Antriebsachsen. Der Dieselmotor treibt einen Generator an, der den elektrischen Fahrantrieb sowie einen im elektrischen Zwischenkreis angeordneten Energiespeicher (Akkumulator) versorgt.

Hybrid-Powerpack

Das Funktionsprinzip des Hybrid-Powerpacks beruht auf der Speicherung der beim Bremsen entstehenden mechanischen Energie (Rekuperation) in elektrische Energie. Dazu wird eine Generator-/Elektromotoreinheit mit einem Dieselmotor gekoppelt. Die durch die Rekuperation gewonnene Energie wird in einem Energiespeicher zwischengespeichert, damit sie später dem System wieder zugeführt werden kann.

Beim Anfahren und Beschleunigen gibt der Energiespeicher diese Energie über einen Gleichstrom-/Wechselstrom-Umrichter an den Generator ab, der jetzt als Elektromotor den Triebwagen beschleunigt. Je nach Lastanforderung kann dabei der Dieselmotor zugeschaltet werden.

In das Hybrid-Powerpack kann auch eine SCR-Abgasnachbehandlung (SCR = selektive katalytische Reduktion) mit Harnstofftank zur Erfüllung der ab 2012 geltenden Emissionsstufe EU III B eingebaut werden. In dieser Kombination eignet sich das Hybrid-Powerpack auch zur umweltfreundlichen Nachrüstung bereits vorhandener Dieseltriebwagen.

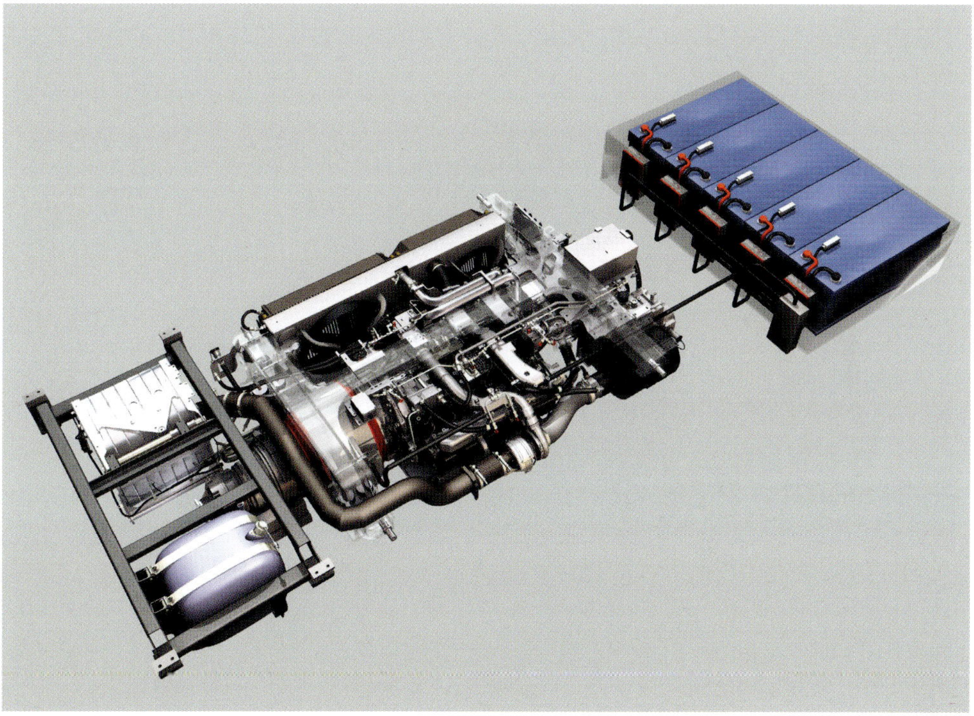

Abb. 3-65: Hybrid-Powerpack für Dieseltriebwagen Abbildung: MTU

3.6.3 Mehrkrafttriebfahrzeuge

Bei den Mehrkrafttriebfahrzeugen (Mehrkraftlokomotiven und -triebwagen) erfolgt die Energieversorgung über eine Fahrleitungsanlage (Oberleitungs- oder Stromschienenanlage), durch einen eigenen elektrischen Energiespeicher (Akkumulator) oder durch eigene Energieerzeugung (Generator). Die Umschaltung zwischen zwei Systemen ermöglicht die Verbindung elektrifizierter und nicht elektrifizierter Netze ohne Investitionen in die Aufrüstung der Infrastruktur.

Für Reisende entfallen so die Zeitverluste durch Umsteigen zwischen Elektro- und Dieselzügen oder durch den Wechsel der Lokomotive. Die höhere Leistung im elektrischen Betrieb führt im Vergleich mit dem reinen Diesel- oder Akkubetrieb zu einer weiteren Reduzierung der Fahrzeiten. Für den Betreiber bedeutet eine Flotte von Mehrkrafttriebfahrzeugen einen flexibleren und effizienteren Einsatz als eine größere Flotte konventioneller Fahrzeuge, aber auch höhere Kosten bei der Fahrzeugbeschaffung.

Abb. 3-66: Mehrkraft-Rangierlokomotive Eem 923 der SBB Abbildung: SBB

Mehrkrafttechnik

Für Bahnanwendungen bewährt hat sich die Ergänzung des elektrischen Antriebes durch einen Dieselantrieb. Diese Mehrkraftfahrzeuge sind sowohl mit Stromabnehmern als auch mit Dieselgeneratoren ausgerüstet. Der Traktionsstromrichter beinhaltet gemeinsam genutzte Leistungshalbleiter für beide Betriebsformen. Beim Fahrleitungsbetrieb mit Wechselspannung wird der Netzstromrichter als Vierquadrantensteller konfiguriert, um eine stabile Zwischenkreisspannung bereitzustellen. Erfolgt der Fahrleitungsbetrieb mit Gleichspannung, wird der Strom aus der Fahrleitungsanlage direkt in den Zwischenkreis eingespeist.

Beim Abbremsen des Fahrzeugs wird im Fahrleitungsbetrieb die vom Traktionsmotor erzeugte Energie in das Leitungsnetz zurückgeführt. Beim Dieselbetrieb wird diese Energie für das Bordnetz verwendet und der Dieselmotor geht in den Leerlauf. Der nicht benutzte Energieüberschuss wird entweder in Bremswiderstände abgeführt oder in ein optional vorhandenes Energiespeichersystem eingespeist.

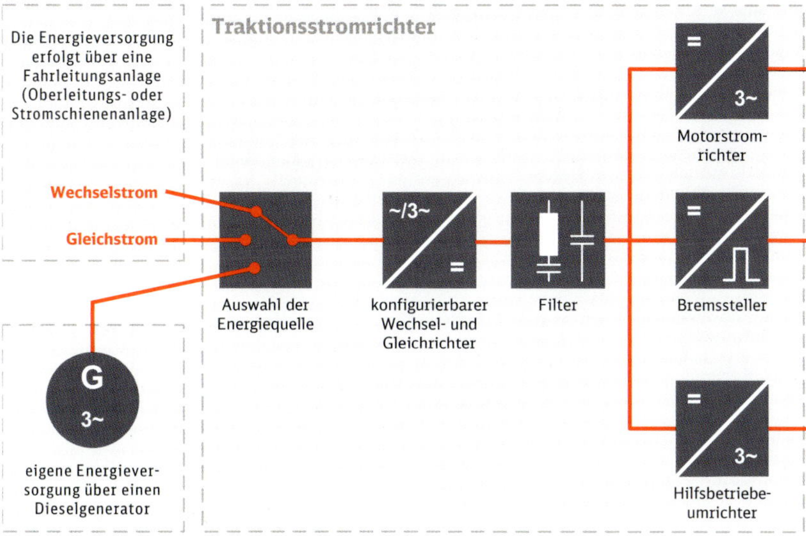

Abb. 3-67: Funktionsprinzip eines Zweikraft-Traktionsstromrichters

Quelle: Bombardier Broschüre „MITRAC Hybrid"

Mehrkraftstraßenbahnen

Die Mehrkrafttechnik bietet eine einfache Möglichkeit zur Verknüpfung von Straßen- und Eisenbahnen. In Deutschland kam diese Technik erstmals 2004 bei einer Straßenbahn in Nordhausen zum Einsatz. Kurz darauf folgte die RegioTram in Kassel, die so die Innenstadt mit ihren Straßenbahnstrecken verlässt und über Eisenbahnstrecken heraus ins Umland fährt. Dabei nutzt die Zweikraftstraßenbahn im Stadtgebiet den Strom aus der Straßenbahnoberleitung, während auf der Eisenbahnstrecke der Dieselmotor für die zügige Weiterfahrt sorgt.

3.7 Fahrantriebe elektrischer Triebfahrzeuge

3.7.1 Leistungsübertragung

Die Leistungsübertragung eines elektrisch angetriebenen Fahrzeuges hat die Aufgabe, das Drehmoment der Motorwelle auf den Treibradsatz zu übertragen. Der Fahrzeugantrieb besteht im Wesentlichen aus dem Fahrmotor, einem Reduktionsgetriebe sowie einer Baugruppe, die Relativbewegungen des Treibradsatzes gegenüber dem Fahrmotor ermöglicht. Das Reduktionsgetriebe passt die Motordrehzahl und das Drehmoment an die Fahrgeschwindigkeit und an die zu erzielende Zugkraft an. Zwischen Fahrmotor und Getriebe befindet sich vielfach noch eine Kupplung, die in allen zulässigen Lageabweichungen zwischen Radsatz und Drehgestellrahmen das Drehmoment sicher auf das Getriebe überträgt.

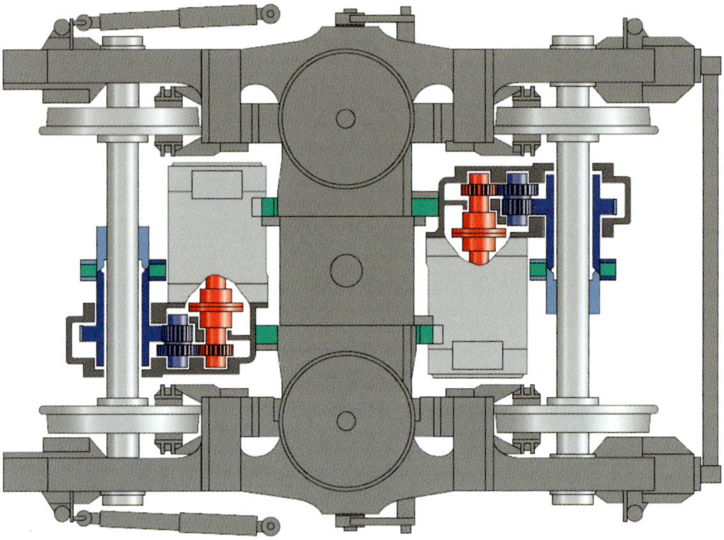

Abb. 3-68: Beispiel Stirnradgetriebe eines Regionaltriebzuges. Die Motor-Getriebe-Einheit stützt sich im Drehgestellrahmen sowie über die einbeinige Keilpaketkupplung auf der Radsatzwelle ab. Abbildung: Voith Turbo

Anforderungen an den Fahrzeugantrieb

- Der Antrieb soll möglichst verschleiß- und wartungsfrei sowie geräuscharm sein. Zur Schonung der Schiene und des Oberbaus soll die Masse des Fahrmotors gefedert auf dem Drehgestellrahmen gelagert sein. Beim Durchfedern des Drehgestells gegenüber dem Radsatz soll es zu keiner relativen Drehbewegung der Motorwelle kommen.
- Auch wenn der Radsatz noch stillsteht, muss sich der Anker des Fahrmotors schon ein wenig verdrehen können. Dies wird als „Vorlauf" bezeichnet und betrifft nicht Fahrzeuge mit Drehstromantriebstechnik.

3.7.2 Antriebsarten

Von wenigen Ausnahmen abgesehen sind elektrische Fahrzeuge mit Drehgestellen ausgerüstet. Bei Antriebsdrehgestellen gibt es verschiedene Möglichkeiten, das Drehmoment vom Fahrmotor auf die Triebräder zu übertragen. Auch kann der Fahrmotor sowohl in Längs- wie auch in Querrichtung angeordnet sein. Je nachdem, ob nur einer oder mehrere Radsätze angetrieben sind, wird zwischen Einzelachs- und Mehrachsantrieb unterschieden. Die Benennung der Fahrzeugantriebe ist für die wichtigsten in Deutschland vorkommenden Antriebe in der DIN 43101 festgelegt.

Einbauort des Fahrmotors		Antriebsart
Gestellmotor	mit dem Rahmen oder Drehgestell starr verbunden	Stangenantrieb
		Gelenkwellenantrieb
		Gelenkantrieb
		Federantrieb
		Hohlwellen-Kardanantrieb
Tatzlagermotor	am Rahmen oder Drehgestell federnd aufgehängt und auf der Radsatzwelle drehbar gelagert	Tatzlagerantrieb
Schwebemotor	weder mit dem Rahmen oder Drehgestell noch mit einer Radsatzwelle starr verbunden	Gummiringfederantrieb mit Radsatzhohlwelle
		Zweiachs-Längsantrieb mit zwei Radsatzhohlwellen

Abb. 3-69: Benennungen für Fahrzeugantriebe für elektrische Schienenfahrzeuge nach DIN 43101

3.7.3 Antrieb durch Tatzlagermotor

Fahrzeuge mit einer Höchstgeschwindigkeit von bis zu 140 km/h können mit dem technisch einfachen, jedoch nur teilweise abgefederten Tatzlagerantrieb ausgerüstet sein. Der Tatzlagerantrieb ist die älteste heute noch in großer Stückzahl verwendete Bauform. Hier ist der quer eingebaute Fahrmotor mit einer Gehäuseseite über eine elastische Drehmomentstütze federnd im Drehgestellrahmen aufgehängt, während er sich mit der anderen Seite auf der Treibachse abstützt und diese „tatzenartig" umfasst. Folglich machen Fahrmotor und Getriebe sämtliche Bewegungen des Radsatzes in geringem Ausmaß mit. Aus diesem Grund wird der Tatzlagerantrieb nur im Geschwindigkeitsbereich bis circa 140 km/h eingesetzt.

Der Motor ist über eine primärseitige Kupplung mit dem ein- oder zweistufigen Stirnradgetriebe verbunden. Als primärseitige Kupplungen kommen zum Beispiel Lamellen-, Membran-, Bogenzahn- und Klauenkupplungen, als sekundärseitige Kupplungen gummigelagerte Lenker- und Gummipaketkupplungen infrage.

Abb. 3-70: Antrieb mit zweistufigem Stirnradgetriebe und Keilpaketkupplung

Abbildung: Janicki

3.7.4 Antrieb durch Schwebemotor

Bei höheren Geschwindigkeiten kommt zur Schonung von Fahrzeug und Fahrweg generell ein abgefederter Antrieb zum Einsatz, bei dem die Fahrmotoren durch die Primärfederung abgefedert im Drehgestell eingebaut sind. Für dieses Bauprinzip existieren verschiedene Varianten.

Gummiringfederantrieb

Verbesserungen bei hohen Geschwindigkeiten bringt der Gummiringfederantrieb. Hierbei handelt es sich um eine Weiterentwicklung des Tatzlagerantriebs, bei der sich die Motormasse gefedert sowohl auf dem Drehgestellrahmen als auch über die Hohlwelle auf dem Treibradsatz abstützt. Die Aufhängung der Hohlwelle mittels Gummiringfedersegmenten ermöglicht außerdem einen Vorlauf des Ankers. Das Drehmoment des Motors wird beidseitig auf die Schiene übertragen.

Beim Gummikegelringfederantrieb erfolgt die Abstützung der Fahrmotoren wie beim Gummiringfederantrieb. Eine Gummikegelringfeder, die zwischen dem schräg verzahnten Großzahnrad und dem Treibradkörper angeordnet ist, übernimmt hier die Kraftübertragung vom Fahrmotor zum Treibradsatz.

Gummiringfederantrieb mit Radsatzhohlwelle

Um die ungefederten Massen gering zu halten, sind bei diesem Antrieb die Fahrmotoren komplett im Drehgestell eingebaut. Die Kraftübertragung übernimmt der Kardan-Gummiringfederantrieb. Durch diese zweimalige elastische Kraftübertragung werden starke Stöße bei hohen Geschwindigkeiten gedämpft und die Bewegungen zwischen Radsatz und Fahrmotor ausgeglichen.

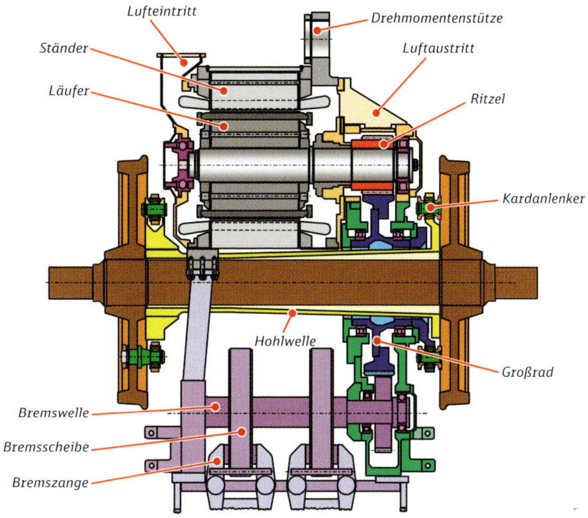

Abb. 3-71: Vollgefederter Gummiringfederantrieb mit Radsatzhohlwelle. Aus Platzgründen musste im Antriebsblock zur Aufnahme der Bremsscheiben eine schnelllaufende Bremswelle angebracht werden. Abbildungen: Siemens

Ritzelhohlwellenantrieb

Beim Ritzelhohlwellenantrieb ist das Großrad des Getriebes fest auf der Radsatzwelle angebracht, während der Motor im Drehgestellrahmen voll abgefedert eingebaut ist. Elastisches Bindeglied zwischen Motorwelle und Großrad ist das von zwei Membrankupplungen und einer Hohlwelle beidseitig umfasste Ritzel, das gegenüber der Motorwelle und damit gegenüber dem Motor abgefedert ist. Gegenüber dem üblicherweise für Güterlokomotiven eingesetzten Tatzlagerantrieb sind die unabgefederten Massen des Ritzelhohlwellenantriebs deutlich geringer und nur wenig höher als die eines voll abgefederten Hohlwellenantriebs. Der Ritzelhohlwellenantrieb ist für Geschwindigkeiten bis 200 km/h geeignet

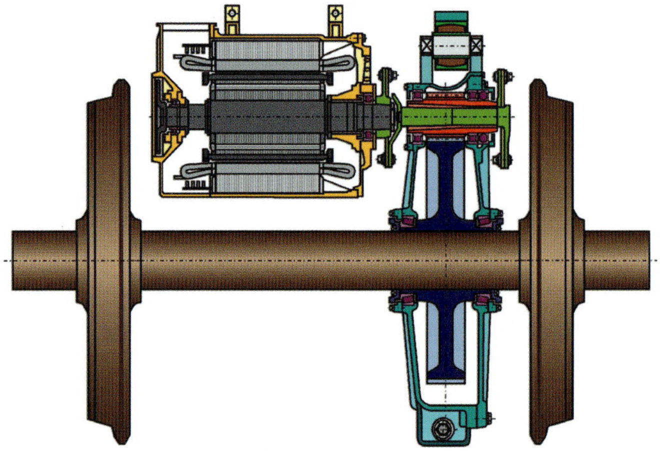

Abb. 3-72: schematische Darstellung des Ritzelhohlwellenantriebes Abbildung: Siemens

Halbgefederter Querantrieb mit Bogenzahnkupplung

Bei Fahrzeugen des Hochgeschwindigkeitsverkehrs werden enorme Anforderungen an Leistungsdichte, Gewicht, Sicherheit sowie Geräuschemission gestellt. Daher wird vielfach ein halbgefederter Querantrieb mit einstufigem Stirnradgetriebe und Bogenzahnkupplung eingesetzt, der die Ansprüche in hohem Maße erfüllt. Bei dieser Antriebsart ist der Fahrmotor im primär gefederten Teil des Drehgestells (Drehgestellrahmen) gelagert.

Das Getriebe stützt sich auf einer Seite der Radsatzwelle ab, während die Drehmomentstütze als zweites Auflager das Getriebe mit dem Drehgestellrahmen verbindet. Der Fahrmotor ist mithin vollgefedert, das Getriebe hingegen nur teilgefedert. Eine Bogenzahnkupplung gleicht die Relativbewegungen zwischen Fahrmotor und Getriebe sowohl in waagerechter als auch in senkrechter Richtung aus. Dabei dreht die Motorachse die Innenhülse der Bogenzahnkupplung. Dort wird die Kraft über einen Zahnkranz auf die Außenhülse und von dort über einen weiteren Zahnkranz weiter auf die Innenhülse der Getriebeachse übertragen.

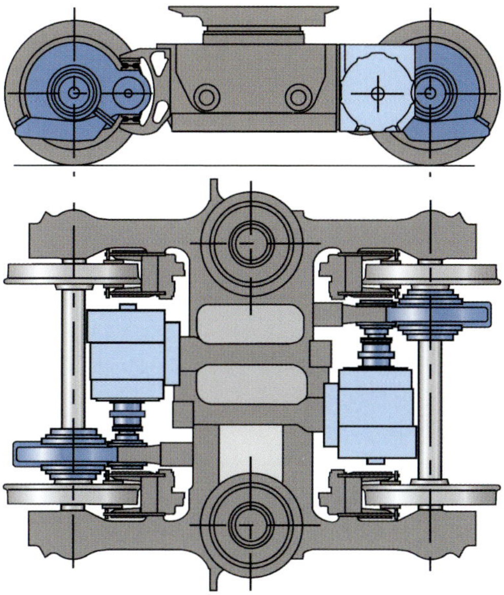

Abb. 3-73:
halbgefederter Querantrieb mit einstufigem Stirnradgetriebe und Bogenzahnkupplung
Abbildung: Voith Turbo

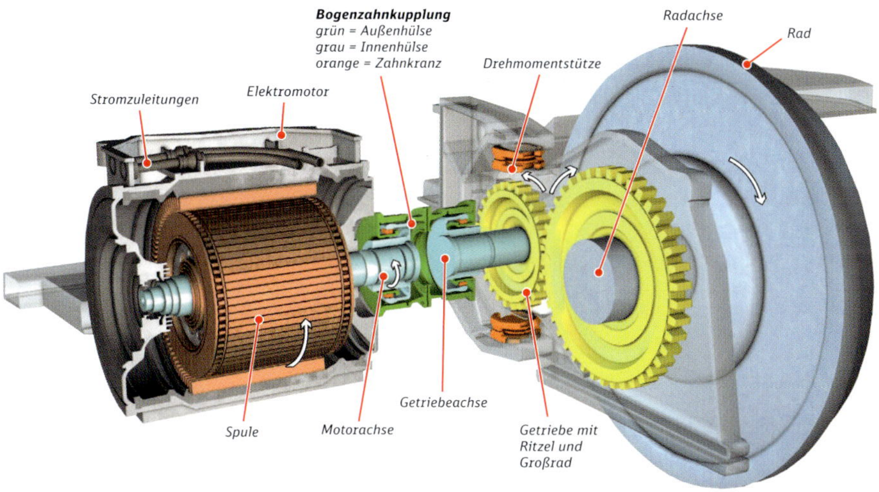

Abb. 3-74: Bogenzahnkupplung als Bestandteil des Antriebs
Abbildung: DB AG

Antriebe mit fahrzeugkastenfesten Fahrmotoren

Bei verschiedenen Bauarten von Hochgeschwindigkeitszügen sind die Fahrmotoren nicht im Drehgestell, sondern im Fahrzeugkasten gelagert. Beispielsweise ist bei den Triebköpfen der ICE-1- und ICE-2-Züge der Fahrmotorgetriebeblock in Drehgestellmitte am Fahrzeugkasten befestigt, während er sich außen über zwei Pendel am Kopfträger des Drehgestelles abstützt.

3.8 Leistungsübertragung bei Dieseltriebfahrzeugen

3.8.1 Aufgaben der Leistungsübertragungsanlage

Bei Dieseltriebfahrzeugen gehören zur Leistungsübertragungsanlage alle Teile, die zwischen dem Dieselmotor und den Treibradsätzen eine kraft- und formschlüssige Verbindung herstellen. Die Leistungsübertragungsanlage hat folgende Aufgaben:

- Übertragung der Leistung des Dieselmotors auf die Treibräder im gesamten Geschwindigkeitsbereich mit möglichst geringen Verlusten,
- automatische, stufenlose und stoßfreie Anpassung der Zugkraft an den jeweiligen Fahrzustand,
- automatischer Gangwechsel unter Last ohne Zugkraftunterbrechung,
- Unterbrechung der Kraftübertragung bei laufendem Dieselmotor und Stillstand des Fahrzeuges,
- Ausgleich des Drehzahlunterschiedes zwischen Motor und Radsatz,
- Aufteilung der Antriebskraft auf mehrere Treibradsätze und Umkehren der Fahrtrichtung.

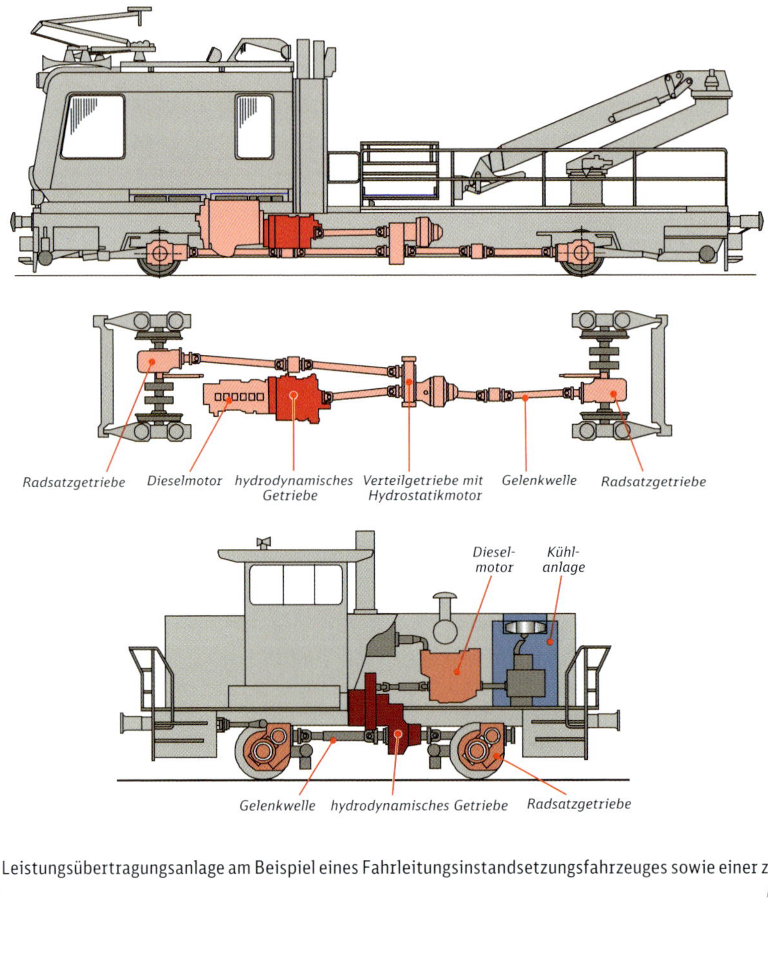

Abb. 3-75: Leistungsübertragungsanlage am Beispiel eines Fahrleitungsinstandsetzungsfahrzeuges sowie einer zweiachsigen Rangierlok

Abbildungen: Voith Turbo

Die Übertragung der Leistung des Dieselmotors auf die Treibsätze des Dieseltriebfahrzeugs kann mechanisch über Zahnräder, hydraulisch über eine Flüssigkeit oder elektrisch über Gleich- oder Drehstrom erfolgen. Der rein mechanische Antrieb ist mittlerweile durch den hydromechanischen Antrieb ersetzt worden. Der hydraulische Antrieb kann hydrostatisch oder hydrodynamisch sein, wobei der hydrostatische Antrieb typischerweise als Ergänzung des hydrodynamischen Antriebs beim Hilfsmaschinenantrieb und in besonderen Anwendungsfällen im Hauptfahrantrieb im unteren Geschwindigkeitsbereich eingesetzt wird.

3.8.2 Mechanische Leistungsübertragung

Die mechanische Leistungsübertragung verbindet den Motor und die Treibräder über verschiedene, während der Fahrt umschaltbare Zahnradübersetzungen. Diese „Gänge" eines Getriebes passen die Zugkraft der Fahrgeschwindigkeit an. Die Gänge müssen vom Fahrer vorgewählt werden. Haupteigenschaften der mechanischen Leistungsübertragung sind:

- eine manuelle Schaltung,
- bei der Gangschaltung kommt es zu einer Zugkraftunterbrechung,
- erst im höchsten Gang, also im Betriebsbereich, erfolgt keine Zugkraftunterbrechung mehr.

Trotz eines guten Übertragungswirkungsgrades wird die volle Motorleistung erst am Ende jedes Ganges ausgenutzt und das Anfahrverhalten ist bei rein mechanischer Übertragung kritisch. Abhilfe schafft hier eine zwischen Motor und Getriebe eingefügte hydrodynamische Flüssigkeitskupplung, die als Anfahrhilfe wirkt und in jüngeren Fahrzeugen eingebaut wurde. Diese Art der Leistungsübertragung wird meist bei kleinen, leistungsschwachen Diesellokomotiven eingebaut, die über mehrstufige mechanische Schaltgetriebe und Kupplungen verfügen. Ansonsten werden mechanische Getriebe als Automatikgetriebe meist einem hydraulischen Getriebe nachgeschaltet. Dabei steuert und überwacht ein elektronisches Steuergerät das Schaltgetriebe bei neueren Fahrzeugen.

Stangenantrieb

Bei neueren Diesellokomotiven werden zur Übertragung der Antriebskräfte auf die Radsätze meist Gelenkwellen verwendet, bei älteren Rangierlokomotiven noch die von den Dampflokomotiven bekannten Kuppelstangen.

Abb. 3-76: Stangenantrieb einer Rangierlokomotive Foto: Janicki

3.8.3 Hydraulische Leistungsübertragung

Bei der hydraulischen Leistungsübertragung wird die mechanische Energie der Antriebsmaschine in Strömungsenergie und anschließend wieder in mechanische Energie umgewandelt und mithin in eine für die Zugförderung erforderliche Form gebracht. Neben dem am weitesten verbreiteten dieselhydraulischen Antrieb mit hydrodynamischer Leistungsübertragung gibt es heute noch das hydromechanische Getriebe, welches das mechanische Übertragungssystem abgelöst hat. Auch die hydrostatische Übertragung spielt bei Schienenfahrzeugen eine Rolle, vor allem beim Antrieb von Hilfsmaschinen.

Hydrodynamische Leistungsübertragung

Das Funktionsprinzip der hydrodynamischen Leistungsübertragung ist recht einfach: Ein auf der Antriebswelle sitzendes Pumpenrad erfasst mit seinen Schaufeln die ihm zugeführte Flüssigkeit, meist Öl. Die Drehung des Rades beschleunigt die Flüssigkeit. Das Pumpenrad, das direkt vom Motor angetrieben wird, wandelt somit die mechanische Energie des Motors in Strömungsenergie des Öls um, das im Kreislauf durch das Getriebe strömt. Im Turbinenrad, das mit der Ausgangswelle des Wandlers verbunden ist, wird das aus dem Pumpenrad strömende Öl umgelenkt. Je nach Ausmaß dieser Umlenkung erfahren das Turbinenrad und die damit verbundene Ausgangswelle ein mehr oder weniger starkes Reaktionsmoment. So viel zum Funktionsprinzip einer reinen Kupplung, der sogenannten Föttinger-Kupplung.

Damit es zu einer Drehmomentwandlung kommt, bedarf es eines zusätzlichen Elements: Das Leitrad lenkt die vom Turbinenrad strömende Flüssigkeit so um, dass sie wieder dem Pumpenrad zugeleitet wird. Infolge dieser Umlenkung erhöht sich jetzt das Drehmoment am Turbinenrad. Das Leitrad reagiert dabei ebenfalls mit solch einem Moment und dient, da es fest mit der Abtriebswelle verbunden ist, mithin als Momentenstütze. Das Turbinenrad entzieht dem Öl die Strömungsenergie, die nun von der Abtriebswelle als Kraft abgenommen werden kann.

Aufbau und Funktionsweise der beiden wichtigsten Bauelemente der hydraulischen Leistungsübertragung, hydrodynamischer Wandler und hydrodynamische Kupplung, werden nachfolgend beschrieben.

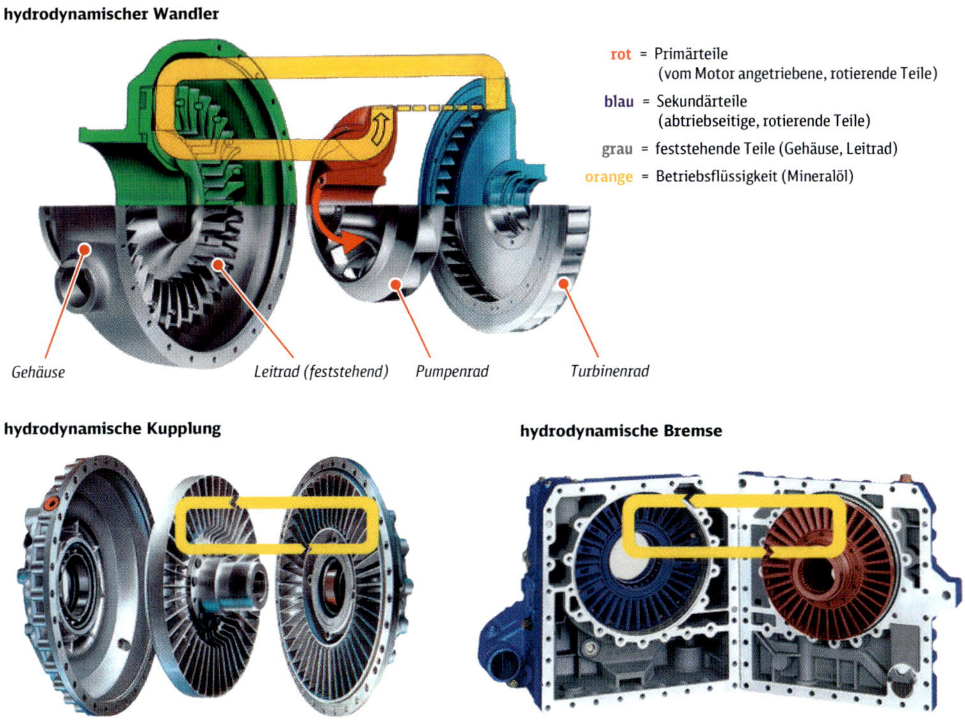

Abb. 3-77: hydrodynamische Maschinen

Abbildungen: Voith

Hydrodynamischer Wandler

Zum Anfahren eines Fahrzeugs wie auch bei der Beharrungsfahrt ist ein hydrodynamischer Kreislauf erforderlich, der in gefülltem Zustand das Drehmoment des Dieselmotors exakt an die Erfordernisse des Radsatzes anpasst.

Beim hydrodynamischen Wandler befinden sich in einem gemeinsamen Gehäuse die Schaufelkränze eines Pumpen- sowie eines Turbinenrades. Füllt man dieses Gehäuse mit Öl und treibt das Pumpenrad an, so wird die Flüssigkeit nach außen gedrückt. Sie durchströmt das

Turbinenrad, wird am Gehäuse umgelenkt und über ein feststehendes Leitrad wieder der Pumpe zugeführt. Das Ausgangsdrehmoment eines Wandlers hängt davon ab, wie stark der Ölstrom im Turbinenrad umgelenkt wird. Die Reibung der Flüssigkeit an den Schaufeln und Radkörperwänden sowie Wirbelbildung innerhalb der Schaufelkränze verursachen Übertragungsverluste, die den Wirkungsgrad des Wandlers beeinflussen. Jeder Wandler ist aufgrund seiner Konstruktion nur für einen bestimmten eingeschränkten Fahrgeschwindigkeitsbereich tauglich. Außerhalb dieses Bereichs ist der Wirkungsgrad zu niedrig und die Zugkraft zu gering.

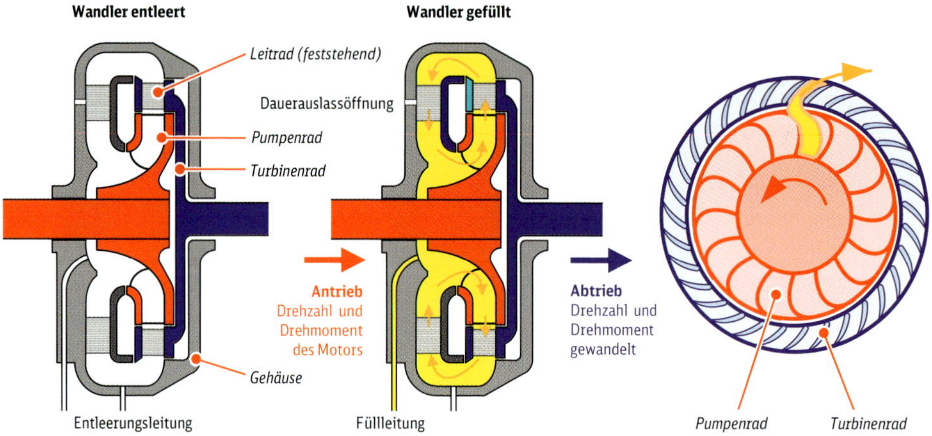

Abb. 3-78: hydrodynamischer Wandler

Abbildung: Janicki

Hydrodynamische Kupplung

Im Gegensatz zum Wandler ist mit einer Flüssigkeitskupplung keine Drehmomentwandlung möglich. Sie dient ausschließlich dem verschleißarmen Trennen und Verbinden von Antrieb und Abtrieb. Auch die hydrodynamische Kupplung besteht aus einem Pumpen- und Turbinenrad. Radial verlaufende Rippen bilden die Schaufeln der Kupplung. Sobald sich das Pumpenrad dreht, wird die Flüssigkeit durch die Zentrifugalkraft an den äußeren Rand des Pumpenkörpers gedrängt, folgt der Krümmung des Gehäuses und fließt in das Turbinenrad über.

Die Flüssigkeit zwischen den Turbinenschaufeln strömt am inneren Rand zum Pumpenrad zurück. In den Taschen von Pumpen- und Turbinenrad entsteht somit eine Kreisströmung. Die Drehmomentübertragung geht nicht nur auf die Kreisströmung zurück, sondern zusätzlich auf eine Stoßkraft in Umfangsrichtung, die das Auftreffen der Flüssigkeit auf die Schaufeln des Turbinenrades verursacht.

Bei einer hydrodynamischen Kupplung ist eine Kreiselströmung und eine Drehmomentübertragung nur bei einem Drehzahlunterschied zwischen Pumpen- und Turbinenrad möglich (Schlupf).

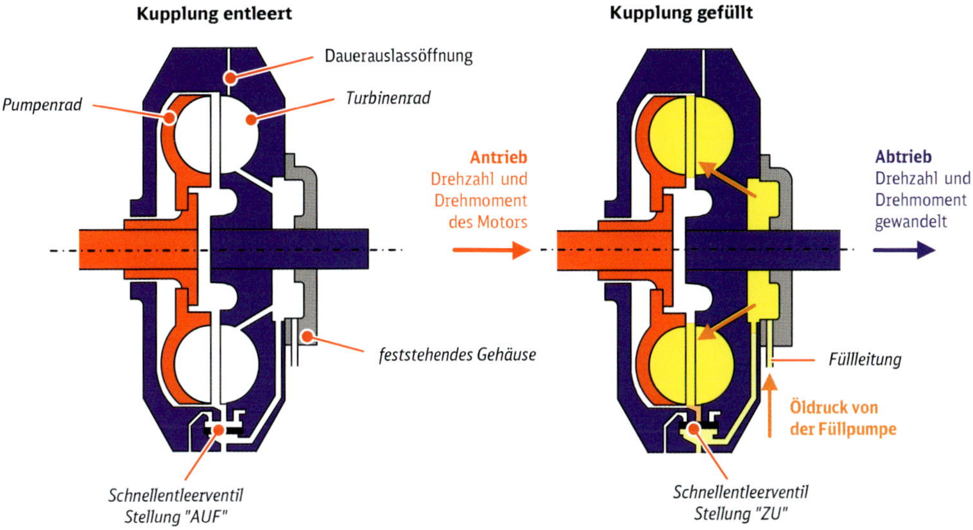

Abb. 3-79: Kupplung entleert (links) und gefüllt (rechts) Abbildung: Janicki

Hydrodynamische Bremse (Retarder)

Ein hydrodynamisches Getriebe kann mit einem Retarder ausgerüstet werden. Damit kann das Fahrzeug auch aus hohen Geschwindigkeiten verschleißarm abgebremst und bei Fahrt im Gefälle auf konstanter Geschwindigkeit gehalten werden. Ein Retarder ist eine Sonderbauform der Strömungskupplung, bei der das Turbinenrad feststehend ist. Der hydrodynamische Retarder arbeitet mit dem Kraftübertragungsöl des Turbogetriebes.

Das Pumpenrad wird vom Fahrzeug als Rotor angetrieben, während das Turbinenrad als Stator feststeht. Die gesamte Bewegungsenergie des Pumpenrades wird in Wärme umgewandelt und an das Hydrauliköl abgegeben, das deshalb gekühlt werden muss. Die Wärme wird über einen Wärmetauscher an den Kühlwasserkreislauf des Motors abgeführt. Die beim hydrodynamischen Bremsen maximal mögliche Dauerbremsleistung hängt hierbei von der Dimensionierung des Kühlsystems ab.

Hydrodynamisches Getriebe

Da, wie bereits erwähnt, ein Wandler nur für einen bestimmten eingeschränkten Fahrgeschwindigkeitsbereich tauglich ist, verlangt die Leistungsübertragung mehrere Wandler, die für einen spezifischen Bereich optimiert sind. Zum Anfahren werden daher Drehmomentwandler mit kleiner Übersetzung, auch Anfahrwandler genannt, und im oberen Geschwindigkeitsbereich Drehmomentwandler mit größerer Übersetzung, sogenannte Marschwandler, verwendet. Kombinationen von einem oder mehreren Drehmomentwandlern mit einer oder mehreren Strömungskupplungen nennt man hydrodynamisches Getriebe oder auch Strömungsgetriebe.

In einem hydrodynamischen Getriebe wandeln hydraulische Wandler das Drehmoment um oder hydraulische Kupplungen leiten es unverändert weiter. Die Zahl der Wandler und Kupplungen entspricht hier der Anzahl der Gänge. Der Gang wird bei einem hydrodynamischen Getriebe automatisch durch Füllen und Entleeren der einzelnen Kreisläufe gewechselt, während der Fahrtrichtungswechsel bei Stillstand des Fahrzeuges auf ein integriertes mechanisches Wendegetriebe mit hydraulisch betätigtem Wendeschaltzylinder zurückgeht.

Vorteile des hydrodynamischen Getriebes sind die stufenlose Drehmomentwandlung bei einem hohen Anfahrmoment. Der günstige Zugkraftverlauf für den Zugbetrieb und die hohe Ausnutzung der Motorleistung erweitern den Einsatzbereich der Fahrzeuge. Da Flüssigkeitswandler prinzipbedingt die Schwingungen im Antriebsstrang dämpfen, werden die Bewegungen des Motors nicht über die Antriebswellen weiterübertragen – so ist die Schwingungsdämpfung insgesamt gut. Eine hohe Betriebssicherheit und ein geringer Wartungsaufwand sind weitere Vorteile dieser Antriebstechnik.

Abb. 3-80: hydrodynamisches Getriebe für hohe Leistungen Abbildung: Janicki

3.8.4 Leistungsübertragungsanlage mit hydrodynamischem Getriebe

Die hydrodynamischen Getriebe sind bei den verschiedenen Fahrzeugen je nach Einsatzzweck aus einem oder mehreren Wandlern und Kupplungen aufgebaut. Meist kommen Zwei- oder Drei-Gang-Getriebe zum Einsatz. Der Anfahrgang ist immer mit einem Wandler ausgeführt, da die Kupplung keine Drehmomentwandlung zulässt. Weitere Gänge können je nach Fahrbedingungen mit Wandlern oder Kupplungen generiert werden.

Das Füllventil leitet das Füllen des Getriebes und folglich die Kraftschlüssigkeit zu den Radsätzen ein. Je nach Art der Fahrsteuerung des Fahrzeuges und der Bauart des Getriebes wird das Füllventil durch Steuerluft oder elektrisch durch einen Füllmagneten angesteuert. Ein Schaltregler übernimmt das vollautomatische Schalten der einzelnen Gänge.

Für den Schutz des Getriebes vor zu hohen Drehzahlen sorgt ein Übertourenschutz. Er bewahrt die Abtriebsteile vor Schaden, indem er die Hauptluftleitung entlüftet und so eine Zwangsbremsung einleitet. Dem hydrodynamischen Getriebe ist ein integriertes mechanisches Wendegetriebe nachgeschaltet, das eine Änderung der Fahrtrichtung ermöglicht. Die Umschaltung in den Vor- oder Rückwärtsgang erfolgt durch Verlegen einer Schaltmuffe mit Druckluft. Besonders aufwändige hydraulische Getriebe haben separate Drehmomentwandler für beide Fahrtrichtungen.

Bei einigen Diesellokomotiven ist mit dem Stufengetriebe ein weiteres mechanisches Getriebe für zwei Geschwindigkeitsbereiche nachgeschaltet: ein Langsamgang (Rangiergang) mit geringer Höchstgeschwindigkeit und hoher Anfahrzugkraft sowie ein Streckengang mit einer höheren Endgeschwindigkeit. Die Umschaltung eines Wende- oder Stufengetriebes erfolgt rein mechanisch – und zwar nur bei Stillstand des Fahrzeuges, um Beschädigungen zu vermeiden.

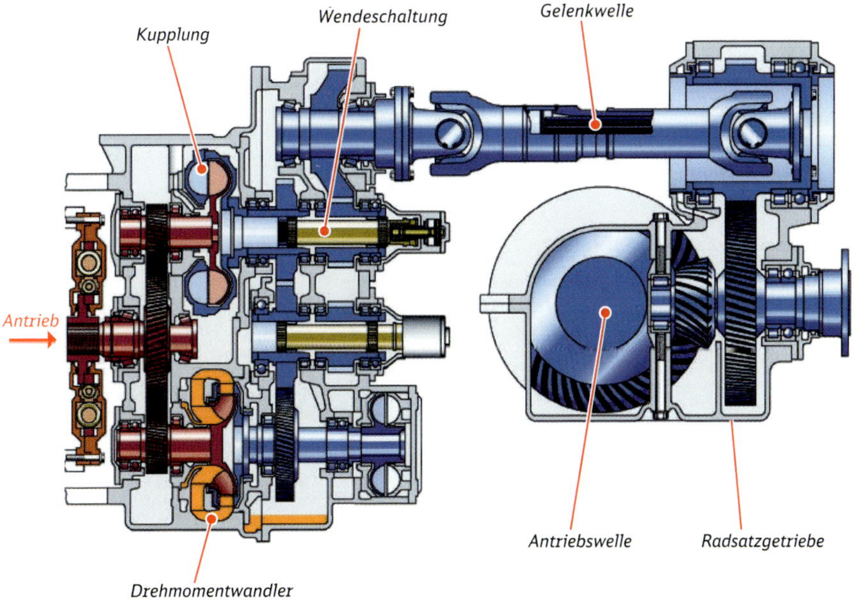

Abb. 3-81: Leistungsübertragungsanlage mit hydrodynamischem Getriebe

Abbildung: Voith Turbo

Getriebesteuerung

Fahr- und Bremsschalter sowie Wendeschalthebel steuern Getriebe und Retarder. Hydrodynamische Getriebe sind in der Regel mit einer elektronischen oder elektropneumatischen Steuerung ausgerüstet. Die meist im Schaltschrank des Führerstandes untergebrachte Steuerungselektronik übernimmt die vom Fahr- und Bremsschalter und dem Wendeschalthebel gegebenen Befehle, verarbeitet sie zusammen mit den Signalen der am Getriebe angebrachten Sensoren und leitet sie an die am Turbogetriebe angebrachten elektrohydraulischen Magnetventile weiter. Diese öffnen und schließen nicht nur die Steuerleitungen zum Wendeschaltzylinder, der die Schiebewelle für die gewünschte Fahrtrichtung in Aktion bringt. Vielmehr schalten sie auch den jeweils günstigsten Kreislauf für die Leistungsübertragung ein.

Das Bremsregelventil sorgt analog zur Stellung des Fahr- und Bremsschalters und zur Fahrgeschwindigkeit für die Ölfüllung, die der hydrodynamische Retarder benötigt. Über die am Getriebe angebrachten Sensoren werden An- und Abtriebsdrehzahl, Öltemperatur, Öldruck im Retarder und die Stellung des Wendeschaltzylinders erfasst. Dabei wird zum Beispiel bei Überschreiten der maximal zulässigen Öltemperatur automatisch das Getriebe entleert und der Motor auf Leerlaufdrehzahl gestellt.

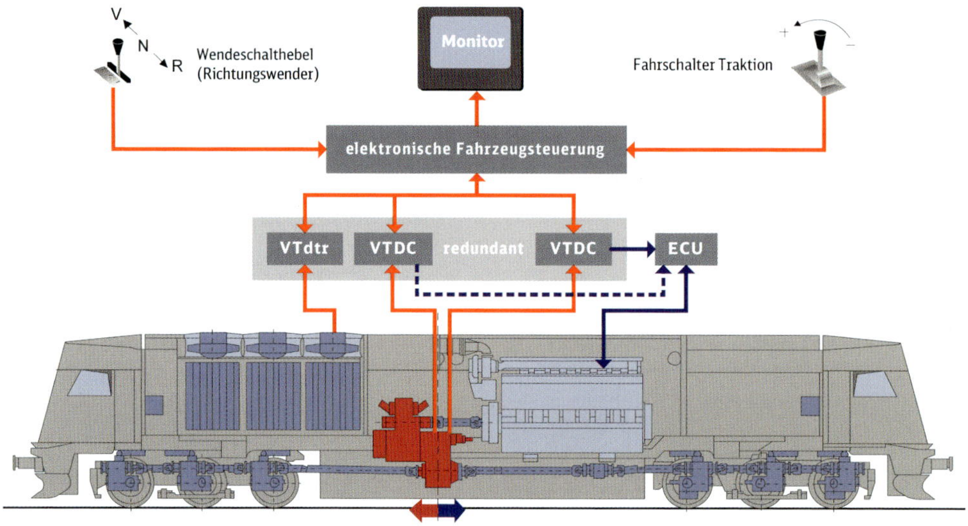

Abb. 3-82: elektronische Getriebesteuerungen VTDC mit Überwachung, Diagnose und Betriebsdatenerfassung Abbildung: Voith Turbo

Stufengetriebe

Um den Kraftfluss des Strömungsgetriebes an die Radsätze weiterzuleiten, sind Zusatzeinrichtungen wie ein Stufengetriebe und ein Wendegetriebe notwendig. Das Stufengetriebe ist ein Zahnradgetriebe mit zwei oder drei Stellungen, das die Geschwindigkeits- und Zugkraftbereiche verändert. Die Zahnräder werden mittels Schaltmuffe kraftschlüssig verbunden oder getrennt. Der Stufenschalthebel wird entriegelt, dann wird von Hand über ein Gestänge umgeschaltet.

In der Regel weist das Stufengetriebe zwei verriegelbare Endstellungen auf. Eine ist für den Langsamgang gedacht, bei halber Höchstgeschwindigkeit und doppelter Zugkraft, die andere für den Schnellgang, also für Höchstgeschwindigkeit bei geringer Zugkraft. Manche Fahrzeuge haben noch eine Abschleppstellung, in der die Sekundärteile von der Abtriebswelle entkuppelt sind.

Wendegetriebe

Dieselmotoren und die meisten hydraulischen Getriebe geben ihre Leistung grundsätzlich nur bei einer Drehrichtung ab. Zur Änderung der Fahrtrichtung besitzen fast alle Dieseltriebfahrzeuge ein Wendegetriebe. Das Wendegetriebe ist ein Zahnradgetriebe, bei dem auch eine Mittelstellung – zum Beispiel zum Schleppen – möglich ist. Die Zahnräder werden mittels Schaltmuffen, welche von einem Wendeschaltkolben bewegt werden, kraftschlüssig verbunden oder getrennt. Die Umschaltung des Wendeschaltkolbens erfolgt elektropneumatisch. Der Richtungsschalter veranlasst die Fahrtrichtungsänderung. Ein angebautes Federschaltwerk soll die Schaltmuffen in die Endlage drücken und bei nunmehr entlüftetem Wendeschaltzylinder festhalten. Am Richtungswenderkontaktgeber ist eine Wendenotschaltung möglich. Das Schalten des Stufen- und des Wendegetriebes während der Fahrt führt zu schweren Getriebeschäden. Geschaltet wird daher nur bei Fahrzeugstillstand. Das Verlegen der Wende- oder Stufenschaltung verlangt Motorleerlauf, Getriebeentleerung und Anbremsen der Lok. Der Fahrschalter muss auf „Null“ stehen und ein gewisser Steuerluftdruck muss vorhanden sein.

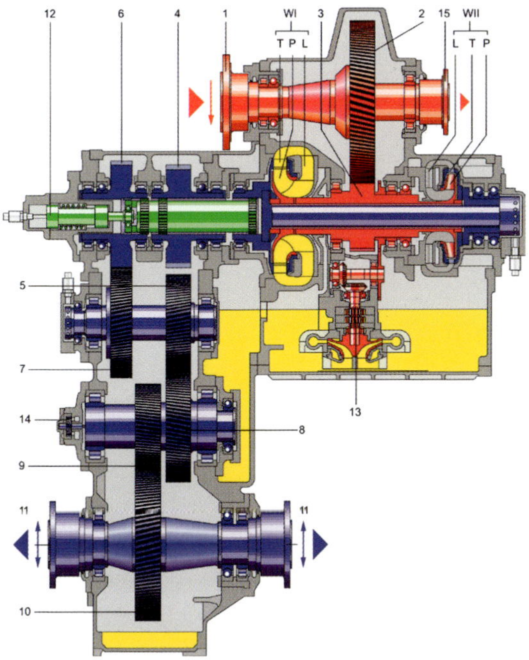

rot = Primärteile (vom Motor angetriebene, rotierende Teile)
blau = Sekundärteile (abtriebseitige, rotierende Teile)
gelb = Betriebsflüssigkeit (Mineralöl)
grau = feststehende Teile (Gehäuse)
grün = Schiebewelle des Wendegetriebes

P Pumpenräder
T Turbinenräder
L Leiträder (Reaktionsglieder)
WI Drehmomentenwandler Gang I
WII Drehmomentenwandler Gang II

1 Antrieb
2 Hochgangsrad
3 Hochgangsritzel auf Primärwelle
4, 6 Wenderäder über Sekundärwelle
5, 7 Wenderäder auf Zwischenwelle
8 + 9 Zahnräder auf Vorgelegewelle
10 Zahnrad auf Ausgangswelle
11 Abtrieb
12 Wendeschaltzylinder mit Klauenkupplungen
13 kombinierte Füll-, Steuer- und Rückförderpumpe
14 Sekundär-, Schmier- und Rückförderpumpe
15 Hilfsmaschinenantrieb

Abb. 3-83: vereinfachter Längsschnitt durch das Getriebe L 620 re Gelenkwelle

Abbildung: Voith Turbo

Gelenkwelle

Die Übertragung des Drehmomentes zwischen Aggregaten auf verschiedenen Ebenen und in verschiedenen Lagen erfordert eine in Achslängs- und Querrichtung bewegliche Verbindung. Hierfür eignen sich Gelenkwellen. Sie gleichen innerhalb der Kraftübertragungsanlage Winkel- und Höhenunterschiede aus, die durch die Federung des Fahrzeuges und Winkelausschlag entstehen.

Radsatzgetriebe

Das Radsatzgetriebe überträgt das vom Getriebe kommende Drehmoment auf den Treibradsatz. Je nach Verwendungszweck gibt es zudem Radsatzgetriebe, in denen das Wendegetriebe untergebracht ist. Die Ansteuerung erfolgt auch hier meist pneumatisch in Abhängigkeit von der Stellung des Fahrtrichtungsschalters auf dem Führerpult.

Fällt die Fahrzeugsteuerung aus, kann zum Abschleppen des Fahrzeuges das Radsatzwendegetriebe über einen Störungsschalter im Schaltschrank in die Neutralstellung gebracht werden. Bei Triebwagenzügen werden alle Radsatzwendegetriebe im Zug gleichzeitig vom besetzten Führerstand aus geschaltet.

Abb. 3-84:
Radsatzwendegetriebe eines Triebwagens
Abbildung: Bombardier

Kraftfluss

Zusammenfassend sei nochmals der Kraftfluss bei hydrodynamischer Leistungsübertragung mit den beschriebenen Bauelementen illustriert.

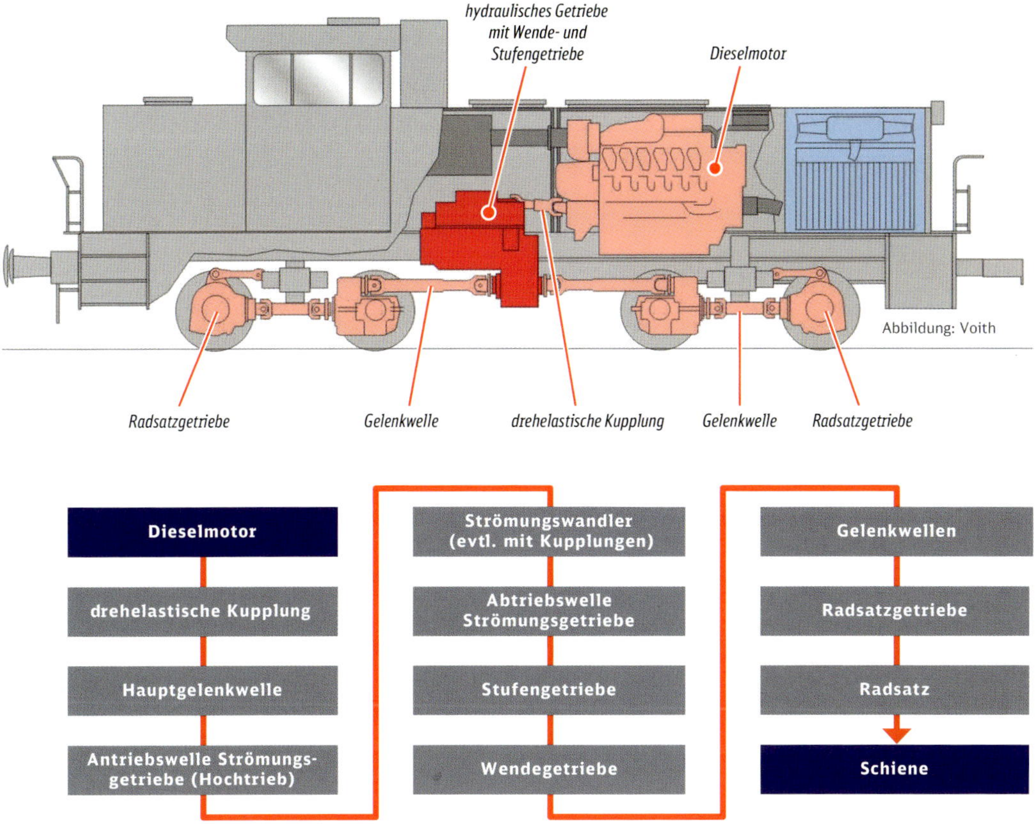

Abb. 3-85: Kraftfluss bei hydrodynamischer Kraftübertragung Abbildung: Janicki

3.8.5 Hydrostatische Leistungsübertragung

Während beim hydrodynamischen Getriebe die Leistung mittels der Bewegungsenergie einer Flüssigkeit übertragen wird, geschieht dies im hydrostatischen Getriebe dadurch, dass die Flüssigkeit durch Kolbenpumpen unter hohen Druck gesetzt und in Kolbenmotoren wieder entspannt wird. Das Wirkungsprinzip des hydrostatischen Antriebs ist bei den diversen Ausführungen gleich.

Das Hydrauliköl wird in einer vom Dieselmotor angetriebenen Verdrängerpumpe auf hohe Betriebsdrücke von bis zu 400 bar gebracht und fließt anschließend bei niedrigen Strömungsgeschwindigkeiten über hochdruckfeste Hydraulikschläuche zu einem Verdrängermotor als leistungsabgebendes Glied. Das Lastmoment bestimmt den Betriebsdruck, verschiedene Drehzahlen ergeben sich durch Änderung des Schwenkwinkels der Kolbenpumpen und eventuell auch der Motoren.

Ein Beispiel für die Kombination einer hydrodynamischen mit einer hydrostatischen Leistungsübertragung ist das Nebenfahrzeug der BR 703, welches für planmäßige Instandhaltungsarbeiten sowie Entstörungsmaßnahmen an Oberleitungsanlagen und deren Streckeneinrichtungen eingesetzt wird. Das Fahrzeug ist mit einem hydrodynamischen Antrieb für Streckenfahrten bis 100 km/h und mit einem hydrostatischen Antrieb für Arbeitsfahrten bis 10 km/h ausgerüstet. Eine Abbildung des Gesamtantriebs in Seiten- und Draufsicht findet sich bereits zu Beginn dieses Abschnitts.

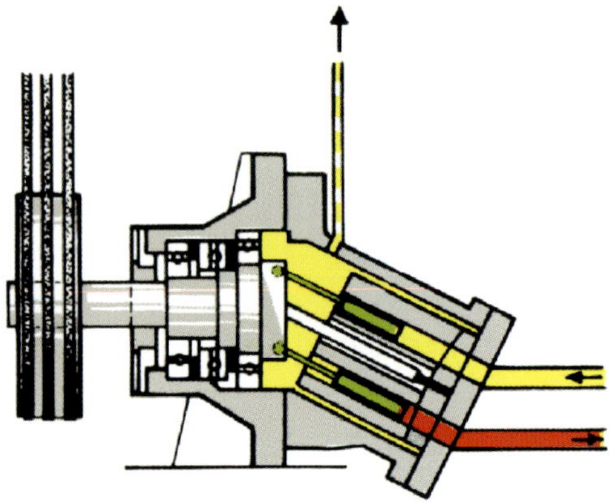

Abb. 3-86:
hydrostatische Leistungsübertragung (Verdrängerpumpe)
Abbildung: DB Training

Als Arbeitsfahrtantrieb ist zusätzlich ein Hydrostatikmotor (Radialkolbenmotor) vorhanden, der entsprechend den Einsatzanforderungen ein- oder ausgekuppelt werden kann. Dieser Kupplungsvorgang ist nur bei Fahrzeugstillstand erlaubt. Während der Streckenfahrt, wenn der Fahrdieselmotor für den Fahrzeugantrieb sorgt, ist der Arbeitsfahrtantrieb zur Vermeidung von Schäden ausgekuppelt. Der Nutzen, den der hydrostatische Antrieb mit sich bringt, liegt in der Regelcharakteristik bei konstanter Motordrehzahl, nach der einem bestimmten Hydromotor-Schwenkwinkel eine bestimmte Fahrgeschwindigkeit entspricht. Durch Wahl des Schwenkwinkels können die Richtung und das Tempo unabhängig vom Fahrwiderstand vorgegeben werden. Diese Eigenschaft ist bei Arbeitsfahrten im unteren Geschwindigkeitsbereich von großem Vorteil.

Ein Einsatz der Hydrostatik als Hauptantrieb scheitert jedoch an dem im Vergleich zum hydrodynamischen Antrieb niedrigen Wirkungsgrad bei hohen Geschwindigkeiten und den unverhältnismäßig hohen Beschaffungs- und Unterhaltskosten.

3.8.6 Hydromechanische Leistungsübertragung

Hydromechanische Getriebe sind hydrodynamische Getriebe, denen ein mechanisches Stufengetriebe nachgeschaltet ist. Wirksam wird das hydrodynamische Getriebe jedoch nur beim Anfahren beziehungsweise im unteren Geschwindigkeitsbereich, danach wird das hydrodynamische Getriebe überbrückt und das Getriebe arbeitet als mechanisches Lastschaltgetriebe. Hydromechanische Getriebe verbinden Eigenschaften der hydrodynamischen Leistungsübertragung im Anfahrbereich mit den Merkmalen der mechanischen Übertragung im Betriebsbereich: also keine Zugkraftunterbrechung, automatische Gangschaltung und hoher Wirkungsgrad.

4 Führerstandseinrichtungen

4.1 Steuerung, Bedienung und Diagnose

4.1.1 Führerraum

Der Arbeitsplatz des Eisenbahnfahrzeugführers wird als Führerraum oder Führerstand bezeichnet. Die ältere Bezeichnung „Führerstand" stammt aus der Zeit der Dampflokomotiven, als der „Lokführer" seine Arbeit noch stehend verrichten musste. Damals war man der Auffassung, dass dies die Konzentration der Lokführer fördere. Mit Einführung der Sicherheitsfahrschaltung verlor dieser Gesichtspunkt aber an Bedeutung und die Gestaltung des Arbeitsplatzes orientiert sich seitdem an Kriterien wie Ergonomie und Komfort. Der aus der stehenden Bedienung stammende Begriff „Führerstand" wurde nach und nach durch das Wort „Führerraum" ersetzt, wobei die synonyme Verwendung durchaus gängig ist und eine scharfe Abgrenzung fehlt.

Abb. 4-1: Führerraum im ICE 3 Foto: Siemens Transportation Systems

Die Anforderungen an einen Führerraum haben sich in den letzten Jahren erheblich verändert. Der Eisenbahnfahrzeugführer verfügt heute im „Einheitsführerraum“ über ausreichend Platz und einen übersichtlichen, ergonomischen Arbeitsplatz. Alle Anzeigeeinrichtungen liegen im Blickfeld, die Bedienelemente sind so aufgebaut, dass sie leicht zu erreichen sind.

Bis heute arbeiten die meisten Eisenbahnfahrzeugführer in einer gerätegeprägten Umgebung, in der grundlegende Informationen wie zum Beispiel Statusinformationen von Druckmessern oder Leuchtmeldern im Führerraum dargestellt werden. Zunehmend werden diese Systeme durch softwarebasierte Anzeigen ersetzt. Aufgrund der technischen Weiterentwicklung insbesondere im Bereich der Zugsicherungstechnik und Diagnose sind zukünftig Displays im Führerraum vorgesehen, die vom Umfang der Anzeigen und Funktionen her die bisher eingesetzten Anzeigeelemente weit übertreffen.

Abb. 4-2: Führerraum eines Gleisarbeitsfahrzeuges Foto: DB AG/Claus Weber

Anordnung und Ausstattung der Führerräume

Die Führerräume der Streckenlokomotiven befinden sich meist an beiden Fahrzeugenden (Endführerraum) und sind als Teil der Fahrzeugaufbauten ausgeführt. Im Rangierdienst verwendete Lokomotiven werden in der Regel mit einem zentralen Führerhaus ausgeführt, das sich entweder in der Fahrzeugmitte (Mittenführerraum) oder an einem Fahrzeugende befindet.

Die allgemeinen Anforderungen an den Arbeitsplatz des Eisenbahnfahrzeugführers sind in der DIN 5566 festgelegt. Die wichtigsten Merkmale eines modernen Führerraums lassen sich wie folgt beschreiben:

- Der Führerraum ist mit einem Mittenführerstand für den Einmannbetrieb konzipiert. Das Führerpult ist so gestaltet, dass ergonomische und sicherheitsbedingte Anforderungen berücksichtigt werden. Die Führerräume neuerer Fahrzeuge sind klimatisiert und vielfach auch druckgedichtet ausgeführt.

- Der Führerraum ist so ausgeführt, dass der Eisenbahnfahrzeugführer das Fahrzeug sowohl im Sitzen als auch im Stehen bedienen kann. Mittelführerräume lassen die Bedienung in beide Fahrtrichtungen auf beiden Fahrzeugseiten zu.
- Der komfortable Sitz des Eisenbahnfahrzeugführers ist mittig oder außermittig angeordnet. Für die Mitfahrt einer Begleitperson ist ein weiterer Sitzplatz (Klappsitz) vorhanden.
- In der Führerraumrückwand sind bei den Lokomotiven Seitenschränke angeordnet. Bei Triebwagen beziehungsweise Triebzügen ist die Führerraumrückwand weitgehend transparent gestaltet.
- Für die Farbgebung werden Farben eingesetzt, die nicht zu einer Ermüdung der Augen führen. Bestimmte Bereiche können durch eine besondere Farbgebung hervorgehoben sein.
- Die großen beheizbaren Frontscheiben aus Verbundsicherheitsglas lassen eine ausreichende Streckensicht zu. Die Scheiben sind so ausgeführt, dass störende Reflexionen durch Lichtquellen vermieden werden. Sonnenschutzrollos bieten Sonnen- beziehungsweise Sichtschutz.
- Auf jeder Führerraumseite ist ein öffnungsfähiges Seitenfenster vorhanden, das in der Regel auch zur Zugbeobachtung genutzt werden kann.

Sicherheitseinrichtungen

Um die Mitarbeiterinnen und Mitarbeiter bei ihrer Arbeit zu unterstützen und menschliches Versagen auszuschließen, werden Zugsicherungs- und Überwachungseinrichtungen eingesetzt:

- Die Sicherheitsfahrschaltung (Sifa) überwacht die Dienstfähigkeit des Eisenbahnfahrzeugführers und leitet gegebenenfalls eine Zwangsbremsung sowie das Abschalten der Antriebsleistung ein.
- Die Punktförmige Zugbeeinflussung (PZB) überwacht das richtige Verhalten im Hinblick auf Signale und bewirkt eine Zwangsbremsung, wenn der Zug an Halt zeigenden Signalen vorbeifährt.
- Die Linienzugbeeinflussung (LZB) ist ein technisches System, das Zugfahrten steuert und sichert, indem es über einen im Gleis liegenden Linienleiter Informationen aus den Streckengeräten in den Führerstand sendet. Diese Informationen werden im Fahrzeuggerät ausgewertet und mithilfe der Führerraumanzeige zur Verfügung gestellt.

Steuerwagen

Die mit einem Führerstand ausgerüsteten Wagen werden als Steuerwagen bezeichnet. Von hier aus werden Steuerbefehle über eine Wendezugsteuerung zum Triebfahrzeug gesendet. Durch den Einsatz von Steuerwagen wird das Umspannen der Züge bei Fahrtrichtungswechseln in Kopf- und Endbahnhöfen überflüssig.

Auf dem Steuerwagen sind alle zur Bedienung des Triebfahrzeugs notwendigen Einrichtungen (zum Beispiel Fahrschalter, Bremsventil) sowie eine Reihe von Überwachungsgeräten für wichtige Funktionen von Triebfahrzeug und Zug (zum Beispiel Anzeiger für Geschwindigkeit, Motordrehzahl, Bremsdruck, Fahrdrahtspannung) angeordnet.

4.1.2 Führerpult

Das modular aufgebaute Führerpult besteht aus dem Pultkörper und den verschiedenen Bedien- und Anzeigefeldern. Der Grundkörper des Führerpults ist als selbsttragende Konstruktion ausgeführt. Der Pultkörper ist gegliedert in das Pultoberteil (Aufnahmeteil für das Bedienfeld), den rechten und linken Unterschrank sowie den Pedalboden mit der Fußstütze.

Auf oder am Bedienfeld sind alle für die Bedienung des Triebfahrzeugs nötigen Bedien- und Anzeigeelemente angebracht. Seitenabfahreinrichtungen an den Säulen zwischen Front- und Seitenfenster des Führerraumes und Handmikrofone an den Fahrerpultseitenflächen erleichtern das Abfertigen eines Reisezugs. Bei einigen Fahrzeugen sind diverse Bediengeräte in einem auf der rechten Seite angeordneten zusätzlichen Bedienpult untergebracht.

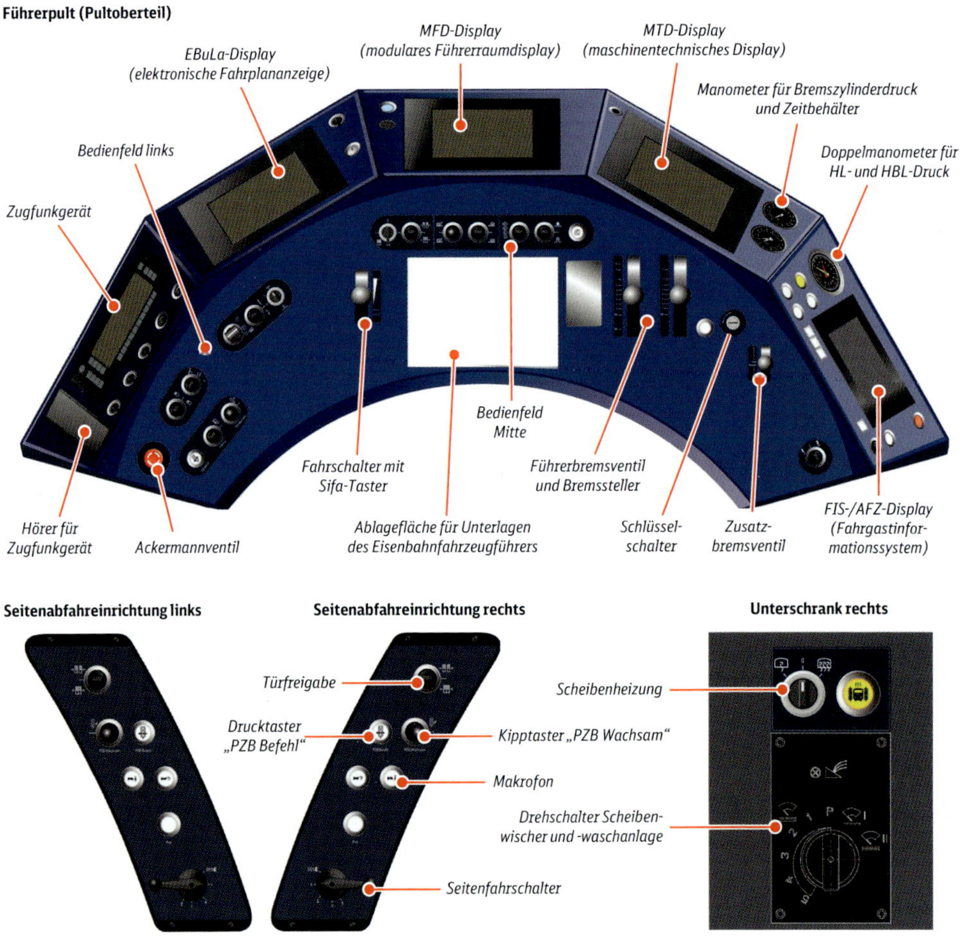

Abb. 4-3: Bedien- und Anzeigeelemente im Führerraum

Abbildung: Bombardier

Das Bedienfeld ist als einschaliges Gebilde konzipiert, das aus mehreren unterschiedlich geneigten Informations- und Bedienebenen besteht. Diese gruppieren sich halbkreisförmig um den Eisenbahnfahrzeugführer und machen so alle Elemente gut erkennbar.

- In der Pultmitte befinden sich alle Bedienelemente und Anzeigeinstrumente beziehungsweise Displays, die in unmittelbarem Zusammenhang mit den Funktionen Fahren und Bremsen stehen.
- Die Konsolen (Unterschränke) sind zur Aufnahme weiterer Bedienelemente gedacht. Hier befinden sich beispielsweise Bedienfelder für die Steuerung und Regelung der Führerraumklimaanlage oder der Wisch- und Waschanlage für die Frontscheibe.
- Im Pedalboden sind in der Regel die Fußtaster für die Sifa und das Typhon untergebracht.
- Den oberen Abschluss des Bedienfeldes bildet eine Sonnenschutzblende, die Reflexionen auf den Anzeigeelementen minimieren soll. Die Blende kann zusätzlich die Buchfahrplanleuchte aufnehmen; auch die Lautsprecher für den Zugfunk und die Notsprechstellen sind zum Teil dort integriert.

Bei neueren Fahrzeugen sind in den Führertischen kompakte Klimaanlagen eingebaut. Diese können neben ihren üblichen Funktionen – sie lüften, kühlen und heizen – auch den Druckschutz in den Belüftungskanälen übernehmen. Dazu sind im Ansaugbereich Sensoren angebracht, welche die Druckwellen bei Zugbegegnungen erfassen, die Luftzufuhr und -abfuhr mithilfe von Klappen unterbrechen und diese Klappen eine Zeit lang geschlossen halten.

Schlüssel- und Richtungsschalter

Der Schlüsselschalter dient zum Einschalten der Fahrzeugsteuerung und bei entsprechend ausgerüsteten Fahrzeugen zum Entkuppeln der automatischen Kupplung. Er weist neben der Taststellung „Entkuppeln“ die Schalterstellungen „0“ (Schlüssel abziehen) und „Betrieb“ auf. Mit dem Verlegen des Richtungsschalters aus der Stellung „0“ wird das besetzte Führerpult angewählt und die Fahrtrichtung vorgegeben. Damit ist gewährleistet, dass nur die Signale der Schalter und Taster des aktiven Führerraumes zur Weiterverarbeitung freigegeben werden.

Abb. 4-4: Schlüssel- und Richtungsschalter
Foto: Janicki

Abb. 4-5: Inbetriebnahmeschalter
Foto: Janicki

Inbetriebnahmeschalter

Einige Triebfahrzeuge werden mit einem als Schlüsselschalter ausgeführten „Inbetriebnahmeschalter" ein- und ausgeschaltet. In der Grundstellung des Schalters ist das Fahrzeug ausgeschaltet oder befindet sich im Betriebszustand „Abgestellt" (Parkstellung). Durch Drehen in die Stellung „Bordnetz ein" werden das betreffende Fahrzeug und alle weiteren, über die Kupplung angeschlossenen Fahrzeuge eingeschaltet und aufgerüstet. Das betreffende Fahrzeug wird als führendes Fahrzeug im Zugverband definiert. Über eine hardwareseitige Verriegelung ist sichergestellt, dass nicht gleichzeitig ein weiterer Führerstand aufgerüstet wird.

Stromabnehmer- und Hauptschaltersteuerung

Mit einem Kipptaster auf dem Führerpult wird der Befehl zum Heben des Stromabnehmers an die Fahrzeugsteuerung übermittelt. Sind alle Freigabebedingungen erfüllt, wird der vorgewählte Stromabnehmer mit Druckluft angehoben. Anschließend kann mit einem weiteren Kipptaster der Hauptschalter eingeschaltet werden. Das Ausschalten ist möglich durch Betätigung des Kipptasters „Hauptschalter aus", „Stromabnehmer nieder" oder „Not-Aus".

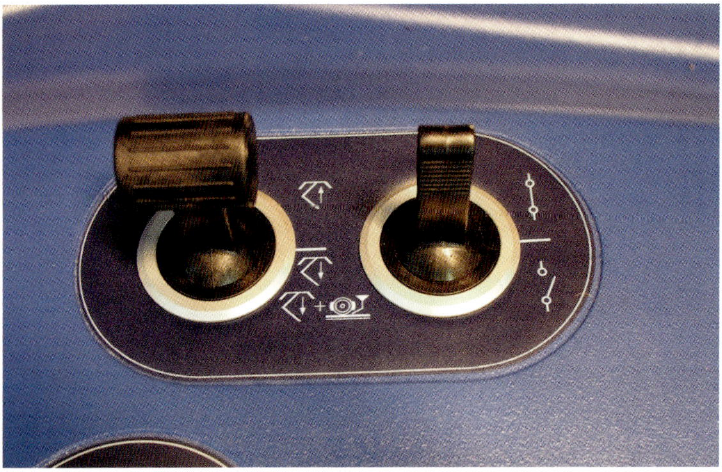

Abb. 4-6: Kipptaster Stromabnehmer (links) und Hauptschalter (rechts) Foto: Janicki

Bedien- und Anzeigeelemente der Bremseinrichtung

Die Bedien- und Anzeigeinstrumente für die direkte und indirekte Druckluftbremse sowie der Bremssteller der dynamischen Bremse sind in der Regel auf der rechten Seite des Führerpultes angeordnet. Zentrales Bedienelement in diesem Bereich ist das Führerbremsventil, das Hauptbestandteil der mikroprozessorgesteuerten Führerbremsventilanlage ist. Sollwertvorgaben steuern die indirekte Druckluftbremse auf elektronischem Wege. Die Schnellbremsstellung wirkt direkt auf die Hauptluftleitung.

Abb. 4-7: Bedien- und Anzeigeinstrumente der Bremseinrichtung

Abbildung: DB AG/Weber

Fahr- und Bremsschalter und v_{soll}-Steller

Die Fahrzeuge können mit einem Fahr- und Bremsschalter ausgestattet sein. Damit werden die erforderlichen Sollwerte für die Zug- oder Bremskraft vorgegeben. Meist ist im Fahrschalter auch ein Sifa-Taster eingebaut. Die Fahr- und Bremsbefehle können nur mit dem Fahrschalter des aktiven Führerpultes übermittelt werden. Eine Ausnahme bildet dabei die Schnellbremsung, die mit jedem Fahrschalter innerhalb des Fahrzeuges ausgelöst werden kann.

Fahrzeuge mit einer Automatischen Fahr- und Bremssteuerung (AFB) sind zusätzlich mit einem „v_{soll}-Steller" zum Vorwählen der AFB-Geschwindigkeit ausgestattet. Die eingestellte Geschwindigkeit wird am modularen Führerraum-Anzeigegerät (MFA) und außerdem in einer Statuszeile im Display angezeigt.

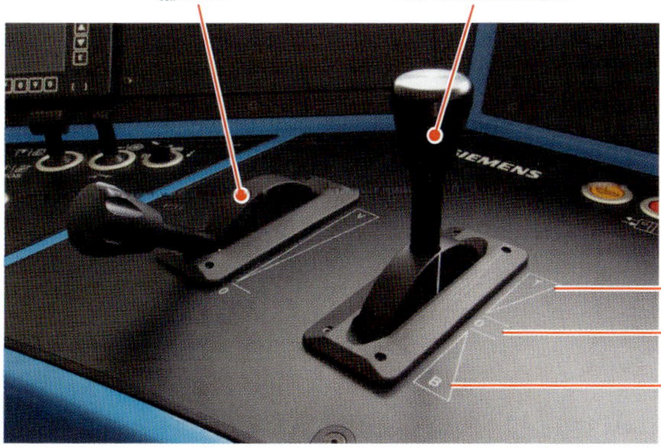

Abb. 4-8: Fahr- und Bremsschalter und v_{soll}-Steller

Abbildung: Janicki

Seitenabfahreinrichtung

Der Führerraum fast aller Triebfahrzeuge und Triebwagen verfügt über große Seitenfenster an beiden Seiten. So hat der Eisenbahnfahrzeugführer einen guten Blick nach außen. Diese Aussicht und die Bedienelemente an den Säulen zwischen Front- und Seitenfenster des Führerraums erlauben ihm das Abfertigen des Zuges am Bahnsteig. Auch ist das Anfahren des Triebzuges vom Seitenfenster aus möglich.

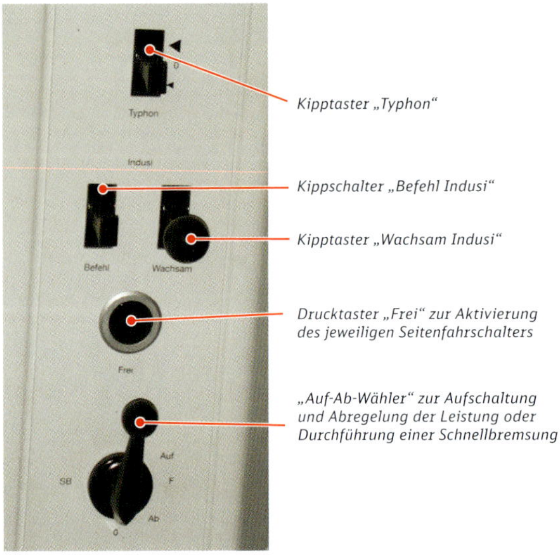

Abb. 4-9:
Anordnung der Bedienelemente auf dem Seitenfahrschalter
Abbildung: Janicki

Verwendung von Piktogrammen

Bei neueren und besonders bei mehrsystemfähigen Fahrzeugen sind die Bedienelemente zur Überbrückung sprachlicher Barrieren nicht mehr mit Texten, sondern sinnfälligen Symbolen (Piktogrammen) gekennzeichnet.

Abb. 4-10: Piktogramme zur Kennzeichnung von Bedien- und Anzeigeelementen Foto: Janicki

4.1.3 Betriebs- und Diagnoseanzeige

Die Führerräume sind bei neueren Fahrzeugen mit Farbdisplays ausgestattet, an denen sich alle wichtigen Informationen ablesen lassen. Die Software der Displays enthält die Bildschirmmasken zur Darstellung von Betriebswerten, Funktionszuständen, Diagnosemeldungen und Handlungshinweisen. Die Zuordnung der Displaybilder zu einem bestimmten Display ist nicht immer zwingend. Aus Gründen der Ausfallsicherheit sind diese Displays zweifach vorhanden, also redundant, sodass im Störungsfall die Ansicht eines defekten Displays vom anderen übernommen werden kann.

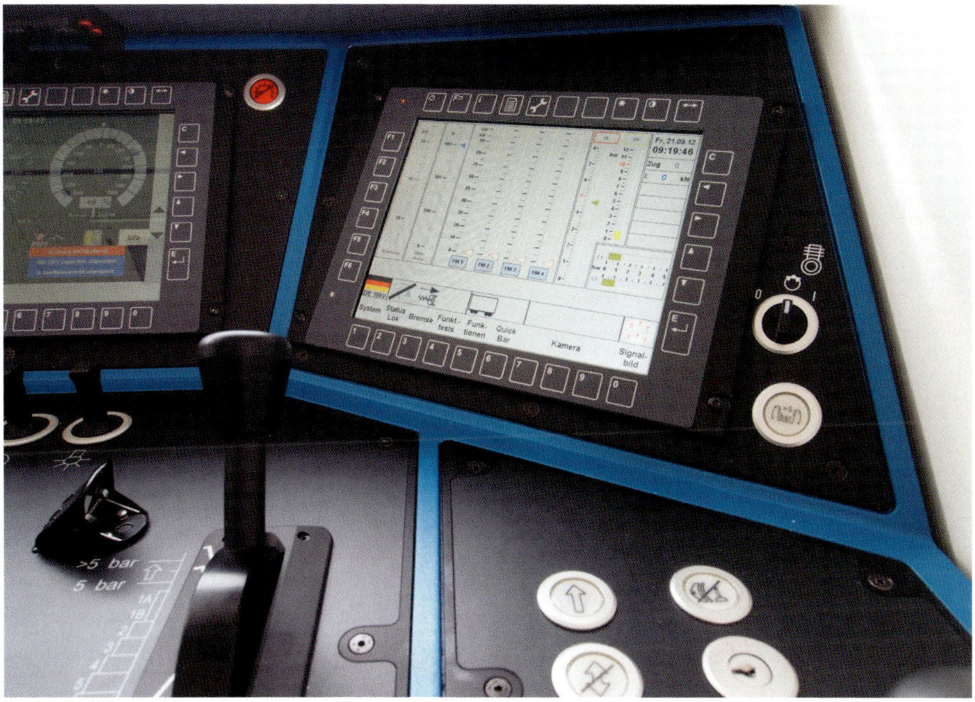

Abb. 4-11: Multifunktionsdisplay Foto: Janicki

Das Display besteht aus dem eigentlichen Anzeigebereich (Bildschirm) und der schwarzen Bedienoberfläche. Auf dem Bildschirm können verschiedene Bilder (Masken) zum Einstellen und Überprüfen von Daten aufgerufen werden. Die Informationen auf dem jeweiligen Display werden über Funktionstasten gesteuert. Dabei wird differenziert zwischen Tasten mit fester Bedeutung (Hardkeys) und Tasten, denen per Software verschiedene Funktionen zugeordnet werden (Softkeys). Hier wird die jeweils aktuelle Bedeutung vom Displaybild angezeigt. Abgesehen von fahrzeugspezifischen Eigenheiten ist die Bedienung in allen mit Diagnosedisplay ausgerüsteten Fahrzeugen identisch.

Je nach Einsatzzweck und Fahrzeugtyp kommen folgende Displays zum Einsatz:

- maschinentechnisches Display (MTD) zur Anzeige von Betriebs- und Diagnosedaten, zum Aufrufen der Störungsübersicht sowie für Schalthandlungen

- modulares Führerraumdisplay (MFD) zur Anzeige der Geschwindigkeit sowie der Zug- und Bremskräfte, zur Darstellung von Informationen der Zugbeeinflussungssysteme und zur Eingabe von Zugdaten
- EBuLa-Display zur Fahrplananzeige

MTD und MFD sind mit einer Datenleitung verbunden. Fällt einer der beiden Displays aus, schaltet sich das noch arbeitende Display in die „Ein-Display-Anzeige" um. Dabei werden alle wichtigen Informationen in übersichtlicher Form auf einem Display dargestellt. Dieser Modus kann auch manuell ausgewählt werden. In Zugverbänden werden auf den Displays auch die Betriebsdaten und Zustandsmeldungen aus den anderen Fahrzeugen angezeigt. Bei bestimmten Fahrzeugbauarten sind die Funktionen von MTD und MFD grundsätzlich auf einem Display zusammengefasst.

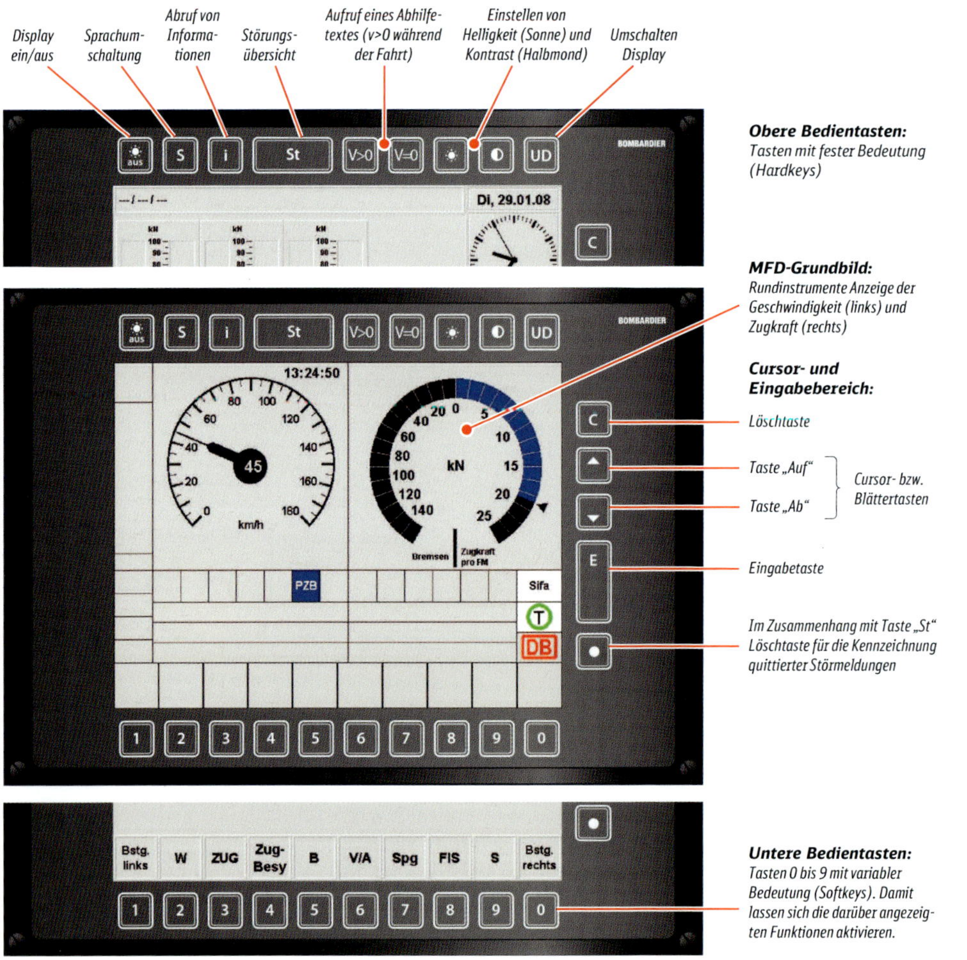

Abb. 4-12: Multifunktionsdisplay MTD und MFD

Abbildung: Janicki

Modulares Führerraum-Anzeigegerät (MFA)

Als zentrales und kompaktes Anzeigegerät ist in vielen älteren Fahrzeugen das Modulare Führerraum-Anzeigegerät (MFA) montiert. Hier werden die Geschwindigkeit, Zug- und Bremskraft sowie Leuchtmelderanzeigen und Daten der LZB (wenn vorhanden) dargestellt. Beim MFA handelt es sich um ein teilweise mechanisches Gerät, das nur beschränkt erweiterungsfähig ist.

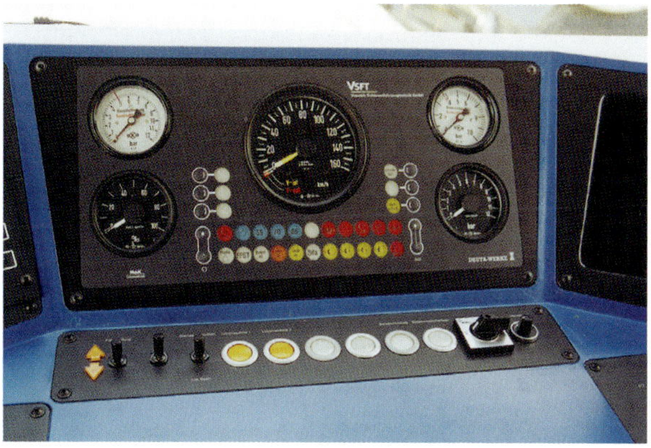

Abb. 4-13:
modulares Führerraum-Anzeigegerät (MFA) einer Diesellokomotive (mit Anzeige der Bremszylinderdrücke)

4.1.4 Leittechnik

Moderne Fahrzeuge weisen viele rechnergesteuerte elektronische oder elektromechanische Systeme auf. Eine rechnerbasierte Leittechnik steuert und überwacht die einzelnen Systeme und deren Funktion. Ein Farbdisplay im Führerraum zeigt dem Eisenbahnfahrzeugführer sowie dem Instandhaltungspersonal die Betriebsinformationen und die Ergebnisse der Betriebs- und Werkstattdiagnose an.

Der übergreifende Datenaustausch zur Steuerung, Regelung, Überwachung und Diagnose von Steuergeräten unterschiedlicher Subsysteme erfordert eine Standardisierung. Mit dem Train Communication Network (TCN) nach IEC 61375 ist dieser Standard realisiert. Das TCN ist ein hierarchisches, zweistufiges Kommunikationsnetz, das aus dem Zugbus WTB (Wire Train Bus) und dem Fahrzeugbus MVB (Multifunction Vehicle Bus) besteht. Je nach Fahrzeughersteller können für die Subsysteme unterschiedliche Bezeichnungen eingeführt sein.

Struktur der Leittechnik

Die leittechnischen Aufgaben werden von einem Mehrrechnersystem wahrgenommen.

- Zur Zugsteuerebene (Zugleitebene) gehört die Traktionssteuerung über den Zugbus (WTB), die den Betrieb gleichartiger Fahrzeuge (Triebfahrzeuge und Wagen) ermöglicht. Die Zugleitebene ist in das Zentralsteuergerät (ZSG) integriert.
- Die Fahrzeugsteuerebene (Fahrzeugleitebene) ist mit ihren Fahrzeugsteuerfunktionen und der integrierten Diagnose im Zentralsteuergerät (ZSG) zusammengefasst.

- Für die Subsystemsteuerebene (Antriebsebene und weitere Komponenten) werden in der Regel eigene Steuergeräte, wie zum Beispiel das Antriebssteuergerät (ASG) eingesetzt. Der Informationsaustausch zwischen Fahrzeugleitebene, Antriebsleitebene und sonstigen Komponenten erfolgt über den leistungsfähigen und redundanten Fahrzeugbus (MVB).

Ebene	Komponente	
Zugsteuerebene	**Zentralsteuergerät (ZSG)**	
Fahrzeugsteuerebene		
Subsystemsteuerebene	Antriebssteuergerät (ASG)	Bremssteuergerät (BSG)
	Zugsicherungssysteme	Diagnosedisplays
	Bordnetzversorgung (BNV)	Klimasteuergerät
	Fahrgastinformationssystem (FIS)	Lokale Türsteuergeräte (LTG)

Abb. 4-14: Komponenten der Leittechnik

Zentralsteuergerät (ZSG)

Kernelement der Leittechnik ist das ZSG. Es erfüllt die übergeordneten Steuerungsaufgaben für das gesamte Fahrzeug oder den Triebzug, indem es die Signale vom Führertisch verarbeitet und daraus entsprechende Sollwerte für die nachgeschalteten Geräte erzeugt. Alle Systeme sind so aufgebaut, dass ein einzelner Fehler nicht zum Ausfall des Fahrzeuges führt. Aus Gründen der Absicherung ist das ZSG immer doppelt vorhanden. Außer in Sonderfällen ist immer nur ein Gerät im Einsatz („Master"), während das zweite Gerät im „Standby"-Modus arbeitet („Slave"). Auch passive Bauteile werden ständig überwacht. Das ZSG ist so ausgelegt, dass bis zu drei Fahrzeuge in Mehrfachtraktion mitgesteuert werden können. Auf dem Führerpult und an der Batterieschalttafel sind sämtliche Bedien- und Anzeigeelemente angeordnet, die für die Bedienung und für die Störmeldung beziehungsweise Überwachung der einzelnen Systeme während der Fahrt notwendig sind.

Aufgaben des ZSG:

- Verarbeitung aller Steuerbefehle des Eisenbahnfahrzeugführers
- Steuerung, Regelung und Überwachung der Traktions- und Bremssteuerung
- Steuerung der Hilfsbetriebe
- zentrale Weg- und Geschwindigkeitserfassung
- Anzeige von Betriebszuständen und Fahrzeugdiagnose
- Steuerung der Zugsicherungssysteme (Sifa, PZB) sowie der Automatischen Fahr- und Bremssteuerung (AFB)
- Mehrfachtraktionssteuerung (ZWS/ZDS/ZMS)
- Befehlsvorgabe für Subsysteme (zum Beispiel Türen und Klimaanlage)

Bussysteme

Für den Informationsaustausch zwischen den einzelnen Komponenten und dem Leitsystem werden verschiedene Bussysteme eingesetzt.

Der Informationsaustausch zwischen den zentralen Steuergeräten (ZSG) und den Subsystemen innerhalb eines Zuges erfolgt über den redundant (doppelt) ausgeführten Fahrzeugbus des neuen Standards MVB (Multifunction Vehicle Bus), der von der DB AG als aktueller Standard für alle Triebfahrzeuge vorgesehen ist. Mit einer Übertragungsrate von 1,5 MBit/s ist die Leistungsfähigkeit dieses Busses für die Datenmengen der Zugkommunikation ausreichend hoch.

Der Datenaustausch zwischen gekuppelten Zügen bei der Mehrfachtraktion oder generell bei den ICE-Triebzügen der neuesten Generation (ICE 3 und ICE T) erfolgt über den leistungsfähigen Zugbus nach dem Standard WTB (Wired Train Bus).

Für dezentrale Ein-/Ausgaben werden verschiedene lokale Bussysteme verwendet, die typischerweise in Form einer verdrillten und geschirmten Zweidrahtleitung die Datenübertragung und die Energieversorgung der Peripheriegeräte – wie dezentrale Aktoren und Sensoren – gewährleisten oder zum Beispiel die FIS-Fahrziel-Anzeigen ansteuern. Fahrzeugleitgeräte („Gateways“) verbinden beide Bussysteme untereinander.

Bus	Aufgabe	Abkürzung
Zugbus	Verbindung zwischen gekuppelten Zügen bei Mehrfachtraktion bzw. der Viertelzüge bei den ICE-Triebzügen der neuesten Generation wie ICE 3 oder ICE T	WTB (Wired Train Bus)
Fahrzeugbus	Verbindung der zentralen Steuergeräte (ZSG) und der Subsysteme innerhalb eines Fahrzeugs im Zug	MVB (Multifunction Vehicle Bus)
Bremssteuerungsbus	Verbindung aller Teile der Bremssteuerung	

Abb. 4-15: Bussysteme

Leittechnik am Beispiel eines elektrischen Triebfahrzeuges

Die redundant arbeitenden Zentralsteuergeräte ZSG 1 und ZSG 2 übernehmen die Gesamtsteuerung des Triebfahrzeugs. Sie sind zusammen mit dem jeweiligen Antriebssteuergerät ASG im Stromrichterschrank installiert.

Die ZSG erzeugen aus den Signalen des Führertisches entsprechende Sollwerte für die ASG. Von dort werden die Stromrichter angesteuert. Darüber hinaus überwachen die ZSG die Steuerung von Stromabnehmer, Hauptschalter und Hilfsbetrieben, die zentrale Weg- und Geschwindigkeitsüberwachung, die Automatische Fahr- und Bremssteuerung (AFB), die Sifa und die Mehrfachsteuerung.

- Die Stromversorgung für die Fahr- und Bremssteuerung (110 V) wird mit dem Einschalten des Batterieschützes aktiviert. Die beiden Zentralsteuergeräte werden zugeschaltet, wenn der Batterieschalter eingelegt und mit dem Anziehen des Batterieschützes der erforderliche Batteriestromkreis geschaltet wird.
- Unter der Voraussetzung, dass kein Bremsbefehl ansteht, können die Fahrbefehle durch Verlegen des Zugkraftstellers oder von einem Hilfsfahrschalter aus initiiert werden. Die Sollwerte werden vom Zentralsteuergerät über den Fahrzeugbus an die Antriebssteuergeräte weitergeleitet.
- Die Ansteuerung der Bremsen erfolgt über die Bremsrechner auf der Bremsgerätetafel entweder manuell vom Eisenbahnfahrzeugführer oder über die Automatische Fahr- und Bremssteuerung.
- Am Führerpult sind die Bauteile der Bremssteuerung über einen separaten Bremssteuerungsbus an die Bremsrechner angekoppelt. Diese geben die Schaltbefehle oder Sollwertgrößen an die Bauteile an der Bremsgerätetafel weiter. Einzelne Status- und Diagnosemeldungen werden an die Zentralsteuergeräte gemeldet.
- Die vom Bremsrechner gebildeten Sollwerte für die E-Bremse werden über die Zentralsteuergeräte und den Fahrzeugbus den Antriebssteuergeräten zur Brems- oder Drehmomentenbildung zugeleitet.

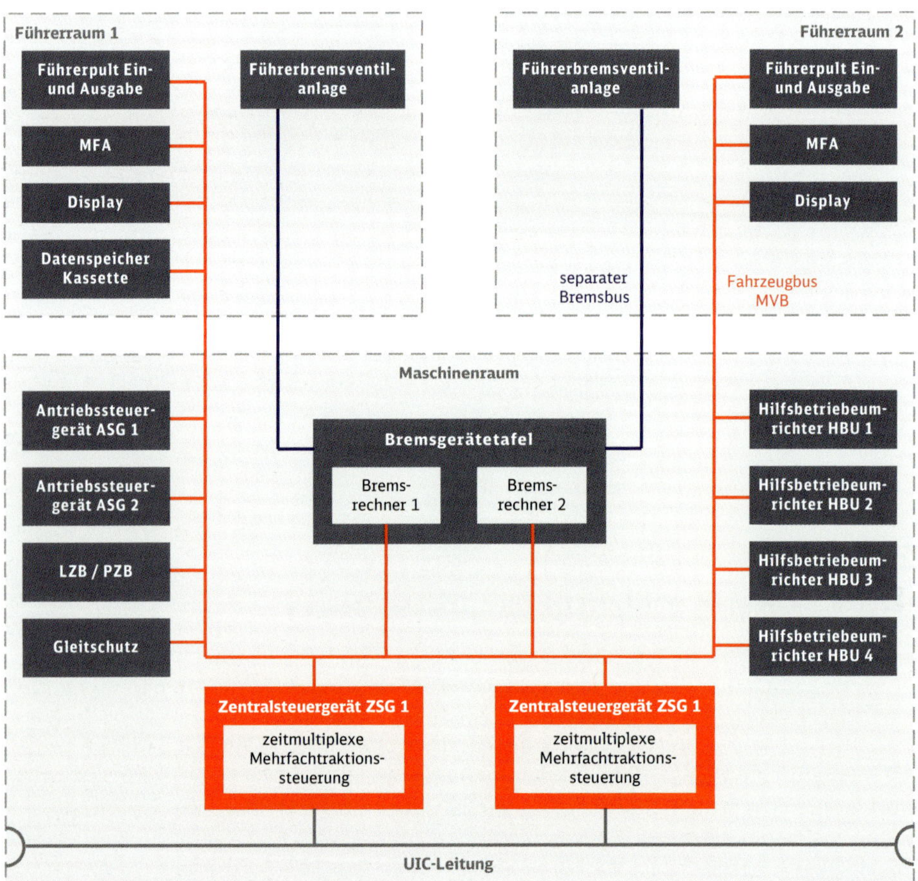

Abb. 4-16: Leittechnik eines elektrischen Triebfahrzeuges

Abbildung: Janicki

Leittechnik bei Dieseltriebfahrzeugen

Bei Dieseltriebfahrzeugen steuert das Zentralsteuergerät auch den Dieselmotor und das Getriebe. Während des Betriebs wird der Zustand der gesamten Antriebsanlage erfasst, indem wichtige Parameter wie Motoröldruck, Motordrehzahl, Kühlwasserübertemperatur und Kühlwassermangel, Getriebeöldruck sowie Stellung des Schaltgetriebes kontrolliert werden. Bei unzulässigen Betriebszuständen stellt das ZSG entweder den Leerlauf ein oder schaltet die Antriebsanlage ab.

Betriebsmodus

Mit Betriebsmodus werden die verschiedenen Fahrzeugzustände während der Abstellung und beim Betrieb bezeichnet. Je nach Fahrzeughersteller können vergleichbare Betriebsmodi unterschiedlich bezeichnet sein.

- Betriebsmodus „Ausgeschaltet“: Das Fahrzeug wird ohne externe Energieversorgung (Fahrleitung, Fremdeinspeisung) für einen längeren Zeitpunkt abgestellt. Sämtliche Systeme sind ausgeschaltet.
- Betriebsmodus „Energiesparend abgestellt“: Das Fahrzeug wird mit externer Energieversorgung für einen längeren Zeitraum abgestellt. Ein Großteil der Systeme ist ausgeschaltet; das Fahrzeug wird nur noch auf eine geringe Temperatur (Frostschutz) geheizt und die Batterie wird geladen. Der Zeitpunkt der Zugbereitstellung kann am Diagnosedisplay eingestellt werden, um so die ausreichende Temperierung zur geplanten Abfahrtzeit zu gewährleisten.
- Betriebsmodus „Abgestellt“: Das Fahrzeug wird mit externer Energieversorgung für einen kürzeren Zeitraum abgestellt. Fast alle Systeme sind eingeschaltet; der Innenraum des Fahrzeuges wird geheizt beziehungsweise klimatisiert.
- Betriebsmodus „Eingeschaltet“: Normalzustand beim Fahren sowie im Stand mit aktiviertem Führerpult.
- Betriebsmodus „Abschleppen“: Das Fahrzeug wird in einen definierten Zustand versetzt, der ein Abschleppen ermöglicht.
- Parkmodus: Die Federspeicherbremse wird angelegt; technische Komponenten wie beispielsweise Stromabnehmer/Hauptschalter behalten ihren zuletzt gewählten Zustand bei.

4.1.5 Wendezug- und Mehrzugsteuerung

Beim Betrieb von Wendezügen werden elektrische Signale zwischen dem Führerraum des Steuerwagens und jenem des schiebenden Triebfahrzeuges vermittelt. Dieser Informationstransfer erfolgt bei älteren Fahrzeugen über ein 34- oder 36-poliges Steuerkabel, mit dem alle zwischen Lok und Steuerwagen gekuppelten Fahrzeuge ausgerüstet sein müssen. Jeder Ader ist hier nur eine einzige spezielle Funktion zugeordnet. Die Menge der übertragbaren Informationen ist deshalb begrenzt.

Abb. 4-17:
geschobener Wendezug
Foto: DB AG/Bedeschinski

Zeitmultiplexe Wendezugsteuerung (ZWS)

In den 1970er-Jahren wurde die ZWS entwickelt, um das alte Steuerkabel zu ersetzen. Bei der ZWS kann ein Adernpaar der 13- beziehungsweise 18-poligen Informations- und Steuerleitung (IS-Leitung) eine Vielzahl von Signalen übermitteln. Damit sind alle mit dieser Leitung ausgerüsteten Fahrzeuge wendezugfähig. Mithilfe der ZWS werden sämtliche zur Steuerung und Überwachung der Lok erforderlichen Daten und Informationen nacheinander in „Datentelegramme" umgewandelt und anschließend in ein Frequenzsignal verschlüsselt (moduliert), daher die Bezeichnung „zeitmultiplex". Anschließend werden sie über die Informations- und Steuerleitung übertragen. Wegen der Verwendung unterschiedlicher Übertragungsfrequenzen je nach Übertragungsrichtung können gleichzeitig Befehle und Meldungen (Befehls- und Meldekanal) auf einer Leitung transferiert werden. Von der Lok zum Steuerwagen werden sie mit einer Frequenz von 96 kHz und umgekehrt mit 120 kHz übermittelt. Beim geführten Triebfahrzeug werden die Datentelegramme wieder entschlüsselt (demoduliert) und in elektromagnetische Impulse und Stellgrößen umgewandelt, mit denen dann Schaltzustände der Lok verändert werden können.

Das Triebfahrzeug meldet den aktuellen Zustand über den Meldekanal zurück. Diverse Leuchtmelder und Instrumente zeigen diese Meldungen im Steuerwagen an. Der Eisenbahnfahrzeugführer ist somit immer über das Triebfahrzeug informiert.

Abb. 4-18:
Kupplungsdose der Informations- und Steuerleitung
Foto: Janicki

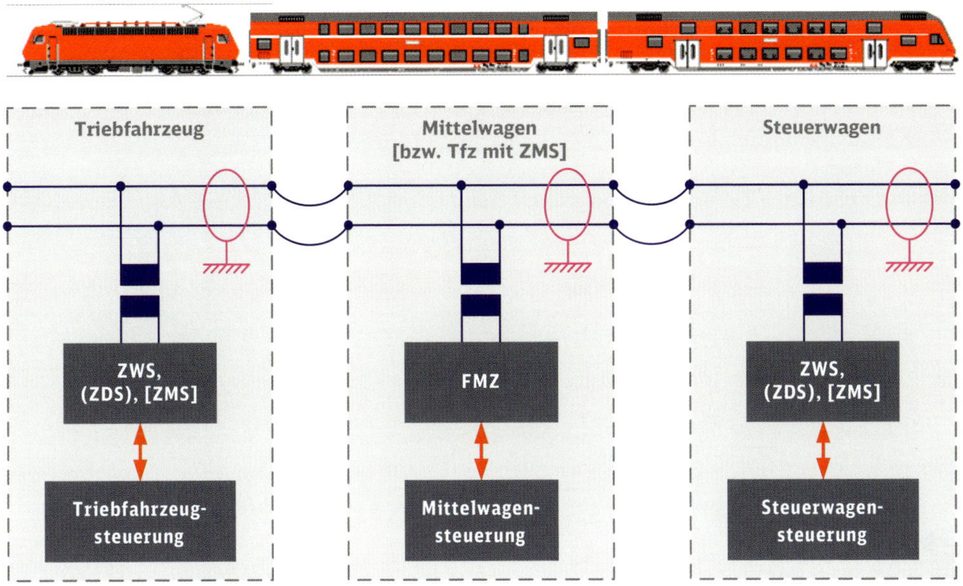

Abb. 4-19: ZWS-Blockschaltbild (rechts) Abbildung: Janicki

Frequenzmultiplexe Zugsteuerung (FMZ)

Bei der Frequenzmultiplexen Zugsteuerung (FMZ) handelt es sich um eine Baugruppe der ZWS. Während mit der ZWS nur Daten zwischen Lok- und Steuerwagen übertragen werden können, dient die FMZ auch dem Transfer von Informationen vom führenden Führerstand zu den einzelnen Zwischenwagen. Anders als bei der ZWS wird jeder Meldung und jedem Befehl jeweils genau eine Frequenz zwischen 67 und 73 kHz zugeordnet, und diese Informationen werden gleichzeitig frequenzmultiplex auf dem gleichen Adernpaar der UIC-Leitung wie bei der ZWS übermittelt. Die in jedem Wagen vorhandenen Niederfrequenz-Auswerter werden hierdurch direkt angesprochen und führen in diesem Wagen die entsprechende Schalt- und Überwachungsaktion aus. Mit der FMZ werden auch die Daten für Wendebremsprobe, Handbremskontrolle, Türverschlüsse und Rückmeldungen sowie Beleuchtungssteuerung übertragen.

Zeitmultiplexe Doppel- und Mehrfachtraktionssteuerung (ZDS/ZMS)

Bei der Zeitmultiplexen Mehrfachtraktionssteuerung (ZMS) handelt es sich um eine Weiterentwicklung der ZWS, mit der bis zu vier Triebfahrzeuge in einem Zugverband vom Führerraum eines führenden Triebfahrzeugs aus gesteuert werden können. Durch eine Erweiterung der Datentelegramme werden vom führenden Fahrzeug aus die Unterstationen anderer gekuppelter Fahrzeuge angesprochen und diese damit gesteuert. Bei der ZMS können bis zu vier Teilnehmer an der Kommunikation teilnehmen.

Zu Beginn der Kommunikation wird zunächst eine Zugbustaufe durchgeführt, bei der man den einzelnen Zugbusteilnehmern eine laufende Nummer zuweist. Ähnlich der ZWS werden die Befehle des Eisenbahnfahrzeugführers im führenden Triebfahrzeug zeitmultiplex kodiert und über die IS-Leitung an die anderen Triebfahrzeuge übertragen. Dort werden die Befehle dekodiert und ausgeführt. Über eine weitere Trägerfrequenz melden die geführten Triebfahrzeuge den aktuellen Zustand zurück. Die geführten Triebfahrzeuge benutzen den Meldekanal im stetigen Wechsel. Die Rückmeldungen werden im führenden Triebfahrzeug am Display visualisiert.

Mithilfe der Zeitmultiplexen Doppeltraktionssteuerung (ZDS) kann ein einzelnes Triebfahrzeug von einem anderen Triebfahrzeug geführt werden. Die Datenübertragung erfolgt wie bei der ZWS und ZMS.

Abb. 4-20: Dieseltriebzug der Baureihe 642 in Doppeltraktion Foto: DB AG/Kirsche

4.1.6 Sonstige Führerstandseinrichtungen

Im Blickfeld des Eisenbahnfahrzeugführers befinden sich verschiedene Leuchtmelderanzeigen, die Fahrzeugzustand und Störungen oder Abweichungen vom Normalbetrieb signalisieren.

Schalttafel

Im Bedienraum befinden sich meist im und am Schaltschrank, an der Führerraumrückwand, aber auch in Augenhöhe über dem Führerpult weitere Bedienelemente zum Schalten und Überwachen wichtiger technischer Einrichtungen. Im Folgenden ein Beispiel:

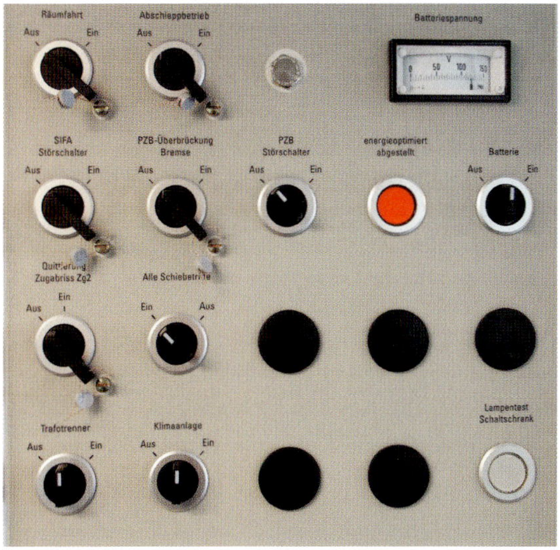

Abb. 4-21: Schalttafel (Beispiel elektrischer Triebwagen mit 120-V-Anlage)

Abb. 4-22: Sicherungsautomaten

Fotos: Janicki

Sicherungsautomaten (SA), Leitungsschutzschalter (LSS)

Die einzelnen Stromkreise des Fahrzeugs werden durch Sicherungsautomaten abgesichert. Von Ausnahmen abgesehen sind sie in ihrer Grundstellung immer eingeschaltet.

Hilfsleuchtmeldertableau in der Dachvoute

Im Führerraum einiger Fahrzeuge befindet sich oberhalb der Stirnfenster ein Hilfsleuchtmeldertableau. Dieses besteht aus verschiedenen Feldern, in denen Hilfsleuchtmelder zusammengefasst sind, die Störungen und Betriebszustände anzeigen.

Energiezähler

Elektrische Fahrzeuge sind mit einem Energiezähler ausgerüstet. Sie geben den Energieverbrauch wie auch die Energierückspeisung beim elektrischen Bremsen wieder.

Feuerlöschanlage

Triebfahrzeuge können mit einer Feuerlöschanlage ausgerüstet sein. Diese löscht ausschließlich brandgefährdete Stellen im Maschinenraum wie beispielsweise die Traktionsumrichter oder die Hilfsbetriebegerüste. Beide Gerüste sind zu dem Zweck mit Temperatursensoren und Feuerwarnrückschaltern ausgerüstet. Sie melden den Brand an eine Steuereinheit, die automatisch die Flutung der oben genannten Komponenten mit einem gasförmigen Löschmittel auslöst. Der Brand wird mit der Herabsetzung der Zündtemperatur bekämpft. Mit Auslösung der Feuerlöschanlage wird zeitgleich der Fahrzeughauptschalter ausgeschaltet.

4.1.7 Optische und akustische Signale

Fahrzeuge mit Führerstand sind mit Frontscheinwerfern ausgestattet, die für die Sicht des Eisenbahnfahrzeugführers sorgen sollen. Zusätzlich müssen Einrichtungen zum Geben hörbarer Signale vorhanden sein. Vorgeschrieben ist darüber hinaus, dass ein Zug durch ein Spitzen- und Schlusssignal sichtbar gemacht werden muss. Dies geschieht meist in Form von Lichtsignalen.

Spitzen- und Schlusslicht

Triebfahrzeuge und andere führende Fahrzeuge weisen drei weiße Spitzenlichter auf; zwei dieser Spitzenlichter befinden sich in einer horizontalen Flucht auf gleicher Höhe über der Schienenoberkante, während das dritte Kennlicht mittig in einem Abstand von mindestens 600 mm darüberliegt. Fahrzeuge, die für den Betrieb am Ende des Zuges ausgelegt sind, weisen darüber hinaus zwei rote Schlusslichter auf.

Die Spitzen- und Schlusslichter werden mit Kippschaltern auf dem Führerpult direkt ein- und ausgeschaltet. Mit einem weiteren Schalter kann von Abblendlicht auf Fernlicht umgeschaltet werden.

Abb. 4-23: Spitzen- und Schlusslicht hier in Form zweier LED-Scheinwerfer Foto: Janicki

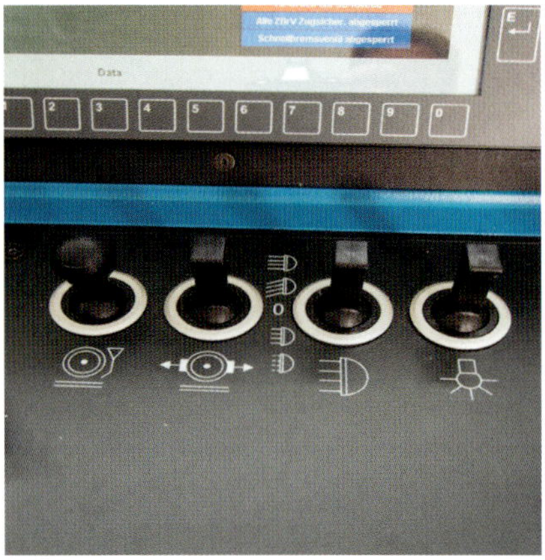

Abb. 4-24: Kippschalter für das Spitzen- und Schlusslicht (zweiter Kippschalter von rechts) Foto: Janicki

Aufgrund der länderspezifischen Anforderungen an die Signalleuchten müssen beim Befahren verschiedener Netze viele verschiedene Signalbilder erzeugt werden. Beispielsweise muss das Dreilichtspitzensignal je nach Land und Fahrzustand („Vorwärts“, „Rückwärts“, „Falschfahrt“, „Rangieren“) Muster in verschiedenen Farben und teilweise sogar mit Blinkfunktion darstellen können. Mehrsystemfähige Fahrzeuge haben deshalb Scheinwerfer, die aus zahlreichen weißen, grünen und roten Leuchtdioden (LED) großer Helligkeit bestehen und im Zentrum einen Lichtscheinwerfer mit waagerechtem Lichtaustritt für das Abblendlicht einschließen. LED-Scheinwerfer bieten zwei Vorteile: Die Ausfallwahrscheinlichkeit ist außerordentlich gering und die Energieverluste durch Wärmeentwicklung sind niedriger.

Die fehlende Wärmeentwicklung führt dazu, dass bei Frost die Scheinwerfer vereisen. Deshalb sind bei einigen Fahrzeugen die Scheinwerfer beheizt.

Bei entsprechend ausgerüsteten Fahrzeugen lassen sich die gewünschten Signalbilder mit einem 16-stufigen Drehwahlschalter, der sich meist an der Rückwand des jeweiligen Führerraumes befindet, vorwählen. Während eine Kontrollanzeige im Führerraum beim Schalten die Signalbilder sofort anzeigt, sorgt eine Steuerung für eine zeitverzögerte Einschaltung der gewählten Lichtkombination.

Abb. 4-25: Schalter für Spitzen- und Schlusslicht Foto: Janicki

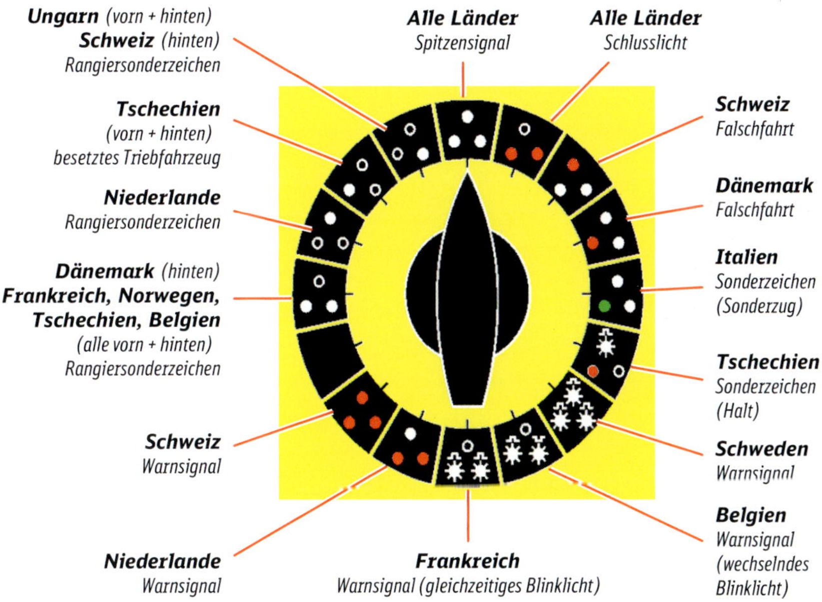

Abb. 4-26: Signalleuchtenwahlschalter bei mehrsystemfähigen Fahrzeugen

Makrofon

In der Regel sind die Fahrzeuge mit einem Hoch- und einem Tieftonmakrofon ausgerüstet, die von elektropneumatischen Magnetventilen oder mit einem Fußventil pneumatisch angesteuert werden. Auf dem Führerpult befindet sich zum Bedienen der Makrofonanlage der Kipptaster „Makrofon", mit dem wahlweise das Hoch- oder das Tieftonmakrofon aktiviert werden kann. Beim Betätigen des Fußventils wird die Druckluft für beide Makrofone gleichzeitig freigegeben. Im Fall einer Störung wird die Druckluftzufuhr über einen manuell bedienten Absperrhahn unterbrochen. Bei einigen mehrsystemfähigen Fahrzeugen kann eine Nebelsignalfunktion aktiviert werden. Die Leittechnik schaltet dann die Makrofone „Tiefton" und „Hochton" abwechselnd ein und aus.

4.1.8 Funkfernsteuerung

Funkferngesteuerte Rangier- und Kleinlokomotiven werden für alle im Rangierbetrieb anfallenden Aufgaben eingesetzt. Die Funklok darf unbesetzt sein – sie wird dann vom Lokrangierführer über Funk gesteuert. Der Lokrangierführer braucht hierzu ein Fernsteuerbediengerät (FBG) sowie ein Handsprechgerät in einem Tragegeschirr. An beiden Seiten des Führerraums ist je eine weiße Leuchte angebracht. Damit wird signalisiert, dass es sich um eine im Funkfernsteuerbetrieb befindliche Lokomotive handelt.

Abb. 4-27: Rangierlokführer auf einer Diesellokomotive der Baureihe 295

Foto: DB AG/Weber

Bauteile der Funkfernsteuerung

Zur Funkfernsteuerungsanlage gehören ein Fernsteuergeräteschrank mit maschinen- und fernmeldetechnischem Teil, das Batterieladegerät zum Laden der Batterien des Fernsteuerbediengerätes sowie eine Halterung für das Fernsteuerbediengerät.

Die Überwachung der Maschinenanlage ist automatisiert. Eine Schleuder- und Gleitschutzeinrichtung verhindert das Gleiten und Schleudern der Radsätze bei ungünstigen

Reibungsverhältnissen. Die automatische Anfahrzugbegrenzung drosselt beim Anfahren die Motordrehzahl und gibt sie geschwindigkeitsabhängig frei. Bei circa 10 km/h ist die volle Zugkraft vorhanden. Ein Bedienpult am Führertisch dient zur manuellen Bedienung der Lok.

Abb. 4-28: Fernsteuergeräteschrank

Foto: DB AG

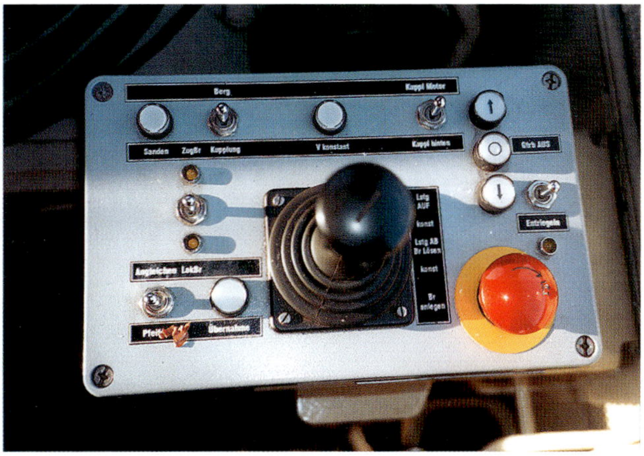

Abb. 4-29: Bedienpult für die manuelle Bedienung (BR 363-365)

Foto: DB AG

Sicherheitseinrichtungen

Die technische Konzeption der Funkfernsteuerung gewährleistet ein Höchstmaß an Sicherheit:

- Zur Überwachung des Lokrangierführers ist im Fernsteuerbediengerät ein Neigungsschalter eingebaut, der beim Neigen dieses Gerätes um mehr als 50° aus der Senkrechten eine Schnellbremsung auslöst.
- Eine Fahrsperre verhindert eine versehentliche Leistungsaufschaltung am Fernsteuerbediengerät und schützt so den Lokrangierführer vor ungewollten Fahrbewegungen der Funklok.
- Die Stillstandsüberwachung (Rollsicherung) wirkt unbeabsichtigten Bewegungen der Funklok oder der Wagengruppe entgegen.
- Eine Geschwindigkeitsüberwachung kontrolliert das Einhalten einer am Fernsteuergeräteschrank eingestellten maximalen Rangiergeschwindigkeit.
- Eine Geschwindigkeitsregelung erleichtert bei einigen Fahrzeugbauarten das Einhalten der erforderlichen Abdrückgeschwindigkeit.

Die Signalverarbeitung im maschinentechnischen Teil ist zweikanalig aufgebaut und lässt eine ständige vergleichende Kontrolle der Signale zu. Zum Beispiel wird bei fehlenden oder falsch erkannten Funktelegrammen nach einer Reaktionszeit von 2,2 Sekunden automatisch eine Vollbremsung ausgelöst.

Fernsteuerbediengerät

Die Funklok wird mit dem Fernsteuerbediengerät gesteuert. Es gibt verschiedene Systeme in unterschiedlichen Gehäusen, aber mit ähnlicher Bedienung. Neuere Anlagen sind etwas leichter und nach neuesten ergonomischen Erkenntnissen entwickelt.

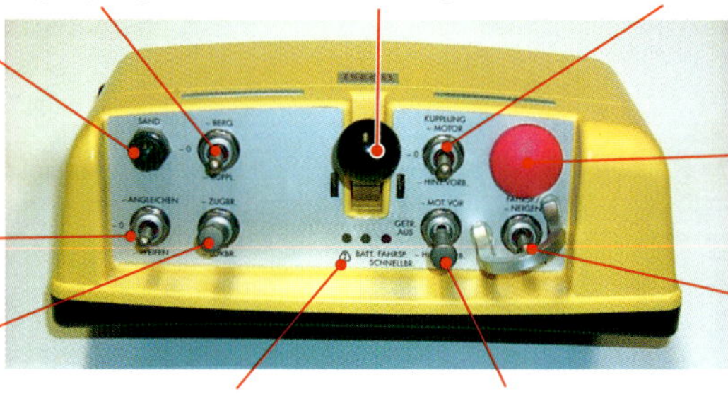

Abb. 4-30: Fernsteuerbediengerät

Abbildung: DB AG

4.2 Zugsicherungstechnik

4.2.1 Sicherheitsfahrschaltung

Die Sicherheitsfahrschaltung (Sifa) überwacht die Arbeitsfähigkeit des Eisenbahnfahrzeugführers und sorgt dafür, dass bei dessen Dienstunfähigkeit der Zug sofort angehalten wird. Dazu muss der Eisenbahnfahrzeugführer während der Fahrt in bestimmten Abständen einen Taster in einer Bodenplatte oder einen Handtaster bedienen (zum Beispiel Sifa-Taster niederdrücken und in bestimmten Abständen kurzzeitig loslassen). Vergisst er dies, so wird er mit einer Kontrolllampe, einem Leuchtmelder, darauf aufmerksam gemacht. Reagiert er immer noch nicht, ertönt ein Warnton. Erfolgt wieder keine Reaktion, wird der Zug abgebremst und der Antrieb abgeschaltet. Es gibt verschiedene Arten der Sifa, die sich in ihrer Funktionsweise aber ähneln.

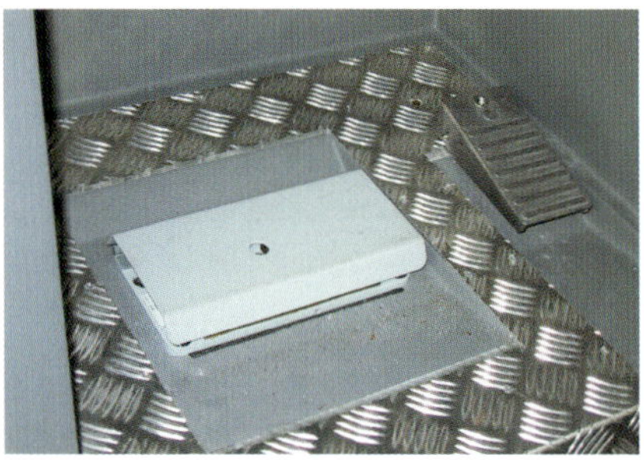

Abb. 4-31: Taster in der Bodenplatte

Abb. 4-32: Sifa-Handtaster kombiniert mit dem Fahrschalter

Einschalten der Sifa

Bei älteren Fahrzeugen ist die Sifa eingeschaltet, wenn nach dem Aufrüsten des Fahrzeugs der Sifa-Absperrhahn geöffnet wird. Vor dem Abrüsten wird die Sifa wieder ausgeschaltet, indem man den Sifa-Absperrhahn schließt. Bei neueren Fahrzeugen wird die Sifa mit dem Richtungsschalter auf dem Führerstand ein- beziehungsweise ausgeschaltet. Der Sifa-Stromkreis ist mit einem Automaten auf der Schalttafel abgesichert.

Elektromechanische Sifa

Diese Sifa ist in älteren Fahrzeugen eingebaut. Hier erfolgt die Überwachung durch ein elektrisches Zeitglied und ein von der Achse angetriebenes mechanisches Bauteil.

Funktion: Bleibt ein Sifa-Taster während der Fahrt unquittiert, passiert Folgendes:

- Nach 30 Sekunden warnt ein optisches Signal (Leuchtmelder) den Eisenbahnfahrzeugführer.
- Nach 75 m Wegstrecke warnt zusätzlich ein akustisches Signal (Hupe).
- Nach weiteren 75 m ohne Bedienung eines Sifa-Tasters erfolgt eine Zwangsbremsung.

Betätigt der Eisenbahnfahrzeugführer einen Sifa-Taster, wird der Ablauf wieder neu gestartet.

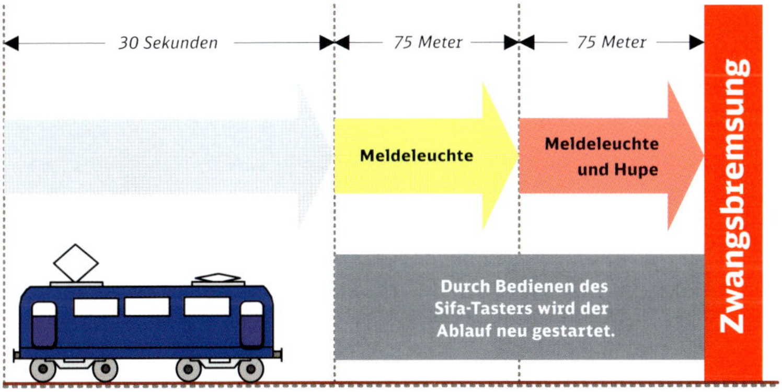

Abb. 4-33: elektromechanische Sifa (Zeit-Weg-Sifa) Abbildung: Janicki

Elektronische Sifa

Diese Sifa ist in neueren Fahrzeugen eingebaut. Hier wurden anstelle der mechanischen Bauteile für die Zeiterfassung zwei elektrische Zeitglieder eingebaut.

Funktion: Bleibt ein Sifa-Taster während der Fahrt unquittiert, so passiert Folgendes:

- Nach 30 Sekunden warnt ein optisches Signal (Leuchtmelder) den Eisenbahnfahrzeugführer.
- Nach weiteren 2,5 Sekunden warnt zusätzlich ein akustisches Signal (Hupe).
- Nach weiteren 2,5 Sekunden erfolgt eine Zwangsbremsung.

Auch hier wird der Ablauf durch Betätigen eines Sifa-Tasters wieder neu gestartet.

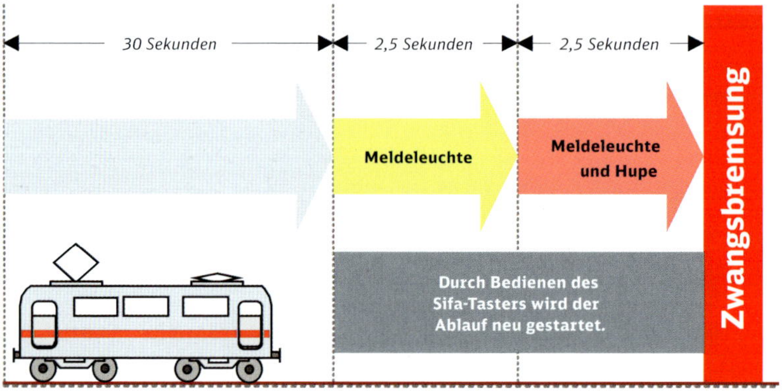

Abb. 4-34: elektronische Sifa (Zeit-Zeit-Sifa) Abbildung: Janicki

Elektronische Aufforderungssifa

Wesentliches Merkmal ist: Diese Sifa folgt dem Aufforderungsprinzip. Die Betätigung der Wachsamkeitstaste ist nur innerhalb festgelegter Zeitintervalle möglich. Bei Aufleuchten der Sifa-Meldeleuchte ist kurz der Sifa-Taster zu bedienen. Ohne vorhergehende Aufforderung ist eine Tastenbedienung wirkungslos. Unterbleibt die geforderte Reaktion, dann warnt nach vier Sekunden ein akustisches Signal, nach weiteren zwei Sekunden setzt die Zwangsbremsung ein.

Bei neueren Ausführungen werden die Zeitintervalle zwischen den einzelnen Aufforderungen zur Tastenbedienung von einem Zufallsgenerator willkürlich bestimmt. Zusätzlich bewirkt eine wegabhängige Steuerung die Anforderungsfrequenz. Sobald die Fahrgeschwindigkeit den Bereich überschreitet, bei dem 800 m (oder 400 m) in weniger als 40 bis 50 Sekunden durchfahren werden, erfolgt eine geschwindigkeitsabhängige Verkürzung der zeitlichen Anforderungsabstände. Auf diese Weise wird ein Gewöhnungseffekt ausgeschlossen.

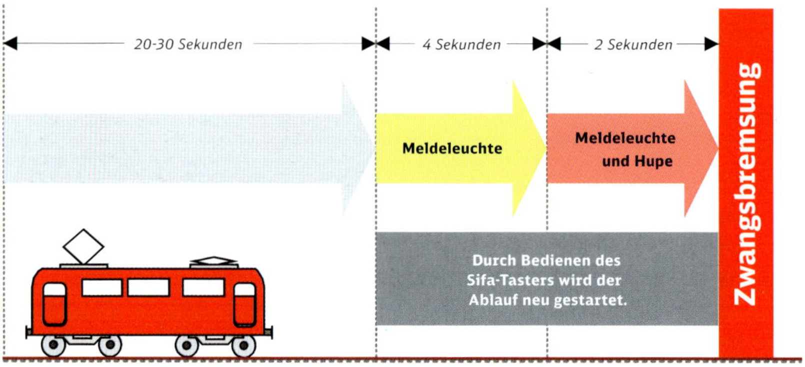

Abb. 4-35: elektronische Aufforderungssifa Abbildung: Janicki

4.2.2 Punktförmige Zugbeeinflussung

Die Punktförmige Zugbeeinflussung überwacht das Verhalten des Eisenbahnfahrzeugführers im Hinblick auf Signale. Werden Halt zeigende Hauptsignale, Vorsignale in Warnstellung, Geschwindigkeitsbeschränkungen oder Überwachungssignale vor Bahnübergängen nicht beachtet, wird eine Zwangsbremsung ausgelöst: Die PZB verhindert so Gefährdungen und Unfälle. Das System gibt es schon seit den 1930er-Jahren des letzten Jahrhunderts. Da es auf Induktion basiert, wurde es in früheren Jahren „induktive Zugsicherung", kurz: „Indusi", genannt.

Funktion

Sämtliche heute noch in Betrieb befindlichen Indusi-Einrichtungen funktionieren nach dem gleichen Prinzip. Damit die PZB signalabhängig auf das Triebfahrzeug oder den Wendezugsteuerwagen einwirken kann, sind Einrichtungen an der Strecke und auf den Fahrzeugen erforderlich. Die Übertragung der Information geschieht durch Induktion einer Spannung infolge Flussänderung in einer Empfangsspule am Triebfahrzeug. Dieser Indusi-Fahrzeugmagnet ist Bestandteil eines Auslösestromkreises und sendet ständig elektromagnetische Kraftlinien nach unten aus. Beim Überfahren eines Gleismagneten durchsetzen die Kraftlinien die Gleismagnetspule und induzieren in der Spule eine Spannung, die einen Strom in einem Gleichstromkreis zur Folge hat.

Bei einem Fehlverhalten des Eisenbahnfahrzeugführers oder bei Nichtbeachtung von Signalen führt die Zugsicherungseinrichtung über eine separate Bremswirkgruppe eine Zwangsbremsung durch Entlüftung der Hauptluftleitung aus.

Abb. 4-36: Indusi-Fahrzeugmagnet am Drehgestell

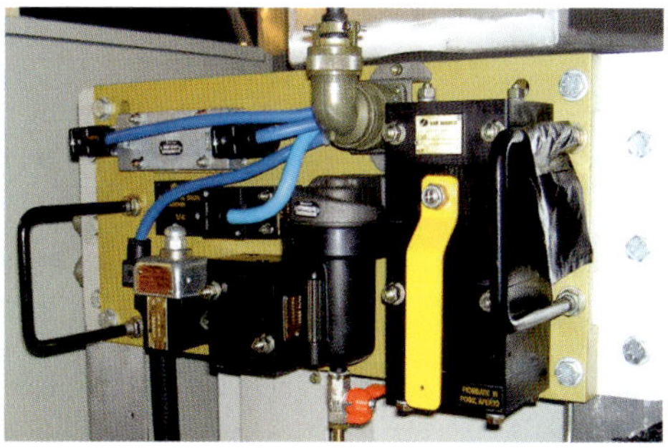

Abb. 4-37: Bremswirkgruppe

Foto: DB AG

Streckeneinrichtungen

Zu den PZB-Streckeneinrichtungen gehören Gleismagnete, Schalteinrichtungen an den Signalen (Signalkontakte oder Relais), Leitungsverbindungen (Kabel) und Geschwindigkeitsprüfeinrichtungen. Die Gleismagnete sind außen an der rechten Schiene verlegt und werden in Abhängigkeit vom zugehörigen Signal geschaltet. Da sie unterschiedliche Funktionen haben, gibt es auch unterschiedliche Gleismagnete:

- Der 1.000-Hz-Magnet ist an Vorsignalen, Langsamfahrsignalen oder an den Überwachungssignalen der Bahnübergänge verlegt.

- Der 500-Hz-Magnet liegt 150 bis 250 m vor einem Hauptsignal und ist wirksam, wenn der Zug vor dem Signal halten muss oder nicht schneller als 30 km/h daran vorbeifahren darf.
- Der 2.000-Hz-Magnet liegt an Haupt- und Sperrsignalen und ist in der jeweiligen Haltstellung wirksam.

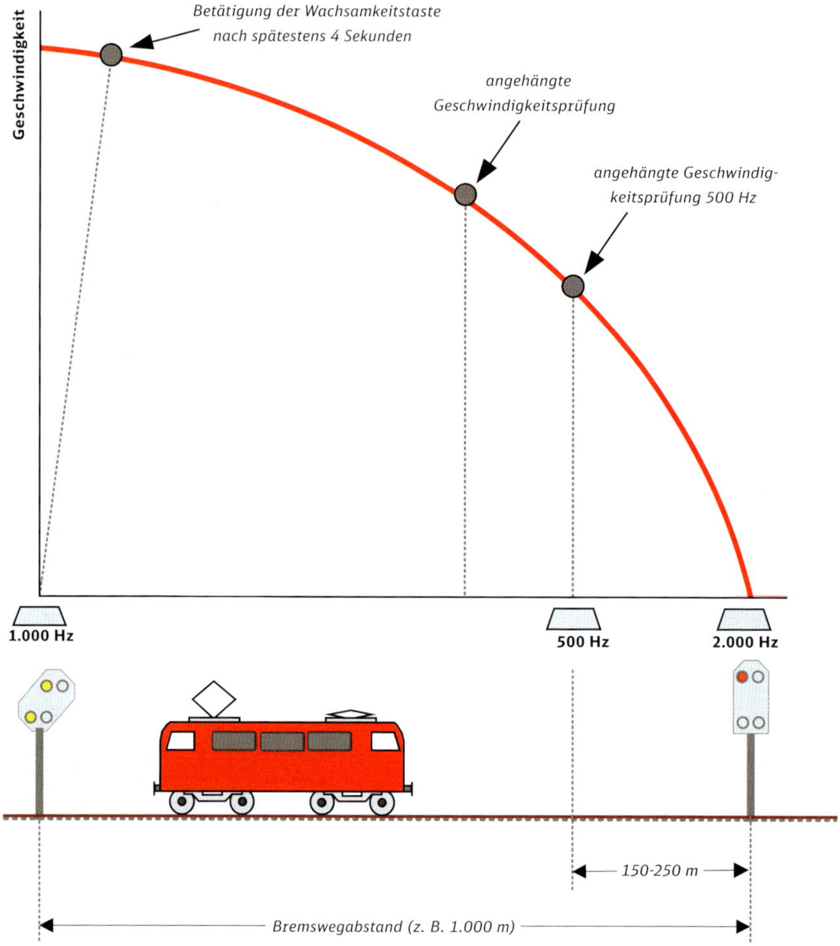

Abb. 4-38: Überwachungspunkte im Diagramm

Abbildung: Janicki

Drei Einwirkungen auf das Fahrzeug mit aktivierter PZB sind zu nennen:

- Eine Beeinflussung am 1.000-Hz-Magneten des Vorsignals, wenn dessen Signalstellung eine Geschwindigkeitsminderung erfordert. Die Wahrnehmung dieser Signalstellung wird dadurch überwacht, dass der Lokführer innerhalb von vier Sekunden die „Wachsamkeitstaste“ bedient haben muss. Andernfalls wird an dieser Stelle eine Zwangsbremsung ausgelöst. Anschließend wird kontrolliert, ob die Geschwindigkeit des Zugs innerhalb eines festgelegten Zeitraums je nach Zugartstellung unter eine vorgegebene Sollgeschwindigkeit abgesenkt wird.

- Eine Beeinflussung am 500-Hz-Magneten, die 150 bis 250 m vor dem Hauptsignal eine direkte Prüfung der Geschwindigkeit auslöst. Diese muss unter der von der Zugartstellung vorgegebenen Geschwindigkeit liegen.
- Eine Beeinflussung am 2.000-Hz-Magneten am Hauptsignal, bei dessen Haltstellung eine sofortige Zwangsbremsung ausgelöst wird.

Geschwindigkeitsprüfeinrichtung

Zur Geschwindigkeitsüberwachung, zum Beispiel bei Langsamfahrstellen, sind am Gleis Geschwindigkeitsprüfabschnitte verlegt. Der Fahrzeugmagnet induziert beim Überfahren im Einschaltmagneten eine Spannung. Dadurch wird im Schaltkasten ein Relais angespeist, das wiederum einen elektronischen Zeitkreis anlaufen lässt. Nach Ablauf einer vorab eingestellten Zeit wird der in einem bestimmten Abstand hinter dem Einschaltmagneten verlegte Wirkmagnet unwirksam geschaltet. Der Rückstellmagnet bringt die Geschwindigkeitsprüfeinrichtung wieder in die Grundstellung zurück.

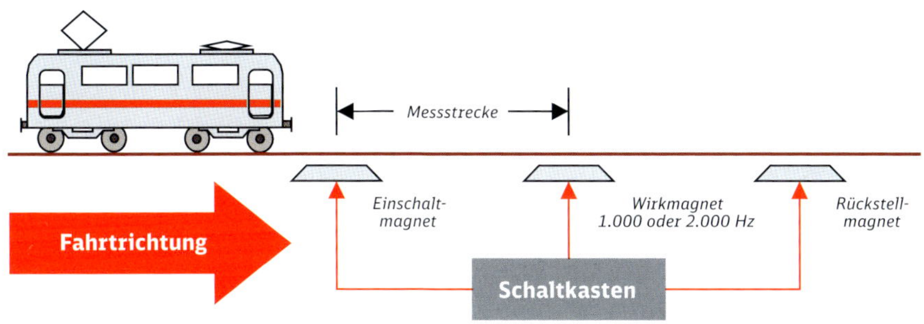

Zuggeschwindigkeit > Prüfgeschwindigkeit:
Der Zug durchfährt die Messstrecke in einer kürzeren Zeit als der eingestellten.
Der Wirkmagnet ist noch wirksam und beeinflusst die Fahrzeugeinrichtung. Es wird eine Zwangsbremsung ausgelöst.

Zuggeschwindigkeit < Prüfgeschwindigkeit:
Der Zug durchfährt die Messstrecke in einer längeren Zeit als der eingestellten.
Der Wirkmagnet ist nicht mehr wirksam, somit wird auch keine Zwangsbremsung ausgelöst.

Abb. 4-39: Geschwindigkeitsprüfabschnitt

Abbildung: Janicki

PZB-Fahrzeugeinrichtungen

Zu den Fahrzeugeinrichtungen der PZB gehören neben den beiden jeweils in Fahrtrichtung rechts angebrachten Fahrzeugmagneten verschiede Einrichtungen, Anzeige- und Bedienelemente.

- Ein Wegimpulsgeber am Radsatz 4 links sowie ein Rechner I 60 R mit Betriebsprogramm PZB 90 im Elektronikschrank.
- Blaue Leuchtmelder: Sie signalisieren die Betriebszustände der PZB. Ausgelöst von der Einstellung des Zugartschalters beziehungsweise der Eingabe der Zugdaten zeigt

das Dauerlicht des entsprechenden Leuchtmelders (55, 70 oder 85) die überwachte Geschwindigkeit bei der angehängten Geschwindigkeitsüberwachung an. Gleichzeitig signalisiert das Dauerlicht auch die Betriebsbereitschaft der PZB.

- Gelber Leuchtmelder: Er zeigt nach einer 1.000-Hz-Beeinflussung und Betätigung der Taste „Wachsam" mit Dauerlicht den Ablauf der angehängten Geschwindigkeitsüberwachung an.
- Roter Leuchtmelder: Er leuchtet für die Dauer der Überwachungsfahrt nach einer 500-Hz-Beeinflussung und blinkt bei einer Zwangsbremsung. Dieser Leuchtmelder ist nur bei rechnergestützten Anlagen vorhanden.
- Weißer Leuchtmelder: Er zeigt Dauerlicht bei Überfahrt eines wirksamen 2.000-Hz-Magneten und betätigter Taste „PZB Befehl". Er erlischt mit der Grundstellung der Befehlstaste.
- Taster „PZB Wachsam" (Wachsamkeitstaste): Er muss betätigt werden, wenn ein wirksamer 1.000-Hz-Magnet überfahren wird. Es ertönt die Hupe und der gelbe Leuchtmelder zeigt Dauerlicht. Der Taster „PZB Frei" (Freitaste) ist nach einer Indusi-Zwangsbremsung bei Schnellbremsstellung des Führerbremsventils so lange zu drücken, bis die Hupe verstummt. Der Taster „PZB Befehl" (Befehlstaste) darf nur während der Vorbeifahrt an einem Halt zeigenden oder gestörten Hauptsignal und ausschließlich auf besondere Anordnung hin bedient werden.
- Ein Summer je Führerstand sowie Haupt-, Stör- und Überbrückungsschalter im Elektronikschrank: Die Anlage wird hier über die Leitungsschutzschalter PZB-Hauptschalter oder PZB-Stromversorgung versorgt. Bei einer Störung innerhalb der Bremswirkgruppe oder bei Dauerbeeinflussung wird der PZB-Überbrückungsschalter ausgelegt.
- Ein Registriergerät dient als Mittel der Fahrtdokumentation. Hier werden vor Fahrtantritt eingegebene Zugdaten erfasst und die aktuelle Geschwindigkeit mit der jeweiligen Bedienhandlung des Lokführers gespeichert.

Im Fahrbetrieb kann es zu allen möglichen Kombinationen der Leuchtmelderanzeigen kommen.

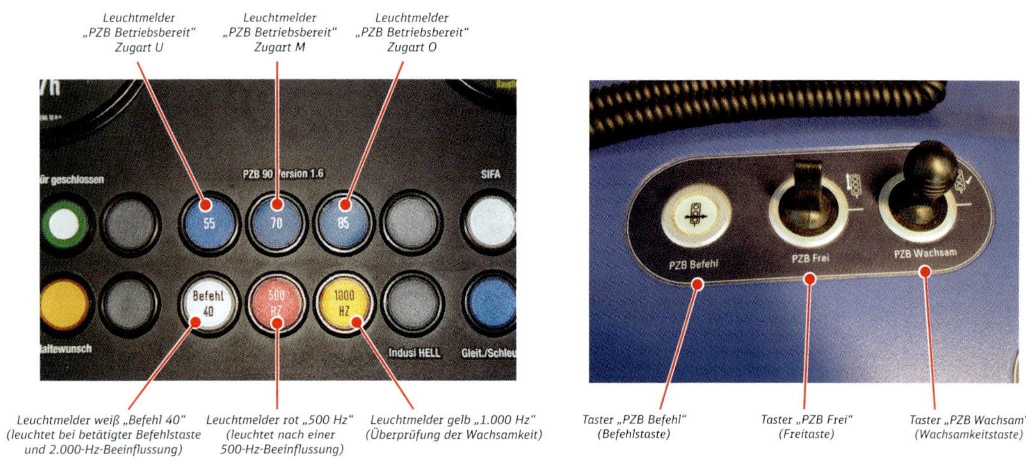

Abb. 4-40: Führerstandsanzeigen und Bedienelemente der PZB

Abbildungen: Janicki

Indusi-Bauarten

Die Indusi wurde im Laufe der Zeit ständig geändert und den steigenden Sicherheitsbedürfnissen angepasst. Neben einigen älteren Bauarten werden heute meist neuere Geräte mit den Bezeichnungen PZ 80, I60 R und I80 eingesetzt.

Zugart

Es gibt drei verschiedene Zugartstellungen, die entsprechend dem Bremsvermögen des Zuges (Bremshundertstel) am Indusi-Gerät eingestellt werden. Diese Stellungen heißen O, M und U. In der Folge wird im Rechner das entsprechende PZB-Betriebsprogramm aktiviert. Jeder Position ist eine bestimmte Geschwindigkeit zugeordnet, die im Verlauf der angehängten Geschwindigkeitsprüfung überprüft wird.

Zugartschalter in Stellung	blauer Leuchtmelder	PZB-bedingte Höchstgeschwindigkeit des Zuges bei unbeeinflusster Fahrt	Normale Prüfgeschwindigkeit nach 1.000-Hz-Beeinflussung; beim Überschreiten wird eine Zwangsbremsung bis zum Stillstand ausgelöst.	
O	85	165 km/h	nach 23 Sekunden	auf 85 km/h
M	70	125 km/h	nach 29 Sekunden	auf 70 km/h
U	55	105 km/h	nach 38 Sekunden	auf 55 km/h

Abb. 4-41: Prüfgeschwindigkeiten

Registriergerät/Datenspeicherkassette

Bei älteren Fahrzeugen werden sämtliche Betriebsvorgänge von einem Registriergerät auf einem Schreibstreifen aufgezeichnet. Der Schreibstreifen wird vor der Fahrt vom Lokführer beschriftet. Bei neueren Einrichtungen werden sämtliche Daten – Fahrtverlauf, Bedienungshandlungen und Rückwirkungen der Zugsicherungseinrichtung von circa 30.000 km Fahrtverlauf – auf einer Datenspeicherkassette (DSK) gespeichert. Die DSK verfügt neben dem Hauptspeicher (Betriebsspeicher), der die Daten in komprimierter Form ablegt, noch über einen Kurzwegspeicher. Hier werden ausgewählte Daten der Fahrzeugsteuerung und der Zugsicherungseinrichtung der letzten 50 bis 90 km in ausführlicher Form gespeichert. Die älteren Daten des Kurzzeitspeichers werden ständig überschrieben. Deshalb ist es erforderlich, bei entsprechenden Unregelmäßigkeiten den Kurzzeitspeicher über eine Maske im Diagnosedisplay zu sperren.

Der Speicherinhalt kann mit Lesegeräten wie beispielsweise Laptops ausgelesen und anschließend ausgewertet werden. Der Eisenbahnfahrzeugführer gibt über eine Tastatur seine Tf-Kennung, Zugnummer und Zugdaten ein.

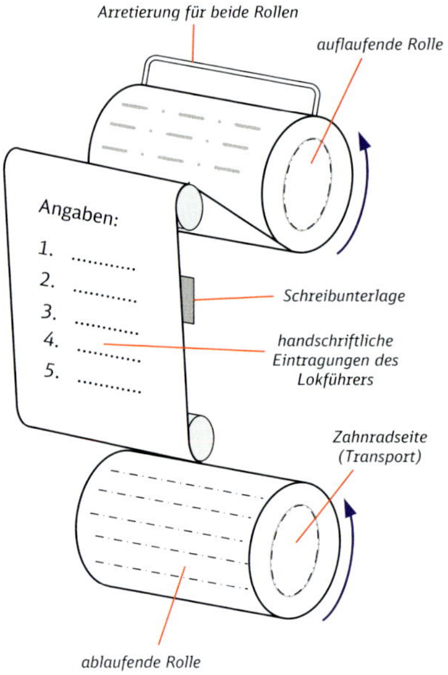

Abb. 4-42: Indusi-Schreibstreifen

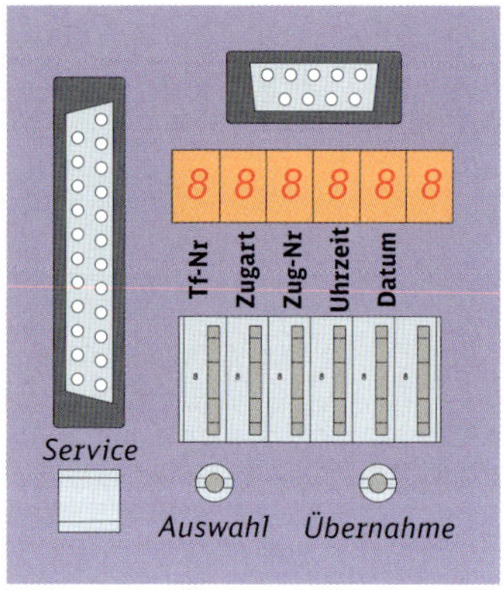

Abb. 4-43: Datenspeicherkassette der I60 R

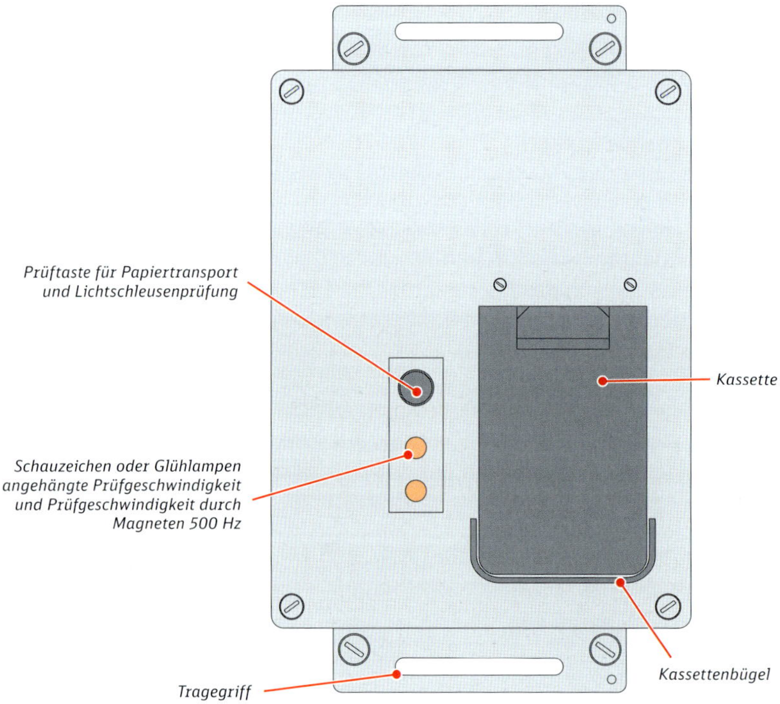

Abb. 4-44: elektronisches Registriergerät ER 4

Abbildungen: Janicki

4.2.3 Betriebsprogramm PZB 90

Bei der Punktförmigen Zugbeeinflussung PZB 90 handelt es sich nicht um eine besondere Indusi-Bauform, sondern um eine Weiterentwicklung der bisherigen Betriebsprogramme, mit der alle bestehenden Indusi-Anlagen ausgerüstet und vereinheitlicht wurden.

Trotz des geringen Umfangs an Informationen, die an der Strecke übermittelt werden, ist die Geschwindigkeitsüberwachung zwischen Vor- und Hauptsignal im Fahrzeug sehr ausgefeilt. Auch wurde dieses System im Vergleich mit älteren Systemen um einige Überwachungsfunktionen erweitert und bietet nun einen größeren Schutz davor, dass Halt zeigende Signale nicht beachtet werden.

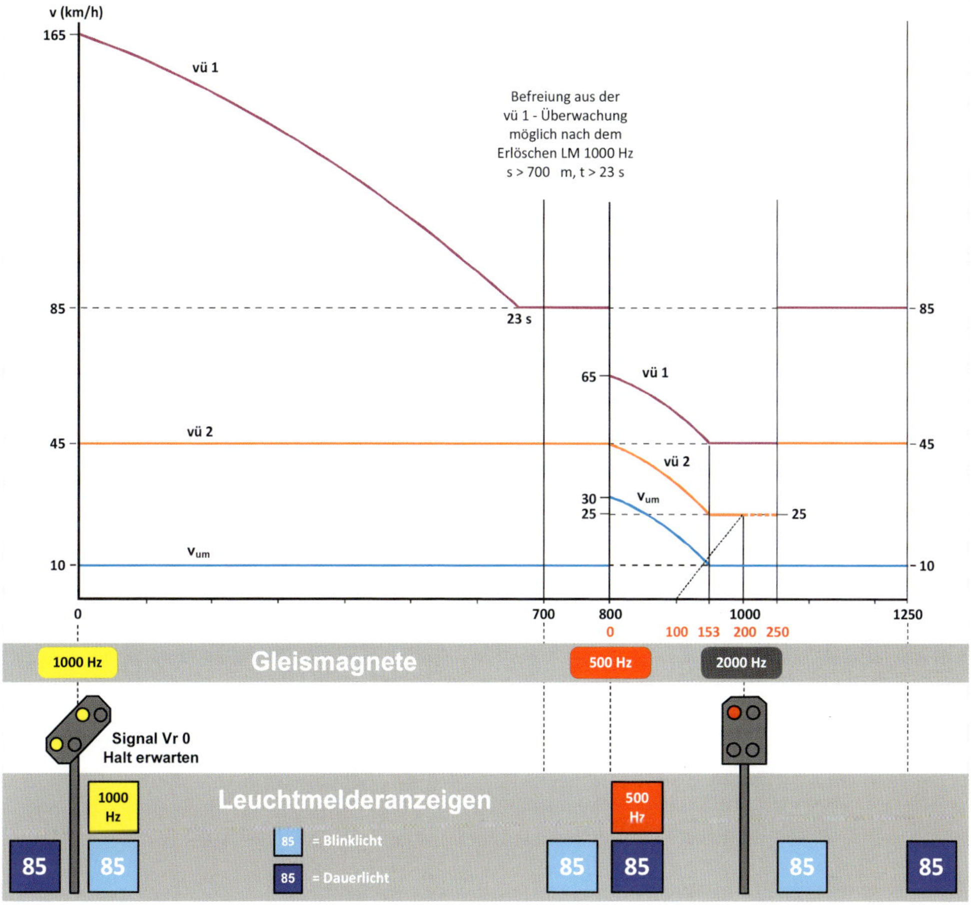

Abb. 4-45: Geschwindigkeitsüberwachung am Beispiel Zugart 0

Abbildung: Janicki

Grundsätzliche Überwachungsfunktion

Die Überfahrt über einen wirksamen 1.000-Hz-Magneten muss der Eisenbahnfahrzeugführer innerhalb von vier Sekunden durch Betätigung der Taste „PZB Wachsam" quittieren, andernfalls wird eine Zwangsbremsung ausgelöst.

- Mit Betätigung der Wachsamkeitstaste ertönt der Summer, der gelbe Leuchtmelder „1.000 Hz" leuchtet mit Dauerlicht und der LM „PZB Betriebsbereit" der eingestellten Zugart blinkt.
- Gleichzeitig läuft eine vorgegebene Bremskurve vü 1 ab, und zwar aus der zugartabhängigen Höchstgeschwindigkeit bis zum Ende der zugartabhängigen Überwachungszeit. Nach Ablauf der Überwachungszeit geht die Überwachungskurve in eine konstante Überwachungsgeschwindigkeit (Entlassungsgeschwindigkeit) über. Der gelbe LM erlischt 700 m nach der Beeinflussung, wenn die Überwachungszeit bereits abgelaufen ist. Der LM „PZB Betriebsbereit" blinkt bis zum Ende der Überwachungsstrecke von insgesamt 1.250 m.
- Folgt nun ein wirksamer 500-Hz-Magnet, so ist die der Zugart entsprechende Prüfgeschwindigkeit einzuhalten. Ab der Überfahrt leuchtet der LM „500 Hz". Der LM „PZB Betriebsbereit" zeigt für die Dauer der 500-Hz-Überwachung Dauerlicht. Es wird wiederum eine Bremskurve abgefahren, die nach 153 m in eine konstante Entlassungsgeschwindigkeit übergeht. Diese bleibt für eine Gesamtstrecke von 250 m erhalten. Der LM „500 Hz" erlischt am Ende der Überwachungsstrecke. Ein Anstoßen an die Bremskurven, ein Überschreiten der Entlassungsgeschwindigkeiten also, führt zu einer absoluten Zwangsbremsung bis zum Stillstand.
- Zeigt das folgende Hauptsignal „Halt", so ist der 2.000-Hz-Magnet wirksam geschaltet. Eine Vorbeifahrt löst eine sofortige Zwangsbremsung aus.

Die richtige Bedienung der PZB 90 wird von den erweiterten Anzeigen der Leuchtmelder unterstützt. Der blaue Leuchtmelder (blinkend) wird zusätzlich zum gelben Leuchtmelder zur Anzeige einer wirksamen 1.000-Hz-Geschwindigkeitsüberwachung verwendet. Das Wechselblinken der beiden blauen Leuchtmelder „85" und „70" signalisiert eine wirksame restriktive Geschwindigkeitsüberwachung.

Restriktive Überwachung

Selbst wenn die reguläre Überwachungsgeschwindigkeit eingehalten wird, besteht die Gefahr, dass der Zug trotz einer am Hauptsignal ausgelösten Zwangsbremsung nicht rechtzeitig zum Stehen kommt. Diese Gefahr wird minimiert, indem in solchen Fällen der Zug nur bis zu einer restriktiven Überwachungsgeschwindigkeit beschleunigen kann. Diese liegt unterhalb der regulären Überwachungsgeschwindigkeit, der ein auf das Signal hin abzubremsender Zug unterworfen ist. Wird eine Umschaltgeschwindigkeit v_{um} erreicht, kommt die restriktive Geschwindigkeitsüberwachung vü 2 zum Tragen, die wieder von der eingestellten Zugart abhängt.

Befreiung aus einer 1.000-Hz-Überwachung

Nicht in jedem Fall ist es erforderlich, die gesamte Überwachungsstrecke von 1.250 m mit der Entlassungsgeschwindigkeit der jeweiligen Zugart abzufahren. Wechselt zum Beispiel die Stellung eines Hauptsignals während der Überwachungsfahrt zweifelsfrei auf „Fahrt", so ist unter bestimmten Umständen eine „Befreiung" aus der Überwachungsfunktion zulässig.

Voraussetzung ist jedoch, dass zuvor die Überwachungszeit und die Überwachungsstrecke von 700 m ordnungsgemäß abgefahren wurden (LM „1.000 Hz“ erloschen). Nur dann kann der Taster „PZB Frei“ wirksam betätigt werden. Es ertönt ein akustisches Signal und der LM „PZB Betriebsbereit“ wechselt vom Blink- zum Dauerlicht.

In jedem Fall muss sichergestellt sein, dass nach einer Befreiung im weiteren Fahrtverlauf bis zum Ende der gesamten Überwachungsstrecke kein wirksamer 500-Hz-Magnet angetroffen wird, da eine Überfahrt in jedem Fall zu einer Zwangsbremsung führen würde. Dieselbe Konsequenz hätte eine unberechtigte Befreiung aus dem Startprogramm. Aus einer 500-Hz-Überwachung ist eine Befreiung technisch nicht möglich.

4.2.4 Linienzugbeeinflussung

Die Linienzugbeeinflussung (LZB) ist ein rechnergesteuertes Zugsicherungs- und Zugsteuerungssystem, das die Zugfahrten im Gegensatz zur PZB mit einer lückenlosen Überwachung der Geschwindigkeiten sichert und mithilfe der Führerraumanzeigen oder direkt mittels der Automatischen Fahr- und Bremssteuerung (AFB) steuert. Die LZB ermöglicht das „Fahren auf elektronische Sicht“ über mehrere Blockabschnitte, da über die kontinuierliche Führerraumsignalisierung der jeweils zur Verfügung stehende freie Fahrweg und der Bremsweg angezeigt werden. Die LZB ist ein übergeordnetes System zur bestehenden Signalisierung mit Haupt- und Vorsignalen. Die Führerraumanzeigen haben Vorrang vor ortsfesten Signalen und dem Fahrplan. Erst die Einrichtung der LZB ermöglicht eine bessere Streckenauslastung bei gleichzeitig erhöhter Fahrgeschwindigkeit.

Verhältnis zwischen Geschwindigkeit und Bremsweg

Weil höhere Geschwindigkeiten längere Bremswege erfordern, ist die LZB für Geschwindigkeiten ab 160 km/h zwingend erforderlich. Das hängt damit zusammen, dass die Bremswege bei derartigen Geschwindigkeiten größer sind als die Abstände zwischen den Vor- und Hauptsignalen. Mit einer LZB ausgerüstete Züge verkehrten erstmals 1965 aus Anlass der Internationalen Verkehrsausstellung auf dem Abschnitt zwischen München und Augsburg mit einer Geschwindigkeit von 160 bis 200 km/h. Seit 1990 ist das Betriebsverfahren „LZB-Führung“ auf allen LZB-Strecken eingeführt, wobei die LZB Vorrang vor den streckenseitigen Signalen hat.

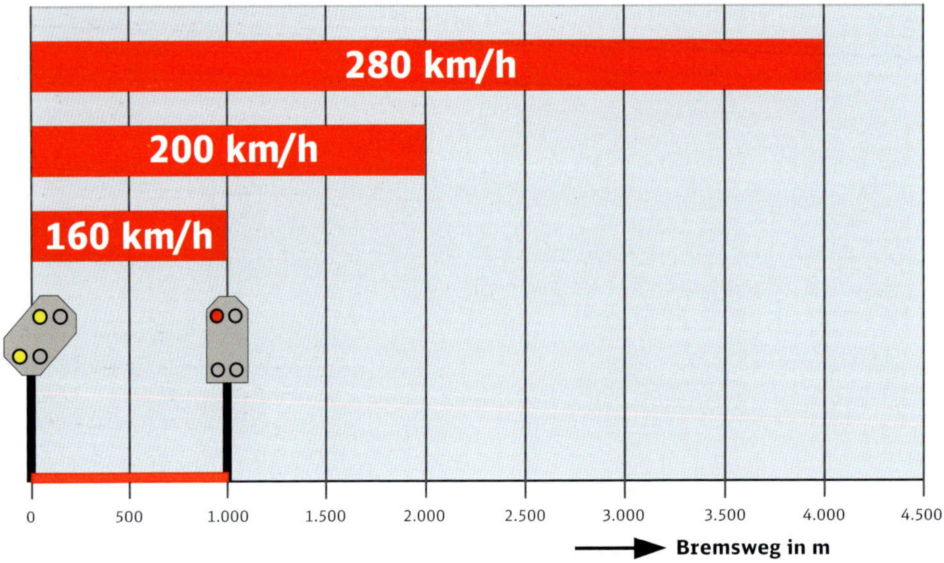

Abb. 4-46: Verhältnis Geschwindigkeit - Bremsweg

Hauptaufgabe der Linienzugbeeinflussung ist die Ermittlung, Vorgabe und Überwachung der jeweils zulässigen Zughöchstgeschwindigkeit eines Zuges. Als wesentliche Größen werden die Entfernung des führenden Fahrzeugs zum jeweils nächsten Halt, die zu erwartende sowie die zu fahrende Geschwindigkeit übertragen. Die LZB kann dank der Automatischen Fahr- und Bremssteuerung (AFB) Züge prinzipiell auch ohne Triebfahrzeugbesetzung führen. Bei manueller Steuerung bekommt der Eisenbahnfahrzeugführer eine Zielgeschwindigkeit und die zugehörige Zielentfernung, bei der die Zielgeschwindigkeit erreicht sein muss, angezeigt. Anhand einer vorgegebenen Bremskurve muss der Zug abgebremst werden.

LZB-Streckeneinrichtungen

Für die LZB wird im Gleis eine Linienleiterschleife als Antenne verlegt. Eine Ader der Schleife liegt in der Gleismitte, die andere seitlich in der Laschenkammer einer Schiene. Die beiden Linienleiter sind alle 100 m gekreuzt. Mithilfe dieser Kreuzungsstellen als Referenzpunkte kann sich der Zug selbst grob orten. Die Feinortung innerhalb der 100-m-Schleifen geschieht durch Messung der Radumdrehungen des Fahrzeugs. Die genaue Selbstortung des Fahrzeugs ist erforderlich, um den Zug durch die LZB zielgenau zum Halten zu bringen.

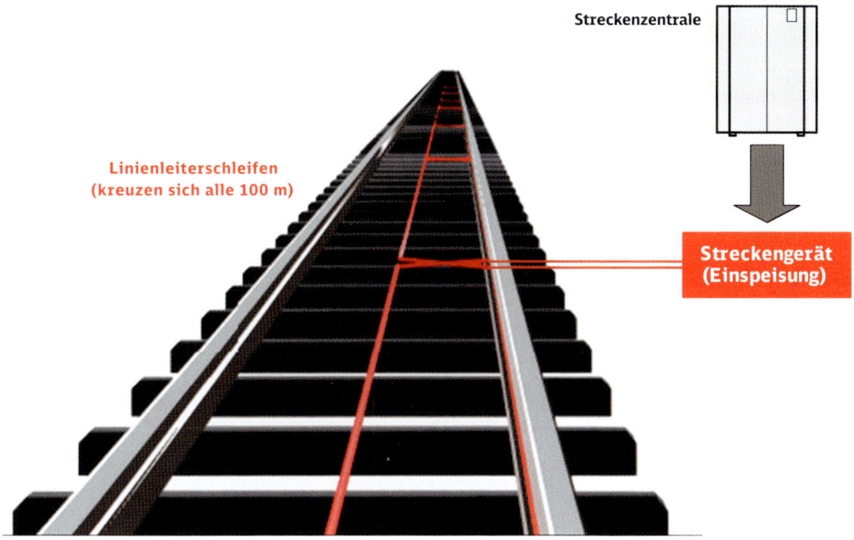

Abb. 4-47: Darstellung der LZB-Schleifen

Zwischen der Zentrale und dem Fahrzeug läuft über den Linienleiter ein ständiger Datenaustausch. Mit den Stellwerken tauscht die Zentrale Informationen über die Signalstellung, Weichen und Bahnübergangssicherungen aus. Vom Zug erhält die Zentrale die Daten über sein Bremsvermögen, die Zuglänge, die zulässige Höchstgeschwindigkeit, die augenblickliche Position sowie die Istgeschwindigkeit.

Aus den aktuellen Zugdaten und den variablen Streckendaten werden die Sollgeschwindigkeit, der freie Bremsweg und weitere Zieldaten berechnet. Diese statische Geschwindigkeitskurve wird über den Linienleiter an das LZB-Fahrzeuggerät übertragen. Die Zugfolgesicherung leistet ein selbsttätiger Streckenblock, der in festem Raumabstand fährt.

Der Fahrzeugrechner berechnet vor jeder Verminderung der Geschwindigkeit eine Bremskurve. So ergibt sich auf dem Fahrzeug eine dynamische Überwachungskurve, nach der der Zug geführt wird. Der Fahrzeugrechner generiert die Führerraumanzeigen, zeichnet den Verlauf der Zugfahrt auf und überträgt die aktuellen Werte an die AFB. Falls notwendig, löst der Fahrzeugrechner eine Schnellbremsung aus. Als Ergebnisse werden von dem Modularen Führerraum-Anzeigegerät (MFA) die Ist-, Soll- und Zielgeschwindigkeit wie auch die Zielentfernung im Führerstand angezeigt.

LZB-Fahrzeugeinrichtungen

An der Fahrzeugunterseite sind Sende- und Empfangsspulen untergebracht. Im Fahrzeug werden die übertragenen Informationen ausgewertet und dem Eisenbahnfahrzeugführer zur Verfügung gestellt.

- Das Modulare Führerraum-Anzeigegerät (MFA) informiert den Lokführer über alle Funktionen. Die Indusi- wird hier mit der LZB-Technik zusammengefasst. Bei aktiver LZB ist die PZB unwirksam.

- Der Zugdateneinsteller (ZDE) liefert die individuellen, für die sichere Führung wichtigen Daten eines Zuges (Bremsart, Bremshundertstel).
- Das Registriergerät zeichnet Betriebsdaten und Bedienungshandlungen auf. Der Fahrtverlauf wird festgehalten.
- Der Wegmesser ermittelt die vom Zug zurückgelegte Strecke und liefert die Informationen, um die exakte Position des Zuges bestimmen zu können.
- Die Automatische Fahr- und Bremssteuerung (AFB) ermöglicht eine automatische Steuerung der Zugfahrt.

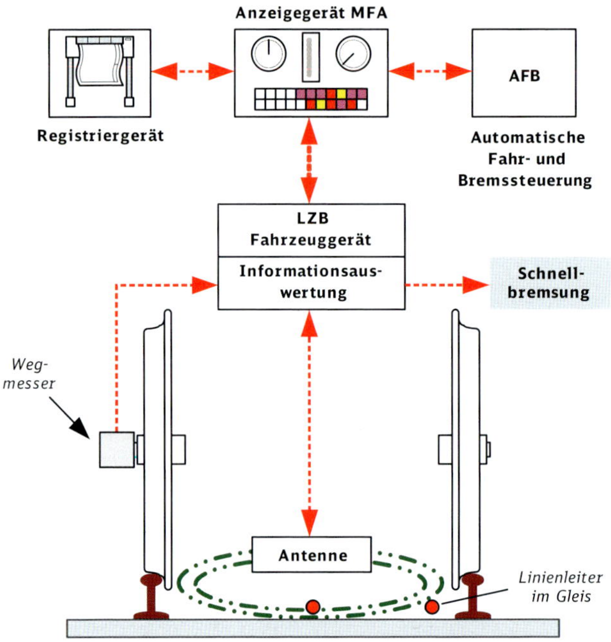

Abb. 4-48:
LZB-Fahrzeugeinrichtungen

Automatische Fahr- und Bremssteuerung (AFB)

Die LZB wird in der Regel durch eine Automatische Fahr- und Bremssteuerung (AFB) ergänzt. Hier werden die von der LZB ermittelten und überwachten Fahrdaten, wie beispielsweise die Geschwindigkeit, direkt in die Steuerung der Zugfahrt umgesetzt. Die AFB bremst und beschleunigt den Zug direkt, funktioniert jedoch auch unabhängig von der LZB und kann somit auch für die Ausregelung der Höchstgeschwindigkeit auf Strecken ohne Linienleiter eingesetzt werden.

LZB-Leuchtmelder

Die LZB-Führerraumanzeigen sind im Modularen Führerraum-Anzeigegerät (MFA) integriert. Auf bestimmten Fahrzeugen können diese LZB-Führerraumanzeigen (auch zusätzlich) als Displayanzeigen installiert sein. Leuchtmelder auf dem MFA informieren über wichtige LZB-Funktionen und geben Hinweise für die Bedienung. Die Sollgeschwindigkeit, die Zielentfernung und die Zielgeschwindigkeit werden im LZB-Betrieb als Führungsgrößen bezeichnet.

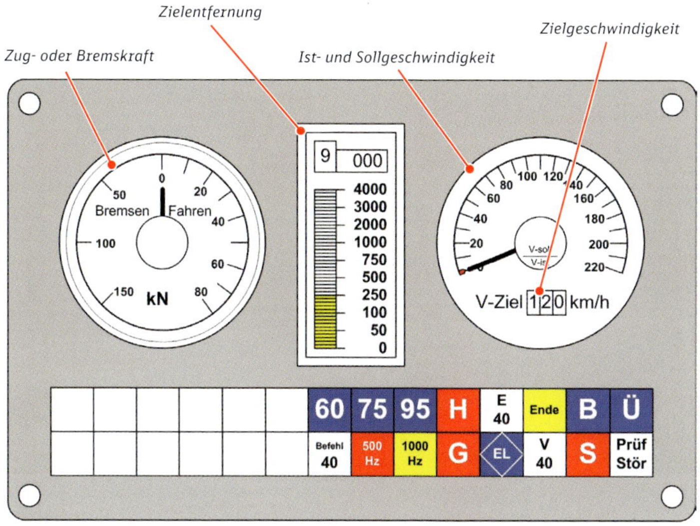

B	**Fahrzeug für LZB betriebsbereit**	EL	**LZB-Auftrag: Stromabnehmer senken**
Ü	**LZB-Übertragung**	Ende	**nächster Zielpunkt ist das LZB-Ende**
H	**LZB-Halt überfahren**	V 40	**LZB-Vorsichtauftrag**
G	**Bremseinsatzpunkt nach weniger als 1.000 m erwarten**	S	**LZB-Zwangsbremsung**
E 40	**LZB-Ersatzauftrag**	Prüf Stör	**Störsammelmeldung und Funktionsprüftaste**

Abb. 4-49: Bedeutung der LZB-Leuchtmelder: LZB-Leuchtmelder auf dem Modularen Führerraum-Anzeigegerät (MFA)

Zugdatensteller (ZDE)

Mit dem ZDE werden alle erforderlichen technischen Daten eines Zuges erfasst. Dazu gehören Bremsart (BRA), Bremshundertstel (BRH), Zuglänge (ZL) und Höchstgeschwindigkeit (VMZ). Der Eisenbahnfahrzeugführer stellt diese Daten mithilfe der LZB-Einstelltabelle am ZDE ein. Auf Fahrzeugen mit Displayanzeigen kann die Zugdateneingabe auch als Bildschirmmenü erfolgen.

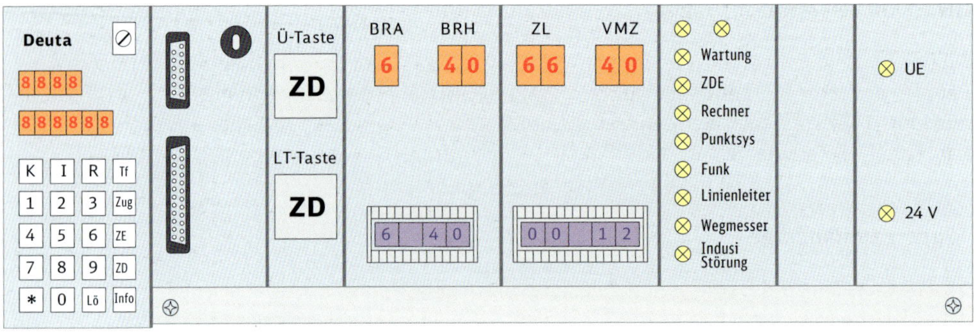

Abb. 4-50: Zugdateneinsteller (ZDE) Bauart I80

Abbildung: Janicki

CIR-ELKE

Mit CIR-ELKE (Computer Integrated Railroading – Erhöhung der Leistungsfähigkeit im Kernnetz der Eisenbahn) ist eine weitere Leistungsfähigkeitssteigerung auf Grundlage der Linienzugbeeinflussung möglich. Die Weiterentwicklung von Betriebszentralen, der rechnergestützten Zugüberwachung (RZü), elektronischer Stellwerke sowie der Linienzugbeeinflussung macht kürzere Zugfolgezeiten und damit eine höhere Verkehrsdichte realisierbar.

4.2.5 Geschwindigkeitsüberwachung Neigetechnik

Für Züge mit wirksamer Neigetechnik sind gemäß den örtlichen Gegebenheiten höhere Geschwindigkeiten zulässig als für Züge ohne Neigetechnik oder mit unwirksamer Neigetechnik. Höhere Seitenbeschleunigungen verlangen eine kontinuierliche Geschwindigkeitsüberwachung. Diese wird durch die „Geschwindigkeitsüberwachung Neigetechnik" (GNT) sichergestellt. Dabei handelt es sich um ein punktförmiges Zugbeeinflussungssystem, das zusätzlich zur PZB wirkt.

Die GNT überwacht den Triebzug – natürlich nur auf entsprechend ausgerüsteten Strecken – auf das Regelgeschwindigkeitsprofil oder für das bogenschnelle Fahren auf das Geschwindigkeitsprofil mit erhöhter Seitenbeschleunigung hin. Weiterhin besitzt die GNT einen Eingriff in die Schnellbremsschleife (SBS) und kann damit auch eine Schnellbremsung einleiten.

GNT-Streckeneinrichtungen

Die GNT-Streckenausrüstung besteht aus Datenpunkten wie beispielsweise Gleiskoppelspulen oder Eurobalisen. Die Datenpunkte haben in der Regel keine Verbindung zu anderen signaltechnischen Anlagen. Sie übertragen Streckeninformationen wie Geschwindigkeitsprofile, Längen- und Zielvorgaben und Neigungen zur GNT-Einrichtung auf dem Fahrzeug. Fahrten auf dem Gegengleis werden nicht bogenschnell durchgeführt. Informationen zwischen Streckeneinrichtung und Fahrzeugeinrichtung werden nur bei Vorwärtsfahrt übertragen.

GNT-Fahrzeugeinrichtungen

An der Fahrzeugunterseite ist je Fahrtrichtung eine Fahrzeugkoppelspule angebracht. Im Fahrzeug wertet ein Zentralgerät, der Fahrzeugrechner, die aufgenommenen Informationen aus und stellt sie dem Eisenbahnfahrzeugführer zur Verfügung. Ein eigener Wegimpulsgeber kann die Weg- sowie Istgeschwindigkeitsinformationen an das Zentralgerät leiten.

Führerraumanzeige

Im Führerraum sind Bedien- und Anzeigeeinrichtungen sowie der akustische GNT-Signalgeber oder die GNT-Sprachausgabe integriert. GNT-Leuchtmelder sind im Leuchtmelderblock oder MFA auf jedem Führerpult angeordnet. Sie informieren den Eisenbahnfahrzeugführer über die Betriebs- und Überwachungszustände der GNT. Bestimmte Anzeigen werden durch einen akustischen Signalgeber (Schnarre oder Sprachausgabe) im Führerraum unterstützt.

Sifa	Ü GNT	GNT	GST EIN	85		Befehl 40	
Störung Prüfen GNT	G GNT	S GNT	GST Störung	S PZB	500 Hz	1.000 Hz Prüfen Indusi	

Abb. 4-51:
GNT-Leuchtmelder
Abbildung: Janicki

Die Ausstattung der einzelnen Fahrzeuge mit solchen Leuchtmeldertableaus kann sehr unterschiedlich aussehen, da bestimmte Leuchtmelder (LM) bei vorhandenem Führerraumdisplay entfallen. Die Informationen werden dann nur noch auf dem Display (in Form eines Symbols und/oder Klartext) dargestellt.

4.2.6 European Train Control System (ETCS)

Die innerhalb Europas unterschiedlichen nationalen und untereinander nicht kompatiblen Zugsicherungssysteme verursachen für die Implementierung auf einem Fahrzeug ein technisches und wirtschaftliches Problem. Deshalb wurde im Rahmen der Öffnung der Netze beschlossen, ein europaweit einheitliches Betriebsleitsystem ERTMS (European Rail Traffic Management System) zu schaffen. Dieses umfasst auch ein modulares Zugbeeinflussungssystem ETCS (European Train Control System), das den Einsatz der Digitalfunktechnik GSMR (Global Standard for Mobile Communication/Railway) als Übertragungsmedium und eine einheitliche Systemstruktur mit einem Display als Mensch-Maschine-Schnittstelle auf dem Triebfahrzeug mit einschließt. Die von den nationalen Signaleinrichtungen ausgehenden Informationen werden über Fahrzeugantennen auf das Fahrzeug übertragen, im ETCS-Zentralgerät verarbeitet und dem Triebfahrzeugführer angezeigt.

ETCS wurde als interoperables, führerraumsignalisiertes System konzipiert und soll die unendliche Systemvielfalt der heute in Europa im Einsatz befindlichen Zugbeeinflussungssysteme ablösen. Dieses System ermöglicht es, Lokomotiven und Züge mit einem ETCS-Einheits-Fahrzeuggerät und entsprechender Streckenausrüstung grenzüberschreitend quer durch Europa zu führen.

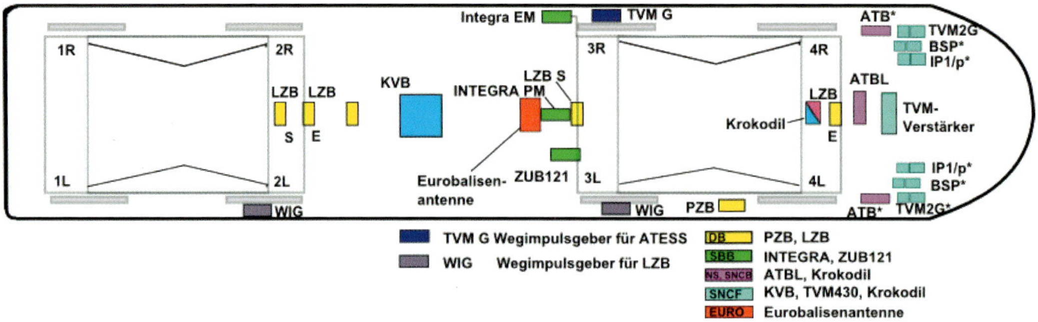

Abb. 4-52: Antennen der länderspezifischen Zugsicherungseinrichtungen beim ICE 3 Abbildung: Horst Reinhard nach Vorlage Siemens AG

Systemkomponenten

ETCS ist die erste Stufe der Realisierung von ERTMS. Sie stellt zunächst ein europaweit einheitliches Zugsicherungs- und -steuerungssystem zur Verfügung, das hinsichtlich der Zugsicherungstechnik einen interoperablen Fahrzeugeinsatz zulässt. Die nachfolgend aufgeführten technischen Komponenten sind Grundlage für das ETCS:

- Eurobalisen sind passive Transponder, die das ETCS-Fahrzeuggerät mit Informationen versorgen. Dabei übermitteln Festdatenbalisen immer die gleichen Informationen wie beispielsweise die Balisenkoordination (elektronische Kilometersteine). Hingegen können transparente Balisen feste und veränderliche Daten senden. Sie werden zur Übermittlung von Signalstellungen verwendet. Die Eurobalise als zentrale Komponente des ETCS dient auch als Kontrollpunkt für die Zugortung.
- Euroloop ist ein System zur linienförmigen Datenübertragung nach dem System des Kabellinienleiters. Ähnlich der LZB können damit kontinuierlich Informationen an das Triebfahrzeug übertragen werden. In erster Linie dient dieses System zur Aufwertung von punktförmig übermittelten Daten (Eurobalise).
- Euroradio ist ein standardisiertes Übertragungsverfahren auf Basis von GSM-R (Global System Mobile – Railways), einer speziell für die Anforderungen der Bahn weiterentwickelten GSM-Funkverbindung. Es dient zur Übertragung von Informationen zwischen den Triebfahrzeugen und den örtlichen Sicherungsanlagen.
- Eurocab ist eine standardisierte Fahrzeugeinrichtung, deren Elemente über einen ETCS-Bus mit einem Fahrzeugrechner EVC (European Vital Computer) verbunden sind. Bestandteil des Eurocab ist auch die Führerstandsignalisierung, die für eine standardisierte Anzeige im Triebfahrzeug sorgt.

Abb. 4-53: Eurobalisen im Gleis

Abbildung: DB AG/Bedeschinski / Abbildung: DB AG/Winkler

ETCS-Level

Nach langjährigen Abstimmungen innerhalb der zuständigen Gremien wurden drei wesentliche Ausrüstungsstufen für ETCS definiert. Die verschiedenen Level des ETCS erlauben es, entsprechend der technologischen Strategie und den Leistungsanforderungen der Bahnen bei der Ausrüstung einer Strecke mit ETCS eine jeweils optimale Variante zu wählen. Jedes ETCS-Level ist eine funktionale Ausprägung des ETCS, welche durch Unterschiede in der streckenseitigen Ausrüstung und der Art der Informationsübertragung auf das Fahrzeug gekennzeichnet sind.

In allen Level überwacht die ETCS-Fahrzeugeinrichtung kontinuierlich die Geschwindigkeit und die erlaubte Entfernung, die der Zug zurücklegen darf. Zur Bestimmung der Bremskurven werden unter anderem neben den geschwindigkeitsabhängigen Bremseigenschaften des Zuges zum Beispiel die Neigung und die Bremseigenschaften der Strecke berücksichtigt. Bei Unterschreiten des zulässigen Weges bis zum Gefahrenpunkt oder im Überschreiten der zulässigen Geschwindigkeit wird, um Gefährdungen zu verhindern, vom Fahrzeuggerät eine Reaktion ausgelöst.

Das europäische Zugsicherungssystem ETCS soll bei allen europäischen Bahnen eingesetzt werden können. Die jeweiligen betrieblichen Eigenschaften des Bahnbetriebes werden in Funktionen hinterlegt. Die Summe dieser Funktionen ist die ETCS-Systemspezifikation, die System Requirement Specification oder kurz SRS.

Die vollständige Version mit allen Systemspezifikationen wird mit SRS 3.0.0 bezeichnet. Zur Sicherstellung des ersten interoperablen Verkehrs wird die Zwischenversion SRS 2.3.0(d) verwendet, diese enthält nicht alle definierten Systemspezifikationen.

ETCS-Level STM (Specific Transmission Module)

Für die Migrationsphase können Fahrzeuge mit ETCS-Ausrüstung mit STMs (Specific Transmission Modules) ausgerüstet werden. Diese ermöglichen die Weiternutzung der nationalen Zugbeeinflussungssysteme. Die STM-Module übersetzen Informationen von den bisherigen Zugbeeinflussungssystemen so, dass ein mit einem ETCS-Fahrzeuggerät und einem STM-Modul ausgestattetes Triebfahrzeug diese Strecken mit der entsprechenden länderspezifischen Funktionalität befahren kann.

ETCS-Level 1

Der ETCS-Level 1 ist geeignet für Strecken, die mit herkömmlichen Signalen ausgestattet sind. Das Betriebsverfahren basiert auf der Beachtung der Signale durch den Triebfahrzeugführer nach den nationalen Regeln eines jeden Landes. Das Stellwerk erfasst mit den Gleisfreimeldeeinrichtungen den Status der nächsten Blockstrecke und ermittelt daraus den Signalbegriff. Dieser Signalbegriff wird an das Signal übertragen. Eine „Lineside Electronic Unit“ (LEU) wertet diesen Signalbegriff aus und gibt diese Information in Telegrammform an die schaltbare Balise vor dem Signal weiter.

ETCS überträgt in Level 1 die Information des Signalbegriffs – optional inklusive Streckendaten – punktuell durch die im Gleisbett liegenden Eurobalisen über den Balisenleser an das Fahrzeuggerät. Optional ist eine Erweiterung durch semikontinuierliche Übertragungsmedien wie Euroloop oder Funkinseln möglich. Das Fahrzeuggerät führt mit dieser Information die Überwachung der Geschwindigkeit und der noch zu fahrenden Wegstrecke bis zum Ende der Fahrterlaubnis oder Movement Authority (MA) durch. Fahrzeugseitig erfolgt die Ortung der Fahrzeuge durch die zusätzlich im Gleis liegenden, fest programmierten Ortungsbalisen sowie die im Fahrzeug eingebaute Positionsbestimmung. Die Gleisabschnitte werden klassisch über streckenseitige Gleisfreimeldeeinrichtungen, meist unter Einsatz von Achszählern, durch herkömmliche Stellwerkstechnik gesichert. Eine Ausrüstung mit ETCS-Level 1 erlaubt im Gegensatz zum heutigen System der punktförmigen Zugbeeinflussung (PZB) eine permanente Überwachung der Geschwindigkeit des Zuges sowie einen internationalen Einsatz von Fahrzeugen auf Strecken, die mit ETCS ausgerüstet sind. ETCS-Level 1 kann im normalen Einsatz mit allen Lichtsignalen und damit mit fast jeder herkömmlichen Stellwerkstechnik kombiniert werden.

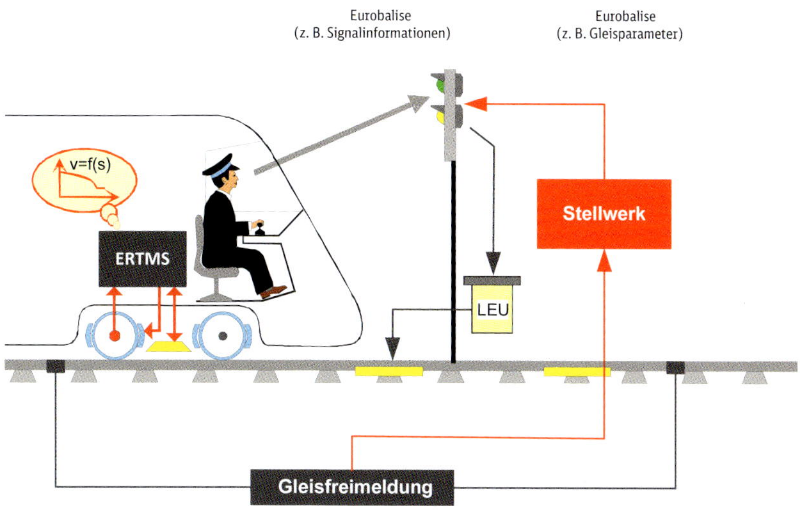

Abb. 4-54: ETCS-Level 1

Abbildung: DB AG

Eine Variante des ETCS-L1 ist der ETCS-Level 1 Limited Supervision oder kurz ETCS-L1LS. Der Vorteil von ETCS-L1LS in Deutschland gegenüber der vollen Ausprägung von ETCS-Level 1 liegt auf der Infrastrukturseite in der Einsparung von Infill-Elementen als Balise oder Loop bei mindestens gleicher Streckenkapazität wie bei der PZB. Voraussetzung für den Einsatz ist SRS 3.0.0. Einschränkungen der Einsatzmöglichkeiten ergeben sich auf der Infrastrukturseite.

ETCS-Level 2

Im Level 2 kann auf streckenseitige Signale verzichtet werden. Die Ortung der Zugposition erfolgt über Balisen und der fahrzeugseitigen Positionsbestimmung, die zurzeit unter anderem aus Dopplerradar und Radsensoren besteht. Diese Standortmitteilung wird über das Euroradio mit GSM-R an die Streckenzentrale übermittelt. Die Streckenzentrale aus Stellwerk zusammen mit dem „Radio Block Center" (RBC) meldet dem Zug die Informationen wie zum Beispiel Fahrterlaubnis, Zielpunkt und zulässige Geschwindigkeiten über Funk mit GSM-R zurück. Die Streckenzentrale erhält die Meldung der freien Gleisabschnitte konventionell über Gleisfreimeldeeinrichtungen. Das Fahrzeuggerät stellt diese Information im Führerraum dar.

Bis auf einzelne Ortungsbalisen zur präzisen Standortbestimmung der Züge ist nur noch eine Blockstreckenfreimeldeeinrichtung auf der Infrastrukturseite erforderlich. Die Zugvollständigkeit wird durch streckenseitige Gleisfreimeldeeinrichtungen überwacht und durch herkömmliche Stellwerkstechnik gesichert.

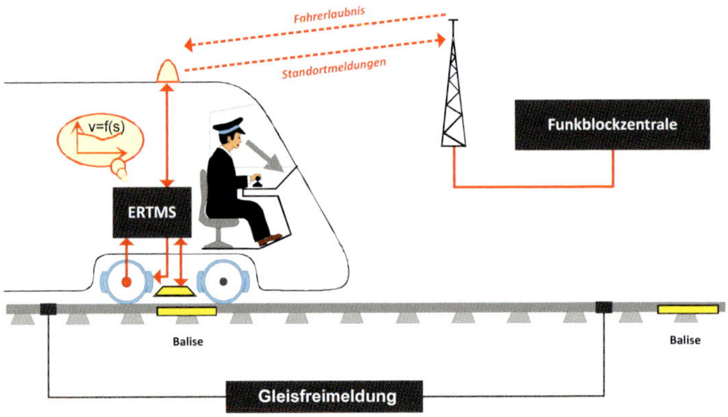

Abb. 4-55: ETCS-Level 2 Abbildung: DB AG

ETCS-Level 3

Der Level 3 unterscheidet sich in einem wesentlichen Punkt von Level 2: Im Level 3 wird die Zugvollständigkeit nicht streckenseitig, sondern durch eine fahrzeugseitige Einrichtung überwacht. Die Zugfolge wird auch hier immer noch durch Funktionen der Streckenzentrale gesichert. Die streckenseitigen Gleisfreimeldeeinrichtungen können entfallen und ermöglichen so Zugfolgeabstände bis hin zum absoluten Bremswegabstand (Moving Block) anstatt einer starren Blockteilung der Strecke.

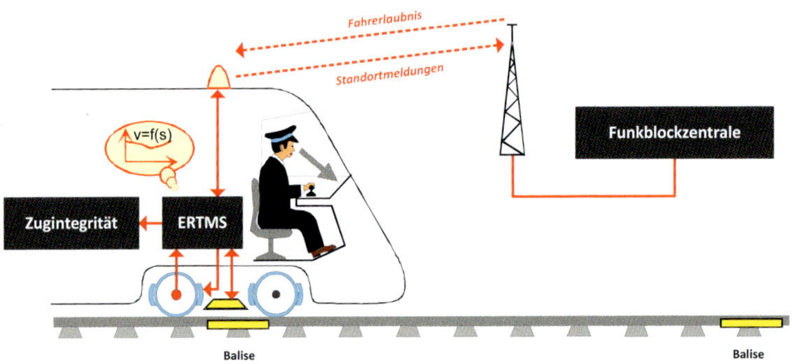

Abb. 4-56: ETCS-Level 3 Abbildung: DB AG

4.2.7 Zugfunk

Unter Zugfunk (ZF) versteht man die Fernsprechverbindung zwischen den Sprechstellen auf den Führerständen der Triebfahrzeuge und Triebwagen einerseits und den ortsfesten Sprechstellen auf den Stellwerken und Betriebsleitungen andererseits. Außer als normales Telefon kann das Zugfunkgerät auch für Kurzinformationen wie codierte Aufträge und Meldungen genutzt werden. Abgesehen von den codierten Aufträgen kann der Eisenbahnfahrzeugführer nur Gesprächswünsche bei einer Zugfunkvermittlung anmelden.

European Integrated Railway Radio Enhanced Network (EIRENE)

Zur Anpassung des GSM-Standards an die Anforderungen der Betreiber von Bahnnetzen wurde vom Internationalen Eisenbahnverband (UIC) das Projekt EIRENE eingerichtet. Damit wurden die Anforderungen definiert, die ein Bahnfunksystem erfüllen muss, damit die internationale Interoperabilität zwischen den nationalen Eisenbahnen gewährleistet ist und zugleich Kosten bei der Herstellung der Infrastruktur reduziert werden können. In den EIRENE-Spezifikationen sind die für die Sicherstellung der Bahn-Kernfunktionalität notwendigen funktionalen Anforderungen an die Netzinfrastruktur, in die Mobilgeräte roamen können, und an die Mobilgeräte, die in auf EIRENE abgestimmten Netzen eingesetzt werden sollen, niedergelegt. Des Weiteren können nunmehr die verschiedenen Bahnfunksysteme, sowohl national wie auch international gesehen, mit einem zentralen System für alle Funkanwendungen – wie beispielsweise Rangierfunk, Zugfunk oder Datenübermittlung – vereinheitlicht werden.

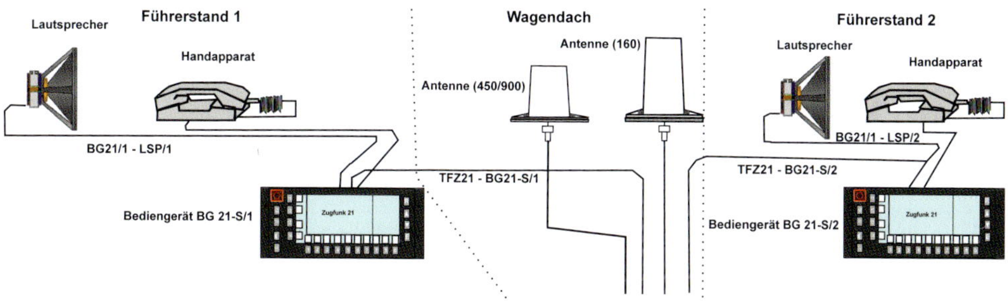

Abb. 4-57: Konfiguration Zugfunkanlage im Fahrzeug

Abbildung: Center-Systems

Global System for Mobile Communications – Railway (GSM-R)

Die digitale Kommunikationsplattform „Global System of Mobile Communication-Rail", kurz: GSM-R, ist ein Eckpfeiler in der Innovationsstrategie der europäischen Bahnen. Die neue Technologie deckt in Zukunft alle mobilen Sprach- und Datendienste der Zugkommunikation ab. GSM-R bezeichnet ein digitales Funksystem, welches speziell für die Eisenbahnen entwickelt wurde. Das System baut auf dem in der mobilen Telekommunikation weitverbreiteten Standard „Global System for Mobile Communications" (GSM) auf. GSM-R erweitert GSM mit bahnspezifischen Möglichkeiten. Die Frequenzen von GSM-R sind international harmonisiert und ausschließlich für die Eisenbahn reserviert.

Als zusätzliche Leistungsmerkmale für den Bahnbetrieb bietet GSM-R den Gruppen- und Sammelruf, die funktionale ortsbezogene Adressierung sowie die Priorisierung (Verdrängung eines Rufs).

- Der Gruppenruf ist eine Sprachverbindung von einem zu mehreren anderen Teilnehmern. Er gibt dem Nutzer bei entsprechender Gruppenzugehörigkeit die Möglichkeit, gleichzeitig mit den übrigen Gruppenmitgliedern zu sprechen. Mithilfe einer Gruppennummer (Group-ID) wird der Ruf zu den im Netz definierten Teilnehmern aufgebaut. Der Ruf kann Teilnehmer aus mehreren Zellen mit derselben Gruppennummer und auch den Fahrdienstleiter mit einbinden. Je nach Priorität nehmen die Endgeräte das Gespräch automatisch entgegen und schalten auf Lautsprecher um oder der Ruf muss vom Teilnehmer manuell entgegengenommen werden. Beim Gruppenruf kann jedes Gruppenmitglied mit Drücken einer Push-to-Talk-Taste (PTT) nacheinander den Sprechkanal übernehmen. Der Rest der Gruppe ist jeweils Zuhörer. Der Fahrdienstleiter kann jederzeit sprechen.

- Der Sammelruf ähnelt dem Gruppenruf; er dient jedoch als Möglichkeit, nur zu den Teilnehmern zu sprechen.
- Die funktionale ortsbezogene Adressierung eröffnet dem Nutzer die Gelegenheit, bestimmte Funktionsinhaber direkt anzusprechen, ohne den Teilnehmer selbst zu kennen. Die Telefonnummer bezieht sich nicht mehr auf die Person, sondern auf die Rolle, die sie innehat. Beispielsweise wird über ein und dieselbe Kurzwahl (Short Code) im gesamten deutschen GSM-R-Netz immer der jeweils örtlich zuständige Fahrdienstleiter erreicht. Dazu meldet sich der Teilnehmer auf der funktionalen Nummer im Netz an – ab dem Zeitpunkt ist er über diese Nummer erreichbar.
- Die Priorisierung führt dazu, dass wichtige Rufe mit hoher Priorität immer ihr Ziel erreichen und daher im Falle eines Falles zwangsläufig zu einer Verdrängung im Netz und zur Beendigung existierender Gespräche führen. Zusätzlich wird der zuständigen Stelle, wie beispielsweise dem Fahrdienstleiter, ein Notruf signalisiert.

Dank EIRENE gelten einige Short Codes sowie Gruppen- und Sammelrufnummern in allen europäischen GSM-R-Netzen. So sind lokale Gruppen in ganz Deutschland und gegebenenfalls in Europa über eine einheitliche Nummer erreichbar.

Mit einem technischen Merkmal ist es möglich, mehrere Zellen entlang einer Fahrstrecke zu einem Servicebereich (Group Call Area) zusammenzufassen. Der Vorteil: Ein Gruppenruf oder der Bahnnotruf wird in fest definierte Nachbarzellen zu der gewählten Gruppennummer übertragen. Beispielsweise wird der Notruf eines fahrenden Zuges auch an die umliegenden Zellen und die dort zuständigen Fahrdienstleiter gesendet.

Abb. 4-58: Zugfunk-Bediengerät Foto: Janicki

5 Druckluft- und Bremsanlage

5.1 Druckluftbeschaffung

5.1.1 Drucklufterzeugung

Triebfahrzeuge und Triebwagen besitzen eine Anlage zur Druckluftbeschaffung. Diese setzt sich zusammen aus Anlagen zur Drucklufterzeugung und Luftaufbereitung. Die Anlage versorgt außer der Druckluftbremse auch noch eine Reihe anderer Einrichtungen (Nebenverbraucher) mit Druckluft.

Bremseinrichtungen	Nebenverbraucher
▪ indirekte Druckluftbremse ▪ direkte Bremse ▪ Federspeicherbremse (Feststellbremse) ▪ Magnetschienenbremse ▪ Schleuderschutz	▪ Hauptluftbehälterleitung zur Versorgung eines angeschlossenen Wagenzuges ▪ Türsteuerung (Einstiegs-, Übergangs- und Zwischentüren) ▪ geschlossene Toilettensysteme ▪ Hilfsluftbehälter für Stromabnehmer, Trennschalter und Hauptschalter ▪ Steuerung der Stromrichterkonfiguration und Systemumschalter ▪ Signaleinrichtung (Makrofon) ▪ Luftfeder bei luftgefederten Drehgestellen ▪ Klimaanlage ▪ Sandstreueinrichtung

Abb. 5-1: Druckluftverbraucher

Kompressor

Für die Drucklufterzeugung stehen Luftpresser (LP) zur Verfügung. Sie versorgen das Hauptluftbehältersystem mit einem Druck zwischen 8,5 und 10 bar. Damit bei dem stark schwankenden Bedarf immer genügend Druckluft vorhanden ist, sind entsprechende Vorratsluftbehälter (Hauptluftbehälter) eingebaut. Aus diesen werden die oben genannten Verbraucher gespeist.

Abb. 5-2: Luftpresser
Abbildung: Knorr-Bremse

Ein Druckwächter schaltet den Kompressor beim Unterschreiten eines Druckes von 8,5 bar ein und, sobald 10 bar erreicht sind, wieder aus. Ein Sicherheitsventil, das bei circa 11 bar anspricht und den Luftpresser ausschaltet, schützt die Anlage. Ein Rückschlagventil trennt den Kompressor von den Vorratsluftbehältern. Die vom Kompressor verdichtete Luft enthält Wasser und mitgerissenes Öl. Das Öl-Wasser-Gemisch setzt sich im Kondensatabscheider ab. Dieser muss von Zeit zu Zeit mittels eines außen am Fahrzeug angebrachten Hahnes entwässert werden. Neuere Fahrzeuge haben eine automatische Entwässerung.

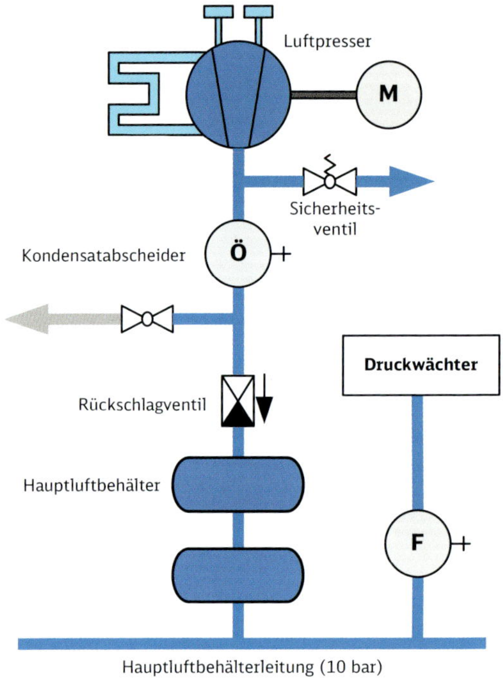

Abb. 5-3: Druckluftversorgung (vereinfachte Darstellung ohne Hilfsluftpresser und Lufttrocknungsanlage)

Hauptluftpresser und Hilfsluftpresser

Der Hauptluftpresser wird bei elektrischen Fahrzeugen aus der Hilfsbetriebewicklung des Transformators gespeist. Hierfür muss der Stromabnehmer gehoben und der Hauptschalter eingeschaltet sein. Dieses Heben und Einschalten wiederum erfordert Druckluft.

Damit das Fahrzeug aufgerüstet werden kann, wird Druckluft in einem Sonderluft- oder Hauptluftbehälter gespeichert. Sollte dieser Behälter leer sein, übernimmt ein Hilfsluftpresser die Luftversorgung für Stromabnehmer und Hauptschalter. Dieser Hilfsluftpresser wird mit Strom aus der Fahrzeugbatterie versorgt. Bei neueren Fahrzeugen schaltet sich der Hilfskompressor selbsttätig ein.

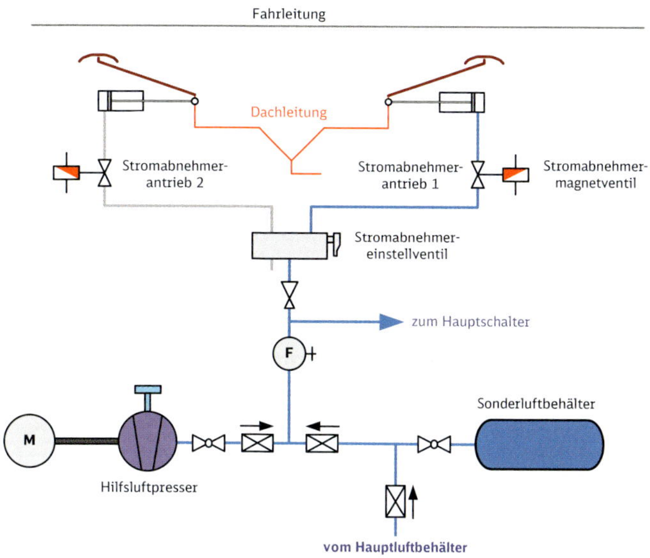

Abb. 5-4: Hilfsluftpresser eines elektrischen Fahrzeugs

Abbildung: Janicki

Lufttrocknungsanlage

Im Zuge des Komprimierens der Umgebungsluft kann sich die relative Luftfeuchtigkeit durch Kondensation erhöhen. Mithilfe einer Lufttrocknungsanlage wird der Feuchtigkeitsgehalt der vom Luftpresser kommenden Druckluft auf den zulässigen Wert reduziert, zusätzlich werden die Verunreinigungen und das mitgerissene Öl ausgeschieden. Die Druckluft strömt dabei durch ein Trockenmittel, das ihr die Feuchtigkeit entzieht. Die ausgeschiedenen Stoffe werden in einem Behälter gesammelt und können in der Abstellanlage mit einer speziellen Absaugeinrichtung umweltgerecht entsorgt werden.

Ölfreie Kompressoren

Zur Erzeugung ölfreier Druckluft werden ölfrei arbeitende Kompressoren – sogenannte Trockenläufer – eingesetzt, bei denen der Verdichtungsraum nicht geschmiert wird und die Schraubenpaare berührungslos laufen. Ölfreie Kolbenkompressoren arbeiten komplett ohne Ölfüllung; verbaute Lager sind fettgefüllt und gekapselt. Über wirksame Abdichtungen und durch das Ausnutzen einfacher physikalischer Prinzipien ist sichergestellt, dass keine Verunreinigungen in den Verdichtungsraum gelangen. Ölfreie Kompressoren sind gegenüber ölgefüllten Kompressoren vibrations- und schwingungsärmer und zeichnen sich durch einen geringeren Wartungsaufwand aus.

5.1.2 Druckluftbehälter

Die Einrichtungen im Fahrzeug werden nicht direkt, sondern über Pufferbehälter mit Druckluft versorgt. Entsprechend ihrer Funktion haben diese Druckbehälter verschiedene zusätzliche Bezeichnungen:

- Hauptluftbehälter speichern die vom Luftpresser geförderte Druckluft und versorgen die Hauptluftbehälterleitung. Das Hauptluftbehältervolumen wird aus einem oder mehreren Druckbehältern gebildet. Bei Triebzügen können diese Druckbehälter über den Zug verteilt angeordnet sein.
- Vorratsluftbehälter speichern, wenn sie nicht steuernd wirken, lediglich die Vorratsluft für die Bremszylinder. Sie werden normalerweise über das Steuerventil gefüllt und können bei Fahrzeugen mit Zweileitungsbremse auch zusätzlich aus der Hauptluftleitung gespeist werden.
- Ausgleichsbehälter dienen bei Führerbremsventilen in der Regel als Vorsteuerbehälter für die nachgeschaltete Ausgleichseinrichtung oder das Relaisventil. Beim Bremsen wird dort Druck abgebaut, was sich über die Ausgleichseinrichtung beziehungsweise das Relaisventil auf die Hauptluft- oder Bremsleitung überträgt. Konsequenz: Die Zuglänge hat auf die Bedienungsweise des Führerbremsventils keinen Einfluss mehr.
- Zeitbehälter haben bei Führerbremsventilen die Aufgabe, Löse- und Angleichvorgänge (Überladung) zeitabhängig zu regeln.
- Vorsteuerbehälter für Relaisventile und Druckübersetzer sind notwendig, um Steuerzeiten anzupassen und die Geräte gut regulieren zu können.
- Sonderluftbehälter halten Druckluft für besonders wichtige Nebeneinrichtungen vorrätig.
- Verzögerungsbehälter werden verwendet, um Schaltvorgänge zeitlich zu verschieben.
- Hilfsluftbehälter wirken in Verbindung mit der Hauptluft- oder Bremsleitung an einlösigen Steuerventilen steuernd und füllen die Bremszylinder.

5.1.3 Sandstreueinrichtung

Zur Verbesserung des Kraftschlusses zwischen Rad und Schiene kann die erste (vorauslaufende) Achse eines angetriebenen Fahrzeuges gesandet werden. Dadurch lassen sich hohe Traktionskräfte auch bei Feuchtigkeit und Laubbefall im Herbst auf die Schiene bringen. Der Sand wird aus dem Sandkasten herausgesaugt und mittels Druckluft über ein Sandstrahlrohr auf den Kontaktpunkt zwischen Rad und Schiene geblasen. Die Sandstreueinrichtung wird vom besetzten Führerpult mit einem Taster aktiviert – ein Teil der Fahrzeuge ermöglicht die Wahl zwischen der Taststellung „Sanden“ und „Dauersanden“. Neuere Anlagen verfügen zusätzlich über eine beheizte Sandtreppe, eine Belüftung des Sandes mit Warmluft und eine temperaturabhängige Sandrohrheizung, die das Einfrieren des Sandrohres und somit Verstopfungen verhindert. Sensoren erfassen den Füllstand des Sandbehälters. Ein grüner Leuchtmelder hinter der Nachfüllklappe leuchtet, wenn der Sandbehälter noch ausreichend gefüllt ist. Der Leuchtmelder erlischt beim Unterschreiten einer bestimmten Füllmenge.

Das Nachfüllen des Sandes erfolgt meist mit Druckluftbesandungsanlagen über den Sandeinfüllstutzen an der Fahrzeugseite. Die Funktion und die Fördermengen werden stark von der verwendeten Sandqualität (Korngröße, Kornform und Staubanteil) beeinflusst, weshalb die einmal festgelegte Sandqualität genau eingehalten werden muss.

Abb. 5-5: Sandstreueinrichtung

Abbildung: Janicki

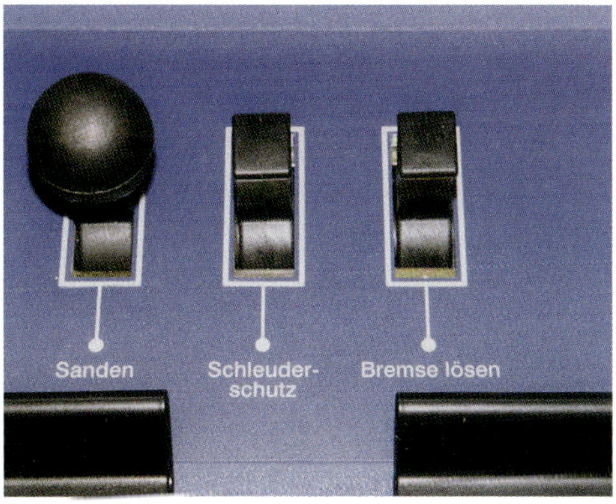

Abb. 5-6: Taster „Sanden“

Foto: Janicki

Abb. 5-7: Sandeinfüllstutzen eines Triebwagens

Foto: Janicki

5.2 Bremstechnische Grundlagen

5.2.1 Grundsätzliche Anforderungen an die Bremstechnik

Damit Zugeinheiten rechtzeitig zum Halten gebracht werden können und die Zuggeschwindigkeit jederzeit den betrieblichen Erfordernissen angepasst werden kann, verfügen Schienenfahrzeuge über leistungsfähige und zuverlässig arbeitende Bremseinrichtungen. Die Sicherheit einer Zugfahrt hängt wesentlich von der Funktion der Bremseinrichtung ab. Daher sind die Schienenfahrzeuge gemäß den Bestimmungen der EBO mit einer durchgehenden, selbsttätigen Druckluftbremse ausgerüstet.

Durchgehende, selbsttätige Bremsen

„Durchgehend" bedeutet, dass die Bremsen aller Fahrzeuge eines Zuges von einer einzigen Stelle aus angelegt und gelöst werden können. In der Regel geschieht dies vom führenden Fahrzeug aus. Eine Bremsung muss aber auch von einer anderen Stelle im Zug – zum Beispiel bei Reisezügen – durch Betätigung einer Notbremseinrichtung eingeleitet werden können.

Der Begriff „selbsttätig" bezieht sich auf die Wirksamkeit der Bremse bei einer unbeabsichtigten Trennung der Bremsleitung. Eine selbsttätige Bremse wirkt hierbei ohne besondere Maßnahmen automatisch. Erreicht wird dies mit der indirekt wirkenden Druckluftbremse mit durchgehender Hauptluftleitung oder einer Schnellbremsschleife.

Wirkungsweise

Die bei Eisenbahnfahrzeugen verwendete Druckluftbremse ist dadurch gekennzeichnet, dass die Druckluft sowohl die Bremsen innerhalb des Zuges steuert als auch die Bremskraft erzeugt und dass eine Druckabsenkung in der Luftleitung zu einem Druckaufbau im Bremszylinder führt (indirekte Bremse).

Die wesentlichen Bauteile der Druckluftbremse sind die Drucklufterzeugungsanlage, der Hauptluftbehälter zum Speichern der Druckluft, das Führerbremsventil auf dem Triebfahrzeug zum Regulieren der Bremskraft, die Hauptluftleitung (HL) zum Transport der Druckluft innerhalb des Zuges und zum Steuern der angeschlossenen Bremsen sowie die in allen Fahrzeugen vorhandenen Steuerventile, Vorratsluftbehälter und Bremszylinder.

Die selbsttätige Wirkung der Druckluftbremse wird dadurch erreicht, dass in gelöstem Zustand die Hauptluftleitung mit Druckluft gefüllt ist und die bei der Bremsung benötigte Druckluft bereits im jeweiligen Fahrzeug gespeichert ist. Beim indirekten Bremsen und Lösen werden mit dem Führerbremsventil Druckänderungen in der Hauptluftleitung vorgenommen. Über ein Steuerventil mit separatem Vorratsluftbehälter werden nun bei jedem Fahrzeug die Bremszylinder mit Druckluft gefüllt und beim Lösen wieder entlüftet.

5.2.2 Bauformen der Bremsen

Beim Bremsen erfolgt eine Umwandlung der Bewegungsenergie (kinetische Energie) in andere Energieformen (meist in Wärme). Dazu wirken an dem Fahrzeug Kräfte, die der Bewegung des Fahrzeuges entgegengerichtet sind.

Bauformen

Die verschiedenen Bremssysteme der Schienenfahrzeuge können in kraftschlussabhängige und kraftschlussunabhängige Bremsen eingeteilt werden.

- Kraftschlussabhängige Bremsen bringen die Bremsmomente auf die Radsätze auf. Die Übertragung der Bremskräfte erfolgt hier über die Kontaktpunkte zwischen den Rädern und Schienen. Zu dieser Gruppe gehören die radwirksamen Reibungsbremsen (Radbremsen) und die dynamischen Bremsen (Triebwerkbremsen).
- Kraftschlussunabhängige Bremsen umgehen den Kontaktpunkt zwischen Rad und Schiene und üben ihre Bremskraft entgegen der Fahrtrichtung direkt auf die Schiene aus. Diese sogenannten Schienenbremsen werden unterteilt in reibungsbehaftete Magnetschienenbremsen und verschleißfreie lineare Wirbelstrombremsen.

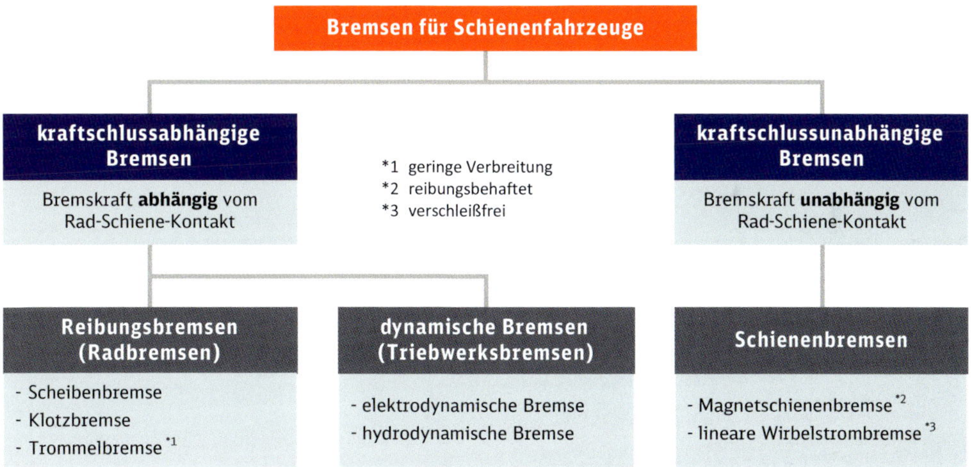

Abb. 5-8: Einteilung der Bremsen für Schienenfahrzeuge

Reibungsbremsen

Reibungsbremsen gehören zur Grundausrüstung jedes Eisenbahnfahrzeugs. Dabei kommen folgende Ausführungen zum Einsatz:

- Klotzbremsen übertragen die Bremskraft unmittelbar auf die Laufflächen der Räder. Die Bremsklotzsohle besteht entweder aus Grauguss oder Verbundstoffen (Kompositionsbremsklotzsohle).

- Scheibenbremsen übertragen die Bremskraft durch Bremsbacken auf gusseiserne Bremsscheiben. Diese sind am Radkörper befestigt (Radbremsscheiben) oder auf der Radsatzwelle zwischen den Rädern angeordnet (Wellenbremsscheiben). Über zahlreiche Kühlrippen wird bei Wellenbremsscheiben die entstehende Reibungswärme an die vorbeiströmende Luft abgegeben.
- Trommelbremsen übertragen die Bremskraft auf Bremstrommeln, die auf der Radsatzwelle befestigt sind. Trommelbremsen haben im Schienenfahrzeugbau keine nennenswerte Verbreitung gefunden.

Abb. 5-9: Klotzbremse Foto: DB AG/Pierling

Abb. 5-10: Scheibenbremse (Wellenbremsscheibe) Foto: DB AG/Jet-Foto Kranert

Abb. 5-11: Trommelbremse
Foto: DB AG

Schienenbremsen

Schienenbremsen nehmen die Haftung zwischen Rad und Schiene nicht in Anspruch, was eine größere Verzögerung ermöglicht als bei einer Bremse, die nur auf die Räder wirkt. Sie werden zusätzlich zu Radbremsen verwendet, wenn eine stärkere Bremsverzögerung erreicht werden soll.

- Magnetschienenbremse: Solange die Magnetschienenbremse nicht aktiviert ist, hängt der Bremsmagnet in Ruhestellung über der Schienenoberkante. Wird die Magnetschienenbremse wirksam geschaltet, wird der Bremsmagnet pneumatisch (also mit Druckluft) abgesenkt und elektrisch erregt. Die magnetische Kraft zieht den Magneten an die Schiene und die Bremskraft baut sich dadurch auf, dass die Reibung zwischen den Bremsmagneten und der Schiene ausgenutzt wird. Dabei tritt erheblicher Verschleiß auf, weshalb die Magnetschienenbremse nur bei Schnellbremsungen oder in Notfällen eingesetzt wird. Die Magnetschienenbremse wirkt dabei immer mit ihrer maximalen Bremskraft.

- Wirbelstrombremse: Bei wirksamer Wirbelstrombremse wird diese bis auf einige Millimeter über die Schienenoberkante abgesenkt. Die Wirbelstrombremse arbeitet im Gegensatz zur Magnetschienenbremse haftwertunabhängig und berührungslos. Daher wird sie auch als Betriebsbremse eingesetzt. Wird die Wirbelstrombremse zum Bremsen elektrisch angesteuert, ergibt sich ein Magnetfeld mit wechselnder Polarität. Bei der geradlinigen Bewegung der Wirbelstrombremse über der Schiene entstehen elektrische Spannungen und Wirbelströme. Dieses sekundäre Magnetfeld läuft konträr zum Magnetfeld der Wirbelstrombremse. Daraus ergibt sich eine Bremskraft, die entgegen der Fahrtrichtung wirkt.

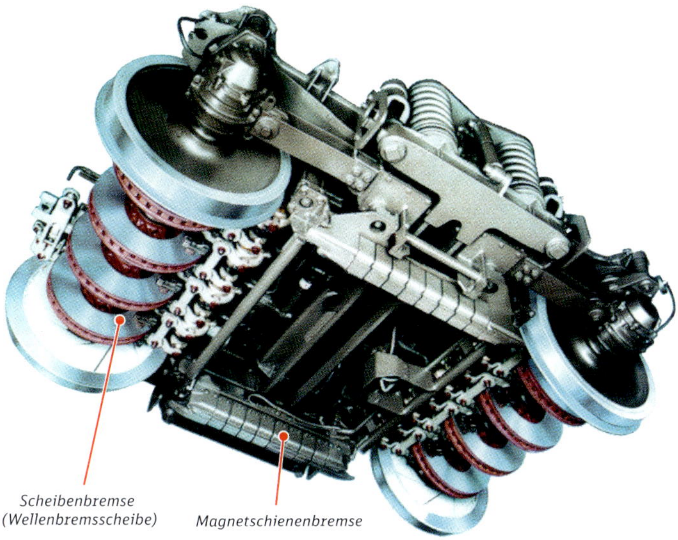

Abb. 5-12: Anordnung der Magnetschienenbremse im Drehgestell

Dynamische Bremsen

Dynamische Bremsen nutzen Teile des Fahrzeugantriebes durch Funktionsumkehr zum Bremsen. Die Bremskräfte werden bei elektrischen Antrieben im Fahrmotor, bei Dieseltriebfahrzeugen im hydraulischen Getriebe erzeugt. Dynamische Bremsen arbeiten verschleißfrei, sind jedoch genau wie die Radbremsen vom mechanischen Kraftschluss zwischen Rad und Schiene abhängig.

- Elektrische Bremse: Bei elektrischen Antrieben werden die Fahrmotoren als Generatoren geschaltet und damit zur Erzeugung von Energie genutzt.
- Hydrodynamische Bremse: Bei dieselhydraulischen Antrieben wird eine besondere Strömungskupplung (Retarder) als verschleißlose zusätzliche Bremse genutzt. Zum Bremsen wird die Strömungsbremse mit Flüssigkeit gefüllt. Die Bremskraft wird hier durch Regelung der Füllung gesteuert.

Feststellbremse

Als zusätzliche Bremsausrüstung zum Anhalten (zum Beispiel im Abstoßbetrieb) und zum Festlegen (zum Beispiel Abstellen) kann eine Feststellbremse vorhanden sein. Diese kann als Handbremse, Federspeicherbremse oder Fußbremse ausgeführt sein.

5.2.3 Physikalische Vorgänge beim Bremsen

Die Bremswirkung eines Fahrzeuges bemisst sich an seiner Abbremsung. Die Höhe der Abbremsung ist begrenzt von der Haftung zwischen Rad und Schiene.

Kräfte an Radbremsen

Bei Radbremsen wirken an den Rädern zwei Kräfte:

- die Haftkraft zwischen Rad und Schiene,
- die Bremskraft zwischen Bremsklotz und Rad bei der Klotzbremse oder zwischen Bremsbelag und Bremsscheibe bei der Scheibenbremse.

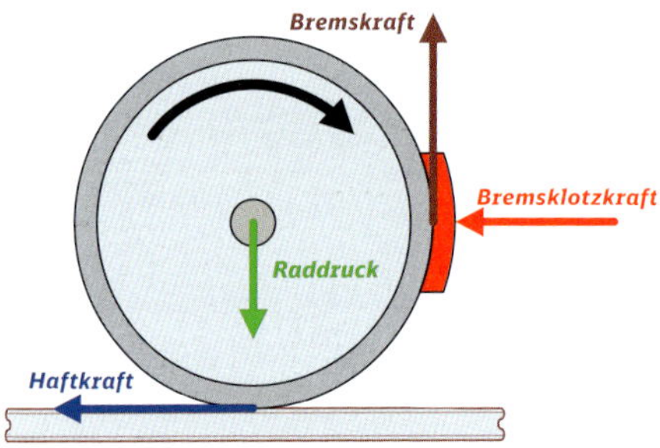

Bremskraft = Bremsklotzkraft x Reibwert (Bremsklotz/Rad)
Haftkraft = Raddruck x Reibwert (Rad/Schiene)

Abb. 5-13: Kräfte am Rad (Klotzbremse)

Einfluss des Reibwerts

Die Bremskraft wird bestimmt durch die Bremsklotzkraft und die Reibung zwischen Bremsklotz oder Bremsbelag und Rad oder Bremsscheibe (Reibfläche). Die Reibung hängt vom Werkstoff der Reibungspartner und bei Klotzbremsen zusätzlich von der Geschwindigkeit ab.

Beim Graugussbremsklotz sinkt der Reibwert mit zunehmender Geschwindigkeit erheblich. Damit beim Bremsen die Radsätze nicht blockieren, darf die Bremskraft die Haftkraft nicht übersteigen. Die Bremskraft kann daher bei hohen Geschwindigkeiten nicht voll genutzt werden.

Bei den Bremsbelägen der Scheibenbremse und bei Bremsklötzen aus Verbundstoff (Kompositionsbremsklotz) ist die Reibung unabhängig von der Geschwindigkeit. Hier kann die verfügbare Haftung im gesamten Geschwindigkeitsbereich gleichmäßig ausgenutzt werden, sodass jederzeit eine optimale Bremswirkung erreicht wird.

Die Haftkraft ist festgelegt durch den Raddruck und den Reibwert zwischen Rad und Schiene. Der Reibwert verändert sich mit dem Schienenzustand. Er verringert sich bei starkem Laubfall, nebelfeuchten und vereisten Schienen und Regen. Sanden kann den Reibwert verbessern.

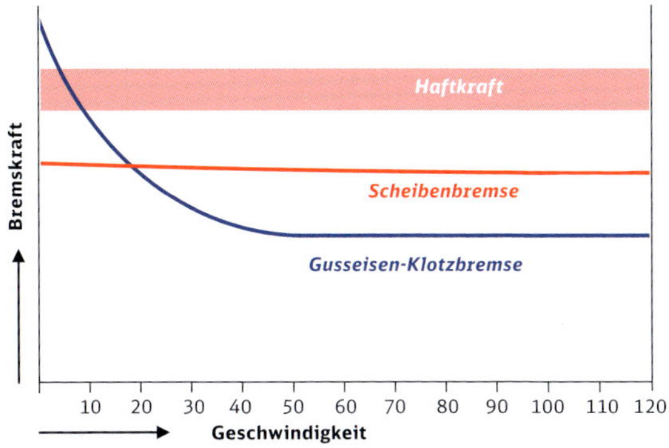

Abb. 5-14:
Bremskraft in Abhängigkeit von der Geschwindigkeit

Verhältnis der Kräfte zueinander

Die Bremskraft muss kleiner sein als die Haftkraft. Übersteigt die Brems- die Haftkraft, werden die Räder festgebremst und gleiten auf den Schienen. Der Bremsweg verlängert sich, Flachstellen entstehen. Radbremsen erreichen demnach ihre größte Wirkung, wenn die Räder gerade noch rollen. Die Bremsen der Schienenfahrzeuge werden daher so ausgelegt, dass auch bei ungünstigem Schienenzustand die Bremskraft die vorhandene Haftkraft nicht übersteigt.

Kräfte an dynamischen Bremsen

Wie bei der Radbremse begrenzt auch hier die vorhandene Haftkraft zwischen Rad und Schiene die Höhe der Bremskraft.

Kräfte an Schienenbremsen

Die Haftkraft zwischen Rad und Schiene wird hier nicht in Anspruch genommen. Deshalb kann diese Bremse zusätzlich zur Radbremse eingesetzt werden, um die Bremswirkung zu steigern.

5.2.4 Wirkungsweise der Druckluftbremse

Die Bremskraft wird in einem Druckluftzylinder (Bremszylinder) mit Kolben erzeugt. Eine Feder hält den Kolben des Bremszylinders in gelöster Stellung, sodass bei einer Klotzbremse die Bremsklötze nicht am Rad beziehungsweise bei einer Scheibenbremse die Bremsbeläge nicht an der Bremsscheibe anliegen.

Beim Bremsen strömt Druckluft in den Bremszylinder. Der Kolben überwindet die Federkraft und drückt über das Bremsgestänge den Bremsklotz gegen das Rad beziehungsweise den Bremsbelag gegen die Bremsscheibe.

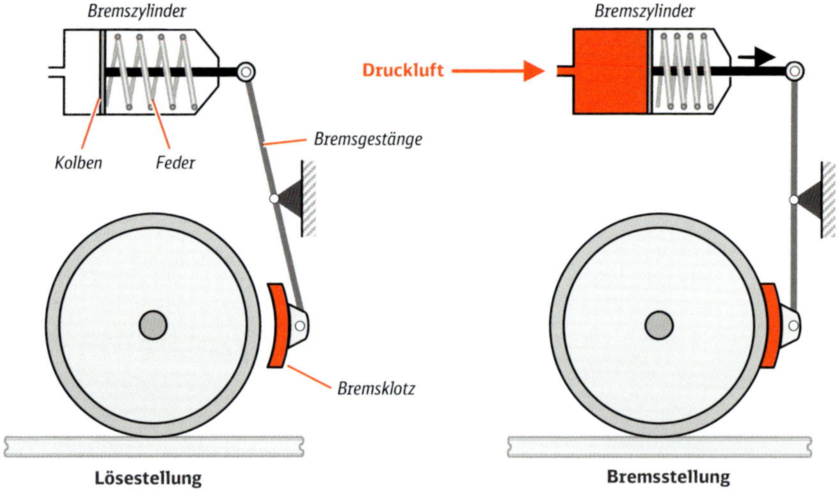

Abb. 5-15: Druckluftbremse

Durchgehende Druckluftbremse

In einem Zug wird die Druckluftbremse vom führenden Fahrzeug (Triebfahrzeug oder Steuerwagen) bedient. Die für die Druckluftbremse erforderliche Druckluft wird vom Luftpresser auf dem Triebfahrzeug erzeugt und mit einem Druck von bis zu 10 bar in einem oder in mehreren Hauptluftbehältern gespeichert. Versorgungs- und Steuerleitung für die Druckluftbremse ist die durchgehende Hauptluftleitung (HL), über die alle Fahrzeuge an das führende Fahrzeug angeschlossen sind. Die HL der einzelnen Fahrzeuge sind dazu durch Bremskupplungen miteinander verbunden. Über ein Führerbremsventil auf dem führenden Fahrzeug wird die HL mit Druckluft gefüllt oder entlüftet.

Selbsttätige Druckluftbremse

Die selbsttätige Wirkung der Druckluftbremse wird dadurch erreicht, dass neben den genannten Bauteilen in jedem Fahrzeug ein Steuerventil und ein Vorratsluftbehälter vorhanden sind.

Im Lösezustand wird die HL über das Führerbremsventil mit Druckluft von 5 bar gefüllt. Ein Regler am Führerbremsventil sorgt dafür, dass dieser Druck auch bei geringfügigen

Undichtigkeiten gehalten wird. Über die Steuerventile werden die Vorratsluftbehälter ebenfalls auf 5 bar gefüllt. Die Bremszylinder sind über das Steuerventil entlüftet.

Beim Bremsen wird der Druck in der HL über das Führerbremsventil gesenkt. Die Steuerventile schalten in die Bremsstellung um. Eine Verbindung zwischen Vorratsluftbehälter und Bremszylinder wird hergestellt; die Verbindung von der Hauptluftleitung wird hingegen unterbrochen. Druckluft strömt nun in die Bremszylinder.

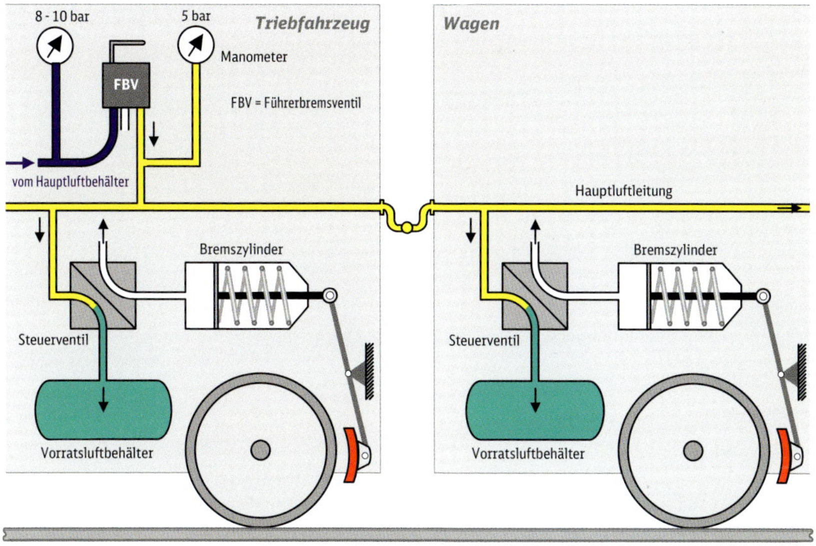

Abb. 5-16: selbsttätige Druckluftbremse, Lösestellung

Abbildung: Janicki

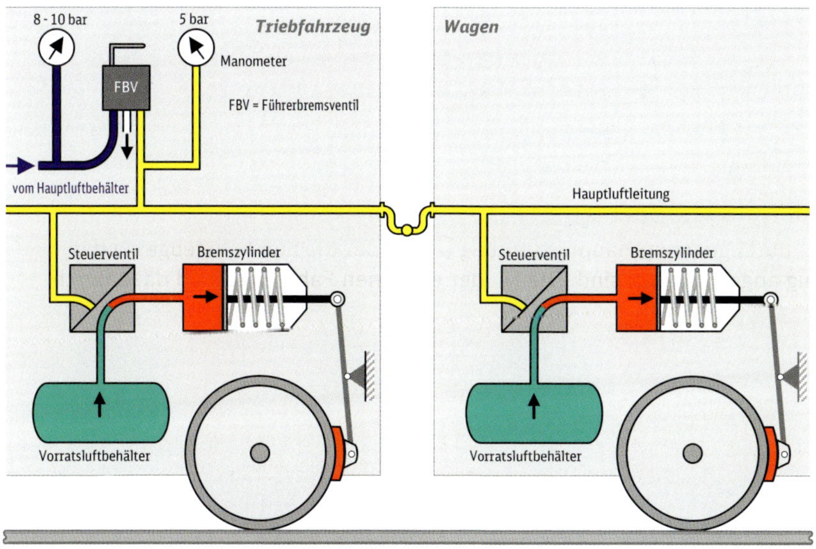

Abb. 5-17: selbsttätige Druckluftbremse, Bremsstellung

Abbildung: Janicki

Bremszylinderdruck

Die Höhe der Druckabsenkung in der HL entscheidet über die Höhe des Bremszylinderdruckes. Die folgende Tabelle zeigt, dass zu jedem Druck in der HL ein bestimmter Druck im Bremszylinder gehört. Bei einem HL-Druck von 3,5 bar wird im Bremszylinder der Höchstdruck erreicht. Eine weitere Druckabsenkung führt zu keiner weiteren Erhöhung des Bremszylinderdruckes. Durch stufenweises Absenken des Druckes in der HL ist ein feinfühliges Bremsen des Zuges möglich.

Druck in der HL	Druck im Bremszylinder
5 bar	0 bar
4,5 bar	1,2 bar
zwischen 4,5 und 3,5 bar	zwischen 1,2 und 3,8 bar
3,5 bar	3,8 bar
0 bar	3,8 bar

Abb. 5-18: Zusammenhang zwischen Hauptluftleitungs- und Bremszylinderdruck am Beispiel einer Güterwagenbremse

Einlösige und mehrlösige Bremsen

Wird der Druck in der HL erhöht, schaltet das Steuerventil in die Lösestellung um. Druckluft strömt nun aus dem Bremszylinder ins Freie und der Vorratsluftbehälter wird wieder gefüllt. Das Lösen kann wie das Bremsen stufenweise geschehen (mehrlösige Bremse). Voll gelöst ist eine Bremse, wenn der Druck in der HL wieder einen Wert von 5 bar erreicht hat.

Ältere Steuerventile sind einfacher aufgebaut. Hier sind einige Bauarten nur einlösig. Jede Erhöhung des Druckes in der HL führt hier zum vollständigen Auslösen der Bremse. Ein stufenweises Lösen ist nicht möglich. Bei einlösigen Bremsen kann ein mehrmaliges kurzzeitiges Bremsen und Lösen zu einer „Erschöpfung" der Bremse führen.

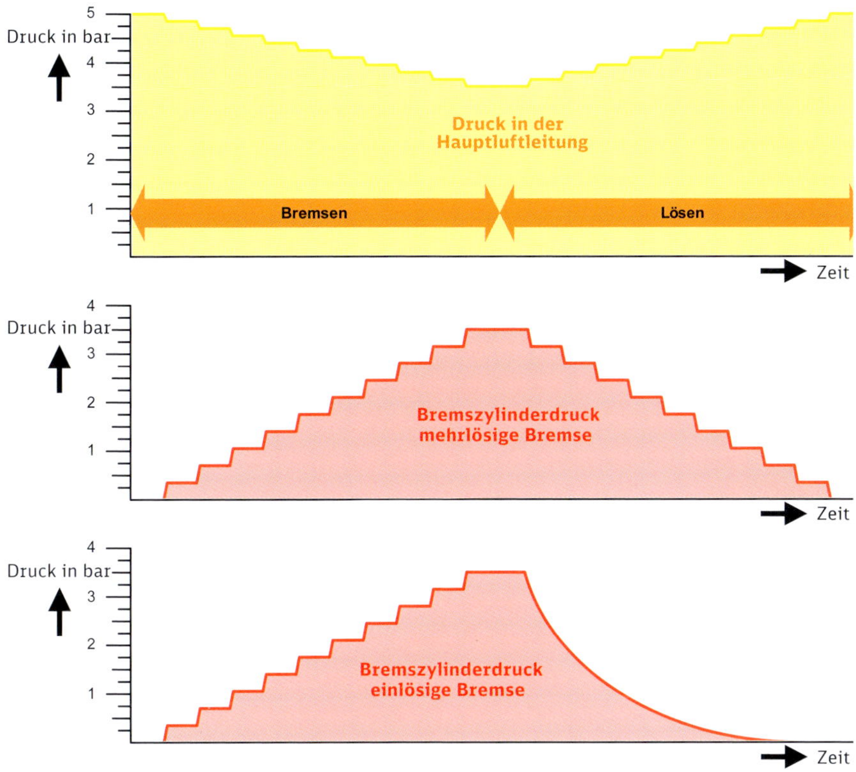

Abb. 5-19: Druckverlauf beim Bremsen und Lösen in der HL und im Bremszylinder

5.2.5 Bremsanschrift

Jede Bremsanschrift besteht aus den drei Blöcken „Bezeichnung der Bremse", „Bremsgewichte" und „Fahrzeugmassen". Die Bezeichnung der Bremse ergibt sich aus der Aneinanderreihung verschiedener Einzelbezeichnungen und Piktogramme. Sie gibt Auskunft über die Bremsausrüstung des jeweiligen Fahrzeuges; alle wichtigen Einzelheiten wie beispielsweise Bremsbauart, Wirkungsweise und größtmögliche Bremswirkung lassen sich ablesen. Besitzt ein Fahrzeug besondere, äußerlich nicht ohne Weiteres erkennbare Ausführungsformen von bestimmten Bremsbauteilen (zum Beispiel eine Scheibenbremse), oder verfügt es über zusätzliche Einrichtungen wie eine Notbremsüberbrückung, so sind diese Bremsausrüstungen an der Bremsanschrift erkennbar.

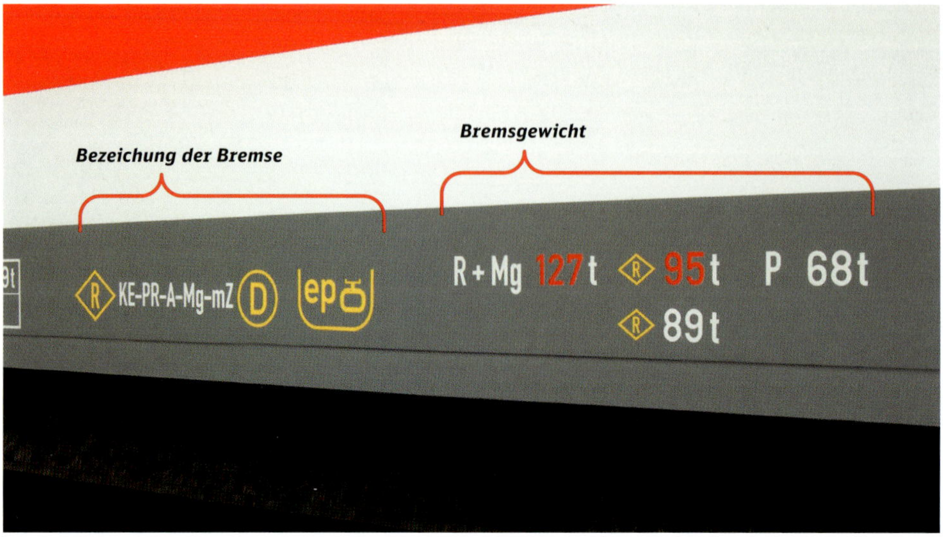

Abb. 5-20: Bremsanschrift eines Reisezugwagens

Abbildung: Janicki

Die Einzelbezeichnungen sind in die nachfolgend aufgeführten Gruppen eingeteilt, die in dieser Reihenfolge verbindlich für das Aneinanderreihen zur Bremsbezeichnung sind:

- Bremsbauart: Die Bauart einer Bremse macht sich am Steuerventil fest und wird nach dem Konstrukteur oder der Entwicklungsfirma benannt. In der Bremsanschrift wird sie mit einer entsprechenden Buchstabenkombination abgekürzt. Hinzu kommen Bezeichnungen für Bremsen mit elektronischer Steuerung, die durch ein an die Firmenbezeichnung angehängtes „C" (Computersteuerung) gekennzeichnet sind. Das „C" wird mit einem Leerzeichen von der Firmenbezeichnung abgesetzt. So ist es eindeutig als Zusatz identifizierbar.
- Ergänzende Bezeichnungen: Bei den Bremsen mit elektronischer Steuerung sind je nach Ausrüstung der Fahrzeuge gegebenenfalls ergänzende Bezeichnungen erforderlich. Dazu gehört, ob zum Beispiel zusätzlich zur Computersteuerung eine über die Hauptluftleitung gesteuerte UIC-kompatible oder UIC-konforme Bremskomponente als Rückfallebene vorhanden ist. Ob computergesteuert oder HL(UIC)-gesteuert gebremst werden kann, ist allein von der Bremsausrüstung des führenden Fahrzeugs abhängig.
- Bremsstellungen: Hier wird angegeben, welche Bremsstellungen am Bremsstellungswechsel gewählt werden können und in welcher Bremsstellung sich die Bremse befindet.
- Einrichtungen zur Bremskraftanpassung: Ein „A" gibt an, ob das Fahrzeug mit einer automatischen Lastabbremsung ausgerüstet ist.
- Zusätzliche Bremsen: Weisen Fahrzeuge neben der Standardausrüstung noch zusätzliche Einrichtungen für den Bremsbetrieb aus, wie beispielsweise eine dynamische Bremse oder Schienenbremse, so wird die Bremsanschrift entsprechend erweitert.
- Hinweise zu Radbremsen: Die Bremsanschrift enthält in Form eines Piktogramms auch Informationen über spezifische Formen der Bremskrafterzeugung wie eine Scheibenbremse oder Verbundstoff- oder Kompositionsbremssohlen.
- Sondereinrichtungen: Besitzen Fahrzeuge zusätzliche Sondereinrichtungen, wie beispielsweise eine elektropneumatische Bremse oder Notbremsüberbrückung, so wird die Bremsanschrift durch ein entsprechendes Piktogramm ergänzt.

1. Bremsbauart (Aufzählung nicht vollständig)

mehrlösige selbsttätige Druckluftbremsen	
Bd	**Bre**d**a**-Bremse
Ch	**Ch**armilles-Bremse
DK	**D**a**k**o-Bremse
Hik	**Hi**ldebrand-**K**norr-Bremse
KE	**K**norr-Bremse mit **E**inheitswirkung
KE-483	Steuerventil **KE**
⟨R⟩ **KE**	**K**norr-Bremse mit **E**inheitswirkung nach den UIC-Bedingungen für Hochleistungsbremsen
O	**O**erlikon-Bremse
W...	**W**estinghouse............

einlösige selbsttätige Druckluftbremsen	
K	**K**norr-Bremse
W	**W**estinghouse-Bremse
M	**M**atrossow-Bremse

sonstige Druckluftbremsen	
Kdi	**K**norr-Bremse für **di**rekte Bremswirkung am bedienten Triebfahrzeug und indirekte Bremswirkung an den angeschlossenen Fahrzeugen
WAdi	**W**estinghouse-**A**utobremse für **di**rekte Bremswirkung am bedienten Fahrzeug und indirekte Bremswirkung an den angeschlossenen Fahrzeugen
Kadi	**K**norr-**A**utobremse für **di**rekte Bremswirkung am bedienten Fahrzeug und indirekte Bremswirkung an den angeschlossenen Fahrzeugen

Bremsen mit elektronischer Steuerung	
FT C	**F**aiveley **T**ransport-Bremse mit **C**omputersteuerung
KB C	**K**norr-**B**remse mit **C**omputersteuerung
MRP C	**M**annesmann-**R**exroth **P**neumatik **C**omputergesteuert

2. Ergänzende Bezeichnung (nur im Zusammenhang mit einer Bremsbauart mit elektronischer Steuerung)

el	direktwirkende **el**ektrische Bremssteuerung; eine pneumatische oder hydraulische Notbetriebssteuerung kann vorhanden sein
KE; WS	zusätzliche UIC-konforme Rückfallebene vorhanden; Brems- und Löseaufträge über Druckänderung in der Hauptluftleitung
pn	zusätzliche UIC-kompatible Rückfallebene ist vorhanden (**pn**eumatische Bremskrafterzeugung); Brems- und Löseaufträge über Druckänderung in der Hauptluftleitung

3. Bremsstellungen

G/P/P2/R/-Mg (jeweils einzeln oder in Kombination)

4. Einrichtungen zur Bremskraftanpassung

A	**A**utomatische Lastbremsung

5. Zusätzliche Bremsen

dynamische Bremsen	
E	**E**lektrische Bremse
H	**H**ydrodynamische Bremse
M	**M**otorbremse

sonstige Bremsen	
Mg	**M**a**g**netschienenbremse
WB	**W**irbelstrom**b**remse
mZ	**m**it **Z**usatzbremse

6. Hinweise zu Reibungsbremsen

Ⓓ	Scheibenbremse
Ⓚ	Verbundstoffbremsklotzsohle (Sohlentyp K)
Ⓛ	Verbundstoffbremsklotzsohle (Sohlentyp L)
(LL)	Verbundstoffbremsklotzsohle (Sohlentyp LL)

7. Sondereinrichtungen			
elektropneumatische Bremse		Notbremsüberbrückung	
ep	mit Bremssteuerung über 4-adrige Steuerleitung oder mit anderer Steuerung		System DB; Steuerung über 13- beziehungsweise 18-adrige IS-Leitung*1
ep	mit Bremssteuerung über 9-adrige Steuerleitung*1		mit anderer Steuerung
ep	System DB; Steuerung über 13- beziehungsweise 18-adrige IS-Leitung*1	NBÜ	mit fahrzeuginterner Bremssteuerung
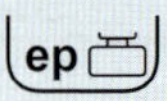	elektropneumatische Bremse mit Bremssteuerung und Notbremsüberbrückung; Steuerung über 9-adrige Steuerleitung*2		

*1 System UIC 558; *2 System UIC 541-5

Abb. 5-21: Erläuterung der in der Bremsanschrift verwendeten Buchstaben und Zeichen nach Richtlinie 91501 beziehungsweise VDV-Schrift 757 Teil B. Entsprechend der Ausrüstung des jeweiligen Fahrzeuges werden die Buchstaben und Zeichen in der Reihenfolge 1 bis 7 zusammengesetzt.

5.2.6 Bremsgewicht

Das „Bremsgewicht“ ist ein im Eisenbahnbetrieb eingeführter Begriff, der das zu einer Bremsstellung gehörende Leistungsvermögen der Fahrzeugbremse beschreibt. Das Bremsgewicht eines Eisenbahnfahrzeuges wird üblicherweise durch Versuche ermittelt und für eine Fahrzeugbauart einheitlich festgelegt.

- Normalerweise sind die Bremsgewichte am jeweiligen Fahrzeug angeschrieben.
- Bei Reisezugwagen mit mehreren Bremsen und bei Doppelstockeinheiten können die Bremsgewichte aller vorhandenen Bremsen als ein Wert angegeben sein.
- Bei Güterwagen mit handbedienbarer Umstelleinrichtung für den Lastwechsel sind die Brems- und Umstellgewichte in der Regel am Lastwechselschild angegeben.
- Bei Güterwagen mit mehreren Bremsen (zum Beispiel Tiefladewagen) ist das Umstellgewicht als ein Wert und das Bremsgewicht für jede Bremse als Teilwert angegeben.
- Bei Güterwagen mit automatischer Lastabbremsung ist das Bremsgewicht als Höchstwert oder in Tabellenform angeschrieben.

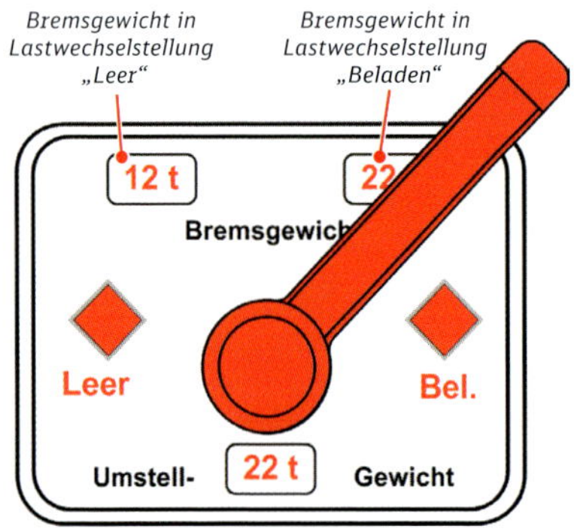

Abb. 5-22: Lastwechsel beim Güterwagen

Abb. 5-23: Bremsgewicht als Höchstwert.
Der angegebene Wert gilt für beide Bremsstellungen.

Zuglängenrestriktion

Die Bremsentwicklungszeit und damit die sich einstellende Verzögerung eines Zuges ist abhängig von der Länge der Hauptluftleitung. Damit hat die Zuglänge auch einen Einfluss auf die Höhe des Bremsgewichtes. Deshalb müssen bei lokbespannten Reisezügen bei einer Wagenzuglänge von über 400 m und bei Güterzügen bei einer Wagenzuglänge von über 500 m das Bremsgewicht des Zuges mit Abschlägen versehen werden. Die Höhe des Abschlages kann bis zu 30 % betragen; Details sind dem betrieblichen Regelwerk zu entnehmen.

Diese Minderung der Bremsgewichte wird als Zuglängenrestriktion bezeichnet. Die Restriktion entfällt bei anrechenbarer ep- oder Datenbus-Bremse, da alle Bremsen gleichzeitig zu wirken beginnen.

5.2.7 Bremsarten

Bremsungen mit der selbsttätigen Druckluftbremse werden durch Drucksenkungen in der Hauptluftleitung hervorgerufen. Da die Steuerventile auf den Druckgradienten reagieren, ist die Druckabsenkung ein Maß für die angeforderte Bremsstufe. Es werden folgende Arten von Bremsungen unterschieden:

- Eine Betriebsbremsung wird erreicht, indem der HL-Druck über die Betriebsbremsstellung des Führerbremsventils gesenkt wird. Die erste Drucksenkung soll nicht weniger als 0,5 bar betragen. Die Bremswirkung wird nach Bedarf stufenweise geregelt.
- Eine Vollbremsung erfolgt, wenn der HL-Druck um etwa 1,5 bar über die Betriebsbremsstellung des Führerbremsventils bis zum Erreichen der vollen Bremswirkung gesenkt wird.
- Eine Schnellbremsung wird durch vollständiges Entlüften der Hauptluftleitung über die Schnellbremsstellung des Führerbremsventils ausgeführt. Dabei wird die volle Bremswirkung in kürzester Zeit erreicht.
- Eine Notbremsung wird durch schnelles Entlüften der HL über ein Notbremsventil, einen Notbremshahn oder einen Luftabsperrhahn ausgelöst.
- Eine Zwangsbremsung ist eine durch Sicherheitseinrichtungen oder eine Zugtrennung eingeleitete Schnellbremsung, die ohne Betätigung des Führerbremsventils aktiviert wird. Derartige Sicherheitseinrichtungen sind zum Beispiel die Sicherheitsfahrschaltung (Sifa), die Punktförmige Zugbeeinflussung (PZB), die Automatische Fahr- und Bremssteuerung (AFB), die Linienzugbeeinflussung (LZB) oder der Übertourungsschutz. Auch eine schadhafte HL oder eine Entlüftung der HL lösen eine Zwangsbremsung aus.

5.3 Bremsbauteile

5.3.1 Anordnung der Bauteile am Fahrzeug

Die Bauteile der Bremse sind im Fahrzeug an den unterschiedlichsten Stellen eingebaut. Die Bauteile zum Einstellen und Prüfen der Bremse sind in vielen Fällen so angebracht, dass sie beidseitig von außen bedient werden können.

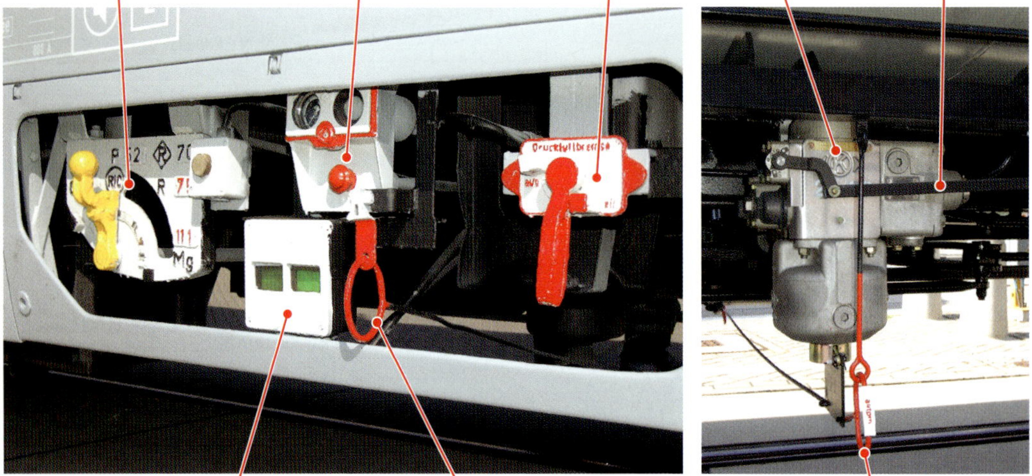

Abb. 5-24: Bedienelemente der Bremseinrichtung (links Reisezugwagen, rechts Güterwagen) Abbildungen: Janicki

Absperr- und Umstelleinrichtungen

Bremsabsperrhähne dienen zur Abschaltung der Bremseinrichtung, Umstellhähne zum Beispiel zur Einstellung der Bremsart (Bremsstellungswechsel). Die Form der Griffe und deren einzelne Stellungen sind international einheitlich festgelegt, sodass ihre Bedeutung auch bei ausländischen Fahrzeugen keine Zweifel offen lässt. Alle Absperr- und Umstelleinrichtungen sind von beiden Wagenlängsseiten aus zu bedienen. Mit einer Zahnsegmentübertragung wird erreicht, dass die Handgriffe der Umstelleinrichtungen für den davor stehenden Bediener an beiden Wagenseiten immer in die gleiche Richtung zeigen.

Bremsabsperrhahn

Für den Fall eines Schadens an der Bremseinrichtung muss die Bremse ausgeschaltet werden: Mit dem Bremsabsperrhahn wird die Luftverbindung zwischen dem Steuerventil und der HL unterbrochen. Bremsabsperrhähne haben einen Schlaufengriff. Sie sind eingeschaltet, wenn der Griff senkrecht nach unten zeigt.

- Bei modernen Bremsen befindet sich der Bremsabsperrhahn am Steuerventil. Er ist über ein Gestänge von beiden Fahrzeugseiten aus zu bedienen.
- Bei älteren Wagen ist der Bremsabsperrhahn möglicherweise nicht von den Wagenlängsseiten aus zu bedienen. Er befindet sich dann entweder direkt am Steuerventil oder in der Leitung zwischen HL und Steuerventil.

5.3.2 Bremsstellungswechsel

Beim Bremsen wird der Hauptluftleitungsdruck in der Regel vom führenden Fahrzeug aus gesenkt. Diese Druckminderung pflanzt sich mit einer Durchschlagsgeschwindigkeit von etwa 250 bis 280 m/s in der Hauptluftleitung fort und spricht die einzelnen Steuerventile im Zugverband nacheinander an. Das erste Fahrzeug hinter dem Triebfahrzeug wird auch als erstes bremsen, während die nachfolgenden Fahrzeuge zeitverzögert folgen. Das Lösen der Bremsen verläuft analog in gleicher Reihenfolge. Dies hat zur Folge, dass unter ungünstigen Bedingungen der hintere Zugteil auf die schon voll angebremste Zugspitze aufläuft. Unruhiger Zuglauf, Zerrungen und Stöße könnten die Folge sein, wenn nicht die Bremszylinderfüll- und -lösezeiten bewusst verlängert werden. Die dazu notwendige Einstellung wird am Bremsstellungswechsel vorgenommen.

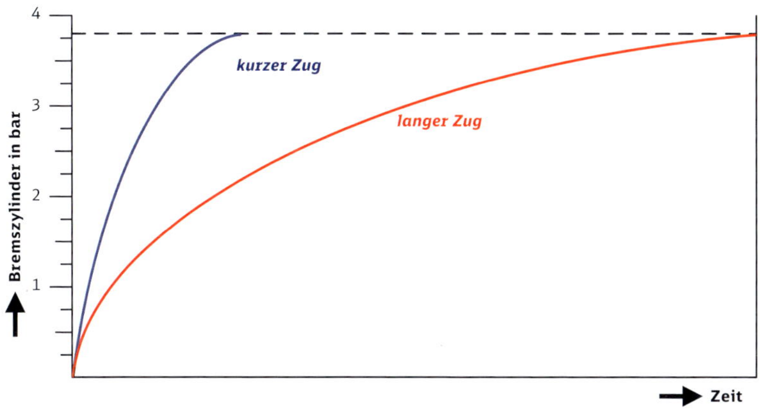

Abb. 5-25: Druckverlauf beim Bremsen

Bremsstellung	Bremszylinderfüllzeit	Bremszylinderlösezeit
G	18 bis 30 Sekunden	45 bis 60 Sekunden
P/R	3 bis 5 Sekunden	15 bis 20 Sekunden

Abb. 5-26: Bremszylinderfüll- und -lösezeiten

Die Lösezeiten für schnell und langsam wirkende Bremsen sind international einheitlich festgelegt. Reisezüge haben immer eine schnell wirkende Bremse, während Güterzüge mit einer langsam oder schnell wirkenden Bremse gefahren werden können.

Der Hebel des Bremsstellungswechsels außen am Wagenkasten endet in einer Kugel (Kurbelgriff) oder Schleife (Schlaufengriff). Auf der Umstellungseinrichtung findet sich links immer die Bremsstellung mit der geringsten Bremswirkung.

Abb. 5-27: Bremsstellungswechsel; Kurbelgriff bei einem Güterwagen eingestellt in der Bremsstellung P Foto: Janicki

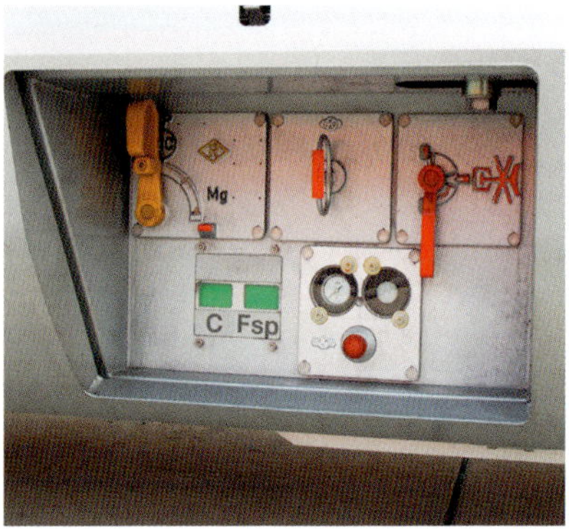

Abb. 5-28: Bremsstellungswechsel; Schlaufengriff bei einem Reisezugwagen ohne die Bremsstellung G Foto: Janicki

Zugmassenrestriktion

Um Stauchungen bei langen beziehungsweise schweren Zügen in Bremsstellung P zu verhindern, werden die Bremsstellungswechsel der ersten Fahrzeuge im Zugverband nach G gestellt. Die so eingestellten Bremsen entwickeln ihre volle Bremswirkung verzögert und der Zug wird zu Beginn einer Bremsung gestreckt gehalten. Diese Minderung der Bremsleistung wird als Zugmassenrestriktion bezeichnet. Details sind dem betrieblichen Regelwerk zu entnehmen. Die Restriktion entfällt bei anrechenbarer ep- oder Datenbus-Bremse.

Bremsstellungen

Züge benötigen bei höheren Geschwindigkeiten (über 120 km/h) auch eine höhere Bremskraft. Es gibt daher bei der schnell wirkenden Bremse mehrere Bremsstellungen. Die Füll- und Lösezeiten des Bremszylinders bleiben dabei gleich; geändert werden die Bremszylinderhöchstdrücke und damit die erreichbaren Bremskräfte.

- Güterwagen und Reisezugwagen, die bremstechnisch bis 120 km/h ausgelegt sind, haben einen Bremsstellungswechsel mit den Bremsstellungen G und P.
- Bei Wagen für Geschwindigkeiten über 120 km/h befindet sich am Bremsstellungswechsel zusätzlich die Bremsstellung R. Dabei ist bei neueren Reisezugwagen die Bremsstellung G nicht mehr vorhanden. Der Bremsstellungswechsel hat dann einen Schlaufengriff.
- Züge mit einer Höchstgeschwindigkeit über 140 km/h benötigen eine noch höhere Bremsverzögerung. Da aber die Haftkraft zwischen Rad und Schiene nicht weiter in Anspruch genommen werden kann, erhalten diese Fahrzeuge zusätzlich eine Magnetschienen- oder Wirbelstrombremse, die unmittelbar auf die Schiene wirkt. Die Bremsstellungen heißen R+Mg beziehungsweise R+WB.

Bremsstellung	Bedeutung	Bremswirkung
G	Güterzug	langsam
P	Personenzug	schnell
P_2*1	Personenzug P_2	schnell und weniger stark
R	Schnellzug (Rapid)	schnell und stark
P+Mg*2	Personenzug mit Magnetschienenbremse	
R+Mg*2	Schnellzug mit Magnetschienenbremse	schnell und sehr stark
R+WB	Wirbelstrombremse	

*1 nur bei einigen Triebfahrzeugen vorhanden

*2 am Bremsstellungswechsel in der Regel nur mit Mg bezeichnet

Abb. 5-29: Zusammenhang zwischen Bremsstellung und Bremswirkung

5.3.3 Lastwechsel

Beladene Fahrzeuge müssen stärker abgebremst werden als leere, um die gleiche Verzögerung zu erreichen. Alle Fahrzeuge, bei denen das Verhältnis der Verkehrslast zum Eigengewicht sehr groß sein kann, besitzen eine Einrichtung, mit der die Bremskräfte an den jeweiligen Beladezustand angepasst werden. Diese Einrichtung wird Lastwechsel genannt. Die Einstellung kann stufenweise oder stufenlos geschehen.

Zweistufige Lastabbremsung

Ein Großteil der Güterwagen ist mit einer zweistufigen Lastabbremsung ausgerüstet. Ab einem bestimmten Fahrzeuggewicht (dem Umstellgewicht) wird die Bremskraft am Rad erhöht, indem das Übersetzungsverhältnis im Bremsgestänge oder der Bremszylinderdruck verändert wird. Diese Veränderung kann durch eine Lastwechseleinrichtung vorgenommen werden, die auf beiden Seiten von Hand bedient werden kann.

Der Lastwechsel hat in der Regel zwei Stellungen: „Leer“ und „Beladen“. Die Stellung „Leer“ ist immer links. Auf dem Lastwechselschild ist neben den Stellungen und dem zugehörigen Bremsgewicht auch das Umstellgewicht angeschrieben. Es gibt an, bei welchem Gesamtgewicht (Eigengewicht plus Ladungsgewicht) des Güterwagens der Lastwechsel von der Stellung „Leer“ nach „Beladen“ umgestellt werden muss.

Bei ungleichmäßig verteilter Ladung muss für das Einstellen des Lastwechsels ein Gesamtgewicht berücksichtigt werden, das dem weniger belasteten Radsatz oder Drehgestell entspricht. In Zweifelsfällen wird der Lastwechsel in die Stellung „Leer“ gestellt.

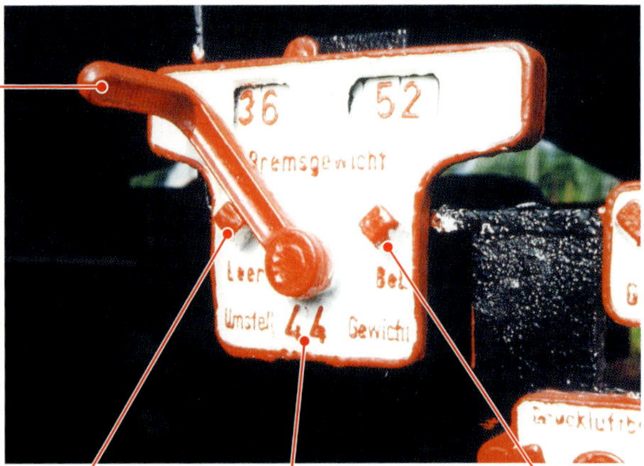

Abb. 5-30: zweistufiger Lastwechsel eines Güterwagens
Abbildung: Janicki

Mehrere Lastwechsel

Umstelleinrichtungen mit Langloch im Kurbelgriff weisen auf mehrere Lastwechsel an einem Wagen hin. Das Umstellgewicht bezieht sich auf das Gesamtgewicht des Fahrzeugs, während das Bremsgewicht nur für den einzelnen Lastwechsel gilt.

Dreistufiger Lastwechsel

Ein geringer Teil der Güterwagen hat einen dreistufigen Lastwechsel mit folgenden Stellungen:

- Stellung „Leer“, wenn das Gesamtgewicht kleiner ist als das kleinere Umstellgewicht,
- Stellung „Teilbeladen“, wenn das Gesamtgewicht kleiner ist als das größere Umstellgewicht und
- Stellung „Vollbeladen“, wenn das Gesamtgewicht gleich dem größeren Umstellgewicht ist oder dieses überschreitet.

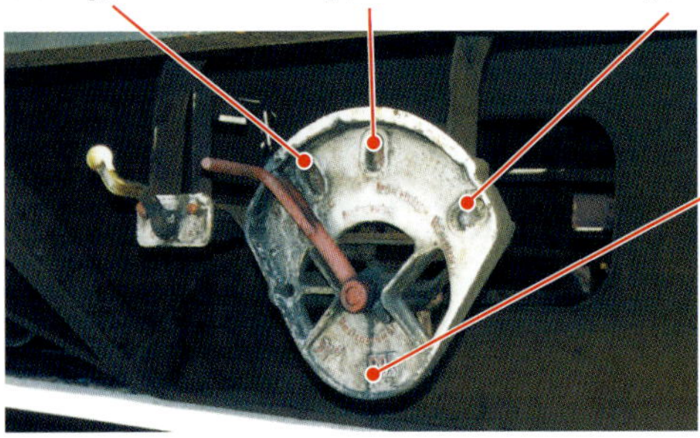

Abb. 5-31:
dreistufiger Lastwechsel

5.3.4 Mechanische Bauteile der Bremsanlage

Die mechanischen Bauteile der Bremsanlage zur Erzeugung und Übertragung der Bremskräfte befinden sich in der Regel unter dem Wagen oder im Drehgestell.

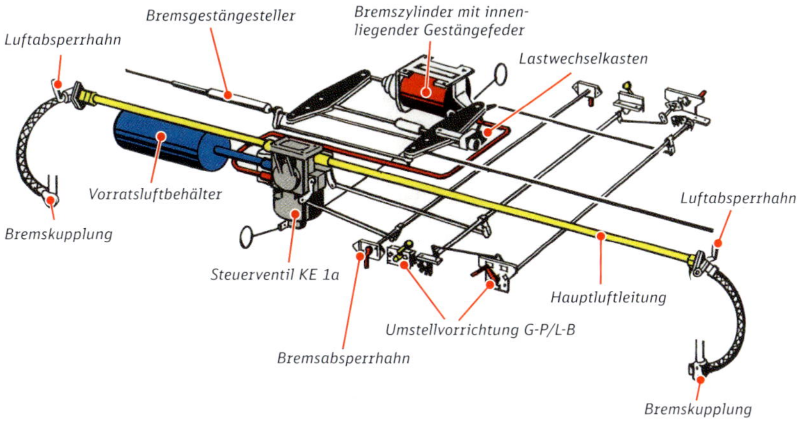

Abb. 5-32: Anordnung der Bauteile einer Bremse KE-GP bei einem Güterwagen — Abbildung: Knorr-Bremse

Bremsgestänge

Über das Bremsgestänge werden die im Bremszylinder erzeugten Kräfte verstärkt und gleichmäßig auf die Bremsklötze (Klotzbremse) und Bremsbeläge (Scheibenbremse) übertragen. Das Bremsgestänge klotzgebremster Wagen besteht in der Regelausführung aus dem Mittenbremsgestänge und dem Radsatzbremsgestänge. Beide sind durch die Bremszugstangen miteinander verbunden. In eine der Bremszugstangen ist der Bremsgestängesteller eingebaut. Bremsgestängeteile, deren Herabfallen zu Betriebsgefährdungen führen kann, werden durch Fangeinrichtungen gesichert.

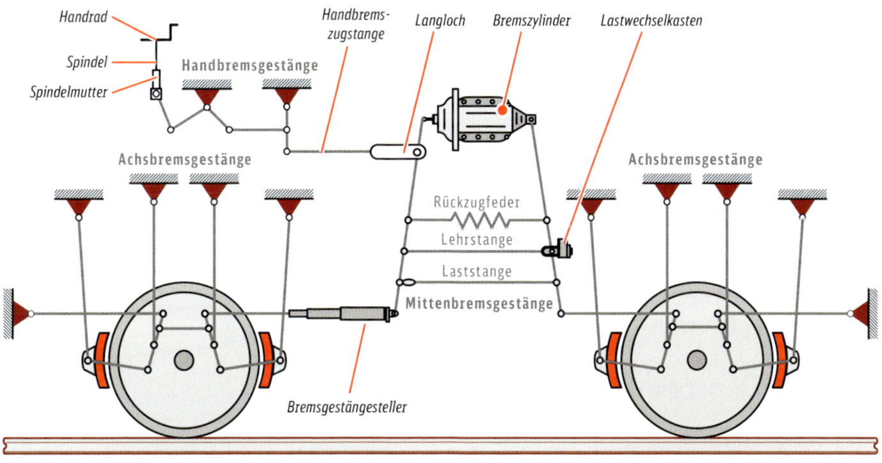

Abb. 5-33: Bremsgestänge bei der Klotzbremse — Abbildung: Janicki

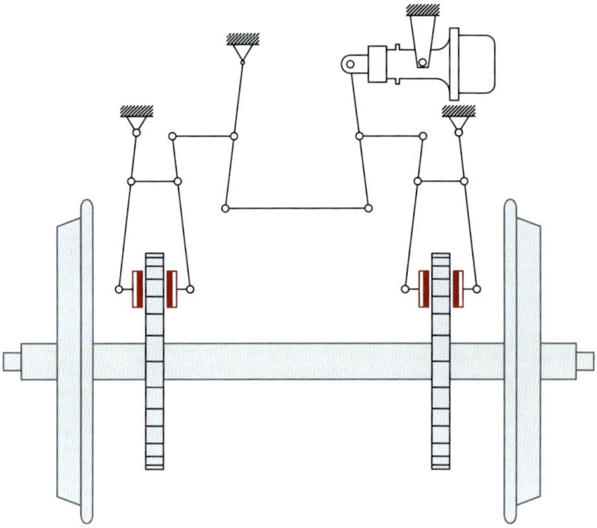

Abb. 5-34:
Bremsgestänge bei der Scheibenbremse
Abbildung: Janicki

Bremsgestängesteller

Bremsen verursacht Materialabrieb an den Reibelementen. Dieser Verschleiß wird mit einem selbsttätig arbeitenden Bremsgestängesteller ausgeglichen. Der Bremsgestängesteller ist bei der Klotzbremse im Gestänge angeordnet, bei der Scheibenbremse im Bremszylinder.

Abb. 5-35: Bremsgestängesteller
Abbildung: Janicki

Bremsklotz

Bremsklötze bestehen aus einem Halter (Bremsklotzschuh), in dem eine oder mehrere Bremsklotzsohlen mit Keilen oder Federriegeln befestigt sind. Die Bremsklötze sind in der Regel aus Grauguss und an Hängeeisen aufgehängt.

Bremsklotzsohlen aus Grauguss werden hauptsächlich als Dehnfugenbremsklotzsohlen ausgeführt, die etwa bis zur halben Stärke in drei kleine Blöcke aufgeteilt sind. Auf diese Weise wird ein Aufbiegen beim Bremsen trotz der einseitigen Wärmeeinwirkung weitgehend vermieden.

Abb. 5-36: Dehnfugenbremsklotzsohle aus Grauguss Foto: Janicki

Abb. 5-37: Bremsklotz aus Verbundstoff (LL-Sohle) Foto: DB AG/Jet-Foto Kranert

Verbundstoffsohlen

Für Fahrzeuge werden zunehmend Bremssohlen aus Verbundstoffen (Kompositionsbremsklotzsohle) verwendet. Hier ist der Reibwert höher als beim Graugussbremsklotz und außerdem weniger geschwindigkeitsabhängig. Sohlen aus Verbundstoffen unterscheiden sich von herkömmlichen Bremsklötzen aus Grauguss dadurch, dass sie die Laufflächen der Räder nicht aufrauen und damit die Rollgeräusche reduziert werden. Ein weiterer Vorteil der Bremssohlen aus Verbundstoffen ist ihre wesentlich höhere Lebensdauer. Nachteilig ist die schlechte Wärmeleitfähigkeit, die dazu führt, dass die beim Bremsen erzeugte Wärme fast ausschließlich über das Rad abgeleitet wird. Die Laufflächen werden außerdem glatt und oberflächenverhärtet. Bei Feuchtigkeit lässt die Bremskraft nach, da sich auf der glatten Lauffläche ein Wasserfilm länger hält.

Es gibt verschiedene Arten von Verbundstoffsohlen: die K-Sohle, die L-Sohle und die LL-Sohle. Ihre Reibwerte sind unterschiedlich. Die L- und LL-Sohle können aufgrund ihrer vergleichbaren Bremseigenschaften eine gusseiserne Sohle ersetzen.

Bremsscheibe, Bremsbelag

Die Bremsscheiben sind entweder auf der Radsatzwelle zwischen den Rädern angeordnet (Wellenbremsscheibe) oder am Radkörper befestigt (Radbremsscheibe). Über zahlreiche Kühlrippen wird bei der Wellenbremsscheibe die entstehende Reibungswärme an die vorbeiströmende Luft abgegeben. Die Bremsbeläge werden in Bremsbelaghalter eingeschoben und dort von einem Verschlussstück gehalten.

Abb. 5-38: Scheibenbremse bei Fahrzeugen mit Wellenbremsscheibe Abbildung: DB AG

Abb. 5-39:
Scheibenbremse bei Fahrzeugen mit Radbremsscheibe
Abbildung: Janicki

5.3.5 Bremszylinder

Jedes Fahrzeug besitzt einen oder mehrere Bremszylinder. Ein Bremszylinder besteht aus einem Zylinderkörper, in dem sich ein Kolben befindet, der mit Druckluft beaufschlagt wird. Die Bremszylinderhöchstdrücke hängen vom Fahrzeug, von der Bauform der Bremse und der jeweiligen Bremsstellung ab. Eine am Kolben befestigte Kolbenstange überträgt die Bremskräfte auf das Bremsgestänge. Eine Rückdruckfeder sorgt dafür, dass der Kolben beim Entlüften des Bremszylinders wieder in die Endlage gedrückt und das Bremsgestänge zurückgezogen wird, sodass die Bremsklötze oder Bremsbeläge im gelösten Zustand nicht anliegen.

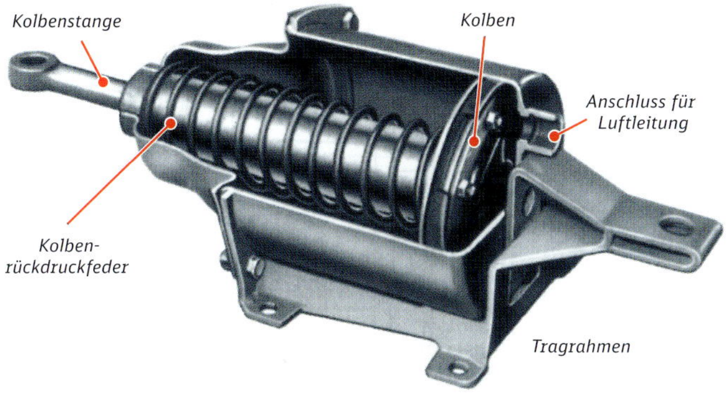

Abb. 5-40: Bremszylinder im Schnitt
Abbildung: Knorr-Bremse

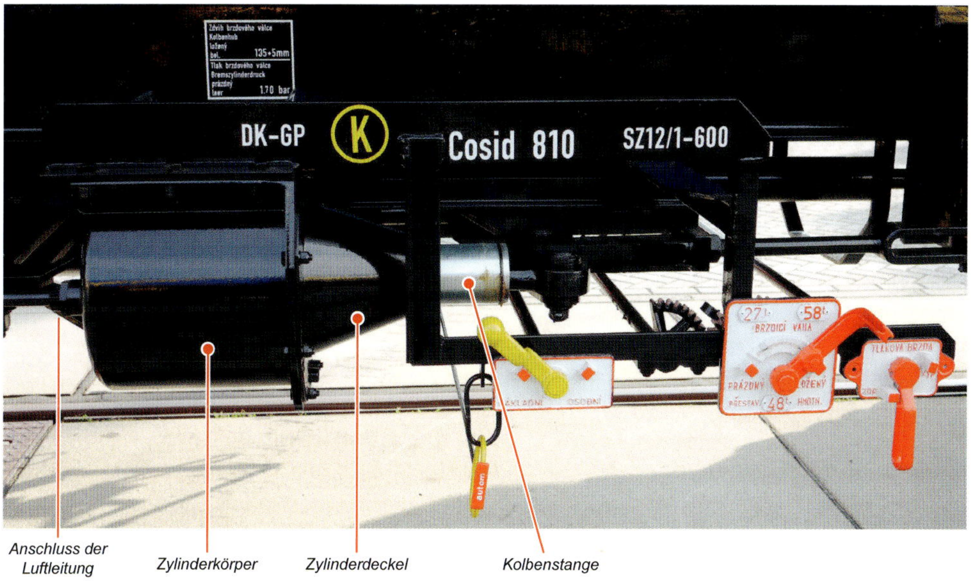

Abb. 5-41: Bremszylinder eines Güterwagens
Abbildung: Janicki

Bremsstellung		Bremszylinderdruck	
		Klotzbremse	Scheibenbremse
Güterwagen	G	3,8 bar	3,1 bar
	P	3,8 bar	3,1 bar
Reisezugwagen	G	1,7 bar	3,0 bar
	P	1,7 bar	3,0 bar
	R	1,7/3,8 bar *	3,8 bar

* niedriger Geschwindigkeitsbereich/hoher Geschwindigkeitsbereich

Abb. 5-42: Zusammenhang zwischen Bremsstellung und Bremszylinderhöchstdruck (Beispiel)

Doppelbremszylinder

Bei vielen Güterwagen mit größerem Volllast-Leerlast-Verhältnis werden Doppelbremszylinder (DBG) in Verbindung mit einer automatischen Lastabbremsung verwendet. Doppelbremszylinder enthalten zwei Zylinder in Tandemanordnung. Je nach Kraftbedarf wird im Lastbereich 1 nur der kleinere Kolben 1 beaufschlagt. Im Lastbereich 2 wirkt zusätzlich der hintere Kolben 2 mit und übt über seine Kolbenstange eine zusätzliche Kraft aus. Die Kolben- und Gestängerückdruckfeder sind im vorderen Zylinder untergebracht.

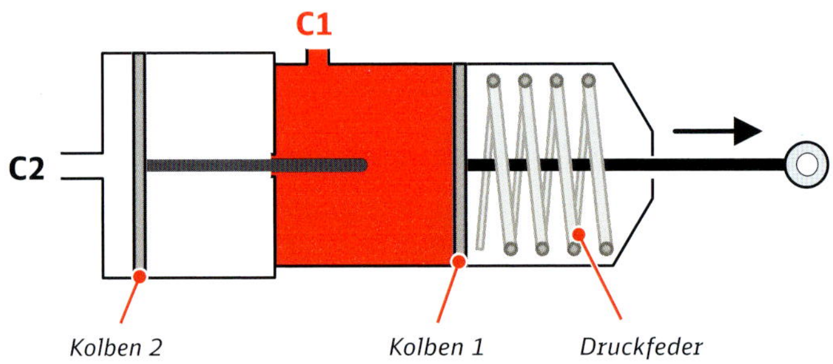

Abb. 5-43: Doppelbremszylinder

5.3.6 Handbremse

Triebfahrzeuge, Reisezugwagen und ein Teil der Güterwagen sind mit einer Handbremse ausgerüstet. Diese wird vom Boden aus, auf einer Bühne, im Wagen oder im Führerraum bedient. Die Handbremse greift am Bremsgestänge der Druckluftbremse an und wird über eine Kurbel oder ein Handrad bedient. Bei zweiachsigen Wagen und Drehgestellwagen mit einem Bremszylinder wirkt sie auf alle Radsätze, bei Drehgestellwagen mit zwei oder mehr Bremszylindern auf ein Drehgestell.

Abb. 5-44: Übergangssteg mit Handbremse beim Güterwagen Foto: Janicki

Abb. 5-45: Handbremse beim Reisezugwagen (im Wagenvorraum) Foto: Janicki

5.3.7 Bremsanzeigeeinrichtungen

Fahrzeuge mit Reibungs- und Feststellbremsen, deren Brems- und Lösezustände von außen nicht erkennbar sind, besitzen an den Fahrzeuglängsseiten Bremsanzeigeeinrichtungen. Diese zeigen nicht nur den angelegten und gelösten Zustand der Bremse an, sondern geben auch Auskunft darüber, ob die Anzeige ungültig oder gestört ist.

Beispiel: Bremsanzeigeeinrichtung eines Reisezugwagens

Bei Reisezugwagen mit Scheibenbremse ist in der Regel an jeder Fahrzeugseite eine Anzeigeeinrichtung mit zwei Schauzeichen angebracht. Jedes Schauzeichen ist einem Drehgestell zugeordnet und zeigt durch unterschiedliche farbliche Kennung den Zustand der Bremse. Bei gelöster Bremse sind beide Schauzeichen grün, bei angelegter Bremse rot. Das rote Schauzeichen hat für farbuntüchtige Mitarbeiter zusätzlich einen schwarzen Punkt.

Die Anzeigeeinrichtung macht auch den Zustand der Handbremse deutlich. Diese wirkt in der Regel nur auf ein Drehgestell. Wird bei gelöster Druckluftbremse (beide Schauzeichen sind grün) die Handbremse angezogen, so ist das in Richtung der Handbremse gelegene Schauzeichen rot.

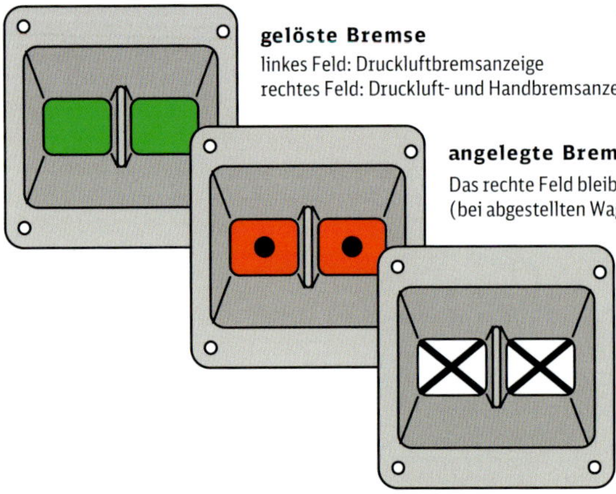

Abb. 5-46: Bremsanzeigeeinrichtung bei Reisezugwagen – Bedeutung der Anzeigen Abbildung: Janicki

Beim Lösen der Druckluftbremse wechselt das Feld auf der Handbremsseite etwas später auf Grün. Bei angezogener Handbremse zeigt das Schauzeichen nur so lange Rot, wie Druckluft im Anzeigesystem vorhanden ist. Deshalb muss bei länger abgestellten Wagen zuerst die HL an die Druckluft angeschlossen werden.

Bei Reisezugwagen ist in der Regel neben den bekannten Anzeigen Rot und Grün eine dritte Anzeige möglich. Ist die Druckluftbremse des Wagens entlüftet, wird dies an der Bremsanzeige durch ein liegendes Kreuz auf weißem Grund dargestellt. Das Schauzeichen sagt aus, dass zurzeit wegen fehlender Druckluft keine Aussage über den Bremszustand möglich ist. Die Handbremse kann also auch angezogen sein.

Zusätzliche Bremsanzeigeeinrichtung für die Feststellbremse

Einige Fahrzeuge weisen neben der üblichen Bremsanzeige ein zusätzliches Anzeigefeld für die Feststellbremse (Hand- oder Federspeicherbremse) auf. Die Anzeigeeinrichtung mit den beiden Schauzeichen gilt hier nur für die Druckluftbremse. Die Bremsanzeige für die Feststellbremse wird meist elektrisch gesteuert und ist somit von der Luftversorgung unabhängig.

Einige Fahrzeuge weisen an den Fahrzeuglängsseiten für jedes Drehgestell eigene Anzeigevorrichtungen auf. Handelt es sich dabei um ein Drehgestell mit Druckluft- und Feststellbremse, werden beide Zustände jeweils in einem eigenen Feld dargestellt.

Abb. 5-47: Bremsanzeigeeinrichtung einer Lokomotive mit zusätzlichem Anzeigefeld für die Feststellbremse (hier Federspeicherbremse) Foto: Janicki

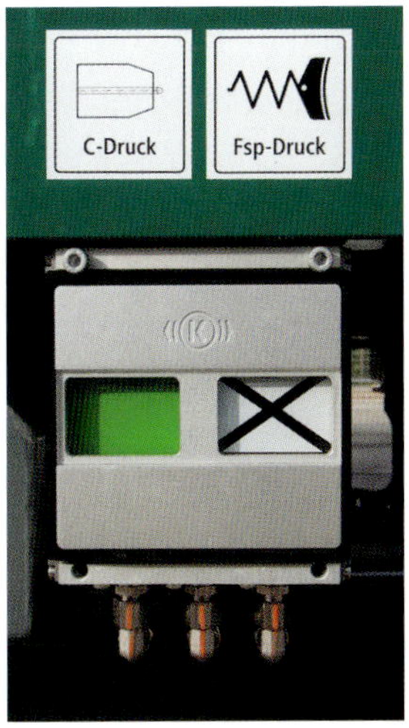

Abb. 5-48: Bremsanzeigeeinrichtung eines Triebwagens. Die Anzeigeeinrichtung ist hier einem Drehgestell zugeordnet. Foto: Janicki

Sonstige Anzeigeeinrichtungen

In Triebwagenbauarten können verschiedene Sonderformen der Bremsanzeigeeinrichtung eingebaut sein. Je nach Bauart und Ausrüstungsstand der Bremseinrichtung gibt es die unterschiedlichsten Anzeigeeinrichtungen. Beispielsweise wird der Zustand der Magnetschienenbremse wie auch der Wirbelstrombremse mit separaten Anzeigen angezeigt. Vielfach sind auch Anzeigeeinrichtungen eingebaut, die den Zustand einer Bremse anzeigen – ob diese also ein- oder ausgeschaltet ist. Zum Teil sind die Anzeigen auch als Leuchtmelder ausgeführt.

Druckluft- und Magnetschienenbremse eingeschaltet

Druckluft- und Magnetschienenbremse ausgeschaltet

Abb. 5-49: Sonderform der Bremsanzeigeeinrichtung Abbildung: Janicki

Zentrale Bremsanzeigeeinrichtung

Die zentrale Bremsanzeigeeinrichtung verschiedener Triebwagenbauarten gibt Auskunft über den Zustand aller Bremsen. Meist wird dazu ein Bremszylinder pro Drehgestell abgetastet. Der Zustand der Bremsen wird von folgenden Leuchtmeldern angezeigt:

- Am Führerpult: Die Leuchtmelder „Bremse angelegt“ oder „Bremse gelöst“ zeigen den angelegten oder gelösten Zustand der Bremsen im Zug an.
- Am Langträger: Die gelben Anzeigen leuchten, wenn die Bremse des zugehörigen Drehgestells angelegt ist.

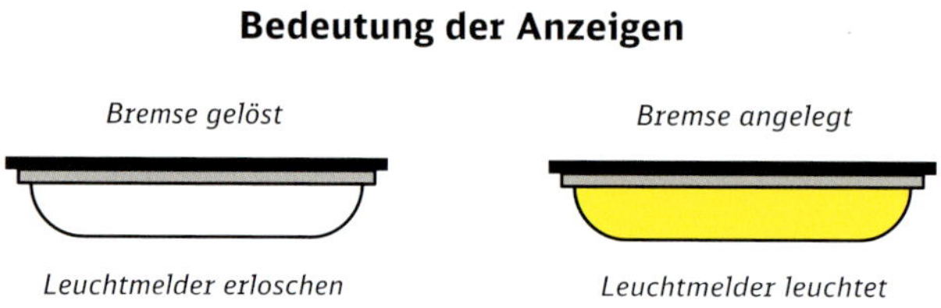

Abb. 5-50: zentrale Bremsanzeigeeinrichtung

Abbildung: Janicki

5.3.8 Bremseinrichtung der Triebfahrzeuge

Bei Triebfahrzeugen mit Druckluftbremse setzt sich die Bremseinrichtung zusammen aus

- dem Drucklufttteil zur Versorgung und Bedienung der Bremsen des Zuges über die HL und
- den Einrichtungen zur Bremsung des eigenen Fahrzeuges.

Jedes Triebfahrzeug muss sich selbst abbremsen können. Zu dem Zweck hat es wie jedes gezogene Fahrzeug eine indirekte Bremse mit Steuerventil, Bremszylinder und Vorratsluftbehälter. Zusätzlich zur indirekten selbsttätigen Bremse weisen Triebfahrzeuge in der Regel auch eine direkte Bremse als Rangier- und Haltebremse auf.

- Der Luftpresser erzeugt die Druckluft, die für den Betrieb der Druckluftbremse und anderer pneumatischer Einrichtungen erforderlich ist.
- Das Führerbremsventil hat die Aufgabe, die durchgehende, indirekt wirkende Druckluftbremse des Triebfahrzeuges und der Wagen zu steuern.
- Das Zusatzbremsventil steuert die direkte Druckluftbremse, die nur auf die Bremseinrichtung des jeweiligen Fahrzeuges wirkt und ohne Steuerventil arbeitet.
- Das Steuerventil ist das zentrale Bauteil der indirekt wirkenden selbsttätigen Druckluftbremse.
- Die Manometer zeigen den Druck in der Hauptluftbehälter- und Hauptluftleitung an.

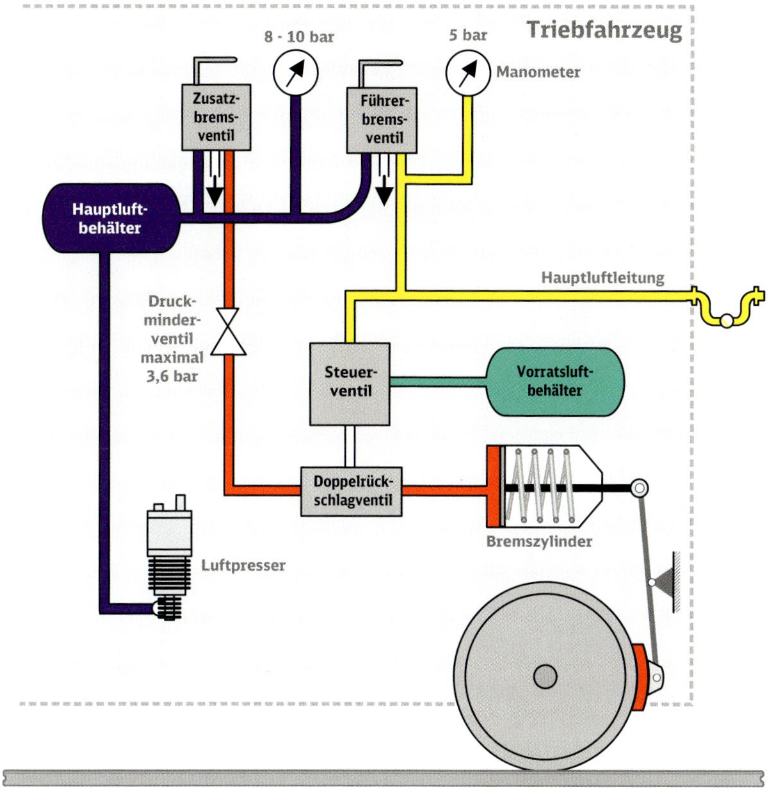

Abb. 5-51: direkte und indirekte Bremse eines Triebfahrzeuges Abbildung: Janicki

Doppelrückschlagventil

Die beiden Druckluftbremsen sind mit dem Doppelrückschlagventil gegeneinander abgesichert. Es verbindet entweder das Steuerventil oder das Zusatzbremsventil mit den Bremszylindern. Umgesteuert wird es durch den ankommenden Luftdruck. Wirkt von beiden Seiten zugleich Luftdruck auf das Doppelrückschlagventil, kann es vorkommen, dass die Leitung zum Bremszylinder abgesperrt wird und somit keine Druckluft in den Bremszylinder gelangt. Deshalb dürfen Zusatzbremse und Zugbremse niemals gleichzeitig bedient werden. Mit dem Bremsventil der Zusatzbremse kann der Eisenbahnfahrzeugführer den Druck im Bremszylinder stufenlos regulieren. Ein Druckminderventil oder Sicherheitsventil dient der Druckbegrenzung.

Abb. 5-52: Die Druckluft- und Bremsausrüstung ist bei neueren Lokomotiven weitestgehend in einem Druckluftgerüst zusammengefasst.
Fotos: Janicki

5.4 Steuerventil

5.4.1 Hauptaufgaben

Das Steuerventil ist das zentrale Bauteil einer indirekt wirkenden selbsttätigen Druckluftbremse. Es füllt die Vorratsluftbehälter mit Druckluft aus der Hauptluftleitung und setzt herbeigeführte Druckänderungen in der Hauptluftleitung in Brems- und Lösevorgänge um. Steuerventile lassen sich je nach ihrem Verhalten beim Lösevorgang in ein- und mehrlösige Bauarten unterscheiden:

- Einlösige Steuerventile haben die Eigenschaft, bei einer Erhöhung des Hauptluftleitungsdruckes vollständig auszulösen. Diese Bremse kann nicht in Stufen gelöst werden.
- Mehrlösige Steuerventile vermindern dagegen den Bremszylinderdruck entsprechend der Druckerhöhung in der Hauptluftleitung. Hier kann die Bremse also auch stufenweise gelöst werden.

Welche Steuerventilbauart in einem Fahrzeug eingebaut ist, lässt sich der jeweiligen Bremsanschrift entnehmen. Wegen der besseren Eigenschaften werden heute nur noch mehrlösige Steuerventile in verschiedenen Ausführungsformen verwendet. Einlösige Steuerventile gelangen nur noch in ganz geringem Umfang zum Einsatz.

Steuerventilreihe KE

Das mehrlösige Knorr-Steuerventil mit Einheitswirkung – abgekürzt KE – wurde bei der DB 1952 eingeführt. Es ist nach den Bestimmungen des UIC konzipiert und für Güter- und Reisezüge im internationalen Verkehr zugelassen. In diesem Rahmen ist es in den unterschiedlichsten Bremsanlagen einsetzbar – gleich, ob es sich um einfache G/P-Bremsen, stufige oder automatische Lastabbremsung, geschwindigkeitsabhängige Abbremsung oder deren Kombination handelt.

Einheitswirkung

Aufgrund der Einheitswirkung dieser Bremsbauart ist es nicht mehr erforderlich, die Düsen im Steuerventil nach der Größe der verwendeten Bremszylinder zu bemessen. Eine Steuerventilausführung kann für alle vorkommenden Bremszylindergrößen und Kolbenhübe eingesetzt werden.

5.4.2 Funktion

Das Grundprinzip der mehrlösigen Steuerventile beruht auf dem „Dreidrucksystem". Auf einen im Steuerventil eingebauten Kolbensatz wirken drei verschiedene Drücke: der Hauptluftleitungsdruck L, der Steuerdruck A und der Bremszylinderdruck C. Ein Schieber am Kolbensatz verbindet den Bremszylinder entweder mit der freien Luft (Lösestellung) oder mit dem Vorratsluftbehälter (Bremsstellung).

Füll- und Lösestellung

Die Steuerkammer A und der Vorratsluftbehälter R stehen über ein Rückschlagventil mit der Hauptluftleitung in Verbindung. In der Lösestellung sind die Drücke L, A und R identisch, der Kolbensatz befindet sich daher in seiner unteren Endlage und der Bremszylinder ist über den Schieber entlüftet.

Bremsstellung

Bei einer Verminderung des Hauptluftleitungsdruckes verschließen die beiden Rückschlagventile den Weg zur Steuerkammer A und zum Vorratsluftbehälter R. Der Kolbensatz kann sich nun unter dem Einfluss des jetzt höheren A-Druckes nach oben bewegen und Luft strömt vom Vorratsluftbehälter über den Schieber zum Bremszylinder.

Abschlussstellung

Der Bremszylinderdruck wirkt gleichzeitig auf den oberen Kolben des Kolbensatzes. Er bewegt diesen nach unten, wenn die dabei entstehende Kraft größer ist als der Druckunterschied zwischen A und L. Es wird eine Bremsabschlussstellung erreicht und die Verbindung zum Bremszylinder unterbrochen.

Der ganze Vorgang würde sich bei einer weiteren Drucksenkung wiederholen, bis bei einer Druckminderung von 1,5 bar (HL) der höchste Bremszylinderdruck erreicht ist.

Lösestellung

Durch stufenweises Anheben des Hauptluftleitungsdruckes wird die nach unten wirkende Kraft wieder größer, wodurch sich der Kolbensatz in die Lösestellung bewegt. Der Bremszylinder wird über den Schieber so lange entlüftet, bis die nach oben wirkende Kraft wieder überwiegt und den Kolbensatz in die neue Abschlussstellung bringt. Jedem Hauptluftleitungsdruck lässt sich ein eindeutig bestimmter Bremszylinderdruck zuordnen.

Die Bremse ist gelöst, wenn der Leitungsdruck dem Druck in der Steuerkammer entspricht und folglich am „großen Kolben" kein Druckunterschied mehr besteht.

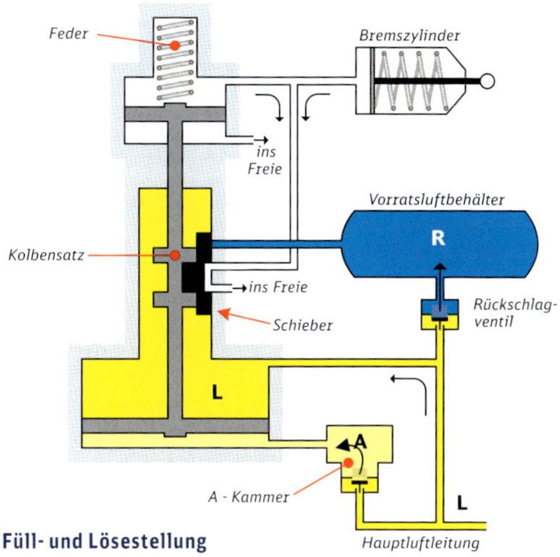

L	Hauptluftleitung	gelb
A	Steuerkammer	hellgelb
R	Vorratsluftbehälter	blau
C	Bremszylinder	rot

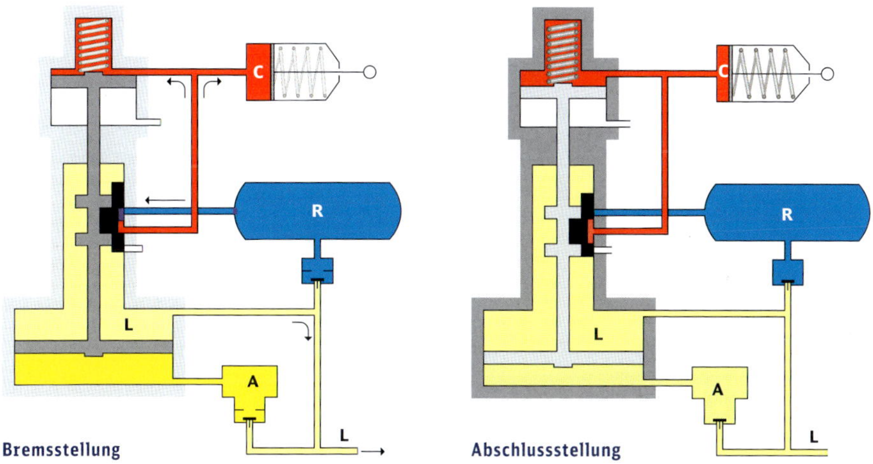

Abb. 5-53: Steuerventil (stark vereinfachte Darstellung)

Quelle: Sauthoff; Bremskunde für den technischen Wagendienst

Nachspeisung

Mit dem Erreichen des Regelbetriebsdruckes ist auch der Vorratsluftbehälter wieder gefüllt. Eine derartige Bremse ist daher annähernd „unerschöpfbar". Aus der Wirkungsweise des Dreidruckventils ergibt sich, dass der Kolbensatz sich auch dann in die Brems- oder Lösestellung bewegt, wenn das Druckgleichgewicht am Kolbensatz von anderen Einflüssen wie zum Beispiel Undichtigkeiten gestört wird.

5.4.3 Aufbau

Das KE-Steuerventil ist nach dem Baukastenprinzip aufgebaut. Der Ventilgrundkörper lässt sich entsprechend der jeweiligen Aufgabenstellung durch Anbau von Komponenten ergänzen.

Das Steuerventil besteht in der Regel aus dem Ventilträger, dem Grundventil sowie einer Steuerkammer mit Löseventil. Der Umstellhebel am G/P-Umsteller (Bremsstellungswechsel) kann direkt am Steuerventil oder über ein Gestänge von den Wagenseiten aus betätigt werden.

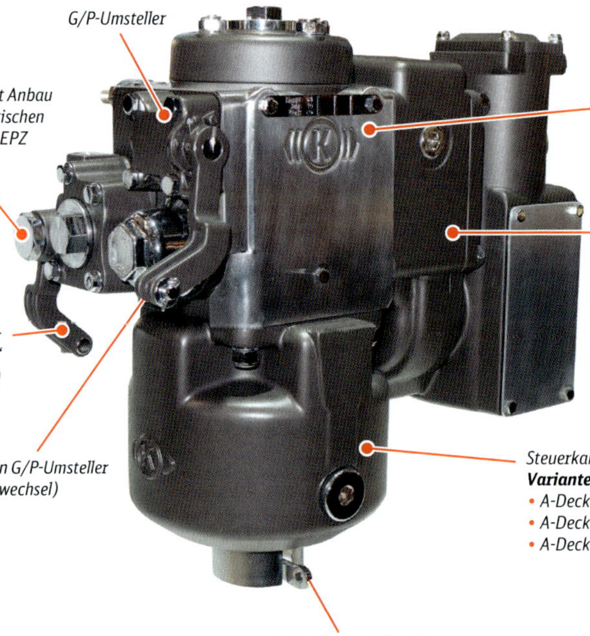

Abb. 5-54: Steuerventil KE mit Einheitswirkung (Knorr-Bremse) Abbildung: Janicki

Grundventil

Die unveränderlichen Funktionen des KE-Steuerventils sind im Grundventil vereinigt. Hier wird jede Druckänderung in der Hauptluftleitung in einen entsprechenden Vorsteuer- beziehungsweise Bremszylinderdruck umgesetzt. Grundventile gibt es in unterschiedlichen Hauptbaureihen und Ausführungsformen.

Bei einfachen Verhältnissen oder bei Fahrzeugen, die keine besonderen Einrichtungen zur lastabhängigen Abbremsung am Steuerventil benötigen, kann die Steuerventilbaureihe KET eingesetzt werden. Bei Triebfahrzeugen wird dieses Steuerventil auch in Verbindung mit einem Druckübersetzer verwendet. Beide sind an einem gemeinsamen Ventilträger angebaut (Steuerapparat KETm). Dort können noch weitere Geräte wie Auslöseventile und Nockenschaltgeräte für die Zusammenarbeit mit der dynamischen Bremse angebaut sein.

<table>
<tr><th>Bauart</th><th>Einheitswirkung</th><th>Verwendung</th><th>Anbauteile/Verwendung</th></tr>
<tr><td>KE0</td><td>ohne</td><td>Triebfahrzeuge
Güterwagen
Reisezugwagen
(als Vorsteuerventil)</td><td>erweiterte Bauart;
mit Absperrorgan und R-Füller</td></tr>
<tr><td>KE1</td><td>mit</td><td>Triebfahrzeuge
Güterwagen
Reisezugwagen</td><td>wie KE0;
mit einfachem Relaisventil</td></tr>
<tr><td rowspan="2">KE2</td><td rowspan="2">mit</td><td>Güterwagen
Reisezugwagen</td><td>wie KE0;
mit Druckumsetzer, regelbarem Relaisventil oder regelbarem Lastbremsventil</td></tr>
<tr><td>Triebfahrzeuge</td><td>einfachste Bauart;
Absperrorgan ohne R-Füller</td></tr>
<tr><td>KE...(G)
KE...(P)</td><td>abhängig vom Grundventil</td><td>Wagen</td><td>mit fest eingestelltem Bremsartumsteller</td></tr>
<tr><td>KE...EL</td><td>abhängig vom Grundventil</td><td>Triebfahrzeuge</td><td>mit elektrischem Bremsartumsteller</td></tr>
<tr><td>KE3</td><td colspan="3">Steuerventil KE0 mit folgenden möglichen Zusatzfunktionen:
- automatischer Überladungsabbau (Angleicherventil)
- Umschaltung ein-/mehrlösig
- erhöhter Bremszylinderdruck bei Schnellbremsung</td></tr>
<tr><td>KET</td><td colspan="3">Steuerventil für Triebwagen basierend auf KE1, jedoch mit verkürzten Bremszylinder-Füll- und/oder Lösezeiten</td></tr>
<tr><td>KEs</td><td colspan="3">Steuerapparat für Hochleistungsbremsen mit KE0, Schnellbremsbeschleuniger und Druckübersetzer</td></tr>
<tr><td>KER</td><td colspan="3">Steuerapparat für Güterwagen mit automatischer Lastabbremsung bestehend aus KE0 und regelbarem Lastbremsventil</td></tr>
<tr><td>KE-483</td><td colspan="3">Steuerventil zur Überwindung der bremstechnischen Systemgrenze zwischen den mehrlösigen UIC-Bremsausrüstungen und den Systemen der GUS-Bahnen</td></tr>
</table>

Abb. 5-55: Ausführungsformen der Steuerventilbaureihe KE von Knorr-Bremse

Zweileitungsbremse

Bei der Zweileitungsbremse wird zusätzlich zur Hauptluftleitung die Hauptluftbehälterleitung benutzt. Diese füllt über eine pneumatische Verbindung (Druckbegrenzer) die Vorratsluftbehälter laufend nach, sodass auch bei langen und schweren Zügen die Füll- und Lösezeiten kurz sind.

Druckbegrenzer

Druckbegrenzer sollen Überbremsungen verhindern und Luftverluste ausgleichen, die durch Undichtigkeiten entstehen. Ein Mindestdruckbegrenzer sorgt beim Bremsen für ein schnelles Einsteuern eines Mindestdruckes und damit für ein rasches Füllen des Bremszylinders. Über den Höchstdruckbegrenzer wird der Bremszylinderhöchstdruck unabhängig von anderen Einflussgrößen, wie zum Beispiel dem Bremszylinderhub, begrenzt.

Relaisventil

Die Einheitswirkung wird dadurch erreicht, dass das eigentliche Steuerventil nicht unmittelbar auf den Bremszylinder, sondern auf einen meist im Steuerventil liegenden Vorsteuerraum wirkt. Die hier erzeugten Drücke werden mithilfe eines Relaisventils phasengleich in einem bestimmten Verhältnis auf den oder die Bremszylinder übertragen. Steuerventile ohne Einheitswirkung erhalten anstelle des Relaisventils einen einfachen Deckel.

R-Füller

Der Vorratsluftbehälter wird beim Lösen der Bremse über den R-Füller mit Druckluft aus der Hauptluftleitung zeitgleich mit dem Abfall des Bremszylinderdruckes aufgefüllt. Über ein Rückschlagventil im R-Füller ist der Vorratsluftbehälter von der Hauptluftleitung getrennt; die Bremse ist unerschöpfbar.

Das Absperrventil ist Teil des R-Füllers. Mit seiner Betätigung wird die Verbindung von der Hauptluftleitung zum Steuerventil unterbrochen und der R-Behälter entleert.

Steuerapparat/Bremsgeräteeinheit

Dieser Begriff verweist auf ein komplexes Steuergerät, das im Wesentlichen aus einem Vorsteuergerät und einigen Zusatzgeräten besteht. Die einzelnen Komponenten sind an einen gemeinsamen Träger montiert, wodurch sich eine besonders platzsparende Bauweise ergibt.

Steuerapparate können auch als Bremsgeräteeinheiten (Bremsgeräteträger, Bremsgerätetafel) ausgeführt werden. Hier sind die Einzelgeräte auf Trägerplatten oder Gerätetafeln mit integrierter Verrohrung angeflanscht. So ist eine rationelle Prüfung und Diagnose sämtlicher Funktionen sowie ein einfacher Austausch einzelner Komponenten möglich.

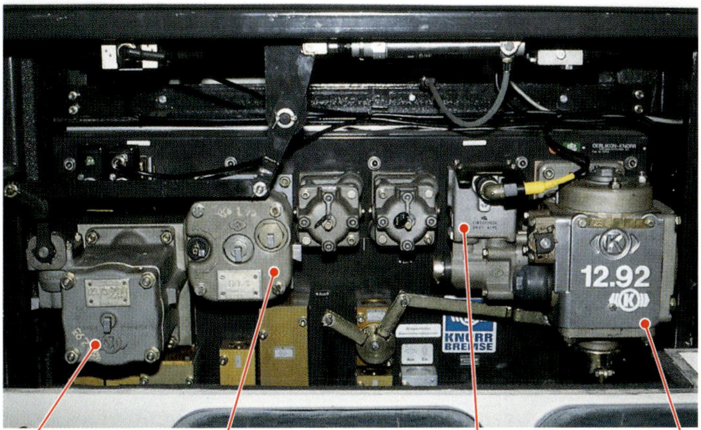

Abb. 5-56: Bremsgeräteeinheit eines Reisezugwagens Abbildung: Janicki

Steuerventilbezeichnung

Bei Steuerventilen werden Besonderheiten und zusätzliche Eigenschaften durch Buchstaben bezeichnet, die der Steuerventilbezeichnung angehängt werden.

Bezeichnung: KE 0dk(P)-E/6d-EPZ		
Bedeutung:	d	Bremszylinderhöchstdruck 3,8 bar Bremszylinderfüllzeit (Bremsstellung G) = 18 bis 30 Sekunden Bremszylinderhöchstdruckbegrenzer Beschleunigersteuerung und geänderte R-Füllcharakteristik
	K	Kurzbauform mit getrennt angeordneter Steuerkammer
	(P)	Bremsstellungswechsel in P festgelegt
	E/6d	Einheitsdüsensatz mit Angabe des Durchmessers
	EPZ	mit angebauter elektropneumatischer Steuereinheit

Abb. 5-57: Steuerventilbezeichnung am Beispiel eines Reisezugwagens

5.4.4 Löseeinrichtung

Indirekt wirkende Druckluftbremsen sind in der Regel mit einer Löseeinrichtung ausgerüstet, mit der die Bremse gelöst werden kann. Dazu befindet sich am Steuerventil eine Steuerkammer mit Löseventil. Diese Kammer kann bei Güter- und Reisezugwagen über einen Lösezug oder Lösetaster in der Regel von beiden Fahrzeugseiten aus bedient werden. Dabei erfolgt die Entlüftung der Steuerkammer so lange, wie die Löseeinrichtung betätigt wird.

Die Löseeinrichtung dient nicht nur zum Lösen der Druckluftbremse, sondern auch zu ihrer Entlüftung nach dem Ausschalten oder vor Rangierfahrten.

Entlüften der Bremsen nach dem Ausschalten

Nach dem Ausschalten der Bremse wird die Löseeinrichtung so lange betätigt, bis kein Luftaustrittsgeräusch mehr zu hören ist. Bei der KE-Bremse genügt dazu eine Betätigungsdauer von acht bis zehn Sekunden.

Automatische Löseeinrichtung

Um die Bedienungszeiten beim Auslösen von Güterzügen auf den Rangierbahnhöfen zu verkürzen, sind Güterwagen in der Regel mit Schnelllöseventilen ausgerüstet. Nachdem die HL vollständig entlüftet ist, braucht der Lösezug des Schnelllöseventils nur kurz gezogen werden. Das Ventil bleibt dann offen und entlüftet die Steuerkammer, die Bremse löst vollständig aus.

Der Vorratsluftbehälter behält weiterhin seinen Luftvorrat. Beim Füllen der HL schließt das Schnelllöseventil wieder. Es arbeitet bei gefüllter HL wie ein normales Löseventil.

Abb. 5-58:
Lösezug eines Güterwagens mit automatischer Löseeinrichtung
Foto: Janicki

Lösetaster

Neuere Fahrzeuge besitzen für die Lösebetätigung einen Lösetaster. Wird mit dem Bremsabsperrhahn die Bremsausrüstung dieses Wagens ausgeschaltet, so wird die Bremse gelöst und die gesamte Bremsausrüstung druckluftentleert.

Abb. 5-59: Anordnung des Lösetasters Abbildung: Janicki

5.4.5 Kdi-Bremse

Die Kdi-Bremse ist die Kombination aus einer direkten Bremse für die Lokomotive mit einer indirekten Steuerung der Bremse des Wagenzuges. Angewendet wird die Kdi-Bremse bei einfachen Betriebsverhältnissen, insbesondere für Rangierlokomotiven. Die Betätigung des Führerbremsventils sorgt dafür, dass der Bremszylinder der Lok aus dem Hauptluftbehälter unter Zwischenschaltung eines Druckminderventils direkt belüftet und beim Bremsen entlüftet wird. Der Bremszylinderdruck steuert dann über ein Relaisventil den Druck in der Hauptluftleitung des angeschlossenen Zuges.

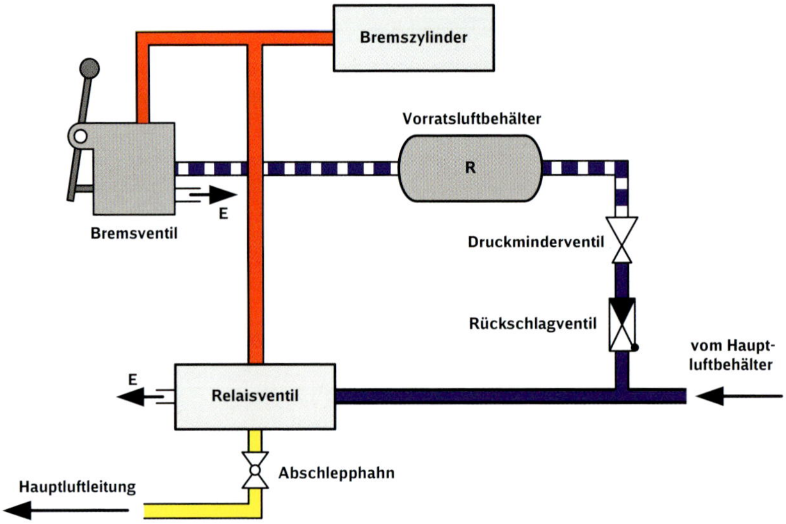

Abb. 5-60: Kdi-Bremse
Quelle: Knorr-Bremse; Grundlagen der Bremstechnik

5.5 Bremssteuerung

5.5.1 Bremsbetätigungseinrichtungen

Bremsbetätigungseinrichtungen sind auf allen Fahrzeugen mit Führerstand vorhanden. Dazu zählen nicht nur angetriebene Fahrzeuge, sondern auch Steuerwagen.

Grundsätzlich sind Bremsbetätigungseinrichtungen zu unterscheiden nach der Art der Bremse, die sie steuern, sowie der Art der Bedienung.

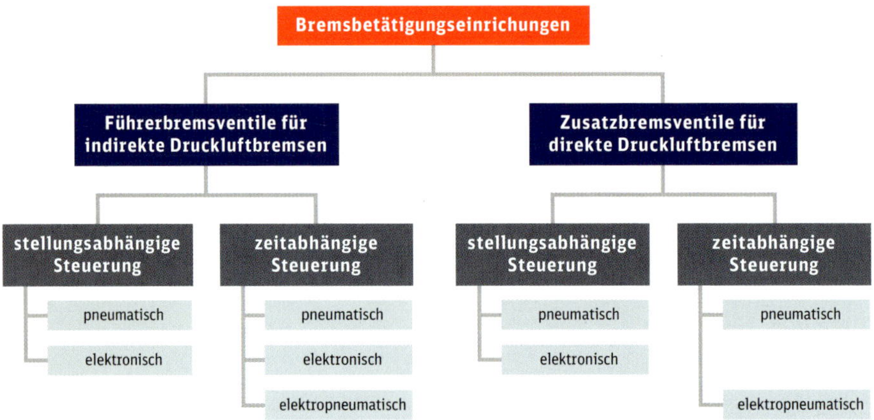

Abb. 5-61: Bauarten der Bremsbetätigungseinrichtungen

Bremsbetätigungseinrichtungen mit stellungsabhängiger Steuerung

Bei der stellungsabhängigen und selbstabschließenden Steuerung ist jeder Hebelstellung eine Brems- beziehungsweise Lösestufe zugeordnet, die selbsttätig eingesteuert wird.

Bremsbetätigungseinrichtungen mit zeitabhängiger Steuerung

Bei der zeitabhängigen Steuerung muss der Hebel zur Erzielung einer Brems- oder Lösestufe in eine entsprechende Stellung bewegt und dann, nachdem die gewünschte Wirkung hervorgerufen wurde, in die Neutralstellung (Abschlussstellung) zurückgelegt werden.

Getastet oder rastiert

Die einzelnen Stellungen der Betätigungseinrichtung können getastet oder rastiert ausgeführt sein. Beispielsweise sind die Brems- und Lösestellung bei der zeitabhängigen Betätigungseinrichtung getastet ausgeführt; nach Loslassen des Bedienhebels geht dieser selbsttätig in die Neutralstellung zurück. Die Schnellbremsungsstellung ist immer rastiert ausgeführt, um die dauerhafte Entlüftung der Hauptluftleitung sicherzustellen.

Fahr- und Bremshebel

Die Betätigungseinrichtung der Zugbremse kann auch in der Betätigungseinrichtung der Traktionssteuerung integriert sein. Diese mit dem Begriff Fahr- und Bremshebel bezeichnete Betätigungseinrichtung kann stellungs- oder zeitabhängig ausgeführt sein.

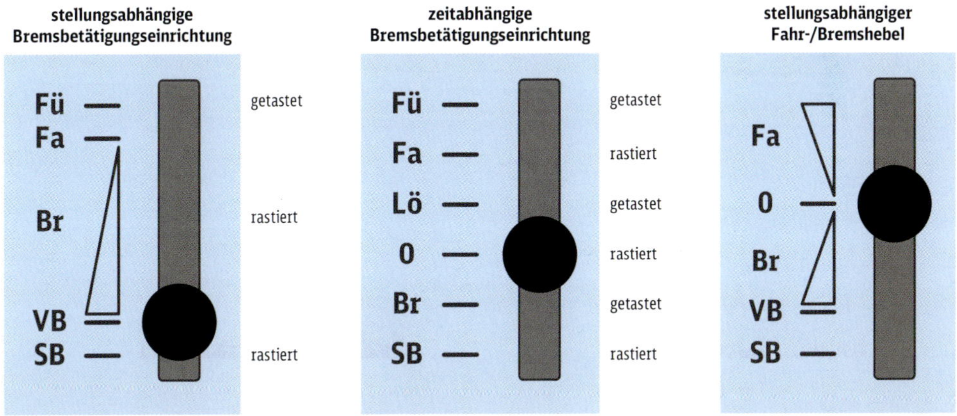

Fü = Füllstellung
Fa = Fahrtstellung
Br = Betriebsbremsbereich
VB = Vollbremsstellung
SB = Schnellbremsstellung

Fü = Füllstellung
Fa = Fahrtstellung
Lö = Lösen
0 = Neutralstellung (Abschluss)
Br = Bremsen
SB = Schnellbremsstellung

Fa = Fahrbereich (Traktion)
0 = Neutralstellung
Br = Betriebsbremsbereich
VB = Vollbremsstellung
SB = Schnellbremsstellung

Abb. 5-62: Beispiele für Bedienhebel (Quelle: Knorr-Bremse; Grundlagen der Bremstechnik) Abbildung: Janicki

5.5.2 Führerbremsventil

Das Führerbremsventil ist das Bauteil zur Steuerung der Druckluftbremse des Zuges. Mit dem Führerbremsventil können folgende Handlungen vorgenommen werden:

- Schnelles Auffüllen der HL mit Druckluft von 8 bis 10 bar direkt aus dem Hauptluftbehälter.
- Füllen der HL mit Druckluft von 5 bar (Regelbetriebsdruck).
- Feinstufiges Absenken beziehungsweise Erhöhen des HL-Druckes bei einer Betriebsbremsung.
- Automatisches Nachspeisen bei geringfügigen Luftverlusten in der HL (Druckerhalt). Die Nachspeiseleistung ist dabei begrenzt, um die Selbsttätigkeit der Bremse zu gewährleisten.
- Im Notfall Entleerung der HL über einen großen Querschnitt in kurzer Zeit.
- Absperren der Hauptluftleitung.

Abb. 5-63: Führerbremsventil (stellungsabhängige Betätigungseinrichtung) Foto: Janicki

Stellung	Erläuterung
Füll- und Lösestellung	Hauptluftbehälter und HL werden direkt miteinander verbunden. Beim Lösen der Bremsen kann der Druck in der HL und in den Vorratsluftbehältern schnell wieder aufgebaut werden.
Fahrtstellung	Stellung, in der sich das Führerbremsventil bei gelöster Bremse befindet. Der Druck von 5 bar wird gehalten. Zulässige Undichtigkeiten werden nachgespeist.
Mittelstellung*	Die HL wird abgesperrt. Druckluftverluste werden nicht ergänzt. In dieser Stellung kann das Führerbremsventil abgeschlossen werden.
Betriebsbremsbereich	Der Betriebsbremsbereich beginnt bei einem HL-Druck von etwa 4,5 bar und endet bei 3,5 bar. Er ist durch feine Rasten unterteilt und ermöglicht ein feinfühliges Bremsen und Lösen.
Schnellbremsung	In dieser Stellung wird die HL schnell, direkt und vollständig entleert.

* nicht bei allen Führerbremsventilen

Abb. 5-64: Stellungen eines Führerbremsventils

Drehschieber-Führerbremsventile

Hierbei handelt es sich um eine ältere Ausführungsform, bei der die Druckänderungen in der Hauptluftleitung zum Bremsen und Lösen weitgehend von Hand geregelt werden müssen. Drehschieber-Führerbremsventile arbeiten zeitabhängig. Sie haben die Nachteile, dass in der Bremsstellung die Hauptluftleitung nicht nachgespeist wird und eine Überladung nur durch manuelles Regeln am Schnelldruckregler (Angleicher) beseitigt werden kann.

Führerbremsventilüberwachung

Bei Triebfahrzeugen mit zwei Führerständen werden die Führerbremsventile mit einem Schloss versehen, damit sie in der Mittelposition festgestellt werden können – so ist sichergestellt, dass das unbenutzte Ventil auch tatsächlich in Mittelstellung gelegt ist. Nun lässt sich der Schlüssel herausziehen, der benötigt wird, um das Ventil auf dem anderen Führerstand aufschließen und bedienen zu können.

Die meisten Rangierlokomotiven besitzen zwei Führerstände in einem gemeinsamen Führerhaus. Hier wird durch eine elektropneumatische Absperreinrichtung sichergestellt, dass die mit dem einen Führerbremsventil eingeleitete Bremsung nicht mit dem anderen Führerbremsventil aufgehoben oder vermindert wird.

Führerbremsventilanlage

Neuere Triebfahrzeuge und Steuerwagen sind mit einer Führerbremsventilanlage ausgerüstet. Hier sind die Führerbremsventile auf den Führerständen mit einer Relaiseinheit im Luftgerüst pneumatisch verbunden. Betätigt man ein Schlüsselventil, wird die Verbindung vom Führerbrems- zum Relaisventil hergestellt. Die Anlage ist leichtgängig bedienbar. Alle Brems- und Lösevorgänge werden über die Relaiseinheit gesteuert. Nur bei einer Schnellbremsung wird die Hauptluftleitung direkt durch das Führerbremsventil entlüftet. Deshalb ist die Schnellbremsstellung unabhängig vom Schlüsselventil immer wirksam.

Mit dem Führerbremsventil ist der Bremssteller für die E-Bremse gekuppelt. Er kann selbsttätig oder gekuppelt betätigt werden. Das Führerbremsventil hat keine Abschlussstellung. Deshalb muss das Ventil beim Prüfen des Füllzustandes in der Fahrtstellung abgeschlossen werden. Wie beim „Selbstregler" hat auch hier ein Zeitbehälter die Aufgabe, die Löse- und Angleichvorgänge zeitabhängig zu regeln. Bei Sifa- und Indusi-Zwangsbremsungen verhindert ein Absperrventil die Nachspeisung der Hauptluftleitung.

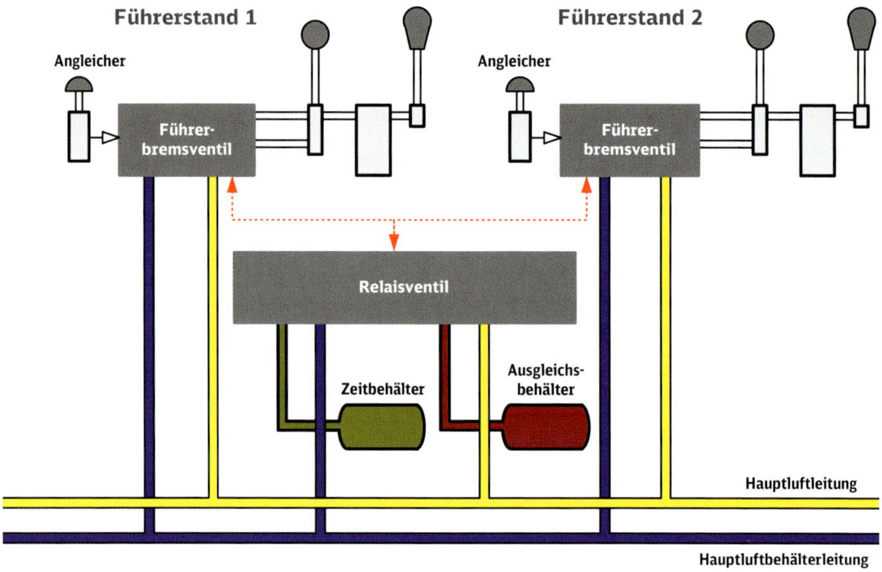

Abb. 5-65: Führerbremsventilanlage

Abbildung: Janicki

5.5.3 Elektronische Führerbremsventilanlage

Bei neueren Triebfahrzeugen werden sämtliche Funktionen der Druckluftsteuerung und -überwachung, auch das Zusammenwirken mit der elektrischen Bremse, von einem Bremsrechner gesteuert. Die Umsetzung in entsprechende Hauptluftleitungsdrücke und damit die Steuerung des Relaisventils übernimmt ein Analogwandler. Die Steuerung der Triebfahrzeugbremse wiederum geschieht konventionell über ein Steuerventil. Elektronische Führerbremsventilanlagen gewährleisten einen effektiven Einsatz der Nutzbremse.

Hauptsächlich kommen hier stellungsabhängige, mikroprozessorgesteuerte Führerbremsventilanlagen der Bauart „HSM" zum Einsatz.

- Bremssteuerart „el" (elektronischer Betrieb): Bei dieser Bremssteuerart bildet ein am Führerbremsventil angeschlossener Potenziometer einen Bremskraftsollwert. Dieser wird über einen internen Datenbus an den Bremsrechner weitergegeben und von dort an den Analogwandler übertragen. Der Analogwandler setzt den elektrischen Bremskraftsollwert in einen bestimmten Luftdruck um, der dem Relaisventil zugeführt wird. Der HL-Druck wird also grundsätzlich vom Relaisventil geregelt. Damit jedoch bei Zwangsbremsungen die HL nicht vom Relaisventil aufgefüllt wird, weil über das Führerbremsventil ein Steuerdruck von 5 bar vorgegeben ist, wird das Relaisventil in diesem Fall vom Bremsrechner abgesperrt.

- Bremssteuerart „pn“ (pneumatischer Bremsbetrieb): Parallel zum elektrischen Sollwert erzeugt am Führerbremsventil ein mechanischer Druckregler einen Steuerdruck. Mit diesem Steuerdruck wird das Relaisventil beaufschlagt.
- Mit der el/pn-Umschaltung an der rechten Führertischkonsole kann die Bremssteuerungsart „el“ oder „pn“ eingestellt werden. So wird festgelegt, ob das Relaisventil seinen Steuerdruck vom Analogwandler oder von einem mechanischen Druckregler bekommt. Normalerweise ist die elektronische Bremssteuerung „el“ aktiv. Nur im Fall einer Störung wird automatisch auf „pn“ umgeschaltet. Bei einem Ausfall beider Steuerungssysteme ist eine Schnellbremsung mit dem Führerbremsventil oder die Betätigung der Notbremsventile am Führertisch weiterhin möglich.

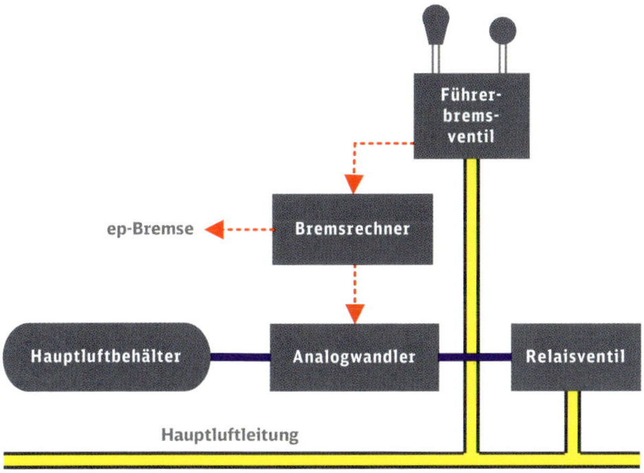

Abb. 5-66: elektronische Führerbremsventilanlage Abbildung: Janicki

5.5.4 Zusatzbremsventil

Bei allen Fahrzeugen mit Führerstand (Triebfahrzeug, Steuerwagen, Triebwagen) ist zusätzlich zur indirekten Bremse eine direkte Bremse vorhanden. Diese wirkt nur auf die Bremseinrichtung des jeweiligen Fahrzeuges und arbeitet ohne Steuerventil. Die Bremszylinder werden direkt mit Druckluft aus der Hauptluftbehälterleitung gespeist. Die maximale Höhe des Bremszylinderdruckes wird durch einen Höchstdruckbegrenzer limitiert. Die Zusatzbremse wird zur Bremsung von allein fahrenden Triebfahrzeugen, im Rangierdienst und bei Zügen zum Festhalten in Neigungen benutzt. Die Betätigungseinrichtung der direkten Bremse wird Zusatzbremsventil genannt. Sie kann zeit- oder stellungsabhängig ausgeführt sein.

Abb. 5-67: Zusatzbremsventil

Foto: Janicki

Stellung	Erläuterung
Lösestellung	In der Lösestellung werden die Bremszylinder über das Zusatzbremsventil entlüftet.
Fahrtstellung (0)	Im Fahrbetrieb muss das nicht bediente Zusatzbremsventil in der Abschlussstellung liegen.
Bremsstellung	Wird eine Bremsung eingeleitet, so strömt Hauptluftbehälterdruck über das Doppelrückschlagventil in die Bremszylinder. Der eingesteuerte Bremszylinderdruck kann am zugehörigen Manometer abgelesen werden.

Abb. 5-68: Stellungen eines Zusatzbremsventils

Bei einem Teil der Fahrzeuge kann die direkte Bremse im Störungsfall mit einem Absperrhahn (Bezeichnung: „Direkte Bremse") abgesperrt werden; die C-Luft entweicht ins Freie. Die Stellung des Absperrhahns wird elektrisch überwacht.

EFFICIENT. TECHNOLOGY. WORLDWIDE.
excellence

5.6 Zusätzliche Bremsen

5.6.1 Dynamische Bremse

Bei den dynamischen Bremsen werden die Bremskräfte unmittelbar im Triebwerk erzeugt; bei elektrischen Fahrzeugen im Fahrmotor, bei Dieselfahrzeugen im hydraulischen Getriebe.

Vorteile	Nachteile
▪ verschleißfrei ▪ thermische Schonung von Bremsbauteilen und Radreifen ▪ gute Wärmeabfuhr ▪ Rückgewinnung der Antriebsenergie (bei bestimmten Bauarten der elektrischen Bremse) ▪ starke Bremskraft im hohen Geschwindigkeitsbereich ▪ Reduzierung des Bremsstaubes	▪ haftkraftabhängig ▪ geringe Bremswirkung bei geringen Geschwindigkeiten (gilt nicht für die elektrische Bremse bei Fahrzeugen mit Drehstromantriebstechnik) ▪ zusätzliche Druckluftbremse erforderlich

Abb. 5-69: Vor- und Nachteile der dynamischen Bremsen

Elektrische Bremse

Bei elektrischen Triebfahrzeugen können die Fahrmotoren zur verschleißlosen Bremsung benutzt werden. Die elektrische Bremse kann fahrdrahtabhängig oder unabhängig sein und sie kann als Widerstandsbremse oder als Kombination von Nutz- und Widerstandsbremse wirken. Bei Widerstandsbremsen wirkt der Fahrmotor als Generator. Die von ihm erzeugte elektrische Energie wird über Widerstände in Wärme umgewandelt, während sie bei der Nutzbremse ins Fahrleitungsnetz zurückgespeist wird.

Die elektrische Bremse wird über den Fahrschalter oder über einen Bremssteller, der mit dem Führerbremsventil gekuppelt ist, bedient. Bei einigen Triebfahrzeugen gibt ein Druckmessumformer den Sollwert vor. Die Kupplung mit dem Führerbremsventil kann aufgehoben werden, sodass bei Bedarf die Druckluft- und die elektrische Bremse unabhängig voneinander betätigt werden können. Wesentlich ist, dass beim Zusammenwirken beider Bremsen mit Rücksicht auf den Kraftschluss zwischen Rad und Schiene die zulässige Bremskraft nicht überschritten wird. Vorrangig wird stets die elektrische Bremse eingesetzt.
In einem gewissen Geschwindigkeitsbereich muss die mechanische Bremse zugeschaltet werden, weil die Wirkung der elektrischen Bremse mit abnehmender Fahrgeschwindigkeit nachlässt.

Fahrzeuge mit Drehstromantriebstechnik haben elektrische Bremsen, die fast bis zum Stillstand die volle Bremskraft bieten, sodass der Einsatz der verschleißbehafteten mechanischen Bremse auf ein Minimum reduziert wird.

Hydraulische Bremse

Bei Triebfahrzeugen mit hydraulischer Kraftübertragung kann eine besondere Bremskupplung (Retarder) als verschleißlose zusätzliche Bremse eingebaut werden. Hier wird die Bremskraft gesteuert, indem die Füllung geregelt wird. Für das Zusammenspiel mit der Druckluftbremse gibt es ähnliche Möglichkeiten wie bei der elektrischen Bremse. Die hydraulische Bremse kann im einfachsten Fall völlig unabhängig von der Druckluftbremse betätigt werden und wirken.

5.6.2 Magnetschienenbremse

Bei Geschwindigkeiten von mehr als 140 km/h reicht die Radbremse allein nicht mehr aus, um den Zug innerhalb des Vorsignalabstands zum Halten zu bringen. Fahrzeuge für höhere Geschwindigkeiten haben deshalb zusätzlich eine Magnetschienenbremse.

Abb. 5-70: Magnetschienenbremse eines Reisezugwagens (Bremsmagnet abgesenkt) Foto: Janicki

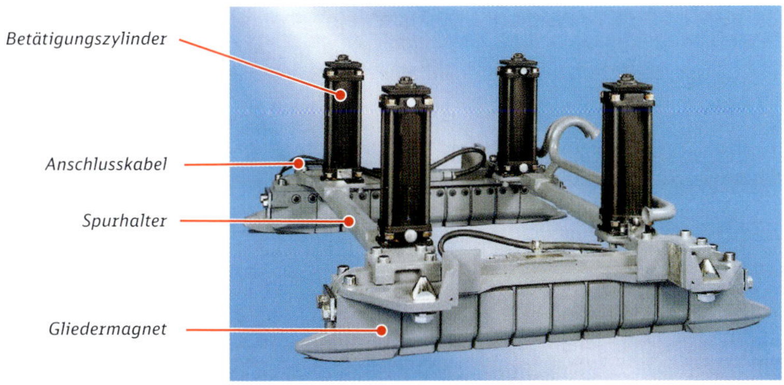

Abb. 5-71: Bauteile der Magnetschienenbremse Abbildung: Knorr-Bremse

Wirkungsweise

Die Magnetschienenbremse wirkt unmittelbar auf die Schiene. Die Bremsmagnete hängen in Ruhestellung an den Kolbenstangen zweier Betätigungszylinder zwischen den beiden Rädern. Sie werden mit Federn, die sich in den Betätigungszylindern befinden, über der Schienenoberkante gehalten.

Wird die Magnetschienenbremse wirksam geschaltet, werden die Bremsmagnete pneumatisch gegen die Federkraft abgesenkt. Mit Strom aus der Fahrzeugbatterie wird die Spule im Bremsmagneten erregt. Magnetische Kraftlinien schließen sich über den Schienenkopf und erzeugen eine Kraft, die den Magneten auf die Schiene zieht. Die so erzeugte Reibungskraft wird über Mitnehmer auf das Fahrzeug übertragen – das Fahrzeug wird langsamer.

Voraussetzungen

Um den starken Halteruck zu dämpfen, werden die Magnetschienenbremsen bei den meisten Fahrzeugen nur bei Geschwindigkeiten über 50 km/h eingesetzt, sofern der Druck in der Hauptluftleitung auf 0 bar gesenkt wird. Die Magnetschienenbremse wird wirksam, wenn

- eine Schnellbremsung über das Führerbremsventil eingeleitet wird,
- die Sifa oder Indusi ansprechen,
- die Notbremse aktiviert wird oder
- der Kippschalter „Magnetschienenbremse“ am Führerpult betätigt wird (nur bei Triebwagen).

Sobald der Auslösegrund nicht mehr vorliegt, kehren die Magnete wieder in die Ruhelage zurück. Sinkt während des Bremsens die Geschwindigkeit des Zugs unter einen bestimmten Wert, kehren die Magnete ebenfalls in die Ruhelage zurück. Der Zug bremst jetzt nur noch mit der Radbremse.

Steuerung

Die Steuerung der Magnetschienenbremse übernimmt in der Regel ein zusätzliches Ventil (Zusatzsteuerung KZ-M). Es hat zwei Aufgaben:

- Es füllt die Betätigungszylinder mit Druckluft aus der HBL.
- Es schließt einen Schalter, damit Strom aus der Fahrzeugbatterie (24 V oder 120 V) zum Magneten fließen kann.

Der Impuls „Schnellbremsung“ kommt in der Regel von einem zusätzlichen Relaisventil, das am Steuerventil angebaut ist.

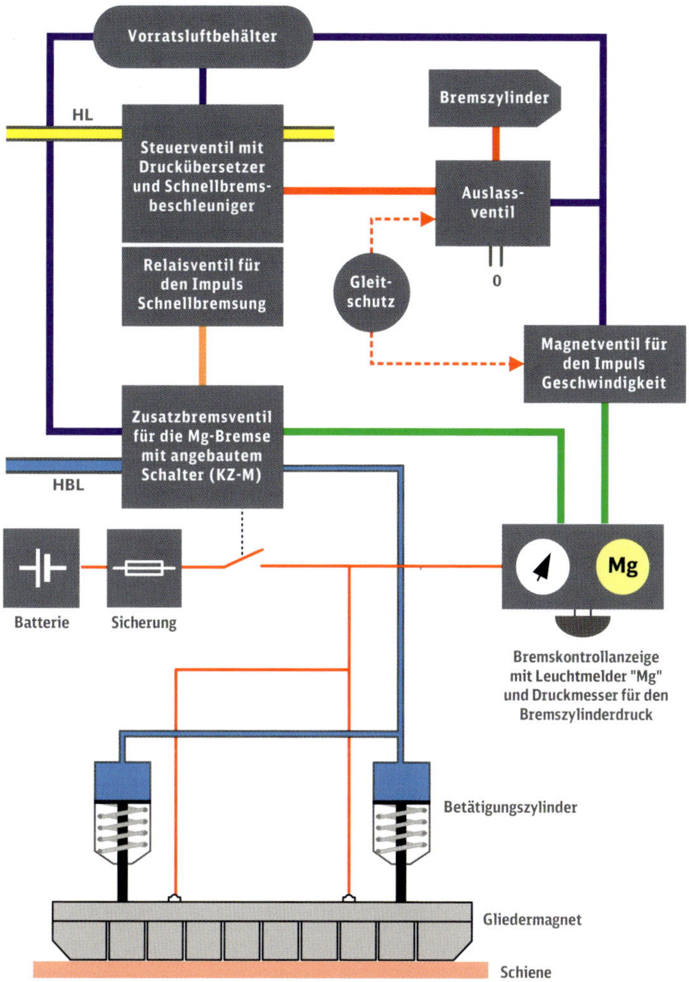

Abb. 5-72: Schema der Magnetschienenbremse (Bremsmagnet abgesenkt) Abbildung: Janicki

Bremskontrollanzeige

Damit die Funktion der Magnetschienenbremse im Rahmen einer Bremsprobe auch im Stillstand geprüft werden kann, hat das Fahrzeug auf jeder Seite eine Bremskontrollanzeige.

Diese Anzeige besitzt einen Prüfknopf und einen Leuchtmelder. Mit dem Drücken des Prüfknopfes wird eine Geschwindigkeit über 50 km/h simuliert. Bei gleichzeitiger Schnellbremsung senken sich dann die Magnete. Der Leuchtmelder zeigt an, ob ausreichend Strom von der Batterie zum Magneten fließt.

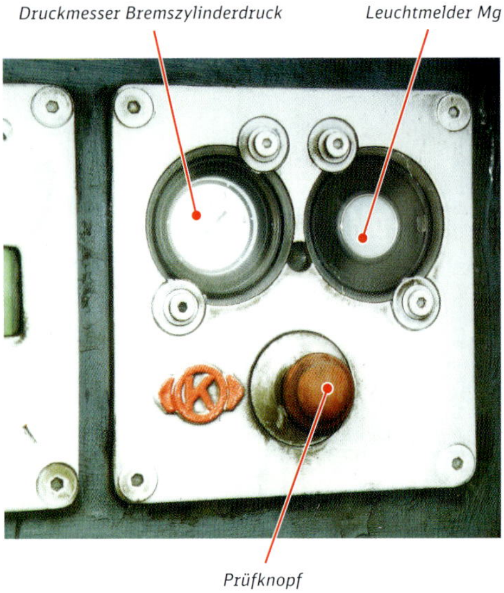

Abb. 5-73: Druckmesser im Wagenvorraum Foto: Janicki

Abb. 5-74: Bremskontrollanzeige eines Reisezugwagens (links) Abbildung: Janicki

Druckmesser im Wagenvorraum

Im Wagenvorraum kann sich neben dem Druckmesser für den Bremszylinderdruck ein Druckmesser zur Kontrolle des Impulses „Geschwindigkeit über 50 km/h" befinden. Bei einer Geschwindigkeit bis 50 km/h zeigt der Druckmesser einen Druck von ungefähr 5 bar, bei über 50 km/h einen Druck von 0 bar an. Werden im hohen Geschwindigkeitsbereich statt 0 bar 5 bar angezeigt, ist die Magnetschienenbremse an diesem Fahrzeug unwirksam.

Stromkreis der Magnetschienenbremse

Am Ventil der Magnetschienenbremse findet sich ein elektrischer Schalter, der beim Ansteuern der Magnetschienenbremse geschlossen wird. Jetzt fließt Strom aus der Batterie über eine Sicherung zu den Bremsmagneten und zu den beiden Leuchtmeldern Mg. Sollte im Störungsfall der Schalter beim Lösen der Bremse nicht mehr öffnen, bleiben die Magnete auf den Schienen. In diesem Fall kann bei Fahrzeugen älterer Bauart über einen Sicherungstrenner die Sicherung mechanisch zerstört werden. Bei neueren Fahrzeugen reicht es aus, wenn der Bremsstellungswechsel auf R gestellt wird.

Prüfknopf der Hauptluftbehälterleitung

Für die Durchgangsprüfung der Hauptluftbehälterleitung haben viele Fahrzeuge ein Druckknopfventil und einen Druckmesser für den Hauptluftbehälterdruck an jeder Wagenlängsseite. Bei Steuerwagen ist dieses Druckknopfventil zusätzlich innen im Eingangsbereich zum Führerraum angebracht. Bei Betätigung eines Druckknopfventils wird ein Ventil unter dem Wagen angesteuert und die Hauptluftbehälterleitung entlüftet. Gleichzeitig kann der Druckabfall in der Hauptluftbehälterleitung mit dem Druckmesser beobachtet werden.

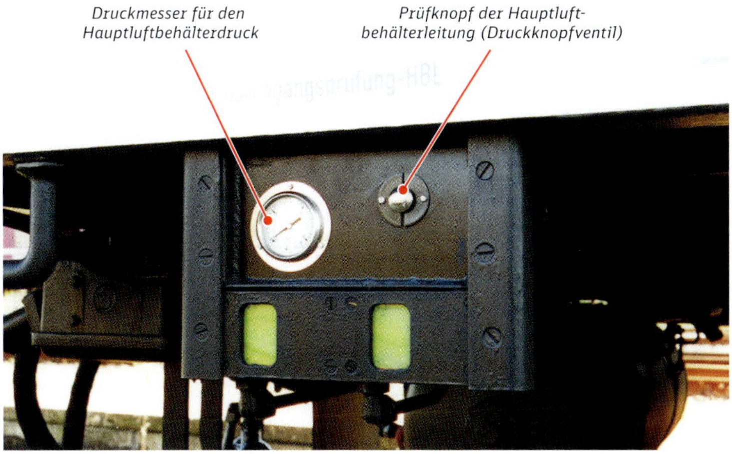

Abb. 5-75: Prüfknopf der Hauptluftbehälterleitung (Druckknopfventil) Abbildung: Janicki

Überwachungseinrichtung Mg-Bremse

Die Überwachungseinrichtung neuerer Fahrzeuge soll die Batteriespannung des Wagens bei eingeleiteter Schnell- oder Notbremsung auf die pneumatisch abgesenkten Bremsmagnete schalten. Des Weiteren wird dabei der Stromfluss durch die Bremsmagnete überwacht. Leuchtmelder auf der Überwachungseinrichtung signalisieren eine mögliche Fehlfunktion der Mg-Bremse. Im Zuge der Bremsprobe wird die Funktionsfähigkeit angezeigt, indem die weiß-gelben Leuchtmelder in den Kontrollanzeigen an beiden Seiten des Fahrzeuges ansprechen.

5.6.3 Wirbelstrombremse

Im Gegensatz zur Magnetschienenbremse arbeitet die Wirbelstrombremse (WB) haftwertunabhängig und berührungslos. Ihre völlige Verschleißfreiheit erlaubt den Einsatz auch als Betriebsbremse, sodass die Scheibenbremsen weitgehend geschont werden.

Funktion

Die WB sind an Konsolen im Laufdrehgestell befestigt. Eine vertikal bewegliche Traverse trägt die Magnete. Die Traverse senkt sich wegen ihres Eigengewichts nach Entlüften ihrer Betätigungsbälge so weit ab, dass sich ein Luftspalt von circa 7 mm zwischen den Magneten und der Schienenoberkante ergibt. Ein im Traktionscontainer integrierter Steller versorgt die Elektromagnete der WB mit Gleichspannung. Der Erregerstrom fließt erst, wenn sich die Traverse in Tieflage befindet.

Das Magnetfeld der WB und die Bewegung des Zuges verursachen Wirbelströme in der Schiene. Diese Wirbelströme erzeugen ihrerseits Magnetfelder, die dem Erregerfeld des Zuges entgegenwirken. Daraus ergibt sich eine Bremskraft, die der Fahrtrichtung entgegengesetzt wirkt.

Da das elektromagnetische Feld der WB manche Gleisschaltmittel stört, ist der Einsatz der WB auf Strecken mit ertüchtigter Signalausrüstung beschränkt. Wegen der zusätzlich zu erwartenden Erwärmung der Schiene muss als weitere Voraussetzung der Oberbau eine besondere Gleisstabilität aufweisen.

Die Bedieneinrichtungen und Anzeigen der Wirbelstrombremse befinden sich zusammen mit den Anzeigen der pneumatischen Bremse und der Federspeicherbremse an der Außenseite des Fahrzeugs.

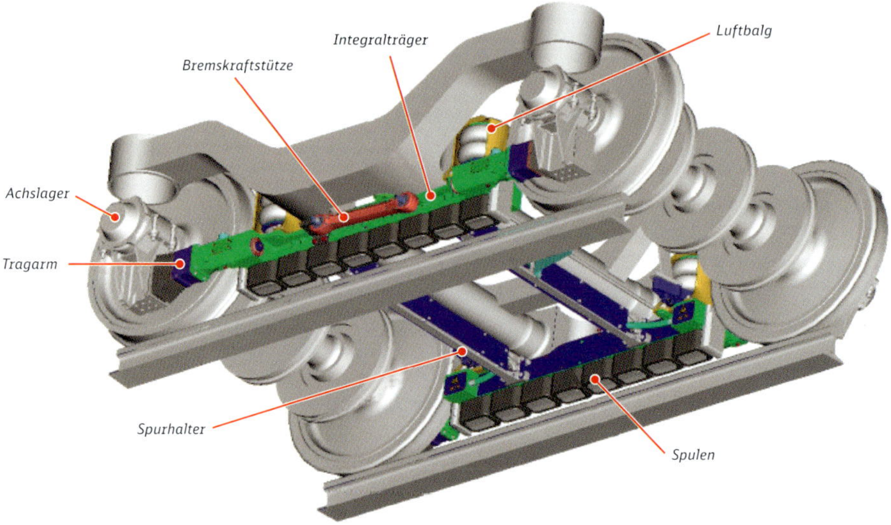

Abb. 5-76: Bauteile der Wirbelstrombremse

Abbildung: Knorr-Bremse

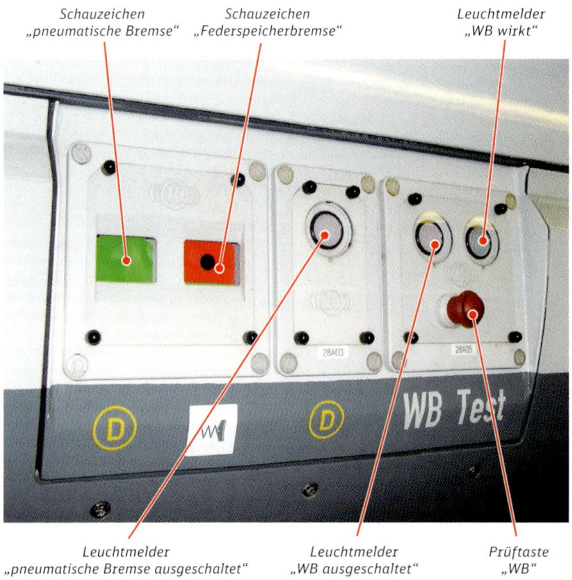

Abb. 5-77:
Bremsbedieneinheit und Bremsanzeigeeinrichtung an der Mittel- beziehungsweise Trafowagenlängsseite

Abbildung: Janicki

5.7 Sondereinrichtungen

5.7.1 Elektropneumatische Bremse (ep-Bremse)

Die nachteiligen Eigenschaften der Druckluftbremse, die als Signal- und Arbeitsmedium Druckluft nutzt, lässt sich durch Einsatz einer elektropneumatischen Bremse (ep-Bremse) umgehen. Die Ansteuerung der Druckluftbremse erfolgt mittels elektrischer Brems- und Lösemagnetventile. Die ep-Bremse reduziert den Einfluss der langen Signallaufzeit (Durchschlagszeit) mit ihren entsprechenden Auswirkungen auf die Bremsentwicklungszeit und damit den Bremsweg. Auch verbessert die ep-Bremse die mäßige Regulierbarkeit, die durch den Lufttransport in der Hauptluftleitung hervorgerufen wird.

Ausführungsformen

Bei der elektropneumatischen Bremse wird zwischen der direkten und der indirekten ep-Bremse unterschieden.

- Die indirekte ep-Bremse ergänzt als zusätzliches System die Druckluftbremse. Hier wird der Druck in der Hauptluftleitung über Magnetventile beeinflusst, die in einer elektropneumatischen Steuereinheit zusammengefasst sind. Diese Steuereinheit muss in jedem Fahrzeug des Zugverbands vorhanden sein.
- Beim direkten System werden die Bremszylinder über elektrische Brems- und Lösemagnetventile direkt be- und entlüftet. Dieses System kommt vor allem bei Triebzügen zum Einsatz.

Indirekt wirkende ep-Bremse

Das indirekte System kommt vor allem bei lokbespannten Zügen zum Einsatz. Parallel zur Bremssteuerung über die Hauptluftleitung werden besondere elektropneumatische Steuereinheiten (EPZ) vom Führerbremsventil angesteuert. Diese Steuereinheiten unterstützen die Funktion der pneumatischen Bremse, indem sie beim Bremsen die Hauptluftleitung vor jedem Steuerventil entlüften und beim Lösen die Hauptluftleitung wieder mit Druckluft aus der Hauptluftbehälterleitung auffüllen. Dadurch steuern beim Bremsen alle Steuerventile unabhängig von der Zuglänge fast zeitgleich um und es wird ein schnelleres Anlegen der Bremsen auch im hinteren Zugteil erreicht. Beim Lösen der Bremsen entfällt der sonst übliche Zeitverlust der durch den Lufttransport in der Hauptluftleitung entsteht.

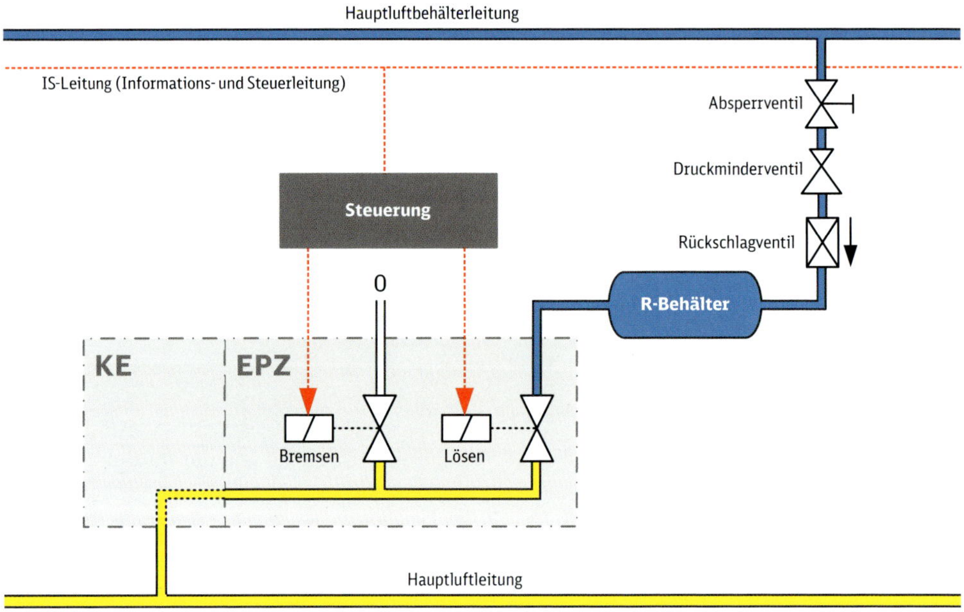

Abb. 5-78: indirekte elektropneumatische Bremse Abbildung: Janicki

Die Steuereinheit EPZ besteht aus einem Doppelmagnetventil mit jeweils einem Löse- und Bremskolben. Sie kann direkt an das Steuerventil KE montiert werden.

Bei der Ausführung der indirekt wirkenden ep-Bremse wird zwischen zwei Systemen unterschieden:

- Die DB-ep-Bremse nutzt die Informations- und Steuerleitung (ISL) zur Signalübertragung. Die Versorgung der Steuereinheiten mit elektrischer Energie für die Schaltvorgänge geschieht über die Energieversorgungseinrichtungen der Wagen.
- Die UIC-ep-Bremse nutzt eine separate UIC-Steuerleitung, die neben den Signalen zur Steuerung auch die Schaltströme überträgt.

Einige Fahrzeuge sind zusätzlich mit einer Kontrollanzeige MGE 3 ausgerüstet, die eine Funktionsprüfung der ep-Bremse wie auch der Magnetschienenbremse im Stand ermöglicht.

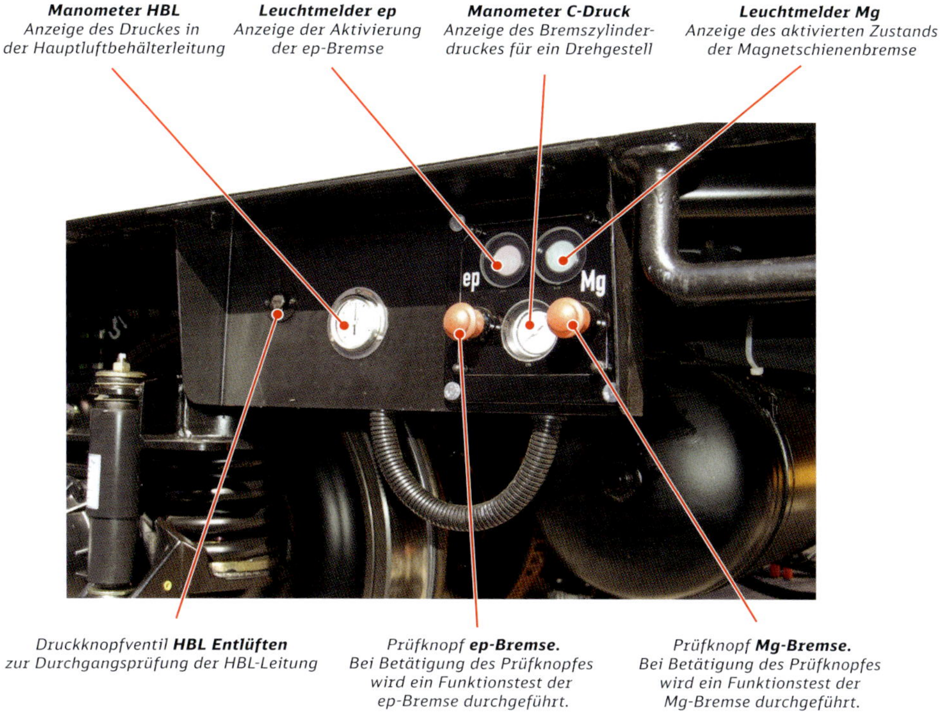

Abb. 5-79: Kontrollanzeige MGE 3 Abbildung: Janicki

Direkt wirkende ep-Bremse

Die direkt wirkende ep-Bremse findet sich in der Regel bei Triebzügen des Nahverkehrs. Hier werden beim Bremsen Magnetventile angesteuert, die zeitgleich im gesamten Zug Luft in die Bremszylinder gelangen lassen beziehungsweise diese beim Lösen ins Freie entlüften. Die Selbsttätigkeit der Bremse wird in der Regel mit einer elektrischen Sicherheitsschleife gewährleistet, die durch den Zugverband geführt wird. Alternativ kann dazu auch eine zusätzlich wirkende indirekte Druckluftbremse eingesetzt werden.

5.7.2 Notbremseinrichtung

Die selbsttätige Druckluftbremse hat den Vorteil, dass sie von jeder Stelle des Zuges aus betätigt werden kann, sofern dort entsprechende Einrichtungen vorhanden sind. Bei Reisezügen kann der Fahrgast über einen Notbremsgriff ein Notbremsventil ansteuern, das über einen großen Querschnitt die HL entlüftet, sodass der Zug auf kürzestem Wege zum Halten kommt.

Die Notbremsgriffe müssen bei Reisezugwagen so angebracht sein, dass sie leicht gesehen und erreicht werden können. Das Zugbegleitpersonal wird mit dem Ausströmgeräusch auf jenen Wagen aufmerksam gemacht, in dem die Notbremse gezogen worden ist. Die Stelle, an der ein betätigtes Notbremsventil zurückgestellt und damit die Notbremsung aufgehoben werden kann, ist im Wagen immer mit einem roten Ring gekennzeichnet. Zur Vermeidung von Missbrauch sind die Notbremsgriffe plombiert. Der Fahrgast selbst hat keine Möglichkeit, den Notbremszugkasten zurückzustellen, sondern nur das Personal. Anschließend ist eine Neuverplombung erforderlich.

Die Signalübertragung zwischen der Betätigungseinrichtung für den Fahrgast und dem Notbremsventil kann mechanisch, pneumatisch oder elektrisch erfolgen.

Mechanische Notbremseinrichtung

Reisezugwagen älterer Bauart sind mit mechanischen Notbremseinrichtungen ausgerüstet. Hierbei sind alle Notbremsgriffe eines Wagens über einen Drahtzug mit dem Notbremsventil (Ackermannventil) verbunden. Beim Ziehen des Notbremsgriffes wird das Notbremsventil mittels Drahtzug geöffnet und die HL entlüftet. Soll die Notbremsung wieder aufgehoben werden, ist das Ventil von Hand zu schließen; der vorher gezogene Notbremsgriff nimmt wieder seine normale Lage ein. Das Notbremsventil ist meistens an einem Wagenende eingebaut. Die Stelle ist mit einem roten Ring gekennzeichnet.

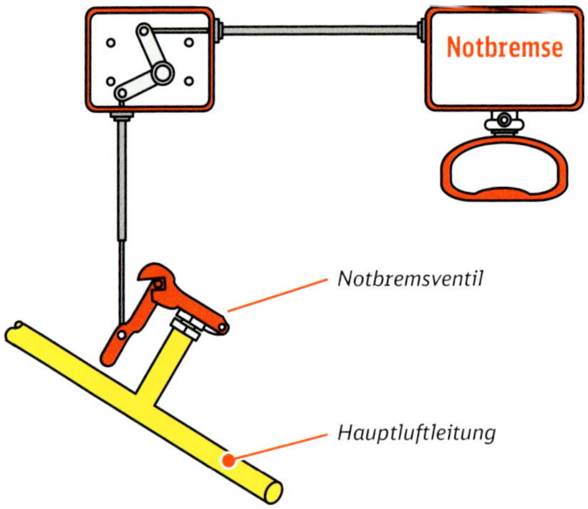

Abb. 5-80: mechanische Notbremseinrichtung

Pneumatische Notbremseinrichtung

Reisezugwagen neuer Bauart sind mit pneumatischen Notbremseinrichtungen ausgerüstet. Vom im Vorraum des Wagens angebrachten Notbremsventil aus führt eine dünne Druckluftsteuerleitung durch den ganzen Wagen. Zieht man einen Notbremsgriff, wird diese Steuerleitung entlüftet, das Notbremsventil steuert um und entlüftet seinerseits die HL. Das Ausströmgeräusch ist außerhalb des Wagens in Höhe des Drehgestells zu hören.

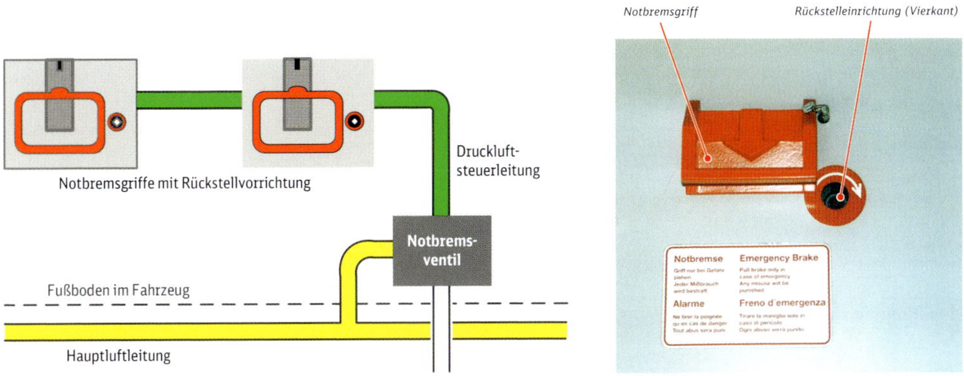

Abb. 5-81: pneumatische Notbremseinrichtung

Abbildung: Janicki

Als Rückstelleinrichtung dient ein Vierkantschloss, das sich neben jedem Notbremsgriff befindet und mit einem roten Ring markiert ist. Durch Drehen mit einem Vierkantschlüssel in Pfeilrichtung wird das Notbremsventil wieder geschlossen und die HL füllt sich wieder mit Druckluft.

5.7.3 Notbremsüberbrückung

Ein großer Teil der Lokomotiven und Reisezugwagen ist mit einer Einrichtung zum Überbrücken der Notbremse ausgerüstet. Wenn sich der Zug zum Beispiel in einem Tunnelabschnitt oder auf einer langen Brücke befindet, kann der Eisenbahnfahrzeugführer damit die Wirkung einer eingeleiteten Notbremsung aufheben. Anschließend kann er den Zug an geeigneter Stelle zum Halten bringen.

Die Nutzung der Notbremsüberbrückung (NBÜ) erfordert den zusätzlichen Einbau der elektropneumatischen Bremssteuerung (ep-Bremse), da bei ausschließlicher Steuerung über die HL nicht verhindert werden kann, dass der Zug bei einer Notbremsung zum Halten kommt.

Wirkungsweise der NBÜ

Eine im Wagenzug betätigte Notbremse wird dem Eisenbahnfahrzeugführer mit einem blinkenden Leuchtmelder und einer Hupe angezeigt. Die dazu nötigen Informationen werden über die Informations- und Steuerleitung (ISL) übertragen. Ist der Zug in einem Tunnelabschnitt unterwegs, steuert der Eisenbahnfahrzeugführer über die ISL ein Magnetventil an, das sich in der Druckluftsteuerleitung vor dem betätigten pneumatischen Notbremsventil befindet. Nun schließt sich das Notbremsventil.

Der Zugbegleiter erkennt an einem rot blinkenden Leuchtmelder auf der Bedienschalttafel, in welchem Wagen die Notbremse betätigt wurde. Hält der Zug nach dem Tunnelabschnitt an, hebt das Zugbegleitpersonal die Notbremsung wieder auf.

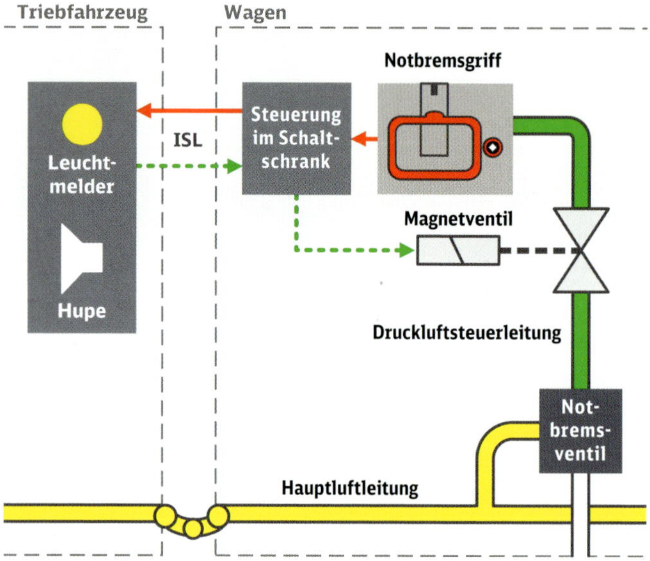

Abb. 5-82: Wirkungsweise der Notbremsüberbrückung (NBÜ) Abbildung: Janicki

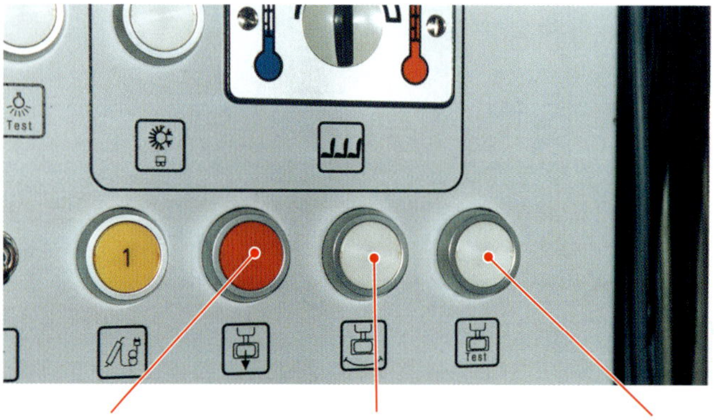

Leuchtmelder „Notbremse“ (rot blinkend)

Leuchtmelder „Notbremse Signal“ (weißes Dauerlicht)

Taster „Notbremse Test“

Abb. 5-83: Bedienungsschalttafel eines Reisezugwagens mit Notbremsüberbrückung Abbildung: Janicki

Der weiße Notbremsleuchtmelder („Notbremse Signal“) und der Prüftaster Notbremse („Notbremse Test“) auf der Bedienschalttafel sind für die Bremsprobe von Bedeutung.

5.7.4 Gleitschutzeinrichtung

Bei Fahrzeugen mit höherer Abbremsung (zum Beispiel Reisezugwagen mit der Bremsstellung R) besteht die Gefahr, dass bei ungünstigen Haftwerten zwischen Rad und Schiene die Radsätze beim Bremsvorgang blockieren. Diese Bremsen werden mit Gleitschutzeinrichtungen ausgerüstet, die bei beginnenden Gleitvorgängen den Bremszylinderdruck herabsetzen und damit dafür sorgen, dass das Rad wieder rollt.

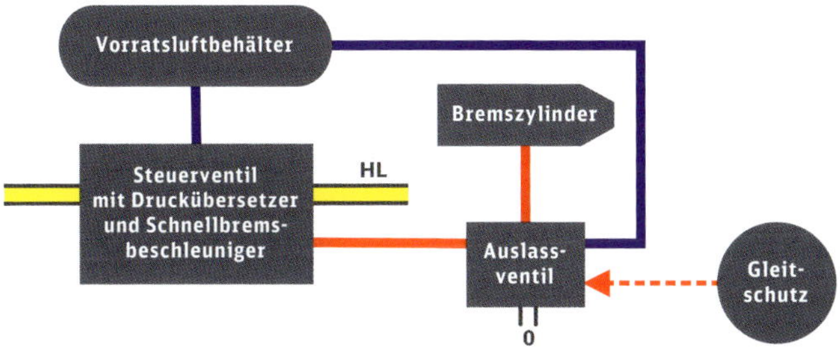

Abb. 5-84: Schema einer mechanischen Gleitschutzeinrichtung Abbildung: Janicki

Abb. 5-85: Geber einer mechanischen Gleitschutzanlage
Foto: Janicki

Abb. 5-86: Geber einer elektronischen Gleitschutzanlage
Foto: Janicki

Ältere Gleitschutzeinrichtungen funktionieren mechanisch, neuere elektronisch über eine Mikroprozessor-Ansteuerung. Beim Mikroprozessor-Gleitschutz werden die Drehzahlen der Radsätze eines Fahrzeugs über eine Geschwindigkeitsermittlung erfasst.

Mit einer umfangreichen Auswertelogik berechnet der Mikroprozessor die Ansteuerung der Gleitschutzventile. Der Druck im Bremszylinder wird optimal beeinflusst, indem er je nach Bedarf vermindert, gehalten oder erhöht wird. So ist sichergestellt, dass sich die Haftreibung optimal ausnutzen lässt und möglichst kurze Bremswege erreicht werden. Das Blockieren der Radsätze und länger dauernder Schlupf zwischen Rad und Schiene wird verhindert, Schäden an der Lauffläche werden vermieden. Das Schaltgerät oder der Gleitschutzrechner zur Steuerung der elektronischen Gleitschutzeinrichtung ist im Schaltschrank untergebracht.

Abb. 5-87: Gleitschutzrechner

Abbildung: Janicki

5.7.5 Automatische Lastabbremsung

Die automatische Lastabbremsung regelt die Bremskraft stufenlos und automatisch in Abhängigkeit von der Verkehrslast. Eine automatische Lastabbremsung besitzen zum einen Reisezug- und Triebwagen des Nahverkehrs wegen des relativ hohen Gewichtsunterschieds zwischen unbesetztem und besetztem Fahrzeug, zum anderen ein Teil der Güterwagen wie beispielsweise Containertragwagen.

Funktion

Bei der automatischen Lastabbremsung messen Wiegeventile (bei Güterwagen), Einstellventile (bei Reisezugwagen) oder Luftfederungsventile (bei luftgefederten Drehgestellen) die Belastung des Fahrzeugs und geben dieses Ergebnis pneumatisch über ein Mitteldruckventil an das Regelbare Lastbremsventil (RLV) weiter. Dieses regelt je nach Fahrzeugbelastung den Bremszylinderdruck. Bei Güterwagen ersetzt die automatische Lastabbremsung den mechanischen Lastwechsel.

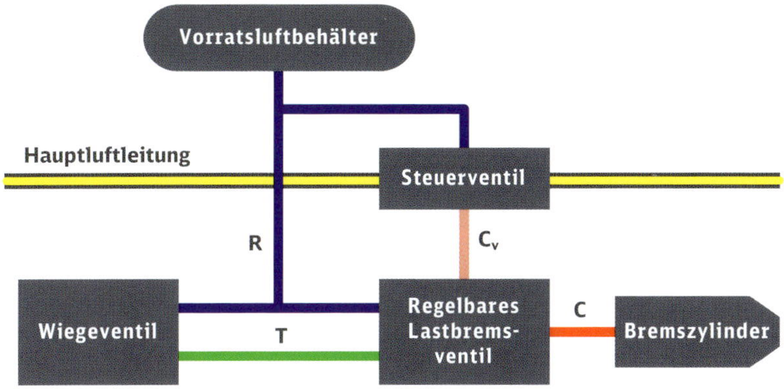

Abb. 5-88: Schema der automatischen pneumatischen Lastabbremsung eines Güterwagens Abbildung: Janicki

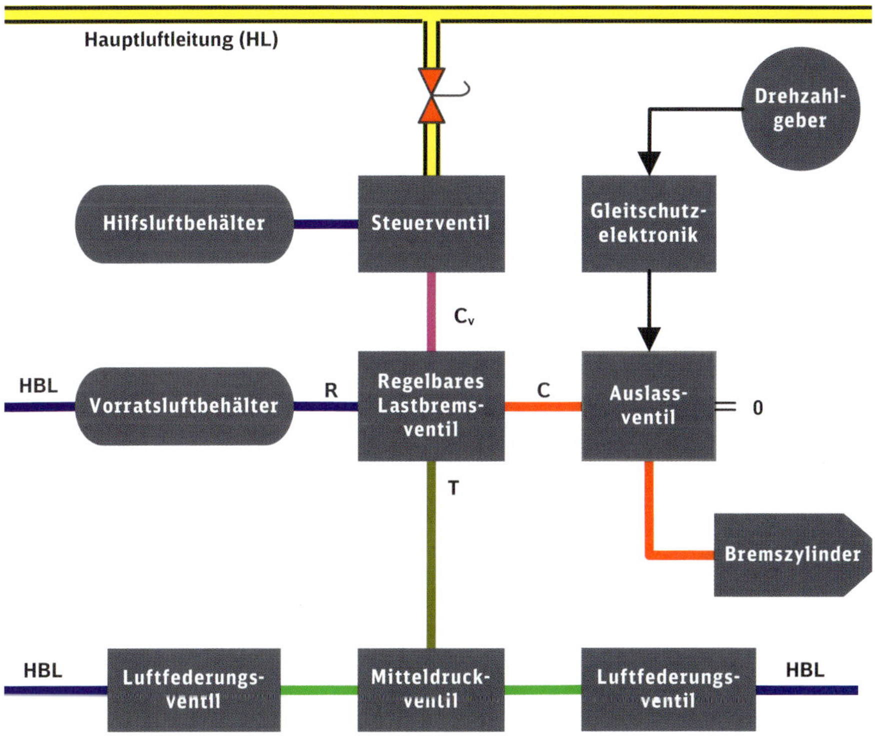

Abb. 5-89: Schema der automatischen Lastabbremsung eines Triebfahrzeuges (Beispiel VT 628) Abbildung: Janicki

Abb. 5-90: Wiegeventil (Güterwagen) Foto: Janicki

Abb. 5-91: Einstellventil (Reisezugwagen) Foto: Janicki

5.7.6 Bremsdruckregler am Radsatz

Klotzgebremste Reisezugwagen mit der Bremsstellung R haben einen „Bremsdruckregler am Radsatzlager“. Er hat die Funktion, den Bremszylinderdruck bei niedriger Geschwindigkeit zu reduzieren, da bei Bremsen mit Graugussbremsklötzen in diesem Geschwindigkeitsbereich der Reibungsbeiwert ansteigt und die Gefahr besteht, dass die Räder blockieren.

Die Funktion des Bremsdruckreglers kann überwacht werden. Dazu dienen eine Bremskontrollanzeige an der Längsseite des Wagens sowie ein Schleppzeiger-Druckmesser im Wagenvorraum.

Abb. 5-92: Bremsdruckregler am Radsatzlager Foto: Janicki

Abb. 5-93: Bremskontrollanzeige Abbildung: Janicki

5.7.7 Schnellbremsbeschleuniger

Um kurze Bremswege zu verwirklichen, ist ein schneller Druckanstieg möglichst gleichzeitig in allen Bremszylindern des Zuges erwünscht. Bei längeren Zügen sinkt der Druck in der HL, vor allem im hinteren Zugteil, bei einer Schnellbremsung nicht schnell genug. Zur Verbesserung kann daher bei Fahrzeugen mit der Bremsstellung R ein Schnellbremsbeschleuniger eingebaut sein. Dieser spricht nur bei einer Schnell-, Not- oder Zwangsbremsung an und lässt einen Teil der Druckluft aus der HL direkt ins Freie strömen. Resultat: bei allen Fahrzeugen eine gleichzeitige kräftige Drucksenkung in der HL und ein gleichmäßig schneller Druckanstieg in den Bremszylindern.

Der Schnellbremsbeschleuniger ist entweder direkt am Steuerventil angebaut oder er befindet sich auf der Bremsgerätetafel. Fahrzeuge mit Schnellbremsbeschleuniger erkennt man an einem zweiten, in Rot angeschriebenen Bremsgewicht für die Bremsstellung R. Für die Anrechnung dieses Bremsgewichtes gelten besondere Bestimmungen.

Abb. 5-94: Schnellbremsbeschleuniger Foto: Janicki

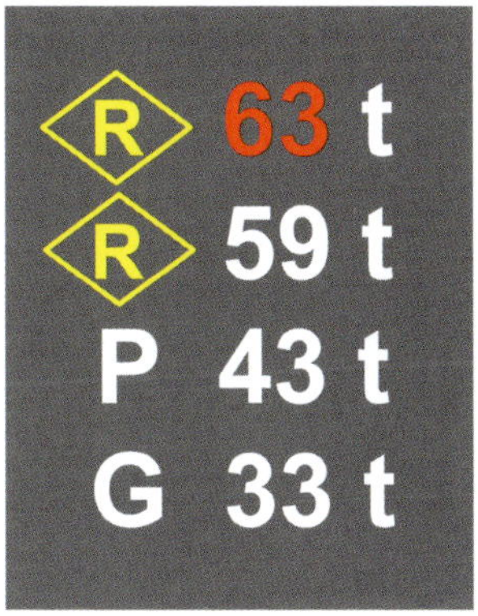

Abb. 5-95: Bremsgewichte eines Reisezugwagens mit Schnellbremsbeschleuniger Abbildung: Janicki

5.8 Zusätzliche Bremsausrüstungen der Triebfahrzeuge

5.8.1 Federspeicherbremse

Als Feststellbremse werden in der Regel Federspeicherbremsen (FspBr) eingesetzt, bei der die Bremskraft von einer Speicherfeder erzeugt wird.

Funktion

Die Federspeicherbremse wird auf die Druckluftbremszylinder aufgesattelt. Die Ansteuerung erfolgt entweder elektronisch von einem Schalter auf dem Führerstand oder über ein Betätigungsventil. Das Entlüften der Federspeicherleitung veranlasst das Abbremsen. Beim Auftreffen von Druckluft wird die Bremse wieder gelöst. Eine mechanische Lösevorrichtung macht es möglich, die Bremse auch bei völlig entlüftetem Fahrzeug zu lösen. Diese „Notlöseeinrichtung" funktioniert zum Beispiel bei der BR 101 durch einfaches „Ziehen" an einem Bowdenzug. Wenn Druckluft vorhanden ist, versetzt sie die Federspeicherbremse in erneute Bereitschaft.

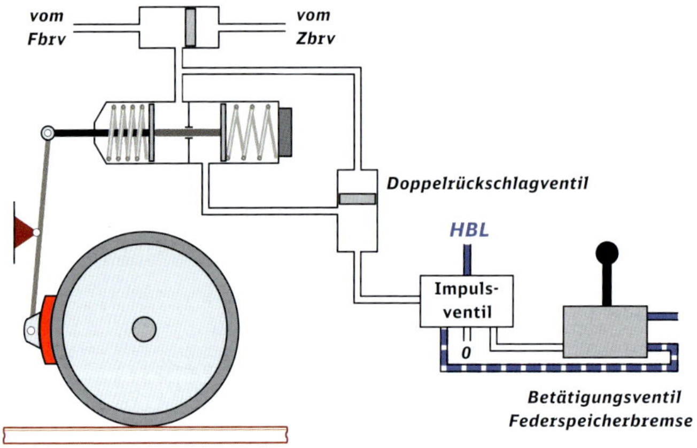

Abb. 5-96:
Federspeicherbremse angelegt
Abbildung: DB Training

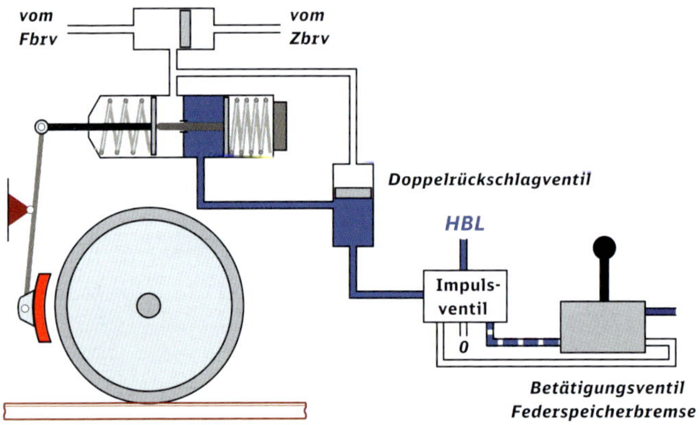

Abb. 5-97:
Federspeicherbremse gelöst
Abbildung: DB Training

Hauptluftleitungsdruckgesteuerte Federspeicherbremse

Bei einigen Fahrzeugen wird im abgerüsteten Zustand die FspBr mit Hauptluftleitungsdruck gesteuert. Der Druckanstieg in der HL führt hier automatisch zum Lösen der FspBr.

5.8.2 Schleuderschutzeinrichtung

Die Schleuderschutzeinrichtung dient dazu, Schleudervorgänge der angetriebenen Achsen beim Anfahren und beim Befahren vereister oder verschmierter Streckenabschnitte abzufangen und dafür zu sorgen, dass die Treibräder wieder greifen.

Funktion

Stellt der Eisenbahnfahrzeugführer fest, dass das Fahrzeug schleudert, so aktiviert er bei älteren Fahrzeugen die Schleuderschutzeinrichtung und reduziert die Zugkraft. Nachdem er einen Kipptaster auf dem Führerstand betätigt hat, gelangt Luft aus der Hauptluftbehälterleitung über ein Magnetventil in den Bremszylinder. Beim Loslassen des Kipptasters wird der Bremszylinder wieder entlüftet.

Bei neueren Fahrzeugen reduziert der Schleuderschutz die Antriebsleistung des Fahrzeugs und verringert zusätzlich den Schlupf der Antriebsachsen, indem er die Reibungsbremse kurz ansteuert. Zur Drehzahlerfassung der Radsätze werden in der Regel die Impulsgeber für den Gleitschutz herangezogen. Die Steuerung erfolgt über ein elektronisches Schaltgerät in Mikroprozessortechnik. Fahrzeuge mit Drehstromantriebstechnik benötigen keine Schleuderschutzeinrichtung, da hier zum Abfangen des Schleuderns die Drehzahl automatisch reduziert wird.

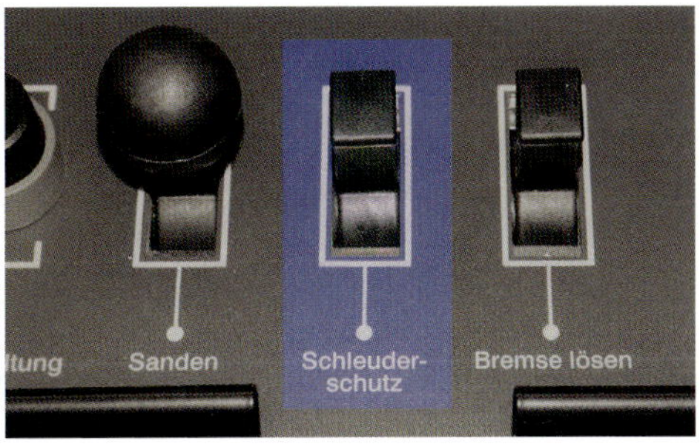

Abb. 5-98:
Bedienung der Schleuderschutzeinrichtung über Kipptaster
Foto: Janicki

5.8.3 Rechnergestützte Bremseinrichtung

Neue Triebwagen und Triebzüge sind mit einer rechnergestützten Bremseinrichtung ausgerüstet. Die Ansteuerung dieser Bremse erfolgt in der Regel über den Fahr- und Bremshebel. Bei einer Betriebsbremsung wirkt vorrangig die Triebwerksbremse, gegebenenfalls noch die elektropneumatische Bremse. Die mit dem Fahr- und Bremshebel vorgegebenen Bremskraftsollwerte werden an das Bremssteuergerät (BSG) weitergeleitet.

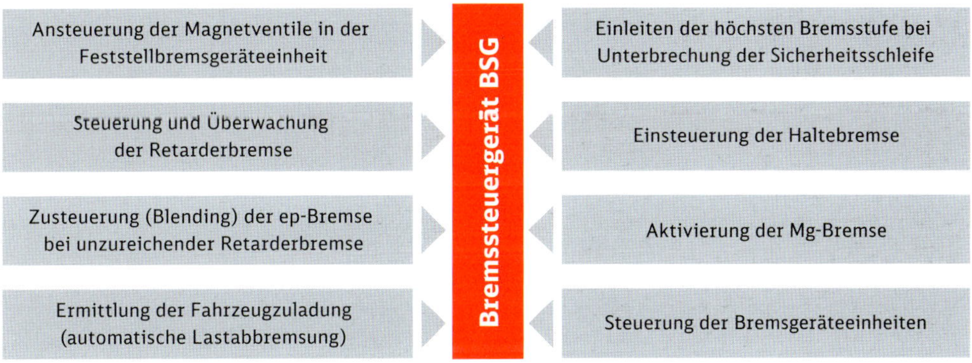

Abb. 5-99: Aufgaben des Bremssteuergerätes (BSG)

Bremssteuergerät und Bremsgeräteeinheit

Das Bremssteuergerät (BSG) steuert die im Bremsgerüst angebrachten Bremsbauteile an. Mithilfe der automatischen Lastabbremsung wird der Beladezustand des Fahrzeuges berücksichtigt. Bei Schnell- und Zwangsbremsungen kommt zusätzlich die Magnetschienenbremse zum Einsatz. Bei mehrteiligen Triebwagen besitzt jedes Fahrzeug eine Bremsgeräteeinheit (BGE). Diese setzt die Signale des BSG in Bremszylinderdrücke um. Pro Triebzug gibt es eine Feststellbremsgeräteeinheit (FGE). Diese greift die Signale des Bremssteuergerätes auf und steuert entsprechend die Feststellbremse (Federspeicherbremse) des gesamten Triebzuges.

Als Rückfallebene für die Betriebsbremse und für alle Schnellbremsungen sind die Fahrzeuge zusätzlich mit einer indirekten Druckluftbremse ausgestattet. Die Entlüftung der Hauptluftleitung wirkt auf das Steuerventil und leitet damit den Bremsvorgang ein. Im Fahrzeug vorhandene Magnetschienenbremsen werden bei der Ansteuerung der Bremse berücksichtigt. Bei manueller Ansteuerung der Magnetschienenbremse – zu dem Zweck gibt es bei einigen Fahrzeugen des Nahverkehrs einen Schalter mit Taststellung im Führerpult – bleibt diese aktiviert, bis eine Geschwindigkeit von 3 km/h erreicht ist.

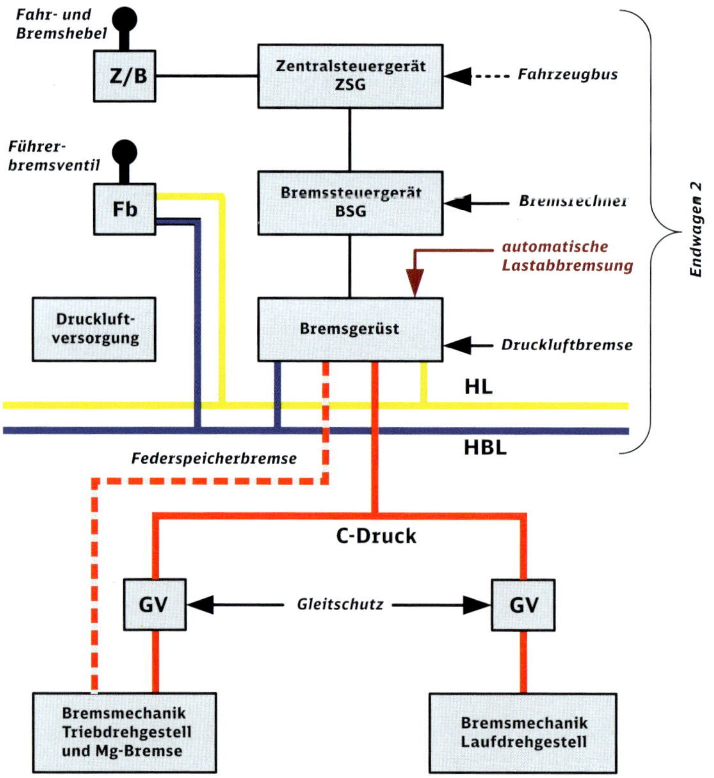

Abb. 5-100: rechnergestützte Bremse eines Regio-Triebwagens Abbildung: Janicki

Bremsprobe

Die teilautomatische Funktionsprobe wird über das Display am besetzten Führerpult gesteuert, gestartet und vom Bremssteuergerät durchgeführt. Im Verlauf der Bremsprobe wird die Funktionsfähigkeit der einzelnen Bremskomponenten überprüft. Das Ergebnis der Bremsprobe wird an die Fahrzeugsteuerung übermittelt. Auftretende Fehler zeigt das betreffende Bremssteuergerät in Form eines Fehlercodes an. Auf dem Display erscheint eine Meldung.

Zugbremsmanager (ZBM)

Der Zugbremsmanager einiger ICE-Bauarten steuert und überwacht sämtliche übergreifenden Funktionen der Bremssteuerung des Zuges. Auch steuert er die Luftpresser im Zugverband und übernimmt die Bremsberechnung des Zuges. Im manuellen Betrieb errechnet der ZBM die aktuell nötigen Bremskräfte und teilt sie auf die jeweiligen Bremssysteme auf. Dabei berücksichtigt er neben der gefahrenen Geschwindigkeit die aktuelle Stellung des Führerbremsventils, die zur Verfügung stehenden Bremssysteme und die von ihnen momentan lieferbare Bremskraft.

Segmentbremsmanager übermitteln die Sollwerte vom ZBM zu den einzelnen Bremssteuerkomponenten. Sie ermitteln auch die im Segment (Traktionseinheit) aktuell maximal verfügbaren Bremskräfte und melden diese an den ZBM. Bei Betriebsbremsungen ermittelt der ZBM den Bremskraftsollwert für die generatorischen Bremsen (GB) des gesamten Zuges. Der ZBM verteilt diesen Wert über die Segmentbremsmanager an die einzelnen Antriebssteuergeräte, die daraufhin die GB ansteuern.

5.8.4 Schnellbremsschleife

Bei Triebwagen mit computergesteuerter Bremse geht der Bremsbefehl beim Bremsen mit dem Fahr- beziehungsweise Bremshebel direkt an alle Bremssteuergeräte. Diese beaufschlagen die Bremszylinder mit Druckluft aus der Hauptluftbehälterleitung. Die Hauptluftleitung hat als Steuerfunktion nur in Verbindung mit dem Führerbremsventil und dem Einfachsteuerventil eine Bedeutung. Eine zusätzliche elektrische Sicherheitsschleife – die Schnellbremsschleife –, die über ein Ventil die Hauptluftleitung entlüften kann, stellt sicher, dass auch beim Ansprechen einer Sicherheitseinrichtung wie zum Beispiel der Sifa oder einer Fahrgastnotbremse die Bremse wirksam werden kann.

Störfahrt

Wenn sich bei einer Störung der Schnellbremsschleife eine Schnellbremsung nicht mehr aufheben lässt, kann durch Drücken eines Tasters (Bezeichnung: „Störfahrt“ oder „Überbrückung SBS“) die Strecke geräumt werden. Der Taster ist abgedeckt, um eine ungewollte Bedienung zu verhindern.

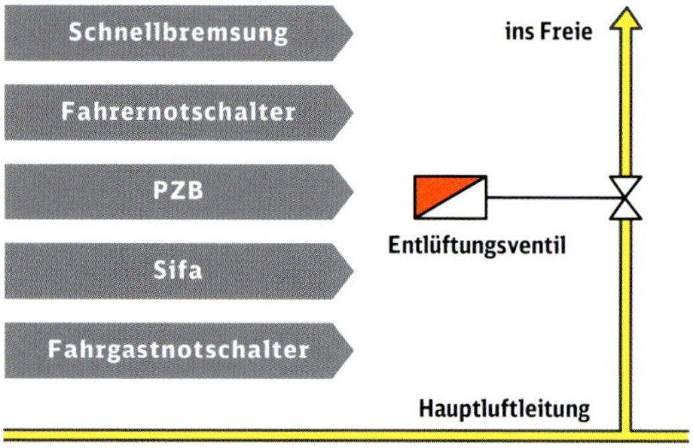

Abb. 5-101: Sicherheits- oder Schnellbremsschleife

Abb. 5-102: rechts: Fahrgastnotbremse
Abbildungen: Janicki

5.9 Sonstige Bremsen

5.9.1 Saugluftbremse (Vakuumbremse)

Selbsttätig wirkende Saugluftbremsen werden bei einigen ausländischen Bahnen und in Deutschland bei Schmalspur- und Kleinbahnen zur Bremsung der Züge eingesetzt. Im Gegensatz zur Druckluftbremse entsteht die Bremskraft dadurch, dass im Bremszylinder auf einer Kolbenseite ein Unterdruck aufgebaut wird. Ihren Namen erhielt diese Bremse nach dem zur Erzeugung des Unterdruckes eingesetzten Luftsauger. In der Schweiz wird diese Bremse als Vakuumbremse bezeichnet.

Funktion

Bei der selbsttätig wirkenden Saugluftbremse wird zum Lösen der Bremse in einer Saugluftleitung (Schweiz: Vakuum-Hauptleitung) ein Unterdruck erzeugt, der sich in den Bremszylinder fortpflanzt. Da die beiden Kammern des Bremszylinders über ein Saugventil miteinander verbunden sind, herrscht der Unterdruck auf beiden Kolbenseiten.

Zum Bremsen wird die Saugluftleitung und damit auch die Vorderkammer des Bremszylinders über das Führerbremsventil belüftet. Da das Saugventil den Druckausgleich nur in einer Richtung erlaubt, bleibt der Unterdruck in der hinteren Kammer des Bremszylinders bestehen und es entsteht eine Druckdifferenz am Kolben.

Bei einer Schnell- oder Notbremsung sowie bei einer Zugtrennung wird die Saugluftleitung unmittelbar mit der Außenluft verbunden und so in kürzester Zeit die maximale Bremswirkung erreicht.

Die Höhe der Bremskraft ist abhängig vom Druckunterschied auf beiden Kolbenseiten. Begrenzt durch den atmosphärischen Luftdruck (circa 1 bar) ist der betriebsmäßig erzielbare Unterdruck mit 0,7 bar gering. Um vergleichbare Bremskräfte wie bei der Druckluftbremse zu erzeugen, sind bei der Saugluftbremse proportional größere Kolbendurchmesser erforderlich. Die Saugluftausrüstung ist deshalb verhältnismäßig schwer und benötigt große Einbauräume. Ihr Einsatz ist wegen des großen Volumens bauartbedingt für schnell fahrende Züge nicht geeignet. Der mechanische Teil der Saugluftbremsen (Bremsgestänge, Bremsklötze) ähnelt dem der Druckluftbremsen.

Saugluftbremsen sind unerschöpfbar. Sie reagieren etwas träger als Druckluftbremsen, lassen sich aber gut regulieren und auch stufenweise lösen. Aufgrund ihres einfachen Aufbaus sind sie unempfindlich und wartungsfreundlich. Funktionsstörungen durch gefrierendes Kondenswasser können nicht auftreten.

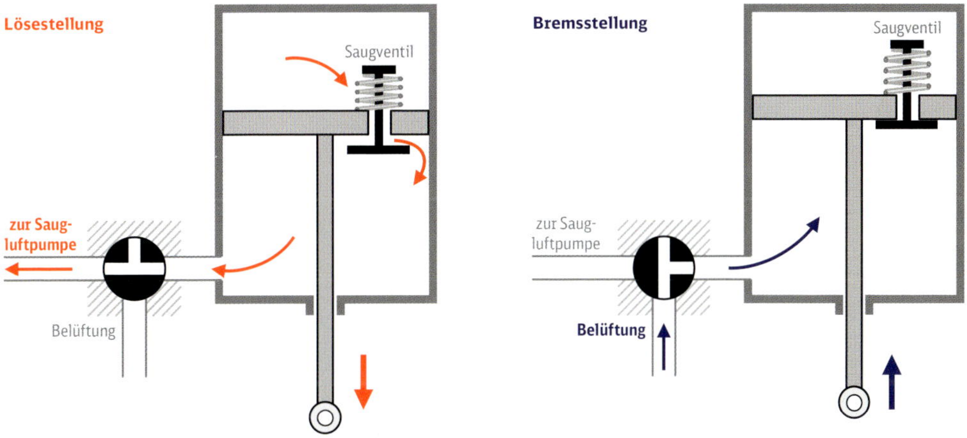

Abb. 5-103: selbsttätig wirkenden Saugluftbremse

Abbildung: Janicki

Nicht selbsttätige Saugluftbremse

Neben der selbsttätig wirkenden Saugluftbremse gibt es auch eine nicht selbsttätig wirkende Ausführung. Hier muss zum Bremsen ein Unterdruck im Bremszylinder und in der Saugluftleitung hergestellt werden; zum Lösen der Bremse wird der Bremszylinder mit Luft belüftet. Diese Bremse ist nicht als Betriebsbremse bei Eisenbahnen zugelassen.

6 Güterwagen

6.1 Wagen für Güter aller Art

6.1.1 Einführung

Zurzeit stellen Güterwagen bei den Eisenbahnen die weitaus größte Gruppe an Schienenfahrzeugen. Allein bei der Deutschen Bahn AG sind über 100.000 Güterwagen im Einsatz. Neben den offenen und geschlossenen Bauarten gibt es Spezialwagen für jeden Einsatzbereich. Selbst außergewöhnliche und schwierige Transporte großer Mengen Material in diversen Aggregatzuständen sind mit der Eisenbahn problemlos möglich. Die Auswahl des richtigen Fahrzeugs und die optimale Ausnutzung von Laderaum und Lastgrenze sichern die Wirtschaftlichkeit der Transporte.

Von den Eisenbahnverkehrsunternehmen werden einerseits Universalwagen für viele mögliche Transportaufgaben eingesetzt, für die eine hohe Auslastung erwartet wird. Dagegen sind Spezialwagen auf besondere Ladegüter und Verkehre spezialisiert. Sie sind für bestimmte Marktanforderungen optimiert – das betrifft ihr Ladevolumen und spezifisches Gewicht, ihre Transportschutzeinrichtungen, die Be- und Entladetechnik, die Möglichkeit eines Spurwechsels sowie die Fahrzeugbegrenzung oder Fährbootfähigkeit.

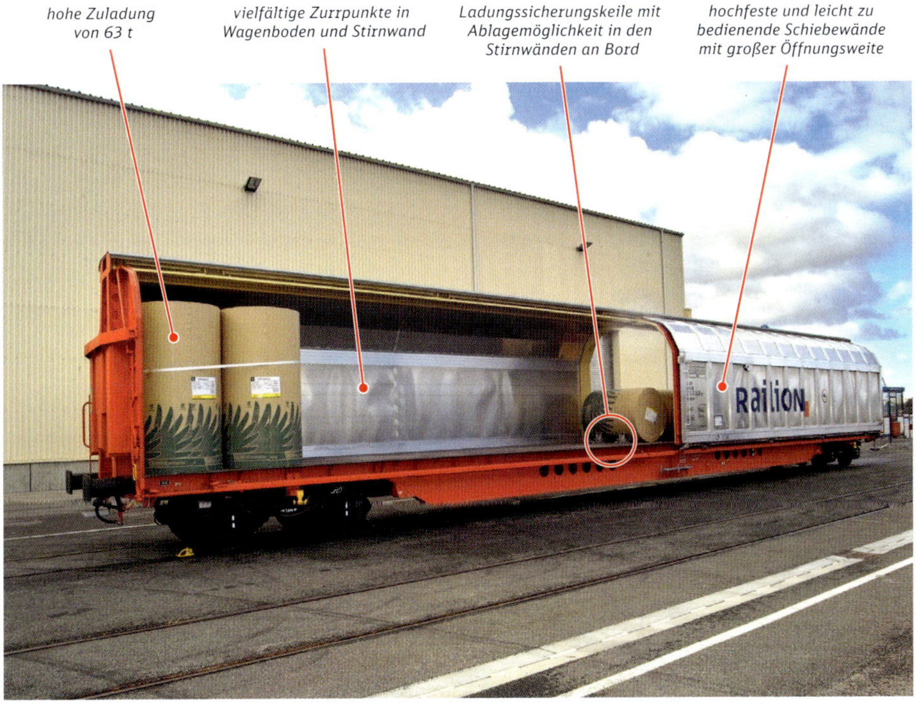

Abb. 6-1: Spezialist für den Papiertransport: universell einsetzbarer vierachsiger Schiebewandwagen der Gattung Habbiins für den sicheren Transport von Papierrollen
Abbildung: DB AG/Brettmann

Standardisierung

Die immer stärker werdende Konkurrenz der Straße zwang die europäischen Bahnen in den 1950er-Jahren, Güterwagen in der Bauart zu standardisieren. Diese Standardisierung kam einer Normung gleich. Festgelegt wurden bestimmte einheitliche Merkmale wie Nutzlast, Abmessungen und Bauart der Türen. Außerdem mussten bestimmte Teile wie die Zug- und Stoßeinrichtungen, Federung und Rungen austauschbar sein. In Zusammenarbeit mit den Bahnen und der Industrie wurden entsprechende Zeichnungssätze erstellt. Der Internationale Eisenbahnverband UIC (Union Internationale des Chemins de Fer) gab diese den Bahnen auf Merkblättern bekannt. An den Güterwagen, die dem neuen Standard entsprachen, wurde die Aufschrift „UIC St" angebracht.

Heute liegt das Ziel in der Entwicklung und Beschaffung möglichst identischer Fahrzeugtypen innerhalb einer Fahrzeugfamilie. Damit werden Entwicklungs- und Zulassungskosten für neue Fahrzeugtypen gespart, Potenziale im Wettbewerb durch Nachbau vorhandener Teile genutzt und zugleich die Zuverlässigkeit der Fahrzeuge über den Einsatz bewährter Technik gesteigert. Stellen Marktforderungen nach neuen Funktionen dieses Ziel infrage, beschränkt sich die Weiterentwicklung möglichst auf jene Module oder Komponenten, die eine Funktionserweiterung unter geringster Beeinträchtigung der Einheitlichkeit des Gesamtfahrzeugs erfüllen und für die eine Wirtschaftlichkeit nachweisbar ist.

Güterwageneinsatz

Im öffentlichen Verkehr hängen die Einsatzmöglichkeiten eines Güterwagens von seiner Bauart (Wagengattung) und den Eigentumsverhältnissen ab. Dabei wird zwischen freizügig und nicht freizügig einsetzbaren Wagen unterschieden. Zur letztgenannten Gruppe gehören beispielsweise Güterwagen, die aus technischen und kommerziellen Gründen besonderen Einsatzbedingungen unterliegen. Dies trifft besonders für Güterwagen zu, die speziellen Transporten beziehungsweise bestimmten Ladegütern zugeordnet sind. Für den Einsatz eines Güterwagens spielt auch die technische Eignung wie beispielsweise die Einstellbarkeit in schnellfahrende Güterzüge eine wesentliche Rolle; aus Kundensicht sind es verkehrliche Merkmale wie beispielsweise die Größe des Laderaums (Ladelänge, Ladebreite) oder das Vorhandensein spezieller Ladungssicherungseinrichtungen.

Abb. 6-2: Kennzeichnung von Güterwagen

Abbildung: Janicki

Kennzeichnung von Güterwagen

Wie alle Fahrzeuge sind auch Güterwagen an festgelegten Stellen zu kennzeichnen. Die Kennzeichnung umfasst neben der Wagennummer Angaben zur Wagengattung und Registrierung sowie zum Fahrzeughalter. Die Kennzeichnung wird in der Regel auf jeder Seitenwand links angebracht. Bei Wagen ohne Seitenwände (zum Beispiel Kesselwagen) kann die Kennzeichnung auch auf besonderen Anschriftentafeln erfolgen.

Auskunft über die Einsatzmöglichkeiten eines Güterwagens gibt die Fahrzeugnummer. Diese ist nach einem einheitlichen Schlüssel aufgebaut und enthält neben dem Land, in dem das Fahrzeug registriert ist, auch Angaben über die Interoperabilitätsfähigkeit (alte Bezeichnung: Austauschverfahren) und die wichtigsten technischen Merkmale.

Die ersten beiden Ziffern geben Auskunft darüber, ob und auf welcher vertraglichen Grundlage der betreffende Güterwagen im internationalen Verkehr eingesetzt werden darf. Das an einem Güterwagen angeschriebene Zeichen RIV (Regolamento Internazionale dei Veicoli) bedeutet außer der Zulassung des Wagens gemäß geltenden Regeln, dass dieser Wagen den Vorschriften der Technischen Einheit im Eisenbahnwesen (TE) und des UIC-Kodexes und damit allen für den internationalen Verkehr gültigen Vorschriften hinsichtlich seiner Bauart entspricht. Der Wagen ist uneingeschränkt übergangsfähig.

Neubaugüterwagen, die ihre Zulassung gemäß TSI erhalten haben, tragen statt RIV die Anschrift TEN (Transeuropäisches Netz). TEN kann auch in Verbindung mit dem Zeichen RIV oder Zusatzkennzeichnungen für die erreichte Umgrenzungslinie auftreten.

6.1.2 Wagengattung

Eines der wichtigsten Kriterien zur Identifizierung der Eigenschaften eines Güterwagens ist die Wagengattung. Diese ist in Form eines großgeschriebenen Gattungsbuchstabens an der Wagenaußenseite angeschrieben. Die Wagengattung gibt Auskunft über die wesentlichen technischen und baulichen Merkmale eines Wagens und erleichtert so den Umgang aller am Transportprozess beteiligten Personen mit diesem Betriebsmittel. Weitere Differenzierungen innerhalb einer Wagengattung werden in Form von kleingeschriebenen Kennbuchstaben angegeben.

Unterscheidung nach Regel-, Sonder- und Spezialbauart

Grundsätzlich wird die Fahrzeugbauart zwischen Regel-, Sonder- und Spezialbauart unterschieden. Güterwagen der Regelbauart sind konstruktiv relativ einfach aufgebaut und besitzen keine besonderen Einrichtungen. Die Wagen sind vielseitig verwendbar. Güterwagen der Sonderbauart sind in der Regel mit zusätzlichen Einrichtungen für die Beförderung bestimmter Ladegüter ausgerüstet. Die konstruktive Gestaltung dieser Wagen entspricht nur zum Teil vereinheitlichten Baugrundsätzen. Güterwagen der Spezialbauart sind in der Regel für einen bestimmten Einsatzzweck und nur zur Beförderung einer Art von Ladegut gebaut. Hier richten sich Aufbau und Ausrüstung nach der Art des Ladegutes sowie seiner Be- und Entladung.

Abb. 6-3: Güterwagen (Gattung S) mit Ladegut Profilstahl und doppelstöckiger Autotransportwagen (Gattung L) mit Ladegut VW Transporter Foto: DB AG/Weber

Abb. 6-4: spezieller Holztransportwagen (Gattung R) mit neuartigen Drehrungen zur Ladungssicherung Foto: DB AG/Koch

Abb. 6-5: Spezialwagen mit öffnungsfähiger Seitenwand (Gattung H), beladen mit Achsteilen Foto: DB AG/Mann

Be- und Entladeeinrichtungen von Güterwagen

Die Be- und Entladeeinrichtungen der Fahrzeuge sind abhängig von der Güterwagenbauart. Aktuelle Fahrzeugbauarten zeigen technische Merkmale, die in erster Linie von den vorgesehenen Einsatzbedingungen geprägt sind. Hier sind die Be- und Entladeeinrichtungen an die Art des Ladegutes angepasst. Breite Türen und tragfähige Wagenböden erlauben das Befahren mit Gabelstaplern und anderen schweren Fahrzeugen. Bei einigen Wagengattungen lassen sich Wagendächer sowie die Seiten- und Stirnwände öffnen und ermöglichen so eine Be- und Entladung mit Kran, Bagger, Förderband oder Gabelstapler. Hinzu kommen Selbstentladewagen für Massengut wie Kohle, Kalk, Erz und Schotter, Spezialwagen für staubförmige und körnige Güter sowie Kesselwagen für den Transport von Flüssigkeiten. Die bei einigen Wagen vorhandene Möglichkeit der automatischen oder mechanisierten Be- und Entladung spart Arbeitskräfte und beschleunigt den Ladevorgang.

Schutz nässeempfindlicher Güter

Ein Großteil der Ladegüter muss vor Nässe und anderen Witterungseinflüssen geschützt transportiert werden. Während geschlossene Güterwagen mit Dächern ausgerüstet sind, besitzen einige andere Güterwagengattungen besondere Einrichtungen für den Witterungsschutz wie beispielsweise Planenverdeck oder Spreizhauben.

Gattung und Bezeichnung		Varianten
Güterwagen der Regelbauart		
E	**offene Wagen**	
G	**gedeckte Wagen**	
K	**Flachwagen mit zwei Radsätzen**	
O	**gemischte Offen-Flachwagen**	
R	**Drehgestell-Flachwagen**	
Güterwagen der Sonderbauart		
F	**offene Wagen**	▪ Selbstentladewagen mit dosierbarer oder schlagartiger Schwerkraftentladung (Trichter- und Sattelentladewagen) ▪ Schüttgutkippwagen (Muldenkipp-, Hubkipp- und Mittenselbstentladewagen)
H	**gedeckte Wagen**	▪ Schiebewandwagen
I	**Wagen mit Temperaturbeeinflussung**	▪ Kühlwagen
L	**Flachwagen mit unabhängigen Radsätzen**	▪ Behälter- und Containertragwagen ▪ Pkw-Doppelstock-Transportwagen
S	**Drehgestell-Flachwagen**	▪ Behälter- und Containertragwagen ▪ Haubenwagen ▪ Schwerlastwagen ▪ Lkw-Transportwagen
T	**Wagen mit öffnungsfähigem Dach**	▪ Schiebedach-, Schwenkdach- und Rolldachwagen ▪ Schiebewandwagen mit Schiebedach ▪ Selbstentladewagen mit Schwenkdach
U	**Sonderwagen**	▪ Behälter- und Silowagen ▪ Tiefladewagen
Z	**Kesselwagen**	▪ Mineralöl-, Chemie oder Druckgaskesselwagen

Abb. 6-6: Einteilung der Güterwagen nach der Wagengattung — Abbildung: Janicki

6.1.3 Kombinierter Verkehr

Allgemein wird unter dem Begriff Kombinierter Verkehr (KV) die Beförderung von Ladeeinheiten mit mindestens zwei Verkehrsträgern verstanden. Dabei wechselt die Ladung das Transportgefäß nicht und der überwiegende Teil des Transports wird mit der Bahn beziehungsweise einem Binnen- oder Seeschiff bewältigt. Wesentliches Merkmal des KV ist also die Verknüpfung der Systemvorteile zweier Verkehrsträger: Er nutzt sowohl die Massenleistungsfähigkeit der Bahn oder des Schiffes zur Überbrückung großer Distanzen als auch den Lkw, der auf kurzen und mittleren Entfernungen für Sammel- und Verteilerverkehre seine Vorteile ausspielen kann.

Abb. 6-7: Container-Umschlagbahnhof Foto: DB AG/Michael Neuhaus

Begriffe

Im KV wird zwischen intermodalen oder nicht intermodalen Ladeeinheiten unterschieden. Während es sich bei einer intermodalen Ladeeinheit um einen Container, Wechselbehälter oder ein ähnliches Gerät zur Aufnahme von Ladegut handelt, wird unter nicht intermodaler Ladeeinheit ein Straßenfahrzeug für den Gütertransport verstanden.

In diesem Zusammenhang werden auch die Begriffe begleiteter und unbegleiteter Verkehr genannt.

- Beim unbegleiteten KV wechseln nur Container (Ct), Wechselbehälter (WB) oder Sattelanhänger (SAnh) den Verkehrsträger.
- Beim begleiteten KV nimmt der Zug den kompletten Lkw „Huckepack", der hierfür über eine Rampe auf spezielle Niederflurwagen rollt (horizontaler Umschlag). Der Fahrer ist meist auch mit an Bord und begleitet seinen Lkw in einem mitgeführten Reisezugwagen.

Mit einem Marktanteil von fast 90 % stellt der unbegleitete KV die wirtschaftlichste Variante dieser Verkehrsart dar. In der Regel verladen spezielle Kräne an den Umschlagterminals die Einheiten vom Lkw oder Seeschiff auf den Zug oder umgekehrt. Auf nur einem Zug findet so die Ladung von 25 bis 35 Lkw Platz – auf langen Strecken ein Wettbewerbsvorteil gegenüber der Straße.

Wechselbehälter und Sattelanhänger

Im unbegleiteten KV Schiene-Straße sind Wechselbehälter und Sattelanhänger die mit Abstand häufigste Ladeeinheit. Wechselbehälter bezeichnen den Güterladeraum von Lastkraftwagen, der mit Inhalt vom Fahrgestell getrennt, meist auf ausklappbaren Stützen abgestellt und als Ladeeinheit auf andere Lastkraftwagen-Fahrgestelle oder Eisenbahnwagen analog einem Container umgesetzt werden kann.

Sattelanhänger sind Straßenfahrzeuge, die getrennt von der Zugmaschine auf Wagen des Kombinierten Verkehrs befördert werden können. Da beide aus dem Straßengüterverkehr kommen, ist ihr konstruktiver Aufbau eher schlicht gehalten: Tragendes Element ist hier der Bodenbereich mit den Längs- und Querstreben. Er verfügt in Längsrichtung mittig über einen Führungstunnel, der das Auf- und Abladen auf das Straßenfahrzeug erleichtert. Die Ladefläche ist meist mit Holzbohlen oder -platten beplankt, während Wände und Dach, je nach Bauart, aus verschiedenen Materialien wie beispielsweise Aluminium bestehen. Wände und Dach dienen im Wesentlichen dem Witterungsschutz und nur sehr eingeschränkt der Ladungssicherung.

Abb. 6-8: spezieller „Taschenwagen" mit Sattelanhänger Foto: Hupac

Container

Wegen der zunehmenden Containerisierung im Welthandel gewinnt das Transportmittel Container immer stärker an Bedeutung. Neben erheblich kürzeren Umschlagzeiten bietet der Container den Vorteil, dass die Waren beim Wechsel des Verkehrsmittels nicht mehr umgeladen werden müssen. Durch die Einführung des genormten ISO-Containers kann der Umschlag weitgehend automatisiert erfolgen. Die standardisierten Containermaße führen zu einer besseren Raumausnutzung bei Lagerung, Umschlag und im Schiff. Aktuell gibt es eine Vielzahl von Spezialversionen der Container, so zum Beispiel Kühlcontainer für verderbliche Fracht, Tankcontainer für flüssige und gasförmige Substanzen, aber auch Wohncontainer für provisorische Unterkünfte oder Container für die Beförderung lebender Tiere.

High Cube Container für den Transport von leichten und voluminösen Waren sowie von Ladungen mit Überhöhe.

Open Top Container besitzen ein Dach, bestehend aus abnehmbaren Spriegeln und einer abnehmbaren Plane.

Ventilierte (belüftete) Container werden speziell für Ladegüter verwendet, die während des Transports belüftet werden müssen.

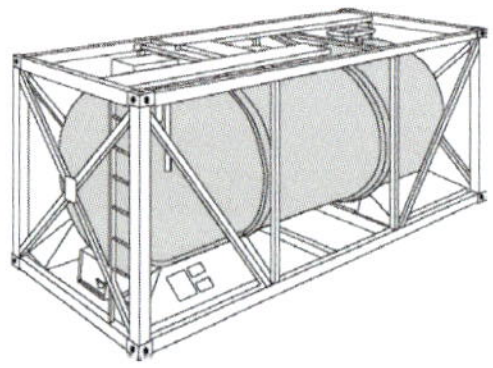

Tankcontainer werden für den Transport von Flüssigkeiten (Lebensmittel, Chemikalien oder Brennstoffe) verwendet.

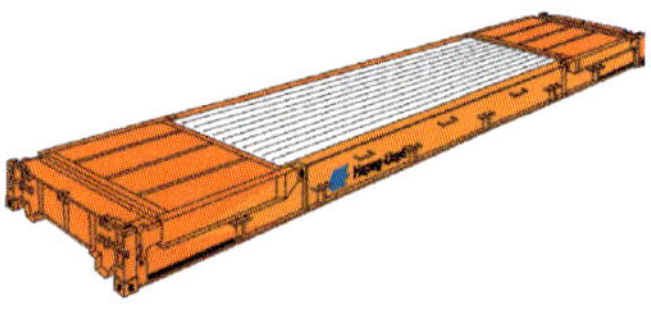

Plattform (Platt) besitzen weder Seiten- noch Stirnwände und eignen sich für übergroße und sehr schwere Ladungen.

Kühlcontainer sind doppelwandige, mit einer Isolierung versehene Container.

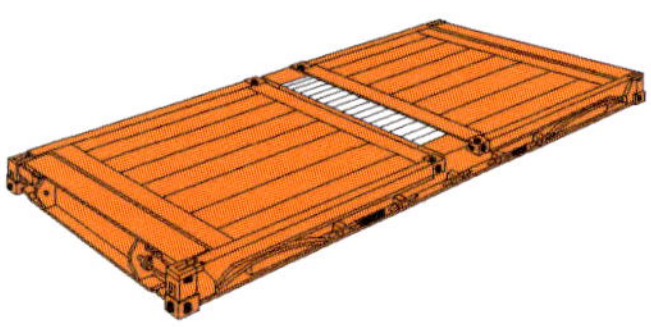

Flats (geschlossen) bestehen aus einer hochbelastbaren Bodenkonstruktion und zwei entweder fest installierten oder klappbaren Stirnwänden.

Flats werden für den Transport von Schwergut sowie von Ladungen mit Überhöhe oder Überbreite verwendet.

Abb. 6-9: Containertypen

Abbildungen: Hapag Lloyd

Abb. 6-10: vierachsiger Containertragwagen der Gattung S Foto: SBB Cargo

Das „rollende Material“

Für die Ladeeinheiten im KV wurden wegen des begrenzten Ladungsprofils schon immer Spezialwagen mit niedrigen Aufstellflächen eingesetzt. Heute halten die Eisenbahnunternehmen sowie zahlreiche KV-Gesellschaften einige Tausend Spezialwagen vor, die für den Transport der unterschiedlichen Behältnisse geeignet sind, so zum Beispiel:

- Tragwagen für Wechselbehälter und Container mit entsprechenden Befestigungsvorrichtungen zur Ladungssicherung;
- Tragwagen mit integrierter Hubeinrichtung, die Standardwechselbehälter ohne weitere Hilfsmittel aufnehmen können. Für den Umschlag ist nur ein mit dem Lkw befahrbares Gleis erforderlich;
- Taschenwagen für Sattelanhänger, bei dem die Sattelanhänger in eine Art „Tasche“ gestellt werden. Das Vorderteil des Sattelanhängers stützt sich auf einen Stützbock ab;
- Niederflurwagen RoLa (Rollende Landstraße) mit einer geringen Aufstellhöhe zum direkten Befahren durch Lastzüge. Der geringe Abstand zwischen den Wagen wird mit umklappbaren Eisenplatten überbrückt. So können die Lastwagen zum Be- und Entladen hintereinander über den ganzen Zug hinwegfahren.

Abb. 6-11: Niederflurwagen für die Beförderung von Lastwagen, Lastzügen und Sattelfahrzeugen
Abbildung: WBN Waggonbau Niesky GmbH

Kodifizierung

Mithilfe einer gelben Anschrift lässt sich bei der Verladung erkennen, auf welchen Waggon eine Ladeeinheit verladen werden kann (Wagenbestimmungscode) und ob ihr Höhenprofil die Benutzung der vorgesehenen Strecke erlaubt (Kodenummernschild). Diese Kodifizierung dient auch dazu, einzelne Ladeeinheiten, zum Beispiel für das Schreiben der Rechnung oder zur Bearbeitung eines Schadensvorgangs, zu identifizieren. Es ist verbindlich vorgeschrieben, die Kodifizierung an den beiden Außenseiten einer Ladeeinheit anzubringen. Beim Kodenummernschild geben Ziffern neben den Buchstaben die Höhe an. Da bei Containern die Höhen weltweit einheitlich genormt sind, ist hier eine Kodifizierung nicht nötig.

C	Wagenbestimmungscode: Wechselbehälter und Container auf Container-Transportwagen
P	Wagenbestimmungscode: Sattelanhänger auf Taschenwagen
N	Wagenbestimmungscode: Sattelanhänger auf bestimmten Taschenwagen (hier System Novatrans)
B	Wagenbestimmungscode: Transportbehälter für den Horizontalumschlag auf Transportbehältertragwagen
S30 | C30 | DB ·01804· 221495 | 23 50· 330 · 600255	Kodenummernschild mit zweistelliger Profilnummer
→ 2550 ←	Zusatzschild für eine Breite von 2,55 m

Abb. 6-12: Kodifizierung von Wagen des Kombinierten Verkehrs

6.1.4 Transportbeanspruchung

Das Ladegut ist während des Transports außer den Witterungseinflüssen noch vielen anderen Belastungen ausgesetzt. Je nach Art der Beförderung (Einzelwagenverkehr, Ganzzugverkehr) können sie sehr variieren.

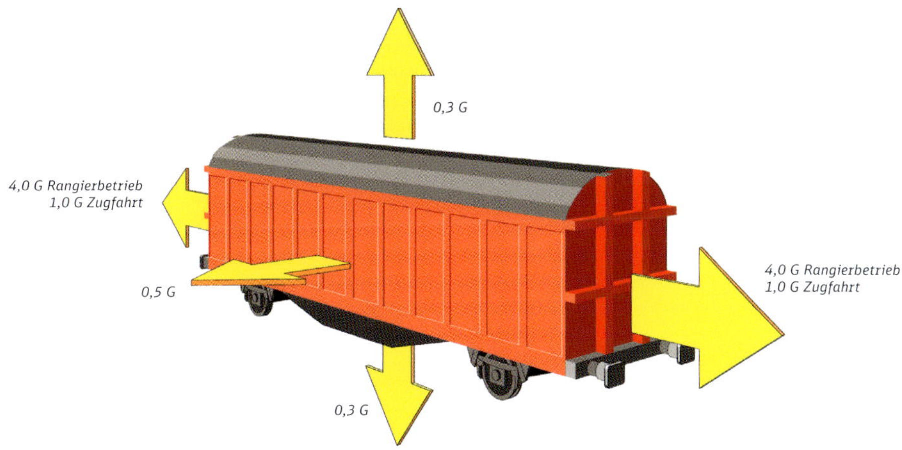

Abb. 6-13: Transportbeanspruchung in Abhängigkeit von der Gewichtskraft (G) der Ladung Abbildung: DB AG

Ladungssicherungseinrichtungen

Damit Güter vorschriftsmäßig und ohne Betriebsunregelmäßigkeiten sicher transportiert werden können, sind sie gegen unkontrollierte Bewegung zu sichern. Dies ist Aufgabe der verschiedenen Ladungssicherungseinrichtungen. Die zu berücksichtigenden Beanspruchungen beim Bahntransport hängen von der Gewichtskraft der Ladung ab. Werden die Regeln der Beladetechnik nicht eingehalten, kann es zu einer Beschädigung des Ladeguts kommen. Die Gefahr von Beschädigungen besteht besonders dann, wenn sich zum Beispiel die Ladung infolge diverser einwirkender Kräfte während der Fahrt unkontrolliert verschiebt.

Zur Ladungssicherung werden Sicherungseinrichtungen und -mittel wie beispielsweise Wagenwände, Borde und Rungen verwendet. Daneben existieren bei bestimmten Wagenbauarten noch besondere Ladungssicherungseinrichtungen.

6.2 Offene Wagen

6.2.1 Offene Wagen der Regelbauart

Die älteren zweiachsigen E-Wagen haben einen nach oben offenen, kastenförmigen Laderaum und stählerne Seiten- und Stirnwände. An jeder Wagenlängsseite ist mittig eine zweiflügelige Tür eingebaut. Bei diesen Wagen erfolgt die Beladung mit Kränen von oben oder durch die Seitenwandtür. Die Stirnwandklappen sind nach außen klappbar, sodass eine Entladung mit speziellen Kippeinrichtungen über die Stirnseite möglich ist. Die Stirnwandklappen lassen sich auch ausheben. Die Wagen können dann von der Stirnseite aus, zum Beispiel über eine Kopframpe, be- oder entladen werden. Die Wagen sind zudem seitenkippbar. Ältere Wagen besitzen keinen durchgehenden Obergurt, ihre Türen sind stattdessen mit einem Überwurf ausgerüstet.

Die vierachsigen Wagen der Gattung Eanos haben einen größeren Laderaum und höhere Lastgrenzen. Die Wagen weisen einen durchgehenden Obergurt und auf jeder Seite zwei Doppelflügeltüren mit einem einteiligen Klauenverschluss auf. Je nach Bauart sind die Wagen mit Holz- oder Stahlfußboden ausgerüstet. Die Beladung kann von oben mit mechanischen Ladeeinrichtungen oder von der Seite erfolgen. Entladen wird durch die Kopfklappe, die Seitentüren oder mit einem Greifer. Das Fahrzeug eignet sich für die Entladung über eine Seitenkippanlage.

Abb. 6-14: offener vierachsiger Güterwagen der Regelbauart (Gattung E) Foto: DB AG/Bartlomiej Banaszak

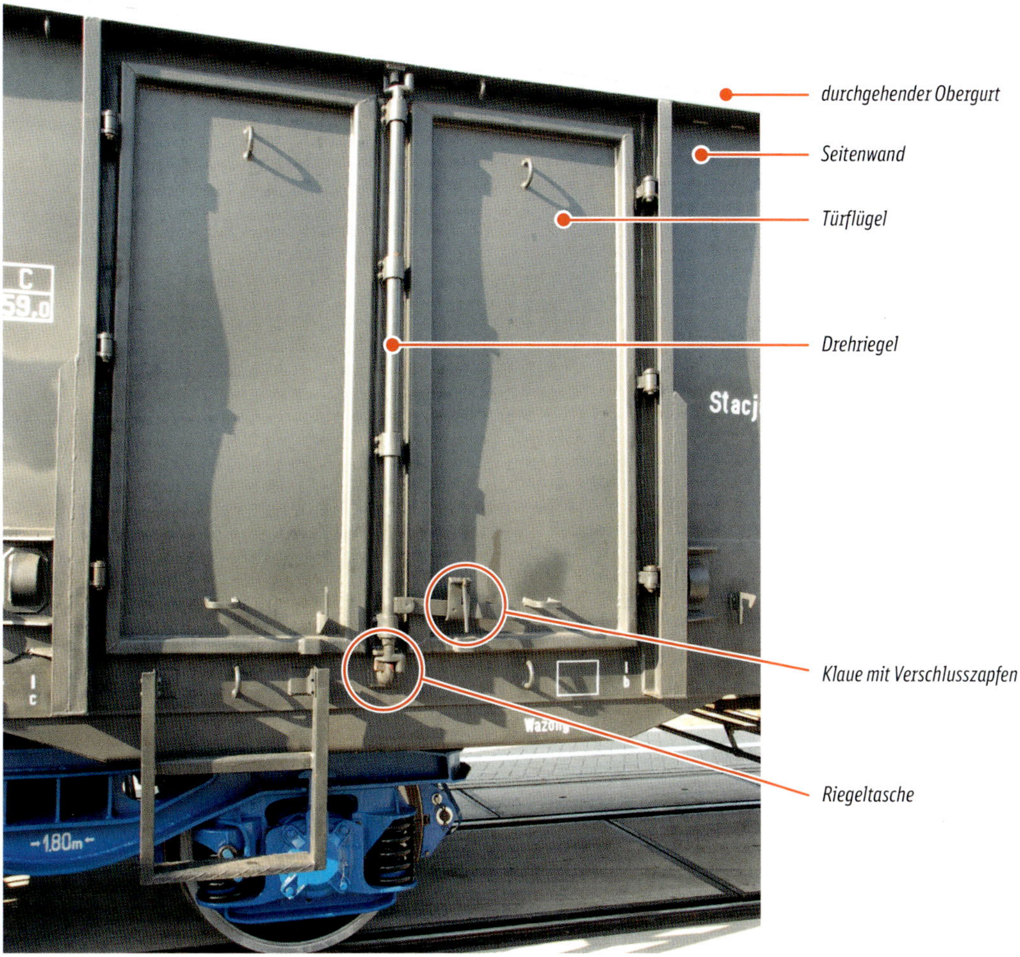

Abb. 6-15: zweiflügelige Tür mit Klauenverschluss

Abbildung: Janicki

Geeignete Ladegüter

Offene Wagen erlauben die Beförderung einer Vielzahl unterschiedlicher Güter sowohl in loser Schüttung (zum Beispiel Kohle, Schrott oder Steine) als auch in Stücken (zum Beispiel Ballen, Fässer, Rundholz). Außen an den Wagen angebrachte Bindeösen ermöglichen die Anbringung von Wagendecken zum Schutz vor Nässe oder Wind. Zur Sicherung von leichtem losem Schrott sind bei einigen Wagen unterhalb der Obergurte Haken zur Befestigung von Drahtabdeckungen angebracht. An den im Wageninneren angebrachten Zurrösen lassen sich Ladungssicherungsmittel anbringen.

6.2.2 Selbstentladewagen mit trichterförmigem Laderaum

Trichterentladewagen haben einen trichterförmigen, nach oben offenen Laderaum und sind zur Beförderung von Schüttgütern gedacht. Vielfach sind mehrere Trichter nebeneinander angeordnet und durch Querwände getrennt. Die Beladung der Wagen kann mit Hochbunkeranlagen, Förderbändern oder anderen Beladeeinrichtungen erfolgen. Für den Entladevorgang wird die Schwerkraft des Ladeguts genutzt. Hierbei wird die bauliche Gestaltung der Wagen von der Fließfähigkeit des jeweiligen Ladegutes und den entladetechnischen Gegebenheiten bestimmt.

Entladung über Rundschieber

Auslauföffnungen mit Rundschiebern ermöglichen eine vollständige Entladung des Wagens sowohl nach der einen wie auch der anderen Seite. Schwenkbare Auslaufrutschen gestatten den Einsatz des Wagens für die Bunkerentladung.

Der Entladevorgang ist dosierbar – erforderlich ist dies zum Beispiel bei der Entladung über Förderbänder. Soll der Schieber betätigt werden, muss man die Bedienungsbühne an einer Stirnseite des Wagens betreten. Mit einem Handhebel oder Handrad, das auf einer Welle befestigt ist, kann jeder Rundschieber einzeln geöffnet oder geschlossen werden. Gegen unbeabsichtigte Betätigung des Handrades ist der Wagen mit einer zusätzlichen Sicherung in Form eines Sicherungshebels ausgerüstet. Der Verschluss ist mit einer Anzeigevorrichtung gekoppelt.

Die schwenkbaren Auslaufrutschen lassen folgende Entladearten zu:

- ein- oder beidseitige Entladung beispielsweise in unmittelbar seitlich neben dem Gleis liegende Tief- oder Flachbunker,
- einseitige Entladung in tiefer als das Gleis gelegene Behälter und Fahrzeuge über Rutschen oder Fördereinrichtungen,
- einseitige Entladung in höher als das Gleis gelegene Bunker oder Fahrzeuge über Förderbänder.

Abb. 6-16: Rundschieber-Selbstentladewagen der Gattung Tad
Abbildung: Janicki

Entladung über Rüttelrinnen und schwenkbares Förderband

Einige Dienstgüterwagen entlädt man über zwei Rüttelrinnen und ein um 90° schwenkbares Förderband. Die Entladung ist wahlweise nach beiden Wagenseiten möglich. Der Abwurfbereich liegt zwei bis vier Meter von der Fahrzeuglängsachse entfernt. Das Ladegut kann aus geringer Fallhöhe bei langsamer Geschwindigkeit durch Schwenken des Förderbandes in eine Baugrube neben dem Gleis verteilt werden. Jede Rüttelrinne wird über einen Doppelunwuchterreger mit zwei Elektromotoren angetrieben; das Schwenken und das damit verbundene teleskopartige Verlängern des Förderbands leistet ein besonderer elektrohydraulischer Antrieb.

Zum Betrieb der Entladeeinrichtung wird Drehstrom von 380 V benötigt. Als Stromerzeuger dienen dieselbetriebene Kleinaggregate, Generatorenwagen oder Generatorcontainer. Alle Einrichtungen für die Entladung sind von der Bühne aus zu betätigen. Auf diese Weise zu entladene Wagen dienen der Beförderung und Ausbringung von Planumskiessand und Schotter im Rahmen von Gleisbauarbeiten.

Entladung über Wölbschieber

Einige Schüttgutwagen werden vorwiegend für den Transport von Sand und Schotter eingesetzt. Sie besitzen seitlich in der Wand eingelassene Entladeöffnungen und zusätzlich vier im Wagenboden angeordnete Öffnungen, aus denen das Ladegut aufgrund der Schwerkraft abfließen kann. Die obere Bedienwelle wirkt auf die oberen Wölbschieber, deren Rutschen mit einer ausklappbaren Verlängerung versehen sind.

Die untere Welle bedient die Wölbschieber im Wagenboden, welche die Schottersäcke links und rechts füllen. Ein am Untergestell angebrachter absenkbarer Rahmen mit Kettenvorhängen sorgt für eine gleichmäßige Verteilung des Schotters. Wölbschieber und Rutschenverlängerung werden von der Arbeitsbühne über Handhebel bedient.

6.2.3 Selbstentladewagen mit sattelförmigem Laderaum

Großraumsattelwagen der Gattung Fal haben einen sattelförmigen Boden und meist auch einen Quersattel, der den Wagenkasten in zwei gleich große Kammern unterteilt. Ein durchgehender Längssattel schafft hier die für das Herausrutschen des Ladegutes notwendigen schrägen Ebenen. Im unteren Bereich sind auf jeder Seite ein oder zwei Auslauföffnungen vorgesehen, die mit stabilen Seitenklappen geschlossen werden.

Zur vollständigen Entladung müssen alle Klappen geöffnet werden. Der Entladevorgang ist meist nicht regelbar. Die Entladestellen wie zum Beispiel Tiefbunker müssen so eingerichtet sein, dass ein ungehindertes Abfließen des Ladegutes möglich und ein ausreichender Freiraum für den Klappenausschlag vorhanden ist. Bei bestimmten Wagenbauarten kann die Abwurfweite in zwei Stufen variiert werden: „Nah“ für Tiefbunkerentleerung und „Weit“ für ebenerdiges Abkippen.

Geeignete Ladegüter

Selbstentladewagen der Gattung Fal werden für den Transport witterungsunempfindlicher Schüttgüter (Massengüter) eingesetzt. Dazu gehören beispielsweise Koks, Kohle, Schotter, Eisenerz, Sand oder Kies. Für den Transport witterungsempfindlicher Schüttgüter (zum Beispiel Getreide, Kali, Kalk, Gips) werden Selbstentladewagen der Gattung Tal eingesetzt, die mit einem öffnungsfähigen Schwenkdach ausgerüstet sind.

Verschlusssysteme

Als Verschlusssystem für die Entladeklappen gibt es den Daumenwellen- oder den Lenkerstangenverschluss. Die Vorrichtung zum Öffnen der Seitenklappen befindet sich in der Regel an den Stirnwänden.

Abb. 6-17: geöffnete Entladeklappe bei einem Wagen mit Lenkerstangenverschluss
Abbildung: Janicki

Abb. 6-18: Selbstentladewagen mit Daumenwellenverschluss
Abbildung: Janicki

Für die Bedienung der Entladeklappen kommen verschiedene Klappenverschlusssysteme zum Einsatz:

- Mechanisch: Die Klappen werden entweder von der Wagenbühne oder mit einem langstieligen Vierkantschlüssel geöffnet. Sie pendeln frei zur Seite aus, wobei sich die Größe ihres Ausschlags nach dem Druck des Ladeguts richtet. Die Klappen werden einzeln außerhalb der Bunkeranlage geschlossen.
- Pneumatisch: Hier werden alle vier Klappen mit einem Bedienungshebel oder Drucktasten von der Seitenwand aus geöffnet und geschlossen. Die Luftzufuhr erfolgt stationär oder von der Lok.
- Hydraulisch: Bei diesem System werden alle vier Klappen durch Betätigen eines Steuerventils geöffnet und geschlossen.
- Magnethydraulisch: Dieser Klappenverschluss erlaubt eine kontinuierliche, vollautomatische Entladung auf entsprechend ausgerüsteten Anlagen durch ein kontaktloses Ansteuern während der Vorbeifahrt an ortsfesten Magneten. Wie beim hydraulischen Klappenverschluss ist auch hier eine manuelle Betätigung möglich.

Abb. 6-19: Fal-Wagen

Abbildung: Alstom

Hydraulische Klappenbetätigung

Hier fördert eine am Radsatzlagerdeckel angebaute Hochdruckpumpe das für die Hydraulikeinrichtungen benötigte Drucköl zu dem Hydraulikspeicher, einer mit Stickstoff gefüllten und hochgespannten Speicherblase (Gasdruckspeicher). Nach einem Fahrweg von etwa 5 km mit einer Geschwindigkeit von mindestens 10 km/h ist der Speicher aufgeladen.

Der Betriebsdruck beträgt dabei etwa 200 bar. Eine druckabhängige Steueranlage (Leerlaufventil), die bei gefülltem Speicher die Pumpe auf drucklosen Umlauf schaltet, kontrolliert den Ladungszustand.

Für das Öffnen und Schließen der Klappen durch die hydraulischen Einrichtungen sind zwei Möglichkeiten vorgesehen:

- Betätigung von der Wagenbühne mittels einer an der Wagenstirnwand angeordneten handbedienten Steuereinrichtung. Der Bediener muss zum Einschalten der Hydraulik auf einen Fußhebel treten. Anschließend wird über einen Hebel das Ventil „Auf“ oder „Zu“ aktiviert.
- Betätigung mit einem langstieligen Vierkantschlüssel von einem seitlichen Bedienungsgang der Bunkeranlage.

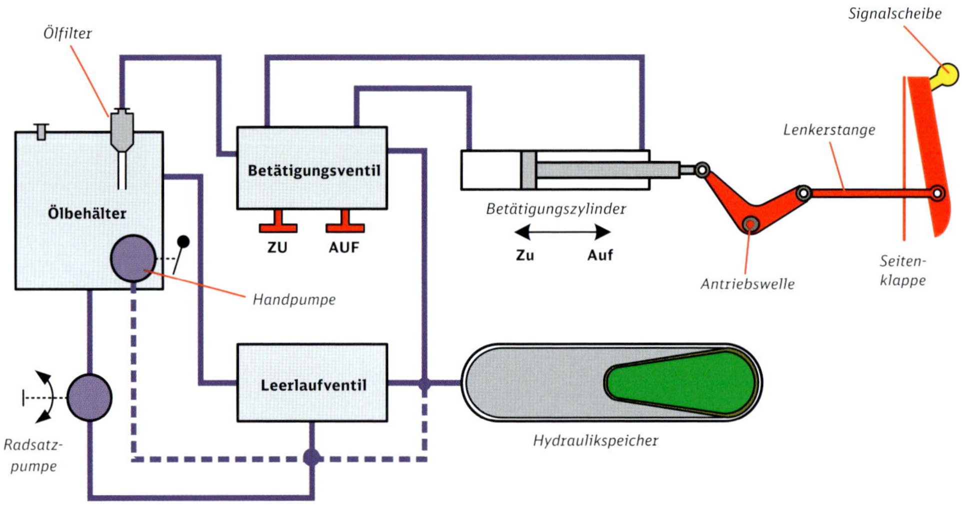

Abb. 6-20: Hydraulikanlage (stark vereinfachte Darstellung)

Bei der Entladung wird das gespeicherte Drucköl über die manuell bedienten Steuerventile den Betätigungszylindern, die in der Mitte des Wagens angeordnet sind, zugeführt. Die Ventile sind so ausgebildet, dass durch Austausch des Vorsteuerkopfes die Handbetätigung wahlweise in eine elektrische oder magnetische Fernbedienung umgewandelt werden kann.

Mit einer Speicherfüllung können die Klappen zwei- bis dreimal geöffnet werden. Bei druckloser Hydraulik kann der erforderliche Öldruck zum Öffnen oder Schließen mit einer Handpumpe erzeugt werden. Ein Teil der Wagen ist mit einem Speicherentladungshahn ausgerüstet, mit dem im Störungsfall die gesamte Hydraulik drucklos gemacht werden kann.

Eine auf jeder Wagenseite in der Mitte angebrachte gelbe Signalscheibe zeigt an, dass die Klappen auf „Offen“ stehen und entriegelt sind. Diese Signalscheiben ragen über die Seitenwand hinaus, wenn die Klappen nicht einwandfrei verriegelt sind. Der Schließvorgang ist erst dann abgeschlossen, wenn die gelben Signalscheiben hinter die Fahrzeugumgrenzung zurückgesprungen sind.

Abb. 6-21: Hochdruckpumpe am Radsatzlagerdeckel Foto: Alstom

Magnethydraulische Klappenbetätigung

Die Verwendung dieses Steuersystems setzt einen Wagen mit hydraulischer Klappenbetätigung voraus, dessen Steuerventil berührungslos durch stationäre Elektromagnete und magnetisch beeinflussbare Schaltventile geschaltet wird. Die Umschaltung dieser Steuerventile leistet ein kleiner hydraulischer Servozylinder, der von den Magnetventilen an der Außenseite der Fahrzeuge gesteuert wird.

Zu jedem Entladebunker gehört ein abschaltbarer Elektromagnet, der das Kommando „Auf" auf das zugehörige Magnetventil am Wagen überträgt. Solange der Elektromagnet eingeschaltet ist, öffnet jeder am Bunker vorbeifahrende Wagen seine Entladeklappen. Ist der Bunker gefüllt, so wird sein Magnet abgeschaltet, jener des nächsten Bunkers eingeschaltet und dieser Bunker gefüllt. Am Ende der Bunkeranlage angebrachte Elektromagnete lösen den Schließvorgang der Entladeklappen aus, wobei ein Magnet das Kommando „Auf" aufhebt und ein weiterer Magnet das Kommando „Zu" gibt. Diese Magnete sind während der Entladefahrt des Zuges dauernd eingeschaltet.

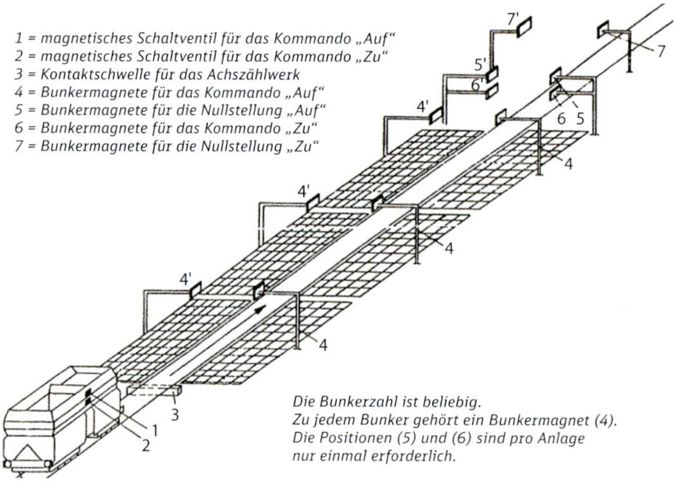

Abb. 6-22:
Entladung von Wagen mit magnethydraulischem Klappenverschlusssystem

Pneumatische Klappenbetätigung

Bei einigen Fahrzeugbauarten werden die Entladeklappen pneumatisch geschlossen und geöffnet. Die dazu benötigte Druckluft wird der Hauptluftbehälterleitung entnommen und in Luftbehältern zwischengespeichert. Die Einrichtung kann man bei einigen Fahrzeugen wahlweise über Taster oder eine Funkfernsteuerung bedienen.

Abb. 6-23:
Betätigungstasten zum pneumatischen Öffnen und Schließen der Klappen
Foto: Janicki

Funknahsteuerung (FUNA)

Bei der FUNA werden von einem stationären Sender durch ein elektromagnetisches Wechselfeld Schaltenergie und Informationen berührungslos und induktiv an einen Güterwagenempfänger übertragen. Eine Auswertungsgruppe im Wagen verarbeitet die Informationen und steuert dann die entsprechenden Magnetventile an, welche die jeweilige Funktion der Hydraulikanlage anstoßen: Die Seitenklappen öffnen sich und die Ladung fällt in den Entladebunker. Auch das Schließen der Seitenklappen nach der Entladung läuft automatisch ab.

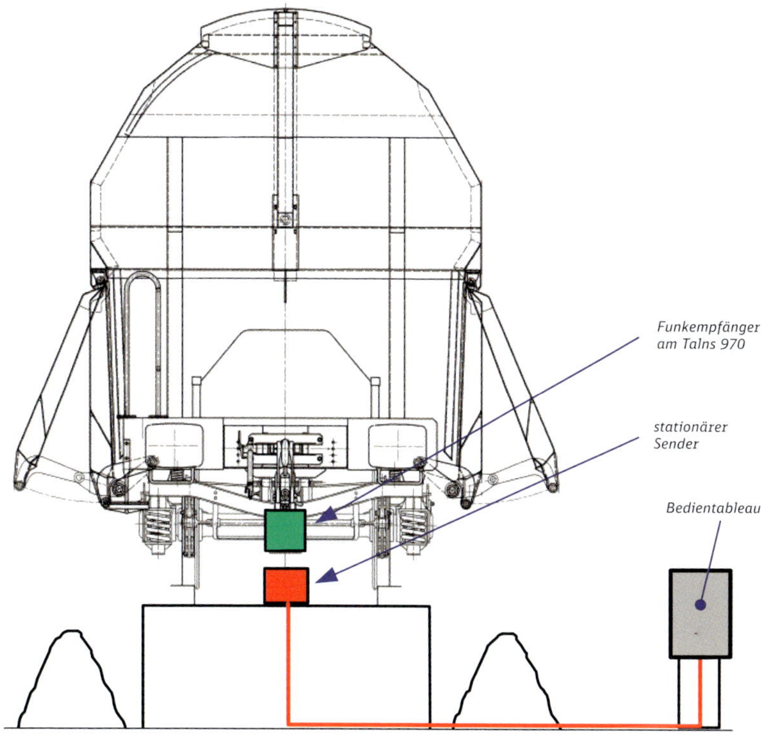

Abb. 6-24:
FUNA besteht aus der stationären Einrichtung im Gleisbereich und der mobilen Einrichtung unter dem Güterwagen.

Das Übertragungssystem FUNA besteht aus einer stationären Einrichtung, die im Gleisbereich montiert wird, und der mobilen Einrichtung, die sich unter dem Wagen befindet. Die Sendeleiste ist in der Gleismitte angeordnet. Am Fahrzeug befindet sich, ebenfalls mittig, je ein Empfänger an der Unterseite des Untergestells. Zum Entladen wird der Wagen über dem Entladebunker positioniert. Sobald sich das Fahrzeug im Wirkbereich der Sendeleiste befindet, kann die Ansteuerung einsetzen. Von der Sendeleiste wird eine Information wie beispielsweise „Öffnen" gesendet. In der Auswertebaugruppe des Wagens wird zunächst ein Mikroprozessor gestartet, der seinen Energiebedarf aus der Empfangsleistung deckt. Er prüft die ankommende Information auf ihre Gültigkeit und steuert dann entsprechende Ausgangsschaltelemente (Magnetventile) an.

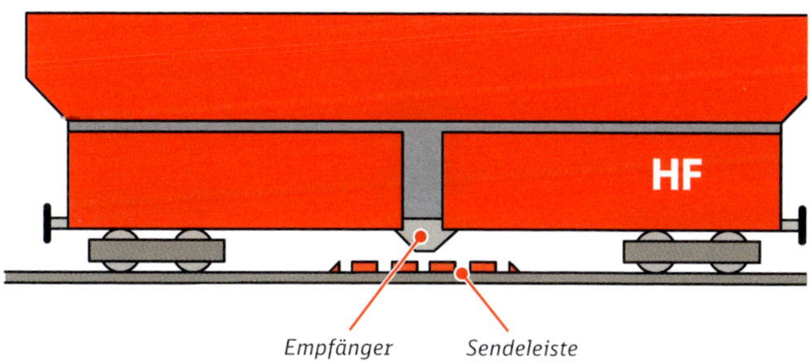

Abb. 6-25:
Anordnung von Sendeleiste und Empfänger

Ausrüstungsstand der Fahrzeuge

Am Fahrzeug weisen besondere Anschriften auf die speziellen Entladungseinrichtungen oder sonstige Besonderheiten hin.

H	hydraulisch betätigte Entladeklappen
HM	hydraulisch betätigte Entladeklappen mit magnetischer Auflösung
F	Funknahsteuerung (FUNA)
●	verstärkte Zugeinrichtung
○	Radsatzlast größer 22,5 t
◆	für Schwefelkies

Abb. 6-26: Anschriften für Entladungseinrichtungen und sonstige Besonderheiten an Fal- und Tal-Wagen

Weitere Varianten

- Wagen vom Typ Falnqqs sind mit einer elektrischen Heizung ausgerüstet. Diese kann bei Frost zugeschaltet werden, um das Anfrieren von Ladegut zu vermeiden.
- Für den Transport nässeempfindlicher Schüttgüter werden auch Großraumsattelwagen der Gattung Tal mit Schwenkdächern vorgehalten.
- Für spezielle Verkehre, zum Beispiel im Braunkohleabbau, werden Großraumkipper eingesetzt, vornehmlich für den Transport des Abraumes. Mit hohen Radsatzlasten (27,5 t) und übergroßen Fahrzeugbegrenzungsprofilen (4 m Breite) sind sehr hohe Transportleistungen erreichbar.

6.2.4 Kastenkippwagen

Spezielle Kastenkippwagen (Schüttgutkippwagen) der Gattung Fans verfügen über eine wahlweise nach beiden Seiten hin kippbare Mulde, die über Kippzylinder angetrieben wird. Diese Wagen ermöglichen den Transport von Schüttgütern wie Bauschutt und Baustoffe.

Pneumatisch betätigter Kippvorgang

Die untere Bordwand wird beim Kippvorgang von stirnseitig angeordneten Gestängen geöffnet und dient während des Kippvorganges als Verlängerungsrutsche. Die obere Klappe ist freigegeben und kann frei auspendeln. Die untere Klappe schließt automatisch beim Absenken des Wagenkastens. Für die ordnungsgemäße Entladung muss in den Kippluftbehältern der Wagen Druckluft von mindestens 7 bar zur Verfügung stehen. Die Füllung der Behälter erfolgt während der Zugfahrten aus der Hauptluftbehälterleitung. Der Füllungsgrad kann an einem Manometer abgelesen werden, das sich von beiden Wagenseiten aus einsehen lässt. Der Kippvorgang wird mittels einer Betätigungseinrichtung von der Seite eingeleitet, die der Kipprichtung jeweils gegenüberliegt.

Abb. 6-27: Kastenkippwagen der Gattung Fans: Die Mulde bildet in Kippstellung mit der Seitenwand eine ebene Fläche. Foto: DB AG

Elektrohydraulisch betätigter Kippvorgang

Einige Wagen verfügen über seitenkippbare Mulden, die hydraulisch über Kippzylinder gekippt werden. Die Hydraulikpumpe wird elektrisch angetrieben: Der Wagen hat einen am Radsatz montierten Generator, welcher während der Fahrt eine Batterie auflädt. Die Kippvorgänge werden über ein Bedientableau unter dem Rangiertritt für die jeweils gegenüberliegende Seite eingeleitet. Die Kapazität der Batterie reicht für mehrere Kippvorgänge.

Abb. 6-28: Fans-Wagen mit elektrohydraulischer Entleerung Abbildung: DB AG

Abb. 6-29: Bedientableau
Foto: DB AG

Einseitenkastenkipper

Für den Transport von Gips, Asche und Ton wurden spezielle, nach oben verschlossene Einseitenkastenkipper entwickelt. Die Wagen zeichnen sich durch eine maximale Achslast von 25 Tonnen sowie ein großes Fassungsvermögen aus.

Abb. 6-30: Einseitenkastenkipper
Foto: Janicki

6.2.5 Muldenkippwagen

Die Muldenkippwagen der Bauart Fz lassen das Verladen von Schüttgut in fünf Mulden zu, die zum Entladen einzeln von Hand gekippt werden. Die hohe Lage der Mulden ermöglicht den unmittelbaren Umschlag des Ladegutes in Lastkraftwagen oder das Entladen in Bunker, die dicht am Gleis liegen. Die Mulden werden von Haltestangen in ihrer Stellung gehalten und mit einer Muldensicherung gesichert. Eine besondere Vorrichtung lässt eine Halbentladung der Mulden zu. Vor dem Kippen muss eine Schienenzange an der Bedienerseite an die Schiene gelegt werden. Die Fahrzeugbegrenzung wird überschritten, wenn die Mulde gekippt ist.

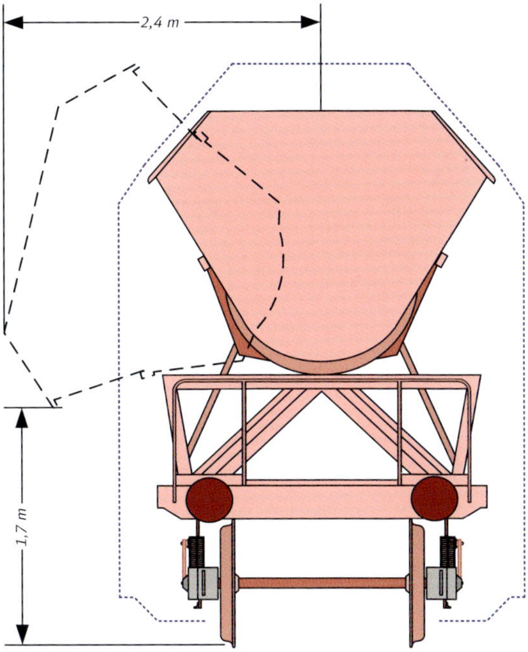

Abb. 6-31:
Fz-Wagen (Muldenkippwagen)

6.3 Geschlossene Wagen

6.3.1 Geschlossene Wagen der Regelbauart

Ältere geschlossene Wagen der Gattung G haben einen kastenförmigen Laderaum, Tonnendach, Holzfußboden und Seitenwände aus Kunststoff- oder Holzplatten. Gabelstapler können durch breite Schiebetüren in den Seitenwänden hindurch auf die Ladefläche fahren. Außerdem sind die Wagen mit Lade- und Lüftungsöffnungen ausgerüstet.

Türfunktion

Die Wagen haben auf jeder Seite eine Schiebetür. Sie hängt mit kugelgelagerten Laufrollen in der Türlaufschiene an der Außenwand des Wagens und ist gegen Ausheben gesichert. Eine Türführungsschiene verhindert, dass die Tür ausschwenkt. Der Türverschluss besteht aus einem Türverschlusshaken und einer Rastierung. Eine in den Türverschlusshaken eingelassene Falle verhindert ein selbsttätiges Öffnen der Schiebetür. Der Türfeststeller blockiert die Tür im völlig geöffneten Zustand.

Abb. 6-32: G-Wagen mit Schiebetür

Abb. 6-33: Türverschluss

Geeignete Ladegüter

Gedeckte Wagen dienen zum Transport von Gütern aller Art, die verpackt oder unverpackt, palettiert oder nicht palettiert verladen werden können. Zum Schutz lebender Tiere und anderer Güter sind alle gedeckten Wagen an den Innenwänden mit Befestigungsringen und Lüftungsöffnungen ausgerüstet.

6.3.2 Schiebewandwagen

Die großräumigen geschlossenen Güterwagen der Sonderbauart vom Typ Hbis sind mit Schiebewänden ausgerüstet, die im geöffneten Zustand den Zugang zur gesamten Ladefläche von beiden Seiten ermöglichen. Somit ist das Be- und Entladen mit Gabelstaplern sowohl von einer Rampe als auch von ebener Erde aus möglich. Die Schiebewände sind in Leichtbauweise hergestellt. Sie werden oben geführt, während sie unten auf Rollen laufen.

Beim Öffnungs- und Schließvorgang wird die Wand parallel zum Wagenkasten geführt. Die Betätigungseinrichtungen für die Schiebewände befinden sich an den Stirnwänden oder Mittelsäulen. Im geöffneten Zustand werden die Schiebewände meist in den Endstellungen gegen selbsttätiges Verschieben gesichert. In der Regel sind die Fahrzeuge je Wagenseite mit einem zweiteiligen Schiebewandsystem ausgerüstet. Einige vierachsige Bauarten besitzen auf jeder Wagenlängsseite drei baugleiche und gegeneinander tauschbare Schiebewände.

Abb. 6-34: zweiachsige Schiebewandwagen vom Typ Hbis Foto: SBB Cargo

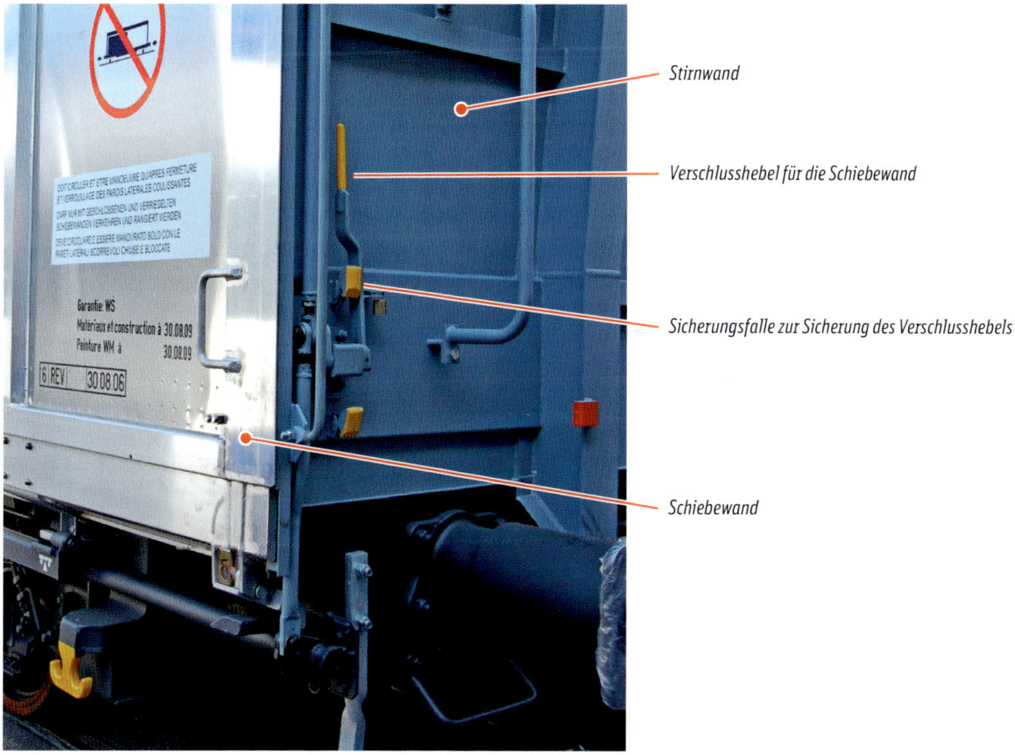

Abb. 6-35: Betätigungseinrichtung der Schiebewand Abbildung: Janicki

Geeignete Ladegüter

Schiebewandwagen vom Typ Hbis werden zum Transport witterungsempfindlicher Stückgüter (zum Beispiel hochwertige Konsumgüter, Papierrollen, Kartons) eingesetzt. Für den Transport kälteempfindlicher Güter (zum Beispiel Lebensmittel) wurden einige Wagenbauarten mit einer Laderaumisolierung ausgerüstet. Hier verfügen die Schiebewände über Abdichtungen, die die Isolationswirkung verstärken. Ein Teil der Wagen ist mit beweglichen und/oder verriegelbaren Trennwänden ausgestattet, die als Transportschutzeinrichtung verwendet werden. Schiebewandwagen können auch mit Hubschiebedach ausgeführt sein (Typ Tbis).

Transportschutzeinrichtungen

Ein Teil der Güterwagen ist mit einer Transportschutzeinrichtung ausgerüstet, die eine schonende Beförderung von hochempfindlichen Gütern gewährleistet.

- Mithilfe verriegelbarer Trennwände kann bei bestimmten Hbis-Wagen der Laderaum in einzelne Kammern unterteilt werden. Ladefläche und Laderaum verringern sich um den Anteil der eingebauten Transportschutzeinrichtung. Die Trennwände können an jeder beliebigen Stelle im Wagen verriegelt werden. Dabei rasten sie in Lochleisten im Fußboden und am Obergurt ein.
- Beim System Daberkow füllt ein Luftkissen den verbleibenden Leerraum zwischen den Trennwänden aus, sodass die Ladung lückenlos festliegt.
- Einige Schiebewandwagen sind mit einem Schnellsicherungskeil ausgestattet, dessen einfache Handhabung den Zeit- und Materialaufwand bei der Ladungssicherung runder Ladungen erheblich reduziert. Der Durchmesser der Ladung ist am Keil einstellbar. Er ist für eine Einhandbedienung ausgelegt und hat eine selbsttätige Verriegelung.

Abb. 6-36:
verriegelbare Trennwände

Abb. 6-37:
Schnellsicherungskeil zur Ladungssicherung
Foto: DB AG/Brettmann

6.3.3 Geschlossene Autotransporteinheit

Für den Transport von Kraftfahrzeugen können spezielle geschlossene Autotransporteinheiten vom Typ Hcceerrs eingesetzt werden. Die geschlossene Bauweise der Autotransporteinheit schützt die Kraftfahrzeuge vor bahnspezifischen Verschmutzungen sowie Witterungseinflüssen, Diebstahl oder gewaltsamen Beschädigungen. Eine Autotransporteinheit besteht aus vier kurzgekuppelten Sektionen und erreicht eine Gesamtlänge von 54 m. In den Fahrzeugen bieten zwei übereinanderliegende durchgängige Ladeebenen Platz für maximal 20 Fahrzeuge. Zwischen den jeweiligen Sektionen befinden sich einbruchhemmende Faltenbälge mit Drahtgewebe sowie Überfahrbleche, die eine ebene Überfahrt der Kraftfahrzeuge zulassen.

Um ausreichend Freiraum für die beschädigungsfreie Beladung zu schaffen, haben die Wagen einen hydraulischen Antrieb zur Anhebung des Fahrzeugdaches und der Enden der oberen Ladeebene sowie eine Innenbeleuchtung. Be- und entladen wird über die hydraulisch betätigten Stirntüren, das Verladepersonal steigt durch die diagonal an den Wagen angebrachten Seitentüren ein und aus. Zur automatischen Bedienung der elektrohydraulischen Funktionen befinden sich an den Stirnenden der Wageneinheit Bedienkästen.

Abb. 6-38: geschlossener Güterwagen vom Typ Hccrrss für den Neuwagentransport Foto: DB AG/Christian Bedeschinski

Abb. 6-39: Innenansicht des Hccrrss. Die Kraftfahrzeuge werden mit Radvorlegern gesichert. Foto: DB AG/Christian Bedeschinski

6.3.4 Wagen mit Temperaturbeeinflussung

Kälte- oder wärmeempfindliche Güter müssen während des Transportes durch Heizen vor zu niedrigen beziehungsweise durch Kühlen vor zu hohen Temperaturen geschützt werden. Hierzu werden Wagen der Gattung I mit Temperaturbeeinflussung eingesetzt. Neben Kühl- oder Maschinenkühlwagen kommen auch Isothermwagen ohne eigene Kühleinrichtung zum Einsatz. Die Wagen sind gut isoliert.

Kühlwagen

Bei Kühlwagen kann an beiden Stirnwänden innen ein Wassereisbehälter entstehen, indem man eine verschiebbare Trennwand vorzieht. Unter dem Dach befinden sich zwei Trockeneisbehälter, die auch als Luftkanäle wirken. Eisladeluken in den Stirnwänden, die von außen über Ladebühnen erreichbar sind, erlauben die Beschickung der Wasser- und Trockeneisbehälter. Luftumwälzer beschleunigen die Luftzirkulation im Wageninneren, indem sie die im Kontakt mit dem Ladegut erwärmte ansteigende Luft ansaugen und durch die Luftkanäle zu den Eisbehältern drücken. Dabei wird die Luft durch Vorbeistreichen am Eis gekühlt und strömt unter den Bodenrosten zum Ladegut zurück. Die Luftumwälzer werden von den fahrtwindbewegten Rotoren auf dem Wagendach angetrieben.

Abb. 6-40: Universalkühlwagen (I-Wagen) Foto: DB AG

Abb. 6-41: Spezielle Maschinenkühlwagen werden für den Transport von verderblichen Gütern über große Entfernungen benutzt. Foto: DB AG

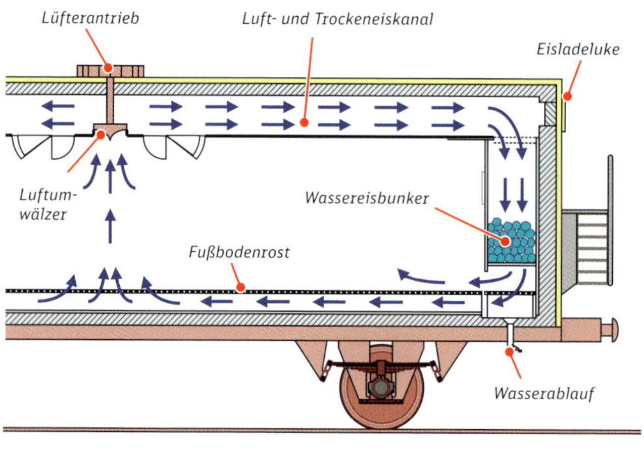

Abb. 6-42:
Luftführung im Kühlwagen
Abbildung: Janicki

Maschinenkühlwagen

Bei einigen Wagen ist im Luftkanal ein elektrisch betriebenes Coolvent-Gerät zur Luftumwälzung eingebaut. Zudem ist der Wagen mit Radsatzgeneratoren, Batterien und Regeleinrichtung ausgerüstet. Der Luftumwälzer wird über einen einstellbaren Raumthermostat je nach Raumtemperatur ein- oder ausgeschaltet. Für den Transport von kälteempfindlichem Ladegut ist der Wagen zusätzlich mit einer regelbaren Heizeinrichtung mit Flüssigkeitswärmespeicher ausgerüstet. Während der Fahrt wird die Umluft mit der von den Generatoren erzeugten elektrischen Energie direkt erwärmt. Überschüssige Energie wird dem Speicher zugeführt. Im Stillstand kann die Innentemperatur durch den Speicher mehrere Stunden geregelt werden. Alternativ kann der Speicher durch Fremdeinspeisung mit Energie versorgt und damit aufgeheizt werden.

Ladetüren

Die Ladetüren der Kühlwagen sind Schwenk-Drehtüren oder Schwenk-Schiebetüren. Weil die Tür gut abdichten muss, werden zwei Riegelstangen mit einem Hebel betätigt. Auf diese Weise wird die Tür fest in den Türrahmen gepresst.

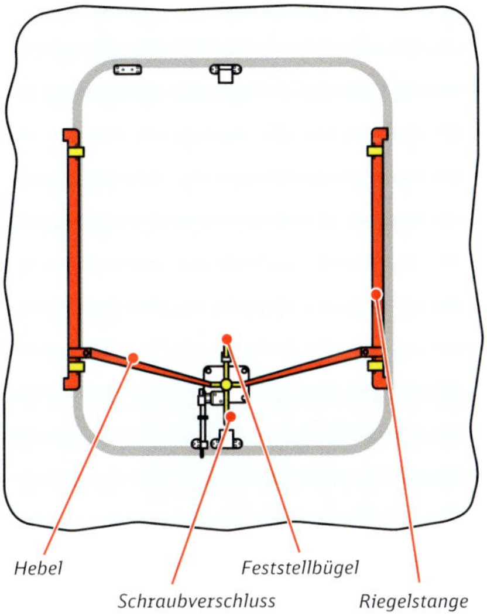

Abb. 6-43: Schwenk-Drehtür Abbildung: Janicki

Abb. 6-44: Schwenk-Schiebetür Foto: DB AG

6.4 Flachwagen

6.4.1 Grundsätzlicher Aufbau und Ladungseinrichtungen

Flachwagen besitzen einen flachen, meist durchgehenden Boden und keine oder höchstens niedrige, nach oben offene Aufbauten (Stirn- und Seitenborde). Die Borde können umgelegt und für die Be- und Entladung der Wagen über Kopf- beziehungsweise Seitenrampen befahren werden. An den Innenflächen der Borde weisen die Wagen Binderinge zum Sichern des Ladegutes auf und an den Außenseiten Bindeösen zum Befestigen von Wagendecken. Ein Teil der Wagen ist zusätzlich mit Rungen ausgerüstet. Der Fußboden besteht meist aus Kiefernbohlen. Bestimmte Bauarten können mit abgeklappten und gesicherten Seitenwandklappen befördert werden. Dabei verursachen die herabhängenden Klappen eine Lademaßüberschreitung.

Geeignete Ladegüter

In der Regel sind Flachwagen für den Transport von nicht witterungsempfindlichen Gütern konzipiert wie beispielsweise Hölzer aller Art, Maschinen und Fahrzeuge sowie Rohre und Stahlkonstruktionen. Einige Wagenbauarten sind durch Hauben oder Planen vollständig abdeckbar und können daher auch für den Transport witterungsempfindlicher Güter eingesetzt werden.

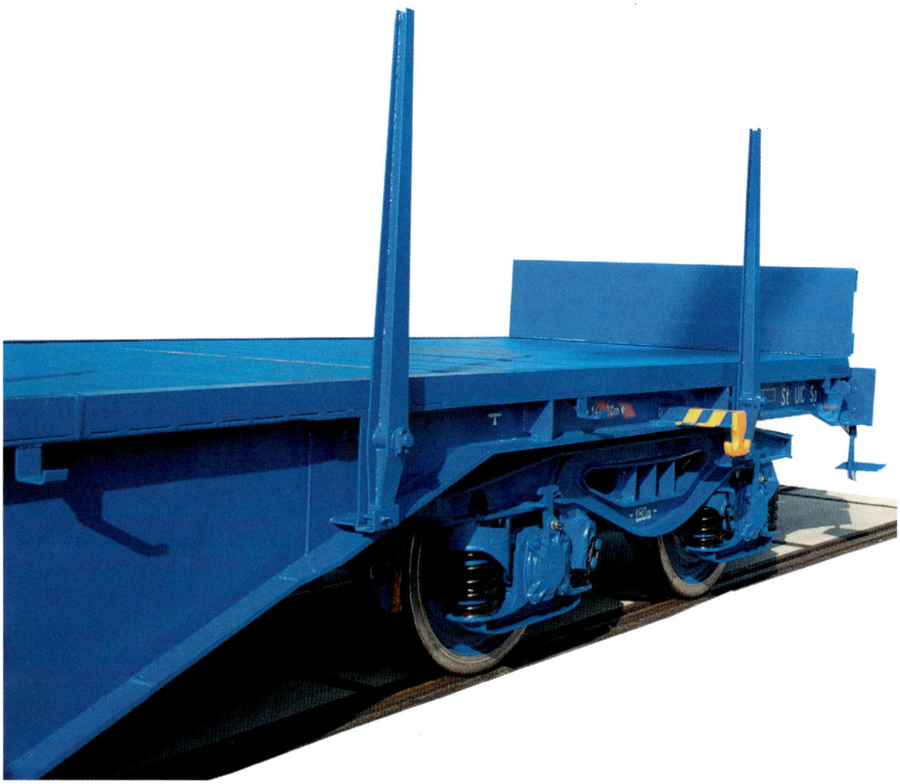

Abb. 6-45: Drehgestell-Flachwagen der Gattung R mit Drehrungen

Abbildung: Janicki

Rungenarten

Bei einigen Flachwagen sichern Rungen die Ladeeinheiten gegen seitliches Herabfallen. Gegebenenfalls können an den Rungen oder am Wagengestell Planen oder Seile befestigt werden, um die Ladung noch besser zu sichern.

Je nach Wagenbauart und Einsatzzweck kommen folgende Rungenarten vor:

- Steckrungen sind an den Seiten des Wagens eingesteckt, wobei sie nach oben zeigen. Hierbei wird zwischen Seitenwand- und Stirnwandrunge unterschieden. Für die Ablage nicht benötigter Steckrungen gibt es am Wagenuntergestell einiger Wagenbauarten eine „Rungentasche".
- Drehrungen aus hochfestem Stahl lassen sich horizontal abklappen, sodass die Wagenbreite voll genutzt werden kann. In senkrechter Richtung sind die Drehrungen gesichert. Bei einigen Drehrungenarten wird durch Schrägstellen zur Wagenmitte die Elastizität des Stahls so ausgenutzt, dass bei den vorgesehenen Ladegütern unter bestimmten Voraussetzungen keine Zwischenbindung erforderlich ist.
- Feste Rungen sind mit dem Untergestell-Außenlangträger fest verbunden und so ausgeführt, dass sie die Kräfte, die durch die Ladung entstehen, in Wagenlängs- und Wagenquerrichtung sicher aufnehmen können.
- Feste Rungen mit integrierter Niederbindeeinrichtung sind fest mit dem Untergestell verbunden. An den Rungen sind zur Führung der Niederbindeeinrichtung auf mehreren Höhen Rollen angebracht. Damit ist es möglich, auch Ladungen niederzubinden, die nur die halbe Rungenhöhe erreichen.

Abb. 6-46: Drehgestell-Flachwagen mit Steckrungen und Niederbindeeinrichtung Foto: DB AG/Wolfgang Klee

Ladeschwellen

Einige Wagenbauarten sind mit Ladeschwellen ausgerüstet, auf denen das Ladegut aufliegt. Die zwischen den Ladeschwellen vorhandenen niedrigeren Hilfsladeschwellen verhindern ein Durchhängen des Ladegutes. Zwischen den äußeren Rungen und den Stirnwandklappen ist jeweils eine zusätzliche Ladeschwelle angeordnet. Die Ladeschwellen sind so hoch, dass die handelsüblichen Umschlagmittel verwendet werden können. Sie bestehen aus Hartholz um einen nagelbaren Weichholzkern.

Ladegestelle

Einige Wagen der Gattung Rs sind für den Transport von doppellagigen Drahtrollen mit einem speziellen Ladegestell ausgerüstet. Dieses wird mit Zapfen am Wagen befestigt und besteht aus mit Holz ausgekleideten Lademulden, in denen die Drahtrollen abgelegt werden können. In der oberen Lage können maximal zwölf Rollen in den Sätteln der unteren Rollen abgelegt werden. Für den Transport sind grundsätzlich erst alle Mulden mit Ladung zu bestücken, bevor Rollen in der oberen Lage verladen werden. Zur seitlichen Ladungssicherung befinden sich jeweils zwei Rungen gemeinsam auf einem Führungsschlitten. Diese Rungen sind manuell quer zur Fahrzeuglängsachse entsprechend der Ladegutbreite positionierbar.

Abb. 6-47: Rs-Wagen mit Ladegestell für den Transport von Drahtrollen Foto: DB AG

6.4.2 Flachwagen mit Ladegerüst

Spezielle Flachwagen können überbreite Ladungen in Schrägstellung transportieren, ohne dass das Lademaß überschritten wird. Die Ladeeinrichtung besteht aus drei Ladegerüsten, die in Stufen hydraulisch schwenkbar sind. Jedes Ladegerüst hat sechs Lagerstellen (Drehpunkte) und ist mit drei Schubriegelpaaren ausgerüstet. Man kann die Schubriegel von Hand verstellen. In jeder Position werden die Riegel formschlüssig durch Bolzen gesichert. Im Bereich der Querträger ist jedes Ladegerüst zum Schutz des Ladegutes mit Holzauflagen ausgestattet. Die Tragkonsolen für die Ladegerüste sind fest mit dem Untergestell verschweißt.

Abb. 6-48: Transport überbreiter Blechtafeln auf speziellen Flachwagen Foto: DB AG

Funktion der Schrägstellung

Die Hydraulikanlage besteht aus vier mit einer Synchroneinrichtung ausgerüsteten Differenzialzylindern, die zwischen Untergestell und Ladegerüst angeordnet sind, sowie einem elektrischen Motor-Pumpen-Aggregat bestehend aus Ölbehälter, Sicherheitsventilen und drei Handsteuerventilen.

Bedient wird die Einrichtung von der Endbühne des Wagens aus. Über die entsprechenden Ventile können alle Ladegerüste einzeln sowie alle drei Ladegerüste gemeinsam in die gewünschte Position gebracht werden. Zu regulieren ist die Ladebreite für jedes Ladegerüst über drei Schubriegel. Diese können per Hand in den Querträgern nach beiden Seiten verschoben werden. Damit ist die abgesicherte Einstellung der jeweiligen Ladebreite schnell und einfach zu handhaben. Die Stromzuführung des Wagens zur Versorgung der elektrischen Pumpe aus dem Ortsnetz leistet ein Kabel mit fünfpoliger CEE-Kupplung.

Für das optimale Einpassen unterschiedlicher Blechgrößen an das gegebene Lademaßprofil sind diverse Schrägstellungen der Ladegerüste möglich. Die Be- und Entladung erfolgt in der waagerechten Stellung der Ladegerüste. Nach der Beladung wird das Ladegerüst für den Transport nach einer Seite geschwenkt. Während des Transports sichern und arretieren zwei Stützen pro Ladegerüst die schräggestellten Ladegerüste.

Abb. 6-49:
Flachwagen der Bauart Slps
Abbildung: DB AG

Abb. 6-50:
schräggestellte Ladefläche
Abbildung: DB AG

Ladungssicherung

Die Enden der Schubriegel sind zur Sicherung des Ladegutes mit Halteklauen versehen, die auf unterschiedlich dicke Blechpakete gesteckt werden. An den Stirnenden der äußeren Ladegestelle befinden sich jeweils zwei kurze feste Rungen zur Ladungssicherung. Darüber hinaus sind Niederbindeeinrichtungen vorhanden.

6.4.3 Flachwagen mit Planenverdeck

Einige Flachwagenbauarten sind mit einem Planenverdeck ausgerüstet. Damit lassen sich Güter transportieren, die einen Nässeschutz brauchen. Das Verdeck zeichnet sich durch einfache Handhabung aus.

Aufbau und Funktion

Das Planenverdeck besteht in der Regel aus einer PVC-beschichteten Gewebeplane, die auf Rohrrahmen aufliegt. Über Laufwagen ist das Planendach in Wagenlängsrichtung verschiebbar. Die unteren Laufwagenrollen wirken als Abhebesicherungen, indem sie unter die Laufschienenunterkanten greifen und so verhindern, dass die Hauben bei Auflaufstößen oder Seitenwind abheben.

Der Wagen darf nur mit geschlossenem und verriegeltem Planendach verkehren. In geschlossener Stellung wird es mit einer Vier-Punkt-Zentralverriegelung an der Stirnwand manuell verriegelt. Aufgrund der Anordnung der Betätigungseinrichtung ist das Entriegeln des Planendaches sowohl vom Erdboden als auch von einer Rampe aus möglich. Eine drehbar gelagerte Welle verbindet die beidseitig an jeder Stirnwand angeordneten Verriegelungshaken einschließlich ihrer Betätigungshebel. Damit ist eine einseitige Bedienung möglich.

Abb. 6-51:
zweiachsiger Flachwagen vom Typ Kijls mit Planenverdeck und zusätzlichem Langhubstoßdämpfer
Foto: Alstom

Das offene Planenverdeck lässt sich an einem Wagenende so weit zusammenschieben, dass etwa zwei Drittel der Ladefläche zur Beladung freigelegt sind. Zwischen den Spriegeln sind Hilfsspriegel derart angeordnet, dass ein Einfallen der Plane beim Zusammenschieben verhindert wird. Um den Laderaum besser ausnutzen zu können, ist bei manchen Fahrzeugbauarten die Spriegelkonstruktion mit einer zusätzlichen Spreizeinrichtung versehen.

Abb. 6-52: Flachwagen der Gattung S mit geöffnetem Planenverdeck Foto: DB AG/Claus Weber

Ladungssicherungseinrichtungen

Je nach Wagenbauart und vorgesehener Ladung können die Fahrzeuge mit einer weiteren Ladungssicherungseinrichtung ausgerüstet sein. An Verzurrösen am Fußboden und Verzurreinrichtungen an den Innenseiten der Stirnwände können Seile, Leinen und Ähnliches festgemacht werden. Stehende niedrige Leisten an der Wagenlängsseite verhindern ein seitliches Verrutschen der Ladung. Lochleisten im Fußboden ermöglichen ein weiteres Sichern der Ladung gegen Querverschub mit steckbaren Sicherungselementen.

6.4.4 Haubenwagen

Vier- oder sechsachsige Flachwagen mit Teleskophauben befördern nässeempfindliche Coils. Die Stahlhauben können jeweils so weit teleskopartig ineinander geschoben werden, dass zum Be- und Entladen ein Großteil der Ladefläche freigelegt wird. Die Endhauben verriegeln dabei in geschlossener Stellung automatisch. Das Entriegeln der Hauben ist sowohl vom Erdboden wie auch von der Rampe möglich. Die beidseitig an jeder Stirnwand angeordneten Verriegelungseinrichtungen sind durch Wellen miteinander verbunden.

Abb. 6-53: vierachsiger Wagen mit Teleskophauben vom Typ Shimmns für den Transport von Coils (Blechrollen) Foto: SBB

Lademulden

Lademulden sind im Untergestell der Fahrzeuge fest eingebaut. In einem Ladeschema ist angegeben, für welche Blechrollenabmessungen und -gewichte die einzelnen Mulden ausgelegt sind. Die dargestellten Minimal- und Maximalwerte dürfen nicht über- oder unterschritten werden.

Mulde	1	2	3	4	5
∅ min. mm	1.000	800	1.000	800	1.000
∅ max. mm	2.250	1.700	2.700	1.700	2.250
Gew. max. t	29	15	45	15	29

Abb. 6-54:
Ladeschema

Ladungssicherung

Ein Teil der Wagen ist mit besonderen Festlegeeinrichtungen zum Sichern ungebündelter Schmalbandcoils gegen Kippen ausgerüstet. Bestimmte Wagenbauarten haben verstellbare Festlegearme, die in fest auf den Muldenkappen angeordneten, kammartig ausgeführten Halterungen gelagert sind. Die Festlegearme und ihre Anordnung ergeben einen wirksamen Schutz gegen unzulässiges seitliches Verschieben der Coils.

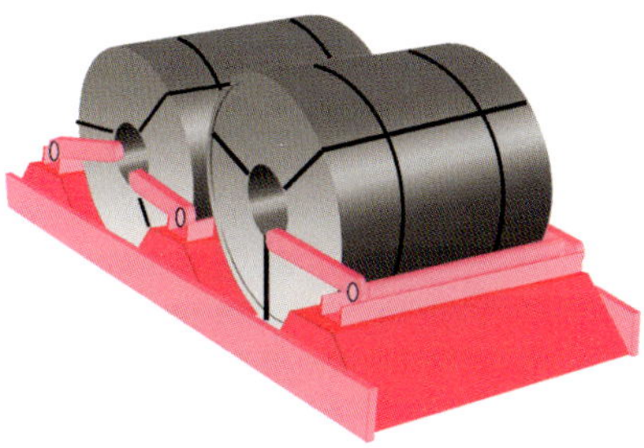

Abb. 6-55:
verstellbare Festlegearme

6.4.5 Flachwagen mit Spreizwänden

Einige Flachwagenbauarten haben Spreizwände: Dach und Wand bilden eine Einheit. Zum Öffnen werden die Wände gespreizt und angehoben und können nun vollständig übereinandergeschoben werden; die Schiebewände werden mit Laufrollen auf durchlaufende Schienen an der Wagenlängsseite gesetzt. Beim Anheben der Wände unterstützen Handrad, mechanisches Getriebe und Entlastungsfedern, sodass eine Person alleine die Wände leicht verschieben kann. Im geschlossenen Zustand sind die Schiebewände mit dem Untergestell verklammert, wobei die Laufrollen entlastet sind.

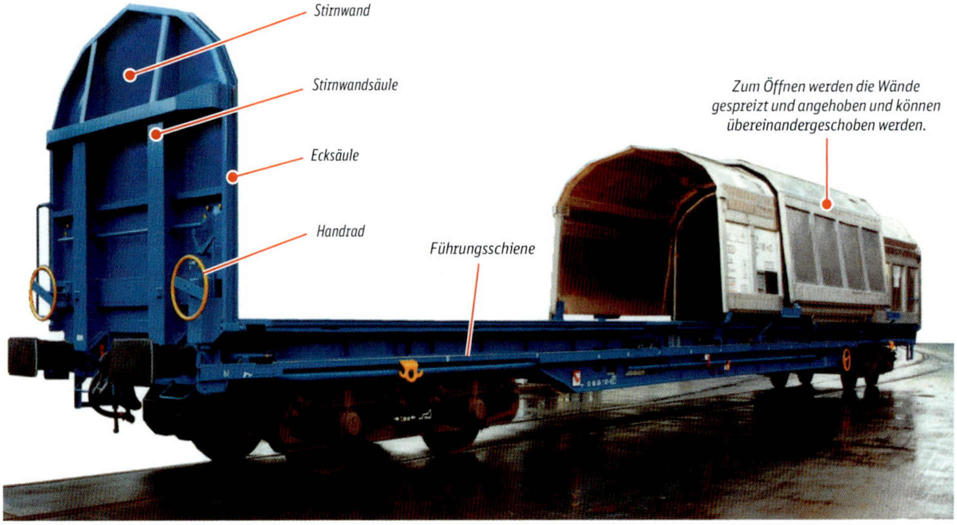

Abb. 6-56: Großraum-Güterwagen der Bauart Sfins mit Spreizwänden

6.4.6 Behälter- und Containertragwagen

Den Transport von Mittel- und Großcontainern leisten Güterwagen der Gattungen L und S, die waagerecht verschiebbare oder klappbare Aufsetzzapfen als spezielle Einrichtung zur Befestigung der Container besitzen. Die besondere Form der Aufsetzzapfen sorgt dafür, dass leere Ladeeinheiten bei Wind nicht abgehoben werden.

Abb. 6-57: vierachsiger Containertragwagen der Gattung S beladen mit einem Tankcontainer Foto: SBB

Abb. 6-58: Aufsetzzapfen für Container in Wirkstellung (hochgeklappt) Foto: Janicki

Taschenwagen

Für die Beförderung kranbarer Sattelanhänger werden „Taschenwagen“ eingesetzt. Hier ist die Ladefläche zwischen den Drehgestellen als Tasche ausgebildet, in die der Sattelanhänger hineingesetzt und mit verstellbaren Radvorlegern festgelegt wird. Ein Stützbock stützt die Sattelplatte ab und nimmt den Sattelzapfen auf. Der Taschenwagen eignet sich auch dafür, Wechselbehälter und Container zu befördern.

Eine Besonderheit sind die sechsachsigen Gelenkwagen der Bauart Sdggnos. Hier sind zwei Wagenhälften über ein Drehgestell miteinander verbunden. Der Vorteil dieser Bauweise liegt darin, dass ein Drehgestell bei gleicher nutzbarer Ladelänge eingespart werden kann.

Die besondere Bauform des Wagens erlaubt den wahlweisen Einsatz als Containertragwagen oder in der Kombination als Containertragwagen und Taschenwagen. Dies kommt den Containerbahnhöfen sehr entgegen, da hier sowohl Container und Wechselbehälter als auch Sattelauflieger im nicht vorhersehbaren Wechsel zu verladen sind.

Neue multifunktionale Wagen vom Typ Sdggmrss sind zudem für den Transport von Megatrailern geeignet, ohne dass wesentliche Bauteile des Sattelanhängers weggeklappt werden müssen. Der Wagen benötigt keinen Radvorleger zur Sicherung. Ein in der Höhe einstellbarer Stützbock erlaubt eine effiziente Be- und Entladung. Mit einem Rollbalken lässt sich das Fahrzeug zum Tragwagen für Container und Wechselbehälter aller Art und Größen umbauen.

Abb. 6-59:
Taschenwagen für den Transport von Sattelanhängern
Foto: Janicki

6.4.7 Pkw-Doppelstocktransportwagen

Doppelstockwagen vom Typ Lae sind für den Transport von Kraftfahrzeugen (Pkw) bestimmt. Dabei handelt es sich in der Regel um zweigliedrige Einheiten mit drei oder vier Radsätzen. Bei Wagen mit drei Radsätzen liegt der mittlere Radsatz auf einem Drehschemel auf. Kraftfahrzeuge, die transportiert werden sollen, können aus eigener Kraft von einer Kopframpe aus über die Wageneinheiten fahren. Fest angelenkte Überfahrbrücken dienen der Überfahrt. Zur stufenlosen Verstellung der oberen Ladeebene haben die Wagen auf jeder Seite separate Bedieneinrichtungen im Bereich der Wagenendsäulen. Je nach Bedarf kann entweder die gesamte Ladeebene verstellt oder eine Stirnseite zur Be- und Entladung abgesenkt werden.

Entsprechende Bühnenstellungen erlauben den Transport völlig unterschiedlich großer Fahrzeuge. Beispielsweise werden Kraftfahrzeuge mit überdurchschnittlicher Höhe wie Wohnmobile auf der abgesenkten oberen Bühne befördert.

Radvorleger

Für die Sicherung von Räderfahrzeugen werden Radvorleger diverser Bauarten eingesetzt. Sie sind auf der Ladefläche in besonderen Lochschienen beweglich angeordnet oder werden lose im Fahrzeug mitgeführt.

Abb. 6-60: zweigliedrige Doppelstock-Autotransportwagen-Einheit

Abbildung: DB AG

6.5 Kessel-, Behälter- und Silowagen

6.5.1 Anforderungen und Einteilung der Eisenbahnkesselwagen

Der weitaus größte Teil des auf der Schiene beförderten Gefahrguts wird in Eisenbahnkesselwagen transportiert. Der Begriff Gefahrgut bezeichnet Stoffe, von denen wegen ihrer physikalischen oder chemischen Eigenschaften Gefahren für Mensch und Umwelt ausgehen. Beispiele dafür sind leicht entflammbare, giftige oder explosive Stoffe. Neben den flüssigen Stoffen wie Mineralöle und Chemikalien fallen darunter auch verflüssigte oder unter Druck gelöste Gase. Je nach Eigenschaft der Gefahrengüter sind die Tanks der Kesselwagen in Bezug auf Material, Armaturen und Sicherheitseinrichtungen unterschiedlich ausgelegt. Sie sollen das Transportgut sicher umschließen und es vor Transportbeanspruchungen schützen.

Abb. 6-61: Kesselwagen Foto: VTG

Einteilung der Kesselwagen

Kesselwagen zählen zu den ortsbeweglichen Tanks. Sie werden nach ihren baulichen Merkmalen sowie ihrer Verwendung für gefährliche Güter mit deren spezifischen physikalischen und chemischen Eigenschaften unterschieden. Ein wichtiges Merkmal ist auch die Anordnung der Befüll- und Entleereinrichtungen.

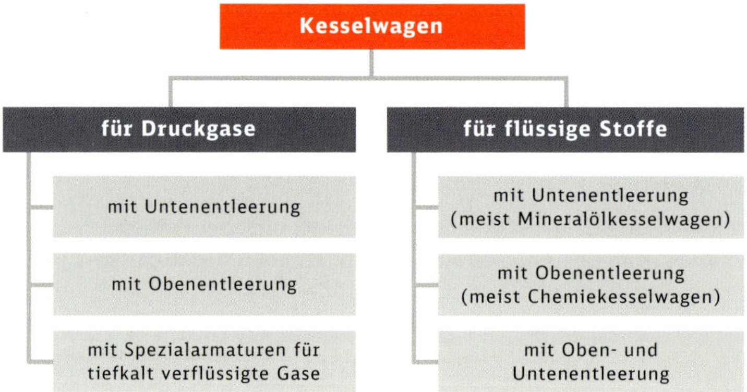

Abb. 6-62: Einteilung der Eisenbahnkesselwagen

Fahrzeugaufbau

Ein Kesselwagen besteht aus dem Untergestell, einem Aufbau mit einem oder mehreren Tanks und deren Ausrüstungsteilen. Wagen mit abnehmbaren Tanks gelten ebenfalls als Kesselwagen. In der Regel verbinden Sattelblech und -leiste den Tank mit dem Untergestell, wobei es eine durchgehende und eine unterbrochene Aufsattelung gibt. Sattelleiste und Sattelblech werden zusammengeschweißt, geschraubt oder genietet. Bei osteuropäischen Kesselwagenbauarten kann die Verbindung zwischen Tank und Untergestell aus Spannbändern und einem in der Tankmitte angeordneten Sattelblech bestehen.

Abb. 6-63:
Chemiekesselwagen
Abbildung: Alstom

Tank

Die Tanks sind so dimensioniert, dass sie den im Eisenbahnverkehr auftretenden Beanspruchungen wie beispielsweise Beschleunigungen, Erschütterungen, Schwappbewegungen von Flüssigkeiten sowie Witterungseinflüssen standhalten. Der Tankfassungsraum kann eine Größe von bis zu 120 m^3 erreichen. Tanks sind hauptsächlich als Einkammertanks ausgeführt und haben meist keine Schwallbleche. Ein Mindestfüllungsgrad ist nicht vorgegeben. Der Tank besteht aus dem Tankkörper einschließlich der Öffnungen und dem Deckel. Der Tankkörper wiederum besteht aus dem Tankmantel, der aus mehreren zusammengeschweißten Tankschüssen besteht, und den Tankböden. Damit das Tankinnere untersucht werden kann, sind Druckgaskesselwagen mit einem Mannloch versehen. Weitere Bestandteile eines Tanks sind die Bedienausrüstungen wie Dom und Armaturen sowie die baulichen Ausrüstungsteile.

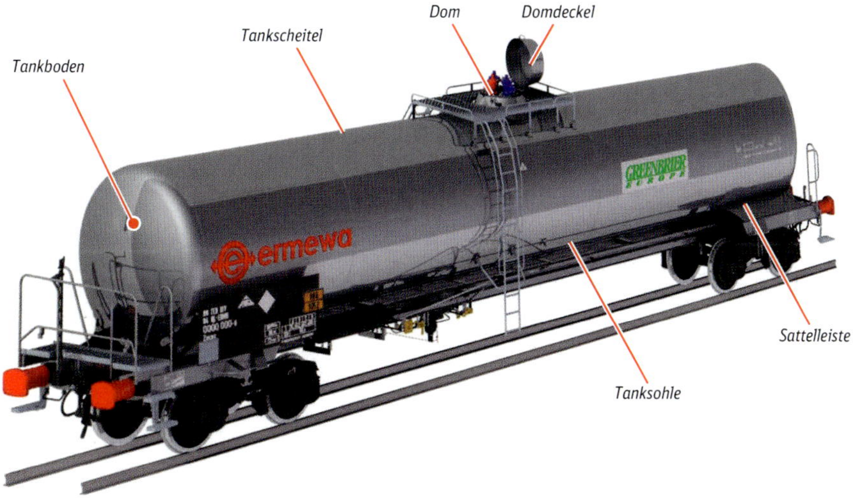

Abb. 6-64: Kesselwagen vom Typ Zacns mit Obenentleerung

Abbildung: Greenbrier-Europe

Bauliche Ausrüstungsteile

Zu den baulichen Ausrüstungsteilen zählen die außen oder innen am Tank angebrachten Versteifungselemente und die Teile für die Befestigung. Die Bedienausrüstung ist abhängig von den physikalischen und chemischen Eigenschaften des zu befördernden Stoffes. Dazu gehören die Füll- und Entleerungseinrichtungen, die Lüftungs- und Sicherungseinrichtungen sowie eventuell vorhandene Messinstrumente. Sämtliche Ausrüstungsteile sind so angebracht, dass sie jederzeit gegen Losreißen oder Beschädigung gesichert sind. Die Sicherheit der Bedienausrüstung ist sogar beim Umkippen des Kesselwagens gewährleistet. Bei vielen Stoffen, wie beispielsweise stark ätzenden Flüssigkeiten, dürfen sich am Tank keine Verschlüsse oder Öffnungen unterhalb des Flüssigkeitsspiegels befinden. Hier besteht sonst die Gefahr, dass Ladegut bei Undichtigkeiten frei wird.

Abb. 6-65: Mannloch eines Druckgaskesselwagens Foto: Janicki

Abb. 6-66: untenliegende Armatur (Zapfventil) Foto: Janicki

Systeme für die Be- und Entladung

Zum Befüllen und Entleeren von Kesselwagen werden mechanische, hydraulische oder kombinierte mechanisch-hydraulische Armaturensysteme eingesetzt. Wenn Untenentleerung zugelassen ist, muss die erste Absperreinrichtung, vom Tankinnern aus betrachtet, innen liegend ausgeführt werden (Bodenventil). Damit bleibt selbst bei einem Unfall, wenn die äußeren Entleerungseinrichtungen abgerissen werden, der Tank sicher verschlossen.

Für die Entleerung befindet sich auf jeder Wagenseite eine zweite Entleereinrichtung (Zapfventil), deren Ausläufe zusätzlich durch Schraubkappen oder Flansche gesichert sind. Bodenventil und Zapfventil sind über Verteilerrohre miteinander verbunden.

Tankschild

An jedem Tank muss für Kontrollzwecke ein Tankschild aus nicht korrodierendem Metall dauerhaft an einer leicht zugänglichen Stelle befestigt sein. Dieses enthält den Namen oder das Zeichen des Herstellers, das Baujahr sowie die Serien- und Zulassungsnummer. Weiter enthält es technische Angaben wie beispielsweise Werkstoff des Tankkörpers und der Schutzauskleidung, den Fassungsraum sowie den Prüfdruck. An Tanks, die mit Druck gefüllt oder entleert werden, ist außerdem der höchstzulässige Betriebsdruck angegeben. Der Zeitpunkt der erstmaligen und der zuletzt durchgeführten wiederkehrenden Prüfung sowie der Name des Prüfers vervollständigen die Angaben. Bei Druckgaskesselwagen ist zusätzlich die Benennung des Gases für die Beförderung sowie die höchstzulässige Masse der Füllung und der höchstzulässige Betriebsdruck angegeben.

Anschriftentafel

Auf beiden Seiten des Kesselwagens befindet sich eine Tafel mit dem Namen des Betreibers, dem Fassungsraum, der Eigenmasse, dem Lastgrenzenraster sowie den Angaben über die zu befördernden Stoffe. Wenn die Tanks entsprechend ausgestattet sind, befinden sich hier auch spezielle Angaben wie „wärmeisoliert“ oder „vakuumisoliert“.

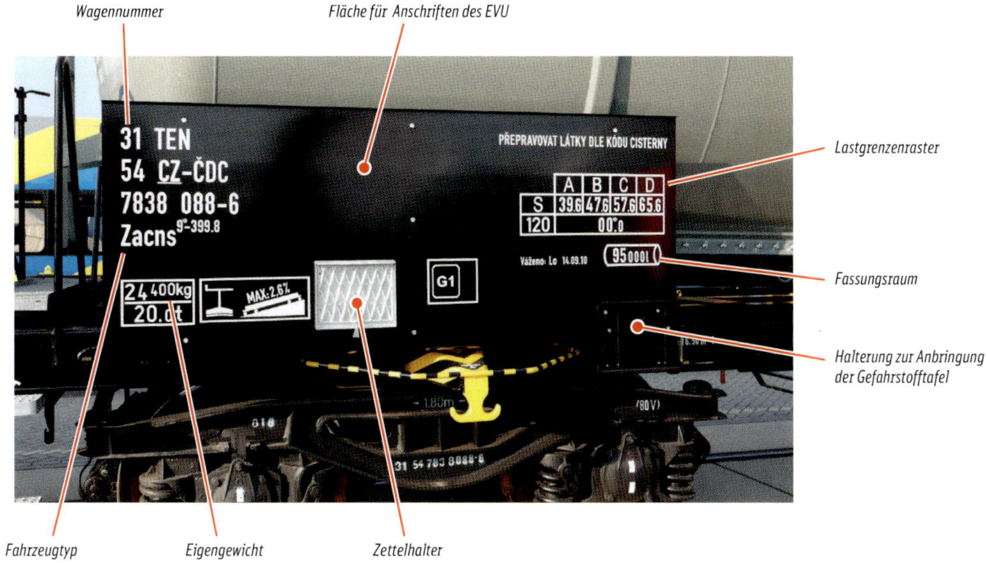

Abb. 6-67: Anschriftentafel eines Kesselwagens

Abbildung: Janicki

6.5.2 Druckgaskesselwagen

Druckgaskesselwagen (DKW) sind äußerlich an einem etwa 30 cm breiten, orangefarbenen Streifen rund um den Tank erkennbar. Bei den zu transportierenden technischen Gasen gibt es:

- unter Druck verflüssigte Gase wie beispielsweise Propan, Butan, Chlor oder Ammoniak. Sie werden flüssig in die Kessel eingefüllt, wo das Produkt flüssig und gasförmig vorliegt;
- verdichtete Gase wie beispielsweise Wasserstoff, Sauerstoff und Stickstoff. Sie liegen im Tank gasförmig vor;
- tiefgekühlte verflüssigte Gase wie beispielsweise Kohlendioxid, Argon, Sauerstoff oder Stickstoff. Sie werden auf ihren Siedepunkt heruntergekühlt und liegen nahezu drucklos in flüssiger Form im Tank vor.

Bauliche Ausführung

Die Art der zu transportierenden Gase bestimmt die Bauart und die Ausstattung der Tanks. Produkte wie Chlor oder Ammoniak verlangen keine wärmeisolierende Schutzeinrichtung, hingegen ist diese bei zahlreichen anderen Stoffen vorgeschrieben. Als Isolierung dient entweder ein Sonnendach, das die obere Hälfte der Tankoberfläche mit einem Abstand von 4 cm bedeckt, eine vollständige Umhüllung aus isolierenden Stoffen oder eine Vakuumisolierung mit einer Füllung des Tankzwischenraums aus Perlit.

Abb. 6-68: Druckgaskesselwagen Foto: VTG

Flurbetätigte Füll- und Entleerungseinrichtungen

Für einen Großteil der verflüssigten Gase sind flurbetätigte Füll- und Entleerungseinrichtungen zugelassen. Aus Sicherheitsgründen besitzen die Wagen getrennte und voneinander unabhängig bedienbare Armaturensätze für die Flüssig- und Gasphase. Diese Armaturensätze bestehen aus je einem innen liegenden federbelasteten Schnellschlussventil im Tankboden, dem Verteilerrohr nach beiden Wagenseiten, einer Absperrarmatur an den Rohrenden sowie einem Blindflansch oder einer vergleichbar wirksamen Einrichtung zum Verschließen wie beispielsweise der Weco-Kupplung.

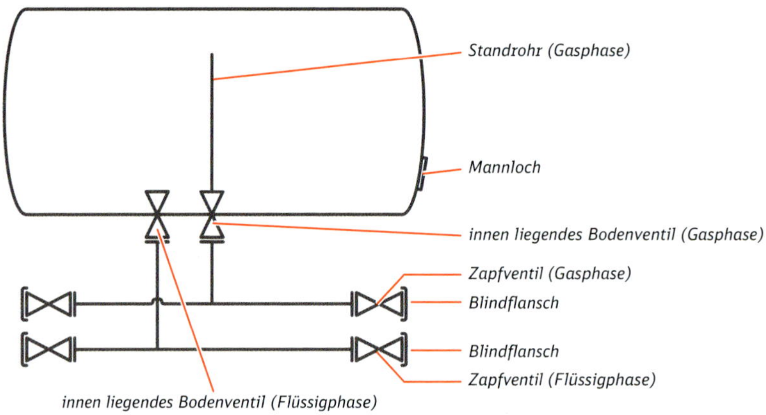

Abb. 6-69: Prinzip des Druckgastanks mit Untenentleerung (Skizze)

Ein Standrohr verbindet das Schnellschlussventil der Gasphase mit dem Scheitelbereich des Tanks. Die Ventile jeder Phase (Bodenventil, Zapfventil) sind miteinander gekoppelt und werden gemeinsam bedient. Zum Öffnen des Schnellschlussbodenventils wird zuerst ein federbelasteter Druckbolzen angehoben, danach werden die Ventile über einen Bedienhebel mechanisch oder über ein Handrad hydraulisch bedient. Ein Straffseil wird über einen an einer Schiene eingehängten Schienenhaken gespannt und hält die Ventile geöffnet. Ein unbeabsichtigtes Verschieben des Kesselwagens führt zu einem Ausklinken des Straffseiles aus dem Schienenhaken und damit zum Schließen beider Bodenventile. Je nach Bauart erfolgt die Betätigung der Schnellschlussbodenventile entweder mechanisch oder hydraulisch.

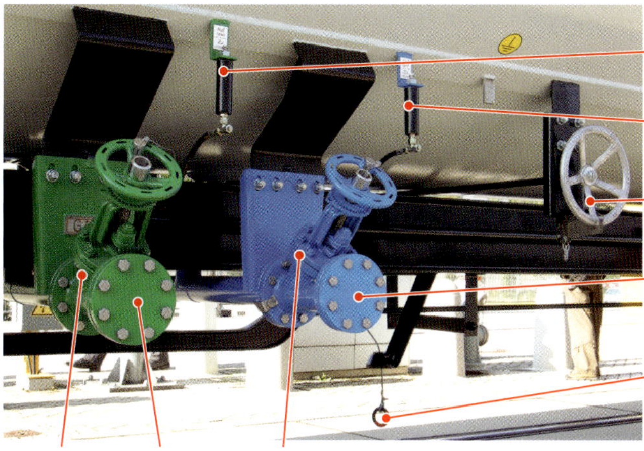

Abb. 6-70: untenliegende Armaturen eines Druckgaskessels mit hydraulischer Betätigung des Schnellschlussbodenventils

Abbildung: Janicki

Hydraulische Bodenventilbetätigung

Bei einigen Druckgaskesselwagen befindet sich die Hydraulikeinheit auf beiden Wagenlängsseiten in einem Schutzkasten. Die Bodenventile lassen sich öffnen, indem eine Handpumpe betätigt wird. Dadurch werden beide Bodenventile gleichzeitig geöffnet. Vor dem Öffnen der Betätigungsvorrichtung muss auch hier der Schienenhaken mit dem Straffseil verbunden und in die Schiene eingehängt werden. So wird die Hydraulikpumpe in einen funktionsfähigen Zustand gebracht.

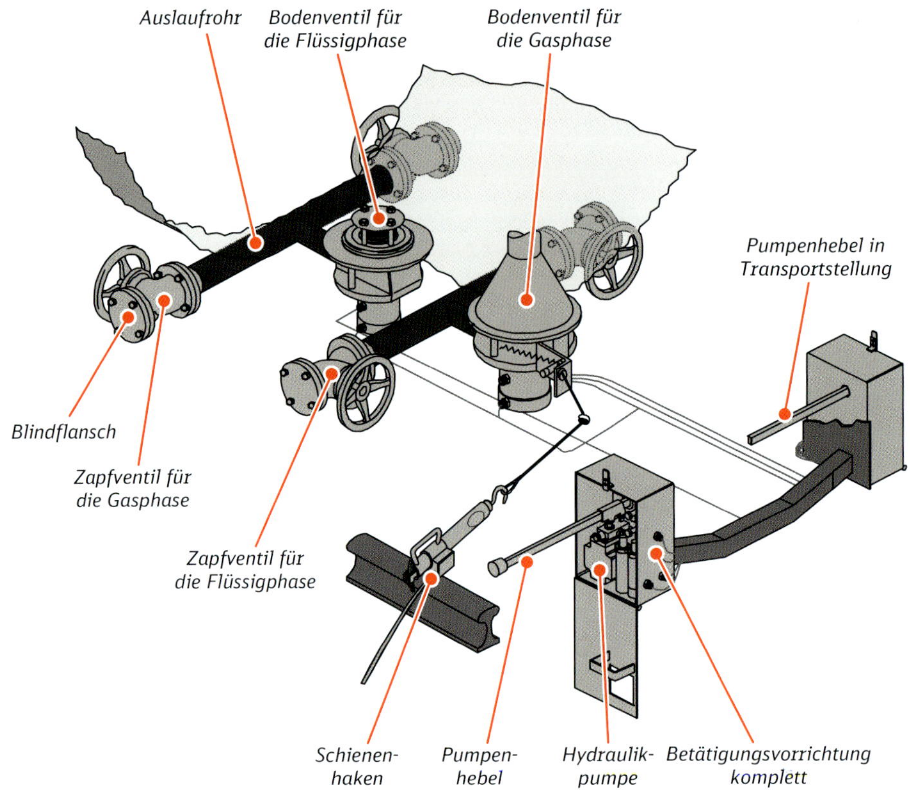

Abb. 6-71: schematische Anordnung der Befüll- und Entleerungsarmaturen

Abbildung: Janicki nach einer Vorlage von DB Training

Druckgastank mit Obenentleerung

Für hochgiftige Gase wie beispielsweise Chlor oder Schwefeldioxid ist grundsätzlich nur die Obenentleerung erlaubt. Hier sind die vorgeschriebenen innen liegenden Schnellschlussventile für den Einbau in den Domdeckel konzipiert und zusätzlich mit einer äußeren Absperreinrichtung, die durch einen Blindflansch verschlossen wird, versehen. Dabei sind die Tanks mit zwei voneinander unabhängigen Anschlüssen für die Flüssigphase ausgerüstet. Ein Anschluss für die Gasphase vervollständigt die Einrichtung. Die innen liegenden Schnellschlussventile werden über die äußere Absperreinrichtung mittels Druckluft geöffnet. Im Notfall kann das innen liegende Schnellschlussventil über eine in der äußeren Absperreinrichtung integrierte Notbetätigung geöffnet werden. Durch das Befestigen einer Reißleine kann das Schnellschlussventil dann aus sicherer Entfernung geschlossen werden. Für die Befüllung und Entleerung werden nur ein Anschluss der Flüssigphase und der Anschluss der Gasphase benötigt. Der zweite Anschluss dient lediglich als Reserve. In der Umgangssprache werden die oberen Armaturen als Chloreckventile bezeichnet.

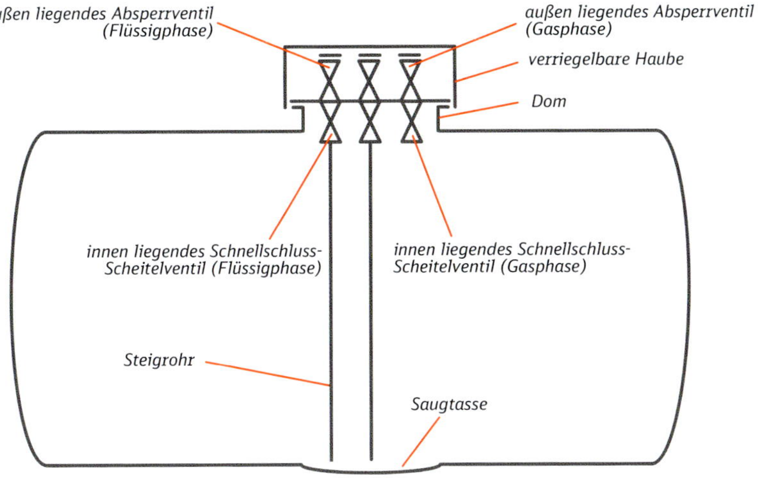

Abb. 6-72: Druckgastank mit Obenentleerung (Prinzipskizze) Abbildung: Janicki nach einer Vorlage von DB Training

Tanks für tiefkalt verflüssigte Gase

Tanks für den Transport von tiefkalt verflüssigten Gasen bestehen aus zwei voneinander getrennten Innen- und Außenbehältern, zwischen denen sich ein mit einer Isoliermasse ausgefüllter Innenraum befindet. Dabei ist der kleinere Ladeguttank mittig in einem größeren Tank eingebettet und wird durch spezielle Abstandshalter in seiner Position gehalten. Perlitgranulat oder eine Feststoffisolierung füllt den unter Vakuum gesetzten Hohlraum zwischen den Tanks aus. Je nach Ladegut und Einsteller ist die Anordnung der Armaturen völlig unterschiedlich. Grundsätzlich sind derartige Tanks mit zwei voneinander unabhängigen Sicherheitsventilen ausgerüstet, die unzulässige Überdrücke begrenzen. Jedes ist so eingestellt, dass es die im normalen Betrieb durch Verdampfung entstehenden Gase abführen kann.

6.5.3 Mineralölkesselwagen

In Tanks mit Untenleerung werden überwiegend brennbare und wassergefährdende Stoffe wie Rohöl, leichtes oder schweres Heizöl, Lösemittel, Fette, Teer oder Benzin befördert. Die Tanks werden über einen geöffneten Klappdeckeldom im mittleren Tankscheitelbereich gefüllt, obwohl eine Befüllung auch über die unteren Tankarmaturen möglich ist. Die Entleerung geschieht durch Schwerkraft oder Abpumpen über die unteren Armaturen. Dazu befindet sich in der Tanksohle ein flurbedienbares Bodenventil, welches über ein T-förmiges Auslaufrohr mit den Zapfventilen auf jeder Wagenseite verbunden ist. Bedient wird das Bodenventil entweder vom Tankscheitel aus oder ebenerdig. Schraubkappen sichern die Absperrarmaturen an ihren Enden. Zur Vermeidung von unzulässigen inneren Überdrücken während der Beförderung sind die Tanks mit einem Sicherheitsventil ausgerüstet.

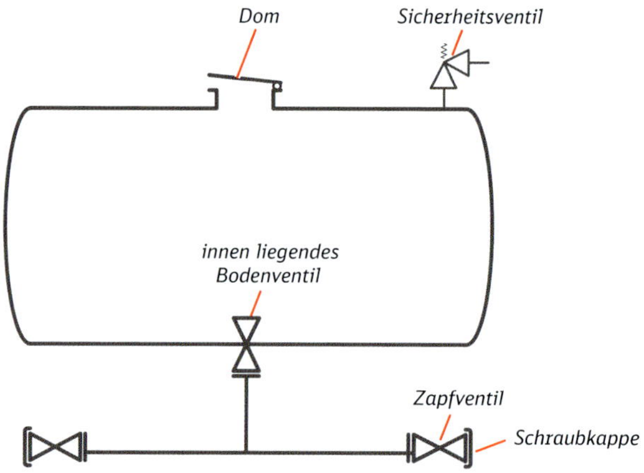

Abb. 6-73: Tank mit unteren Entleeranschlüssen ohne Zwangsbelüftungsventil (Skizze) Abbildung: Janicki nach einer Vorlage von DB Training

Bodenventil

Die meisten Mineralölkesselwagen sind mit flurbedienbaren Betätigungsventilen ausgerüstet, die je nach Konstruktion mechanisch oder hydraulisch aktiviert werden. Scheitelbedienbare Betätigungsventile gibt es nur noch bei einigen älteren zweiachsigen Kesselwagen.

Mechanisch flurbetätigte Bodenventile kann man über Bedienhebel, Handräder oder Schiebegestänge betätigen. Unterschiedlich ist auch die Anordnung der Ventilstellungsanzeiger. Einige Systeme besitzen einen separaten Ventilstellungsanzeiger, während bei anderen Bauarten die Ventilstellung über die Stellung der Betätigungseinrichtung angezeigt wird.

Hydraulisch flurbetätigte Bodenventile

Bei den hydraulisch flurbetätigten Bodenventilen ist auf einer Längsseite des Tanks eine Hydraulikpumpe montiert. Einige Umdrehungen an einem Handrad öffnen das Betätigungsventil. Geschlossen wird es durch Drehen des eingerasteten Handrades entgegen der Öffnungsrichtung. Für den Fall, dass die hydraulische Betätigung versagt, kann das Betätigungsventil mechanisch geöffnet werden. In dem Fall ist am Ventil eine Notbetätigungsschraube einzudrehen.

Der Ventilstellungsanzeiger arbeitet auf Basis des Verdrängungsprinzips. Die im oberen Teil des hydraulischen Betätigungszylinders befindliche Hydraulikflüssigkeit wird beim Öffnen des Betätigungsventils in die Ventilstellungsanzeiger gedrückt und bringt diese in die Stellung „Offen“. Beim Schließen des Betätigungsventils strömt die Hydraulikflüssigkeit zurück. Bei einigen Kesselwagen befindet sich auf jeder Wagenlängsseite die Hydraulikeinheit in einem Schutzkasten. Hier muss zum Öffnen des Bodenventils der Absperrhebel in die waagerechte Stellung gedreht werden. Mit einem nach vorn ausziehbaren Pumpenhebel wird dann durch mehrere Betätigungshübe das Bodenventil geöffnet.

Zapfventil (äußere Absperreinrichtung)

Am Ende des Auslaufrohres befinden sich auf beiden Kesselseiten die Zapfventile. Gemäß ihrer Wirkungsweise trennt man zwischen Zapfventil mit Kugelhahn, Schrägsitzventil und Klappenventil. Zum Verschluss des Zapfventils werden Schraubkappen oder schnell schließende Trockenkupplungen verwendet.

Zwangsbelüftung

Während des Entleerungsvorganges müssen die Tanks belüftet werden, damit kein Unterdruck entsteht und der Tank nicht deformiert wird. Dies geschieht entweder durch Öffnen des Domdeckels oder durch am Tankscheitel angebrachte Belüftungsventile. Wagen mit Zwangsbelüftung tragen als äußeres sichtbares Zeichen einen weißen, am Kesselmantel umlaufenden Farbring. Viele Mineralölkesselwagen mit Zwangsbelüftung besitzen eine Gaspendelleitung, die mit dem Zwangsbelüftungsventil fest verbunden ist.

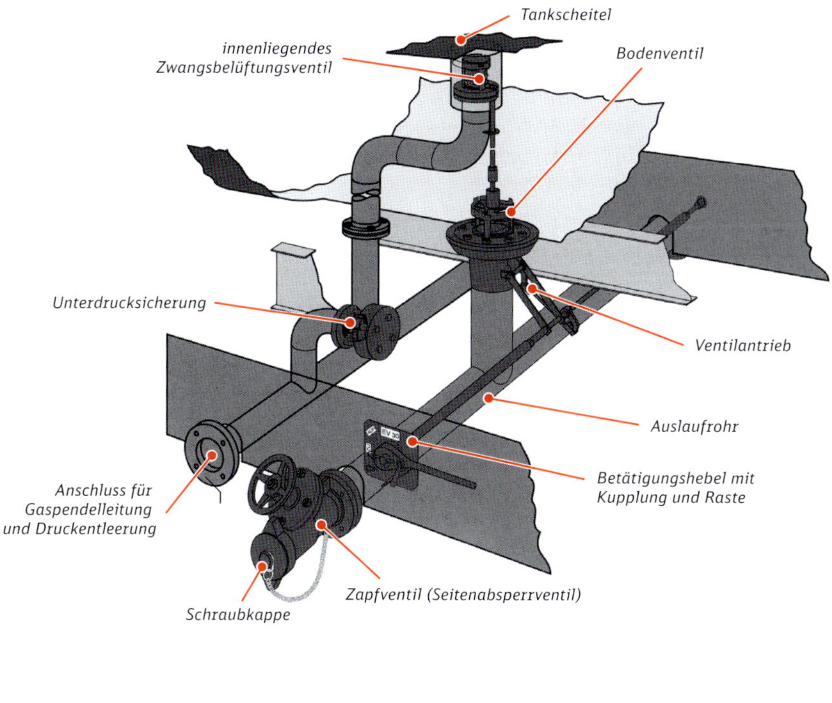

Abb. 6-74: flurbetätigtes Bodenventil mit Zwangsbelüftungsventil
Abbildung: Janicki nach einer Vorlage von DB Training

Tanks mit Heizeinrichtung

Für die Beförderung von Stoffen, die bei normaler Umgebungstemperatur eine dickflüssige oder feste Konsistenz haben und erst durch Erwärmung flüssig werden, sind einige Kesselwagen mit einer Heizeinrichtung ausgerüstet. Diese wird in der Regel mit Sattdampf oder Heißwasser betrieben. Neben dem Tank sind häufig auch die untenliegenden Armaturen und das Verteilerrohr beheizbar. Man unterteilt nach dem Einbau der Heizung in innen liegende oder außen liegende Heizeinrichtung. Bei Ersterer verlaufen die Heizungsrohre im

Tankinneren und werden vom Produkt umspült. Bei der außen liegenden Heizeinrichtung finden sich auf den Tank aufgeschweißte Halbrohre oder eine unter dem Tank angebrachte Heizwanne. Die Anschlüsse für die Heizeinrichtung sind entweder am Tankboden, auf der gegenüberliegenden Seite der Bremserbühne oder im Bereich der unteren Tankarmaturen.

Tanks mit Oben- und Untenentleerung

Wegen der vielseitigeren Nutzungsmöglichkeiten sind einige Tanks mit oberen und unteren Befüll- und Entleerungsarmaturen ausgestattet. Sie werden für die Beförderung von Mineralölprodukten sowie für bestimmte chemische Produkte eingesetzt.

6.5.4 Chemiekesselwagen

Kesselwagen mit Obenentleerung dienen zum Transport von Chemikalien. Dazu gehören ätzende Stoffe (Säuren und Laugen), entzündbare oder selbstentzündliche Stoffe (zum Beispiel Schwefel, Phosphor) und giftige Stoffe. Da das Korrosionsverhalten dieser Stoffe stark variiert, werden als Tankmaterialien neben Baustählen auch Aluminium, nicht rostende Stähle sowie Innenauskleidungen aus Kunstharz, Email oder Blei eingesetzt.

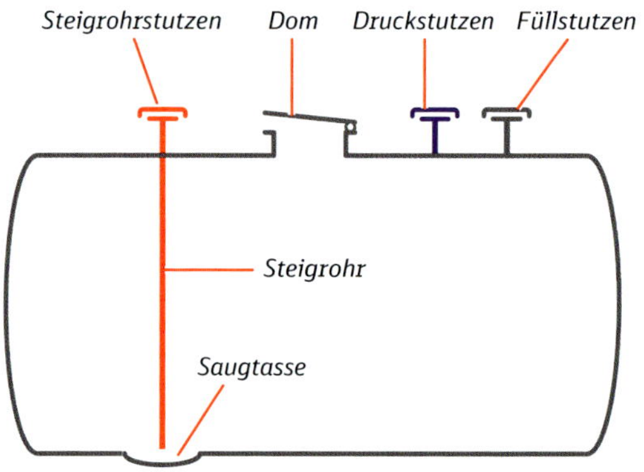

Abb. 6-75: Prinzip des Tanks mit Obenentleerung (Skizze) Abbildung: Janicki nach einer Vorlage von DB Training

Bei Chemietanks befinden sich sämtliche Befüll- und Entleereinrichtungen im Tankscheitel, dem Gasphasebereich, seltener auf dem fest verschraubten Domdeckel. Füll-, Druck- und Steigrohrstutzen werden mittels Blindflansch verschlossen. Aus Gründen des Emissions- und Arbeitsschutzes werden nach Möglichkeit zusätzlich Absperreinrichtungen auf den Stutzen angebracht.

Befüllt wird der Tank über den Füll- oder Steigrohrstutzen. Entleert wird er entweder über Druckaufgabe, beispielsweise mit Luft auf den Druckstutzen, oder indem über den Steigrohrstutzen abgesaugt wird. Für weniger gefährliche Chemikalien können auch Kesselwagen mit Untenentleerung eingesetzt werden. Im Tankboden ist eine Saugtasse eingelassen, in die das Steigrohr hineinreicht. So ist eine fast vollständige Entleerung des Tanks möglich.

Abb. 6-76:
Füll- und Entleerungseinrichtungen eines Tanks mit Obenentleerung
Abbildung: Graaff Transportsysteme GmbH

6.5.5 Behälter- und Silowagen

Einige Wagen sind mit Behältern für die Beförderung von festen Stoffen ausgestattet. Hier wird das Ladegut meist über den Dom (Einfüllstutzen) in den Tank geschüttet. Während des Transports kommt es durch Erschütterungen zur Ladegutverdichtung. Aus diesem Grund wird das Ladegut bei der Entladung aufgelockert, indem Druckluft eingeblasen wird, und anschließend über die unteren Armaturen entladen. Tanks für feste Stoffe sind mit zwei hintereinanderliegenden, voneinander unabhängigen Verschlüssen versehen. Diese bestehen aus einer äußeren Absperreinrichtung und einer Verschlusseinrichtung am Ende jedes Stutzens als Schraubkappe, Blindflansch oder Gleichwertiges.

Wagen mit stehenden Druckbehältern

Die Wagen der Bauart Ucs sind mit zwei oder vier druckfesten stehenden Behältern ausgerüstet. An jeder Wagenseite, meist in der Mitte, ist je ein Anschluss mit C-Kupplung vorhanden. Die Entleerungsrohre führen seitlich aus den Behältern heraus und enden an den Stirnseiten im Anschlussstutzen. Die Entladeeinrichtungen der Wagen ermöglichen eine schnelle und staubfreie Entleerung durch Rohrleitungen in Silos auch über größere Entfernungen und Höhenunterschiede. Jeder Behälter besitzt oben eine mit Klappdeckel verschließbare Füllöffnung sowie einen Druckmesser und ein Sicherheitsventil.

Abb. 6-77:
Wagen mit stehenden Druckbehältern der Bauart Ucs
Abbildung: DB AG

Abb. 6-78:
Entleerungsrohr der schwenkbaren Bodenentleerung
Abbildung: DB AG

Wagen mit liegendem Druckbehälter

Die Wagen besitzen einen großvolumigen Druckbehälter mit mehreren Absaugkegeln (Trichter). Die Beladung erfolgt in der Regel über auf dem Behälterscheitel angeordnete Knebeldome. Die Entladung erfolgt auch hier pneumatisch. Die dazu erforderlichen Luftanschlussstutzen sind zentral an beiden Wagenlängsseiten angeordnet. Die Entleerung erfolgt nach unten über eine Edelstahlleitung zu den beidseitig des Wagens angebrachten Schlauchanschlüssen.

Geeignete Ladegüter

Staubgutwagen befördern feuchtigkeitsempfindliche staubförmige und feinkörnige Güter wie Konstruktionsmaterialien (zum Beispiel Zement, Kreide, Kalk, Lehm, Kalksteinmehl oder Quarzsand) oder chemische Produkte (PVC, Plastikgranulate, Soda oder Aluminiumoxid). Ein Teil dieser Wagen befördert ausschließlich Nahrungsmittel (zum Beispiel Zucker, Mehl, Grieß oder Salz)

6.6 Sonstige Güterwagen

6.6.1 Wagen mit öffnungsfähigem Dach

Güterwagen der Gattung T sind mit Dächern ausgestattet, die sich öffnen lassen. Somit eignen sich diese Fahrzeuge für die Beförderung von nässeempfindlichen Gütern. Je nach Wagenbauart kommen verschiedene Dacharten zum Einsatz:

- Güterwagen mit Schiebedach und Schiebewänden (Gattung Tbis)
- Güterwagen mit Schwenk- oder Rolldach (Gattung Tams)
- Gedeckte Selbstentladewagen (Gattung Tal)

Abb. 6-79: Schiebedachwagen lassen das Beladen mit Hebezeugen zu. Foto: DB AG

Schiebedach

Güterwagen mit Schiebedach vom Typ Tbis sind meist großvolumige Fahrzeuge. Sie erlauben das Be- oder Entladen von witterungsempfindlichen Stückgütern mit Hebezeugen. Zusätzlich sind die Fahrzeuge mit Seitenwandtüren oder Schiebewänden ausgerüstet. Einige Wagen besitzen außerdem Stirnwandtüren für die Beladung über Kopframpen. Der Vorteil derartiger Güterwagen besteht in der guten Zugänglichkeit der Ladefläche, da die Be- und Entladung sowohl von oben wie auch von der Seite erfolgen kann.

Mit einem Hubhebel auf dem Dachfirst kann man das Schiebedach öffnen und schließen. Bei manchen Tbis-Wagen können die Schiebedachteile mithilfe eines Handrades, das an der Stirnwand des Wagens angebracht ist, vom Erdboden aus betätigt werden. Oberhalb der Mittelsäule auf dem Wagenkastenobergurt sind gelbe Sichtscheiben angebracht. So lässt sich jederzeit erkennen, ob die jeweilige Dachhälfte geschlossen und verriegelt (Scheibe steht senkrecht) oder geöffnet (Scheibe ist waagerecht herausgeklappt) ist.

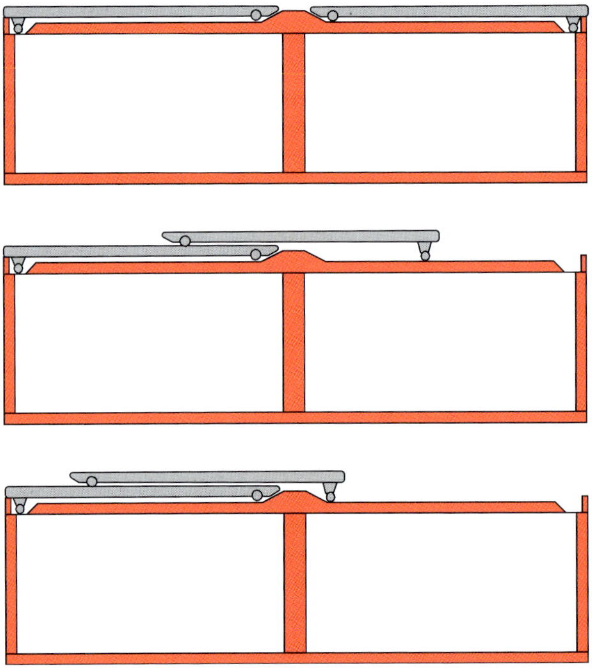

Abb. 6-80:
Stellungen des Hubschiebedaches
Abbildung: Janicki

Rolldach

Wagen mit öffnungsfähigem Kunststoffrolldach und breiten Seitenwandtüren sind für nässeempfindliche Schüttgüter vorgesehen. Daneben eignen sie sich natürlich auch für andere Güter, zum Beispiel für Stückgüter, Stahlprodukte wie Rohre, Stahlbleche, Stab- und Formstahl. Die Dächer können von Hand oder mithilfe von Elektromotoren geöffnet werden. Für den maschinellen Antrieb ist an den Handrädern ein besonderer Vierkant angebracht. Hinweise am Wagen erläutern die Bedienung. Beim Öffnen wird das Kunststoffrolldach jalousieartig zusammengerollt und überschreitet so nicht die Wagenbegrenzung.

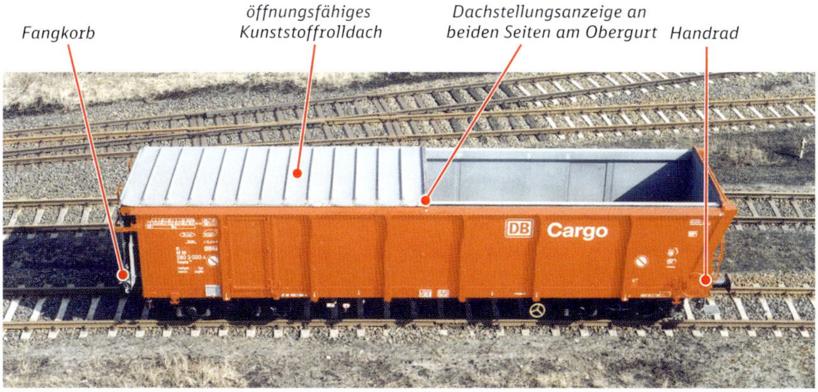

Abb. 6-81: Wagen mit geöffnetem Rolldach

Abb. 6-82: Wagen mit Rolldach Typ Tamns

Schwenkdachwagen

Für besonders schwere Sendungen stehen Taems-Wagen mit Schwenkdach und zusätzlichen breiten Seitenwandtüren bereit. Die Dachöffnung erfolgt mit einem Handrad oder mithilfe eines Elektromotors. Bei geöffneten Schwenkdächern wird die zulässige Wagenbegrenzung überschritten. Ein Teil dieser Wagen ist mit Ladegestellen ausgerüstet, die für außerordentliche Lasten ausgelegt sind.

Gedeckte Selbstentladewagen mit Schwenkdach

Selbstentladewagen mit Schwenkdach sind für nässeempfindliche Schüttgüter ausgelegt. Sie entsprechen in ihren baulichen Merkmalen und ladetechnischen Eigenschaften den Fal-Wagen. Die Drehgestell-Selbstentladewagen sind zusätzlich mit einem einteiligen Schwenkdach ausgerüstet, welches mittels eines Handrades oder hydraulisch betätigt wird.

Besonderer Innenanstrich

Einige Wagen sind mit einem besonderen Innenanstrich versehen, der sowohl den Transport von Lebensmitteln (Tdg) als auch von korrosiven Ladegütern (Td) erlaubt. Der Anstrich schützt das Ladegut vor Verunreinigungen, dient zusätzlich dem Korrosionsschutz und verbessert zudem die Rutschfähigkeit beim Entladen. Abgesehen vom Schwenkdach entsprechen die baulichen Merkmale und ladetechnischen Eigenschaften dieser Wagen weitgehend jenen der Fc-Wagen. Je nach Wagenbauart geschieht die Entladung gleisseitig oder gleismittig.

Abb. 6-83:
Selbstentladewagen mit Schwenkdach Typ Tal

Abb. 6-84: vierachsiger Selbstentladewagen Typ Tagnoos mit öffnungsfähigem Schwenkdach und gleismittiger Entladung für feuchtigkeitsempfindliche Schüttgüter Foto: DB AG

6.6.2 Tiefladewagen

Für Ladegüter, die wegen ihrer Abmessungen und/oder ihres Gewichts besondere Anforderungen an den Transport stellen, kommen Tiefladewagen der Gattung Uaai mit Ladebrücken, Drehschemeln oder Tragschnäbeln infrage. Die Fahrzeuge können Ladungen transportieren, die bis zu 454 t wiegen. Um allen Einsatzfällen gerecht zu werden, stehen verschiedene Wagenbauarten mit zwei bis 32 Achsen mit oder ohne Sondereinrichtungen zur Verfügung.

Sondereinrichtungen

Bestimmte Ladungen, beispielsweise Transformatoren oder Generatoren, sind sehr schwer und meist auch recht groß. Beim Transport werden diese Ladegüter in „Tragschnäbel" eingehängt. Die Ladung überträgt folglich auch die Zug- und Druckkräfte, sie ist „selbsttragend". Bei ihrer Konstruktion spielen daher von Anfang an die auftretenden Kräfte sowie das verfügbare Lichtraumprofil der Bahn eine Rolle. Die Aufnahmepunkte für die Tiefladewagen der Bahn werden gleich mit in die Konstruktion der Ladung einbezogen. Idealerweise befindet sich der Zielort des Ladegutes in unmittelbarer Nähe eines Gleisanschlusses, sodass der Koloss nur noch mit Hydraulikstempeln wenige Meter bewegt werden muss. Natürlich gehören umfangreiche Vorbereitungs- und Begleitmaßnahmen zum Transport dazu; es kommt gelegentlich vor, dass eine Oberleitung abgebaut, die eine oder andere Brücke angehoben oder ein Signal entfernt werden muss, damit diese Giganten passieren können. Mittels einer Hydraulik lässt sich die Ladung seitlich etwas ausschwenken, um an Hindernissen besser vorbeizukommen, sollte das Ladegut das Lademaß der Strecke zu sehr überschreiten.

Abb. 6-85: Die Fahrzeuge der Bauart Uaai 839 sind die größten Schienenfahrzeuge in Europa. Foto: DB AG/Weber

6.6.3 Modular zusammensetzbare Spezialgüterwagen

Der Einsatz von Spezialgüterwagen, die nur für ein bestimmtes Ladegut verwendet werden können, führt bei schwankender Nachfrage zu unbefriedigenden wirtschaftlichen Ergebnissen. Mit dem WASCOSA flex freight system® wurde ein Güterwagen entwickelt, der für unterschiedliche Arten von Ladegütern ganzjährig eingesetzt werden kann und so eine kontinuierlich hohe Beschäftigung und ebenso hohe Produktivität ermöglicht.

Das Konzept des Güterwagens basiert auf zwei Elementen: Ein vollwertiger Containertragwagen als Basiselement, der jederzeit uneingeschränkt für den Transport aller möglichen Behälter des Kombinierten Verkehrs eingesetzt werden kann und darüber hinaus über spezielle zusätzliche Befestigungsmöglichkeiten für die Anbringung eines Spezialgüterwagenaufbaus verfügt. Das zweite Element besteht aus unterschiedlichen Aufbauten, die eine Umnutzung des Wagens je nach Bedarf und Ladegut zu einem Spezialgüterwagen ermöglichen. Die Aufbauten können für bestimmte Ladegüter optimiert werden und sind in unbeladenem Zustand abnehmbar und stapelbar.

Abb. 6-86: modular zusammensetzbarer Spezialgüterwagen Foto: WASCOSA

6.6.4 Güterwagen der Spezialbauart

Güterwagen der Spezialbauart sind meist „Einzweckwagen“, die nur für eine Art von Ladegut geeignet sind. Aufbau und Ausrüstung derartiger Wagen richtet sich nach der Art des Ladegutes, seiner Ver- und Entladung sowie Beförderung. Der konstruktive Aufbau entspricht vereinheitlichten Bauartmerkmalen nur insoweit, wie es für den jeweiligen Verwendungszweck erforderlich ist.

7 Serviceeinrichtungen

7.1 Fahrzeuge für den Personenverkehr

7.1.1 Einführung

Die Anforderungen an den Fahrzeugpark sind in den letzten Jahren deutlich gestiegen. Der Kunde erwartet heute nicht nur einen sicheren und zuverlässigen Transport, sondern auch hohen Komfort. Neben einer zeitgemäßen Inneneinrichtung gehören Klimaanlagen und Fahrgastinformationssysteme zum Standard. Der aktuelle Fahrzeugpark im Fern- und Nahverkehr präsentiert sich mit hochmodernen Triebzügen und modernisierten Reisezugwagen, die den aktuellen Ansprüchen gerecht werden.

Abb. 7-1: Fahrzeuge des Reiseverkehrs Foto: DB AG/Lautenschläger

Die Unterscheidung der Fahrzeuge

Der wesentliche Unterschied zwischen den verschiedenen Reisezugwagen und Triebwagen beziehungsweise -zügen besteht in ihrer spezifischen Aufgabe und Nutzungsmöglichkeit. Während Fahrzeuge für den Fernverkehr großräumige Verkehrsaufgaben übernehmen, bedienen die Fahrzeuge des Regionalverkehrs vorwiegend innerstädtische oder ländliche Räume. Entsprechend dieser Aufgabenteilung variieren die Komfortansprüche der Fahrgäste an die Fahrzeugtypen beträchtlich. Damit die Ausstattungsmerkmale der Fahrzeuge bei der Zugbildung und Disposition schnell erkennbar sind, benötigt man ein System zur Einteilung. Die Fahrzeuge zur Beförderung von Reisenden sind daher in Gattungen eingeteilt.

Diese werden mit großen Buchstaben, den Gattungsbuchstaben, bezeichnet. Zur Kennzeichnung von Fahrzeugen, die verschiedenen Zwecken dienen, kann eine Kombination von Gattungsbuchstaben verwendet werden. Kleine Buchstaben, sogenannte Kennbuchstaben, dienen zur weiteren Unterscheidung der Einrichtung und Ausrüstung eines Fahrzeuges und ergänzen damit die Bezeichnung.

Gattungsbuchstaben		Kennbuchstaben	
A	Sitzwagen 1. Klasse	m	Reisezugwagen oder Fahrzeug eines Triebzuges
AB	Sitzwagen 1. und 2. Klasse	n/y	Nahverkehrswagen
B	Sitzwagen 2. Klasse	x	S-Bahn-Wendezugwagen in Sonderbauart
D	Gepäckwagen	f	mit Führerraum für den Wendezugbetrieb
...D	mit Gepäckabteil	p	klimatisiert mit Großraum und Mittelgang
...R	mit Küche/Bordbistro	v	klimatisierter Fernverkehrswagen mit vergrößerten Abteilen oder klimatisiertes Fahrzeug eines Triebzuges
D...	Doppelstockwagen[*1]	o	nicht klimatisiert mit vergrößerten Abteilen
WR	Bordrestaurant/Speisewagen	b	mit Spezialeinrichtungen für Behinderte in Rollstühlen
WL...	Schlafwagen[*1]	d	mit Einrichtung für die Fahrradbeförderung oder Mehrzweckraum
WG	Gesellschaftswagen[*2]	k	mit Speiseraum zur Selbstbedienung oder Wagenautomaten
K...	Schmalspurwagen[*1]	c	mit Sitzplätzen, die in Liegeplätze umgewandelt werden können[*3]
		h/z	Hinweis auf die Art der Energieversorgung (siehe Kapitel 7.2)
		u/uu	Reisezugwagen für den Wendezugbetrieb mit 34-/36-poliger Steuerleitung
		a	mit Einrichtungen, die den Betrieb von TAV ermöglichen[*4]
		r	in Verbindung mit n Hochleistungsbremse (Rapidbremse)

[*1] wird nur vor anderen Gattungsbuchstaben verwendet
[*2] internationale Bezeichnung SR
[*3] c = couchette
[*4] TAV = Technikbasiertes Abfertigungsverfahren

Abb. 7-2: Kennzeichnung der Fahrzeuggattung, Inneneinrichtung sowie Sonderausstattungen mit Gattungs- und Kennbuchstaben (Erläuterungen zum Teil verkürzt wiedergegeben)

7.1.2 Fahrzeuggrundrisse und Inneneinrichtungen

Die Kunden stellen an die Verkehrsleistung und vor allem an die Fahrzeuge besondere Erwartungen. Ein modernes äußeres und inneres Design, helle und freundliche Farbtöne, Transparenz durch den Einsatz von Glastüren und -trennwänden sowie der Einsatz von Edelstahl geben den Fahrzeugen ein modernes, den Bedürfnissen angepasstes Aussehen.

Ein bequemer Einstieg soll bei jeder Bahnsteighöhe den Zugang zum Zug erleichtern. Bei Fahrzeugen des Regionalverkehrs bieten hier Niederflureinstiege nicht nur Reisenden mit Kinderwagen und Fahrrädern, sondern auch mobilitätseingeschränkten Personen eine deutliche Verbesserung gegenüber den Einstiegstüren früherer Fahrzeuggenerationen. Klimatisierung und angenehme Beleuchtung sowie vibrations- und ruckfreie Fahrt sorgen für einen angenehmen und bequemen Aufenthalt im Zug. Die Verwendung elektronischer Fahrgastinformationssysteme führt zu qualitativ hochwertigen und umfassenden Informationen.

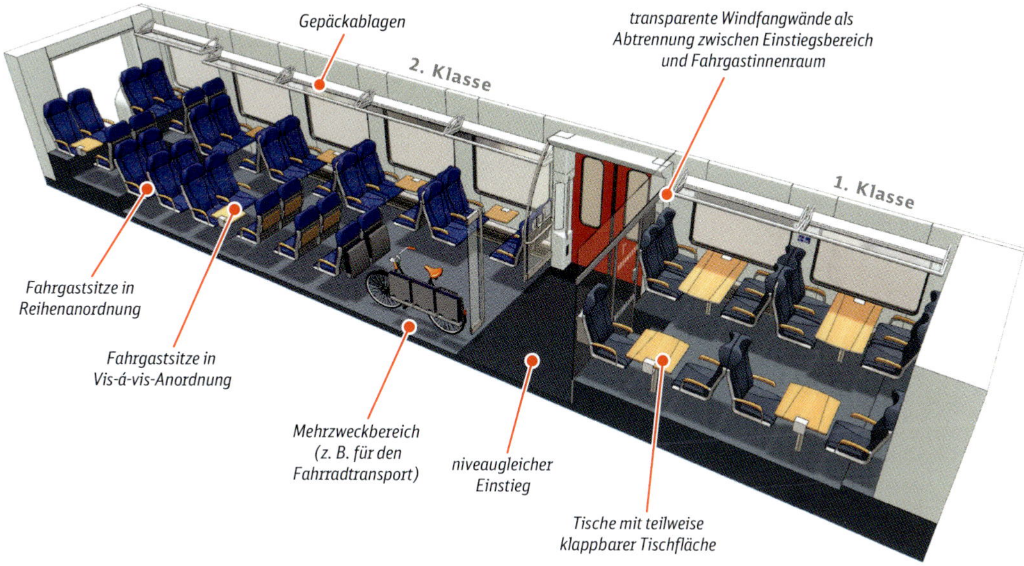

Abb. 7-3: Innenraum eines Fahrzeuges für den Regionalverkehr (Triebzug Flirt) Abbildung: Stadler

Fahrzeuge des Regional- und Fernverkehrs

Unterschiedliche Bedürfnisse im Fernverkehr verlangen verschiedene Fahrzeugtypen. Neben Abteil-, Großraum- und Speisewagen werden in Nachtzügen auch Schlaf- und Liegewagen eingesetzt. Autotransportwagen dienen der Mitnahme von Kraftfahrzeugen und Motorrädern. Für bestimmte Sonderverkehre werden Gesellschafts- und Gepäckwagen vorgehalten.

Für den Fahrzeugeinsatz im Regionalverkehr ist ein wesentlicher Aspekt die benötigte Sitzplatzkapazität. Hier sind die Anforderungen recht vielschichtig, da ein breites Spektrum von etwa 100 bis über 800 Sitzplätzen abgedeckt werden muss.

Doppelstockwagen

Wenn das Fahrgastaufkommen steigt, die Streckenbelegung aber nicht mehr Züge zulässt, sind Fahrzeuge gefragt, die bei gleichen Zug- und Bahnsteiglängen deutlich mehr Fahrgäste aufnehmen können. Doppelstockwagen kombinieren ein überragendes Raumangebot mit hohen Reisegeschwindigkeiten und machen den Regionalverkehr noch attraktiver und wirtschaftlicher. Breite Türen sowie komfortable Treppen zum Oberstock gewährleisten einen zügigen Fahrgastfluss. Dem Betreiber der Flotten nützt dies zusätzlich dank des beschleunigten Ein- und Ausstiegs und der entsprechenden Verkürzung der Fahrgastwechselzeiten an Haltestellen. Dies führt zu schnelleren Zugumläufen mit einer letztlich geringeren Anzahl zu beschaffender Fahrzeuge.

Abb. 7-4: moderne Fahrzeuggestaltung am Beispiel eines Doppelstockwagens Foto: DB AG/Jet-Foto Kranert

Großraum

Fahrzeuge mit Großraum weisen einen durchgehenden Mittelgang auf. Der Fahrgastraum kann durch Trennwände in verschiedene Bereiche unterteilt sein. Einige Fahrzeuge besitzen einen Großraum mit Abteilcharakter. Die Sitzanordnung der Großraumwagen ist gemischt: teils Reihen-, teils Gegenübersitzanordnung (Vis-à-vis-Anordnung). Einige Sitzgruppen besitzen einen Tisch. Je nach Sitzbauart steht dem Reisenden ein an der Rückenlehne des Vordersitzes befindlicher Klapptisch zur Verfügung. Die Rückenlehne ist meist abklappbar, die mittlere Armlehne hochklappbar. Viele Wagen besitzen an den Großraumenden spezielle Kofferablagen. Für kleineres Gepäck steht an jeder Wagenseite eine Längsgepäckablage, vielfach auch mit integrierten Leseleuchten, zur Verfügung.

Abb. 7-5: Großraum eines Fernverkehrswagens mit Sitzen in Vis-à-vis- und Reihenanordnung

Foto: Siemens Transportation

Abteil

Abteilwagen sind entweder mit Vier-, Fünf- oder Sechsplatzabteilen in unterschiedlicher Anzahl ausgerüstet. Das Gepäck wird in der Regel in Quergepäckablagen untergebracht. Die Abteile sind vom Seitengang aus über Schiebetüren zugänglich. Einige Abteile sind mit Tischen ausgestattet.

Abb. 7-6: Erste-Klasse-Abteil eines Wagens für den IC-Verkehr Foto: DB AG/Rainer Garbe

Einstiegsraum

Bei den Fernverkehrsfahrzeugen befinden sich die Einstiegsräume meist an den Wagenenden. Wenn wegen der Notwendigkeit, elektrische Geräte unterzubringen, auf Endeinstiege verzichtet werden muss, können auch andere Lösungen, wie beispielsweise der Dritteleinstieg, zum Tragen kommen. Das bedeutet, dass der Einstiegsraum vor den Drehgestellen in Richtung der Fahrzeugmitte angeordnet ist.

Der Einstiegsbereich ist mit einem Schmutz- und Nässeschutzbelag ausgestattet. An den Bereich schließen sich die verschiedenen Fahrgastzonen des Wagens an. Entweder geht es über einen Seitengang weiter zu den Abteilen oder über eine Schiebetür in den Großraum. Jeweils vom Vorraum aus sind auch die Toilettenräume zugänglich. Im hinteren Verbindungsgang zum Fahrzeugübergang finden sich an einem Fahrzeugende beidseitig Geräteschränke, in denen die Teile der technischen Ausrüstung und der Fahrzeugsteuerung untergebracht werden. Auch die Bedienschalttafel ist hier befestigt. In einem seitlich angebrachten Schrank befinden sich zudem die Behälter für die Abfallentsorgung, Feuerlöscher sowie je nach Wagenbauart eine Notleiter und Schließfächer.

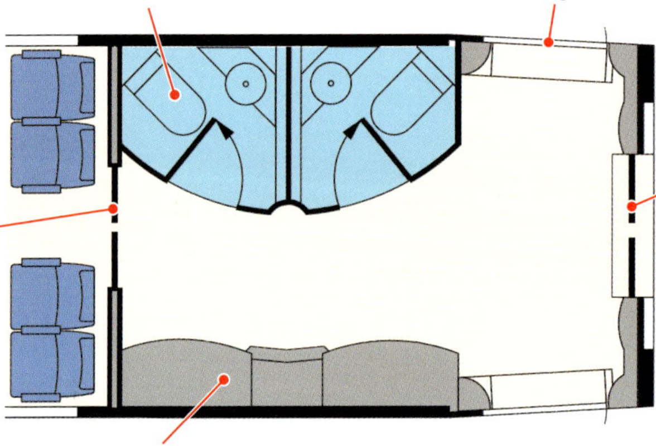

Abb. 7-7: Einstiegsraum eines Wagens mit Endeinstieg

Abbildung: DB AG

Mehrzweckraum

In den Steuerwagen oder in einem speziellen Mittelwagen ist ein Mehrzweckbereich angeordnet, in dem Rollstühle, Kinderwagen und Fahrräder gesichert abgestellt werden können. Die Unterbringung weiterer Rollstühle/Kinderwagen und Fahrräder ist bei einigen Fahrzeugbauarten auf Sonderflächen in den Einstiegsbereichen möglich.

An den Mehrzweckraum kann ein behindertengerechtes WC angrenzen, in dem zusätzlich ein klappbarer Wickelplatz mit Ausstattung und Beleuchtung eingebaut sein kann. Mit Blick auf einen Saisonbetrieb und die Möglichkeit eines multifunktionalen Einsatzes der Fahrzeuge können bei einigen Fahrzeugen zum Beispiel die „Modulen Fahrradhalter" im Winter gegen „Module Klappsitze" oder „Module Skihalter" ausgetauscht werden.

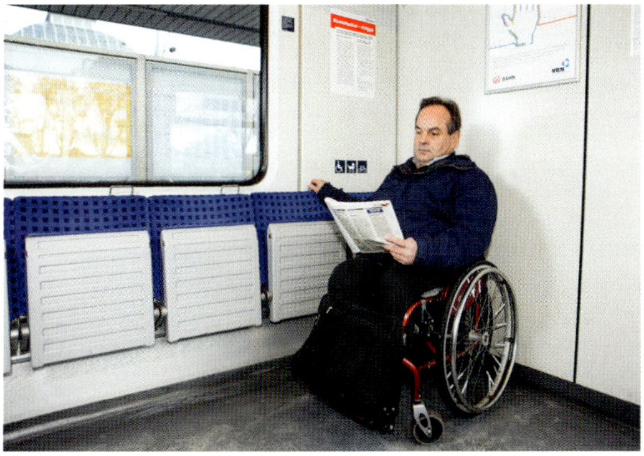

Abb. 7-8:
Mehrzweckraum mit Klappsitzen, Abstellflächen für Kinderwagen, Fahrräder, sperriges Gepäck und Rollstühle
Abbildung: DB AG/Johannes Vogt

Bordrestaurant

Im Fernverkehr ist ein gastronomischer Service die Regel, während im Nahverkehr Speisen und Getränke nur auf bestimmten Linien verkauft werden. Neben fest im Fahrzeug eingebauten Restaurants und Bistros kommen auch Automaten zum Einsatz. Alternativ kann ein mobiler Service mit Verkaufswägelchen geboten werden.

Der Wagen mit dem Bordrestaurant hat neben dem eigentlichen Restaurant einen Küchentrakt. Teilweise steht auch ein Bordbistro zur Verfügung, in dem der Reisende Speisen und Getränke zum dortigen Verzehr oder auch zum Mitnehmen erhalten kann. Alternativ werden auch reine Bistrowagen eingesetzt.

In den gastronomischen Einrichtungen müssen Lebensmittel bevorratet, gekühlt und erwärmt werden, was besondere Anforderungen an die Energieversorgung sowie die Wasserver- und -entsorgung stellt.

Abb. 7-9: Speisewagen im ICE Foto: DB AG/Volker Emersleben

Fahrgasträume in Nachtreisezügen

In den Nachtreisezügen gibt es Räume diverser Kategorien: Die Abteile der Kategorie „Deluxe“ haben zwei bequeme Betten, eine Sitzecke sowie eine Duschkabine und Toilette. In den Kategorien „Comfort“ und „Economy“ sind die Abteile mit ein bis zwei oder mit zwei bis vier Betten und einer Waschgelegenheit ausgestattet. Die Kategorie „Ruhesessel“ bietet bequeme verstellbare Sitze. Zum Teil werden in Nachtzügen auch doppelstöckige Wagen eingesetzt.

Abb. 7-10: Deluxe-Abteil eines Schlafwagens Foto: DB AG/City Night Line

7.1.3 Fahrgastsitze

Was die Sitzanordnung betrifft, wird zwischen Reihenanordnung (Sitze stehen in gleicher Ausrichtung hintereinander) und Vis-à-vis-Anordnung (Sitze stehen sich gegenüber) unterschieden. In einer Fahrzeugreihe befinden sich im Großraum auf jeder Fahrzeugseite zwei Sitze, die durch den Mittelgang getrennt sind (2+2-Anordnung). In Abteilen werden maximal drei Sitzplätze nebeneinander angeordnet. Andere Sitzanordnungen können an besonderen Stellen wie beispielsweise der WC-Rückwand sowie in der ersten Klasse vorkommen.

In der Regel kommen gepolsterte Einzelsitze mit Armlehnen am Gang und am Fenster zum Einsatz. Für den Sitzkomfort sind die nachfolgend dargestellten Abstände von Bedeutung:

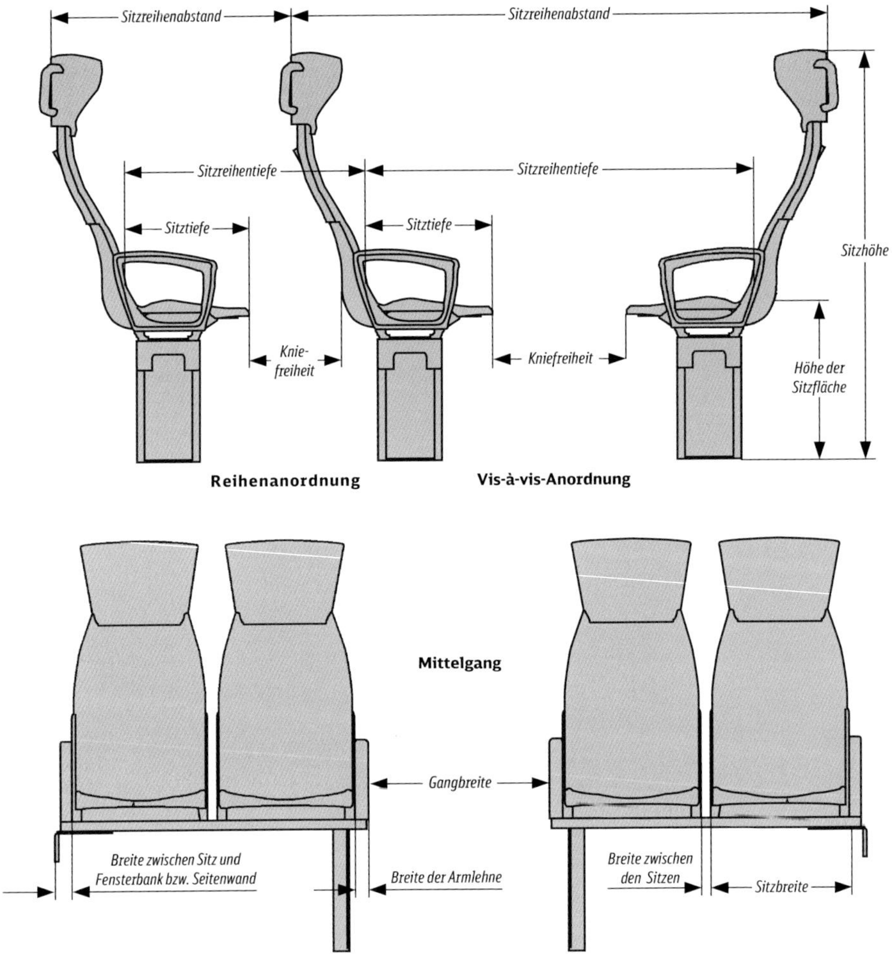

Abb. 7-11: Sitzraum bei Fahrgastsitzen

Abbildung: Janicki

7.1.4 Barrierefreie Gestaltung von Eisenbahnfahrzeugen

Die barrierefreie Gestaltung von Schienenfahrzeugen ist in den letzten Jahren zunehmend in den Fokus gerückt. Das Gesetz zur Gleichstellung behinderter Menschen schreibt vor, dass die Nutzung des Systems Eisenbahn durch behinderte Menschen, alte Menschen, Kinder und Personen mit Nutzungsschwierigkeiten ohne besondere Erschwernis möglich sein muss.

TSI PRM (people with reduced mobility)

Die Anforderungen für die barrierefreie Nutzbarkeit des Systems Eisenbahn wurden im Jahre 2008 auch in der technischen Spezifikation für die Interoperabilität bezüglich „eingeschränkt mobiler Personen" – abgekürzt TSI PRM (people with reduced mobility) – definiert. Nach der TSI zählen zu den eingeschränkt mobilen Personen alle Personen, die bei der Nutzung von Zügen oder der zugehörigen Infrastruktur Schwierigkeiten haben.

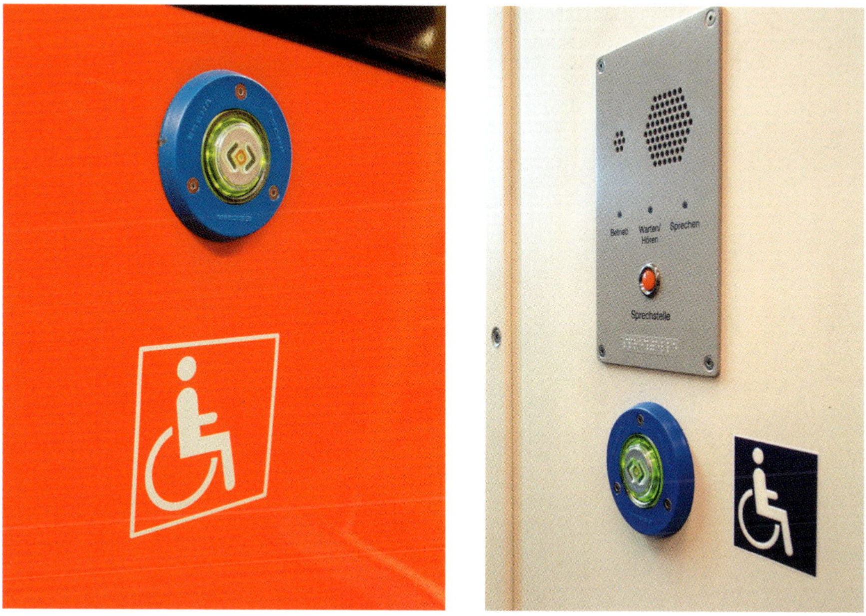

Abb. 7-12: Barrierefrei gestaltete Fahrzeuge müssen besondere Merkmale aufweisen. Fotos: Janicki

Außentür

Die Einstiegstüren der Fahrzeuge sind an ihrer Außenseite so lackiert oder markiert, dass sie in Kontrast zum übrigen Wagenkasten stehen. Die Einstiegsbereiche, insbesondere die Einstiegsstufen, sind besonders hell beleuchtet. Türen sind mit dem internationalen Symbol für Dienste für Behinderte (Rollstuhlzeichen) gekennzeichnet. Diese Türen liegen den Rollstuhlplätzen am nächsten.

Die Bedienelemente der Tür befinden sich entweder neben oder auf dem Türflügel. Die Drucktaste für die Türbetätigung oder deren Einfassung ist beleuchtet, wenn die Tür zum Öffnen freigegeben ist. Unmittelbar vor dem automatischen oder fernbedienten Schließen einer Tür ertönt für mindestens zwei Sekunden ein deutlich hörbares akustisches Signal, das auch während des gesamten Schließvorganges hörbar ist. Bei einigen Fahrzeugen ertönt auch bei der Freigabe einer Tür zum Öffnen ein akustisches Signal. Dabei unterscheiden sich beide Signaltöne voneinander.

Einstiegshilfe

Leider ist es selbst innerhalb geschlossener Verkehrsnetze nicht immer möglich Fahrzeuge einzusetzen, deren Bauart auf die vorhandenen Bahnsteighöhen abgestimmt ist. Deshalb muss im Bedarfsfall zwischen dem Bahnsteig und der Türöffnung eine fahrzeuggebundene Einstiegshilfe zur Spaltüberbrückung bereitgestellt werden, mit der einem Rollstuhlfahrer der Ein- und Ausstieg ermöglicht wird. Dazu kommen neben Hubliften auch manuelle und automatische Rampen (Überfahrrampen) sowie Überbrückungsplatten zum Einsatz. Auf die Einstiegshilfe kann verzichtet werden, wenn im Einstiegsbereich der Restspalt sowie die Resthöhe zwischen Bahnsteigkante und Fahrzeugboden ein festgelegtes Maß nicht überschreiten.

Abb. 7-13: Überfahrrampe zur Spaltüberbrückung beim Doppelstockwagen Foto: DB AG/Margit Brettmann

Gehfläche

Optimal ist der Einsatz von niederflurigen Fahrzeugen mit möglichst stufenlosen Gehbereichen. Sind im Fahrzeug aus konstruktiven Gründen Rampen erforderlich, dürfen diese nur eine geringe Neigung aufweisen. Die Bodenbeläge üben auch im nassen Zustand eine rutschhemmende Wirkung aus. Die Position der Außentüren ist eindeutig durch einen Kontrast des an die Türöffnung angrenzenden Fußbodenbereichs zum übrigen Fußboden gekennzeichnet. Alle Gehflächen sind gleichmäßig hell, blend- und schattenfrei beleuchtet.

Festhaltemöglichkeiten

Im Fahrzeug ist eine ununterbrochene Kette von Festhaltemöglichkeiten (Handläufe, Handgriffe, Haltestangen) von der Einstiegstür bis zu allen relevanten Zielorten vorhanden. Außerdem existieren Festhaltemöglichkeiten an allen Stehplätzen. Im Bereich der Türöffnungen ist eine vertikale Haltestange angebracht; bei mehr als zwei Einstiegsstufen befinden sich auf beiden Seiten einer Türöffnung Haltestangen.

Abb. 7-14:
Im Innenraum sind Haltestangen, Hindernisse und Gefahrenbereiche kontrastreich markiert.
Foto: Janicki

Mehrzweckraum

In jedem Zug ist mindestens ein Mehrzweckraum mit ausreichenden Abstellflächen für Fahrräder, Kinderwagen und sperriges Gepäck sowie Rollstuhlstellplätzen vorhanden.

Blinde und Sehbehinderte

Um blinden und sehbehinderten Menschen die Orientierung während ihrer Fahrt zu erleichtern, sind neben optimierten visuellen und akustischen Informationen auch leicht auffindbare taktile Beschriftungen angebracht. Taktil steht hier für erfühl- beziehungsweise ertastbar und umfasst neben schriftlichen Informationen in Braille- und tastbarer Profilschrift auch hervorstehende Bedienelemente, die durch Abtasten gefunden werden können. Visuelle Fahrgastinformationen sind durch eine ausreichende Größe und eine entsprechende Gestaltung der Beschriftung sowie durch eine kontrastreiche Ausführung auch für Sehbehinderte erkennbar; Haltestangen sowie Hindernisse und Gefahrenbereiche wie Glastüren, Stufen und Trittkanten sind kontrastreich markiert.

Abb. 7-15:
durch Abtasten identifizierbare Taster
Abbildung: EAO

Gehörlose und Hörbehinderte

Damit Durchsagen über die Lautsprecheranlage auch bei eingeschränktem Hörvermögen in ausreichender Qualität erfasst werden können, erfolgen akustische Informationen ausreichend laut und mit niedrigem Störgeräuschpegel. Zur Verminderung der Störgeräusche weisen die Signale eine möglichst kurze Nachhallzeit auf und der Schall wird gezielt zum Hörer geleitet. Alarm- und Warnsignale sind eindeutig erkenn- und unterscheidbar.

Behindertensitz

In jedem Fahrzeug sind Sitzplätze als Behindertensitze für eingeschränkt mobile Personen ausgewiesen. Diese Sitze sowie die Fahrzeuge, in denen sie sich befinden, sind speziell gekennzeichnet. Behindertensitze zeichnen sich durch etwas großzügigere Abmessungen aus und sind mit klappbaren Armlehnen ausgestattet.

Rollstuhlplatz

Bei Fahrzeugen des Personenverkehrs ist in Abhängigkeit von der Zuglänge eine vorgegebene Anzahl von Stellplätzen für Rollstühle vorgesehen. Der Bereich zwischen dem Vorraum einer rollstuhlgerechten Außentür, dem Rollstuhlplatz und der Universaltoilette weist keine Stufen auf. Neben dem Rollstuhlplatz ist eine „Bewegungsfläche" frei gehalten, in der ein Rollstuhlfahrer wenden kann. Über eine Notrufeinrichtung kann der Rollstuhlfahrer eine Person kontaktieren, die geeignete Maßnahmen zu seiner Hilfe einleiten kann. Die Aktivierung dieser Notrufeinrichtung wird visuell und akustisch angezeigt.

Universaltoilette

In unmittelbarer Nähe des Rollstuhlplatzes ist eine Universaltoilette vorhanden. Diese unterscheidet sich von der Standardtoilette dadurch, dass sie auch für die Nutzung durch Rollstuhlfahrer ausgelegt ist. Sind im Zug keine separaten Einrichtungen für die Versorgung von Wickelkindern vorhanden, befindet sich in der Universaltoilette auch ein Wickeltisch. Auf jeder Seite des Toilettenbeckens sowie neben dem Waschbecken befinden sich Haltevorrichtungen. Sämtliche Einrichtungen der Universaltoilette können von einem Rollstuhlfahrer uneingeschränkt genutzt werden. Dazu zählen neben dem Waschbecken mit dem Wasserspender auch Seifenspender, Spiegel und Handtrockner.

Universaltoiletten sind mit mindestens zwei Notrufeinrichtungen ausgerüstet; eine davon ist so angebracht, dass sie von einer am Boden liegenden Person erreicht wird. Die Betätigung einer Notrufeinrichtung wird im Toilettenraum visuell und akustisch angezeigt.

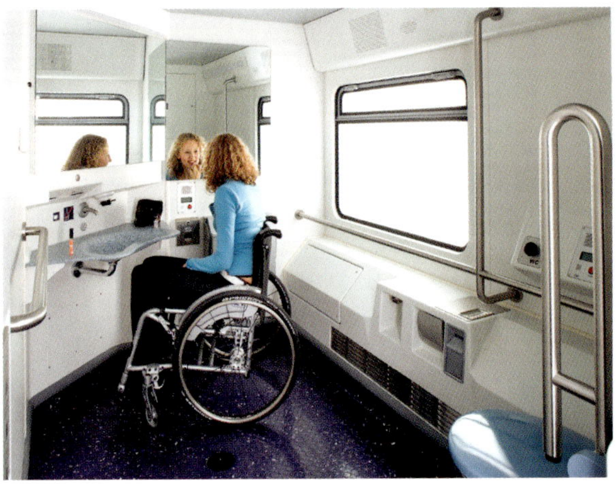

Abb. 7-16:
Behindertengerechtes WC im Doppelstock-Steuerwagen
Foto: DB AG/Gocke

7.2 Energieversorgung

7.2.1 Energieversorgung der Reisezugwagen

Reisezugwagen benötigen eine elektrische Energieversorgung für Beleuchtung, Heizung, Tür- und Bremssteuerung sowie im Einzelfall auch für Bistro- oder Kücheneinrichtungen. In den letzten Jahren sind aufgrund gestiegener Komfortansprüche und Geschwindigkeiten weitere Systeme wie Klima- und Druckschutz, geschlossene Toiletten, Fahrgastinformationssysteme und Unterhaltungsanlagen hinzugekommen.

Neben dem elektrischen Strom als wichtigste Energieform werden in geringem Umfang noch Dampf und Öl für den Betrieb der Heizung eingesetzt.

elektrische Energie	Heizung Klimaanlage Batterieladung Beleuchtung Steuerung Fahrgastinformationssystem
Dampfenergie	Heizung (Museumsfahrzeuge)
Druckluft	Türschließeinrichtung Bremseinrichtung WC
Öl	Heizung Klimaanlage

Abb. 7-17:
Die aufgeführten Energieformen kommen – je nach Zweck – zum Einsatz.
Foto: DB AG/Uwe Miethe

Achsgenerator

In der Vergangenheit wurden die Reisezugwagen in erster Linie über Generatoren mit elektrischer Energie versorgt (Generatorwagen). Da diese von jeweils einer Achse angetrieben wurden, war die Energieversorgung unabhängig von der Traktionsart (Dampf-, Diesel- oder E-Lok). Für den Betrieb der Heizung waren die Wagen mit zwei Heizungssystemen (Dampf und elektrisch) ausgerüstet. Der Generator lud eine Fahrzeugbatterie auf, die im Stillstand die Energieversorgung der Beleuchtung und Steuerung übernahm. Leider reichte die gespeicherte Energie nicht aus, um den Wagen bei längeren Standzeiten mit eingeschalteten Verbrauchern abstellen zu können. Zudem war der Instandhaltungsaufwand beim Generator- und Dampfbetrieb recht hoch. Als dann die Dampflokomotiven von der Bildfläche verschwanden und die Diesellokomotiven mit einem Generator für die Versorgung der Zugsammelschiene ausgerüstet wurden, übernahm diese Leitung auch die Versorgung der anderen Verbraucher. Dennoch hat sich der Generatorbetrieb bis heute gehalten, weil noch viele ältere Reisezugwagen im Einsatz sind.

Abb. 7-18: Achsgenerator eines älteren Reisezugwagens
Foto: Janicki

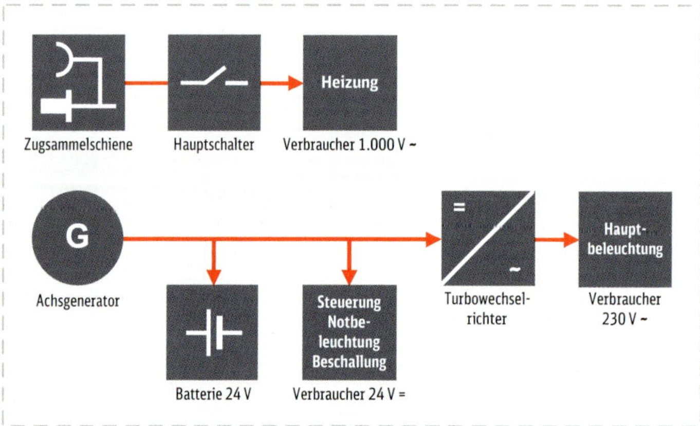

Abb. 7-19: Schema der Energieversorgung eines Generatorwagens Abbildung: Janicki

z-Wagen

Bei neueren Reisezugwagen leistet nicht mehr ein Generator die Energieversorgung der elektrischen Niederspannungsverbraucher, sondern ein Gleichspannungsversorgungsgerät (GVG). Diese Wagen können nur eingesetzt werden, wenn die Zugsammelschiene an Spannung gelegt werden kann. Zur Kennzeichnung sind die Wagen hinter dem Gattungszeichen mit dem kleinen Kennbuchstaben „z“ beschriftet: Im Betrieb werden sie daher als „z-Wagen“ bezeichnet. Noch eine Besonderheit bei Benennungen: Das GVG benutzte man früher ausschließlich als Batterieladegerät, daher wird es oft heute noch so genannt.

Einen Sonderfall stellen die Reisezugwagen mit dem Kennbuchstaben „h“ dar. Ihre elektrischen Einrichtungen können sowohl von Generatoren als auch von der Zugsammelschiene mit elektrischer Energie versorgt werden.

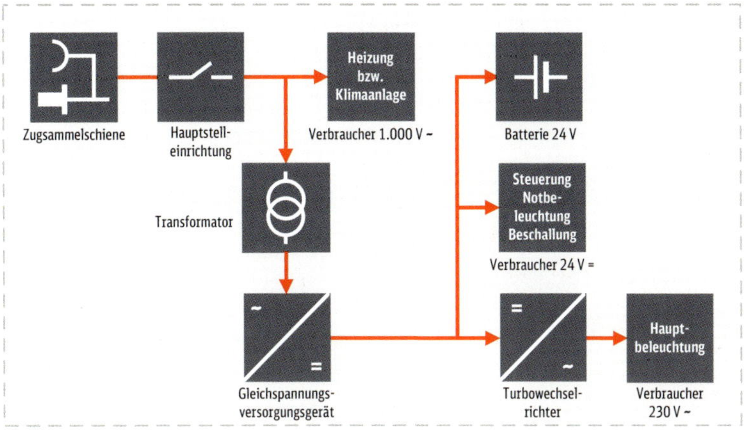

Abb. 7-20:
Schema der Energieversorgung eines z-Wagens
Abbildung: Janicki

Zugsammelschiene

Für die Verbindung der Zugsammelschiene (ZS) sind die Wagen mit jeweils einem Kupplungsstecker und einer Kupplungsdose je Wagenende ausgerüstet. Die Zugsammelschiene ist während des ganzen Jahres, also auch außerhalb der Hauptheizzeit, auf dem Zugbildungsbahnhof zu verbinden. Bei aufgerüstetem Triebfahrzeug und eingeschaltetem Hauptschalter stehen die Zugsammelschiene und alle elektrischen Kupplungsteile, auch die Stecker in den Blinddosen, unter Spannung. Das Gleiche gilt, wenn die Wagen an eine Vorheizanlage angeschlossen sind. Aus Sicherheitsgründen dürfen die elektrischen Kupplungseinrichtungen nur getrennt oder verbunden werden, wenn sie spannungslos sind.

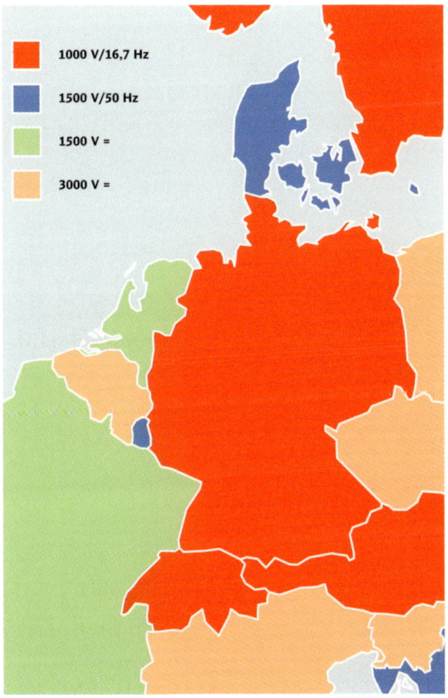

Abb. 7-21:
Spannungen in der Zugsammelschiene in Deutschland und bei den Nachbarbahnen
Abbildung: Janicki

Bei der DB sowie einigen Nachbarbahnen beträgt die ZS-Spannung 1.000 V, 16 ⅔ Hz. Aufgrund der unterschiedlichen Fahrdrahtspannungen benutzen andere Bahnverwaltungen auch andere Spannungssysteme für den Betrieb der Zugsammelschiene. Die Gleichspannungen 1.500 V und 3.000 V werden dabei unverändert zur Zugsammelschiene durchgeschaltet. Die Wechselspannungen werden von den auf den Triebfahrzeugen vorhandenen Transformatoren zu den notwendigen Spannungen transformiert. Reisezugwagen im grenzüberschreitenden Verkehr sind als Mehrspannungswagen ausgeführt. Die Nennspannungen und Stromarten, mit denen die Energieversorgungs- und Heizungssysteme betrieben werden können, sind im RIC-Raster am Langträger angeschrieben.

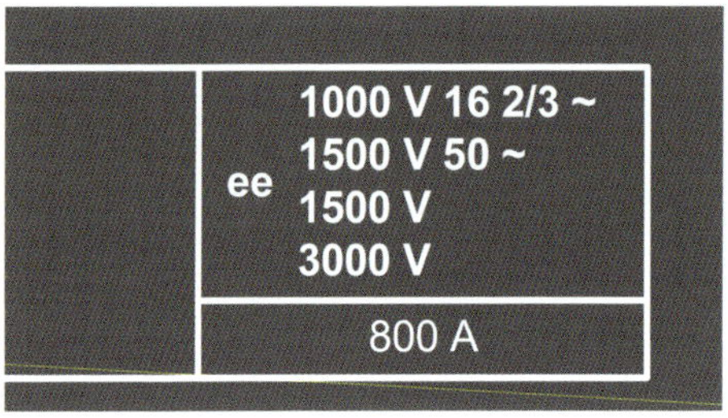

Abb. 7-22: Reisezugwagen mit Zugsammelschiene – Kennzeichnung der Versorgungsspannungen im RIC-Raster
Abbildung: Janicki

Abb. 7-23: Verbotsanschrift
Abbildung: Janicki

Wagen mit einer elektrischen Heizung werden im RIC-Raster zusätzlich mit einem „e" gekennzeichnet, Wagen mit zentraler elektrischer Energieversorgung aus der ZS mit einem „ee". Im RIC-Raster wird auch angegeben, für welche Belastung die Zugsammelschiene ausgelegt ist.

Die Art der Energieversorgung ist entscheidend für den Einsatz der Wagen auf elektrifizierten oder nicht elektrifizierten Strecken. Beim z-Wagen und bei Fahrzeugen mit der Kennzeichnung „ee" muss die Zugsammelschiene im Betrieb ganzjährig unter Spannung stehen. Für die Zugförderung sind nur elektrische Triebfahrzeuge oder Dieseltriebfahrzeuge mit elektrischer Energieversorgungsanlage verwendbar. Einige Wagen dürfen nicht von einer Diesellokomotive versorgt werden. Sie sind mit einer besonderen Anschrift versehen.

Während die ZS-Spannung zwischen 1.000 V Wechselspannung und 3.000 V Gleichspannung liegt, benötigen die elektrischen Verbraucher in den Fahrzeugen Gleichspannungen zwischen 24 V und 120 V, Wechselspannungen von 230 V und Drehspannungen von 400 V mit teilweise variabler Frequenz. Das Energieversorgungssystem leistet als Verbindungsglied die Angleichung zwischen den unterschiedlichen, teilweise sogar stark schwankenden ZS-Spannungen und den hohen Anforderungen der Verbraucher an die Spannungsqualität. In der Regel ist es modularisiert in mehreren Behältern unter dem Wagenboden untergebracht.

7.2.2 Energieversorgung (Hochspannungsteil)

Die elektrische Energie fließt aus der Zugsammelschiene über eine Hauptsicherung bis zum Hauptschalter und von dort weiter zur Heizungseinrichtung beziehungsweise Klimaanlage.

Hauptstelleinrichtung

Die Hauptstelleinrichtung verbindet die elektrischen Verbraucher des Wagens mit der Zugsammelschiene. Alle elektrischen Verbraucher, die an die Zugsammelschiene angeschlossen sind, werden hier eingeschaltet. Die Hauptstelleinrichtung befindet sich bei älteren Wagen in Form eines Hauptschalters im Deckel des Hochspannungskastens oder unter dem Seitenlangträger des Wagens. Sie wird nur im Störfall ausgeschaltet – oder wenn ältere Wagen mit Generator im Sommer nicht heizen sollen. Bei neueren Fahrzeugen befindet sich der Kippschalter Energieversorgung „Ein“ oder „Aus“ im Inneren des Wagens auf der Bedientafel S1.

Abb. 7-24: geöffneter Hochspannungskasten eines Reisezugwagens
Abbildung: Janicki

Ältere z-Wagen

Bei älteren, nicht modernisierten z-Wagen geht eine Zweigleitung zum Batterieladegerät. Hier wird die Hochspannung von einem Transformator auf eine kleinere Spannung heruntertransformiert und anschließend gleichgerichtet. Mit dieser Energie werden die Batterien aufgeladen und sämtliche elektrischen Verbraucher mit Ausnahme der Heizung versorgt. Da die Spannung im Batterienetz entweder 24 V oder 120 V beträgt, verlangt die Versorgung der Hauptbeleuchtung mit 220 V Wechselstrom eine Energieumformung.

Neuere z-Wagen

Neuere z-Wagen und solche Wagen, die umfangreich modernisiert wurden, besitzen komplexe Energieversorgungsanlagen (EVA) mit einem Energieversorgungsblock (EVB). Der EVB erzeugt aus der einphasigen Wechselspannung der Zugsammelschiene voneinander unabhängige Drehspannungssysteme für die Versorgung der Klimageräte und für weitere elektrische Verbraucher wie beispielsweise Lüfter, Frostschutzheizung und Steckdosen. Außerdem erzeugen sie eine potenzialgetrennte Gleichspannung für die Speisung des Gleichstrom-Bordnetzes und für die Batterieladung.

Bei Einsystemfahrzeugen dient eine mittelfrequente Energieversorgung (MF-Modul) der potenzialgetrennten transformatorischen Energieübertragung aus dem Wechselspannungsnetz in einen Gleichspannungszwischenkreis. Der Gleichspannungszwischenkreis versorgt parallel sowohl das Gleichspannungsversorgungsgerät wie auch die Drehrichter.

Das Gleichspannungsversorgungsgerät arbeitet autark, sobald die Zwischenkreisspannung anliegt. Es enthält einen Gleichspannungswandler zur Erzeugung der Ausgangsspannung von beispielsweise 24 V DC mittels eines potenzialgetrennten Transformators. Die Erfassung von Batteriestrom und Batterietemperatur erlaubt eine definierte und schonende Batterieladung. Mithilfe der Sensoren ist es möglich, eine ausreichend genaue Aussage über den Batterie- und Ladezustand zu machen.

Die Hauptstelleinrichtung ist hier in Form eines Kippschalters auf der S1-Schalttafel zu finden. Eine Trenn- und Erdungseinrichtung übernimmt die Trennung der Hochspannungsanlage von der Zugsammelschiene (Trennmesser) sowie die anschließende Erdung des abgetrennten Teils der Anlage (Erdungsmesser).

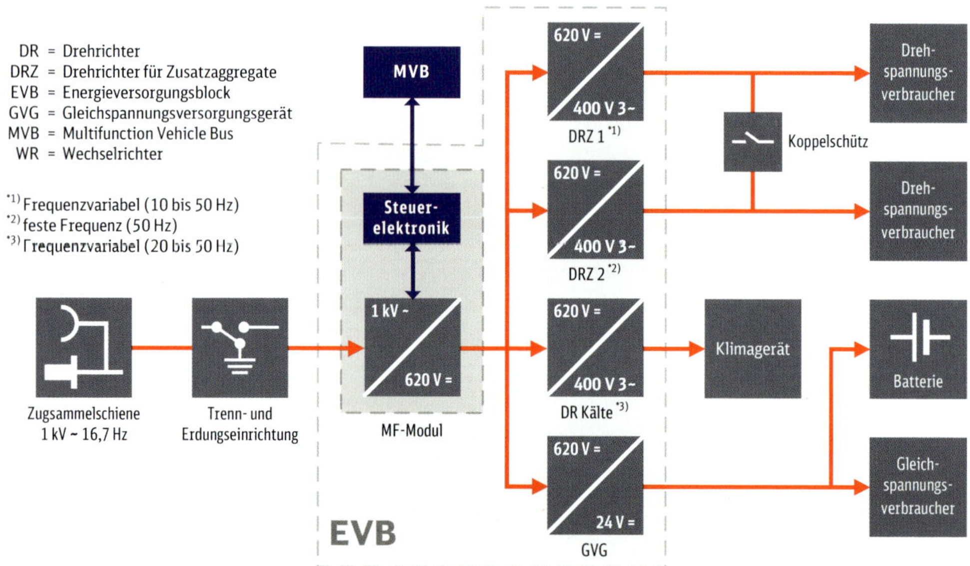

Abb. 7-25: Schema der Energieversorgung eines neueren Reisezugwagens

Abbildung: Janicki

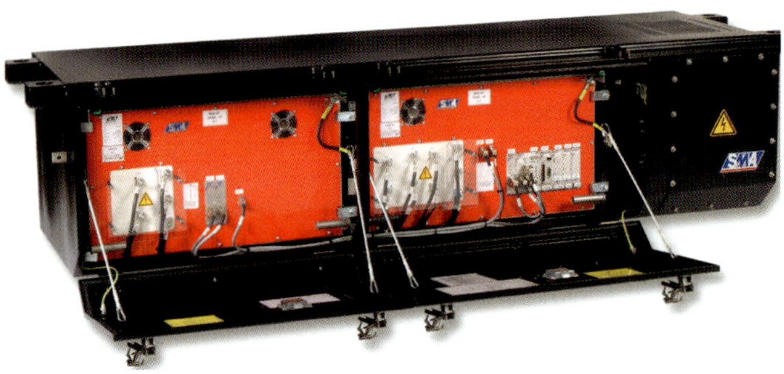

Abb. 7-26: mehrspannungsfähige Energieversorgung untergebracht in zwei getrennten Unterflurbehältern
Abbildung: SMA

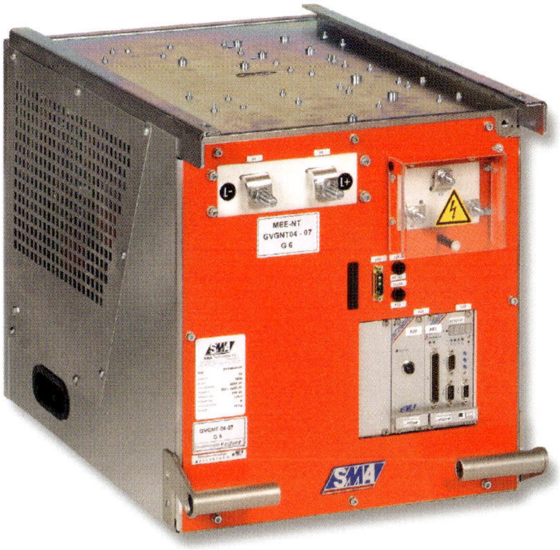

Abb. 7-27:
Batterieladegerät
Abbildung: SMA

Mehrsystemfähige Fahrzeuge sind für verschiedene Eingangsspannungen ausgelegt. Das Energieversorgungssystem muss hier nicht nur die Spannungsanpassung leisten, sondern auch verschiedene bahnspezifische Anforderungen hinsichtlich der Rückwirkungen auf die ZS einhalten. Der elektrische Anschlusswert eines neueren Wagens kann bis zu 50 kW betragen und bei einigen Sonderbauarten bis auf 100 kW ansteigen. Die meiste Energie wird für die klimatechnischen Einrichtungen, also für die Funktionen Heizen, Lüften und Kühlen aufgewendet.

7.2.3 Bordnetzversorgung (Niederspannungsteil)

Moderne Wagen können viele verschiedene Verbraucher haben. Art und Anzahl dieser Einrichtungen variieren je nach Wagenbauart und Einsatzgebiet (Nahverkehr, Fernverkehr). Bei Wendezugsteuerwagen kommen die Führerstands- und Sicherheitseinrichtungen hinzu. Wagen mit Restaurant oder Bistro benötigen für die Kühlung und Zubereitung der Speisen und Getränke elektrische Küchengeräte.

Die Fahrzeuge sind in der Regel mit einer 24-V-Anlage ausgerüstet. Bei Fahrzeugen mit einer großen Zahl elektrischer Verbraucher kann die Batteriespannung auch höher sein und beispielsweise 120 V betragen.

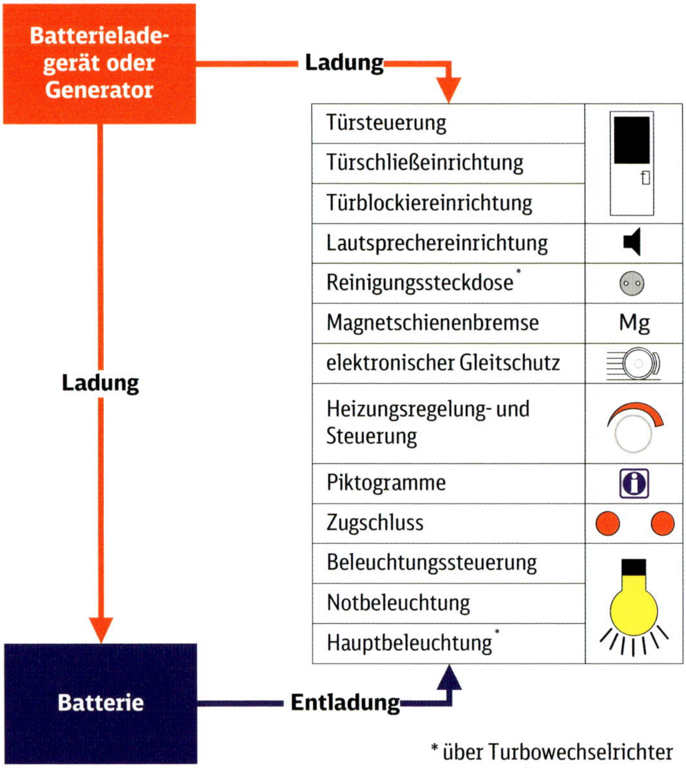

Abb. 7-28. Verbraucher eines Nahverkehrswagens (Niederspannungsteil) Abbildung: Janicki

Abschaltkonzept für das Bordnetz

Zum Schutz der Batterie gegen Tiefentladung befindet sich in jedem Fahrzeug ein System, das diese erkennt und die Verbraucher abschaltet. Bestimmte betriebsnotwendige Verbraucher dürfen allerdings nicht abgeschaltet werden. So erfolgt eine stufenweise Abschaltung durch ein Minimalspannungsgerät nach vorgegebener Priorität. In der Regel wird zuerst die Hauptbeleuchtung eingestellt. Bei weiterem Spannungsabfall werden Verbraucher wie zum Beispiel nicht notwendige WC-Steuerungen oder Innen- und Außenanzeigen abgeschaltet.

7.2.4 Energieversorgung in Triebzügen

Da Triebzüge im Betrieb nicht getrennt werden, können hier die Komponenten der Energieversorgung über alle Fahrzeuge verteilt werden. Dies führt unter anderem zu Gewichtseinsparungen sowie entsprechend günstigeren Wartungskosten.

Beispiel: Dieseltriebzug der BR 642

Jeder Triebzug besitzt ein 24-V-Teilbordnetz, das jeweils von der Batterie des zugehörigen Wagens oder – bei laufendem Dieselmotor – direkt von der Lichtmaschine der zugehörigen Maschinenanlage gespeist wird. Ein eingeschränkter und zeitlich begrenzter Betrieb des Triebzugs am Bahnsteig bei abgestelltem Dieselmotor oder fremder Energieversorgung ist möglich. Dabei wird ein Teil der Verbraucher abgeschaltet: Beispielsweise geht die Vollbeleuchtung auf Zweidrittelbeleuchtung. Bei der Konzeption der Energieversorgung ging man davon aus, dass beim Abstellen der Dieselmotoren der Zeitraum bis zur Wiederinbetriebnahme maximal eine halbe Stunde beträgt. Sinkt dabei die Batteriespannung so weit ab, dass ein Start des Dieselmotors gefährdet ist, werden weitere Verbraucher in einer vorab festgelegten Reihenfolge abgeschaltet.

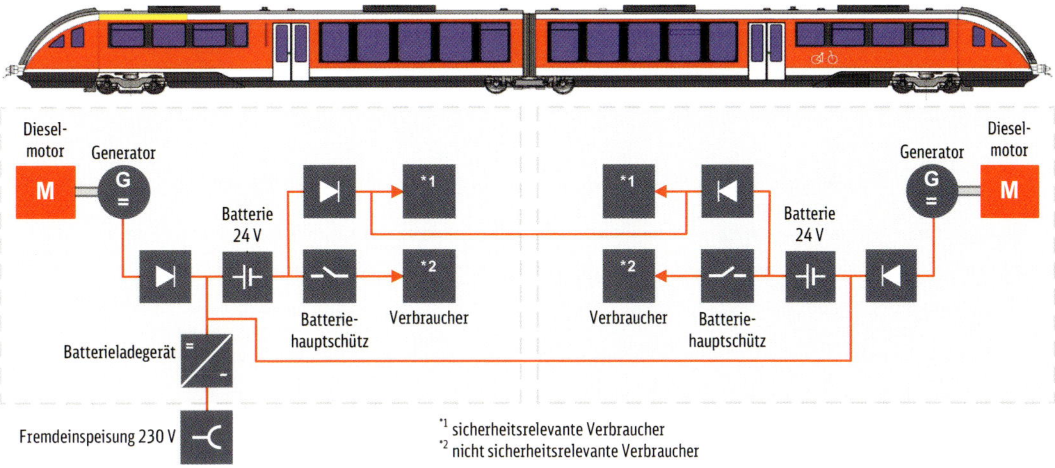

Abb. 7-29: Bordnetz eines zweiteiligen Dieseltriebzuges

Abbildung: Janicki

Das zentrale 24-V-Bordnetz für Verbraucher, die Steuerungs-, Überwachungs- und Sicherheitsfunktionen zu erfüllen haben, wird von den Batterien beider Triebzugteile gespeist. Damit ist dieses Netz auch bei Ausfall einer der beiden Batterieanlagen aktiv. Eine eigene Lichtmaschine leistet für jede Antriebsanlage die Batterieladung. Ein Batterieladegerät ermöglicht das Speisen der Batterien aus dem Ortsnetz (230 V, 50 Hz, 16 A). Der Triebzug kann über je einen spritzwassergeschützten Wandgerätestecker auf beiden Triebzugseiten an das Ortsnetz angeschlossen werden.

Die Kapazität der Batterien ist so ausgelegt, dass die Stromversorgung des Fahrzeuges bei abgestellten Antriebsanlagen für etwa eine halbe Stunde gewährleistet ist. Bei längeren Abstellzeiten ist das Fahrzeug mit einem Kabel an die örtliche Stromversorgung anzuschließen.

Beispiel: Elektrischer Triebzug ICE 3

Jeder Triebzug besteht aus zwei Traktionseinheiten (TE) mit jeweils vier Fahrzeugen. Die Energieversorgungsanlage ist über den Zug verteilt und in den beiden Traktionseinheiten symmetrisch aufgebaut. Die vier Fahrzeuge einer Traktionseinheit sind über eine Zugsammelschiene elektrisch miteinander verbunden. Die Spannung in der Zugsammelschiene beträgt 670 V DC (Gleichstrom). Im Störfall wird die Zugsammelschiene über ein Koppelschütz durchgekuppelt. Aus dieser Zugsammelschiene wird ein konstantes oder drehzahlvariables Drehstromsystem mit maximal 440 V, 60 Hz generiert, das von Ausgangsstromrichtern (ASR) mittels luftgekühlter Drehrichtermodule verschiedener Leistungsgrößen gespeist wird, die in den einzelnen Wagen unterflur angeordnet sind. Der Spannungsumrichter der Klimaanlage und die Hauptheizung sind wagenweise direkt an die Zugsammelschiene angeschlossen. In den beiden Mittelwagen ist jeweils die zentrale Gleichstrom-Bordnetzversorgung mit Batterieladeeinrichtung (BLE) und Batterieanlage (BAT) untergebracht. Das Bordnetz versorgt die elektrischen Hilfsbetriebe wie beispielsweise Lüfter und Pumpen, die Komfortverbraucher Klimaanlage und Heizung sowie sämtliche Küchenverbraucher mit elektrischer Energie.

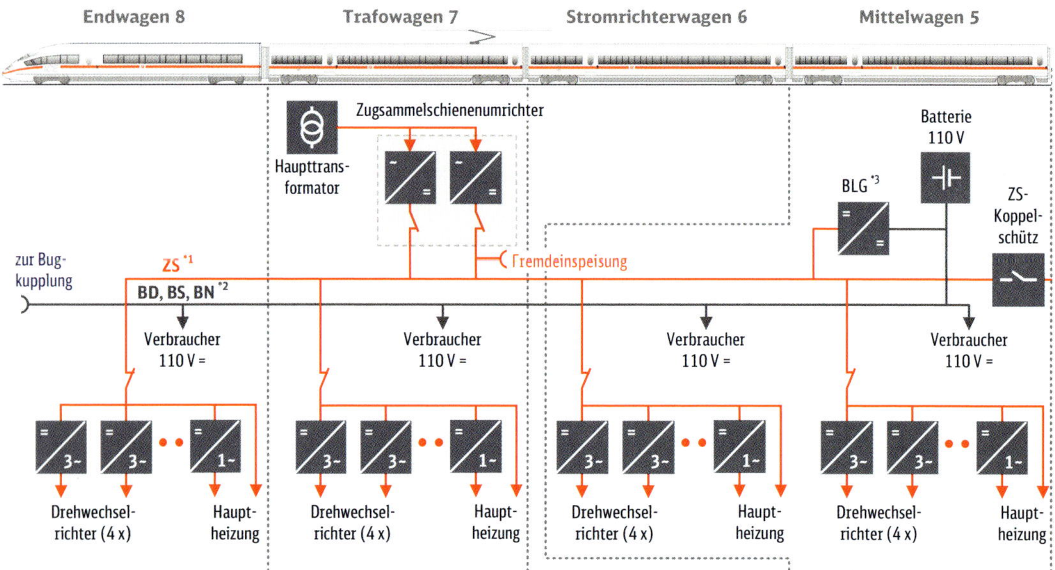

*1 Zugsammelschiene DC 670 V *2 drei Batteriesammelschienen DC 110 V (D = Direkt, S = Sauber, N = Normal) *3 drei Batterieladegeräte

Abb. 7-30: Bordnetz beim ICE 3 Abbildung: Janicki

Die Hilfsbetriebe und Komfortverbraucher können mit 15 kV/16,7 Hz, aber auch mit weiteren in Europa verbreiteten Versorgungsspannungen betrieben werden. In den Wechselspannungsnetzen wird das Bordnetz von den Zugsammelschienenumrichtern versorgt, die in den Transformatorwagen unterflur angeordnet sind. Sie sind wassergekühlt und redundant aufgebaut. Sie werden aus zwei getrennten Hilfsbetriebewicklungen des Haupttransformators gespeist. In den Gleichspannungsnetzen wird das Bordnetz aus dem Gleichspannungszwischenkreis der Traktionsumrichter mit Energie versorgt. Die Anpassung der variablen Gleichspannung des Traktionszwischenkreises an die konstante Spannung der Zugsammelschiene erfolgt durch Pulsbreitenmodulation eines Phasenmoduls aus dem Traktionsumrichter. Die Umschaltung der Traktions- und Bordnetzkreise zwischen dem 15-kV- und 25-kV-Betrieb sowie dem AC- und DC-Betrieb ist mittels Systemumschalter realisiert.

Zum Bordnetz gehört die ebenfalls durch den gesamten Triebwagenzug hindurchgehende 110-V-Batteriesammelschiene, die außer der Wagenbeleuchtung die Elektroniksteuergeräte – wie beispielsweise Antriebssteuergerät, Bremssteuergerät oder Türsteuerung – sowie die konventionelle Schaltungsebene versorgt. An dieser Batteriesammelschiene werden in jedem der beiden Mittelwagen über ein wassergekühltes Batterieladegerät Batteriesätze betrieben. Im Rückspeisebetrieb kann jedes Batterieladegerät aus der Batterie in die Zugsammelschiene einspeisen. Bei einem Netzspannungsausfall ist so eine Weiterversorgung der wichtigsten Traktionshilfsbetriebe für die Wirbelstrombremse, der Klimaanlage und anderer Geräte sichergestellt.

7.2.5 Schaltschrank, Schalttafel

Bei Reisezugwagen sind am Wagenende 2 in einem Apparateraum die Schaltschränke mit den Hochspannungseinrichtungen, den diversen Steuerungsrechnern und der Bedienschalttafel untergebracht.

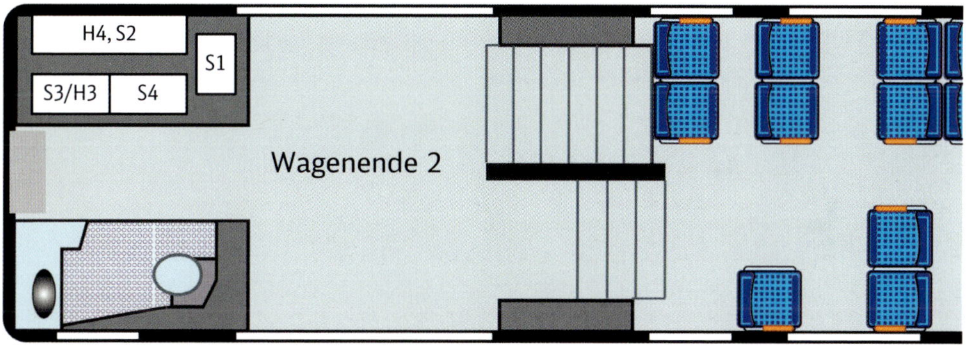

von innen zugänglich:

- Bedienschalttafel S1
- Schaltschrank S3 mit Wagenrechner, Klimarechner, Gleitschutz, Türsteuerung sowie den Leitungsschutzschaltern
- Schaltschrank S4; darunter befindet sich das Hochspannungsgerüst H3

von außen zugänglich:

- Energieversorgungsblock H4
- Bordnetzbatterie S2

Abb. 7-31: Einbauorte der Schaltschränke beim Doppelstockwagen

Abbildung: DB AG

Bei Triebzügen gibt es im Gegensatz zu lokbespannten Zügen keine Schalttafel, die alle Bedienfunktionen umfasst. Hier enthalten die Bedientafeln oftmals nur die wichtigsten Leuchtmelder und Anzeigen sowie einige Bedientaster und Taster für den Test der Leseleuchten. Leitungsschutzschalter sind in gesonderten Schränken zu finden. Oft sind Schalttafeln auch nur im Führerstand vorhanden.

Schalttafel

Zum Schalten und Überwachen der wagentechnischen Einrichtungen sind in Schaltschränken der Wagen Schalttafeln untergebracht. Aufbau und Aussehen der Schalttafeln variieren je nach Bedarf, Baujahr und Ausrüstung der Wagen. Bei Reisezugwagen befinden sich auf der Schalttafel S1 die Bedienelemente für Klimaanlage, Beleuchtung und vieles mehr. Neuere Fahrzeuge besitzen umfangreiche technische Ausrüstungen und damit auch eine große Zahl von Leuchtmeldern, Schaltern und Anzeigeinstrumenten, auf deren Bedeutung meist Piktogramme verweisen.

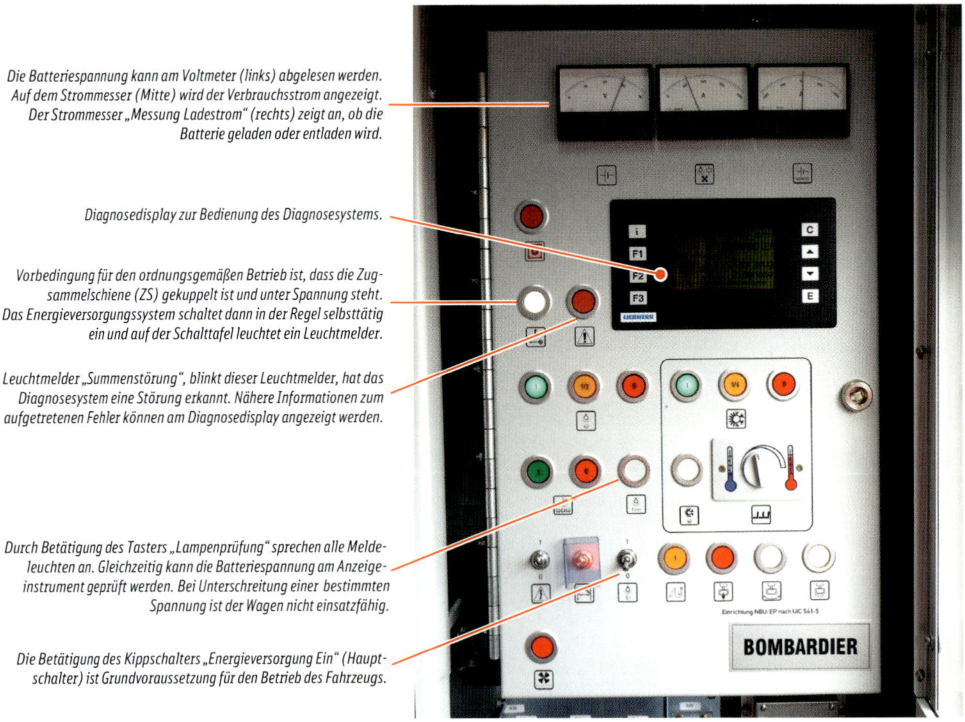

Abb. 7-32: Schalttafel eines neueren Reisezugwagens (z-Wagen) Abbildung: Janicki

Leitungsschutzschalter

Die einzelnen Stromkreise des Wagens werden durch Leitungsschutzschalter (LSS) – alte Bezeichnung Sicherungsautomat (SA) – geschützt. Leitungsschutzschalter sind bei Reisezugwagen meist auf der Schalttafel S1 angebracht. Ihre Grundstellung ist „Ein“. Ausgelegte Leitungsschutzschalter sind immer ein Hinweis auf einen Schaden.

Leuchtmelder

Betriebsleuchtmelder leuchten ständig: entweder standardmäßig weiß oder nach dem jeweiligen Betriebszustand des Wagens. Bei Fahrzeugen mit modernen Diagnoseeinrichtungen zeigen Störleuchtmelder rot blinkend Fehler an, die ein Eingreifen des Bedieners erfordern. Bei geschlossener Schaltschranktür zeigen bei einigen Wagen Leuchtmelder auf einer außen angebrachten Anzeige die Betriebssituationen sowie Störungen an. Der Zugbegleiter kann im Störfall die Schaltschranktür öffnen und anhand der Leuchtmelder oder einer Abfrage der Rechner genauere Informationen einholen.

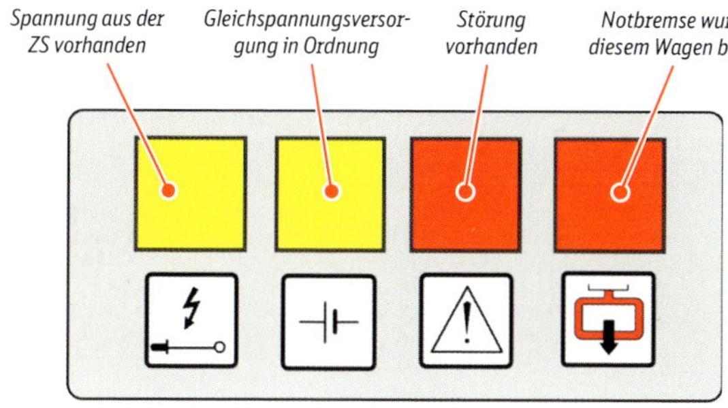

Abb. 7-33: Außenanzeige über dem Schaltschrank S1
Abbildung: Janicki

Diagnosesysteme

Viele Wagen sind mit einem zentralen Diagnosesystem ausgerüstet. Hier werden auf einem Display alle für den Betrieb wichtigen Daten und Meldungen in Kurzform als Klartext angezeigt. In die Diagnose gehen sämtliche Komponenten und Baugruppen der Energieversorgung und der Klimaanlage ein. Daneben werden die Türsteuerung, die Leittechnik, das Fahrgastinformationssystem und der Gleitschutz erfasst. Die Diagnosedaten der einzelnen Subsysteme werden hierfür über den Fahrzeugbus gesammelt und von der zentralen Diagnose ausgewertet.

Ein Leuchtmelder auf der Bedienschalttafel informiert über das Auftreten eines fehlerhaften Zustandes. Schnittstelle zur zentralen Diagnose ist ein LCD-Display mit integrierter Tastatur, das Fehlermeldungen und Prozessübersichten anzeigen kann. Die Anzeige wird über eine gezielte Bedienhandlung wie beispielsweise durch Drücken der Taste „i“ aktiviert. Wird ein Menü mithilfe von Funktionstasten bedient, lassen sich weitere Diagnoseinformationen abfragen. Dabei wird zwischen statischen und dynamischen Bildinhalten unterschieden. Die Fehleranzeigen in Form von Listen und anderen Informationen spiegeln den Diagnosestatus zum jeweiligen Abfragezeitpunkt wider. Angezeigte Fehlercodes sind dabei einzelnen Funktionsbereichen zugeordnet.

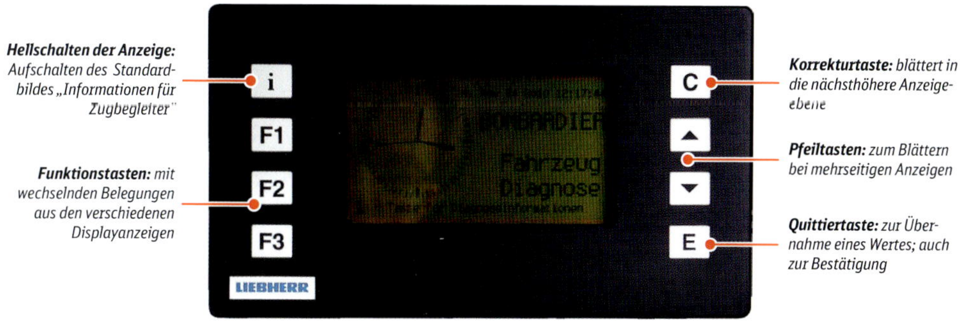

Abb. 7-34: LCD-Display mit integrierter Tastatur als Diagnoseanzeige (MMS = Mensch-Maschine-Schnittstelle) Abbildung: Janicki

Baugruppenträger

Unter oder hinter der Schalttafel befinden sich bei den meisten Reisezugwagen Baugruppenträger zur Steuerung technischer Einrichtungen und zur Diagnose technischer Zustände. Die Baugruppenträger können neben den Betriebszuständen auch Störungen anzeigen, und zwar mit einer zwei- bis vierstelligen Nummer oder besonderen Leuchtdioden. Die roten Störleuchtmelder auf der Schalttafel machen auf solche Unregelmäßigkeiten aufmerksam und fordern zum Handeln auf. Auf der entsprechenden Diagnoseeinrichtung ist die Abfragetaste zu drücken. Nun gehen die blinkenden Störleuchtmelder auf der Schalttafel in Ruhelicht über.

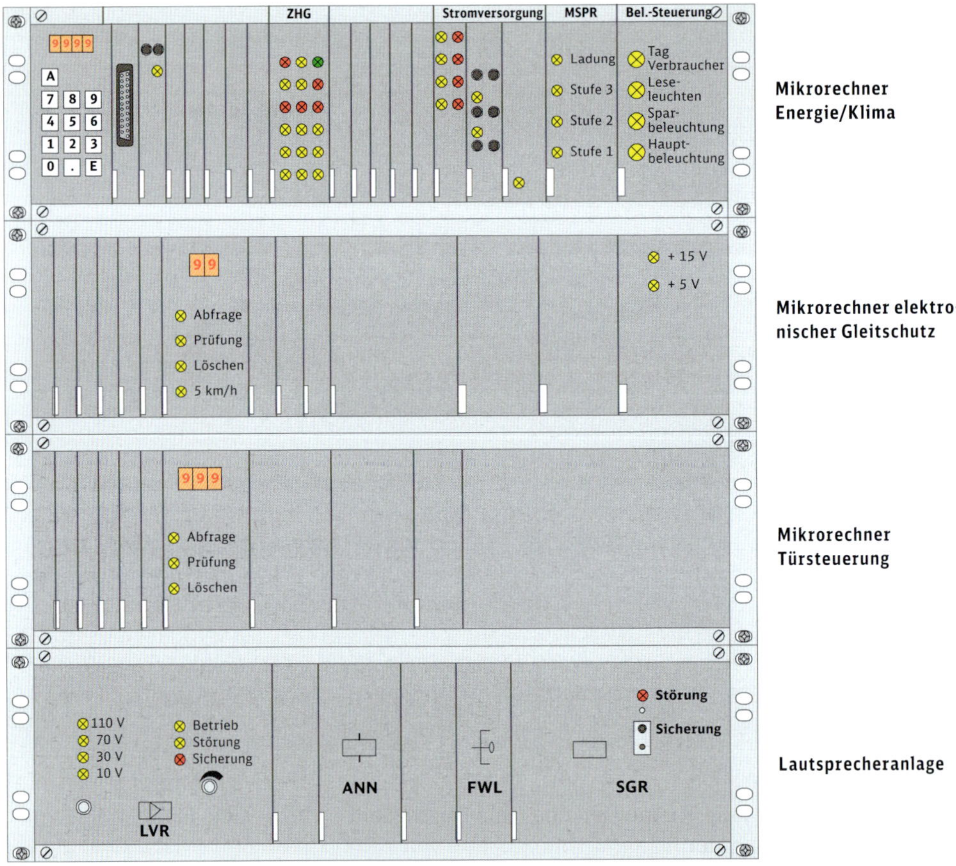

Abb. 7-35: Baugruppenträger

Abbildung: Janicki

7.3 Einstiegstüren

7.3.1 Einführung

Historisch bedingt und wegen der Menge an Fahrzeugen findet sich bei den Bahnen heute eine große Anzahl unterschiedlichster Einstiegstüren. Das Spektrum reicht von unkomfortablen Dreh- und Drehfalttüren bis hin zu modernen Schwenkschiebetüren. Neuere Fahrzeuge sind mit Einzel- oder Doppelschwenkschiebetüren ausgerüstet, die pneumatisch oder elektrisch geöffnet und geschlossen werden.

Abb. 7-36: Einzelschwenkschiebetür eines Reisezugwagens

Foto: DB AG/Bartlomiej Banaszak

Abb. 7-37: Doppelschwenkschiebetür eines Triebwagens

Foto: Janicki

Türspuren

Die Zahl der Einstiegsbereiche im Fahrzeug hängt von der Platzkapazität und vom Einsatzzweck (Verdichtungsraumverkehr/Regionalverkehr/Fernverkehr) ab. Kurze Haltestellenabstände mit häufigem Fahrgastwechsel erfordern in der Regel auch eine höhere Zahl von Einstiegsbereichen.

Im Einstiegsbereich wird der freie Laufweg für hintereinander laufende Fahrgäste als Türspur bezeichnet. Für jede Türspur ist eine freie Durchgangsbreite von ca. 600 mm erforderlich. Doppeltüren mit einer lichten Öffnungsweite von 1.200 oder 1.800 mm weisen also zwei oder drei Türspuren auf.

Einsatzzweck	Zahl der Sitzplätze je Türspur und Zugseite
Fernverkehr	35 bis 50
Regionalverkehr	20 bis 30
Verdichtungsraumverkehr	8 bis 15

Abb. 7-38: Die Anzahl der Türspuren ist abhängig von der Sitzplatzzahl.

Zugang zum Fahrzeug

Die TSI PRM lässt für das konventionelle Eisenbahnnetz Bahnsteighöhen von 550 oder 760 mm über Schienenoberkante zu. Abweichend davon können auch andere Bahnsteighöhen ausgeführt sein wie beispielsweise 300 bis 380 mm bei älteren Strecken und Regionalstadtbahnsystemen sowie 960 mm bei S-Bahn-Systemen. Durch diese Erweiterung der Bandbreite der Bahnsteighöhen, die von einem Fahrzeug zu bedienen sind, steigt auch der Aufwand bei den Fahrzeugen. Eine Vereinheitlichung der Bahnsteighöhen innerhalb eines Netzes führt nicht nur zu einer Verbesserung der Einstiegssituation für alle Fahrgäste, sondern auch zu einer Reduzierung der Fahrzeugkosten.

Schienenfahrzeuge sind meist auf bestimmte Bahnsteighöhen optimiert. Innen oder außen liegende Trittstufen dienen der Anpassung an unterschiedliche Bahnsteighöhen. Dabei haben innen liegende Trittstufen den Nachteil, dass sie bei gleicher Höhe von Fahrzeugboden und Bahnsteigoberfläche den verbleibenden Spalt vergrößern. Hier können innen liegende Klapp- oder Schwenkstufen zur Verbesserung der Einstiegsverhältnisse eingebaut sein.

Außen liegende Tritte können als Klapp-Schwenk- oder Schiebetritte ausgeführt sein. Sie verringern nicht nur die Höhendifferenz zwischen Fahrzeugboden und Bahnsteigoberfläche, sondern auch den Spalt zwischen Fahrzeug und Bahnsteigkante.

Abb. 7-39: ausfahrbarer Schiebetritt Foto: Janicki

Einstiegsverhältnisse beim Doppelstockwagen

Bei Doppelstockwagen sind bei Fahrzeugen mit Hocheinstieg die Einstiegsbereiche zur Optimierung der Raumaufteilung im Fahrzeug über den Drehgestellen angeordnet. Die Fußbodenhöhe beträgt hier 1.150 mm, eine außen angebrachte Trittstufe erleichtert auch hier den Ein- und Ausstieg. Um den barrierefreien Zugang zum Doppelstockzug zu ermöglichen, gibt es auch Wagen mit Tiefeinstieg und einer Einstiegshöhe von 600 mm.

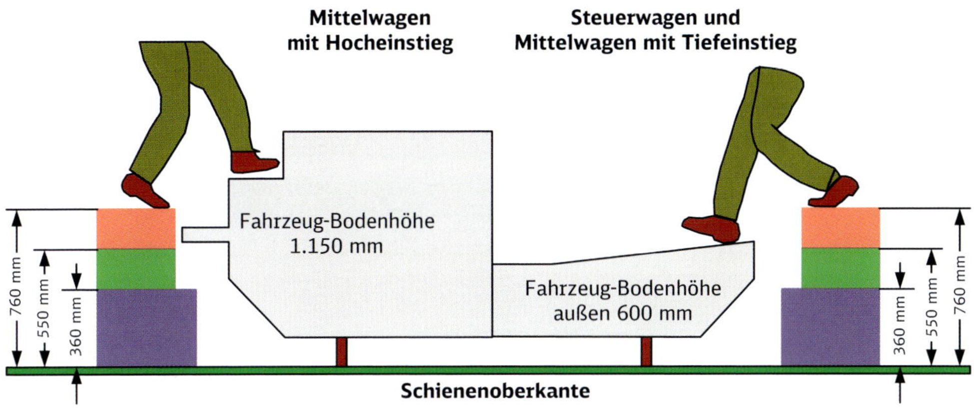

Abb. 7-40: Einstiegsverhältnisse beim Doppelstockwagen Abbildung: Bombardier

Sicherungsfunktionen

Die Fahrgäste können die Türen öffnen und schließen, und zwar direkt an der jeweiligen Tür. Das Schließen kann auch zentral vom Führerraum aus vorgenommen werden. Ein Personenflussmelder, der im Einstiegsbereich vieler Fahrzeuge angeordnet ist, verhindert das automatische Schließen der Tür, solange ein Hindernis gemeldet wird. Die Einstiegstüren sind an der Schließkante zur Sicherheit der Fahrgäste mit Fingerschutzgummis und integriertem Druckwellenschalter versehen. Bei Geschwindigkeiten über 0 km/h sind alle Türen aus Sicherheitsgründen blockiert. Bei Ausfall der Steuerung können die Einstiegstüren von Hand geöffnet und geschlossen werden. Türstörungen werden dem Eisenbahnfahrzeugführer in der Regel auf einem Führerraumdisplay angezeigt.

7.3.2 Schwenkschiebetür (SST)

Seit den 1970er-Jahren werden Reisezugwagen und Triebwagen mit Schwenkschiebetüren ausgerüstet. Aufgrund ihrer Einstiegsbreite und der elektrischen oder elektropneumatischen Öffnungshilfe gestatten sie ein komfortables Ein- und Aussteigen. Das Schließen dieser Türen kann über die zentrale Türschließeinrichtung und vom Reisenden über einen separaten Drucktaster vorgenommen werden. Zum Schutz der Reisenden gibt es einen Einklemmschutz.

Heute existieren verschiedene Bauarten der SST, die nach dem jeweiligen Hersteller und ihren Ausführungsformen bezeichnet werden.

Druckertüchtigte Schwenkschiebetür

Die druckertüchtigte SST schließt bündig mit der Außenkante des Wagenkastens ab. Umlaufende Gummiprofile an den Außenseiten sorgen für eine völlige Abdichtung – dies ist im Hochgeschwindigkeitsverkehr wegen der auftretenden Druckwellen von großer Bedeutung.

Beim Öffnen der Türen werden zwei Bewegungsschritte nacheinander ausgeführt: Zuerst wird der Türflügel angehoben und aus dem Türportal in die Verschiebestellung herausgeschwenkt. Dann verschiebt sich der Türflügel in horizontaler Richtung entlang der Seitenwand in die geöffnete Stellung.

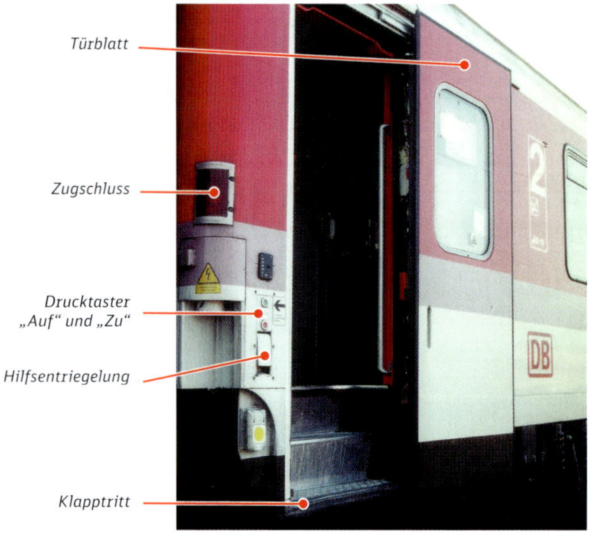

Abb. 7-41:
druckertüchtigte Schwenkschiebetür im geöffneten Zustand
Abbildung: Janicki

Doppelschwenkschiebetür

Gerade im Regionalverkehr ist ein schneller Fahrgastwechsel in den Bahnhöfen sehr wichtig. Dem werden doppelflügelige SST mit ihrer großen Öffnungsweite gerecht. Derartige Türsysteme sind meist mit einem elektrischen, synchronisierten Antrieb ausgestattet. Um die Türblätter laufen Gummidichtungen, die in einer Ebene zur Wagenkastenaußenbeblechung liegen. Gegeneinander sind die Türblätter mit ineinandergreifenden Hohlprofildichtungen abgedichtet. Die SST-Systeme besitzen eine zentrale, doppelt wirkende Verriegelungseinrichtung. Kein Bauteil der Bewegungsmechanik befindet sich bei geschlossenen Türen außerhalb des Fahrzeuges.

Abb. 7-42:
obere Führungsschienen einer Doppelschwenkschiebetür
Foto: Janicki

Schwenkschiebetür der Bauart Bode-Wegmann

Bei der SST der Bauart Bode-Wegmann wird der Türflügel in zwei U-Schienen geführt, die sich im Türportal und unter dem Wagen befinden und nach unten offen sind. In der Trag- und Führungsschiene laufen Rollenwagen, an denen der Türflügel befestigt ist. Die Form der oberen U-Schiene gewährleistet die Ausschwenkbewegung des Türflügels. Der Antrieb erfolgt über den Türzylinder auf ein Teleskoppendel, welches am Rollenwagen der Öffnungskante befestigt ist. Dieses Teleskoppendel ist zudem mit einem Gestänge verbunden, das die Trittstufe beim Öffnen der Einstiegstür mit herunterklappt.

Schwenkschiebetür der Bauart Kiekert

Bei der SST der Bauart Kiekert erfolgt der Antrieb über einen pneumatischen Türzylinder, der eine Zahnstange antreibt. Die Zahnstange wiederum wirkt auf eine Seiltrommel des Seilzuges. Der vordere Tragarm des Türflügels ist über das Zugseil-Klemmstück mit dem Stahlseil des Seilzuges verbunden. Der Türflügel wird an den Eckpunkten geführt. Die obere Türführung an der Schließkante leistet ein Tragarm. Die untere Türführung übernimmt eine Rolle in einer nach unten offenen Führungsschiene. Die Ausschwenkbewegung des Türblattes wird durch die Form der Trag- und Führungsschiene gewährleistet. Die klappbare Trittstufe ist über ein Gestänge und ein Stahlseil mit der Zahnstange verbunden. Wegen des Eigengewichts der Trittstufe steht das Stahlseil immer unter Spannung.

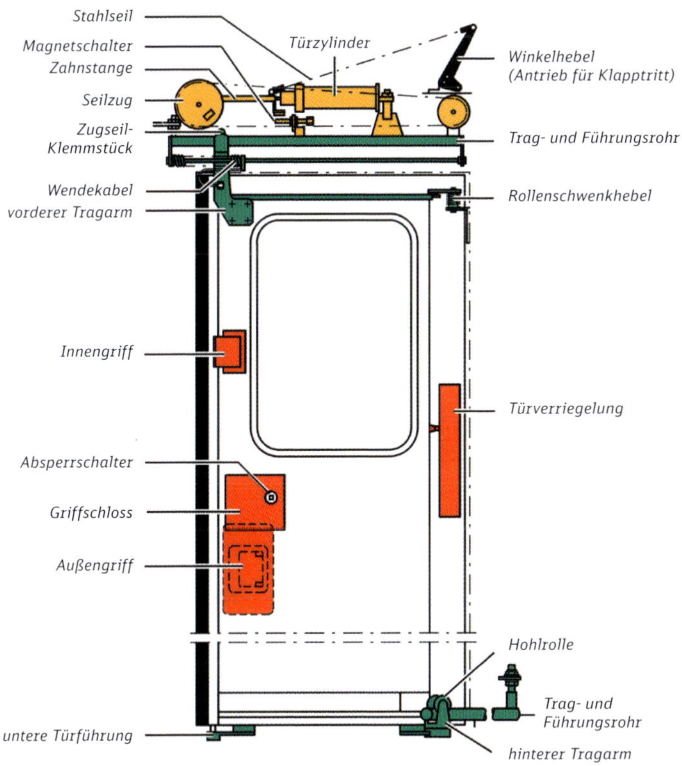

Abb. 7-43:
SST Bauart Kiekert
Abbildung: DB AG/Kiekert

Vertikalschwenkschiebetür (VSST) der Bauart Bode-Wegmann

Bei der VSST der Bauart Bode-Wegmann übernimmt ein Linearkugellager die obere Türführung. Das geschliffene Führungsrohr des Linearkugellagers ist rechts und links an kugelgelagerten Schwenkarmen beweglich im Portal befestigt. Die Verschiebebewegung des Türblatts verursacht ein parallel zum Linearkugellager befestigter kolbenstangenloser Pneumatikzylinder. Die Öffnungsbewegung wird durch einen Hubschwenkzylinder umgesetzt.

Dieser dreht den Schwenkarm mit dem Linearkugellager und dem kolbenstangenlosen Pneumatikzylinder aus dem Türportal heraus. Der Hubschwenkzylinder ist nur einseitig vorhanden. Auf der anderen Seite reicht wegen der festen Verbindung ein antriebsloser Schwenkarm aus. Die Bewegung wird von zwei einstellbaren Anschlagpuffern, die auf der Grundplatte befestigt sind, begrenzt.

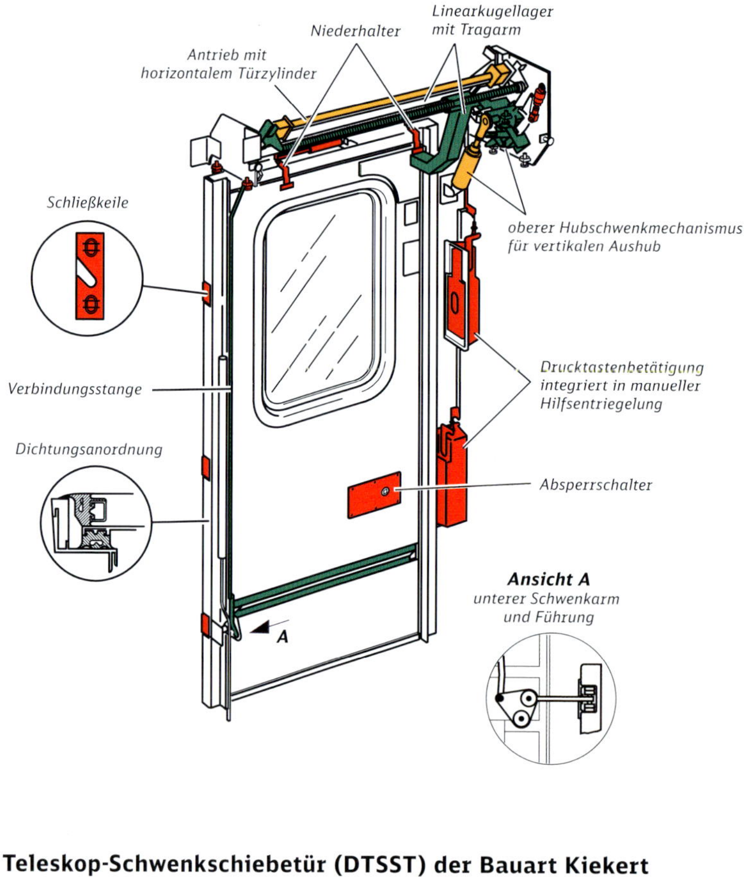

Abb. 7-44: VSST Bauart Bode-Wegmann
Abbildung: DB AG/Bode

Teleskop-Schwenkschiebetür (DTSST) der Bauart Kiekert

Bei der DTSST der Bauart Kiekert ist das Türblatt an einer Teleskopführung befestigt, die wiederum mit zwei Schwenkarmen am Türportal aufgehängt ist. Rollenschwenkhebel oben und unten am Türflügel gewährleisten eine parallele Führung beim Ein- und Ausschwenken des Türblattes. An der Vorderkante des Türblattes befindet sich ein Fanghaken, der mit am Türportal befindlichen Fangkeilen die Doppellippendichtung auf den Dichtrahmen zieht. Die Tür wird durch einen pneumatischen Türzylinder bewegt. Die Kolbenstange des Türzylinders ist mit einer Zahnstange verbunden, die auf ein Ritzel wirkt. Das Ritzel treibt einen Seilzug an, welcher mittels Zugseil-Klemmstück die Verbindung zum Türflügel herstellt. An der Seiltrommel ist das Gestänge mit Winkelgelenken für den Antrieb des Klapptritts befestigt.

Bedienelemente im Türbereich

Die Schwenkschiebetür wird über Innen- und Außentaster bedient, die entweder im Türblatt oder neben der jeweiligen Einstiegstür angebracht sind. Bei Doppelschwenkschiebetüren finden sich auch innen an den Haltestangen Öffnungstaster. Die Tür kann geöffnet werden, solange im Taster die grünen LED leuchten.

Um die Klimaanlage zu entlasten, werden bei einigen Nahverkehrsfahrzeugen die Türen am Bahnsteig automatisch über eine Lichtschranke nach sechs Sekunden geschlossen, wenn kein Fahrgast mehr aus- oder einsteigt. Jede Tür kann einzeln mit einem speziellen Schaffnerschalter offen gehalten werden. Ein Notschalter sorgt – wenn er betätigt wird – für den drucklosen Zustand des Türsystems. Bei fehlender Druckluft oder Ausfall der Türsteuerung muss bei bestimmten Türbauarten vor dem Öffnen der Tür eine manuelle Hilfsentriegelung betätigt werden. Eine innen und außen im Türflügel montierte Vierkantverriegelung dient zum Abschließen der jeweiligen Tür im Störungsfall. Die Tür ist damit mechanisch verriegelt und aus der elektrischen Überwachung genommen.

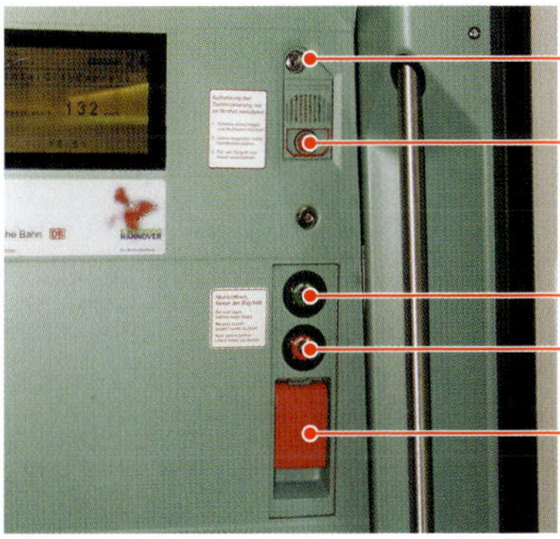

Abb. 7-45: Bedienelemente am Beispiel einer druckertüchtigten Schwenkschiebetür beim ICE
Abbildung: DB AG

Abb. 7-46: Öffnungstaster im Türflügel Foto: Janicki

Abb. 7-47: Schaffnerschalter der zentralen Türschließeinrichtung Foto: Janicki

Autarke elektropneumatische Türblockierung

Diese Türblockierung wird auch als wagenautarke Türsicherung bezeichnet und ist die letzte Möglichkeit bei Ausfall aller anderen Türsicherungssysteme wie beispielsweise der TB 0 (Türblockierung ab 0 km/h). Beim Anliegen eines Geschwindigkeitssignals vom Gleitschutz (V5-Signal) wird die autarke Türblockierung wirksam und verhindert ein Öffnen der Tür. Dazu fährt der Blockiermagnet aus und entkoppelt die Übertragungsstange von der Türklinke. Dadurch lässt sich der Innengriff nicht mehr betätigen – die Tür kann nicht geöffnet werden.

Einklemmschutz

Um zu verhindern, dass Reisende von automatisch zulaufenden Türen verletzt oder eingeklemmt werden, sind Einstiegstüren in der Regel mit einer Einklemmerkennung ausgestattet. Diese kann in Form eines Lichtgitters, einer Kontaktleiste an den Türflügeln oder einer Motorstromüberwachung ausgeführt sein.

- Im Türbereich angebrachte engmaschige Lichtgitter verhindern, dass trotz ein- und aussteigender Fahrgäste das Schließen der Tür eingeleitet wird.
- Stößt die Tür während des Schließens auf einen Widerstand, unterbricht ein im Fingerschutzgummi eingebauter Schalter den Schließvorgang und öffnet die Tür wieder.
- Bei Türen mit elektromotorischem Antrieb wird der Einklemmschutz durch die Überwachung des Motorstromes sichergestellt. Hier macht man sich die Tatsache zunutze, dass der Motorstrom bei einer Behinderung der Türbewegung einen eingestellten Grenzwert überschreitet.

Sämtliche Reversiervorgänge werden nur bei Geschwindigkeiten unter 5 km/h eingeleitet. Nach etwa zehn Sekunden schließt die Tür wieder. Bei einer Geschwindigkeit über 5 km/h wird nach einem Reversierauftrag nur der Schließvorgang abgebrochen. Nach dem Schließen der Tür wird ein druckluftbetätigtes Verriegelungssystem wirksam. Wird eine Person von einer zwangsgeschlossenen Tür erfasst, so öffnet sich diese und schließt nach einiger Zeit erneut. Stößt diese Tür mehrmals auf ein Hindernis, so bleibt sie stehen. Auf dem Führerstand erscheint ein Störmeldesignal. Nach dem Beseitigen des Hindernisses kann die Tür mit dem Türwahlschalter geschlossen werden.

Schließen der Türen über Schaffnerschalter

Wenn das Aus- und Einsteigen beendet und die betrieblichen Bedingungen zur Abfahrt erfüllt sind, lassen sich alle Einstiegstüren mit Ausnahme von Drehtüren vom Zugbegleitpersonal mit einem Vierkantschalter (Schaffnerschalter) über das IS-Kabel fernschließen. Die eigene Tür bleibt dabei geöffnet und schließt erst, nachdem der Schaffnerschalter nochmals betätigt wurde.

Der Eisenbahnfahrzeugführer schließt die Einstiegstüren mit dem Taster „TZ“ im Seitenmikrofon oder einem Kippschalter auf dem Führerstand (Zwangsschließen).

Abb. 7-48:
Schaffnerschalter der zentralen Türschließeinrichtung
Abbildung: Janicki

Absperrschalter

Die Einstiegstüren lassen sich mithilfe eines Vierkanthohlschlüssels an einem an der Tür befindlichen Schloss verriegeln. Dies ist zum Beispiel notwendig, wenn eine Tür oder ihre Steuerung defekt ist. Abgesperrte Türen werden mit einem entsprechenden Hinweis gekennzeichnet.

Notentriegelung

Sämtliche Türen sind von innen mit einer mechanischen Notentriegelung von Hand zu öffnen. Dazu muss zuerst der Notschalter hinter der Glasscheibe betätigt werden. Das Zugbegleitpersonal kann die gleiche Wirkung durch Umstellen des Vierkantschalters erzielen, ohne die Scheibe zu zerstören. Der Türantrieb wird drucklos beziehungsweise abgeschaltet und ein Warntongeber gibt einen Dauerton ab. Die Tür kann in dem Fall mit der mechanischen Notentriegelung geöffnet werden.

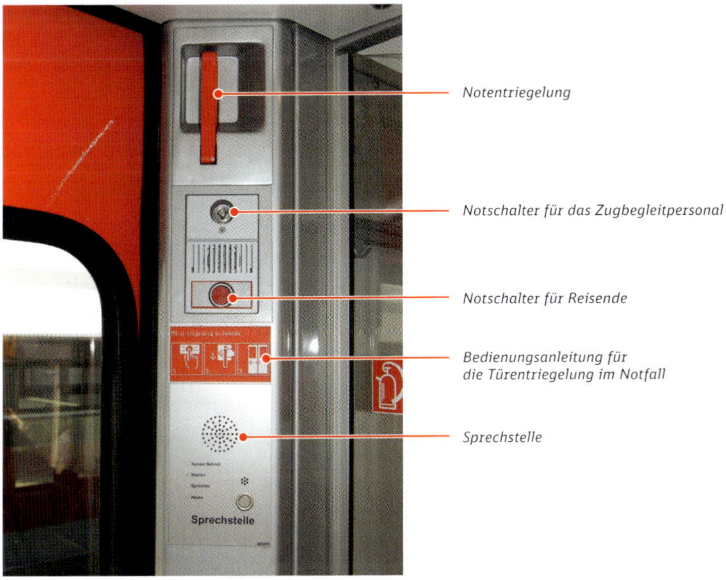

Abb. 7-49: Türentriegelung im Notfall

Abbildung: Janicki

Eisenbahnfahrzeugführereinstieg und -ausstieg

Der Eisenbahnfahrzeugführer kann einsteigen, nachdem er einen besonderen Schlüsselschalter betätigt hat, sodass die Türen für eine bestimmte Zeit freigegeben werden. Nach dem Schalten lässt sich die Tür mit einem Öffnungstaster öffnen oder, wenn keine Druckluft zur Verfügung steht, mit der Notentriegelung. Bei einigen Triebzügen befindet sich der Schlüsselschalter am Kurzkupplungsende des Endwagens im Bereich des Überganges. Zum Abrüsten werden die Türen geschlossen und verriegelt. Dazu ist der Schlüsselschalter in die Stellung „Ab“ zu bringen. Das Fahrzeug wird anschließend automatisch abgerüstet.

Abb. 7-50: Schlüsselschalter am Kurzkupplungsende eines Endtriebwagens (Beispiel VT 644) Foto: Janicki

Klapp- oder Schiebetritt

Zur Bedienung niedriger Bahnsteige mit einer Bahnsteighöhe von 380 mm steht bei vielen Fahrzeugen ein Klapp- oder Schiebetritt zur Verfügung. Der Schiebetritt wird in der Regel mit dem zugehörigen Schalter vom Führerstand aus aktiviert. Bei Betätigung eines Türöffnungstasters fährt zuerst der Klapp-/Schiebetritt aus. Erst wenn sich dieser in der Endposition befindet, öffnet sich die zugehörige Tür. Sollen die Türen endgültig vor der Abfahrt schließen und verriegeln, fährt zuerst der Klapp-/Schiebetritt wieder ein. Erst dann schließt die Tür.

Beim Selbstschließen der Tür über die Lichtschranke – wenn sechs Sekunden lang kein Fahrgast ein- oder aussteigt – verbleibt der Klapp-/Schiebetritt in seiner ausgefahrenen Stellung. Jeder Klapptritt ist mit einem Einklemmschutz versehen. Bei Bedarf kann der Klapptritt mit einem Schalter außer Betrieb genommen werden, ohne dass dadurch die Tür in ihrer Funktion beeinträchtigt wird.

Abb. 7-51: Schiebetritt Foto: DB AG

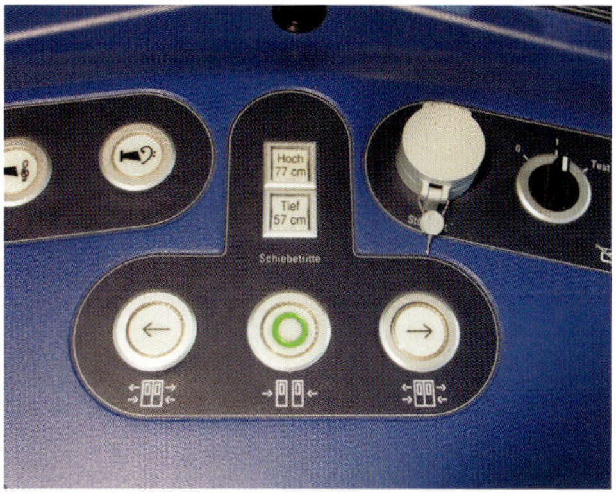

Abb. 7-52: Drucktaster für den ausfahrbaren Schiebetritt Foto: Janicki

7.3.3 Überfahrrampen als Einstiegshilfe

Ein Teil der Fahrzeuge ist mit einer fest zugehörigen vollautomatischen Überfahrbrücke für Rollstühle ausgestattet, die elektrisch betätigt wird und die eine Bahnsteighöhe von 380 bis 760 mm über SO (Schienenoberkante) bedienen kann. Bei lokbespannten Zügen befinden sie sich meist im Steuerwagen, wo sie an den beiden Einstiegstüren angebracht sind, die dem Führerstand am nächsten liegen. Ein Modul besteht jeweils aus zwei voneinander unabhängig angetriebenen Überfahrrampen, ist im eingefahrenen Zustand im Fußbodenbereich voll versenkt und ebenso belastbar wie der fest verlegte Fußboden. Bei Triebwagen sind die Überfahrrampen in einem Schrank im Einstiegsbereich untergebracht.

Nur das Zugpersonal darf die Einstiegshilfen einsetzen. Mit Ruftastern neben den Einstiegstüren oder im Mehrzweckabteil kann ein Rollstuhlfahrer das Zugpersonal rufen, damit es die Überfahrrampe bereitstellt. Auf einem Bedientableau wird zunächst mit einem Vorwahlschalter die anzusteuernde Bahnsteighöhe definiert. Nach Betätigung eines Drucktasters hebt sich die Rampe automatisch bis in ihre Endstellung, fährt aus, senkt sich ab und liegt schließlich am Bahnsteig auf. Dabei wird ein Notbremsvorgang ausgelöst und gleichzeitig im Einstiegsbereich ein Blinklicht geschaltet. Die Einstiegstür kann erst geschlossen werden, wenn sich die Überfahrbrücke wieder in der Grundstellung befindet. Im Notfall kann die Rampe auch manuell bedient werden.

Abb. 7-53: Überfahrrampen für Rollstühle bei einem Doppelstockwagen Foto: DB AG

Abb. 7-54: Rampe als Einstiegshilfe bei einem Dieseltriebwagen Foto: Bombardier

7.3.4 Drehfalttüren und Drehtüren

Ältere Reisezugwagen sind meist noch mit Drehfalttüren ausgerüstet. Die Drehtür hingegen kommt praktisch nur noch bei historischen Fahrzeugen vor.

Drehfalttüren

In den 1960er-Jahren wurden Reisezugwagen mit Drehfalttüren (DFT) ausgerüstet. Diese Türen bestehen aus zwei Türflügeln, die über ein Gelenk und eine Gummifalte miteinander verbunden sind. Das Öffnen der Türen wird über Türinnen- beziehungsweise Türaußendrücker mechanisch vorgenommen. Dabei wird der schmalere Türflügel nach innen und der größere Türflügel nach außen geklappt. Somit überschreitet diese Tür im geöffneten Zustand die Fahrzeugbegrenzung nur unwesentlich. Drehfalttüren können über eine elektropneumatische Türschließeinrichtung mit Druckluft fernbedient geschlossen werden und sind während der Fahrt mit einer Türblockiereinrichtung gesichert.

Abb. 7-55: Drehfalttür im geschlossenen Zustand Foto: Janicki

Abb. 7-56: Drehfalttür im geöffneten Zustand Foto: DB AG

Drehtüren

Ältere Museumswagen können noch mit Drehtüren (DT) ausgerüstet sein, die sich wegen ihrer Größe relativ schwer bewegen lassen. Die Türen werden mechanisch über einen Türinnen- oder Türaußendrücker geöffnet und ragen im offenen Zustand in den Regellichtraum des Nachbargleises hinein. Sie haben keine Türschließeinrichtung und müssen deshalb von Hand geschlossen werden. Beim Zuschlagen der Tür wird ein doppelt wirkender Verschluss selbsttätig herbeigeführt.

Autarke Türblockierung

Um zu verhindern, dass sie sich während der Fahrt öffnen, sind die Türen der Reisezugwagen mit einer autarken Türblockierung gesichert. Dabei werden die Innen- und Außendrücker oder nur der Innendrücker elektromechanisch vom Türschloss getrennt. Bei einigen Wagen wird der Innendrücker während der Fahrt ständig blockiert. In Notsituationen lässt sich diese Sicherung über einen Notschalter aufheben. Bei druckertüchtigten SST muss zusätzlich eine manuelle Hilfsentriegelung innen oder außen vorgenommen werden.

Die Funktion der Türblockiereinrichtung verlangt ein Geschwindigkeitssignal als Eingangssignal. Zwei Systeme sind im Einsatz:

- Wagen mit elektronischem Gleitschutz: Hier wird vom Gleitschutzgerät eine Spannung an das Auswertegerät der autarken elektropneumatischen Türblockierung geliefert. Die Höhe dieser Spannung hängt von der Geschwindigkeit ab.

- Wagen mit mechanischem Gleitschutz (bei älteren Reisezugwagen): An einem Radsatzlager des Wagens ist ein Geschwindigkeitsgeber installiert, der eine der Geschwindigkeit analoge Frequenz erzeugt. Diese wird an ein Auswertegerät weitergeleitet das aus dem Signal die Ist-Geschwindigkeit des Fahrzeuges ermittelt.

Abb. 7-57: Geber für die Türblockiereinrichtung Foto: Janicki

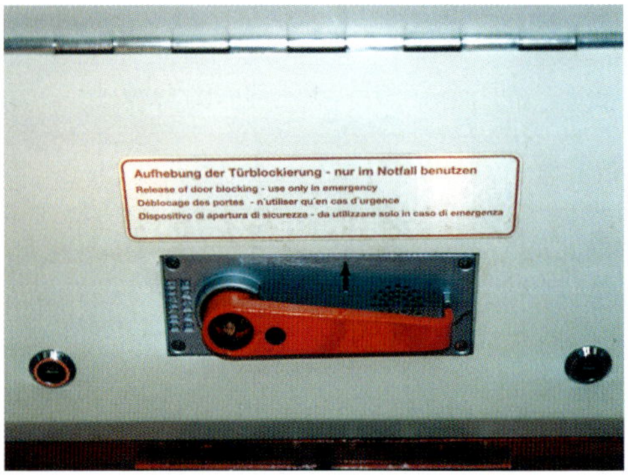

Abb. 7-58: Notschalter eines älteren Reisezugwagens Foto: Janicki

Funktion der autarken Türblockiereinrichtung

Sobald das Auswertegerät eine Geschwindigkeit von über 5 km/h feststellt, steht eine Spannung am Mikroschalter aller Türschlösser des Fahrzeugs an. Wird nun der Innendrücker betätigt, so schließt der Kontakt des Mikroschalters. Dadurch wird ein Magnet angesteuert, der den Innengriff vom Schloss entkuppelt. Bei einigen Fahrzeugbaureihen werden die inneren Kurbeldrücker und die Außendrücker über den Blockiermagneten umgehend mechanisch blockiert, sobald das Auswertegerät des Wagens eine entsprechende Spannung zur Verfügung stellt. Der Magnet wird durch Federkraft wieder zurückgestellt, wenn die Spannung weggeschaltet wird.

Wird der Notschalter betätigt, so wird die Spannungsversorgung des Mikroschalters unterbrochen, der Magnet kann nicht mehr erregt werden und die Einstiegstür lässt sich auch während der Fahrt mit dem Kurbeldrücker öffnen. Auf der Schalttafel S1 des jeweiligen Fahrzeuges ist ein roter Leuchtmelder „Türblockierung gestört" eingebaut, der diese Störung am System signalisiert.

7.3.5 Sonstige Türen

Je nach Fahrzeugbauart und Einsatzzweck können neben den Einstiegstüren noch weitere Innen- und Außentüren zum Einsatz kommen.

Stirnwandtür (Übergangstür)

Stirnwandtüren finden sich bei Reisezugwagen und bei einigen Triebzugbaureihen im Übergangsbereich. Am Zuganfang und -ende wird die Stirnwandtür mittels Vierkant in geschlossener Stellung verriegelt und zum Teil mit einem zusätzlichen Vorlegebalken gesichert.

Neue Bauarten von Übergangstüren werden nach Betätigen des Türöffnungstasters elektropneumatisch geöffnet und schließen nach einiger Zeit automatisch. Wird der Türöffnungstaster betätigt, kann die Tür noch vor Beendigung der Türöffnungszeit geschlossen werden.

Bei einigen Wagen wird die Stirnwandschiebetür gegen die Kraft einer Feder von Hand geöffnet. Beim Schließen läuft sie selbsttätig mit Federkraft in die geschlossene Stellung. Eine Dämpfung verhindert, dass die Tür beim Öffnen anschlägt.

Abb. 7-59: Stirnwandtür mit Öffnungstaster Foto: Janicki

Abb. 7-60: Vorlegebalken Foto: Janicki

Stirnwandtür bei Reisezugwagen mit druckertüchtigtem Wagenübergang

Die Stirnwandtür besitzt in diesem Fall eine Gummidichtung, die durch Öffnen eines Luftabsperrhahnes aufgeblasen werden kann und so ein Eindringen von Druckwellen in das Fahrzeug verhindert. Die Endstirnwandschiebetüren des Zuges müssen unter Umständen unabhängig von der Geschwindigkeit mit einem Vorlegebalken gesichert werden. Anschließend wird ein gelber Luftabsperrhahn geöffnet und Druckluft strömt in die aufblasbare Türdichtung.

Innentüren

Innentüren können als Pendeltüren, Drehtüren und Schiebetüren ausgeführt sein. Die Zugänge zu den Großräumen und zu den Seitengängen sind mit Schiebetüren versehen, die meist selbsttätig in die geschlossene Stellung zurückgehen. Beim Öffnen werden die Türen in Taschen der Zwischenwände geschoben. WC und Waschräume haben Drehtüren. Die Abteile werden vom Seitengang durch Schiebetüren ohne Taschen abgetrennt. Die Abteilschiebetüren laufen oben in Rollenführungen. Als untere Führung dienen am Boden befestigte Gleitschienen. Abteiltüren sind in der Regel mit Vierkantschlüsseln verriegelbar.

Rollläden

Rollläden gibt es nur noch in älteren Reisezugwagen. Bei einigen Gepäckwagen sind sie auch als Ladetür eingebaut. Die Rollläden bestehen aus schmalen Blechlamellen. Die Verriegelungseinrichtung befindet sich an der untersten, etwas verstärkten Lamelle. Zum Verriegeln werden mithilfe eines Vierkantschlosses Verriegelungsstangen zu beiden Seiten hinausbewegt. Die Stangen rasten schließlich in Führungsschienen ein.

Abb. 7-61:
Rollläden beim Nahverkehrswagen
Foto: Janicki

Ladetüren

Bordrestaurant- und Gepäckwagen sowie einige Wagen mit Mehrzweckabteil sind mit Ladetüren unterschiedlichster Bauart ausgerüstet. Die Ladetüren der Speisewagen sind vielfach als Schiebetür ausgeführt. Sie besitzen einen mechanischen Verschluss und werden meist von Hand geöffnet oder geschlossen. Bei einigen Wagenarten, wie beispielsweise bei den im Nachtzugverkehr eingesetzten Bauarten, finden sich Schwenkschiebetüren als Ladetür. Bordrestaurantwagen können auch mit druckdichten Ladetüren ausgestattet sein.

7.4 Türsteuerung und Türsicherung

7.4.1 Übersicht

Moderne Einstiegstüren sind mit recht komplexen Steuerungsfunktionen ausgestattet – zugunsten des Komforts und der Sicherheit der Fahrgäste sowie der Durchführung automatischer Abfertigungsverfahren.

Schließauftrag	Öffnungsauftrag
- Schaffnertastschalter im Einstiegsbereich (die eigene Tür bleibt dabei offen) - Innentaster Tür schließen - Lichtschranke (wenn länger als sechs Sekunden keine Ein- und Ausstiegsbewegung stattfand) - Geschwindigkeitssignal v > 5 km/h vom elektrischen Gleitschutz	- außen im Türflügel oder neben dem Türportal angebrachte Taster - innen im Türflügel oder neben dem Türportal angebrachte Taster - Taster an den Haltestangen innen (nur bei Fahrzeugen mit Doppelschwenkschiebetür)
Bei Spannungsabfall lässt sich die Tür von Hand schließen.	Bei Spannungsabfall lässt sich die Tür nach Betätigen der Hilfs- oder Gleisbettentriegelung von Hand öffnen.

Türsicherung v > 5 km/h

- Taster „Tür öffnen“ ist abgeschaltet
- Lichtschranke und Öffnungstaster sind abgeschaltet
- mechanische Hilfsentriegelung und Gleisbettentriegelung werden blockiert

TB 0 (Türblockierung ab 0 km/h)

- nicht seitenselektiv
- keine Rückmeldung an den Eisenbahnfahrzeugführer über Türstellung
- keine Überwachungseinrichtung der Außentüren

SAT (Selbstabfertigung durch den Triebfahrzeugführer)

- seitenselektiv
- Rückmeldung an den Eisenbahnfahrzeugführer über Türstellung
- wirksame Überwachungseinrichtung der Außentüren

TAV (Technikbasiertes Abfertigungsverfahren)

- seitenselektiv
- Personenflussmelder
- Reversierbarkeit der Türen
- Rückmeldung an den Eisenbahnfahrzeugführer über Türstellung
- wirksame Überwachungseinrichtung der Außentüren

Zwangsschließen

- Gleitschutz gestört beziehungsweise abgeschaltet
- v > 5 km/h beziehungsweise 45 km/h
- UIC-Signal (Schließbefehl über IS-Leitung)
- seitenselektive Türschließung (Fahren ohne Zub.; TAV/SAT, im Fernverkehr SSTF)

Abb. 7-62: Türsteuerungsfunktionen und Abfertigungsverfahren

Haltewunschtaster

Bei einigen Nahverkehrstriebwagen können die Fahrgäste während der Fahrt mit einem Taster einen Haltewunsch melden.

Gleisbettentriegelung

Einstiegstüren können mit einer Gleisbettentriegelung ausgestattet sein. Diese dient zum Öffnen einer Tür von außen, wenn zum Beispiel keine Druckluftversorgung oder Energieversorgung vorhanden ist. Je nach Ausführung erfolgt die Entriegelung der Einstiegstür mittels Vierkant oder Griffmulde.

7.4.2 Zentrale Türschließeinrichtung

Das zentrale Schließen aller Einstiegstüren über die elektropneumatische Türschließeinrichtung wird bei allen Wagen in gleicher Weise ausgelöst. Im Wagen sind neben den Einstiegstüren Tastschalter angebracht, die vom Zugbegleitpersonal bedient werden. Dreht ein Zugbegleiter einen beliebigen Tastschalter um 90° im Uhrzeigersinn, so geht über die Fernsteuer- und Informationsleitung der Schließbefehl an alle Türschließeinrichtungen des Zuges und die Türen werden geschlossen. Dies geschieht bei älteren Wagen pneumatisch, also mit Druckluft, und bei neueren Wagen elektrisch.

Anschließend muss der Vierkantschlüssel langsam wieder zurückgedreht werden. Eine Rückholfeder unterstützt die Rückführung in die Grundstellung. Damit das Zugbegleitpersonal während des Schließvorganges die Vorgänge am Zug beobachten kann, bleibt die Tür, an der der Schließvorgang eingeleitet wurde, geöffnet.

Der Eisenbahnfahrzeugführer kann die Türen auch zentral über einen Schalter vom Führerstand aus schließen.

Abb. 7-63:
Schaffnertastschalter
Foto: Janicki

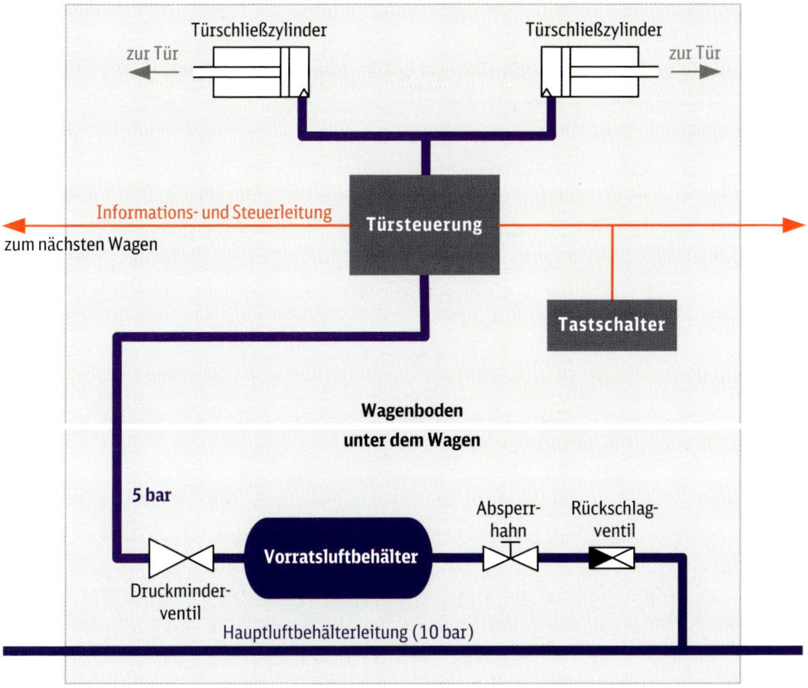

Abb. 7-64: elektropneumatische Türschließeinrichtung

Abbildung: Janicki

Vom Schließbefehl ausgeschlossene Türen

Zugbegleiter dürfen nicht ausgesperrt werden, weshalb es möglich ist, einzelne Türen von der Fernschaltung auszuschließen. Hierfür wird bei Stillstand des Zuges der jeweilige Notschalter (Warnhupe Dauerton) betätigt. Bei neueren Fahrzeugen genügt hier eine kurze Betätigung des Notschalters, um den gleichen Effekt zu erreichen. Nach dem Einsteigen wird der Notschalter wieder zurückgestellt. Während die meisten Drehfalttüren anschließend von Hand geschlossen werden müssen, schließen Schwenkschiebetüren automatisch.

Druckluftversorgung der Einstiegstüren

Im Dachraum oder hinter einer Klappe neben der Stirnwandtür befindet sich meist die Türsteuertafel. Dort kann die Luftzufuhr der einzelnen Türen mit dem Vierkant- oder Hebelabsperrhahn unterbrochen werden. Dabei muss jedoch beachtet werden, dass auch bei abgeschlossenen Türen die Druckluftversorgung eingeschaltet sein muss.

7.4.3 Türblockiereinrichtung TB 0

Während der Fahrt sichert normalerweise die wagenautarke Türblockiereinrichtung sämtliche Einstiegstüren eines Zuges. Zur Erhöhung der Sicherheit lokbespannter Züge wird mit dem System TB 0 (Türblockierung ab 0 km/h) der Bereich zwischen Stillstand bei etwa 0 km/h und dem Wirksamschalten der wagenautarken Türblockierung bei etwa 5 km/h überbrückt. TB 0 ist Teil der Türsicherungssysteme und verhindert ein unbeabsichtigtes Öffnen der Türen, wenn sich ein Wagen noch bewegt. Sämtliche Reisezugwagen sind mit diesem Sicherheitssystem ausgestattet.

Bei Reisezugwagen des Fernverkehrs, die mit Zugbus ausgerüstet sind, wirkt die Türblockierung TB 0 im Zusammenspiel mit der seitenselektiven Türfreigabe. Bei gestörter seitenselektiver Türfreigabe wirkt auch TB 0 nicht; die Funktionsweise ist nicht getrennt.

Wirkungsweise

Betätigt der Zugbegleiter einen Schaffnertastschalter, wird der Schließimpuls über eine Einrichtung im Triebfahrzeug oder Steuerwagen in ein dauerhaftes Signal in der IS-Leitung umgewandelt. Damit bleibt der Schließdruck in den Türschließzylindern dauerhaft bestehen und die Bedienelemente der Einstiegstüren sind unwirksam geschaltet.

Beim Unterschreiten einer Geschwindigkeit von 33 km/h wird der Eisenbahnfahrzeugführer mit einem akustischen Signal oder einer Sprachausgabe auf das Freigeben der Türen für den Stillstand hingewiesen. Er kann nun die Türen freigeben, indem er den Kippschalter „Türen“ (Türfreigabeschalter) aus der Mittelstellung in die Stellung TO bewegt.

7.4.4 Selbstabfertigung durch den Triebfahrzeugführer (SAT)

Das Verfahren „Selbstabfertigung durch den Triebfahrzeugführer“ (SAT) soll technisch ausschließen, dass sich Einstiegstüren zur falschen Zeit oder an der dem Bahnsteig abgewandten Seite öffnen lassen. Die Türfreigabe und das Schließen der Türen erfolgt hier vom Führerstand aus.

Seitenselektive Türfreigabe

Die seitenselektive Türfreigabe SSTF erfolgt über einen Wahlschalter im Führerpult. Dabei können entweder nur die linke oder die rechte Zugseite, beide oder auch keine Zugseite zur Freigabe vorgewählt werden. Aus Sicherheitsgründen wird die Tür erst bei Stillstand des Zuges vollends freigegeben. Damit bei selektiver Türfreigabe auch tatsächlich die Türen auf der vorgewählten Zugseite reagieren, muss in jedem Reisezugwagen der Wahlschalter „Türen“ auf der Schalttafel in Richtung Lok verlegt werden. Dieser Schalter hat eine Schutzabdeckung, damit man ihn nicht versehentlich umstellen kann.

Als zusätzliche Maßnahme der seitenselektiven Türfreigabe werden die Trittstufen verriegelt, also nicht ausgefahren, wenn der Türwahlschalter auf dem Führerstand vor dem Halt in die Stellung „rechts und links frei“ gelegt wird.

Abb. 7-65: Wahlschalter auf der Schalttafel eines Reisezugwagens (Stellung der Lokomotive) Foto: Janicki

Abb. 7-66: Trittstufe beim Doppelstockwagen Foto: Janicki

Türsteuerung

Bei neueren Türbauarten übernimmt ein Rechner die Türsteuerung. Ein roter Störleuchtmelder auf der Schalttafel informiert das Zugbegleitpersonal gegebenenfalls über einen fehlerhaften Zustand.

Wahlschalter „Türfreigabe“ und Kippschalter „Türen“

Mit dem Wahlschalter „Türfreigabe“ schaltet der Eisenbahnfahrzeugführer vor Halt des Zuges in Richtung der Bahnsteigseite. Bei einer Geschwindigkeit unter 5 km/h sind die Türen nunmehr freigegeben. Mit dem Kippschalter „Türen“ kann der Fahrzeugführer die Türen im SAT-Betrieb freigeben oder schließen.

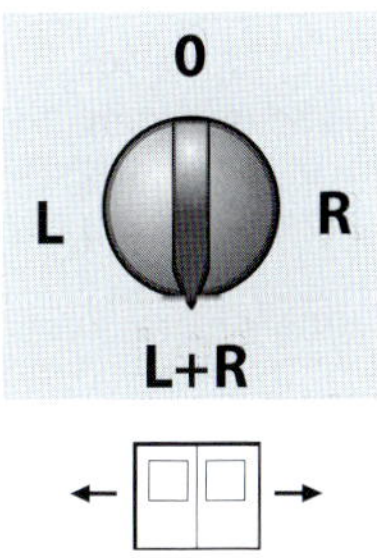

Abb. 7-67:
Wahlschalter „Türfreigabe“
Abbildung: Janicki

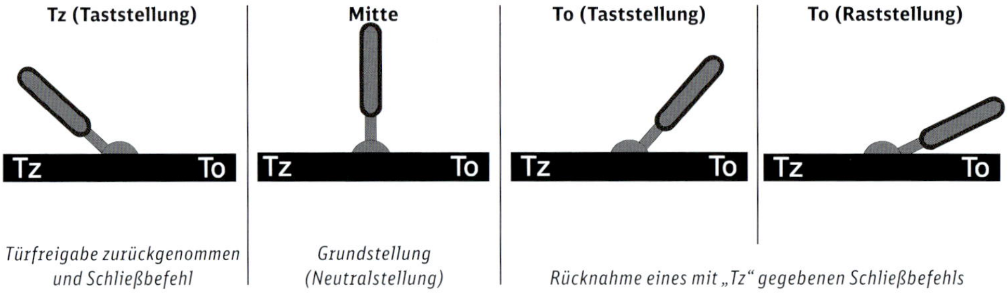

Abb. 7-68: Schalterstellungen des Kippschalters „Türen“ Abbildung: Janicki

Seitenhandmikrofon

Einige Triebfahrzeuge und Steuerwagen sind mit einem Seitenhandmikrofon ausgestattet. Am Mikrofon befinden sich neben der Sprechtaste die Tasten „Tz“ und To“. So kann der Eisenbahnfahrzeugführer beim Beobachten des Zuges von seinem Führerraumfenster aus die Türen freigeben beziehungsweise schließen.

SAT bei Triebzügen und Triebwagen

Triebzüge und Triebwagen, die mit dem „Technikbasierten Abfertigungsverfahren“ (TAV) ausgerüstet sind, besitzen standardmäßig auch das System SAT. Je nach Fahrzeugbauart weisen sie im Vergleich zu lokbespannten Zügen bau- und bedientechnische Abweichungen und Besonderheiten auf.

Auf den Führerpulten der Triebwagen befinden sich in der Regel Türsteuerungsschalter. Damit lassen sich die Türen jeder Zugseite zum Öffnen freigeben, zentral schließen und zum Teil beim Anhalten auch öffnen.

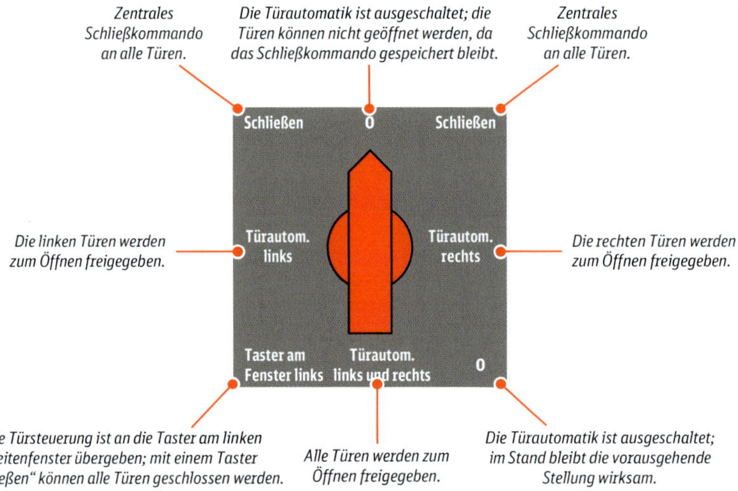

Abb. 7-69: Türsteuerungsschalter (Beispiel VT 628) Abbildung: Janicki

7.4.5 Technikbasiertes Abfertigungsverfahren (TAV)

Aus wirtschaftlichen und kundenorientierten Erwägungen wurde in den letzten Jahren das sogenannte „Technikbasierte Abfertigungsverfahren“ (TAV) eingeführt. Dieses Verfahren wird seit vielen Jahren in Straßenbahn- und Stadtbahnsystemen angewandt. Grundsätzlich ersetzt hier ein technisches Verfahren das herkömmliche, weitgehend von der optischen Einschätzung des Zugpersonals abhängige Überwachungsverfahren.

Schließen der Türen

Der Eisenbahnfahrzeugführer schließt zur Abfahrtszeit die Türen des Wagenzugs, wenn die betrieblichen Voraussetzungen gegeben sind. Das Schließen der Türen wird mithilfe technischer Einrichtungen überwacht und der geschlossene Zustand dem Eisenbahnfahrzeugführer über Leuchtmelder mitgeteilt. Das TAV unterscheidet zwischen dem dezentralen und zentralen Schließen:

- Dezentrales Schließen (Rücknahme der Türfreigabe): Bei diesem Verfahren ist das Schließen der Türen auf den Fahrgastwechsel abgestimmt. Technische Einrichtungen am Zug garantieren einen fahrgastgesteuerten Türschließmodus sowie das Reversieren der Türen zum Schutz vor dem Einklemmen. Der geschlossene Zustand der Türen wird von Überwachungseinrichtungen erfasst und im Führerraum angezeigt.
- Zentrales Schließen (Zwangsschließen): Die Personenflusserkennung (Lichtschranke/ Lichtgitter) ist nicht aktiv, der Einklemmschutz jedoch wirksam. Beim Schließen der Türen erfolgt eine akustische und optische Warnung an der Tür. Dieses Verfahren darf nur angewandt werden, wenn das Schließen der Außentüren auf den Fahrgastwechsel abgestimmt ist und vom Eisenbahnfahrzeugführer festgestellt werden kann, dass die Außentüren geschlossen sind und sich keine Personen oder Gegenstände im Schließbereich der Türen befinden.

Dem Eisenbahnfahrzeugführer wird über einen Leuchtmelder „T“ (Türen) beziehungsweise eine Anzeige im Display signalisiert, dass die Außentüren geschlossen sind und die Abfahrt möglich ist.

7.4.6 Fahrgastzähleinrichtungen

Die Fahrzeuge können mit einem automatischen Fahrgastzählsystem (AFZ) zur Zählung der ein- und aussteigenden Fahrgäste ausgerüstet sein. Das AFZ-System besteht aus den Zählgeräten in den Einstiegsbereichen, den Personenzählsensoren über den Türen sowie einem Datenspeicher. Die Zähldaten werden türscharf erfasst und in einem Rechner mit Fahrzeug- und Fahrplandaten sowie Datum und Uhrzeit ergänzt und anschließend gespeichert. Die Weiterverarbeitung der Daten erfolgt nicht im Fahrzeug, sondern stationär. Dazu werden die erfassten Daten des Fahrgastzählsystems zu einem stationären Hintergrundsystem (Backoffice) übertragen. Bei den eingesetzten AFZ-Systemen wird zwischen autarken, FIS-integrierten oder Mischsystemen unterschieden.

7.5 Beleuchtung

7.5.1 Einführung

Reisezug- und Triebwagen müssen bei Dunkelheit ausreichend beleuchtet sein. Dies ist nicht nur aus Sicherheitsgründen unabdingbar, sondern auch, um dem Komfortanspruch der Reisenden nachzukommen. Bei fehlender Batterieladung übernimmt die Batterie die Energieversorgung der Beleuchtung.

Abb. 7-70:
beleuchtete Fahrzeuge
Abbildung: DB AG/Michalke

Ausrüstung der Fahrzeuge

Die Beleuchtung soll blendfrei ausgeführt sein und eine gleichmäßige Beleuchtung des Innenraums ermöglichen. Die Beleuchtungskörper sind meist in den Deckenelementen integriert. In der Regel sind ein oder zwei parallele Leuchtbänder in Längsrichtung angeordnet. Ein Teil der Leuchten dient als Notbeleuchtung. Ergänzend können an den Sitzen Leselampen angeordnet sein.

Die Beleuchtungsanlage eines Wagens ist in einzelne Stromkreise unterteilt. Diese sind bei älteren Fahrzeugen mit Sicherungsautomaten auf der Schalttafel und Schraubensicherungen in Kästen unter dem Fahrzeug abgesichert; bei modernen Triebfahrzeugen sichern ausschließlich Sicherungsautomaten.

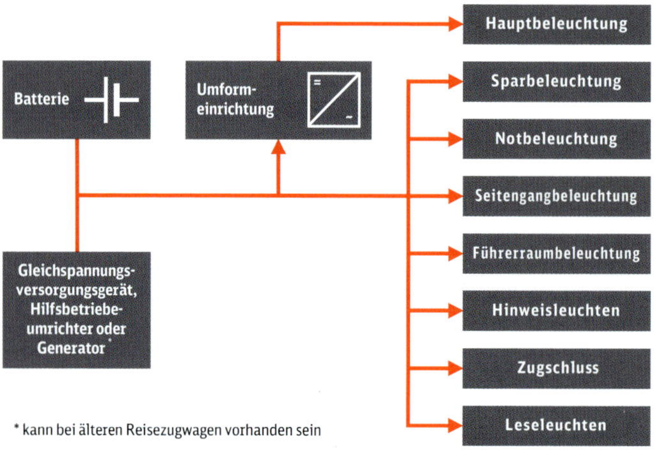

Abb. 7-71:
Beleuchtungsarten
Abbildung: Janicki

7.5.2 Beleuchtungssteuerung

Von der Schalttafel eines Reisezugwagens aus kann die Beleuchtung aller angeschlossenen Wagen mit den Tastern „Zuglicht ein“ und „Zuglicht aus“ geschaltet werden. Die Informations- und Steuerleitung (ISL) überträgt den Schaltbefehl. Die Reaktion der einzelnen Wagen ist unterschiedlich. Bei einigen Wagen schaltet sich bei einmaliger Betätigung des Tasters „Zuglicht ein“ nur die Sparbeleuchtung ein. Erst nach dem zweiten Drücken geht die Hauptbeleuchtung an.

In jedem Wagen kann die Beleuchtung mit den Tastern „Wagenlicht ein“ oder „Wagenlicht aus“ separat geschaltet werden. Einige Wagen haben einen zusätzlichen Taster für die Sparbeleuchtung. In den Abteilen und zum Teil auch in den Großräumen kann der Fahrgast mittels Abteilschalter zwischen Haupt- und Sparbeleuchtung wählen. Sind die Fahrzeuge mit Leselampen ausgerüstet, können diese (teilweise nur bei Sparbeleuchtung) individuell für jeden Sitzplatz ein- und ausgeschaltet werden. Neuere Wagen haben zur Prüfung der Leseleuchten auf der Schalttafel einen Taster, mit dem sich alle Leseleuchten für einige Minuten zentral einschalten lassen.

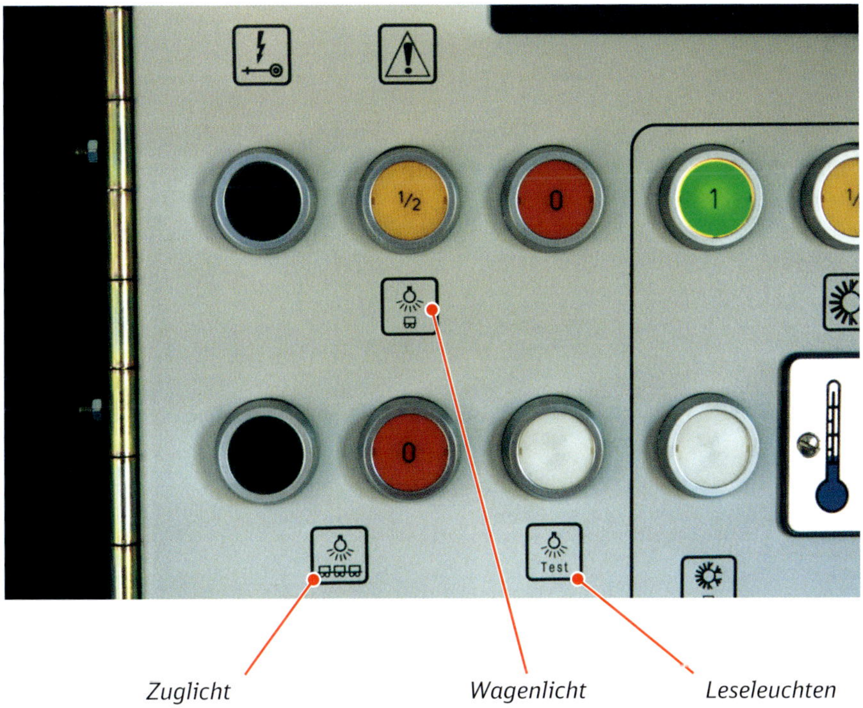

Abb. 7-72: Schalttafel eines Reisezugwagens mit den Tastern für die Beleuchtung Abbildung: Janicki

Minimalspannungsrelais

Zum Schutz der Batterie wird bei sinkender Spannung selbsttätig die Hauptbeleuchtung aus- und die Sparbeleuchtung eingeschaltet. Die Umschaltung erfolgt über ein Minimalspannungsrelais (MSP). Aus Sicherheitsgründen schaltet das MSP weder Not- noch Zugschlussleuchten ab. Bei einigen Wagen schaltet das MSP auch Heizung, Klimaanlage oder Großküchenverbraucher ab. Neuerdings werden nur noch Minimalspannungsrelais mit selbsttätiger Wiedereinschaltung eingesetzt: Setzt die Energieversorgung wieder ein, schalten sie von der Spar- in die Hauptbeleuchtung zurück. Ansonsten muss die Hauptbeleuchtung bei wieder steigender Spannung auf der Schalttafel eingeschaltet werden.

Die Schaltstufen der MSP-Bauarten sind zum Teil unterschiedlich. Abweichende Schaltstufen sind auch zwischen Blei- und NC-Batterien zu beachten.

Beleuchtungssteuerung bei Triebwagen und -zügen

Das Einschalten der Führerraumbeleuchtung erfolgt entweder über Dreh-, Kipp- oder Drucktaster auf dem Führerpult beziehungsweise bei vorhandenem Display alternativ über Softkeys.

Das Einschalten der Fahrgastraumbeleuchtung (Innenbeleuchtung) erfolgt in der Regel über Schalter auf einer Schalttafel im Schaltschrank. Bei Fahrzeugen mit Display (MTD) ist auch hier das Einschalten über Softkeys an entsprechenden Displaybildern möglich. Dabei besteht auch die Möglichkeit, die Beleuchtung in bestimmten Fahrzeugen und gegebenenfalls sogar in einzelnen Fahrzeugteilen zu schalten. In Abhängigkeit vom Betriebsmodus des Fahrzeuges und bei Ausfall der Batterieladung können dabei Einschränkungen vorhanden sein, die nur eine eingeschränkte Beleuchtung (Notbeleuchtung) zulassen.

Reinigungsmodus

Zum Zwecke der Reinigung eines Fahrzeuges steht in der Regel ein Taster „Reinigung“ zur Verfügung, nach dessen Betätigung für einen fest eingestellten Zeitraum die Vollbeleuchtung eingeschaltet wird. Bei einigen Fahrzeugbaureihen wird dieser Zustand mit Reinigungsmodus oder als Putzlicht bezeichnet. Ein nochmaliges Betätigen des Tasters bewirkt das Ausschalten der Beleuchtung; gleichzeitig wird für einen begrenzten Zeitraum die Notbeleuchtung eingeschaltet.

7.6 Heizung und Klimatisierung

7.6.1 Einführung

Aus Komfortgründen sind die Fahrgast- und Führerräume der neueren Fahrzeuge klimatisiert. Jedes Fahrzeug hat eine eigene Klimaanlage, die entweder im Dachraum oder – bei Reisezugwagen und beim ICE 1/2 – unterflur angeordnet ist. Die Klimaanlagen versorgen im Heiz- und Kühlbetrieb die einzelnen Räume des Zuges mit der erforderlichen Luftmenge. Bei Dieselfahrzeugen ist die Klimaanlage meist mit einer Warmwasserheizung kombiniert. Die Energie für die Beheizung der Fahrgast- und Führerräume wird bei Dieseltriebwagen und Dieseltriebzügen dem Kühlwasser des Traktionsdieselmotors entnommen. Sollte das nicht ausreichen, kann mit einem Ölheizgerät zusätzlich geheizt werden.

Eine Besonderheit sind die luftgestützten Klimaanlagen der ICE-3-Triebzüge, bei denen Luft als Kühlmedium genutzt wird. Ältere Fahrzeuge können noch mit einer Warmwasser-, Konvektions- oder Luftheizung ausgerüstet sein. Eine Kennzeichnung am Langträger gibt Auskunft über die Art der Heizungseinrichtung.

Abkürzung	Bedeutung
Klimaes	**Klima**anlage durch **e**lektrischen Strom mit **s**elbsttätiger Regelung
Lhzes	**L**uft**h**ei**z**ung durch **e**lektrischen Strom mit **s**elbsttätiger Regelung
Whzdes	**W**armwasser**h**ei**z**ung durch **D**ampf und **e**lektrischen Strom mit **s**elbsttätiger Regelung
Whzes	**W**armwasser**h**ei**z**ung durch **e**lektrischen Strom mit **s**elbsttätiger Regelung
ElHzs	**El**ektrische **H**ei**z**ung mit **s**elbsttätiger Regelung

Abb. 7-73: Kennzeichnung der Heizungseinrichtung (Auszug)

7.6.2 Klimaanlage

Bei Fahrzeugen mit Klimaanlage filtert ein Luftaufbereitungsgerät die von außen angesaugte Luft und erwärmt (Heizregister) oder kühlt (Kühlregister) sie nach Bedarf. Über Luftkanäle gelangt die aufbereitete Luft in die Abteile oder Großräume. Ältere Fahrzeuge haben eine Zweikanalanlage mit getrennten Luftkanälen für die Kühl- und Heizluft. Die Temperaturstelleinrichtung zur Einstellung der Raumtemperatur befindet sich im Abteil oder auf der Bedienschalttafel.

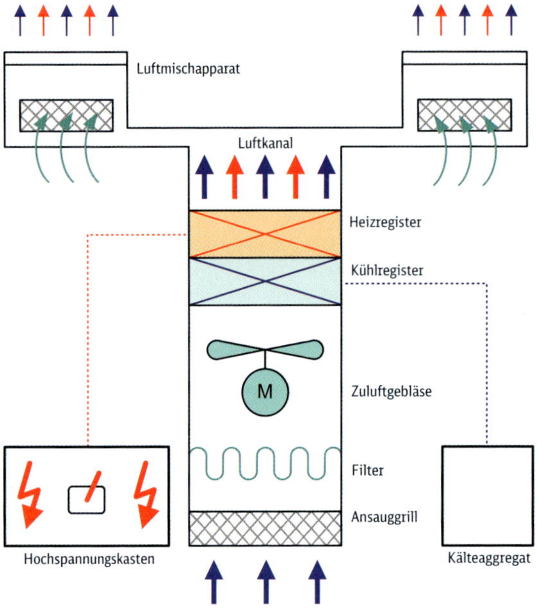

Abb. 7-74: Schema einer zweikanaligen Klimaanlage Abbildung: Janicki

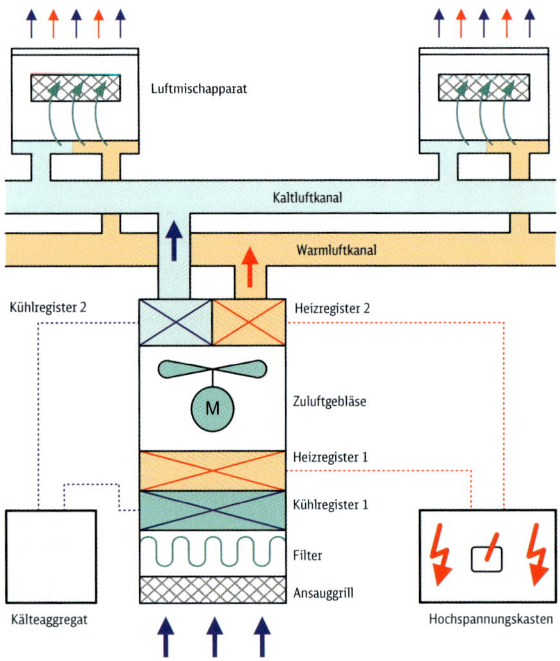

Abb. 7-75: Schema einer einkanaligen Klimaanlage Abbildung: Janicki

Der Kältekreislauf

Im Gegensatz zu konventionellen Heizungs- und Luftreinigungsanlagen kann eine Klimaanlage auch kühlen, filtern und entfeuchten. Klimaanlagen verfügen über einen Kältekreislauf, wie er in ähnlicher Form auch in vielen Autos zu finden ist.

Die Klimaanlage arbeitet nach dem Prinzip der Kompressionskälteanlage, bei dem das zirkulierende Kältemittel gasförmig komprimiert wird, infolge von Wärmeabgabe kondensiert und durch Druckminderung unter Wärmeaufnahme wieder verdampft. Als Kältemittel wird heute R 134a verwendet, das wenig Treibhausgase verursacht. Der Kältekreislauf ist in einen Hochdruckteil (Druckseite) und einen Niederdruckteil (Saugseite) aufgeteilt. Die Trennpunkte sind am Kompressor die Ventilplatte und am Expansionsventil die Einspritzdüse.

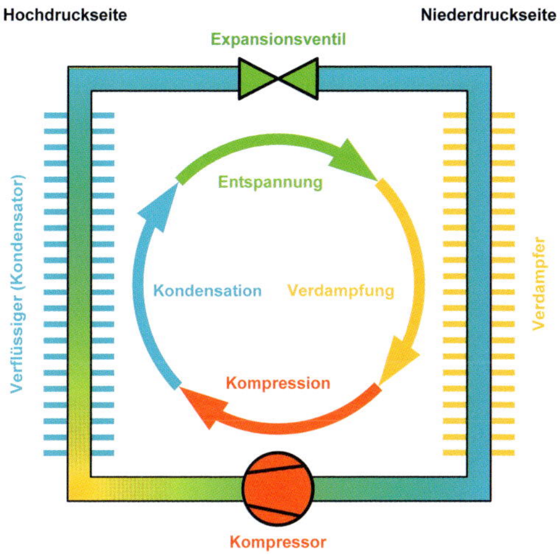

Abb. 7-76:
Kältekreislauf der Klimaanlage
Abbildung: Janicki

- Der Kompressor saugt kaltes (ca. 2 °C), gasförmiges Kältemittel aus dem Verdampfer ab. Im Kompressor wird das gasförmige Kältemittel verdichtet und dadurch stark erhitzt (auf 70 °C bis 100 °C). Es wird unter Hochdruck durch den Verflüssiger (auch als Kondensator bezeichnet) gedrückt.
- Im Verflüssiger kühlt das überhitzte Kältemittel bei hohem Druck ab (ca. 56 °C) und beginnt zu kondensieren, also seinen Zustand von gasförmig zu flüssig zu ändern. Die dabei frei werdende Kondensationswärme wird nun wiederum an die Außenluft abgegeben, die mithilfe eines Ventilators über den Verflüssiger gefördert wird.
- Am Expansionsventil wird das komprimierte, unter hohem Druck stehende Kältemittel in den Verdampfer gespritzt. Im Verdampfer entspannt sich das Kältemittel und verdampft. Da das Kältemittel hier nun nicht mehr unter Druck steht, geht es beim Durchlaufen des Verdampfers wieder in den gasförmigen Zustand über und es wird Verdunstungskälte frei.
- Der Verdampfer ist, ähnlich wie der Verflüssiger, ein Wärmetauscher. Er hat eine enorm große Oberfläche, über die er die Verdunstungskälte an die vorbeiströmende Luft abgibt. Diese abgekühlte Luft wird nun vom Zuluftgebläse in das Fahrzeuginnere geblasen. Auf der Niederdruckseite wird das gasförmige Kältemittel vom Kompressor angesaugt und verdichtet. Der Kältemittelkreislauf ist geschlossen.

Aus Sicherheitsgründen sind im Kältekreislauf Druckschalter eingebaut. Auf der Niederdruckseite befindet sich ein Niederdruckschalter, der bei Kältemittelverlust, sobald der Druck unter etwa 2 bar fällt, den Kompressor ab- und bei etwa 2,6 bar wieder einschaltet. Ein auf der Hochdruckseite eingebauter Hochdruckschalter schaltet bei Drücken über 26 bar den Kompressor ab und bei etwa 21 bar wieder ein.

Bei sehr hohen Außentemperaturen ist darauf zu achten, dass die Kälteanlage nicht im Dauerbetrieb auf Höchstleistung geschaltet wird, da ansonsten Teile vereisen können und die Anlage, wenn die Druckschalter anspringen, vollständig ausfällt. Stellt man die Temperaturregler auf den roten Bereich, wird immer noch gekühlt, jedoch die Kälteanlage nicht überlastet.

Luftgestützte Klimaanlage

Die ICE-3-Triebzüge sind mit luftgestützten Klimaanlagen ausgerüstet, bei denen Luft als Kühlmedium genutzt wird. Damit entfällt der Einsatz von umweltschädigenden konventionellen Kühlmitteln. In einem geschlossenen Kreislauf wird Luft in zwei Stufen verdichtet, in einem Wärmetauscher mit Umgebungsluft zwischengekühlt und danach in einer Turbine entspannt, wobei die Temperatur der Prozessluft auf Temperaturen um etwa 2 °C abgesenkt wird.

Diese kalte Luft tauscht ihre „Kälte" in einem weiteren Wärmetauscher mit der Wagenzuluft. Danach gelangt die Prozessluft wieder zur ersten Verdichtungsstufe, wo der Prozess von Neuem beginnt. Das in der Außen-/Um- und Prozessluft enthaltene Wasser (Luftfeuchte) wird zur Wirkungsgradsteigerung genutzt (Verdampfung).

Im Heizfall ist der Kältekreis nicht in Betrieb, das Heizen leisten ein elektrisches Heizregister im Klimagerät und zusätzliche Nach- und Umluftheizer im Wagen.

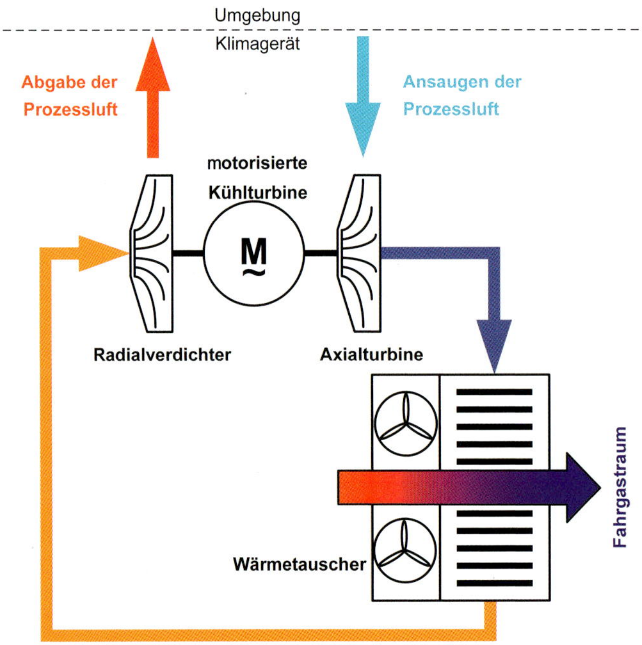

Abb. 7-77:
luftgestützte Klimaanlage
Abbildung: Janicki

- Die Prozessluft wird von außen und in den Abteilen angesaugt. In der motorisierten Kühlturbine wird die Prozessluft anschließend entspannt. Damit verbunden ist eine Abkühlung der Prozessluft.
- Im Wärmetauscher kühlt die kalte Prozessluft die Zuluft für den Fahrgastraum.
- Im Radialverdichter der motorisierten Kühlturbine wird die Prozessluft auf Umgebungsdruck verdichtet. Damit verbunden ist eine Erwärmung der Prozessluft.
- Anschließend wird die Abwärme durch Ausblasen der warmen Prozessluft in die Umgebung abgegeben.

7.6.3 Stelleinrichtung und Regelung

Bei Nahverkehrstriebwagen stellt in der Regel der Eisenbahnfahrzeugführer die Klimaanlage ein. Dafür kommen Bediengeräte unterschiedlicher Bauart zum Einsatz. Vielfach kann die Klimaanlage auch über das Display auf dem Führerstand geschaltet werden.

ICE-Züge sind mit druckgeschützter Einkanal-Klimaanlage ausgestattet. Hier erfolgt die Temperaturvorwahl entweder zentral vom Zugbegleiterabteil oder über eine eigene Temperaturstelleinrichtung im Wagen. Jede Wagenklimaanlage besitzt hier ein eigenes Steuerungs- und Regelsystem. Steuerungs- und Diagnosedaten werden über den Fahrzeugbus ausgetauscht.

In Wagen wird die Heizung beziehungsweise Klimatisierung in der Regel auf der Schalttafel geschaltet. Die Heizung/Klimatisierung schaltet bei anliegender Spannung auf der Zugsammelschiene selbsttätig ein, wenn die Klimaanlage bei der vorhergehenden Abrüstung des Zuges eingeschaltet war.

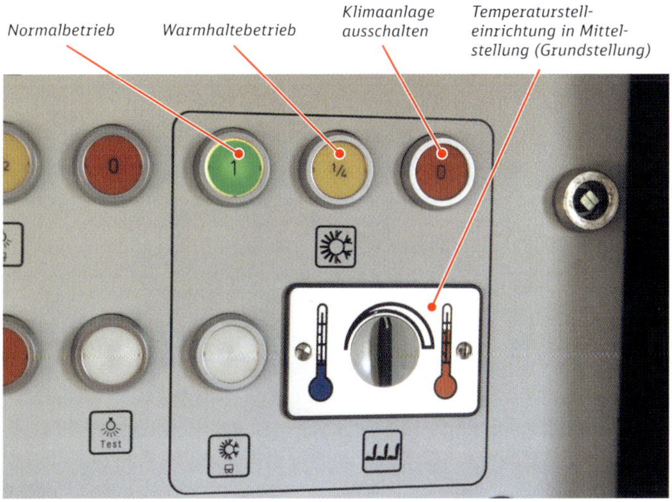

Abb. 7-78: Bedienung auf der Schalttafel

Abbildungen: Janicki

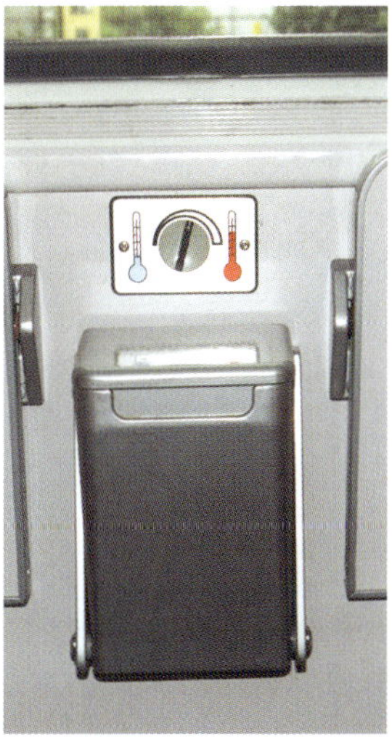

Abb. 7-79: Temperaturstelleinrichtung im Abteil eines klimatisierten Wagens

Betriebsarten

Luftmenge und -verhältnis werden in Abhängigkeit von der Außen- und Raumtemperatur geregelt. Betriebs- und Störleuchtmelder auf der Schalttafel zeigen den jeweiligen Status der Heizung beziehungsweise Klimatisierung an. Das Vorheizen des Fahrgastraumes und das Vorwärmen des Dieselmotors können bei einem abgestellten Zug und eingeschalteter Fremdeinspeisung vorprogrammiert werden. Der Eisenbahnfahrzeugführer kann bei einigen Triebzugbaureihen manuell und nach Bedarf den sogenannten „Reheat-Betrieb" der Klimageräte einstellen, der in einer festgelegten Zeitspanne die Luft im Fahrgastraum entfeuchtet. Für Tunnelfahrten ist oftmals eine Umluftschaltung vorhanden, bei der die Frischluftzufuhr für eine gewisse Zeit verschlossen wird.

Heizen	Kühlen
Vorheizen Heizen vor Inbetriebnahme des Triebzuges	**Umluft** Kühlen mit bereits gebrauchter Luft, zum Beispiel bei Tunnelfahrten
Reheat Heizen und gleichzeitiges Kühlen, zum Beispiel bei beschlagenen Fenstern	

Abb. 7-80: Betriebszustände bei Fahrzeugen mit Klimaanlage

7.6.4 Klimagerät und Luftführung

Die im Klimagerät konditionierte Luft wird über Decken- und Seitenwandstichkanäle zu den Ausblasöffnungen geführt. Die im Folgenden beschriebenen Prinzipien des Aufbaus der Klimageräte und Luftführungswege entsprechen jenen moderner Fahrzeuge. Manche ältere Reisezugwagen haben abweichende Luftführungswege und die Klimageräte sind technisch bedingt anders konstruiert, die beschriebenen Prinzipien gelten aber auch hier.

Klimagerät

Die Luftaufbereitung leisten Klimageräte, die entweder im Dachbereich oder unter dem Fahrzeug angeordnet sind. Einige Fahrzeuge, wie beispielsweise Doppelstockwagen, besitzen zwei Dachklimageräte jeweils zur Versorgung einer Wagenhälfte. Bei Ausfall eines Geräts arbeitet das andere, so weit wie möglich, für beide Wagenhälften. Die Klimageräte nutzen Außen- und Umluft, die quer zur Fahrtrichtung durch Gitter mit dahinter eingebautem Luftfilter in der Wagenseitenwand angesaugt wird. Die Luft strömt anschließend über den Zuluftventilator zu den Luftkühlern (Verdampfern) oder zu den Heizregistern und weiter über den am Klimagerät angebrachten Kanalknoten in die Luftkanäle des Wagens.

Abb. 7-81: Dachklimagerät beim Doppelstockwagen   Abbildung: Bombardier

Heizregister

In jedem Klimagerät befinden sich ein oder mehrere Heizregister. Die Anpassung des Heizleistungsbedarfs wird durch „Takten" der einzelnen Heizregister vorgenommen. Dies bedeutet, dass je nach Heizleistungsbedarf die Heizregister entsprechend unterschiedlich lange ein- oder ausgeschaltet sind. Die Einspeisung für die elektrischen Heizregister im Klimagerät erfolgt direkt aus der Zugsammelschiene.

Die Heizregister bestehen jeweils aus u-förmigen Rohrheizkörpern, von denen eine bestimmte Anzahl in Reihe geschaltet ist. Die Zulufttemperatur wird von einer elektronischen Regelung ständig überwacht und die Heizleistung reduziert, wenn die zulässigen Grenzwerte überschritten werden. Fällt die Regelung aus, so verhindern zwei zusätzliche Schutzelemente – der Thermokontakt (Bimetall) und die Kurzschlusssicherung – ein Überhitzen der Anlage. Als zusätzliche Sicherheitsstufe überwacht ein Strömungswächter im Klimagerät, ob die am Heizregister durchströmende Luftmenge ausreicht, um eine Überhitzung zu vermeiden.

Luftführung im Fahrzeug

Im Lüftungs- und Kühlbetrieb wird die Zuluft meist durch Lochdecken oder ähnliche Luftaustrittsöffnungen in den Fahrzeuginnenraum geblasen. Im Heizbetrieb wird die erwärmte Zuluft über Bodenkanäle in die Fahrgasträume geführt und tritt hier parallel zur Seitenwand und zum Boden aus. Die Abluft aus den Fahrgasträumen entweicht meist über Fortluftgitter an den Wagenenden in der Nähe der Übergangstüren. Die Fortluftquerschnitte sind so bemessen, dass im Wagen ein leichter Überdruck besteht. Beim Öffnen der Türen entweicht die Fortluft hier und verhindert weitgehend, dass unbehandelte Außenluft eindringt.

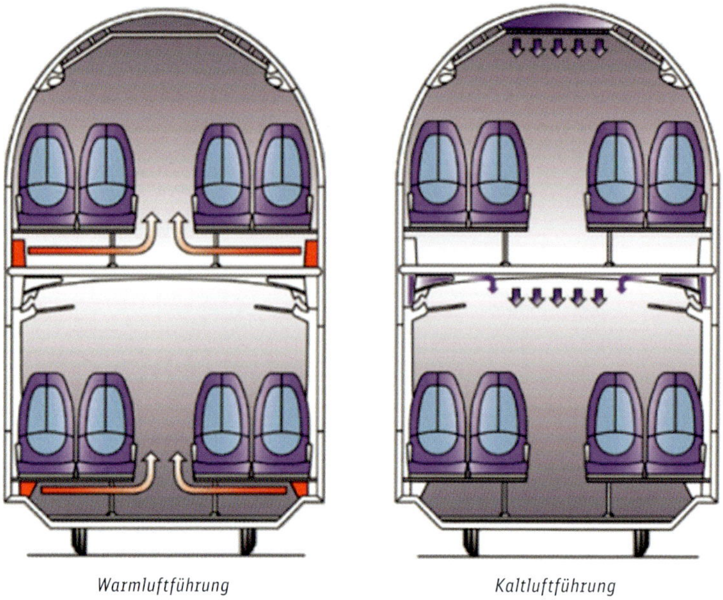

Abb. 7-82: Luftführung in einem klimatisierten Doppelstockwagen
Abbildung: Bombardier

Dieseltriebwagen und Dieseltriebzüge

Bei Dieseltriebwagen und Dieseltriebzügen wird die Abwärme des Dieselmotors für die Erwärmung der Fahrgasträume genutzt. Die Klimaanlage der Fahrzeuge ist hierfür mit einer Warmwasser-Umluft-Heizungsanlage kombiniert. Konvektoren (Heizkörper) verteilen die Wärme in den Räumen. Die statischen Konvektoren sind als Heizband im unteren Seitenbereich des Fahrgastraums ausgeführt, wodurch eine gleichmäßige Wärmeverteilung im gesamten Fahrzeug gewährleistet wird.

Zum Kühlen der Führer- und Fahrgasträume sind Kälteanlagen eingebaut. Die Dieselmotoren treiben die Kältemittelverdichter an. Die Belüftung erfolgt über Dachklimageräte, die auf dem Triebzugdach aufgesetzt sind und sowohl an den Kältemittelkreislauf als auch an den Wasserkreislauf angeschlossen sind. Die Dachklimageräte saugen die im Fahrzeuginneren benötigte Frischluft an und erwärmen oder kühlen sie je nach Bedarf. Die Dachgeräte verfügen über Frischluft-/Umluftklappen, sodass mit Frischluft, Umluft oder Mischluft gefahren werden kann. Die Entlüftung des Fahrgastraums leisten statische Dachentlüfter.

Zur Ergänzung sind heizölbefeuerte Wasserheizgeräte vorhanden, mit denen auch ohne laufenden Dieselmotor geheizt werden kann. Somit kann das Zusatzheizgerät auch im Stillstand zum Vorheizen betrieben werden.

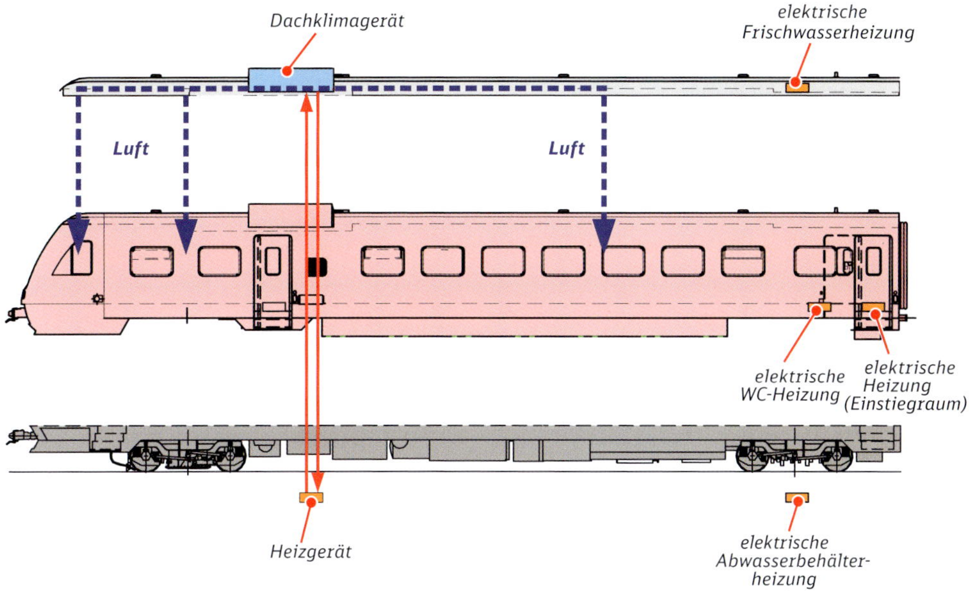

Abb. 7-83: Bauteile der Heizung/Klimaanlage (Beispiel VT 612) Abbildung: Bombardier

7.6.5 Sonstige Heizungseinrichtungen

Es gibt noch andere Heizungsbauformen – sowohl als Ergänzung zur Klimaanlage als auch, bei älteren Fahrzeugen, zum alleinigen Einsatz.

Luftheizung

Bei der Luftheizung wird Frischluft über einen Ansauggrill in der Seitenwand oder im Wagendach angesaugt und in einem Luftaufbereitungsgerät gereinigt und erwärmt. Dann wird sie über Luftkanäle ins Wageninnere gedrückt. Die selbsttätige Regelung schaltet bei Erreichen der vorgewählten Raumtemperatur die Heizleistung ab. Im Sommer wird die Anlage zur Belüftung eingesetzt. Die Luftheizung wird entweder ausschließlich oder in Verbindung mit einer anderen Heizung (zum Beispiel Warmwasserheizung) verwendet. Die Temperaturstelleinrichtung zur Festlegung der Raumtemperatur befindet sich im Abteil oder/und auf der Bedienschalttafel.

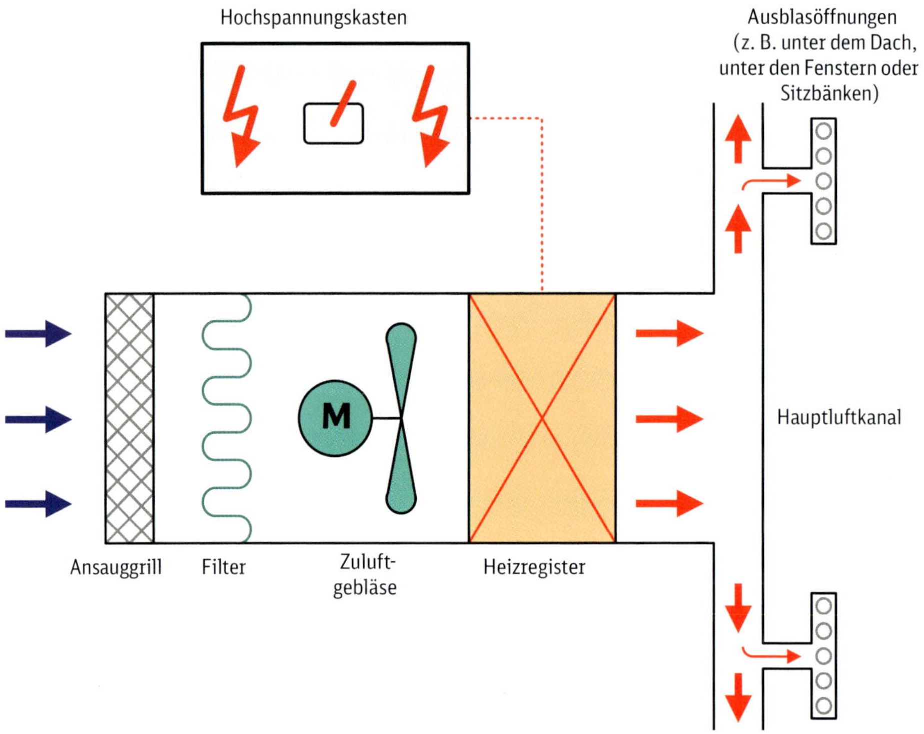

Abb. 7-84: Luftheizung

Abbildung: Janicki

Warmwasserheizung

Bei der Warmwasserheizung erwärmt ein unter dem Fahrzeug angebrachter Wärmetauscher das Heizwasser und schickt es durch den Wagen. Das umlaufende Heizwasser gibt seine Wärme über Heizkörper in die einzelnen Räume ab. Eine selbsttätige Regelung regelt die Heizwasservorlauftemperatur in Abhängigkeit von der Außen- und der Abteiltemperatur. Zum Schutz der Warmwasserheizung bei Wassermangel werden Wassermangelsicherungen eingebaut. Mit einer Rückfüllpumpe kann bei älteren Fahrzeugen Heizwasser aus einem Auffangbehälter in den Wasserkreislauf zurückgepumpt werden.

Die Heizung ist auf der Bedienschalttafel einzuschalten. In den Abteilen sind Regelklappen angebracht, mit denen die Wärmeabgabe geregelt werden kann.

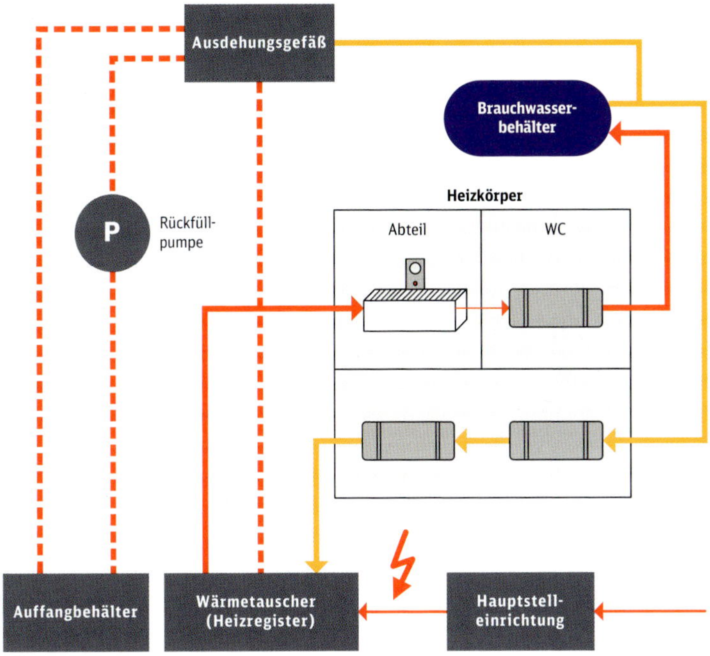

Abb. 7-85: Schema der Warmwasserheizung (stark vereinfacht) Abbildung: Janicki

Bei Dieselfahrzeugen mit Warmwasserheizung verbindet ein elektronisch betätigtes Dreiwegeventil den Motor-Kühlwasserkreislauf mit dem Heizwasserkreislauf. Um Frostschäden zu vermeiden, ist dem Kühl- und Heizwasser ein Frostschutzmittel beigemischt. Eine Frostschutzhupe, die bei Ausfall der Heizung anspricht, gibt es nicht bei allen Fahrzeugen.

Beim Vorheizen wird zunächst über die Heizungssteuerung der Heizkessel in Betrieb genommen. Anschließend erfolgt durch Öffnen des Dreiwegeventils die Zuschaltung der Heizkreisläufe und damit auch die Vorheizung der Fahrgasträume. Sobald eine bestimmte Rücklauftemperatur im Heizkreislauf erreicht ist, wird über das Dreiwegeventil der Kühlwasserkreis des Motors mit einbezogen. Bei laufendem Motor wird die Wagenheizung vorrangig mit der Abwärme des Motors gespeist. Reicht dies nicht aus, schaltet sich ein Heizkessel selbsttätig zu. Eine kombinierte Temperatur- und Mischersteuerung hält die Raumtemperatur je nach Einstellung der Thermostate konstant. Bei höheren Außentemperaturen wird die für die Wagenheizung nicht benötigte Kühlwasserwärme über den Kühler abgeführt.

Zum Teil sind separate Zusatzheizgeräte eingebaut. Diese können im Vorheizbetrieb über eine Schaltuhr in Verbindung mit einer Fremdeinspeisung oder bei laufendem Dieselmotor benutzt werden. An der Schaltuhr kann der Eisenbahnfahrzeugführer beim Verlassen des Triebzuges die gewünschte Einschaltzeit eingeben.

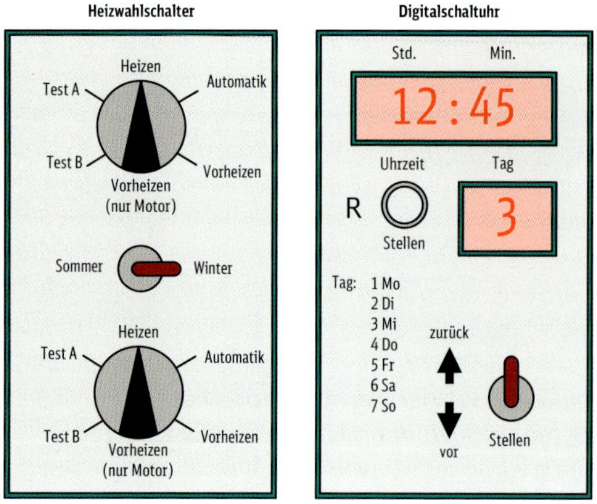

Abb. 7-86: Bedienelemente der Warmwasserheizung (Beispiel VT 628)
Abbildung: Janicki

Konvektionsheizung

Elektrische Konvektionsheizungen sind in älteren Nahverkehrswagen und Elektrotriebwagen eingebaut. Hier werden die Fahrgasträume direkt über elektrische Heizwiderstände beheizt. Bei Reisezugwagen mit dem Kennbuchstaben „z“ findet sich ein zusätzlicher Hochspannungsschalter zum Einschalten der Heizung unterhalb der Schalttafel.

Die Wärmeabgabe in den Abteilen kann vom Zugbegleitpersonal oder von Reisenden an einer Stelleinrichtung reguliert werden. Eine selbsttätige Regelung schaltet die Energiezufuhr bei Erreichen einer eingestellten Raumtemperatur ab und unterbricht damit vorübergehend das Heizen.

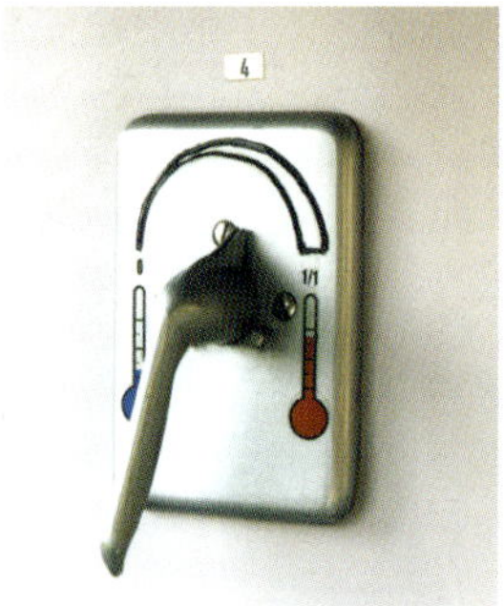

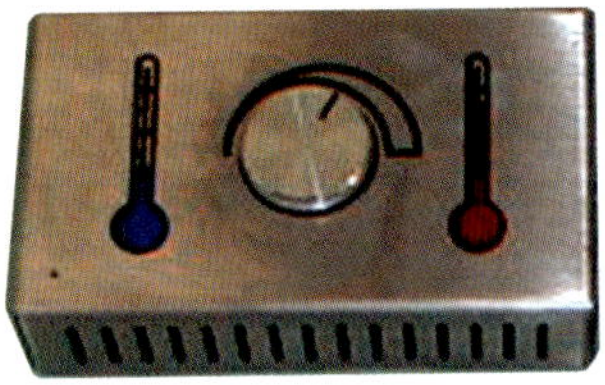

Abb. 7-87: elektronischer Temperaturregler

Abb. 7-88: Stelleinrichtung

Fotos: DB AG

In modernisierten n-Wagen gibt es eine elektronische Temperaturregelung. Der Temperaturregler besteht aus einem Kästchen, das unten und oben Luftöffnungen zum Ansaugen beziehungsweise zum Ausströmen von Umgebungsluft hat. In bestimmten Zeitabständen wird Umgebungsluft von einem kleinen Ventilator in das Gehäuse gezogen und mit einem elektronischen Temperaturfühlelement mit Mess- und Steuerelektronik gemessen. An einem Sollwertgeber kann die gewünschte Raumtemperatur zwischen 18 °C und 24 °C eingestellt werden. Die Temperaturregelung schaltet mit einem elektronischen Energieregler je nach gemessener Innentemperatur die Stromkreise der elektrischen Heizöfen ein oder aus.

7.7 Informationseinrichtungen

7.7.1 Überblick

Die Informationseinrichtungen lassen sich in drei Bereiche einteilen: akustische und optische Information der Fahrgäste, Kommunikation zu Servicezwecken sowie – bei einigen Fahrzeugen – Unterhaltung.

- Die Information bietet dem Fahrgast diverse Fakten zu seiner Reise und Unterstützung bei der Orientierung im Zug. Eine fahrtabhängige Steuerung sorgt weitgehend automatisch dafür, dass die richtigen Informationen zur richtigen Zeit angeboten werden. Im Fernverkehr ist heute eine elektronische Platzreservierung Standard. Diese ermöglicht die gezielte elektronische Kennzeichnung jedes einzelnen reservierten Sitzplatzes.
- Die Kommunikation schließt sowohl die betriebliche als auch die öffentliche Kommunikation ein. Die betriebliche Kommunikation umfasst die notwendige Technik für Beschallung und Sprechverbindungen, während zur Unterstützung der öffentlichen Kommunikation heute Mobilfunkrepeater und WLAN bereitgestellt werden, die die Nutzung von privaten Mobiltelefonen und Internet im Zug zulassen.
- Zur Unterhaltung der Fahrgäste verfügen die modernen Fahrzeuge im Fernverkehr über Audioprogramme an jedem Sitzplatz und zum Teil über Videoprogramme an ausgewählten Sitzplätzen. Manche Fahrzeuge bieten auch Großraumdisplays im Fahrgastraum.

Darüber hinaus gibt es in vielen Fahrzeugen die Gelegenheit, in einer Notsituation mit dem Eisenbahnfahrzeugführer zu kommunizieren. Die Anlagen sind in der Regel für Mehrfachtraktion ausgelegt.

Im Grundausbau sind bei den Fahrzeugen ein Fahrgastinformationssystem (FIS) – bestehend aus inneren und äußeren Anzeigen – sowie eine elektroakustische Anlage (ELA) in allen Fahrgasträumen und zum Teil auch außen an den Fahrzeugen installiert.

Abb. 7-89: Zugzielanzeige bei einem Triebwagen Foto: DB AG/Bartlomiej Banaszak

Global Positioning System (GPS)

In der Regel arbeiten Fahrgastinformationssysteme mit dem Global Positioning System (GPS), das einen vollständig automatisierten Betrieb ermöglicht. Mithilfe des GPS wird mit den über einen Empfänger aufgenommenen Standortinformationen und den gespeicherten Koordinaten die Fahrgastinformation innerhalb des Zuges automatisch ausgelöst. Allerdings gibt es viele und zum Teil recht lange Tunnelstrecken, in denen die Ortung mittels GPS nicht verfügbar ist. Auch im Bahnhof oder schon in Bahnhofsnähe kann es wegen Überdachungen und Häuserschluchten zu Empfangsstörungen kommen. Eine Lösung: die Kombination aus GPS-Ortung und herkömmlicher Wegerfassung. Im Falle des Ausbleibens von GPS-Daten kann so die entstehende Lücke mit hinreichender Genauigkeit gefüllt werden. Die FIS-Steuerung kann in den Modus „Ersatzbetrieb“ wechseln, wenn die Ortungsinformationen keinen sicheren Anhaltspunkt mehr für den aktuellen Aufenthaltsort geben. Der Ersatzbetrieb bleibt erhalten, bis dank GPS-Daten wieder eine präzise Ortung möglich ist.

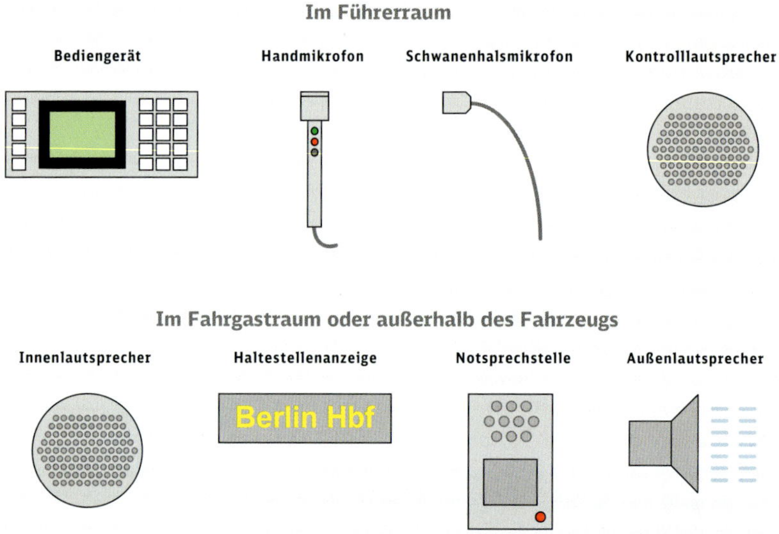

Abb. 7-90: Komponenten des Fahrgastinformationssystems (FIS) Abbildung: Janicki

Dynamische optische Informationsanzeigen

In der Regel verfügen die Fahrzeuge über Zugzielanzeigen außen an den Längsseiten sowie innen im Fahrgastraum. Steuerwagen und Triebwagen haben darüber hinaus eine Buganzeige. Die Außenanzeigen weisen in der Regel auf die jeweilige Liniennummer sowie den Zielbahnhof des Zuges hin. Im Fernverkehr und teilweise auch im Regionalverkehr werden neben der Zug- und Wagennummer auch noch der Laufweg angezeigt. Auf den Innenanzeigen erscheinen abwechselnd der Zielbahnhof sowie Datum und Uhrzeit. Bei Fahrzeugen des Regionalverkehrs ist auch die Darstellung von Abfahrts- und Zielbahnhof sowie Ankunfts- und Abfahrtszeiten möglich. Im Fernverkehr zeigen die im jeweiligen Eingangsbereich eingebauten Zuglaufdisplays die Zug- und Wagennummer, den Laufweg sowie weitere Informationen wie beispielsweise Begrüßungsseiten, den nächsten Halt oder die aktuelle Fahrgeschwindigkeit an.

Abb. 7-91: Seitenanzeige beim Doppelstockwagen
Foto: DB AG/Christoph Müller

Abb. 7-92: erweiterte Anzeige bei Fahrzeugen des Regionalverkehrs
Foto: DB AG/Barteld

Fahrgastsprechstelle und Notrufsystem

Im Einstiegsbereich und teilweise auch im behindertengerechten WC kann sich eine Fahrgastsprechstelle befinden, über die der Fahrgast im Notfall mit dem Zugpersonal kommunizieren kann. Fahrgastsprechstellen sind mit Leuchtdioden oder einem Display ausgerüstet. Hier erscheint nach Drücken des Notruftasters zunächst die Meldung „Bitte warten" und die Meldung wird weitergeleitet. Nach Annahme des Notrufs erscheint die Aufforderung „Bitte sprechen", und ein Wechselsprechen kann beginnen.

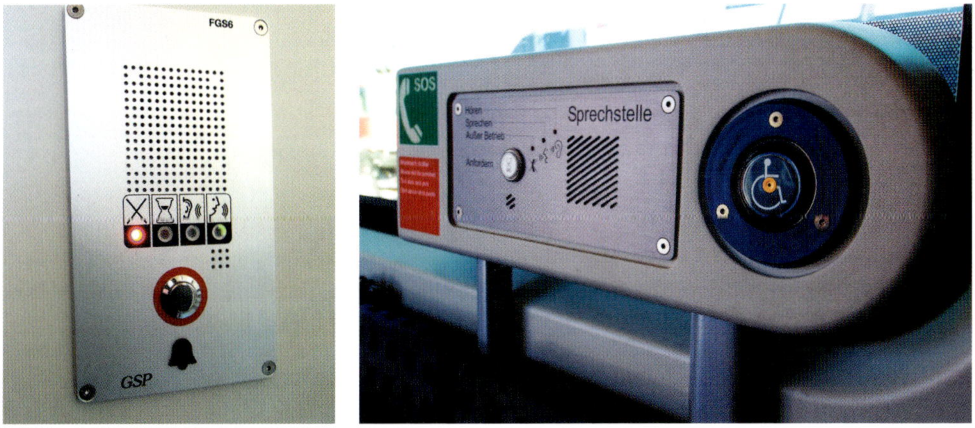

Abb. 7-93: verschiedene Ausführungsformen der Fahrgastsprechstelle
Fotos: Janicki

Videoüberwachung

Die Fahrgasträume und die Notsprechstellen können mit Videoanlagen überwacht werden. Dazu sind die Fahrzeuge mit Kameramodulen ausgestattet, deren Anzahl je nach Fahrzeug differiert. Wenn möglich werden die Kameramodule im Lampenband installiert. Üblich sind vier Kameramodule je Wagenteil. Die Videosequenzen werden in einem Speicher (Wechselfestplatte) abgelegt. Der Speicher wird nach einer voreingestellten Zeit (zum Beispiel 72 Stunden) automatisch überschrieben, wenn keine Auslesung erfolgt.

Der Überwachungsmonitor befindet sich im Führerraum. Aus betrieblichen Gründen darf der Eisenbahnfahrzeugführer den Monitor nicht ständig beobachten. Deshalb erfolgt das Einschalten in der Regel nur bei Betätigung der Notrufeinrichtung oder manuell im Stand durch den Eisenbahnfahrzeugführer. Dabei besteht die Möglichkeit, auf einzelne Kameras umzuschalten. Je nach Ausführung ist auch eine Split-Screen-Darstellung möglich, bei der die Bilder mehrerer Kameras angezeigt werden.

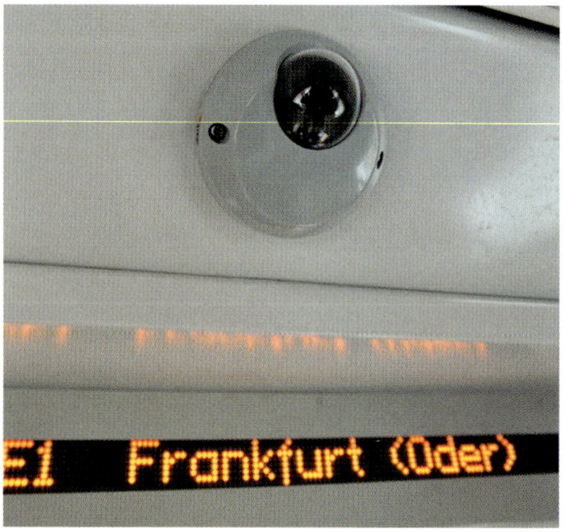

Abb. 7-94: Kameramodul im Innenraum eines Doppelstockwagens Foto: DB AG/Jet-Foto Kranert

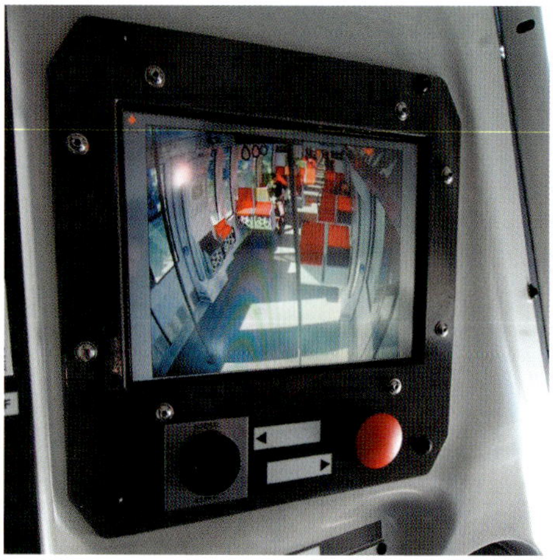

Abb. 7-95: Überwachungsmonitor im Führerraum Foto: Janicki

Informationsdisplays

Im Wageninnern der Fahrzeuge können zusätzlich Informationsdisplays angebracht sein, die Reisendeninformationen in Echtzeit bieten. Neben Basisinformationen zum Zuglauf wie der Zug- und Wagennummer, dem Laufweg und dem nächsten Halt zählen dazu Begrüßungsseiten, die aktuelle Fahrgeschwindigkeit und Anschlussverbindungen inklusive tagesaktueller Fahrplanabweichungen. Darüber hinaus lassen sich streckenbezogene Informationen beziehungsweise Fotos sowie ergänzende Servicehinweise anzeigen.

Die Informationsdisplays sind im Einstiegsbereich sowie im Fahrgastraum eingebaut.

Abb. 7-96: Beispiele für die Darstellung von Fahrgastinformationen im Informationsdisplay

Abbildung: Janicki

7.7.2 Komponenten der Triebfahrzeuge

Vor Beginn einer Zugfahrt wählt der Eisenbahnfahrzeugführer an einem FIS-Steuergerät oder FIS-Eingabeterminal die zu befahrende Strecke aus – dies ist die sogenannte Zugtaufe. Das Steuergerät übernimmt die Ansteuerung der inneren und äußeren Anzeigen sowie der Beschallungsanlage. Die Weiterschaltung der digital gespeicherten Ansagetexte und gegebenenfalls auch der Texte der Haltestelleninnenanzeigen erfolgt entsprechend der Auswertung des GPS-Ortungssignales oder manuell durch den Eisenbahnfahrzeugführer.

Bediengerät FT 95

FT 95 ist die Bezeichnung für das Fahrgastinformationssystem, mit dem ein Teil der Triebwagen, Lokomotiven und Steuerwagen des Regionalverkehrs ausgerüstet ist. Der Eisenbahnfahrzeugführer wählt an dem Gerät eine bestimmte „Ident-Nr." des Zuges vor. Die Durchsagen für die einzelnen Halte sowie die Anzeigetexte sind gespeichert. Fehlt das Signal des Satelliten, kann mit einem Taster auf dem Führerstand die Ansage manuell gestartet werden.

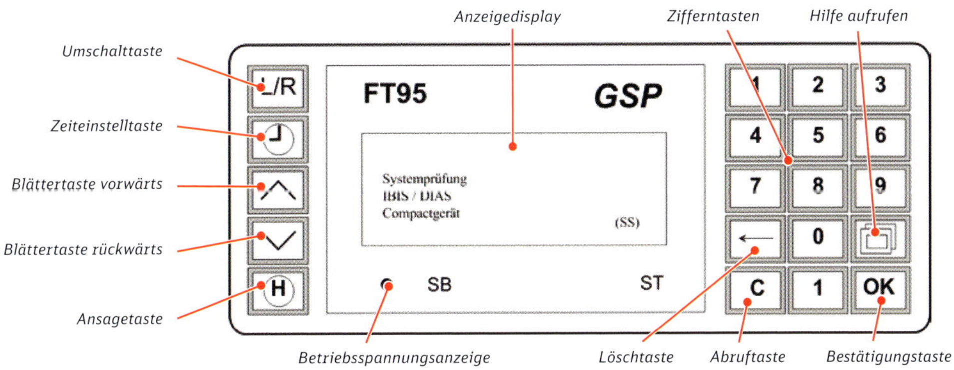

Abb. 7-97: Bediengerät FT 95

Abbildung: GSP

Lautsprecheranlage

Die Lautsprecheranlage ermöglicht Durchsagen an die Fahrgäste sowie das Betreiben von Notsprechstellen im Zug. Die Lautsprecher werden durch Betätigung eines Leuchttasters aktiviert. Mit den Tastern „Außen links“, „Außen rechts“ und „Innen gesamt“ werden die entsprechenden Lautsprecher eingeschaltet, wenn der Taster leuchtet.

Mit dem Schwanenhalsmikrofon kann der Eisenbahnfahrzeugführer nach Drücken des Tasters „Notsprechen-Durchsage“ über die Innenlautsprecher im Fahrzeug zu den Fahrgästen sprechen. Weiterhin besteht die Möglichkeit des Wechselsprechens zwischen allen Führerräumen durch Betätigung des Tasters „Führer-Führer“. Mit dem Seitenmikrofon kann nach Drücken des Sprechtasters eine Außenbeschallung vorgenommen werden.

Neuere Fahrzeuge ermöglichen bei Zugverbänden eine selektive Ansprache der Einzelfahrzeuge und besitzen darüber hinaus eine geräuschabhängige Lautstärkeregelung der Innenlautsprecher und eine tageszeitabhängige Lautstärkeregelung der Außenlautsprecher.

Abb. 7-98: Schwanenhalsmikrofon auf dem Führerstand eines Triebfahrzeugs
Foto: DB AG

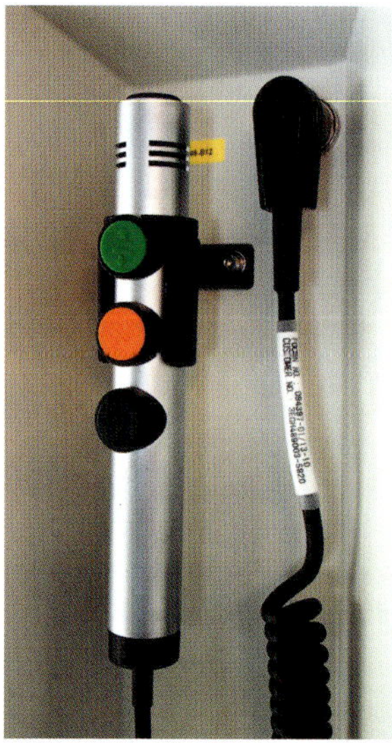

Abb. 7-99: Seitenmikrofon Foto: Janicki

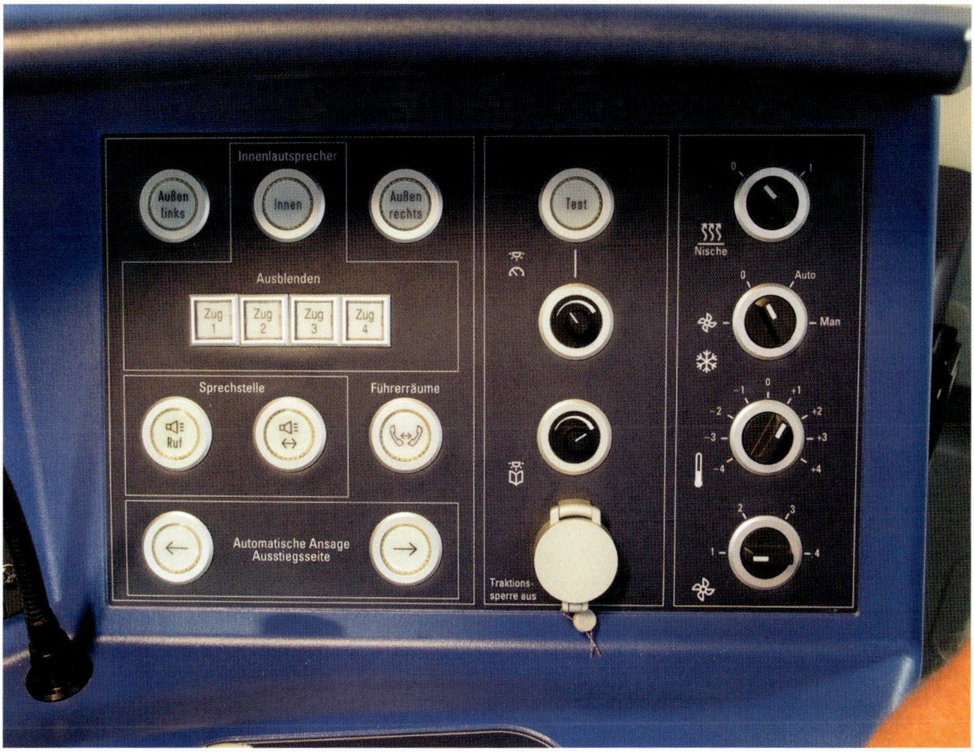

Abb. 7-100: Taster der elektroakustischen Anlage (ELA) auf dem Führerpult eines elektrischen Triebwagens Foto: Janicki

Wegabhängige Steuerung

Bei einigen Triebzügen arbeitet das Fahrgastinformationssystem wegabhängig. Die Durchsagen werden auch hier rechtzeitig vor dem jeweiligen Halt abgerufen.

Datenzentrale

Bei den ICE-Triebzügen befindet sich die FIS-Datenzentrale im Zugbegleiterabteil. Von hier aus werden sämtliche bahninternen Funktionen zentral gesteuert. Lautsprecheranlagen sowie schnurloses Telefon und Notsprechstellen sind über einen Sprachbus mit der FIS-Zentrale verbunden. Zusätzlich werden alle Anzeigen im Triebzug, der Personen- oder Serviceruf und die elektronische Platzreservierung von hier aus initiiert und kontrolliert.

Unterhaltung

In den ICE-Triebzügen und auch in einigen Nahverkehrstriebwagen kann der Reisende Unterhaltungsprogramme nutzen. Über eine Anschlussbuchse in der Armlehne des Sitzes kann er mit handelsüblichen Kopfhörern mit 3,5-mm-Stecker mehrere Audioprogramme hören. Neben Rundfunkprogrammen sind dabei auch Bordprogramme mit Musik und Informationen zu hören. Mit Wipptasten lassen sich Lautstärke und Kanal wählen.

Vereinzelt sind Sitzplätze mit Videoanlagen ausgerüstet. Die Bildschirme befinden sich meist in den Rückenlehnen der Vordersitze. Bei Fahrzeugen mit Audio-/Video-System werden die Signale mittels HF-Bus im Zug verteilt.

7.7.3 Komponenten der Reisezugwagen

Reisezugwagen sind mit eigenen Lautsprecheranlagen ausgerüstet. Die Reisenden können vom Zugpersonal und über Zugfunk von den Betriebsleitungen direkt angesprochen werden. Das Zugbegleitpersonal kann mit dem Eisenbahnfahrzeugführer sprechen und sich auch mit der Zugfunkzentrale verbinden lassen. Zur Übermittlung von Durchsagen und Musikwiedergaben im gesamten Zug muss die Informations- und Steuerleitung gekuppelt sein.

Bedienelemente für Lautsprecheranlagen sind die Sprechstellen in den Wagen in verschiedenen Bauarten, Lautstärkesteller in den Abteilen und Großräumen der einzelnen Wagen sowie Geräte für den Zugbahnfunk und Bedienpulte in den Gesellschaftswagen.

Der Leistungsverstärker für die Lautsprecheranlage ist im Schaltschrank untergebracht. Die Stromversorgung für die Lautsprecheranlage übernimmt das Bordnetz der Wagen. Der Ausrüstungsstand der Wagen variiert und wird mit besonderen Symbolen angezeigt.

Zeichen	Wagenausrüstung	Bemerkung
	▮ vereinfachte Lautsprecher-Grundausrüstung ▮ achtpolige Anschlussdose für MAMG (Mobiles Ansage- und Musikgerät)	▮ Wagen nicht besprechbar ▮ ohne Sprechstelle ▮ ohne Verstärker
	▮ Lautsprecherausrüstung (Grundausrüstung)	▮ Wagen besprechbar ▮ ohne Sprechstelle
	▮ Lautsprecherausrüstung (Vollausrüstung)	▮ Wagen besprechbar ▮ mit Sprechstelle
	▮ Lautsprecherausrüstung (Vollausrüstung) ▮ achtpolige Anschlussdose für MAMG	▮ Wagen besprechbar ▮ mit Sprechstelle
	▮ Lautsprecherausrüstung (Vollausrüstung)	**S** = Nahverkehrswagen, die im S-Bahn-Verkehr laufen können, mit Innen- und Außenlautsprecher für Durchsagen

Abb. 7-101: Lautsprecheranlagen und Zugbahnfunk; Kennzeichnung der Ausrüstung des Wagens am Langträger

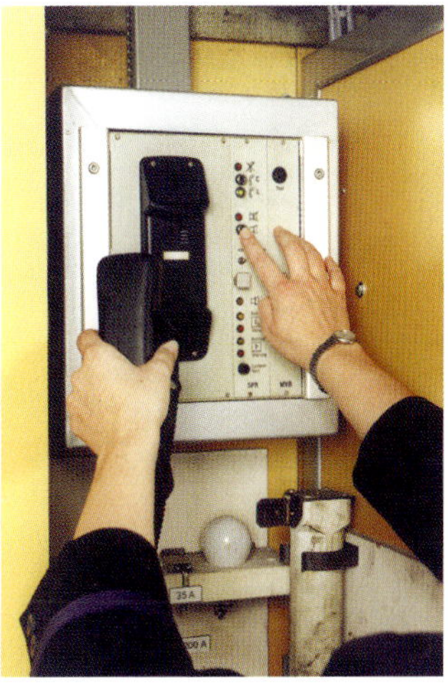

Abb. 7-102: Bediengerät Sprechstelle

Foto: DB AG

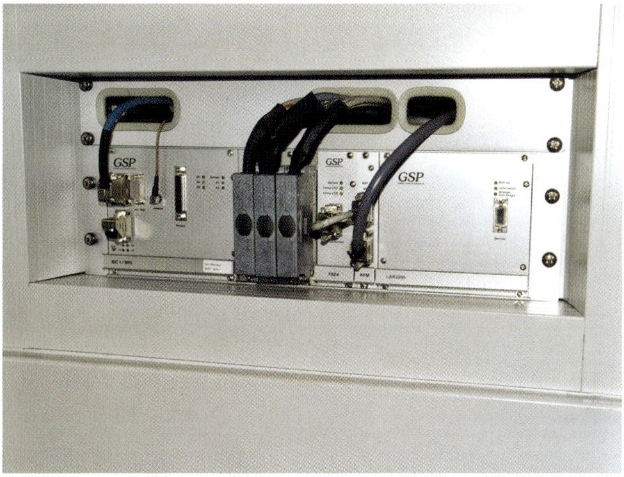

Abb. 7-103: Leistungsverstärker

Foto: Janicki

7.8 Zugbus bei Reisezugwagen

7.8.1 Funktion

In neuen oder modernisierten Reisezugwagen des Fernverkehrs werden die Informationen für das Fahrgastinformationssystem sowie für die Steuerung der Klimatisierung und der seitenselektiven Türfreigabe mit einem Zugbus übertragen. Damit sind verschiedene Funktionen möglich, die zu einer erheblichen Verbesserung der Betriebsabläufe führen. Zwei Beispiele: Da die klimatechnischen Einrichtungen in Abhängigkeit von der Abzugszeit des Zuges eingeschaltet werden können, werden die Energiekosten reduziert; die seitenselektive Türfreigabe erhöht die Sicherheit für den Reisenden.

Reisezugwagen des Fernverkehrs sind in der Regel mit folgenden zugübergreifenden Funktionen ausgestattet:

- Fahrgastinformationssystem (FIS) mit elektronischen äußeren und inneren Zuglaufschildern und Anzeigern für die elektronische Platzreservierung,
- Option für die Funkübertragung der Daten für die Platzreservierung und Reisendeninformation,
- seitenselektive Türfreigabe durch den Eisenbahnfahrzeugführer bei manueller Abfertigung durch den Zugbegleiter,
- zentrale Steuerung der Klimaanlagen für die zeit- und temperaturabhängige Inbetriebnahme während des Vorbereitungsdienstes, Einführung der Betriebsart „aufgerüstet abgestellt“ und
- zugübergreifende Diagnose für die oben genannten Systeme.

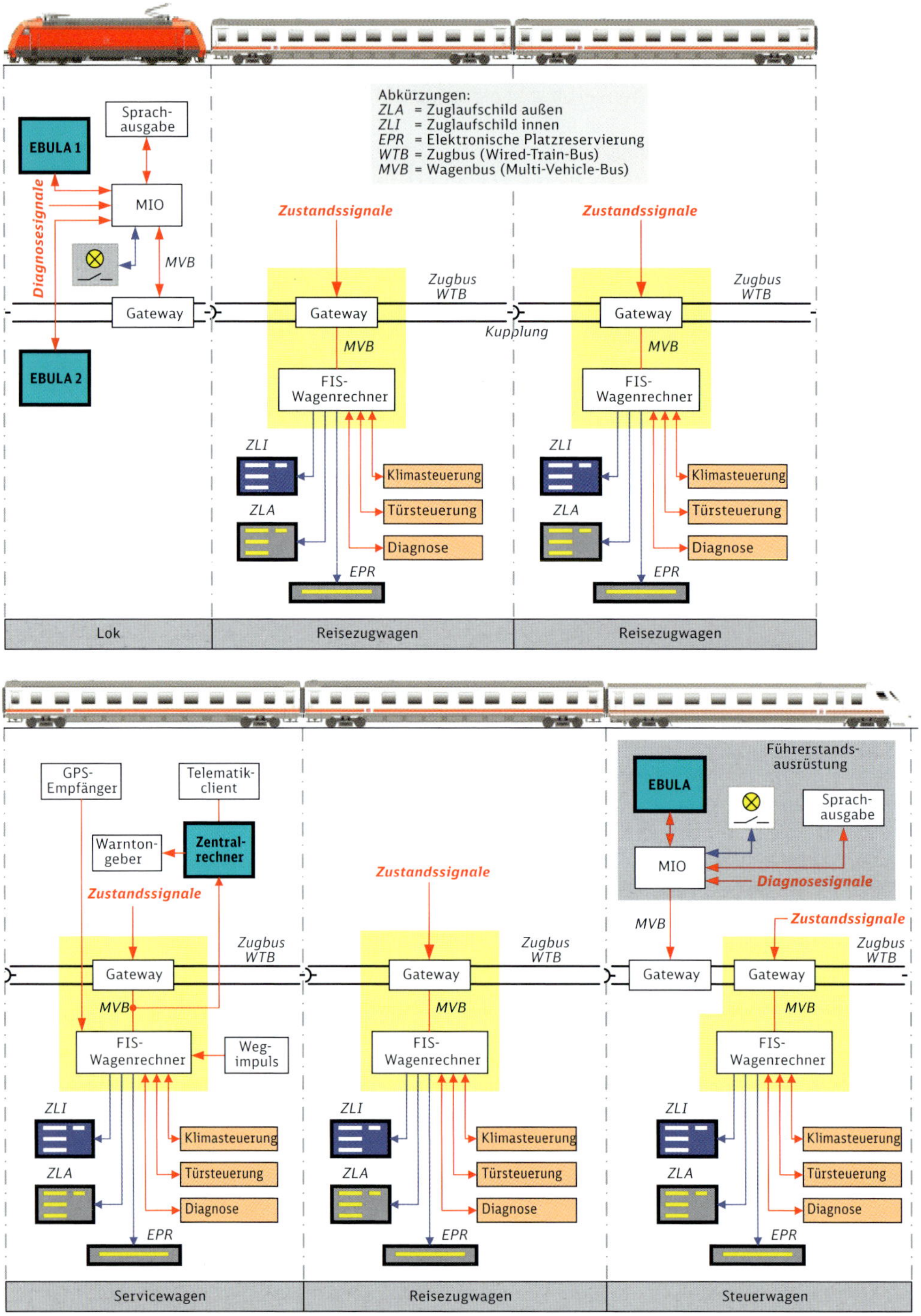

Abb. 7-104: Übersicht über die Komponenten des Zugbussystems in lokbespannten IC-Zügen (Zug-Kommunikations-Netzwerk)

Abbildung: DB AG

Basis für die genannten neuen Funktionen ist das genormte Zug-Kommunikations-Netzwerk TCN (Train Communication Network). Dieses umfasst die Umsetzung von Daten und Signalen von einem zugweiten Übertragungsweg (WTB = Wired Train Bus) über einen Zugbusknoten auf die internen Datenverbindungen in den Fahrzeugen (MVB = Multi Vehicle Bus).

Der MVB verbindet die Komponenten in einem Fahrzeug, während die einzelnen MVB mit dem WTB über sogenannte Gateways (Übergabestellen) verbunden sind, die den Datenverkehr auf den beiden Bussen steuern. Die Datenübertragung zwischen den Fahrzeugen erfolgt über die Adern 17 und 18 der gekuppelten Informations- und Steuerleitung (IS-Leitung). Es gibt voll bustaugliche Fahrzeuge, nur zur Zugtaufe fähige Fahrzeuge und zur Zugtaufe unfähige Fahrzeuge, die jedoch mit einer Leitung zur Datenübertragung ausgerüstet sind.

Der Zugbus nach dem UIC-Merkblatt 556 ist zurzeit das einzige nutzbare und international genormte System zur Übertragung von Daten in heterogen gebildeten Zügen. Er ist in der Lage, die aktuelle Zugbildung bei jeder Änderung neu zu ermitteln und sich entsprechend zu konfigurieren. Dieser Vorgang wird als „Zugtaufe" beschrieben.

Ausrüstung/Funktion	Kennzeichnung am Langträger des Fahrzeugs
Zugbusknoten nur zur Zugtaufe fähig	5 oder 6
Zugbusknoten voll bustauglich	7 oder 8 oder 9

Abb. 7-105: Ausrüstungsstand der Fahrzeuge

7.8.2 Fahrgastinformationssystem

Die Ausrüstung der Fahrzeuge umfasst neben den elektronischen äußeren und inneren Zuglaufschildern und Anzeigern für die elektronische Platzreservierung auch verschiedene Rechner.

Zentralrechner

Die Steuerung des Fahrgastinformationssystems übernimmt der meist im Servicewagen eingebaute Zentralrechner. Dieser ist im Gesamtsystem nur einmal je Zug vorhanden und stellt die einzige Bedienerschnittstelle dar. Neben der Zugtaufe erfolgt hier auch die Anzeige und Bestätigung der Zugkonfiguration, das Einlesen und Anzeigen der Reservierungsdaten sowie die Anzeige und Quittierung der Diagnosedaten aller Wagen. Der Zentralrechner ist in einem speziellen Rechnerschrank eingebaut. Er besteht aus einem 19"-Einschub, einem TFT-Monitor mit Touchscreen und einer Tastatur. Der MVB überträgt die Informationen von und zum Wagenrechner.

Wagenrechner

Im Sinne einer optimalen Fahrzeugverfügbarkeit ist die Systemarchitektur so ausgelegt, dass jeder Wagen möglichst autark funktioniert. Viele Störungen werden systemintern so toleriert, dass sie weder vom Fahrgast noch vom Zugbegleitpersonal bemerkt werden. Im Wagen ist der Baugruppenträger Wagenrechner (BGT WR-UIC) die informationstechnische Zentrale. Dieser Baugruppenträger besteht aus dem WTB-Gateway, der eigentlichen Wagenrechner-Kassette und einem Netzteil, die zusammen in einem 19"-Einschub untergebracht sind. Je nach Einbauort ist noch ein temperaturgeregelter Lüftereinschub aufgesetzt. Der Wagenrechner leistet die Steuerung und Diagnose der im Wagen verbauten Komponenten.

Zuglaufschild außen (ZLA)

Je zwei Zuglaufschilder außen finden sich diagonal versetzt neben der Einstiegstür. Sie bestehen aus einer LED-Vollmatrix und zeigen Zug- und Wagennummer sowie den Laufweg des Zuges an. Die hell leuchtenden LED werden in Abhängigkeit von der Umgebungshelligkeit gedimmt. Die Zwischenbahnhöfe sind in Laufschrift zu lesen. Die Anzeige wird bei einer Geschwindigkeit über 60 km/h abgeschaltet, dies spart Energie.

Zuglaufschild innen (ZLI)

Pro Wagenende sind zwei Zuglaufschilder innen im Eingangsbereich eingebaut. Sie zeigen neben der Zug- und Wagennummer den Laufweg sowie besondere Informationen wie beispielsweise Begrüßungsseiten, den nächsten Halt und die aktuelle Fahrgeschwindigkeit an. Das ZLI besteht aus einem TFT-Display mit integriertem Ansteuerrechner.

Elektronische Platzreservierung (EPR)

Die elektronische Platzreservierung besteht aus einem einzeiligen Display mit 24 Zeichen pro Sitzplatz. Hier wird angezeigt, für welchen Streckenabschnitt der Platz reserviert ist. Diese Information wird streckenabhängig weitergeschaltet. Liegt keine Reservierung vor, bleibt das Display dunkel. Im Störungsfall wird aus einem Displayspeicher eine allgemeine Information wie „ggf. reserviert" angezeigt.

Die zugrunde liegende Displaytechnologie heißt VFD (Vacuum-Fluoreszenz-Display) und bietet gegenüber den LED bei vergleichbaren Eigenschaften wesentliche Kostenvorteile. Je nach Wagentyp und Einbausituation sind die Anzeiger auf die Abteilscheibe geklebt, in ein Gepäckfach eingebaut oder auf die Abteilwände oder -türen montiert. Sie werden vom FIS-Zentralrechner gesteuert und sind über den FIS-Wagenbus miteinander verbunden. Die Strom- und Datenversorgung ist jeweils durchgeschleift. So können die Komponenten mit nur einem Kabel untereinander verbunden werden. Bei Wagen mit Abteilen verfügt jeder Anzeiger über sechs Plätze (EPR 6). In Großraumwagen kommen Reservierungsanzeigen analog zum ICE im Bereich der Gepäckholme als einreihige Anzeigen (EPR 2) zum Einsatz.

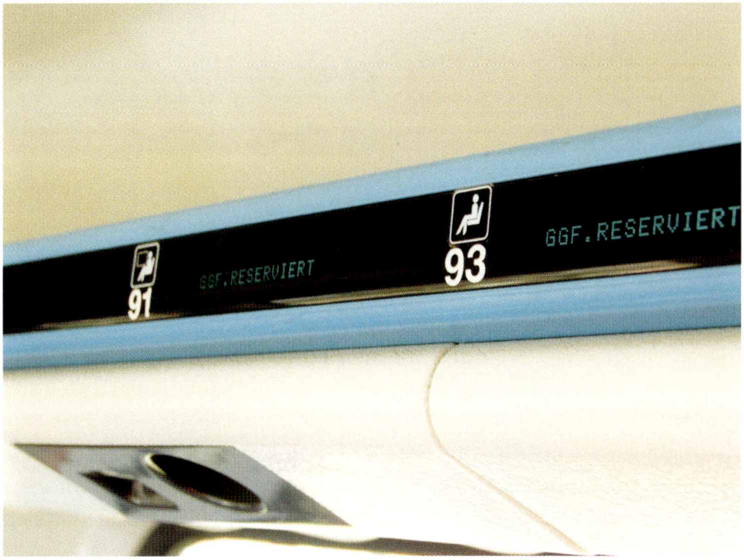

Abb. 7-106: elektronische Platzreservierung (EPR) Foto: Janicki

7.8.3 Zentrale Steuerung der Klimaanlage

Die Fahrzeuge sind so ausgerüstet, dass sie die Funktionen „Zugweites Klima ein/aus", „Automatisches Vorklimatisieren" und „Aufgerüstet abstellen" leisten können.

Klima-Wagen-Interface (KWI)

Mit dem Klima-Wagen-Interface (KWI) ist eine zusätzliche Steuerung zwischen den manuellen Ein- und Ausschaltern und dem Rechner der Klimaanlage installiert. Die Schalttafel S1 ist hier um zusätzliche Taster ergänzt, mit denen zentral vom Zugrechner oder lokal von jedem Wagen aus alle Klimaanlagen im Zug ein- und auszuschalten sind.

Bei der Betriebsart „Automatisches Vorklimatisieren" erfolgt die Steuerung der klimatechnischen Einrichtungen in Abhängigkeit von der Außentemperatur und der am Zentralrechner eingegebenen Abzugszeit des Zuges. Hier bestimmt der jeweilige Wagenrechner die für diesen Wagen notwendige Vorlaufzeit der Klimaanlage und schaltet diese automatisch zu einem bestimmten Zeitpunkt ein. Im abgerüsteten Zustand wird eine energiesparende Frostschutzfunktion aktiviert, die bei Temperaturen unter +5 °C und über +40 °C einen Einschaltimpuls an die Klimaanlage gibt. Der Außentemperaturfühler befindet sich im Servicewagen Bvmsz 186 nahe der Luftansaugung für die Klimaanlage.

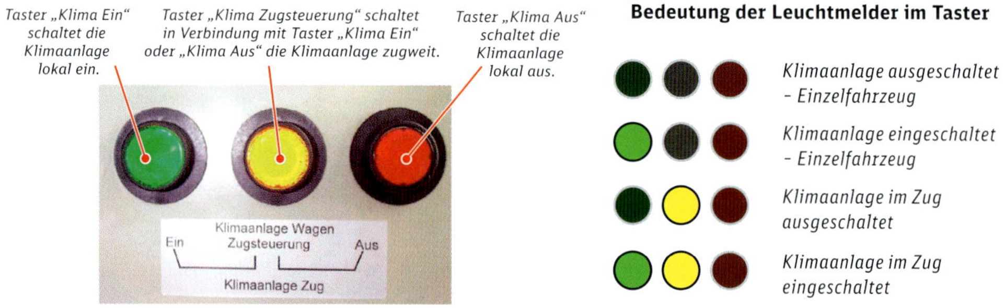

Abb. 7-107: zentrale Steuerung der Klimaanlage

Abbildung: Janicki

Mithilfe der Funktion „Aufgerüstet abstellen“ kann ein Zug – entweder mit Lok oder an eine Vorheizanlage angeschlossen – aufgerüstet abgestellt werden. Dabei werden sämtliche Türen des Zuges verschlossen. Bei Störungen, die den vorgesehenen Betriebseinsatz gefährden, kommt selbsttätig eine Meldung über Funk. Die Funktion „Aufgerüstet abstellen“ wird bei lokbespannten Zügen nur von der Lok über das EBULA-Display aktiviert, bei Zugabstellung ohne Lok vom Steuerwagen aus. Im Fall einer Zugabstellung ohne Lok und Steuerwagen erfolgt die Aktivierung vom Zentralrechner im Servicewagen.

Abb. 7-108:
Türschloss an einem Steuerwagen
Foto: Janicki

7.9 Sanitäre Einrichtungen

7.9.1 Toilettenanlage

Von wenigen Ausnahmen abgesehen sind alle Reisezugwagen sowie die Sitzwagen der Fernverkehrstriebzüge mit mindestens einer Toilettenanlage ausgestattet. Bei den Nahverkehrstriebwagen und -zügen hängt die Anzahl der Toilettenanlagen vom Einsatzzweck, von der durchschnittlichen Reisedauer und der Sitzplatzzahl ab. Fahrzeuge, die in S-Bahn- und Regionalstadtbahnsystemen eingesetzt werden, besitzen meist keine Toilettenanlagen.

Bei den Toiletten wird zwischen Universal- und Standardtoiletten unterschieden. Universaltoiletten sind so ausgelegt, dass sie auch von Rollstuhlfahrern genutzt werden können. Hier ist in der Regel auch ein klappbarer Wickeltisch vorhanden.

Abb. 7-109: Universaltoilette eines Nahverkehrsfahrzeuges Foto: Alstom

Geschlossenes Toilettensystem

Fahrzeuge haben geschlossene Toilettenanlagen. Diese Systeme sind gas- und druckdicht und die Fäkalien werden in einem Behälter gesammelt. Das WC-Becken wird hier mittels Vakuum über spezielle Ein- und Auslassventile entleert (Vakuum-WC). Die so ausgerüsteten Fahrzeuge erfüllen zeitgemäße Anforderungen an Komfort, Hygiene und Umweltverträglichkeit.

Offenes Toilettensystem

Einige ältere Fahrzeuge können noch mit einem nach unten offenen Toilettensystem ausgerüstet sein, bei dem WC- sowie Handwaschbecken über ein Fallrohr ins Freie entleert werden.

Notruftaster

An den Außentüren der Fahrzeuge sind häufig Notsprechstellen eingerichtet, mit denen eine Sprechverbindung vom Fahrgast zum Eisenbahnfahrzeugführer geschaltet wird. Im WC kann eine Notruftaste installiert sein. Bei deren Betätigung wird der Eisenbahnfahrzeugführer informiert, eine Sprechmöglichkeit besteht jedoch nicht.

7.9.2 Vakuum-WC

Die modernen geschlossenen Toilettenanlagen sind mit Vakuum-WCs ausgestattet. Diese kommen mit verhältnismäßig wenig Wasser aus; pro Spülung verbraucht das mithilfe von Druck und Vakuum funktionierende System nur rund 1,5 Liter.

Aufbau

Der WC-Beckeneinsatz besteht aus Nirosta. Er ist so geformt, dass sein Auslass die engste Stelle auf dem Weg zum Abwasserbehälter darstellt und das unter dem WC-Beckeneinsatz angeschraubte Einlassventil nicht mit Stoßwerkzeugen erreicht werden kann. Unter dem oberen Rand des Einsatzes sitzen der Spülring sowie ein Niveaufühler (Universalgeber), der das WC abschaltet, falls das WC-Becken infolge einer Verstopfung überzulaufen droht. Der Anschluss der Zwangsbelüftung, die verhindern soll, dass durch Abdecken des WC-Beckens ein unzulässiges Vakuum entsteht, ist dort ebenfalls angeordnet.

Funktion

Beim Vakuum-WC läuft jeder Spülvorgang in vier Phasen ab.

- Beim Auslösen der Spülung mittels Drucktaster wird im Ventrikel, das unterhalb des WC-Beckens liegt, ein Vakuum erzeugt.
- Nach Aufbau des Vakuums öffnet sich das dazwischenliegende Einlassventil und der Inhalt des WC-Beckens wird in den Ventrikel gesaugt. Damit bei einer Verstopfung des Auslassrohrs der Inhalt des Ventrikels nicht in den Ejektor gesaugt wird, ist im Leitungssystem ein Schwimmventil angebracht, das bei unzulässig stark steigendem Flüssigkeitsspiegel den Weg zur Steuertafel absperren soll.
- Als nächstes schließt das Einlassventil und im Ventrikel wird ein Überdruck aufgebaut.
- Das Auslassventil öffnet sich, der Inhalt des Ventrikels wird in den Abwasserbehälter gedrückt.

Das mit Druck zugeführte Spülwasser dient der WC-Beckenreinigung. Da während des Betriebs des WCs mindestens eines der beiden Ventile geschlossen ist (Schleusenprinzip), kann es zu keinem Druckausgleich zwischen WC-Raum und Abwasserbehälter kommen. Es handelt sich also um ein druckdichtes System mit Geruchsverschluss.

Steuerung

Elektronische Geräte steuern das WC. Sie zeigen an Leuchtmeldern Betriebszustände und Störungen an. Ein besonderer Leuchtmelder „WC gestört“ befindet sich zusätzlich über der WC-Tür oder an der WC-Wand. Rote Störleuchtmelder auf der Schalttafel zeigen Fehler an.

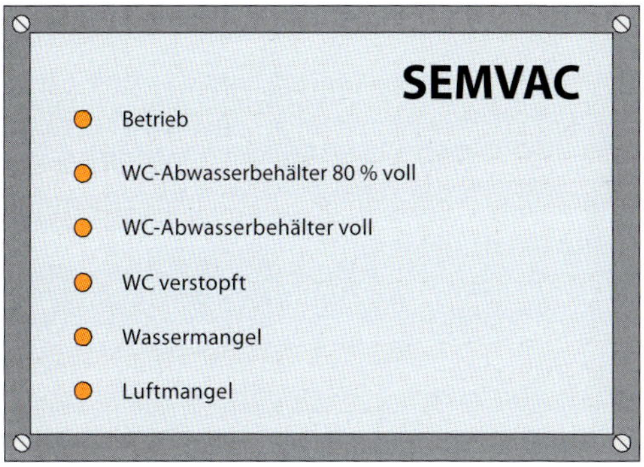

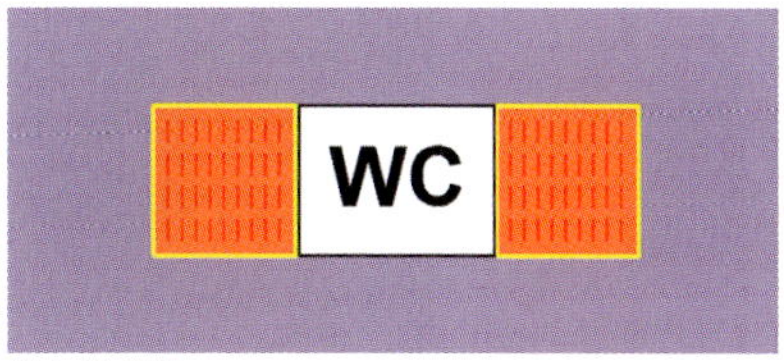

Abb. 7-110:
Leuchtmelder „WC gestört“ im Fahrgastraum
Abbildung: Janicki

Abb. 7-111:
elektronisches Steuergerät für die Steuerung eines Vakuum-WCs Abbildung: Janicki

Rückspülbox

Manche Störungen lassen sich bei einigen Fahrzeugen mithilfe einer Rückspülbox auf der Steuertafel beheben, die sich meist hinter dem WC-Spiegel befindet. Diese Steuertafel hat Taster für Hilfsfunktionen und den Service. Mit den beiden Tastern der Rückspülbox lassen sich Verstopfungen beseitigen. Da es aus Gründen der Arbeitshygiene und des Gesundheitsschutzes nicht gestattet ist, während der Zugfahrt eine harte Rückwärtsfunktion auszulösen, dürfen die beiden Taster R und S nur nach Entleerung des WC-Beckens in der Werkstatt betätigt werden. Die Tasten sind generell mit äußerster Umsicht zu bedienen. Weitere „weiche Rückwärtsfunktionen“ sind jedoch möglich, indem man „Service Spülen“ oder eine normale WC-Spülung zwischenschaltet.

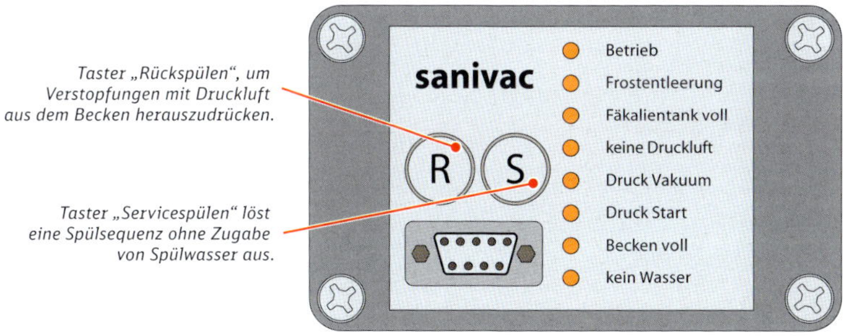

Abb. 7-112:
Rückspülbox
Abbildung: Janicki

7.9.3 Wasser- und Abwasserbehälter

Reisezugwagen sind mit Wasserbehältern für das Brauchwasser (WC-Spülung, Waschwasser) versehen. Diese Behälter befinden sich im Dachraum der Wagen und werden über Füllstutzen gefüllt. Die Füllstutzen sind in der Seitenwand versenkt angeordnet und mit Klappen abgedeckt. Der Füllkopf ist als Bajonettverschluss ausgeführt. Bei Überfüllung des Wasserbehälters läuft das überschüssige Wasser über eine Überlaufleitung ab.

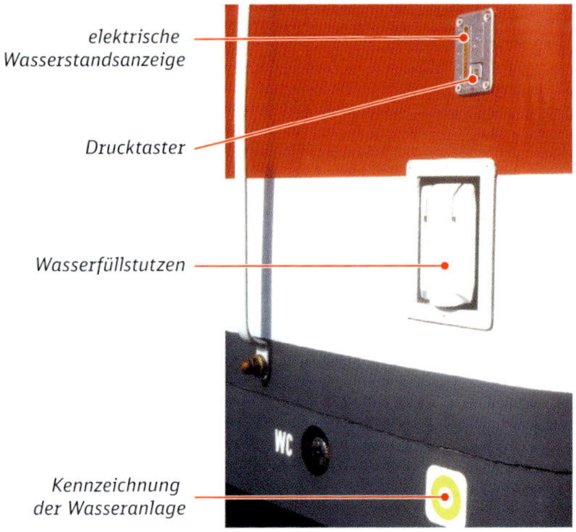

Abb. 7-113:
Wasserfüllstutzen eines Reisezugwagens
Abbildung: Janicki

Wasserstandsanzeige

Wasserstandsanzeigen innerhalb oder außerhalb des Fahrzeugs zeigen in Verbindung mit im Wasserbehälter angeordneten Gebern kontinuierlich den Wasserstand an. Bei einigen Anzeigen muss zuvor eine Abruftaste betätigt werden.

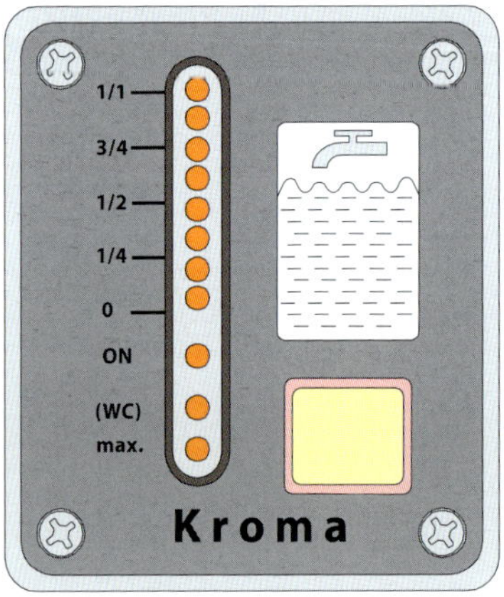

Abb. 7-114: Wasserstandsanzeige
Abbildung: Janicki

Fäkaliensammelbehälter

Die Abwassereinheit ist frostgeschützt im Fahrzeug untergebracht und lässt sich von beiden Fahrzeugseiten über einen Standardanschluss absaugen. Das Fassungsvermögen des Abwasserbehälters erlaubt bei einem Fassungsvermögen von beispielsweise 300 l circa 240 Benutzungen. Ist eine Füllmenge von 80 % erreicht, folgt der Entsorgungshinweis „Abwasserbehälter 80 % voll". Ist das WC zu 95 % gefüllt, wird es abgeschaltet. Die Entleerung der WC-Abwasserbehälter läuft über stationäre Absauganlagen oder mobile Saugwagen ab, die an den Entsorgungsstutzen angeschlossen werden.

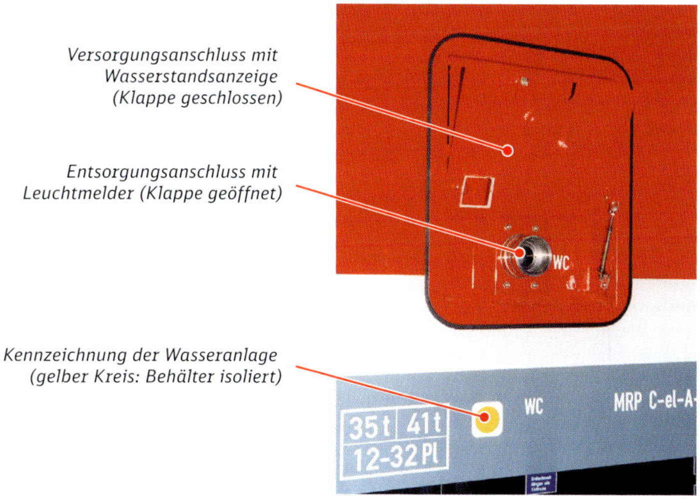

Abb. 7-115: Entsorgungsanschluss eines Triebwagens
Abbildung: Janicki

Brauchwasserheizung

Die Brauchwasserheizung wird mit elektrischen Heizwiderständen betrieben. Um ein Überhitzen der Heizwiderstände bei völlig entleerten Brauchwasserbehältern zu vermeiden, werden mithilfe eines Übertemperaturschutzes, der sich in der Decke des Toilettenraumes befindet, die Heizstäbe abgeschaltet. Störungen werden von einem Störleuchtmelder auf der Schalttafel angezeigt.

Kennzeichnung der Wasseranlagen

Wasseranlagen sind im Betrieb grundsätzlich zu befüllen. Bei Frostgefahr müssen sie – je nach Isolierung und dem Heizzustand – entleert werden, damit sie nicht einfrieren. Die Kennzeichnung findet sich am Langträger in der Nähe der Wasserfüllstutzen:

Kennzeichnung	Bedeutung	Maßnahmen bei Frost
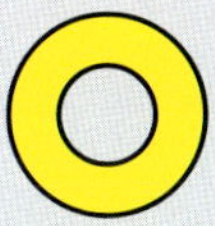	**nicht isoliert beheizt**	**Wagen unbeheizt:** Bei Frostgefahr entwässern. Beheizte Wagen können auch bei Frostgefahr bewässert bleiben.
	**isoliert beheizt**	**Wagen unbeheizt:** Gefüllte Wasserbehälter entleeren, wenn die Standzeit bei -10 °C nach Abstellen der Heizung mehr als zwölf Stunden betragen wird, vorausgesetzt, dass die Innentemperatur vor Beginn der Heizunterbrechung etwa 20 °C beträgt.

Abb. 7-116: Kennzeichnung der Wasseranlagen

Frostschutzentleerung

Die Fremdeinspeisung lässt bei Dieseltriebwagen Frostschutz in Form einer elektrischen Beheizung der Behälter zu. Abgestellte Reisezugwagen werden in der Regel an eine „Vorheizsäule" angeschlossen und von dieser mit elektrischer Energie versorgt, während abgestellte elektrische Triebzüge ihre Energie direkt aus der Fahrleitung beziehen.

Ohne Energieversorgung und bei Temperaturen unter dem Gefrierpunkt dürfen die meisten Fahrzeuge maximal zehn Stunden ohne Frostschutzentleerung abgestellt werden. Während der Frostentleerung wird sämtliches Wasser aus der Toilette herausgeblasen. Eingeschaltet wird die Frostschutzentleerung mit dem entsprechenden Schalter auf der Steuertafel. Das System führt dabei so viele Spülvorgänge durch, bis ein Sensor meldet, dass der Behälter leer ist.

7.10 Fenster

7.10.1 Einführung

Die im Personenverkehr eingesetzten Fahrzeuge sind entweder mit öffnungsfähigen Übersetzfenstern oder – insbesondere in klimatisierten Fahrzeugen – mit Festfenstern ausgerüstet. Je nach Funktion werden die Fenster in Sichtfenster, Blindfenster und Frontfenster unterschieden. Klimatisierte Reisezugwagen haben Festfenster, die zum Teil als Notausstieg ausgeführt sind: Diese Fenster lassen sich, nachdem man die Gummidichtung am Unterteil des Rahmens herausgezogen hat, nach innen schwenken. Einige Festfenster sind zusätzlich mit einem vierkantverriegelten Klappfenster versehen, mit dem man lüften kann, falls die Klimaanlage ausfällt.

7.10.2 Ausführungsformen

Die Fenster bestehen aus Einscheibensicherheitsglas (ESG) oder Verbundsicherheitsglas (VSG). Bei einer starken Beschädigung zerkrümelt ESG in viele kleine Stücke, während VSG von einer Zwischenfolie gehalten wird. Auf Schnellfahrstrecken müssen alle Fenster geschlossen sein.

Die Fenster der ICE-Triebzüge bestehen aus zwei miteinander verklebten VSG-Scheibenpaaren, die mit Schrauben am Fensterrahmen befestigt sind. Jedes Scheibenpaar ist mit einer Schutzfolie versehen. Zwischen den beiden Scheibenpaaren ist ein Hohlraum. Die Blindfenster bestehen aus einem VSG-Scheibenpaar mit Schutzfolie.

Notausstiegsfenster mit Einschlagscheibe

Moderne Reisezugwagen haben Notausstiegsfenster mit Einschlagscheiben. Die Notfenster weisen im oberen Bereich in der Mitte ein schwarzes Feld auf, welches mit dem über oder neben dem Fenster befestigten Nothammer eingeschlagen werden kann. Es entsteht eine Sollbruchstelle, von der aus das Fenster entfernt werden kann. Ebenso kann das Fenster von außen sehr leicht zerstört werden.

Abb. 7-117:
Notausstiegsfenster
Abbildung: DB AG/Reiche

Frontscheibe

Wie das Beispiel ICE zeigt, sind die sphärisch gewölbten Frontscheiben Teil des Führerraumdesigns. Charakteristisch ist der Spriegel, der die Frontscheibe in zwei Teile aufteilt. Im Spriegel ist ein elektrisch betätigtes Sonnenschutzrollo integriert. Die untere Frontscheibenhälfte besteht aus Klarglas, die obere aus getöntem Glas. Zusätzlich sind hier zum Führerraum hin feste Lamellen angebracht, um eine direkte Sonneneinstrahlung beispielsweise auf die Führerstand-Displays zu verhindern.

Die in einem Rahmen im Rohbau eingeklebten 18,4 mm dicken Frontscheiben aus Verbundsicherheitsglas sind beschusssicher. Dies wurde mit einem Versuch im Schießkanal der Schweizer Armee nachgewiesen.

Abb. 7-118: gewölbte Frontscheibe beim ICE 3 — Abbildung: Siemens

Elektrochromes Glas

Triebwagen weisen normalerweise an den Wagenenden transparente Trennwände auf, die den Führer- vom Fahrgastraum abteilen. So haben die Passagiere eine freie Sicht auf die Strecke. Beim ICE 3 besteht diese Trennwand aus elektrochromem Glas. Beim Einschalten richten sich die Kristalle in einer in den Glasscheiben integrierten Folie in eine Richtung aus, wodurch die Scheibe durchsichtig wird. Wird der Strom abgeschaltet, nehmen die Kristalle wieder ihre Ausgangsstellung ein und die Scheibe wird undurchsichtig.

8 Aufbau und Konstruktion von BOStrab-Fahrzeugen

8.1 Grundlagen

8.1.1 BOStrab-Systeme

Die Bau- und Betriebsordnung für Straßenbahnen (BOStrab) ist das Pendant zur EBO im Straßenbahnbereich. Anders als die EBO verzichtet sie aber weitgehend auf detaillierte Grenzwert- oder Maßangaben und lässt bewusst Spielraum für an die Erfordernisse der jeweiligen Kommune angepasste Lösungen.

Historisch gewachsen ist diese Philosophie vor dem Hintergrund, dass elektrische Straßenbahnsysteme meist aus lokalen und in die jeweiligen Städte angepassten Pferdebahnen entstanden, die überregional meist nur eingeschränkt kompatibel waren. Diese „Inselnetze“ entwickelten sich meist getrennt voneinander weiter, sodass eine Standardisierung im Regelwerk nur auf einer funktionalen Ebene sinnvoll war.

Abb. 8-1: Betrieb nach BOStrab im Tunnel in Hannover — Foto: Rüffer

Heute bedeutet diese Entwicklung, dass grundlegende Anforderungen wie zum Beispiel Spurführung, Lichtraumbedarf und Trassierung in der BOStrab erwähnt und in untergeordneten Regelwerken (Technische Regeln) definiert werden. Dies erfolgt allerdings nicht in Form von absoluten Grenzwertvorgaben, sondern in der Definition von Herangehensweisen oder Anleitungen zur Berechnung relevanter Parameter.

Diese funktionale Auslegung des Regelwerkes begünstigte auch dessen Weiterentwicklung in Bereiche, die von sonstigen Systemen nicht abgedeckt werden – hier sei insbesondere der Bereich „Fahren ohne Fahrzeugführer“ (FoF) genannt, der zum Beispiel in den Flughafenbahnen Frankfurt und Düsseldorf oder auch in Teilen des U-Bahn-Systems Nürnberg angewendet wird.

Ergänzend zu den Vorgaben der BOStrab und den präzisierenden „Technischen Regeln“, bilden die Anweisungen der Technischen Aufsichtsbehörde (TAB), EN- oder DIN-Normen als auch die vom Verband deutscher Verkehrsunternehmen (VDV) herausgegebenen Schriften die „anerkannten Regeln der Technik“, auf denen basierend BOStrab-Fahrzeuge konstruiert und instand gehalten werden. Dem Betriebsleiter BOStrab obliegt es, die für sein jeweiliges Verkehrsunternehmen relevanten technischen Anforderungen zu definieren und zu überwachen.

Die TAB arbeitet als Landesbehörde, es existiert somit kein zentrales Aufsichtsorgan für Straßenbahnen auf Bundesebene. Sie überwacht den laufenden Betrieb der Fahrzeuge und ist ebenso für deren Zulassung gemäß BOStrab zuständig. Je nach Regelung des betreffenden Bundeslandes werden diese TAB-Aufgaben von einer Behörde oder einer benannten Stelle wahrgenommen.

Anforderungen

BOStrab-Systeme decken heute folgende Anforderungsbandbreiten ab:

- Spurweiten von in der Regel 1.000 mm oder 1.435 mm (Ausnahmen sind möglich, siehe zum Beispiel Braunschweig mit 1.100 mm),
- Betrieb im Straßenverkehr (Straßenbahn),
- Betrieb auf unabhängigen Bahnkörpern (Hochbahn, U-Bahn, Schwebebahn),
- Fahrweg aus Stahlschienen, Asphalt oder auch als Schwebebahn,
- elektrische Energieversorgung aus dem Fahrdraht, einer dritten Schiene oder aus bordeigenen Energiespeichern bei gezogenen Strömen der Zugverbände um 5 kA und zulässigen schwankenden Speisenetzspannungen von 420 bis 1.000 V DC,
- Trassierungsparameter im Netz von bis zu 10 % Gradienten und minimalen Bogenradien von 11 m,
- Fahrzeuglängen von 18 m bei der Straßenbahn und bis zu 120 m bei der U-Bahn,
- Zugverbände von bis zu vier Einzelfahrzeugen im Traktionsbetrieb,
- Zweisystemfähigkeit BOStrab/EBO an zum Beispiel 15 kV AC und 750 V DC, gegebenenfalls auch mit der Möglichkeit eines dieselelektrischen Betriebes im EBO-Netz,
- fahrerloser Fahrbetrieb.

Die deutsche BOStrab und ihre beschriebenen nachgeordneten Regelwerke bilden das weltweit einzige geschlossene Regelwerk für schienengebundene ÖPNV-Systeme ab. Dieser Umstand und fehlende nationale Regelwerke haben bei Turn-Key-Projekten im Ausland dazu geführt, dass die deutsche BOStrab angewendet wurde. Beispiele hierfür sind die Stadtbahn Bursa (Türkei), die Metro Oerestad/Kopenhagen (Dänemark) oder auch die Straßenbahn Bergen (Norwegen). Anstehende Projekte lassen erkennen, dass dieser Trend auch zukünftig anhalten wird.

8.1.2 Fahrzeugtechnik

Nach der stürmischen Zeit der Einführung der Niederflurtechnik Anfang der 1990er-Jahre, die in einer fast unüberschaubaren Anzahl von Fahrzeugkonzepten mündete, hat sich der Markt bei klassischen Straßenbahnfahrzeugen konsolidiert. Dennoch sind stetig neue Ausprägungen und Innovationsschübe zu verzeichnen, wobei Straßen- und Eisenbahnwelt sich trotz der Schnittmenge „Zweisystemfahrzeug" (siehe Lösungen in Karlsruhe, Saarbrücken oder Kassel) weiterhin relativ unbeeinflusst voneinander entwickeln.

Grundlegend ist festzuhalten, dass U-Bahn-Fahrzeuge von ihren Charakteristika den Eisenbahnen am ähnlichsten sind; beispielsweise findet auch hier der Betrieb auf komplett eigenem Bahnkörper statt und kommt das HL-Druckluftbremssystem zur Anwendung.

Straßen- und Stadtbahnen (auch im Mehrsystembetrieb) werden wegen ihrer zumindest teilweise vorhandenen Linienwegführung im Straßenverkehr nach BOStrab auch als „straßenbündige Bahnen" bezeichnet. Ihnen gegenüber stehen die sogenannten „unabhängigen Bahnen", die über Linienwege verfügen, die vergleichbar einer klassischen Eisenbahn immer getrennt vom Straßenverkehr verlaufen. Zu dieser Art der Bahnen nach BOStrab gehören sowohl U-, Hoch- und Schwebebahnen als auch sogenannte People-Mover im fahrerlosen Betrieb.

Straßenbahnfahrzeuge

Bei Straßenbahnen haben sich heute Niederflurfahrzeuge nach folgenden Grundkonzepten als Standard herausgebildet:

- Multigelenker in 100 %-Niederflurtechnik mit relativ starr an den Wagenkasten angebundenen Fahrwerksmodulen (Beispiele: Combino/Siemens, Variobahn/Stadler)
- Drehgestellfahrzeuge in 100 %-Niederflurtechnik mit mittig im Wagenteil liegenden Drehgestellen (Beispiel: Avenio/Siemens)
- Drehgestellfahrzeuge in 70 %-Niederflurtechnik (Beispiel: Flexity Classic/Bombardier)

Beiwagen sind heute nicht mehr üblich und kommen nur noch als Übergangslösung zum Einsatz.

Als „niederflurig" wird ein Fahrzeug bezeichnet, das eine Fußbodenhöhe von max. 0,45 m über Schienenoberkante besitzt – als Einstiegshöhe wird meist circa 0,3 m angewendet. „100 % Niederflur" bedeutet, dass zumindest der Gang im kompletten Fahrgastraum niederflurig ausgeführt ist, die Angabe „70 % Niederflur" gibt an, dass sich im Fahrgastraum Stufen befinden, die beispielsweise durch querliegende Fahrmotoren bedingt sind. Rampenförmige Anhebungen des Fahrzeugfußbodens sind zulässig.

Die Niederflurbauweise wurde möglich, nachdem Anfang der 1990er-Jahre kompakt bauende Drehstromfahrmotoren verfügbar waren, die eine Fahrzeuginnenraumgestaltung mit maximal einer Stufe zuließen. Das Fahrzeug mit der geringsten Einstiegshöhe (0,18 m) ist momentan der von Siemens gebaute ULF (Ultra Low Floor), der in Wien im Einsatz ist.

Durch diese Bauweise bedingt musste der Einbauort für die an Bord benötigten Komponenten vom Unterfluranbau auf den Dachaufbau wechseln. Dies führte insbesondere in den ersten Fahrzeuggenerationen zu bisher unbekannten Belastungen in der Wagenkastenstruktur (Festigkeit, hoher Wankpol) und in der thermischen Dimensionierung der Komponenten (Sonneneinstrahlung).

Die Fahrzeugbreite richtet sich nach den Möglichkeiten des Lichtraumprofils des Einsatzfalles und bewegt sich meist zwischen 2,30 m und 2,65 m. Die Spurweite liegt meist bei 1.000 mm oder 1.435 mm.

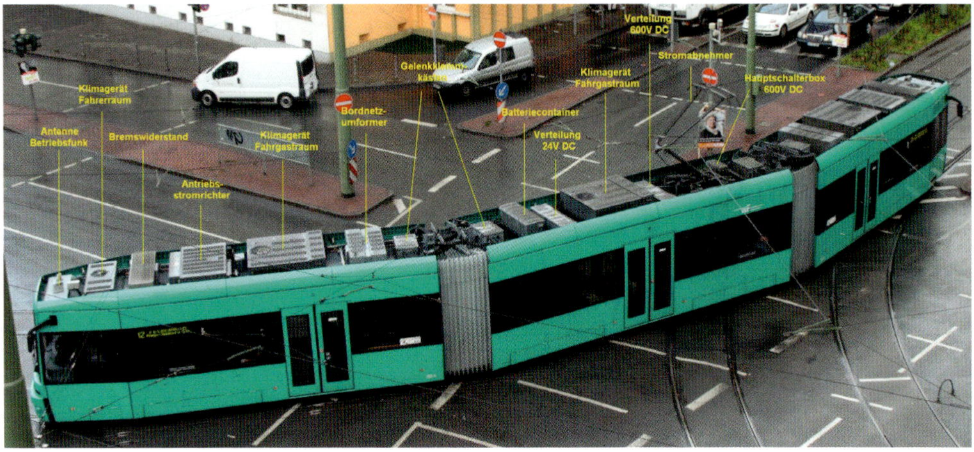

Abb. 8-2: Dachbelegung beim Niederflur-Drehgestellfahrzeug „Flexity Classic Typ S“ Abbildung: Rüffer

Die Sicherheitsphilosophie von BOStrab-Fahrzeugen, die im Straßenraum bewegt werden, unterscheidet sich zum Teil stark vom Grundgedanken der „passiven Sicherheit“ bei Eisenbahnfahrzeugen, man spricht vom Prinzip der „aktiven Sicherheit“. Es gelten erhöhte Anforderungen zum Beispiel an das Bremsvermögen der Fahrzeuge – leichtere Fahrzeuge können somit bei gleichem Sicherheitsniveau in kürzeren Bremswegen angehalten werden. In der Relation bedeutet dies konkret, dass ein Straßenbahnfahrzeug zum Beispiel aus einer Endgeschwindigkeit von 70 km/h in maximal 69 m Bremsweg anhalten muss, was wiederum eine notwendige mittlere Bremsverzögerung von 2,73 m/s² erfordert. Ergänzend weisen sie StVO-spezifische Merkmale wie beispielsweise Fahrtrichtungsanzeiger oder eine auf 2,65 m begrenzte Fahrzeugbreite auf.

Abb. 8-3:
Multigelenkfahrzeug „Variobahn“ in 100 %-Niederflurtechnik in Bergen (Norwegen)
Foto: Rüffer

Stadtbahnfahrzeuge

Bei Stadtbahnen (Mischung aus Straßen- und U-Bahn, siehe Systeme zum Beispiel in Köln, Düsseldorf oder Frankfurt) dienen meist 25 m bis 28 m lange und 2,65 m breite Fahrzeuge in zweiteiliger Ausführung und Jakobslaufdrehgestell als Basis. Hier liegt die Fußbodenhöhe zwischen 0,87 m und 1,00 m, man spricht daher auch von Hochflurfahrzeugen. Müssen Niederflurbahnsteige bedient werden, sind Klapptrittstufen notwendig. Stadtbahnen werden meist in Traktion betrieben, üblich sind maximal Vierwagenzüge. Die Spurweite liegt üblicherweise bei 1.435 mm.

Abb. 8-4:
Hochflurfahrzeug Typ U5 in Frankfurt a. M.
Foto: Groschupf

Zweisystemfahrzeuge

Von Stadtbahnfahrzeugen werden dann auch meist dreiteilige und aufgrund der 75-m-Beschränkung zum Betrieb im Straßenverkehr nach BOStrab maximal 37,5 m lange Zweisystemfahrzeuge abgeleitet. Die Fahrzeuge können in Betriebssystemen nach BOStrab und EBO unter 15 kV/16,7 Hz AC, 600/750 V DC oder sogar ohne Fahrdraht mit einem dieselelektrischen Powerpack betrieben werden (siehe Regiotram Kassel).

Abb. 8-5: Regiotram Kassel im dieselelektrischen Betrieb Foto: KVG

U- und Hochbahnfahrzeuge

Bei U- und Hochbahnen haben sich EBO-ähnliche Triebzugkonzepte herausgebildet. Während in der Vergangenheit relativ kurze Wageneinheiten ohne Übergangsmöglichkeit fest gekuppelt betrieben wurden, geht die Tendenz heute zu bis zu 120 m langen, komplett begehbaren sechsteiligen Wagenzügen. Die mögliche Fahrzeugbreite richtet sich auch hier nach dem Einsatzfall und liegt bei neuen Systemen bei 2,90 m. Die freie Übersicht im Fahrgastraum beeinflusst die soziale Kontrolle und das subjektive Sicherheitsempfinden der Fahrgäste insbesondere in den Nachtstunden positiv. U-Bahn-Fahrzeuge weisen eine Fußbodenhöhe von etwa 1,00 m bis 1,10 m auf. Die Spurweite liegt bei 1.435 mm. Um die notwendigen Tunnelquerschnitte möglichst gering zu halten und die für eine starke Beschleunigung der Züge notwendigen Traktionsströme übertragen zu können, wird hier meist eine Stromschiene (auch „Dritte Schiene" genannt) verwendet.

Abb. 8-6: Hochbahnfahrzeug Typ DT5 der Hamburger Hochbahn Foto: Hamburger Hochbahn

Fahrzeuge für Systeme ohne Fahrzeugführer

Bei unabhängigen Bahnen bietet sich der nach BOStrab mögliche fahrerlose Betrieb an. In dieser Betriebsart können Züge frei und spontan ohne Dienstplanzwänge disponiert werden. Anwendungsbeispiele sind der zum Teil fahrerlose Betrieb der U-Bahn in Nürnberg oder der sogenannte „People-Mover" am Flughafen Frankfurt.

Abb. 8-7:
People-Mover Fraport Frankfurt
Foto: Fraport/Schwarz

8.1.3 Betriebsarten Fahrt auf Sicht und Fahrt auf Zugsicherung

Der Fahrbetrieb nach BOStrab unterscheidet folgende grundlegende Betriebsarten:

Betriebsart „Fahrt auf Sicht"

Bei der sogenannten „Fahrt auf Sicht" handelt es sich um eine klassische Straßenbahnbetriebsweise. Die Fahrzeuge fahren auf straßenbündigen oder besonderen Bahnkörpern im Bremswegabstand hintereinander, der Fahrer muss das vorausfahrende Fahrzeug, Fahrweg, Fahrsignal, Weichenlage und gegebenenfalls den Straßenverkehr kontinuierlich beobachten und immer vor einem Hindernis im Gleis anhalten können – somit ist diese Betriebsart vergleichbar mit dem Bewegen von Kfz im Straßenverkehr. Die ist vorteilhaft, da ja tatsächlich im Innenstadtbereich im Individualverkehr gemäß Straßenverkehrsordnung (StVO) „mitgefahren" wird. Der notwendige Raumabstand zu vorausfahrenden Fahrzeugen ist vom Fahrer des nachfolgenden Fahrzeuges sicherzustellen.

Abb. 8-8: Fahrsignale nach BOStrab
Foto: Rüffer

Abb. 8-9: Fahrt auf Sicht auf besonderem Bahnkörper
Foto: Groschupf

Die maximal zulässige Fahrzeuggeschwindigkeit in dieser Betriebsart beträgt 70 km/h (Vorgabe der StVO zur max. zulässigen Geschwindigkeit in geschlossenen Ortschaften).

Da immer im Bremswegabstand gefahren wird und keine fixen Blockstrecken geräumt werden müssen, bevor ein Folgezug nachrücken kann, sind hier extrem kurze Zugfolgezeiten möglich. Dies wird allerdings mit einer relativ geringen Reisegeschwindigkeit und besonderen Anforderungen an die Bremsausrüstung erkauft.

Betriebsart „Fahrt auf Zugsicherung"

Beim Betrieb als unabhängige oder straßenbündige Bahn mit v_{max} > 70 km/h sowie im Tunnelbetrieb ist nach BOStrab die Betriebsart „Fahrt auf Zugsicherung" anzuwenden. Hier werden punktförmige Zugbeeinflussungssysteme (PZB, allerdings meist ohne hinterlegte Bremskurve und Vorsignalüberwachung) mit induktiver oder magnetischer Wirkungsweise oder auch linienförmig wirkende Systeme (LZB) verwendet. Meist werden PZB-Systeme angewendet, LZB-Lösungen sind in der Regel reinen U-Bahnen oder People-Movern vorbehalten und bieten die Option, den Betrieb auf einen fahrerlosen Betrieb umstellen zu können.

8.1.4 Bahnkörperarten

Den in der BOStrab definierten Bahnkörperarten straßenbündig (Betrieb im öffentlichen Straßenraum), besonders (Betrieb im Verkehrsraum öffentlicher Straßen, aber vom übrigen Verkehr getrennt) und unabhängig (Betrieb getrennt vom öffentlichen Straßenraum), können grundsätzlich bestimmte Fahrzeugarten zugeordnet werden:

- Klassische Straßenbahnen werden auf straßenbündigem oder besonderem Bahnkörper mit der Betriebsweise „Fahrt auf Sicht" betrieben und benötigen sowohl die erwähnten verschärften Bremsanforderungen als auch für die Einhaltung der StVO notwendigen Ausrüstungen. Zugsicherungsanlagen werden nicht benötigt.
- Klassische U- oder Hochbahnen werden auf unabhängigem Bahnkörper und/oder im Tunnel betrieben. Sie benötigen weder eine verstärkte Brems- noch StVO-Ausrüstung der klassischen Straßenbahn, aber eine Zugsicherungsanlage.
- Stadtbahnen können auf allen drei Bahnkörperarten bewegt werden und müssen somit alle Ausstattungsmerkmale von Straßen-, U- und Hochbahnen in sich vereinen – sie sind somit die technisch komplexesten BOStrab-Fahrzeuge.

Abb. 8-10:
Betrieb nach BOStrab im öffentlichen Straßenraum
Foto: Juterzenka

8.1.5 Betriebsabwicklung

Allen BOStrab-Betriebsweisen ist gemeinsam, dass eine auf den jeweiligen Einsatzfall zugeschnittene Fahrdienstvorschrift mit zugehöriger Signalordnung – die sogenannte Dienstanweisung für den Fahrbetrieb (DFStrab) – benötigt wird. Die vorgeschriebenen Verhaltensweisen unterscheiden sich dabei gravierend zwischen den verschiedenen BOStrab-Unternehmen.

Werden Fahrzeuge im Mischbetrieb EBO/BOStrab eingesetzt, müssen die technischen Anforderungen beider Betriebsarten zumindest in einem für den Einsatzfall genügenden Umfang erfüllt werden. Gegebenenfalls sind ergänzende betriebliche Regelungen zu treffen. Von der Betriebsweise her betrachtet wird dabei meist innerstädtisch ein reiner BOStrab-Straßenbahnbetrieb in „Fahrt auf Sicht", üblicherweise auch im Doppeltraktionsbetrieb abgewickelt, während an der Stadtgrenze an definierter Stelle (meist hinter einer Haltestelle) eine Systemwechselstelle zum Übergang auf den EBO-Betrieb existiert. Bei Übergang ins Umland werden die Doppeltraktionen dann meist geflügelt, Fahrgäste kommen so ohne umzusteigen von der Innenstand ins Umland und zurück.

8.1.6 Zusammenfassung

In der folgenden Tabelle sind die systembestimmten Eigenschaften der jeweiligen BOStrab-Fahrzeuge zusammengefasst. Die Angaben beziehen sich auf die in Deutschland üblichen Werte, wobei die Varianzen den schon angesprochenen großen Gestaltungsspielraum der BOStrab verdeutlichen.

	Straßenbahn	Stadtbahn	U- / Hochbahn	Zweisystemfahrzeug
StVO-Ausrüstung	ja	ja	nein	ja
erhöhte Bremswerte BOStrab §36	ja	ja	nein	ja
Breite max.	2,65 m	2,65 m	frei	2,65 m
Breite üblich	2,30 m - 2,65m	2,65 m	2,30 m - 2,90 m	2,65 m
Fahrzeuglänge üblich	17 m - 42 m	25 m - 37 m	40 m - 120 m	37 m
Fußbodenhöhe üblich	0,30 m - 0,45 m	0,87 m - 1,05 m	1,05 m	nach Anwendungsfall
Spurweite	1.000 mm - 1.435 mm	1.435 mm	1.435 mm	1.435 mm
Zuglänge max. betrieblich	75 m	frei	frei	frei *
Zuglänge üblich betrieblich	60 m - 75 m (Doppeltraktionen)	100 m (Vierfach-traktionen)	120 m	75 m (Doppel-traktionen)
V_{max} üblich	70 km/h	70 - 80 km/h	80 km/h	100 km/h
Fahrt auf Sicht	ja	ja	nein	ja (BOStrab-Betrieb)
Fahrt auf Zugsicherung	nein	ja	ja	ja (EBO-Betrieb)

* bei Betrieb außerhalb des Straßenraumes, bei Betrieb im Straßenraum analog zur Straßenbahn 75 m

Abb. 8-11: Systembestimmte Eigenschaften von BOStrab-Fahrzeugen

8.2 Wagenkastenaufbau

8.2.1 Mechanischer Aufbau

Hier hat sich in den letzten Jahren im deutschsprachigen Raum insbesondere bei den im Straßenraum betriebenen und daher für fremdverursachte Unfälle anfälligen Straßenbahnen eine Tendenz hin zu geschweißten Stahlwagenkästen ergeben. Die Wagenkastenverkleidung erfolgt dann je nach Hersteller durch auf Differenzialprofile aufgeschweißte Bleche oder aufgeklebte Kunststoffelemente. Hier steht die Reparaturfreundlichkeit der Fahrzeuge in den hauseigenen Werkstätten der ÖPNV-Betriebe im Vordergrund.

Abb. 8-12: geschweißter Stahlrohbau eines modernen Stadtbahnwagens Foto: Rüffer

Aluminiumwagenkästen werden insbesondere bei U-Bahnen angeboten, allerdings auch nur noch geschweißt. Die vormals ebenfalls vereinzelt angewendete Klemmtechnik konnte sich nicht durchsetzen und wird nicht mehr angewendet. Die Anforderungen an das Schweißen nach EN 15085 und das Kleben nach DIN 6701 sind daher für die Betreiber zu Schlüsselthemen im Werkstattablauf geworden, was sicherlich eine Parallele zum EBO-Bereich ist.

Festigkeitsauslegung

Umfassende Änderungen in Fahrzeugabmessungen und -gewicht brachten die neu veröffentlichten Normen EN 12663 zur Festigkeitsauslegung und EN 15277 zur Crashsicherheit des Fahrers. Insbesondere letztgenannte Norm bedingt bei Anwendung auf Altfahrzeugkonzepte längere schwerere Neufahrzeuge – man bewegt sich hier für eine 30-m-Straßenbahn im Bereich von bis zu 10 % des Fahrzeugleergewichtes. Allerdings steigen auch die Längsdruckfestigkeiten der Fahrzeuge immer weiter an. Es ist unschwer zu erkennen, dass der Leichtbaugedanke unter diesen Entwicklungen leidet, was nachteilig für die Energiebilanz und die Belastung des Oberbaus ist.

Ökobilanz und die Recycelbarkeit der Fahrzeuge

Stärker an Bedeutung gewinnen schon in der Konstruktion die Ökobilanz und die Recycelbarkeit der Fahrzeuge. Da BOStrab-Fahrzeuge (insbesondere Stadt- und U-Bahnen) meist auf den Einsatzfall optimierte Unikate sind, werden sie üblicherweise über einen Zeitraum von 30 bis 45 Jahren vom gleichen Betreiber eingesetzt und danach außer Dienst gestellt. Eine Vermarktung danach ist zunehmend schwierig, oft bleibt nur die Verschrottung. Hier ist es zur Reduzierung der Verschrottungskosten zukünftig wichtig, direkt in der Konstruktion die einfache Trennung von Wertstoffen und die Vermeidung von umweltbelastenden Werkstoffen zu berücksichtigen.

Baukastenkonzepte

Bei Straßenbahnen in Multigelenkbauweise existieren von verschiedenen Herstellern Konzepte, die eine modulare Zusammenstellung der Fahrzeuge ermöglichen (sogenannte „Baukastenkonzepte"), die zum Teil auch eine nachträgliche Kapazitätserweiterung des Fahrzeuges durch Einfügen weiterer Wagenkastenmodule ermöglichen.

Anzahl Passagiere bei Fahrzeugbreite*:

Länge	2.30 m	2.40 m	
20 m	35 + 75 = **110**	35 + 81 = **116**	ER
	26 + 83 = **109**	26 + 89 = **115**	ZR
28,5 m	53 + 106 = **159**	53 + 115 = **168**	ER
	46 + 112 = **158**	46 + 121 = **167**	ZR
30 m	57 + 114 = **171**	57 + 123 = **180**	ER
	46 + 126 = **172**	46 + 135 = **181**	ZR
31,5 m	61 + 122 = **183**	61 + 132 = **193**	ER
	46 + 139 = **185**	46 + 149 = **195**	ZR
38 m	79 + 140 = **219**	79 + 152 = **231**	ER
	68 + 152 = **220**	68 + 164 = **232**	ZR
39,5 m	83 + 148 = **231**	83 + 161 = **244**	ER
	68 + 166 = **234**	68 + 178 = **246**	ZR
41 m	87 + 156 = **243**	87 + 169 = **256**	ER
	68 + 179 = **247**	68 + 192 = **260**	ZR

* Anzahl Sitze + Stehplätze bei 4 Personen pro m²
ER = Einrichtungs-Fahrzeug; ZR = Zweirichtungs-Fahrzeug

Abb. 8-13: Modulkonzept der Straßenbahnproduktpalette Avenio M (Herstellerbezeichnung der Firma Siemens) Abbildung: Siemens

Es werden dabei Wagenkastenlängen von mindestens 17 m realisiert, das weltweit längste Straßenbahnfahrzeug ist momentan der „COMBINO+" der Firma Siemens in Budapest mit 54 m Wagenkastenlänge.

Abb. 8-14:
100 %-Niederflurfahrzeug „COMBINO+“
in Budapest
Foto: Rüffer

Bedingt durch den Leichtbaugedanken der Fahrzeuge, den Betrieb auf einem Fahrweg mit ungünstigeren Trassierungsparametern und zum Teil nicht optimalen Oberbau sowie die ungünstige Lastverteilung wegen Dachaufbau der Komponenten bei Niederflurtechnik (Wankkräfte), ist insbesondere der Wagenkasten der Straßenbahnfahrzeuge stärker belastet als der von EBO-Fahrzeugen.

8.2.2 Brandschutz

Bezüglich des Brandschutzes sind die besonderen normativen Vorgaben gemäß DIN 5510 oder prEN 45545 zu beachten. Speziell bei Stadt- und U-Bahnen gelten durch den Betrieb im Tunnel zum Teil höhere Brandschutzanforderungen als zum Beispiel bei EBO-Regionalbahnfahrzeugen.

Um die Schutzziele zu erreichen, ist bei Fahrzeugen im Tunnelbetrieb insbesondere auf eine geeignete Materialauswahl im Innenraum zu achten. Alternativ können auch ergänzende aktive Brandschutzanlagen (zum Beispiel Sprühnebelanlagen) vorgesehen werden.

8.2.3 Geräuschemissionsreduktion

Bedingt durch die im BOStrab-Betrieb engeren Bogenradien und den Betrieb direkt in Wohngebieten ist für die eingesetzten Fahrzeuge eine möglichst geringe Schallemission essenziell. Folgende Techniken werden dabei eingesetzt:

- Reduktion von Kurvenkreischgeräuschen durch angelenkte Radsätze, Fahrflächenschmierungen oder Schallabsorber am Rad,
- möglichst großflächige Abdeckung des Radsystems,
- Drehzahlabsenkungen von Lüfter- oder Klimagerätemotoren im Halte- oder Abstellanlagenbereich,
- Verwendung von hoch (mehrere kHz-Bereich) und möglichst asynchron taktenden leistungselektronischen Komponenten.

Abb. 8-15: Niederflurdrehgestell mit Radschallabsorbern Foto: Rüffer

8.2.4 Passantenschutz

Insbesondere bei Straßenbahnfahrzeugen, die sich direkt im Straßenraum bewegen, ist eine Frontgestaltung im Sinne eines optimalen Passantenschutzes essenziell. Es ist zu vermeiden, dass ein Kollisionspartner unter das Fahrzeug gezogen wird, scharfe Kanten oder Kupplungen sind abzudecken.

Abb. 8-16: Frontgestaltung von Niederflurstraßenbahnen Foto: Rüffer

8.2.5 Fahrerraumgestaltung

Die Prinzipien der Ergonomie, der einfachen Bedienung und der Klimatisierung unterscheiden sich bei BOStrab- und EBO-Fahrzeugen nicht. Die Gestaltung des Sichtfeldes des Fahrers eines Straßen- oder Stadtbahnfahrzeuges unterscheidet sich allerdings stark von der eines EBO-Fahrzeuges, da hier durch den Betrieb im Straßenverkehr gemäß DIN 5566 verschärfte Anforderungen gelten; beispielsweise muss eine 1,20 m große Person noch 30 cm vor der Fahrzeugkontur stehend erkannt werden. Verbunden mit den Anforderungen aus der Crashnorm EN 12663 (das notwendige Crashelement bedingt einen längeren Vorbau des Fahrzeuges) ist die Kombination Frontscheibe/Fahrerpult entsprechend zu gestalten. Das benötigte große Sichtfeld darf dabei insbesondere durch voluminöse A-Säulen nicht eingeschränkt werden. Bei Straßen- oder Stadtbahnen erfolgt zum Teil noch Fahrkartenverkauf durch den Fahrer. Dies ist bei der Konstruktion zu berücksichtigen.

Zu beachten ist, dass kein übergreifender „Einheitsführerstand" existiert – selbst innerhalb eines Verkehrsunternehmens hat fast jedes Fahrzeug einen „eigenen" Führerstand.

Abb. 8-17: Führerstand eines Hochflur-Stadtbahnwagens Typ U5 Abbildung: Rüffer

Die Taster und Schalter auf dem Fahrzeugführerpult werden in zunehmenden Maße durch immer leistungsfähigere Touchscreens mit integrierter Stör- und Diagnosedisplayfunktion ersetzt.

Abb. 8-18: moderne Touch-Panel-Bedienung im Führerstand der Stadtbahn „Vamos Bielefeld“ Foto: Rüffer

8.2.6 Fahrgastraumgestaltung

Die Fahrgastraumgestaltung berücksichtigt die besonderen Charakteristika des BOStrab-Betriebes:

- Auffangräume mit relativ hoher Stehplatzanzahl zur Kapazitätsreserve in der Verkehrsspitze,
- gute Festhaltemöglichkeiten wegen der hohen Beschleunigungen und Verzögerungen der Fahrzeuge,
- kurze Verweildauern im Fahrzeug, dadurch sind Abstriche im Sitzkomfort möglich,
- hohe Anzahl und möglichst gleichmäßige Anordnung von Fahrgasttüren zur Erreichung einer zügigen Abfertigung,
- insbesondere bei U-Bahnen gegebenenfalls Längsbestuhlung und damit verbunden eine Erhöhung des Stehplatzanteils.

Neben diesen speziellen Themen sind ebenso wie bei EBO-Fahrzeugen die Bereiche Komfort und Barrierefreiheit zu beachten.

Durch die relativ kurzen Haltestellenabstände (zum Beispiel bei Straßenbahnen 300 bis 400 m mit jeweiliger Türöffnung) und den Leichtbauansatz der Fahrzeuge (thermische Isolierung bedeutet Gewicht) ist insbesondere die Klimatisierung des Fahrgastraumes schwierig und nur durch relativ leistungsstarke Klimageräte zu realisieren. Dies wirkt sich nachteilig auf den Energiebedarf der Fahrzeuge aus und es lässt sich abschätzen, dass ein modernes klimatisiertes Fahrzeug die gleiche Energie zum Klimatisieren wie für die Traktion aufnimmt.

Bezüglich der Barrierefreiheit sind insbesondere Aufstellflächen in Form von Mehrzweckabteilen vorzusehen, da insbesondere im innerstädtischen Bereich durchaus mehrere Fahrräder, Kinderwagen und Rollstühle gleichzeitig transportiert werden müssen, ohne dass der gesamte Fahrgastfluss im Fahrzeug zum Erliegen kommt. Besonders für ältere oder mobilitätseingeschränkte Fahrgäste ist sicherzustellen, dass möglichst wenige Stufen auf dem Weg vom Einstieg bis zum Sitzplatz zu überwinden sind und optimale Festhaltemöglichkeiten bestehen. Die Bedürfnisse der Barrierefreiheit können somit absolut konträr sein, das Innenraumdesign muss einen konsensfähigen Kompromiss darstellen.

Abb. 8-19:
Fahrgastraumgestaltung „Citadis Dublin"
Foto: Rüffer

Aufgrund der kurzen Haltestellenabstände muss das Fahrgastinformationssystem schnell erkennbare und eindeutige Informationen liefern. Dies ist insbesondere bei den Anzeigesystemen zu beachten: Hier werden oft mehrere Haltestellen in ihrer Reihenfolge zur besseren Orientierung dargestellt. Die Barrierefreiheit muss sowohl akustisch als auch optisch gegeben sein.

8.2.7 Fahrgasttürsystem

Fahrgasttüren werden im BOStrab-Bereich nach zwei grundsätzlichen Prinzipien konzipiert:

- Abfertigung über Automatiktür (Straßen- oder Stadtbahn): Zentrale Türfreigabe oder -öffnung durch den Fahrer, der Schließvorgang erfolgt automatisch und wird über Durchflussdetektoren (zum Beispiel Lichtschranken), Schließkraftvorgabe und fühlende Hauptschließkante überwacht (siehe TAV-Prinzip EBO).
- Abfertigung über Fahrer (U-Bahn): Zentrale Türfreigabe oder -öffnung durch den Fahrer, der Schließvorgang wird vom Fahrer eingeleitet und über Warnton, Schließkraftvorgabe und fühlende Hauptschließkante überwacht (siehe SAT-Prinzip EBO).

Zusätzlich bestehen Möglichkeiten zum sogenannten „Zwangsschließen" durch den Fahrer, bei dem zum Abfertigen von hohen Fahrgastaufkommen Überwachungseinrichtungen ab- und akustische oder optische Warnsignale eingeschaltet werden. Die Konstruktion der Türsysteme orientiert sich dabei an den Definitionen der VDV-Schrift 111.

Insbesondere im Stadt- oder U-Bahn-Betrieb ist eine zügige Abfertigung für die Einhaltung des Fahrplans essenziell. Die heute in der Regel elektrischen Türsysteme sind meist als Schwenkschiebetüren ausgeführt. Insbesondere im Stadt- und U-Bahn-Betrieb, der auf in sich geschlossenen Systemen abgewickelt wird, entfällt die Notwendigkeit von Schiebetritten oder Rampen, da Infrastruktur und Fahrzeuge individuell aufeinander abgestimmt werden können. Beim Zweisystembetrieb EBO/BOStrab kann hier Bedarf für diese Einrichtungen bestehen. Wenn im Straßenbahnbetrieb von Straßenniveau aus eingestiegen wird, wird meist an einer Fahrgasttür eine Rampe oder ein Hublift für das Hereinfahren vom Rollstuhl aus angebracht.

Im Fahrbetrieb ohne Fahrzeugführer werden besondere Vorkehrungen zur Fahrgastabfertigung notwendig. Üblich sind hier die Gefahrraumüberwachung am Bahnsteig mittels Radar oder auch Bahnsteigtürsysteme.

Abb. 8-20: Türsystem eines BOStrab-Fahrzeuges Foto: Rüffer

Abb. 8-21: Türabfertigung mittels Bahnsteigtüren im Betrieb ohne Fahrzeugführer Foto: Rüffer

8.2.8 Barrierefreier Einstieg

Heute sind im Straßenbahnbereich Hochflurfahrzeuge mit Eingangsstufen nicht mehr der Stand der Technik. Durch eine konsequente Abstimmung von Fahrzeugen und Infrastruktur wird die Zugänglichkeit für mobilitätseingeschränkte Fahrgäste oder Kinderwagen dabei signifikant verbessert. Als weitere Vorteil ergeben sich reduzierte Fahrgastwechselzeiten.

Als Qualitätskriterium wird dabei im BOStrab-Bereich eine Stufe Fahrzeug/Bahnsteig von 5 cm und ein Spalt Fahrzeug/Bahnsteig von ebenfalls 5 cm projektiert. Durch eine geeignete Haltestellenbauweise ist sogar ein barrierefreier Einstieg im Straßenbereich möglich.

Abb. 8-22:
barrierefreies Niederflur-Haltestellenkap im Straßenbereich
Foto: Rüffer

8.2.9 Vandalismusschutz

Je nach Einsatzort des Fahrzeuges können besondere Maßnahmen zum Vandalismusschutz notwendig werden. Besonders vandalismusresistente Fahrgastsitze ohne Polsterung, Schutzlackierungen, Fensterschutzfolien oder die Videoüberwachung gehören dann zu den Standards.

Auch die Gestaltung des Fahrgastinnenraumes – seine Durchgängigkeit zwischen zwei Wagenkastenteilen führt zu einer gefühlten höheren sozialen Kontrolle – kann Vandalismus verhindern. Vor diesem Hintergrund werden immer mehr BOStrab-Fahrzeuge durchgängig begehbar ausgeführt.

Abb. 8-23: durchgängig begehbarer Innenraum des U-Bahn-Fahrzeuges Typ H der BVG Foto: Rüffer

8.3 Laufwerke

8.3.1 Grundlegendes

Der Begriff „Laufwerk“ soll hier als Oberbegriff für „Fahrwerke“ und „Drehgestelle“ verwendet werden, auf deren Details in der Folge eingegangen wird.

Die grundlegenden Anforderungen und Bauweisen sind bei EBO- und BOStrab-Fahrzeugen vergleichbar. Während U- oder Hochbahn-Laufwerke denen von EBO-Regionalzügen sehr ähnlich sind, unterscheiden sich die Bauweisen bei Straßen- und Stadtbahnen erheblich. Gründe dafür sind zum Beispiel geringe Bogenradien oder durch Niederfluranforderungen bedingter Verzicht auf durchgehende Radsatzwellen und stark gedrängte Bauweise.

Je nach Bauart kommen Innen- oder Außenlagerung der Radsatzwelle zum Einsatz, insbesondere bei Niederflurlaufwerken werden oft sogenannte „Portalachsen“ mit Achsstummeln eingesetzt. Die Radsatzlasten variieren von etwa 10 t bei Straßenbahnen bis zu etwa 14 t bei schweren U-Bahnen.

Fahrwerke

Das fest an den Wagenkasten angebundene Fahrwerk, insbesondere bei Multigelenkfahrzeugen, wird aufgrund der daraus entstehenden Spannungsbeanspruchungen im Wagenkasten nicht mehr projektiert. Hier erfolgt mittlerweile eine „weiche“ Anbindung, die ein Ausdrehen um etwa 1° bis 2° zulässt. Nachteilig bei dieser Technik ist auch ein relativ hoher Rad/Schiene-Verschleiß und daraus resultierende Geräusche, insbesondere in Bögen – das sogenannte Kurvenkreischen.

Drehgestelle

Drehgestelle drehen über die Sekundärfeder (Luft, Gummi- oder Stahl), über Königszapfen, einen Kugeldrehkranz oder Anlenkstangen aus. Eine möglichst drehweiche Auslegung ist insbesondere bei Straßenbahnen mit Mindestbogenradien von 11 bis 16 m in Bezug auf den Rad/Schiene-Verschleiß und die Kurvengeräusche vorteilhaft.

Radsysteme

Bis auf einzelne Stadtbahnsysteme und bei U-Bahnen werden durchgehend gummigefederte Radsysteme eingesetzt.

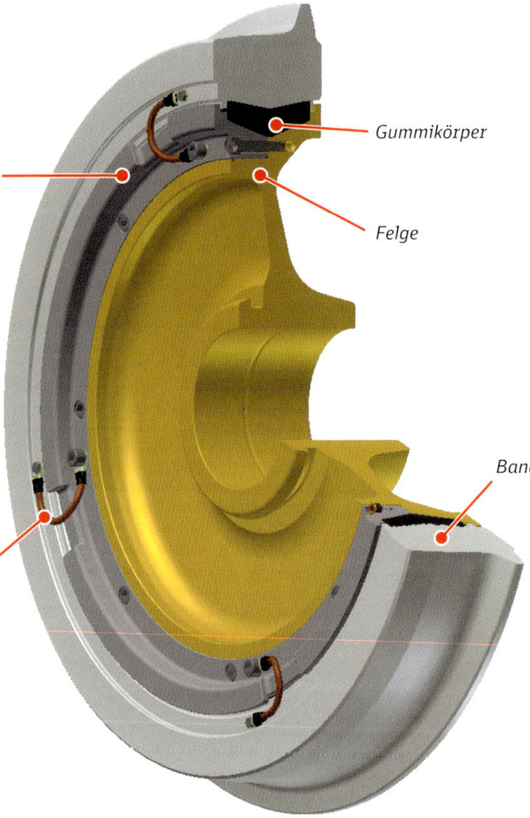

Abb. 8-24: gummigefedertes Radsystem der Bauart „Bochum 84" Abbildung: Bochumer Verein

8.3.2 Antriebe

Der Platz für herkömmliche Radsätze und Antriebe, der bei Hochflurwagen vorhanden ist, steht bei 100 %-Niederflurigkeit nicht mehr zur Verfügung. Daran orientiert sich die Fahrmotoranordnung, was zum Teil ungewöhnliche Konstruktionen bedingt. Diese Anforderungen werden heute im Antriebslaufwerk realisiert, beispielsweise durch:

- seitliche Längsantriebe,
- Radnabenantriebe (mit oder ohne Getriebe),
- nach oben oder zur Seite angeflanschte Motor- und Getriebeeinheiten,
- im Fahrzeugkasten aufgehängte Fahrmotoren, die über Kardanwellen antreiben,
- durchgehende Radsatzwellen mit kleineren Rädern und deutlichen Rampen im Fahrgastraum.

Es existiert eine Vielzahl von Varianten mit oder ohne durchgehende Radsatzwellen, als Fahrwerk oder als Drehgestell.

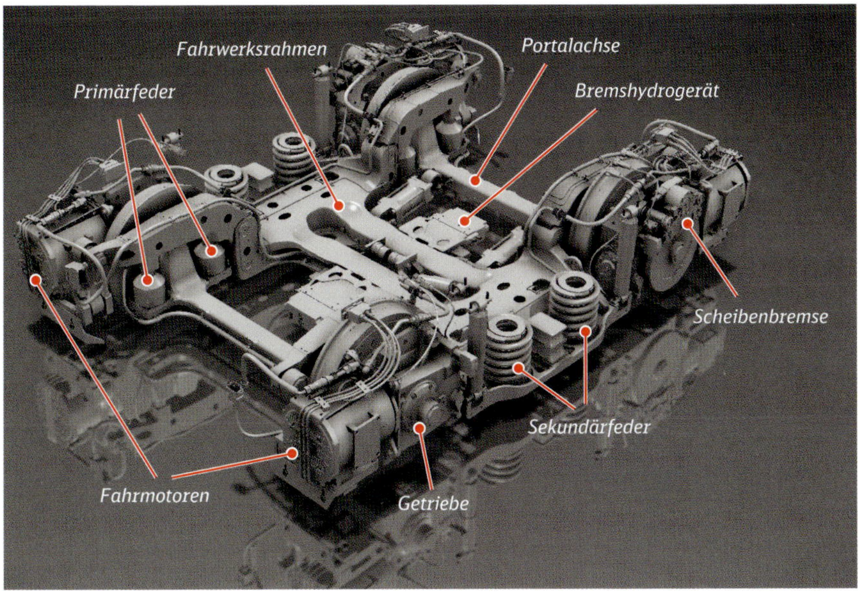

Abb. 8-25: 100 %-Niederflur-Antriebsfahrwerk „Flexity Berlin" Abbildung: Bombardier

Bei 70 %-Niederflurigkeit werden meist integrierte, voll abgefederte Querantriebe oder achsreitende Antriebe mit durchgehenden Achsen verwendet. Dadurch entstehen Stufen im Fahrgastraum. Durch die zentrierende Wirkung der Achsen werden aber ein optimiertes Verschleißverhalten des Radreifens (Sinuslauf) und geringe Kurvengeräusche erreicht.

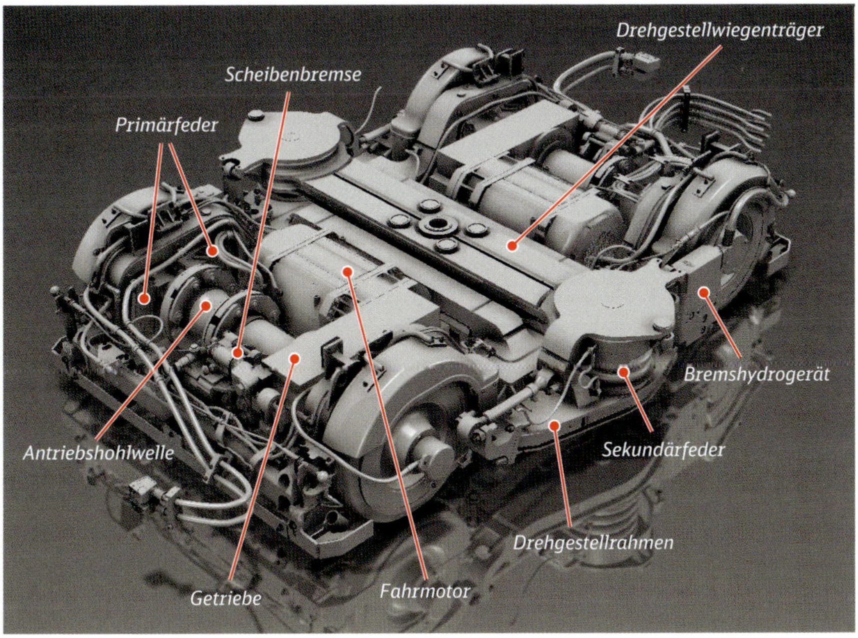

Abb. 8-26: 70 %-Niederflur-Antriebsdrehgestell „Flexity Classic" Abbildung: Bombardier

Grundsätzlich gilt wie bei allen Schienenfahrzeugen, dass die unabgefederten Massen im Sinne einer möglichst geringen Stoßbelastung von Fahrweg und Wagenkasten zu minimieren sind. Da bei BOStrab-Bahnen aber die Fahrwegqualität zum Teil deutlich schlechter als bei Eisenbahnen ist, kommt dem vollabgefederten Einbau des Antriebes in das Laufwerk eine noch größere Bedeutung zu. Es kommen insbesondere bei den 70 %-Niederflurfahrzeugen die aus EBO-Fahrzeugen bekannten Hohlwellenantriebe zum Einsatz.

Im Gegensatz hierzu steht die Verwendung von Radnabenantrieben (RNA), die mit oder ohne Getriebe über einen in der Radnabe angebrachten Drehstrommotor das Fahrzeugrad antreiben. Mit dieser Technik sind 100 %-Niederflurfahrzeuge sehr einfach zu realisieren, allerdings steigen mit dieser Antriebsart die unabgefederten Massen stark an.

Meist wird heute noch ein Untersetzungsgetriebe vorgesehen, das die im Faktor von circa 4 bis 6 höhere Motordrehzahl an die gewünschte Radsatzdrehzahl umsetzt. Die Kühlung der Fahrmotoren erfolgt eigenventiliert über einen auf der Motorwelle angebrachten Lüfter oder mittels Wasser.

8.3.3 Bremssysteme

Die grundlegenden Anforderungen an die Bremse von BOStrab-Fahrzeugen sind in BOStrab § 36 und in den Technischen Regeln (TR) Bremse definiert. Hier sind insbesondere zwei voneinander unabhängige Bremssysteme gefordert, deren Wirksamkeit bei Ausfall des jeweils anderen Bremssystems oder der Fahrleitungsspannung gewährleistet sein muss. Zugtrennungen müssen erkannt werden, der abgetrennte Wagenteil muss sich selbst abbremsen können. Insgesamt sind die Anforderungen der BOStrab in Bezug auf die Bremse deutlich konkreter (siehe zum Beispiel die konkreten Bremswegangaben) als in der EBO.

Anders als bei EBO-Fahrzeugen existiert bei BOStrab-Bahnen keine Standardisierung in Bezug auf die Bremsausrüstung. Insbesondere U-, Hoch- und Stadtbahnen sind meist mit einem Druckluftbremssystem nach EBO-ähnlicher Bauart ausgerüstet. Das Bremsverhalten von U- und Hochbahnen entspricht nahezu dem der EBO-Fahrzeuge, da sie nicht im Straßenraum betrieben werden.

Bei Fahrzeugen, die im Straßenraum betrieben werden (Straßen- oder Stadtbahnen), gelten hingegen verschärfte Anforderungen an die Bremse. Im Detail bedeutet dies:

- eine vom Kraftschluss Rad/Schiene unabhängige Bremse (Magnetschienenbremse),
- eine obligatorische Sandstreueinrichtung sowie
- verschärfte Bremswerte in der sogenannten „Gefahrenbremse“ (zum Beispiel Bremsweg von maximal 69 m aus einer Fahrzeughöchstgeschwindigkeit von 70 km/h).

Zur Verdeutlichung sei hier die in der BOStrab § 36 Anhang 2/Tabelle 2 angegebene Bremswegtabelle für Gefahrbremsungen dargestellt:

Geschwindigkeit v in km/h	Verzögerung b in m/s²	Bremsweg s in m
20	1,71	9
30	2,04	17
40	2,29	27
50	2,47	39
60	2,57	54
70	2,73	69

Diese Bremswerte werden in der Gefahrenbremse durch gleichzeitigen Einsatz von elektrodynamischer Bremse mit erhöhten Sollwerten, mechanischer Laufachsbremse, Magnetschienenbremse, Sandanlage und erhöhten zulässigen Ruckwerten von zum Beispiel 6 m/s^3 erreicht und bedingen eine maximale Verzögerung von über 3 m/s^2. Die Zahlenwerte verdeutlichen, dass hier extreme Kräfte und Verzögerungen wirken, die unter Umständen auch Gefährdungen für Fahrgäste bedeuten können. Daher ist die Gefahrenbremse nur im absoluten Notfall einzusetzen.

Elektrodynamische Bremse

In der Regel wird in der Betriebsbremse elektrodynamisch gebremst, die Bremsenergie wird dabei ins Gleichstromnetz zurückgespeist oder, wenn dieses nicht aufnahmefähig ist, im Bremswiderstand in Wärme umgesetzt. Der Bremswiderstand ist dabei leistungsmäßig so dimensioniert, dass er die Energie mehrerer Bremsungen mit maximaler Beladung in maximales Gefälle umsetzen kann. Er wird heute wenn möglich konvektionsbelüftet ausgeführt.

Federspeicherbremse

Entweder im Stillstand oder bei einer Geschwindigkeit von 3 bis 7 km/h wird die elektrodynamische Bremse meist von den Federspeichern auf den Antriebsachsen abgelöst, die das Fahrzeug dann im Stillstand festhalten. Es existieren auch Bremskonzepte, bei denen komplett generatorisch bis zum Stillstand gebremst wird.

Der Federspeicher muss so ausgelegt werden, dass ein maximal beladenes Fahrzeug in der maximalen Steigung festgehalten werden kann. Bei BOStrab-Fahrzeugen erfolgt das Einlegen der Federspeicherbremse generell automatisch bei Erkennen des Fahrzeugstillstandes durch die Fahrzeugsteuerung.

Hydraulikbremssysteme

Vor allem bei Straßenbahnen in Niederflurtechnik reichen die Platzverhältnisse im Drehgestell aber nicht mehr für den Einbau von recht voluminösen Druckluftsystemen aus. Hier ist es notwendig, mit einem höher komprimierenden und somit im gleichen Bauraum leistungsfähigeren Medium zu arbeiten, der Hydraulik. Vergleichbar dem Kfz-Bereich werden hier Hydraulikbremssysteme eingesetzt, die am Aktuator aktiv (klassische Scheibenbremse auf der Laufachse) oder passiv (zum Beispiel Federspeicherbremse auf Antriebsachse) wirken.

Abb. 8-27: Niederflur-Triebdrehgestell mit hydraulischer Federspeicherbremse Foto: Rüffer

Traditionelle Straßenbahnen waren sogenannte „all electric cars“, die kein Hilfsbremsmedium benötigten, sondern rein elektrisch bremsten und nur eine mechanische Feststellbremse benötigten.

Das Bremssystem einer modernen Straßen- oder Stadtbahn ist rechnergesteuert und über Bussystem und drähtige Rückfallebenen vernetzt. Der Bremssollwert wird rein elektrisch in das zentrale Steuergerät eingelesen, das die Bremssollwerte an Antriebs- und Bremssteuergerät weitergibt.

Bei einem sechsachsigen, 30 m langen Straßenbahnwagen könnte die Bremsausrüstung wie folgt aussehen:

- vier Fahrmotoren, die generatorisch bremsen,
- vier passive Federspeicherbremsen auf den Antriebsachsen, die zum Festhalten oder als Ersatzbremse bei Ausfall eines Fahrmotors dienen,
- sechs Magnetschienenbremsen, die in der Gefahrenbremse eingesetzt werden,
- aktive Laufachsbremsen, die in der Gefahrenbremse oder bei der Zugsicherungsbremse eingesetzt werden.

8.4 Elektrische Ausrüstung

8.4.1 Fahrspannungen

Bei BOStrab-Bahnen liegt historisch gewachsen eine Gleichstromversorgung vor, da Gleichstromantriebsmotoren schon sehr früh verfügbar waren, innerstädtisch keine großen Übertragungsverluste anfielen und kein schwerer Fahrzeugtransformator im Fahrzeug installiert werden musste.

Nach BOStrab sind Nennspannungen des speisenden Netzes bis 1.500 V DC möglich. Im Einsatz sind heute folgende Werte:

- 600 V DC bei Altanlagen (Straßen- und Stadtbahn)
- 750 V DC bei Umbaumaßnahmen, Neuanlagen, U-Bahnen
- 1.500 V DC bei Neuanlagen im Ausland nach BOStrab

Durch die Verwendung einer möglichst hohen Fahrdrahtspannung werden die Anzahl der benötigten Unterwerke und die Leitungsverluste reduziert. Die Netzspannung darf dabei im BOStrab-Netz nach EN 50163 kurzzeitig um ± 33 % zur Nennspannung schwanken. Dies bedeutet extreme Bedingungen für die Betriebsbereitschaft der Elektrokomponenten, da diese anders als bei EBO-Fahrzeugen mit der Hochspannungsseite direkt verbunden sind und somit mit dieser stark schwankenden Eingangsspannung betriebsfähig bleiben müssen.

8.4.2 Energiezuführungsarten

Die klassische Energiezuführungsvariante für Straßen- und Stadtbahnen ist der Dachstromabnehmer. Der Vorteil ist, dass insbesondere in Bereichen, in denen sich Betriebsfremde aufhalten können, wie beispielsweise im Straßenbereich, keine spannungsführenden Teile im Griffbereich von Personen angeordnet sind. Anders als bei Lokomotiven existiert für den Stromabnehmer keine Redundanz auf dem Fahrzeug, das heißt nach einem Stromabnehmerschaden kann die Strecke nicht mit eigener Kraft geräumt werden.

Stromschiene

Typisch für unabhängige Bahnen ist die Stromentnahme über eine Stromschiene. Da spannungsführende Teile im Griffbereich von Personen angeordnet sind, kann diese Stromzuführungsvariante nicht im Straßenraum verwendet werden. Vorteil dieser Technik ist, dass auch minimale Tunnelquerschnitte realisiert werden können. Dabei kommen folgende Systeme zum Einsatz:

- Bei der „Dritten Schiene" erfolgt der Stromrückfluss über den Rad-Schiene-Kontakt. Diese Variante wird bei den U-Bahnen Berlin, München, Nürnberg und bei der Hamburger Hochbahn eingesetzt.
- Beim „Schleifstromabnehmer" erfolgt die Stromzu- und -rückführung über jeweils einen eigenen Schleifkontakt im Fahrweg. Diese Variante kommt beispielsweise beim People-Mover Fraport zum Einsatz.

Die Dritte Schiene bietet den Vorteil, den größeren Leistungsbedarf von U-Bahn-Zügen aufgrund einer höheren Stromtragfähigkeit der Stromschiene decken zu können. Die maximale Stromaufnahme für einen U-Bahn-Zug kann dabei im Bereich von 5.000 A liegen.

Zur Überbrückung von Stromschienenunterbrechungen im Bereich von Weichen und Bahnübergängen sind am Fahrzeug mehrere Stromabnehmer vorhanden, die über eine „Ringleitung" elektrisch verbunden sind. Bei Fremdeinspeisung insbesondere im Werkstattbetrieb ist zu beachten, dass an allen Stromschleifern Spannung anliegt (Unfallgefahr).

Abb. 8-28: Weichenbereich mit Stromschiene Foto: Rüffer

Abb. 8-29: Seitenstromabnehmer mit gesteckter Werkstatteinspeisung und Abschrankung Foto: Rüffer

Fahrdrahtlose Energieversorgungssyteme

In zunehmenden Maße wird beim Neubau von Straßenbahnstrecken die Fahrleitungsanlage im Innenstadtbereich als störend angesehen. Deshalb bilden sich momentan alternative, fahrdrahtlose Energieversorgungsmethoden heraus. Insbesondere bei neu konzipierten Straßenbahnsystemen in Frankreich ist das „fahrdrahtlose Fahren" sehr populär. Momentan werden dazu folgende grundlegende Technologien eingesetzt:

- Stromschienensysteme im Fahrweg mit kontaktbehaftetem Schleifer am Fahrzeug
- Induktive Leistungsübertragung vom Fahrweg ins Fahrzeug
- Energiespeicher auf dem Fahrzeug (Hochleistungskondensatoren oder Batterien)

Zu einer fahrdrahtlosen Spannungsversorgung des Fahrzeuges bieten heute zwei Systemhäuser komplette Alternativsysteme zum konventionellen Fahrdraht oder zu Energiespeichern auf den Fahrzeugen an. Beiden Systemen ist gleich, dass die jeweils im Fahrweg fest installierte Energieversorgung nur bei Überdeckung mit einem Fahrzeug aktiv geschaltet wird – damit wird die Zu- und Abschaltung zu einem sicherheitsrelevanten und somit anspruchsvollen Thema. Im Detail werden angeboten:

- Das System „APS" (Alimentation par le sol) von Alstom. Hier wird eine Stromschiene im Fahrweg von einem Stromschleifer des Fahrzeuges bestrichen. Das System ist ausgereift und wird zum Beispiel in Bordeaux oder Reims eingesetzt.
- Das System „Primove" von Bombardier. Hier erfolgt die Energieübertragung kontaktlos von im Fahrweg angebrachten Primär- zu im Fahrzeug angebrachten Sekundärspulen (Trafoprinzip). Das System soll auch zum Laden von Elektrobussen genutzt werden.

Insbesondere in Frankreich wird der fahrleitungslose Betrieb als stadtgestalterisches Mittel eingesetzt. Im „Vorher-nachher-Vergleich" wird deutlich, wie sich das Stadtbild positiv durch ein nicht vom Fahrdraht abhängiges Straßenbahnsystem verändern lässt und zusätzlich ein leistungsfähiges ÖPNV-System angeboten werden kann. Die Einführung eines Straßenbahnsystems wird hier meist zu einer kompletten Neugestaltung der Innenstädte genutzt.

Abb. 8-30: fahrleitungsloser Betrieb mit im Fahrweg mittig angebrachter APS-Stromschiene in Reims Abbildung: Rüffer

8.4.3 Gleichstromantriebstechnik

Die Gleichstromantriebstechnik stellte weit über 100 Jahre den Stand der Technik bei BOStrab-Antrieben dar, da hier die Leistungsanpassung mit einfachen Mitteln (keine Elektronik notwendig, Verwendung von Gleichstromreihenschlussmotoren) möglich ist.

Prinzipiell wird ein Gleichstrommotor über einen veränderbaren Widerstand in Reihe (als Baugruppe per Hand oder elektronisch angesteuertes Schaltwerk) direkt am Netz betrieben. Durch Veränderung des Widerstandswertes wird die am Antrieb anliegende Spannung und somit die Stromaufnahme gesteuert.

Ein hoher Widerstandswert bedeutet: kleine Spannung am Antrieb und kleine Drehzahl (Anfahren).

Ein geringer Widerstandswert bedeutet: hohe Spannung am Antrieb und hohe Drehzahl (Endgeschwindigkeit).

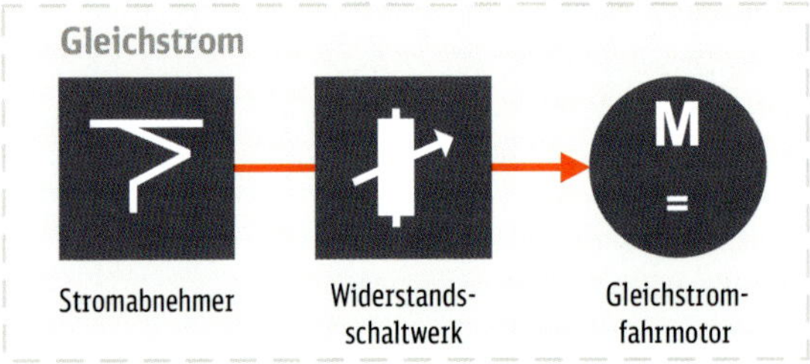

Abb. 8-31:
Prinzip Widerstandsschaltwerk
Abbildung: Rüffer

Der Motor wird im Fahren zum Antreiben und im Bremsen in Generatorschaltung als elektrodynamische (ED) Bremse verwendet. Nachteilig ist, dass zur Energieübertragung vom Stator zum Rotor Kohlebürsten verwendet werden müssen, die verschleißbehaftet und störungsanfällig im Überlastbetrieb sind. Die Kühlung erfolgt im Nahverkehr über einen eigenen, auf der Welle angebrachten Lüfter.

Da Feld- und Erregerspule beim Reihenschlussmotor in Reihe geschaltet sind, magnetisiert sich der Motor selbst auf, zum Bremsen muss immer ein Strom durch den Motor fließen. Da dies in der Netzbremse nicht garantiert werden kann (zum Beispiel bei einem nicht aufnahmefähigen Netz), wird auf einen Bremswiderstand und nicht ins Netz gebremst.

Gleichstromsteller (Chopper)

Die Weiterentwicklung der Widerstandsschaltwerke ist der Gleichstromsteller oder „Chopper" (engl.: to chop = zerhacken). Die Eingangsspannung wird durch einen elektronischen Schalter (den Chopper) ein- und ausgeschaltet (zerhackt), am Motor entsteht im Fahren eine im Vergleich zur Netzspannung niedrigere Klemmenspannung. Der Chopper hat somit die Funktion eines elektronischen Widerstandes, der weitgehend verlustfrei arbeitet.

Zusätzlich kann durch Umschalten der Antriebsschaltung eine Netz- oder Widerstandsbremse realisiert werden. Dazu wird die generatorische Spannung des Motors höher als die Netzspannung gestellt, der Stromfluss erfolgt vom Motor (hier jetzt Generator) ins Netz. Ist das Netz nicht aufnahmefähig, wird die Bremsenergie in Bremswiderstand umgesetzt.

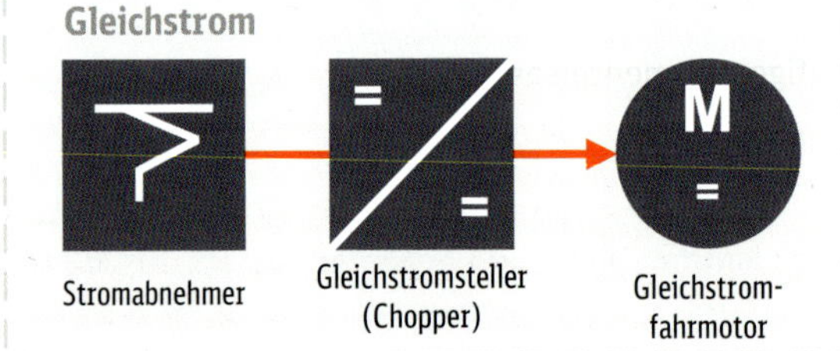

Abb. 8-32:
Prinzip Gleichstromsteller (Chopper)
Quelle: Rüffer

8.4.4 Drehstromantriebstechnik

Seit den 1990er-Jahren haben insbesondere in den Punkten „Leistungsanpassungsschaltung“ und „Fahrmotoren“ durch die Einführung der Drehstromantriebstechnik umfassende Veränderungen stattgefunden. Erst diese Innovationen haben dann die Realisierung von 100 %-Niederflurfahrzeugen ermöglicht.

Vorteile der Drehstromantriebstechnik

Mit Verfügbarkeit leistungselektronischer Halbleiterventile (Thyristor, GTO-Thyristor, IGBT) war die Einführung der Drehstromantriebstechnik möglich. Verglichen zur Gleichstromantriebstechnik bestehen folgende Vorteile:

- Wegfall der Kohlebürsten im Motor (nahezu wartungsfreie Motoren)
- Höhere Leistungsdichte bei gleichen Baumaßen beziehungsweise kleinere Motoren (Niederflurigkeit der Fahrzeuge) bei gleicher Leistung
- kleinere Motoren (Niederflurigkeit der Fahrzeuge) bei gleicher Leistung

Diese Vorteile werden mit einer aufwändigen Leistungsansteuerung erkauft, welche die DC-Fahrdrahtspannung in eine 3~ AC-Motorspannung umwandelt. Diese Schaltungen basieren auf den beschriebenen elektronischen Schaltern und werden als „Stromrichter“ bezeichnet.

Die ersten direkteinspeisenden Drehstromantriebe wurden Anfang der 1990er-Jahre realisiert. Nach vielen Evolutionsschritten hat sich heute auch bei BOStrab-Bahnen der spannungseinprägende Pulswechselrichter (U-PWR) in Zweipunktschaltung durchgesetzt.

Drehstrom-Asynchronmotor-Fahrmotor

Als Fahrmotor von BOStrab-Bahnen wird heute in der Regel ein Drehstrom-Asynchronmotor – meist mit nachgeschaltetem Getriebe – verwendet. Permanent erregte und langsam laufende Synchronmaschinen konnten sich bislang nicht durchsetzen. Bei Verwendung des langsam laufenden, permanent mit SE-Magneten erregten Synchronantriebes könnte das Getriebe entfallen und somit die Verfügbarkeit des Fahrzeuges gesteigert, die Instandhaltung vereinfacht und der Systemwirkungsgrad des Antriebes erhöht werden. Der sogenannte „Syntegra-U-Bahn-Antrieb“ von Siemens erfüllt diese Kriterien und ist ergänzend komplett im Drehgestell integriert, was zusätzlich Masse spart. Kritisch sind momentan die Kosten für die SE-Magnete, was eine Verbreitung dieser Antriebe behindert.

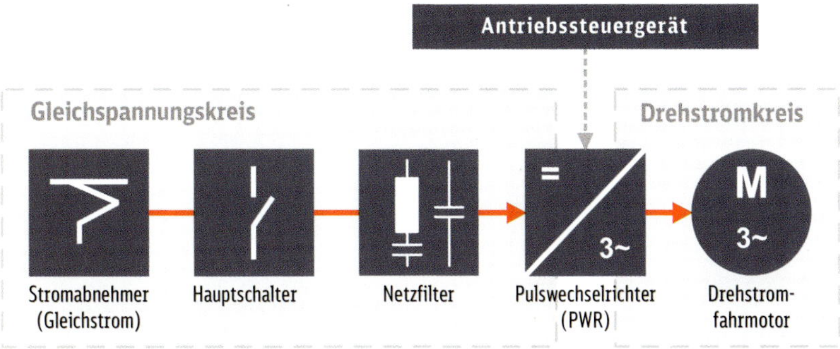

Abb. 8-33: direkt einspeisender Pulswechselrichter des Straßenbahnwagens Typ S VGF Quelle: Rüffer

Zweisystemfahrzeuge

Bei Zweisystemfahrzeugen, die nach EBO unter 15 kV Einphasenwechselspannung (1~ AC) betrieben werden, sind entsprechende Einspeiseschaltungen vorzusehen. Hier wird über einen sogenannten „Spannungsfühler" die Fahrdrahtspannung automatisch detektiert und in der Folge im Fall „15-kV-Betrieb" der Antriebskreis über einen Transformator und Eingangsstromrichter auf den Gleichspannungszwischenkreis geschaltet. Wird im BOStrab-Netz mit 600 V/750 V DC gefahren, werden diese Komponenten weggeschaltet und der Gleichspannungszwischenkreis direkt aus der Fahrleitungsspannung versorgt. Der Antriebspulswechselrichter arbeitet in beiden Speisenetzen an der gleichen Zwischenkreisspannung.

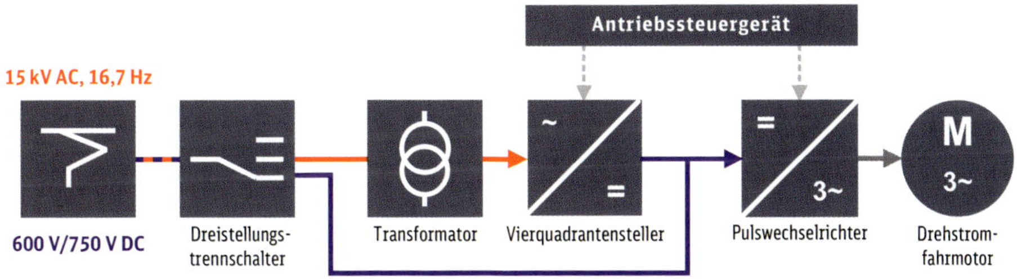

Abb. 8-34: Hauptstromschaltung Zweisystemfahrzeug Regiotram Elektrisch/Elektrisch Quelle: Rüffer

Zum Betrieb auf nicht elektrifizierten Regionalstrecken können Zweisystemfahrzeuge auf diesen Strecken auch dieselelektrisch angetrieben werden. Dazu arbeitet eine Diesel-/Generator-/Gleichrichtereinheit auf einer DC-Sammelschiene, die auch den Gleichspannungszwischenkreis speist. Im BOStrab-Netz erfolgt der Betrieb konventionell elektrisch, in der Regel über Fahrdraht.

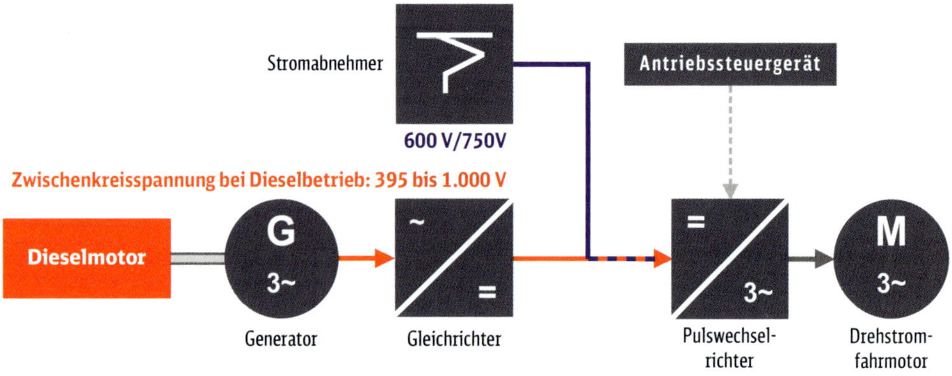

Abb. 8-35: Hauptstromschaltung Zweisystemfahrzeug Regiotram Diesel/Elektrisch

Die Kühlung der Stromrichter erfolgt meist forciert belüftet oder auch mittels Wasser. In seltenen Fällen werden auch rein konvektionsbelüftete Stromrichter eingesetzt. Fahrmotoren werden entweder eigenventiliert belüftet oder wassergekühlt ausgeführt.

8.4.5 Leittechnik

Die Steuerungs- oder auch Leittechnik moderner BOStrab-Fahrzeuge ähnelt derer moderner EBO-Triebzüge sehr stark. Es wird auch hier zwischen drähtig und über Bus geführte Signale unterschieden. Insbesondere bei der Bremsansteuerung werden zumindest in der Rückfallebene grundsätzlich drähtige Signale verwendet. Die Steuer- und Schaltgeräte werden am 24-V- oder 110-V-DC-Bordnetz betrieben und unterteilen sich in folgende grundlegende Steuerebenen:

- Fahrzeugsteuerung mit dem Zentralsteuergerät (ZSG): Hier werden die Befehle/Rückmeldungen aus dem Führerstand oder den dezentral im Fahrzeug angebrachten Komponenten sowie einzelnen Komponentensteuergeräten (zum Beispiel Türsteuergerät etc.) oder dezentralen Ein- beziehungsweise Ausgabeeinheiten verarbeitet.
- Bremssteuerung über ein Bremssteuergerät (BSG) im Fahrzeug: Hier ist die Bremsmatrix des Fahrzeuges für die verschiedenen Bremsarten hinterlegt.
- Ansteuerung Antriebssteuerung mit dem Antriebssteuergerät (ASG): Hier werden die Steuerbefehle für den Antriebspulswechselrichter generiert.
- Die Verbindung von ZSG, BSG, ASG und Subkomponenten erfolgt im Hauptwirkweg über das Fahrzeugbussystem und in der Rückfallebene mit reduzierten Funktionen über Drahtverbindungen.
- Bei Traktionsbetrieb mehrerer Einzelfahrzeuge werden die Fahrzeugbussysteme zu einem Zugbussystem gekuppelt, einzelne Signale werden auch hier über Draht übertragen.

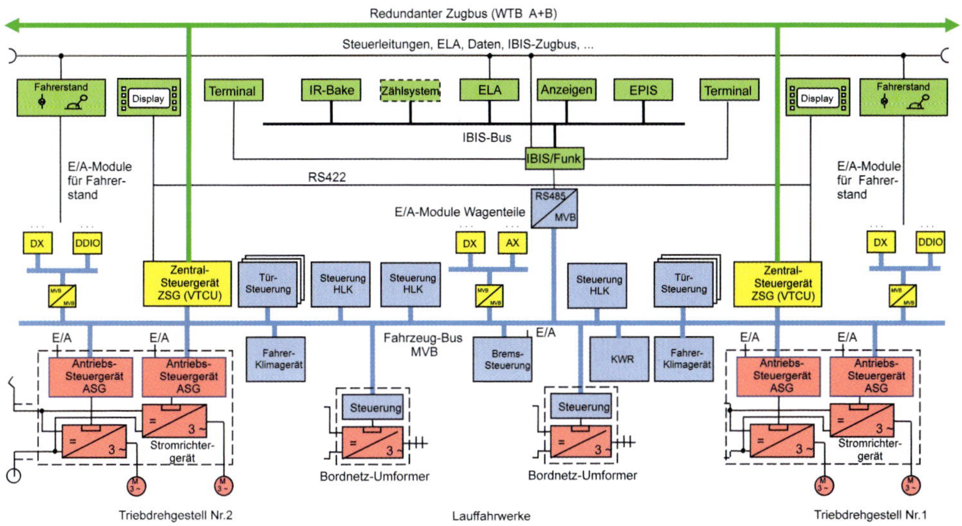

Abb. 8-36: Leittechnikstruktur Straßenbahnwagen Typ S/VGF Abbildung: Bombardier

Die Leittechnik an Bord ist mit den am meisten verwendeten Bussystemen (MVB- oder CAN-Architektur) der EBO-Fahrzeuge fast identisch – einzelne Hersteller verwenden im EBO- und BOStrab-Bereich identische Steuergeräte. Der Trend geht hier insbesondere bei der antriebsnahen Leittechnik zu Einplatinenrechnern, die direkt auf dem Stromrichterkern angeordnet sind.

Busgekoppelte Unterkomponenten verbessern die Stördiagnose für Fahrdienst und Werkstatt erheblich. Ergänzend ist heute das Auslesen von Fehlerspeichern oder auch das Laden von bestimmten, nicht sicherheitsrelevanten Softwaremodulen (zum Beispiel Fahrgastinfo oder Routenversorgung) über WLAN-Hotspots, die in der Werkstatt oder an der Strecke angebracht sind, absolut üblich.

Durch die auch im BOStrab-Fahrzeug erkennbare Rechnerdichte erlangt sowohl die Software der Einzelkomponenten als auch deren Konfiguration erhebliche Bedeutung für die Betriebssicherheit des Fahrzeuges. Daher ist die Fahrzeugsoftware ein Schlüsselthema bei der Abnahme von neuen oder geänderten Fahrzeugen geworden.

8.4.6 Bordnetzstromversorgung

Die Bordnetzspannungen werden heute von einem statischen Bordnetzumformer (BNU) bereitgestellt. Er wird direkt an Fahrdraht-/Stromschienenspannung betrieben und stellt die galvanische Trennung zwischen Ein- und Ausgangsspannung über im kHz-Bereich arbeitende Schaltnetzteile her.

Spannung	Verwendung
Fahrdraht-/Stromschienenspannung	Heizgeräte älterer Fahrzeuge
400 V AC, 3~ 50Hz	Klimageräte, Rückkühler oder Lüfter
24 V DC	Steuerspannung bei Straßen oder Stadtbahnen
110 V DC	Steuerspannung bei U- oder Hochbahnen, da hier aufgrund der größeren Fahrzeuglängen auch längere Leitungslängen mit größeren Leitungsverlusten resultieren
je nach Kundenanforderung 230 V AC 1~ 50 Hz (mit speziellen Klirrfaktoranforderungen)	Schutzkontaktsteckdosen für Servicezwecke oder im Fahrgastraum

Abb. 8-37: verwendete Bordnetzspannungen

Das 24-V-DC-/110-V-DC-Bordnetz ist über die Bordnetzbatterie gepuffert, um sicherheitsrelevante Funktionen (Funk, Signalisierung, Notbeleuchtung etc.) auch bei Ausfall der Fahrdraht-/Stromschienenspannung betreiben zu können. Die Batterieladung wird über einen separaten Ladeausgang des BNU sichergestellt.

Je nach Redundanzanforderung und Fahrzeuglänge sind einer oder mehrere BNU auf einem Fahrzeug im Einsatz. Während die 24-V-DC-/110-V-DC-Ausgänge oftmals gekuppelt werden, ist dies bei den 400-V-AC-3~ 50-Hz-Ausgängen wegen der notwendigen, aber aufwändigen Phasensynchronisation nicht üblich.

Bei Altfahrzeugen waren statt der statischen rotierende Umformer im Einsatz.

Bordnetzenergiemanagement

Das Bordnetzenergiemanagement erlangt immer größere Bedeutung, da immer mehr Verbraucher am Bordnetz betrieben werden und den Leistungsbedarf nach oben treiben. Insbesondere die Heizungs-, Klima- und Lüftungstechnik (HKL) ist hier ein Schwerpunkt. Es gilt hier zukünftig, die Fahrzeuge bezüglich ihrer HKL-Parameter enger an die Anforderungen des Einsatzfalles auszulegen und so die Leistungsaufnahme zu reduzieren. Der Verband Deutscher Verkehrsunternehmen (VDV) hat in seiner Schrift 181 hier praktische Handlungshinweise erarbeitet.

8.4.7 Energiespeicher

Energiespeicher werden im Straßenbahnbereich in Bezug auf Konzepte mit bordeigenen Energiespeichern zum Überbrücken von fahrdrahtlosen Streckenabschnitten, zur Reduzierung von aus dem Netz gezogenen Anfahrstromspitzen, zur Optimierung des Energiemanagements oder zur Stützung der Netzspannung mithilfe rekuperierter Bremsenergie eingesetzt. Verwendet werden hierfür:

- Hochleistungskondensatoren (sogenannte „Ultracaps“) mit hoher Leistungs-, aber momentan noch beschränkter Energiedichte bei kurzen Ladezeiten,
- Batteriesysteme in NiMH-Technologie mit Spannungen zwischen 400 und 720 V, mit geringer Leistungs-, aber hoher Energiedichte und relativ hohen Ladezeiten beziehungs-

weise neuere Systeme in Li-Ionen-Technologie, die höhere Leistungs- und Energiedichten bei geringerer Ladezeit versprechen.

Die Energiespeicher können im Betrieb je nach Ladezeit durch rekuperierte Bremsenergie (Ultracaps), längere Streckenabschnitte mit Fahrdraht (Batterien) oder „Tankstellen“, bei denen zum Beispiel in einem Haltestellenbereich ein Fahrdraht gespannt ist, geladen werden.

8.4.8 Signal- und Zugsicherungstechnik, Sicherheitseinrichtungen

Die Signal- und Zugsicherungstechnik unterscheidet sich zum Teil von der der EBO-Fahrzeuge.

Zugsicherung

Es kommen PZB- und LZB-Systeme zum Einsatz. Bei PZB-Systemen werden oft magnetische, seltener induktive Systeme eingesetzt. Zum Großteil werden bei PZB-Zugsicherungssystemen meist reine Fahrsperrenfunktionen ohne von einem Vorsignal initiierte Bremskurvenüberwachungsfunktionen eingesetzt:

- Bei Strecken, die mit Zugsicherungstechnik betrieben werden, erfolgt die Fahrstraßeneinstellung wie aus der Eisenbahntechnik bekannt über den Zuglenkrechner des Stellwerkes.
- Bei der Fahrt auf Sicht wird die Fahrweganforderung und gegebenenfalls auch die Signalanforderung vom Fahrzeug aus über Infrarot- oder Induktionsübertragung und Funktelegramm zur Infrastruktur übertragen. Die Übertragung kann auch über Fahrdrahtkontakte oder durch manuelle Handlung des Fahrers erfolgen. Die Ortung des Fahrzeuges kann über GPS, Infrarot- oder sonstige Bakensysteme erfolgen.

Sicherheitsfahrschaltung (Sifa)

Die Sifa unterscheidet sich von der der EBO-Fahrzeuge. Sie ist meist dauerhaft aktiv und bedarf nicht einer zyklischen Bedienung über Fußtaster/Handtaster im Sollwertgeber. Da BOStrab-Fahrzeuge in einem durch den Haltestellenabstand bedingten Zeitintervall von etwa 1 bis 2 min Haltestellen bedienen (also Anfahren und Bremsen), würde der Fahrer durch eine zusätzliche Fußtaster/Handtaster-Bedienung schnell abgelenkt. Vor diesem Hintergrund sind beispielsweise folgende Techniken im Einsatz, die eine ordnungsgemäße Handlungsfähigkeit des Fahrers überwachen:

- eine besondere Bedienungshaltung des Sollwertgebers (zum Beispiel selbst zurückdrehender Spatengriff), die nur der Fahrer ausführen kann,
- Auswertung von Fahrzeugbedienungen durch den Fahrer und zusätzlicher dauerhafter Betätigung eines Fußpedals,
- dauerhafte Betätigung eines Fußpedals und Loslassen des Pedals nach jeder Türfreigabe und zusätzlicher Maximalzeitbegrenzung der Pedalbetätigung.

Ebenfalls existiert kein einheitliches Zugfunksystem. Es sind Gleichwellen- oder Digitalfunksysteme im Einsatz.

8.5 Sonderthemen bei BOStrab-Bahnen

8.5.1 Fahrwegeinstellung im Straßenbahnbetrieb bei Fahrt auf Sicht

Bei modernen Fahrzeugen ist die sogenannte Route im Fahrzeugbordrechner hinterlegt. Nach der Eingabe der Linie und des Kurses gemäß Linienkursplan durch den Fahrer in den Bordrechner kennt dieser den erforderlichen Linienweg des Fahrzeuges.

Vor einer Weichenverbindung wird diese über GPS/Bake von der Infrastruktur ans Fahrzeug gemeldet. Der Fahrzeugbordrechner überprüft nun die für die konkrete Linien-/Kursrelation erforderliche Weichenlage und schickt zum Beispiel über ein Datenfunktelegramm die Weichenstellanforderung an das stationäre Weichensteuergerät. Dieses stellt die Weiche und übermittelt die Weichenlage per optischem Signal (Weichensignal) an den Fahrer.

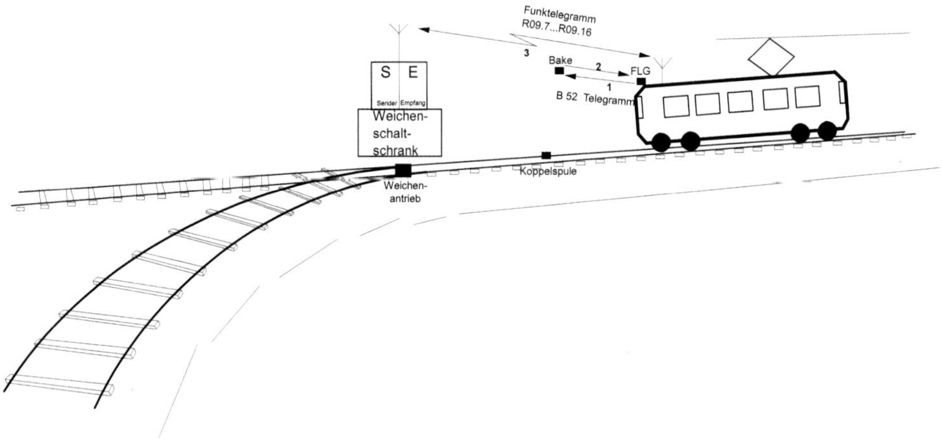

Abb. 8-38: Weichenanforderung bei Fahrt auf Sicht im Straßenbahnbereich — Abbildung: VGF

8.5.2 Fahren ohne Fahrzeugführer

Beim sogenannten „Fahren ohne Fahrzeugführer" (FoF) werden Fahrzeuge nach den Regeln der FoF-Richtlinie betrieben. Es handelt sich dabei grundsätzlich um Fahrwege auf unabhängigen Bahnkörpern.

Der Wegfall des Fahrers bedingt den Wegfall von betrieblichen Zwängen der Dienstplangestaltung und -zuteilung und bringt somit die Möglichkeit mit sich, spontan auf kurzfristig auftretende Kapazitätsbedarfe zu reagieren.

Abb. 8-39: fahrerloser Betrieb auf der Linie U3 der VAG Nürnberg   Abbildung: Wiecha

Nachteilig ist, dass daraus komplett „unbetreute“ Fahrzeuge entstehen, in denen sich kein Betriebspersonal aufhält. Darunter könnten Servicegedanke und das Sicherheitsempfinden der Fahrgäste leiden. Auch ist das betriebliche Handling der Fahrzeuge sowohl bei der Abfertigung als auch bei Störungen und Unregelmäßigkeiten aufwändiger.

Die Kompensation dieser Nachteile erfolgt mit zum Teil sehr aufwändigen technischen Hilfsmitteln, die das FoF-System teuer und anfällig gegenüber technischen Störungen oder unsachgemäßem Gebrauch machen.

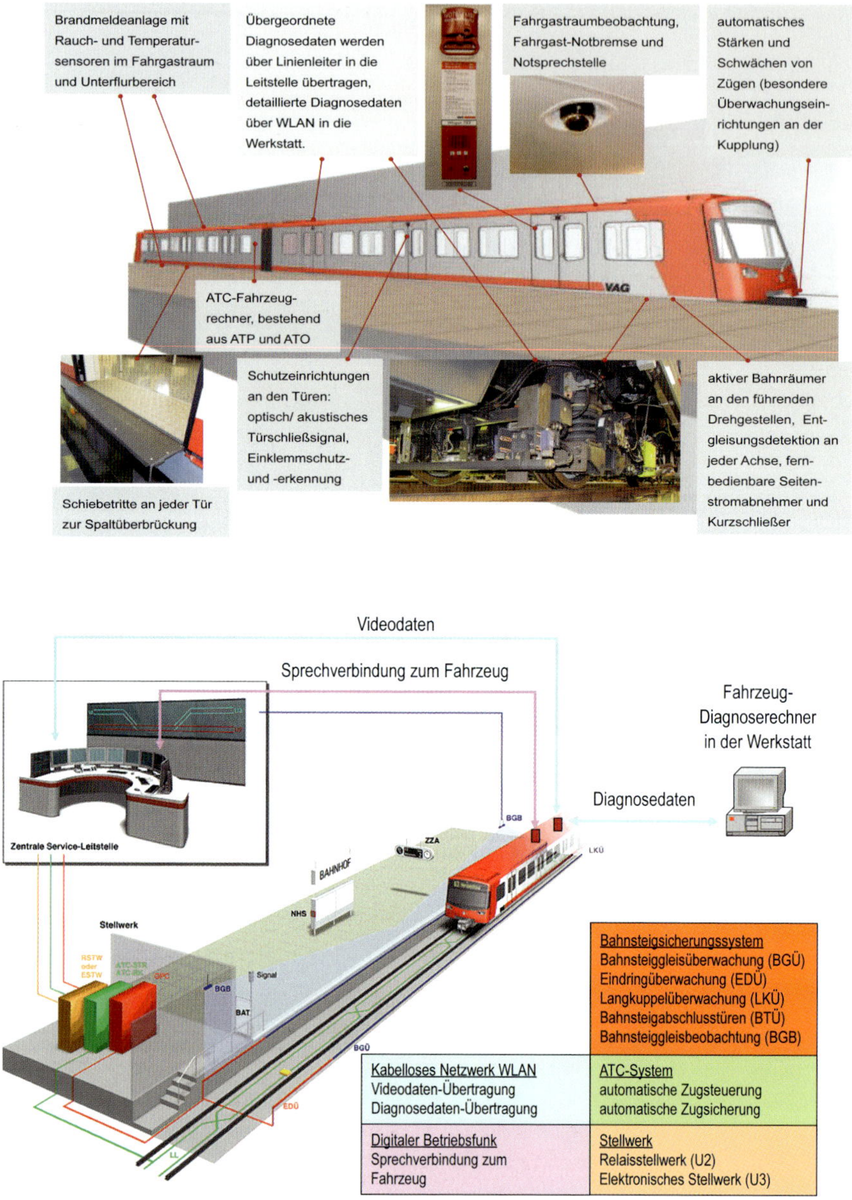

Abb. 8-40: bei Fahren ohne Fahrzeugführer notwendige Infrastrukturausrüstung

Quelle: VAG Nürnberg

8.5.3 Zweisystembetrieb EBO/BOStrab

Werden Fahrzeuge im EBO- und BOStrab-Netz betrieben, spricht man von Zweisystemfahrzeugen. Zu der für den BOStrab-Betrieb notwendigen Ausrüstung ist ergänzend noch die für den EBO-Betrieb notwendige Ausstattung zu ergänzen. Dabei sind insbesondere bei „BOStrab-basierten Fahrzeugen" folgende Punkte zu beachten:

- im Vergleich zu reinen BOStrab-Fahrzeugen höhere Längsdrucksteifigkeiten,
- dieselelektrische- oder 15-kV-Ausrüstung für den EBO-Betrieb,
- GSM-R Zugfunk und Zugsicherung PZB 90,
- wegen der geringeren Fahrzeugbreite von 2,65 m gegenüber EBO-Fahrzeugen und anderen Höheneinstiegsverhältnissen EBO/BOStrab gegebenenfalls Einrichtungen zur Stufen-/Spaltüberbrückung,
- gegebenenfalls notwendige Anpassungen im Spurführungssystem wie zum Beispiel ein „Balkonrad" zur Spurführung mit hoch liegenden EBO-Radlenkern.

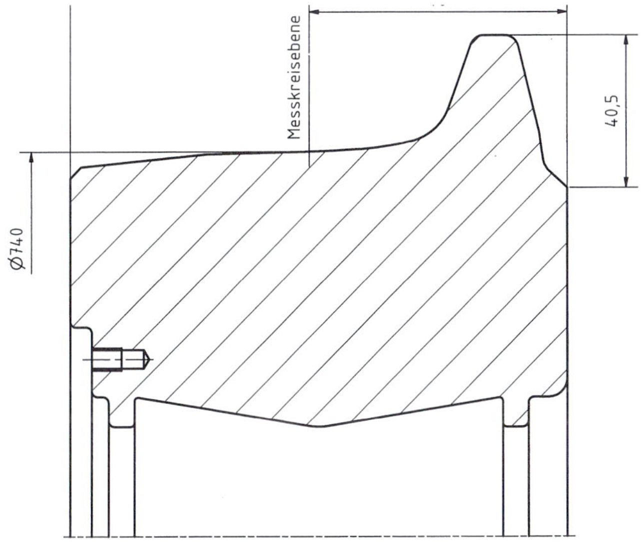

Abb. 8-41: Zweisystemrad EBO/BOStrab Quelle: Bochumer Verein

Meist ist es so, dass bestehende Straßenbahnsysteme über EBO-Strecken in die Region expandiert haben. Es ist aber auch ebenfalls möglich, Regionalstrecken in den BOStrab-Bereich hereinzuführen und zum Beispiel dort enden zu lassen. Hier ist dann eine zumindest abgespeckte „StVO/BOStrab-Ausrüstung" der EBO-Fahrzeuge notwendig (zum Beispiel Fahrtrichtungsanzeiger, erhöhte Bremsverzögerungen etc.).

Wenn in bestehende BOStrab-Netze „hineingefahren" wird, beeinflussen die dortigen spezifischen Parameter gegebenenfalls gravierend die Fahrzeugtechnik:

- Enge Gleisbögen verschleißen insbesondere die Spurkranzstirnflanke stark, das heißt, das qR-Maß schwindet stark. Dies erfordert ein häufiges Nachdrehen der Radsätze und hat eine geringe Laufleistung des Radreifens zur Folge.
- Geringe zulässige Achslasten bedingen Restriktionen im Fahrzeuggewicht. Dadurch entstehen Gewichtsprobleme bei Fahrzeugen mit Zweisystemausrüstung.

In seltenen Fällen entsteht das BOStrab-Netz erst mit dem Betrieb umliegender Regionalstrecken. Hier können die oben genannten Schwachpunkte im Rahmen der Neukonzeption des BOStrab-Netzes planerisch umgangen werden.

Abb. 8-42: Zweisystemfahrzeug RegioTram Kassel Foto: KVG

9 Sonstige Fahrzeuge

9.1 Sonderfahrzeuge

9.1.1 Begriffsbestimmung

Sonderfahrzeuge – in der EBO als Nebenfahrzeug bezeichnet – sind Fahrzeuge, die einem besonderen Zwecke dienen. Meistens werden sie zum Bau oder zur Instandhaltung von Anlagen eingesetzt, die dem Eisenbahnverkehr dienen.

Abb. 9-1:
Schienenkran
Foto: Janicki

Abb. 9-2:
selbstfahrende Schneeschleuder
Foto: DB AG/Thiel

Abgrenzung der Sonderfahrzeuge zu den Regelfahrzeugen

Regelfahrzeuge können aufgrund ihrer Bauart ohne weitere Prüfung, wenngleich unter Beachtung bestimmter Beschränkungen wie beispielsweise der Beladung und Geschwindigkeit, im Eisenbahnbetrieb verwendet werden. Im Gegensatz dazu sind die Sonderfahrzeuge auf spezielle betriebliche Aufgaben der Eisenbahnen eingeschränkt. Ihre baulichen Merkmale sind aus wirtschaftlichen und technischen Gründen dem jeweiligen Verwendungszweck angepasst; ihre fahrdienstliche Behandlung richtet sich nach der Bauart. Sonderfahrzeuge müssen den Bauvorschriften der EBO nur insoweit entsprechen, wie es für ihren Sonderzweck erforderlich ist.

Die betriebliche Behandlung von Nebenfahrzeugen als Züge ist heute die Regel; der Kleinwagen und seine betriebliche Behandlung als Kleinwagenfahrt tritt demgegenüber immer mehr zurück. Nicht zuletzt ist diese Entwicklung vom häufigeren Einsatz der Straßenkraftfahrzeuge beim Bau, bei der Überwachung und bei der Unterhaltung der Bahn sehr gefördert worden.

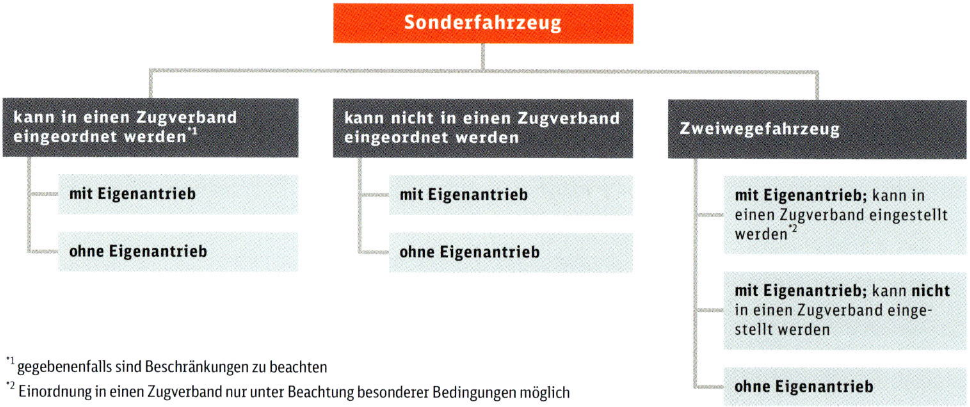

*1 gegebenenfalls sind Beschränkungen zu beachten

*2 Einordnung in einen Zugverband nur unter Beachtung besonderer Bedingungen möglich

Abb. 9-3: Einstufung der Sonderfahrzeuge nach TSI

Typen von Sonderfahrzeugen

Je nach Verwendungszweck beziehungsweise Arbeitsbereich weichen die Bauformen der Nebenfahrzeuge mehr oder weniger stark voneinander ab. Die Entwicklung auf diesem Gebiet schreitet im Zuge des allgemeinen Technisierungsprozesses nach wie vor schnell voran und wird zu noch größerer Vielfalt führen.

Für weitergehende Reinigungs-, Wartungs-, Bau- und Instandhaltungsarbeiten, für den Gleisbau sowie für Rettungszwecke gibt es noch eine Vielzahl von Fahrzeugen in unterschiedlichsten Bauarten, allerdings meistens in geringen Stückzahlen.

Hauptgruppe und Arbeitsbereich	Beispiele für Sonderfahrzeuge
Infrastruktur und Oberbau ▮ Bau von Fahrweganlagen (Gleisbau) ▮ Oberbauinstandhaltung	▮ Gleisverlege- und Gleisumbauzug ▮ Verlegegeräte für Weichen und Kreuzungen ▮ Gleiserneuerungszug ▮ Erdbaumaschine ▮ Schotterreinigungsmaschine ▮ Schienenkran
Gleis ▮ Gleisinstandhaltung	▮ Gleisstopfmaschine ▮ Schotterpflug ▮ Schleif- und Schweißmaschine ▮ Gleisinspektionswagen
Fahrleitung ▮ Fahrleitungsbau ▮ Fahrleitungsinstandhaltung	▮ Fahrleitungsinspektionswagen ▮ Auf- und Abrollmaschine ▮ Mastaufstellmaschine ▮ Fahrdrahtspannmaschine
Strukturen ▮ Bau- und Instandhaltungsarbeiten im Bereich von Bahnanlagen	▮ Brücken- und Tunnelinspektionsbühne ▮ Maschine mit Hebebühne und Arbeitsgerüst ▮ Tunnelbeleuchtungsmaschine
Be- und Entladen sowie diverse Transporte	▮ Be- und Entlademaschine ▮ Transportmaschine
Messung ▮ Messtätigkeiten im Bereich von Bahnanlagen	▮ Erdbau-Messwagen ▮ Gleis-Messwagen ▮ Fahrdraht-Messwagen ▮ Spurweiten-Messwagen ▮ Signalisierungs-Messwagen ▮ Telekommunikations-Messwagen
Noteinsatzausrüstung ▮ Notfalltechnik	▮ Noteinsatzwagen (Einheitshilfsgerätewagen bzw. Einheitshilfszug) ▮ Noteinsatzkran ▮ Noteinsatz-Tunnelzug ▮ Feuerwehrwagen ▮ Sanitätsfahrzeug
Traktion, Transport, Energie	▮ Triebfahrzeug ▮ Transportwagen ▮ Wagen mit Stromerzeuger
Umwelt	▮ Schneepflug, Schneefeger ▮ Schienenreinigungsmaschine ▮ Unkrautvertilgungsmaschine
Zweiwegefahrzeug ▮ Reinigung, Wartung und Instandhaltung der Gleisanlagen ▮ Rangieren von Fahrzeugen und Zugeinheiten	▮ Zweiwegefahrzeug der Klasse 1 ▮ Zweiwegefahrzeug der Klasse 2 ▮ Zweiwegefahrzeug der Klasse 3 ▮ Zweiwegefahrzeug der Klasse 4

Abb. 9-4: Übersicht der Nebenfahrzeuge

9.2 Beispiele für Sonderfahrzeuge

9.2.1 Gleisarbeitsfahrzeuge

Zweiachsige Gleisarbeitsfahrzeuge sind Nebenfahrzeuge, die der Wartung und Instandhaltung des Oberbaus dienen. In der Regel treibt ein Dieselmotor das Gleisarbeitsfahrzeug über ein hydrodynamisches Automatikgetriebe zu den Radsatzgetrieben der beiden Achsen an. Die mit Regelzug- und Stoßeinrichtung, Ladeplattform, Kran, Stromversorgungseinheit, Arbeitsfahrantrieb, Sifa, Indusi und Zugfunk ausgerüsteten Fahrzeuge erreichen je nach Bauart eine Höchstgeschwindigkeit von bis zu 100 km/h.

Abb. 9-5:
Gleisarbeitsfahrzeuge
Foto: DB AG/Claus Weber

Fahrzeugaufbau

Das Grundfahrzeug besteht aus dem Untergestell mit eingebautem Antriebs- und Bremssystem, dem Fahrwerk und der Kabine. Gleisarbeitsfahrzeuge sind in der Grundvariante mit einem Ladekran ausgerüstet. Die Ladepritsche hat einen Holzboden, der von Metallbordwänden begrenzt wird. Bei einigen Bauarten ist die Ladepritsche kippbar. In der Kabine sind die Führerstände und zusätzliche Sitzplätze für die Mannschaft sowie Steuerschränke und die Kühlanlage untergebracht. Das Fahrwerk mit zwei Treibradsätzen wird über Schraubenfedern mittels Schaken am Untergestell angelenkt. Eine Dämpfung der Schwingungen des Fahrwerkes erfolgt vertikal und horizontal.

Bei den Multifunktionsfahrzeugen sind die Kopfplatten so gestaltet, dass sie bei abgebauter Zug- und Stoßvorrichtung als Aufnahmeplatten für die Schnellwechselvorrichtungen der Winterausrüstung dienen können.

Antrieb

Der Antrieb des Fahrzeugs geht vom Dieselmotor aus und läuft über ein Pumpenverteilergetriebe voll hydrostatisch. Die Pumpen können wahlweise dem Fahrantrieb oder den Arbeitsgeräten zugeordnet werden. Die Fahrpumpen treiben die vier Fahrmotoren an; jeweils zwei wirken über ein Summierungsgetriebe auf das Radsatzgetriebe des jeweiligen Treibradsatzes.

Bei einigen Baureihen garantiert die Auslegung des Antriebskonzeptes eine Eigenfahrgeschwindigkeit von 100 km/h. Im Winterbetrieb wird die maximale Streckenfahrgeschwindigkeit elektronisch auf 80 km/h begrenzt. Es gibt zwei Arbeitsgeschwindigkeiten: eine Begrenzung auf 40 km/h, hierbei wird die überschüssige Energie den Arbeitsgeräten zur Verfügung gestellt, und ein Kriechgang für Geschwindigkeiten unter 10 km/h.

Multifunktionsfahrzeuge

Multifunktionsfahrzeuge sind sowohl für den Winter- als auch den Sommereinsatz konzipiert. Während sie in den Wintermonaten zum rationellen Schneeräumen auf Bahnhöfen und auf der Strecke eingesetzt werden, übernehmen sie in der restlichen Zeit Instandhaltungs- und Pflegeaufgaben am Fahrweg. Multifunktionsfahrzeuge können auf der Kabinenseite mit einem Spurpflug, wahlweise mit einem Keilschneepflug oder einer Kehrbürste ausgerüstet werden, während sich auf der anderen Seite eine Schneefrässchleuder anbringen lässt. Alle Arbeitsgeräte sind dank des Wechselplattenkonzeptes schnell an- und abbaubar oder tauschbar.

Abb. 9-6:
für den Winterbetrieb ausgerüstetes Multifunktionsfahrzeug
Foto: Windhoff Bahn- und Anlagentechnik GmbH

Anhängerkupplung

Die Fahrzeuge haben zwei Anhängerkupplungen einschließlich der notwendigen Anschlüsse für Druckluft und die elektrische Anlage. So können ein oder mehrere Anhänger mitgeführt werden. Die zulässige Anhängelast beträgt je nach Bauart bis zu 80 t.

9.2.2 Turmtriebwagen

Turmtriebwagen weisen außer den beiden Führerständen einen großen Werkstatt- und Geräteraum auf. Auf dem Dach sind eine seiten- und höhenbewegliche Arbeitsbühne sowie ein Stromabnehmer zur Erdung während der Fahrleitungsarbeiten und zur Spannungsmessung montiert.

Spezielle Oberleitungsmontagefahrzeuge sind für die Montage, Instandhaltung und Wartung von Oberleitungsanlagen konzipiert. Die in Regelfahrzeugbauart ausgeführten Drehgestellfahrzeuge verfügen über einen Kabinenaufbau, der über die gesamte Länge geht und sich aufteilt in zwei Führerräume, den Sozialraum sowie den Werkstatt- und Lagerbereich.

Ein Hilfsaggregat versorgt den hydrostatischen Arbeitsfahrantrieb sowie einen Luftpresser und ein Hydraulikaggregat für das Betreiben aller Arbeitsprozesse während der Montage beziehungsweise des Instandhaltungsprozesses. Weitere Ausstattungsmerkmale sind der Messstromabnehmer, die Tragseil- und Fahrdrahtanhebevorrichtungen, die frei schwenkbare Hubbühne, der Kran mit Arbeitskorb und ein Dieselgenerator.

Turmtriebwagen für den Einsatz auf Hochgeschwindigkeitsstrecken

Die neueste Generation von Turmtriebwagen wurde speziell für den Einsatz auf Hochgeschwindigkeitsstrecken konzipiert. Die moderne Gestaltung der Frontbereiche und die Höchstgeschwindigkeit von 160 km/h, verbunden mit einer spurtstarken Doppelmotorisierung, sind die herausragenden Merkmale dieser Fahrzeuge.

Der Turmtriebwagen verfügt über eine starre Hubarbeitsbühne mit einer maximalen Steighöhe von 5,5 m über Schienenoberkante sowie über einen hydraulisch frei schwenkbaren Arbeitskorb mit einer maximalen Steighöhe von 18 m, der über eine Funkfernsteuerung bewegt wird. Ebenso sind eine Fahrdraht- und eine Tragseilanhebe- und -drückvorrichtung aufgebaut. Ein Erdungsstromabnehmer, eine Aussichtskanzel, ein Sozialraum mit Nasszelle sowie großzügige Lager- und Werkstattmöglichkeiten vervollständigen die Ausrüstung.

Abb. 9-7:
vierachsiges Fahrleitungsinstandhaltungsfahrzeug mit zwei Hebebühnen (Turmtriebwagen TVT 711.1)
Foto: DB AG/Claus Weber

9.2.3 Dienstgüterwagen und Bahndienstwagen

Für die Wartung und Instandhaltung der Bahnanlagen sowie für besondere Einsatzfälle gibt es viele spezielle Wagen, die mit den unterschiedlichsten Sondereinrichtungen versehen sind.

Dienstgüterwagen

Dienstgüterwagen (Dgw) sind in der Regel Wagen in Sonderbauart, die speziell auf den Transport von besonderen Gütern ausgerichtet sind.

Bahndienstwagen

Bahndienstwagen (Bdw) sind Wagen in Sonderbauart, die für innerdienstliche Zwecke vorgehalten werden, zum Beispiel für die Instandhaltung von Bahnanlagen oder zur Störungsbeseitigung im Bahnbetrieb.

9.2.4 Fahrzeuge für Rettungszwecke

Einige Tunnel auf Schnellfahrstrecken liegen in schwer zugänglichen Gebieten ohne Straßenzufahrt. Für Fremdrettungsmaßnahmen werden deshalb an bestimmten Standorten spezielle Rettungszüge einsatzbereit gehalten, die an jedem Ende mit einer Diesellokomotive bespannt sind. Diese Fahrzeuge sind wendezug- und doppeltraktionsfähig und mit Wärmekamera, Fern- und Breitenscheinwerfer, gelber Rundumleuchte und Tunnelfunk ausgerüstet. Die Führerstände befinden sich in den gasdichten Transportwagen. Von hier aus wird der Zug in den Tunnel gefahren.

9.2.5 Gleisbaumaschinen

Im Gleisbau werden diverse schienenfahrbare Baumaschinen eingesetzt. Neben den klassischen Stopfmaschinen sind hier zu nennen: Schotterverteil- und Planiermaschinen, Gleisstabilisatoren, Maschinen für Gleisneu- und Umbau, Bettungsreinigungsmaschinen, Maschinen für Weichenneu- und Umbau, Maschinen für die mobile Schienenbearbeitung (Schweißen und Schleifen) und andere Spezialmaschinen.

Abb. 9-8:
Gleisbaumaschine
Foto: Janicki

9.2.6 Schienenkrane

An die Eisenbahnumgebung angepasste Schienenkrane werden für Gleis- und Brückenbauarbeiten, beim Weichenumbau und als Bergegerät bei Unfällen eingesetzt. Die selbstfahrenden Fahrzeuge sind zum Teil mit speziellen Drehgestellen ausgestattet, die bei der Fahrt in überhöhten Kurven den Oberwagen automatisch horizontieren. Hier kann die gefederte Aufhängung mittels hydraulischer Federblockierzylinder blockiert werden, um dadurch das Verfahren mit Last zu ermöglichen.

Schienenkrane sind in verschiedenen Leistungsklassen mit Tragfähigkeiten von bis zu 160 Tonnen erhältlich. Dank drehbarer Oberwagen, schwenk- und teleskopierbarer Ausleger sowie eines drehbaren Hakens lassen sich Lasten im Gleisbereich frei positionieren. Da Schienenkrane meist unter räumlich beengten Verhältnissen wie beispielsweise in Tunneln oder unter Oberleitungen eingesetzt werden, lassen sich Schwenkwinkel und maximale Auslegerhöhe elektronisch begrenzen. Eine Lastmomentbegrenzung schaltet den Kran automatisch ab, sobald die Gefahr einer Überlastung besteht.

In der Regel benötigen die Fahrzeuge aufgrund einer speziellen Anordnung der Gegengewichte für die meisten Lastfälle nur eine Abstützung. Das Gegengewicht ist meist teleskopierbar und wird bei einigen Bauarten zum Transport abgelegt.

9.3 Zweiwegefahrzeuge

9.3.1 Einführung

Mit Zweiwegefahrzeugen lassen sich die vorgegebenen Systemgrenzen zwischen Schiene und Straße überwinden. Zweiwegefahrzeuge sind Kraftfahrzeuge, die auch auf Schienen fahren können, oder Schienenfahrzeuge, die zusätzlich die Option der Straßenbefahrung bieten. Das Zweiwegefahrzeug lässt sich auf der Straße oder im Gelände wie ein ganz gewöhnliches Kraftfahrzeug nutzen. Dazu wird die sogenannte Schienenführungseinrichtung angehoben. Anschließend kann das Fahrzeug „abgegleist“ werden.

Auf der Schiene sind die Einsatzgebiete derartiger Fahrzeuge recht vielfältig:

- Rangierdienst, Baudienst, Werksverkehr oder Anschlussbedienung,
- Schneeräumung mit Schneepflug oder rotierenden Geräten,
- Wartung der Oberleitung mit Hubarbeitsbühne, Steiger oder Kran und Arbeitskorb,
- Bergung entgleister Schienenfahrzeuge mit hydraulischen Aufgleis- und Arbeitsgeräten.

Abb. 9-9:
Zweiwegefahrzeug mit Hebebühne
Foto: DB AG/Claus Weber

9.3.2 Unimog

Bei den Kraftfahrzeugen wird hauptsächlich der Unimog von Mercedes-Benz als Basisfahrzeug verwendet, der aufgrund seines Fahrwerkskonzepts für den Einsatz als Zweiwegefahrzeug prädestiniert ist. Schon 1967 wurde erstmals ein Unimog mit einer Schienenführung ausgestattet.

Schnittstellen für Geräteantrieb und -steuerung

Gemeinsam mit mehreren Aufbauherstellern werden Fahrzeuge für unterschiedliche Arbeitseinsätze auf Straße und Schiene realisiert. Grundvoraussetzung ist ein Geräteträgerkonzept mit zahlreichen An- und Aufbauräumen sowie standardisierten hydraulischen und mechanischen Antriebsmöglichkeiten für diverse Anbaugeräte. Die mechanische Frontzapfwelle erlaubt eine maximale Kraftübertragung mit 150 kW Leistung. Darüber hinaus stehen Nebenantriebe an Motor und Getriebe sowie bis zu vier separate Hydraulikkreise zur Verfügung. Dank Schnellwechselsystem sind alle Geräte bei Bedarf in kürzester Zeit ausgetauscht.

Abb. 9-10: Zweiwege-Unimog mit bahnspezifischer Sonderausstattung Foto: Janicki

Gleisführung und Antrieb

Wegen der kompakten Bauweise der Achse in Verbindung mit Spezialfelgen und Spezialbereifung für den Schienenbetrieb passt der Unimog optimal auf normal- oder breitspurige Gleise. Der Antrieb auf der Schiene erfolgt dabei direkt über die Fahrzeugräder; die Schienenführungseinrichtung dient ausschließlich der entgleisungssicheren Schienenfahrt.

Das mit Gelenkrollenspurhaltern oder Drehschemel-Schienenführung ausgerüstete Fahrzeug ist für die Befahrung enger Bogenradien geeignet. Durch die Nutzung des hohen Reibwertes zwischen Gummireifen und Stahlschiene werden hohe Zug- und Bremskräfte erreicht. Bei schmalspurigen Gleisanlagen können die Reifen nicht auf den Schienen fahren. Hier wird stattdessen auf gesonderten Rädern mit Spurkranz gefahren, die entweder über einen separaten Antriebsstrang angetrieben werden oder indirekt über die vorhandenen Gummireifen. Ein fein abgestuftes Getriebe mit acht Vorwärts- und Rückwärtsgängen, Wandlerschaltkupplung sowie ein permanenter Allradantrieb und Differenzialsperren sorgen für die optimale Umsetzung der Motorleistung und ermöglichen ruckfreie Zugarbeiten. Aufgrund der hohen Zug- und Bremskräfte sind Rangierarbeiten in beiden Fahrtrichtungen mit bis zu 1.000 t Anhängelast bei einem Tempo von maximal 25 km/h umsetzbar.

Die Fahrzeuge sind mit einer hydraulischen Aushebe- und Drehvorrichtung ausgestattet. Das Auf- und Abgleisen verlangt einen etwa 5 m langen Gleisbereich auf gleicher Ebene. Ansonsten ist für den Einsatz dieser Fahrzeuge keine besondere Infrastruktur erforderlich. Ein geübter Fahrer absolviert das Auf- oder Abgleisen in etwa drei Minuten.

Abb. 9-11: Spurführungsrad Foto: Zwiehoff

Sonderausstattungen

Bei Bedarf kann der Zweiwege-Unimog mit allen notwendigen bahnspezifischen Sonderausstattungen wie beispielsweise Sifa, Indusi und Zugfunk ausgestattet werden.

Für den Einsatz als Rangierfahrzeug erhält der Unimog eine Waggonbremsanlage. Diese besteht aus einem Kompressor mit Zweikammerlufttrockner, dem elektronischen Führerbremsventil mit Füllstoßangleichung und den Brems- und Lösedruckanzeigen. Für den Ein-Mann-Rangiereinsatz kann man das Zweiwegefahrzeug auch mit einer Funkfernsteuerung ausrüsten. Die Kupplungsanlage ist in den verschiedensten Ausführungen lieferbar. Die automatische Variante kann vom Führerstand aus auch entkuppelt werden. Bei Nichtgebrauch wird die Kupplung hydraulisch in eine senkrechte Position gefahren. Durch einen maßgeschneiderten separaten Umlaufrahmen können die aufnehmbaren Zug- und Druckkräfte deutlich erhöht werden, womit ein uneingeschränktes Einstellen des Fahrzeuges in Rangiereinheiten bis zu einer Anhängelast von 1.200 t möglich ist.

9.3.3 Zweiwege-Rangierfahrzeuge

Spezielle Zweiwege-Rangierfahrzeuge – auch Lokotraktoren genannt – werden extra für das Rangieren von Wagen konzipiert und gebaut. Mit einem Lokotraktor können bis zu 4.000 t geschoben oder gezogen werden. Diese hohe Traktion macht der Antrieb über Gummireifen bei gleichzeitiger Reduzierung des Eigengewichts möglich. Da Puffer integriert sind, ist der Lokotraktor auch in der Mitte eines Zuges einsetzbar.

Abb. 9-12: Lokotraktor Foto: DB AG/Hartmut Reiche

9.3.4 Zweiwegebagger

Zweiwegebagger sind Mobilbagger, die dank einer speziellen Vorrichtung, dem Schienenfahrwerk, auf Schienen aufgleisen und so auch fahren können. Sie werden für Arbeiten im Gleisbereich eingesetzt.

Die ersten Bagger wurden 1965 auf die Schiene gebracht. Seitdem hat sich die Technik deutlich weiterentwickelt. Heute sind Zweiwegebagger zu leistungsfähigen Baumaschinen geworden, die umfangreiche Arbeiten im und neben dem Gleis erledigen können. Wegen ihrer enormen Leistungskraft erreichen sie zügig die Baustelle und können auch als „Rangierlokomotive" eingesetzt werden. Im Fahrgang werden Geschwindigkeiten von bis zu 40 km/h erreicht. Moderne Zweiwegebagger sind zum Teil auch mit einer Waggonbremse und einem Führerbremsventil ausgestattet. Die ungebremste Anhängelast kann bis zu 40 t betragen; bei gebremsten Fahrzeugen sind sogar bis zu 120 t möglich.

Zahlreiche Komponenten sorgen für eine sichere und kraftvolle Verbindung des Unterwagens mit der Schiene. Einige Fahrzeuge haben ein CARSY-System (Computergesteuertes Anpressdruck-Regelsystem), das elektronisch immer den optimalen Kraftschluss zur Schiene sicherstellt. Beim Aufgleisen werden die erforderlichen Drücke automatisch eingestellt, permanent überwacht und gegebenenfalls korrigiert. Die vorderen und hinteren Spurräder sind getrennt schaltbar, um für leichtes Eingleisen und kraftschlüssiges Überfahren von Schaltmitteln im Gleis zu sorgen.

Abb. 9-13: Zweiwegebagger

Foto: DB AG/Busse

9.4 Sonstige Sonderfahrzeuge

9.4.1 Rangierfahrzeuge

Beim Rangierfahrzeug handelt es sich um ein Zugfahrzeug besonderer Bauart. Eingesetzt wird es zum Bewegen von Wageneinheiten an Be- und Verladeanlagen sowie von Lokomotiven, Triebzügen und Wagengruppen in Unterhaltungsstellen oder Fahrzeugwaschanlagen.

Der Antrieb dieser Fahrzeuge erfolgt entweder elektrisch – unter Nutzung verschiedener Möglichkeiten der Energiezuführung – oder dieselhydraulisch mit hydrostatischer Kraftübertragung. Das Fahrzeug kann zwei- oder mehrachsig sein, je nach den angestrebten Zugkräften. Die Radsätze sind gefedert, damit es auch bei schlechter Gleislage fahren kann. Die Stirnseiten sind wahlweise mit normaler Zug- und Stoßeinrichtung oder automatischer Rangierkupplung ausgerüstet. Für die Steuerung gibt es eine oder mehrere Bedienstellen, auch auf dem Fahrzeug. Die Signale der Steuerbefehle werden per Kabel oder Funk zum Rangierfahrzeug übermittelt.

Abb. 9-14:
Rangierfahrzeug FERA

9.4.2 Zahnradbahnen

Der zwischen den angetriebenen Achsen eines Fahrzeugs und der Schiene zu berücksichtigende Reibungsbeiwert setzt der Haftung enge Grenzen. Dies führt überall dort zu Problemen, wo große Steigungen überwunden werden müssen. Die Anwendung des Zahnstangenantriebs macht ohne aufwändige Trassierungsmaßnahmen die Bewältigung von Steigungen bis zu 250 ‰ möglich. Es gibt verschiedene Systeme von Zahnradbahnen, alle benannt nach ihrem jeweiligen Erfinder.

Das Riggenbach'sche Leiterzahnstangensystem als ältestes System wird vorwiegend auf kurzen reinen Zahnradstrecken und auch auf gemischten Linienabschnitten verwendet. Bei diesem System greift das Zahnrad des Fahrzeugs in eine Art Leiter bestehend aus zwei parallelen Eisenträgern, die wiederum in gleichmäßigen Abständen durch trapezförmige Metallstege miteinander verbunden sind. Ähnlich funktioniert das System Strub, allerdings besteht dort die „Leiter“ aus einer an der Oberseite entsprechend geformten Zahnstange. Weitere Systeme haben heute für den öffentlichen Verkehr in Deutschland keine Bedeutung mehr.

Abb. 9-15:
Riggenbach'sches Leiterzahnstangensystem
Abbildung: Janicki

9.4.3 Standseilbahnen

Die Standseilbahn ist ein schienengebundenes Verkehrsmittel, das von einem Seil bergauf gezogen wird. Die Antriebsmotoren befinden sich normalerweise in der Bergstation. Bei gleichzeitiger Verwendung von zwei Fahrzeugen wirken die Züge jeweils als Gegengewicht füreinander. Standseilbahnen eignen sich zur Überwindung großer Höhenunterschiede.

Einige Standseilbahnen haben als Besonderheit eine keilförmige Bühne, die sowohl einen Kabinenwagen als auch einen Güterwagen aufnehmen kann.

Abb. 9-16: Standseilbahn mit keilförmiger Bühne Foto: DB AG/Dorothea Schmid

• • •

Abkürzungen

A	automatische Lastabbremsung
A	Ampere (Einheit für Stromstärke)
AC	Alternating Current (Wechselstrom)
ADD	aktive Drehdämpfer
AEG	Allgmeines Eisenbahngesetz
AFB	Automatische Fahr- und Bremssteuerung
AFZ	Automatisches Fahrgastzählsystem
AH	Absperrhahn
Ah	Amperestunde
AK	Automatische Kupplung
ALS	Ablaufsteuerung
ARS	Aktive Radsatzsteuerung
AS	Automatische Stromabnehmersenk-einrichtung
ASG	Antriebssteuergerät
ASM	Ansage- und Musikgerät
ASR	Ausgangsstromrichter
ATB	Zugbeeinflussungssystem der NS
ATBL	Fahrzeuggerät für Zugbeeinflussungs-system ATB und TBL
AVV	Allgemeiner Vertrag für die Verwendung von Güterwagen
AZ	Anzeigevorrichtung

BA	Bauart
BB	Betriebsbremsung
BC	Buskoppler
BD	Batterie direkt
BD	Batteriesammelschiene „Direkt“
BGE	Bremsgeräteeinheit
BGS	Bremsen-gelöst-Schleife
BGT	Bremsgeräteträger
BLG	Batterieladegerät
BN	Batterie normal
BN	Batteriesammelschiene „Normal“
BNU	Bordnetzumformer
BNV	Bordnetzversorgung
BOStrab	Bau- und Betriebsordnung für Straßen-bahnen
BR	Baureihe
BRA	Bremsart
BRH	Bremshundertstel
BRS	Automatische Zugbeeinflussung SNCB/SNCF
BS	Batteriesammelschiene „Sauber“
BSG	Bremssteuergerät
BST	Bremssteller
BT	Bremsgerätetafel
BZ	Bremszylinder

C-AK	Compact-Automatische Zug-Druck-Kupplung
CAKv	Compact-Automatische Kupplung vereinfacht
CAN	Controller Area Network
CARSY	Computergesteuertes Anpressdruck-Regelsystem
C-Druck	Bremszylinderdruck
Cv-Druck	Vorsteuerdruck
CIR	Computer Integrated Railroading
CO	Kohlenmonoxid
CPU	Central Processing Unit (Rechner)
CSK	Saugkreiskondensator

D-Bremse	Scheibenbremse
DAG	Digitales Ansagegerät
DC	Direkt Current (Gleichstrom)
DCF	Funkuhr
DCPU	Drivers Cab Processor Unit
DDS	Diagnose Datensatz
de	druckertüchtigt
DFStrab	Dienstanweisung für den Fahrbetrieb
DFT	Drehfalttür
DG	Drehgestell
DGW	Druckgaskesselwagen
DHS	Data Handling System (Datenverarbei-tungssystem)
DIN	Deutsches Institut für Normung
DLT	Dachleitungstrenner
DM	Dieselmotor
Do	Doppelstockwagen (Dosto)
DR	Drehrichter
DR_f	Drehrichter festfrequent
DR_v	Drehrichter variabelfrequent
DRV	Doppelrückschlagventil
DSK	Datenspeicherkassette
DT	Drehtür
DW	Druckwellenschalter
Dü	Druckübersetzer

E	Elektrische Bremse
EBO	Eisenbahn-Bau- und Betriebsordnung
EBuLa	Elektronischer Buchfahrplan mit Angabe der Langsamfahrstellen
ECM	Entity in Charge of Maintenance (für die Instandhaltung zuständige Stelle)
EDG	Endtriebdrehgestell
el	Elektrische Bremssteuerung
ELA	Elektroakustische Lautsprecheranlage
EMF	Energy Measurement Function (Energiemessfunktion)
EMS	Energiemesssystem
EMU	Electrical Multiple Unit (Elektrotriebwagen)
EN	Europäische Norm
ep	elektropneumatisch
EPR	Elektronische Platzreservierung
EPZ	Elektropneumatische Zusatzeinrichtung
ERA	European Railway Agency (Europäische Eisenbahnagentur)
ERTMS	European Rail Traffic Management System
ES	Elektronikschrank
ET	Elektrischer Triebwagen (Elektrotriebwagen)
ETCS	European Train Control System (Europäisches Zugbeeinflussungssystem)
ETW	Endtriebwagen
EUROP	Übereinkommen über die gemeinschaftliche Benutzung von Güterwagen
EVA	Energieverbrauchsanzeige
EVC	European Vital Computer
EVN	European Vehicle Number (europäische Fahrzeugnummer)
EVU	Eisenbahnverkehrsunternehmen
EW	Endwagen
EZ	Energiezähler

FbrV	Führerbremsventil
FBS	Fahr- und Bremsschalter
FES	Fremdeinspeisung
FGE	Feststellbremsgeräteeinheit
FGKü	Fahrgastraum-Kühlung
FGLü	Fahrgastraum-Lüftung
FGR	Fahrgastraum
FID	Fahrgastinformationsdisplay
FIS	Fahrgastinformationssystem
FLG	Fahrzeugleitgerät
FNB	Fahrgastnotbremse
FoF	Fahren ohne Fahrzeugführer
FOK	Fußbodenoberkante
FR	Führerraum
FRKG	Führerraum Klimagerät
FRS	Führerraumrückwandschrank
FspBr	Federspeicherbremse
FT	Führertisch
FUNA	Funknahsteuerung
FÜS	Federspeicherüberwachungsschleife
FZB	Funkzugbeeinflussung

G	Güterzug (Bremsstellung)
GAF	Gleisarbeitsfahrzeug
GB	Generatorische Bremse (elektrische Bremse)
GMS	Global System for mobile Communication
GNT	Geschwindigkeitsüberwachung Neigetechnik
GPRS	General Paket Radio Service
GPS	Global Positioning System
GR	Gleitschutzgerät
GS	Geräteschrank
GSM-R	Global System for Mobile Communication – Rail(ways)
GT	Gerätetafel
GTO	Gate-Turn-Off
GTW	Gelenktriebwagen
GUP	Glasfaser unberuhigter Polyester
GZK	Gemischtzugkupplung

H	Hydrodynamische Bremse
HBG	Hilfsbetriebegenerator oder Hilfsbetriebegerüst
HB/HBL	Hauptluft-Behälterleitung
HBLü	Hilfsbetriebelüfter
HBU	Hilfsbetriebeumrichter
HBPu	Hilfsbetriebepumpe
HE	Hocheinstieg
Hg	Höchstgeschwindigkeit
HK	Huckepack
HKL	Heizungs-, Klima- und Lüftungstechnik
HL	Hauptluftleitung
HS	Hauptschalter
Hs	Hilfsschütz
HSF	Hochspannungsfeld
HSG	Hochspannungsgerüst
Hz	Hertz (Einheit für Frequenz)

IBIS	Integriertes Bord Informationssystem
ICE	Intercity-Express

IFZ	Integrierter Fahrzeug-Zubringerbus
IGBT	Insulated Gate Bipolar Transistor
INDUSI	induktive Zugsicherung
Integra	Zugbeeinflussungssystem SBB
IS	Informations- und Steuerleitung
ISG	Integriertes Steuergerät
ISL	Informations- und Steuerleitung
ITA	Integrierter Triebwagenantrieb

JLDG	Jakobslaufdrehgestell
JTDG	Jakobstriebdrehgestell

K	Knorr-Bremse
KE	Knorr-Bremse mit Einheitswirkung
km/h	Kilometer je Stunde (Einheit für Geschwindigkeit)
KSG	Komfortzug-Steuergerät
KST	Keeper's Self Declaration (Halterselbsterklärung)
KT	Kühlturm
KV	Kombinierter Verkehr
kV	Kilovolt (Einheit für Spannung/ 1 kV = 1.000 V)
KVB	Automatische Zugbeeinflussung SNCF
KW	Kesselwagen
kW	Kilowatt (Einheit für Leistung)
kWh	Kilowattstunde
KWI	Klima-Wagen-Interface
KWPU	Kühlwasserpumpe

L	Leitung
L/R	links/rechts
LAR	Lautsprecheranlage im Reisezug
L-Druck	Hauptluftleitungsdruck
LD	Luftgefedertes Drehgestell
LDG	Laufdrehgestell
LE	Ladeeinheit
LED	Leuchtdiode
LEU	Lineside Electronic Unit
LG	Luftgerüst
LIM	Line Interface Monitor
LINT	Leichter Innovativer Nahverkehrs-Triebzug
LM	Leuchtmelder
LSS	Leitungsschutzschalter
LTA	Lufttrocknungsanlage
LTG	Lokales Türsteuergerät
LuPre	Luftpresser
LVR	Leistungsverstärker
LVT	Leicht-Verbrennungs-Triebwagen
LVT/S	Leicht-Verbrennungs-Triebwagen und Schienenbus
LWL	Lichtwellenleiter
LZB	Linienzugbeeinflussung
Lü	Lademaßüberschreitung
LüP	Länge über Puffer

M	Motorbremse
m	Meter
mm	Millimeter
MA	Movement Authority
M/S	Master/Slave
Mbr	Mindestbremshundertstel
MCG	Mobile Communication Gateway
MD	Minden-Deutz (Drehgestellbauart)
MFA	Modulare Führerstandsanzeige
MFM	Modulare Führerstandsanzeige Mehrsystem
Mg	Magnetschienenbremse
MICAS	Mikrocomputer Automatisierungssystem
MIO	Baugruppe mit digitalen Ein- und Ausgängen
MITRAK	Leittechnikgeräte-Familie
MLT	Fahrmotoren Lüfterturm
MMS	Mensch-Maschine-Schnittstelle
MRP	Mannesmann Rexroth Personenzugbremse
MS	Master
MSS	Motorschutzschalter
MTD	Maschinentechnisches Display
MTRS	Mobile Train Radio Station
MTW	Mitteltriebwagen
MV	Magnetventil
MVB	Multifunktion Vehicle Bus (Fahrzeugbus)
MVD	Motorvordrossel
MVDS	Motorvordrosselschrank
MW	Mittelwagen
mZ	mit Zusatzbremse
MZR	Mehrzweckraum

NBÜ	Notbremsüberbrückung
NB	Notbremsventil
NFS	Nichtflüchtiger Speicher
NOx	Stickoxide
NRW	National Radio Network
NSG	Niederspannungsgerüst

NVR	National Vehicle Register (Fahrzeugeinstellregister)
O	Oerlikon-Bremse
OS	Oberstock
OSPW	Oberspannungswandler
OSW	Oberstromwandler
OZA	Orts- und zustandsabhängige Diagnose
ÖPNV	Öffentlicher Personennahverkehr
P	Personenzug (Bremsstellung)
P	Privatwagen
PB	Pneumatische Bremse
PBG	Pneumatisches Bremsgerät
pn	pneumatische Bremssteuerung
PRM	People with Reduced Mobility (eingeschränkt mobile Personen)
PWR	Pulswechselrichter
PZB	Punktförmige Zugbeeinflussung
R	Rapid (Bremsstellung)
RBC	Radio Block Center
R-Druck	Druck im Vorratsluftbehälter
REV	Revision
RIC	Regolamento Internazionale delle Carrozze
Rischa	Richtungsschalter
RIV	Regolamento Internazionale dei Veicoli
RKLü	Rückkühlerlüfter (Abluft)
RLV	Regelbares Lastbremsventil
RNA	Radnabenantrieb
RS	Rollende Straße
RS	Regio-Shuttle
RSL	Radsatzlast
RSW	Rückstromwandler
SA	Sicherungsautomat oder Stromabnehmer
SAnh	Sattelanhänger
SB	Schnellbremsung
SBS	Schnellbremsschleife
SE	Seltene Erden
Sek	Sekunde
SIBAS	Siemens-Bahn-Automatisierungssystem
Sifa	Sicherheitsfahrschaltung
SK	Schraubenkupplung oder Saugkreis
SKS	SIBAL KLIP Station (Ein- und Ausgabe für digitale und analoge Signale)
SO	Schienenoberkante

SPR	Sprechstelle
SR	Stromrichter
SRG	Stromrichtergerät
SRS	System Requirement Specification
SST	Schwenkschiebetür
STM	Specific Transmission Module
StVO	Straßenverkehrsordnung
SV	Schaltventil
SW	Stromrichterwagen
SWC	Standard-WC
TAB	Technische Aufsichtsbehörde
Talent	Talbot-Leichtbau-Niederflur-Triebzug
TB	Türblockierung
TBL	Zugbeeinflussungssystem der SNCB
TCN	Train-Communications-Network
TDG	Triebdrehgestell
TE	Traktionseinheit
TEMA	Traktions-Energie Messung und Abrechnung
TER	Transport Express Régional
TR	Technische Regel
TSI	Technische Spezifikation Interoperabilität
TSST	Teleskop Schwenkschiebetür
TVM	Automatische Zugbeeinflussung der SNDF
TW	Trafowagen
Tz	Triebzug
TöPu	Trafoölpumpe
U	Spannung
UIC	Union Internationale des Chemins de fer (Internationaler Eisenbahnverband)
U-PWR	spannungseinprägende Pulswechselgleichrichter
US	Unterstock
UV-Anlage	Ultraviolett-Anlage (zur Entkeimung)
UWC	Universal-WC
V	Volt (Abkürzung)
v	Kurzzeichen für Geschwindigkeit
V/A	Vorbereitungs-/Abschlussdienst
VB	Vollbremsung
VCU	Vehicle Control Unit (Rechner Fahrzeugleitelektronik)
VDV	Verband deutscher Verkehrsunternehmen
v_{ist}	Istgeschwindigkeit
VKM	Vehicle Keeper Marking (Fahrzeughalterkennzeichnung)

v_{max}	Maximalgeschwindigkeit
v_{soll}	Sollgeschwindigkeit
VSST	Vertikal Schwenkschiebetür
VT	Verbrennungstriebwagen (Triebwagen mit Verbrennungsmotor)
v_U	Umfangsgeschwindigkeit
v_{ziel}	Zielgeschwindigkeit
v_{zul}	Zulässige Geschwindigkeit
W	Westinghouse-Bremse
WB	Wechselbehälter
WB	Wirbelstrombremse
WE	Wagenende
WG	Wagenteil
WR	Wechselrichter oder Wagenrechner
WS	Werkzeugschrank
WTB	Wired Train Bus (Zugbus)
ZBF	Zugbahnfunk
ZBM	Zugbremsmanager
ZDE	Zugdateneinsteller
ZDS	Zeitmultiplexe Doppeltraktionssteuerung
ZF	Zugfunk
ZK	Zwischenkreis
ZLA	Zuglaufschild außen
ZLI	Zuglaufschild innen
ZMS	Zeitmultiplexe Mehrfachtraktionssteuerung
ZR	Zugrechner
ZS	Zugsammelschiene
ZSG	Zentralsteuergerät
ZSL	Zugsteuerleitung
ZSS	Zugsicherungsschrank
ZUB	Zugbeeinflussungssystem der Schweiz
ZWG	Zentrale Weg- und Geschwindigkeitserfassung
ZWS	Zeitmultiplexe Wendezugsteuerung
2QS	Zweiquadrantensteller
4QS	Vierquadrantensteller
=	Zeichen für Gleichstrom
~	Zeichen für Wechselstrom

Index

F

G

H

I

J

K

L

M

N

O

P

Q

R

S

T

U

Quellenverzeichnis

Bücher

Baur, K-G.: Taurus – Lokomotiven für Europa
EK-Verlag

Baur, K-G.: Die elektrischen Nahverkehrstriebzüge der Deutschen Bahn
EK-Verlag (2010)

Berndt, T.: Eisenbahngüterverkehr
B.G. Teubner Stuttgart/Leipzig/Wiesbaden (2001)

Grundlagen der Bremstechnik
Knorr-Bremse AG München (2007)

Holzmann, Marks-Fährmann, Restetzki, Sudwischer: Grundwissen Bahnberufe
Verlag Europa-Lehrmittel

Janicki, J.: Fahrzeugtechnik Teil 1 und 2
Eisenbahn-Fachverlag

Knorr Handbuch: Bremstechnische Begriffe und Werte
Knorr-Bremse AG München (1990)

Lübke, D. (Gesamtkoordination): Das System Bahn
DVV Media Group GmbH Hamburg (1. Auflage 2008)

Motherby, M.: Kompendium Eisenbahn-Gesetze
DVV Media Group GmbH Hamburg (15. Auflage 2009)

Sauthoff, F.: Bremskunde für den technischen Wagendienst
Eisenbahn-Fachverlag (1978)

Steimel, A.: Elektrische Triebfahrzeuge und ihre Energieversorgung
Oldenbourg Industrieverlag (2. Auflage 2006)

Wittenberg/Heinrichts/Mittmann/Mallikat: Kommentar zur Eisenbahn-Bau- und Betriebsordnung
Eurailpress Tetzlaff-Hestra GmbH & Co. KG (5. Auflage 2006)

Normen und Richtlinien

DIN 25003; Systematik der Schienenfahrzeuge
Herausgeber: Deutsches Institut für Normung e.V. (09/2001)

DIN 25005; Schienenfahrzeuge; Darstellungsregeln; Orientierungsrichtung, Bauteilkennung
Herausgeber: Deutsches Institut für Normung e.V. (09/2005)

DIN 30052; Schienenfahrzeuge; Kennzeichnung der Radsatzfolge
Herausgeber: Deutsches Institut für Normung e.V. (07/2006)

DIN 5566-1; Schienenfahrzeuge; Führerräume; Teil 1: Allgemeine Anforderungen
Herausgeber: Deutsches Institut für Normung e.V. (09/2006)

Eisenbahn-Bau- und Betriebsordnung (EBO) vom 08.05.1967, zuletzt geändert am 25.07.2012
Quelle: www.gesetze-im-internet.de

Richtlinie 2008/57/EG des Europäischen Parlaments und des Rates vom 17. Juni 2008 über die Interoperabilität des Eisenbahnsystems in der Gemeinschaft (Neufassung)

Richtlinie 96/48/EG des Rates vom 23. Juli 1996 über die Interoperabilität des transeuropäischen Hochgeschwindigkeitsbahnsystems

Technische Regeln für die Bemessung und Prüfung der Bremsen von Fahrzeugen
nach BOStrab (TR Br)

Technische Regeln für elektrische Anlagen nach BOStrab (TR EA)

Technische Regeln für die Spurführung von Schienenbahnen nach BOStrab (TR Sp)

Technische Regeln für elektrische Anlagen nach BOStrab (TR EA)

TSI (Technische Spezifikation für die Interoperabilität)
Quelle: www.eba.bund.de (Download im Januar 2013)

Verordnung über den Bau und Betrieb der Straßenbahnen (Straßenbahn-Bau- und Betriebsordnung - BOStrab)
vom 11.12.1987, zuletzt geändert am 8.11.2007
Quelle: www.gesetze-im-internet.de

Beiträge

Baur K.-G.: Diesellok Vectron DE
Deine Bahn (12/2012); Bahn Fachverlag GmbH Berlin

Baur K.-G.: Die EuroSprinter-Familie
Deine Bahn (08/2008); Bahn Fachverlag GmbH Berlin

Baur K.-G.: Leistungsübertragung bei Diesellokomotiven
Deine Bahn (06/2010); Bahn Fachverlag GmbH Berlin

Baur K.-G.: Voith Diesellokomotiven mit hydrodynamischer Leistungsübertragung
Deine Bahn (08/2009); Bahn Fachverlag GmbH Berlin

Entwicklung der Kastenstruktur für die Lokomotive Voith Maxima
Glasers Annalen 132 (2008)

Humpsch, W.: Lokbespannte Reisezüge/Notbremsüberbrückung und ep-Bremssteuerung
Deine Bahn (01 und 02/2010); Bahn Fachverlag GmbH Berlin

Janicki, J.: Barrierefreie Gestaltung von Eisenbahnfahrzeugen
Deine Bahn (08/2012), Bahn Fachverlag GmbH Berlin

Janicki, J.: Hochgeschwindigkeit als Zukunftsstrategie
Deine Bahn (09/2010); Bahn Fachverlag GmbH Berlin

Janicki, J.: Hybrid- und Zweikraftantriebe für die Bahn der Zukunft
Deine Bahn (09/2012); Bahn Fachverlag GmbH Berlin

Kammer, R.: Neue Doppelstockwagen für die Deutsche Bahn
Deine Bahn (06/2013); Bahn Fachverlag GmbH Berlin

Kettner, J.: Den Schienenverkehr fit machen für die Zukunft
Eisenbahntechnische Rundschau (September 2011)

Rainer, E.: Das European-Train-Control-System (ETCS)
Deine Bahn (05/2010); Bahn Fachverlag GmbH Berlin

Simon, J.: Das Steuerventil
Deine Bahn (08/2008); Bahn Fachverlag GmbH Berlin

Simon, J.: Elektrische Antriebstechnik für Triebfahrzeuge
Deine Bahn (02/2013); Bahn Fachverlag GmbH Berlin

Simon, J.: Fahrgastinformationssystem bei Fernverkehrswagen
Deine Bahn (07/2007); Bahn Fachverlag GmbH Berlin

Simon, J.: Kombinierter Verkehr
Deine Bahn (09/2006); Bahn Fachverlag GmbH Berlin

Simon, J.: Kennzeichnungssystematik für Schienenfahrzeuge
Deine Bahn (04/2013); Bahn Fachverlag GmbH Berlin

Simon, J.: Zugbeeinflussungssysteme
Deine Bahn (03/2009); Bahn Fachverlag GmbH Berlin

Steindorff, K.; Don, R.: Die neue Generation des Coradia Lint von Alstom: Ein Blick auf den Dieselantrieb
Eisenbahntechnische Rundschau (09/2012)

Herstellerinformationen

Der ICx; Eine neue Ära im Fernverkehr der Deutschen Bahn
Siemens Transportation

Dieselpartikelfilter: Abgasnachbehandlung zur Verringerung von Rußemissionen
Guido Schäffner, Klaus Rusch, Dr. Daniel Chatterjee, Dr. Günter Zitzler
MTU Friedrichshafen GmbH (August 2011)

Fahrzeugbeschreibung „Prima; Grenzüberschreitende Effizienz“
Alstom Transport (2012)

Gerätebeschreibung Steuerventil KEd
Knorr-Bremse

Pendolino, mit Neigezügen schneller am Ziel
Alstom Transport

Ventile für Kesselwagen und Tankcontainer; Lieferprogramm
Gestra GmbH Bremen

Voith Turbo/Geschäftsbereich Schiene/Produktübersicht
Voith Turbo GmbH & Co. KG (2011)

Wascosa infoletter Ausgaben 11 bis 18
Verschiedene Autoren
Herausgeber Wascosa AG

Sonstige Informationen

Anlage 11 zum Allgemeinen Vertrag für die Verwendung von Güterwagen (AVV)
Anschriften und Zeichen an Güterwagen

Becker, J.; Schramm, E.: Barrierefreier Schienenpersonennahverkehr: Beschreibung und Bewertung der Anforderungen mobilitätseingeschränkter Menschen
Schriftenreihe des Instituts für Verkehr (ISSN 1614-9300)
Technische Universität Darmstadt

Empfehlungen für Anforderungen an Fahrzeuge in Vergabeverfahren für Mitglieder der BAG-SPNV (2. Auflage)
Bundesarbeitsgemeinschaft Schienenpersonennahverkehr (2010)

Handbuch Eisenbahnfahrzeuge; Leitfaden für Herstellung und Zulassung
Bundesministerium für Verkehr, Bau und Stadtentwicklung
Quelle: www.bmvbs.de (Download 01/2013)

Schulungsunterlagen von DB Training, Learning und Consulting

Inserenten

Autoren

Jürgen Janicki

DB Regio AG
Region NRW
Verkehrsbetrieb Express-Netz
Leiter Flottenmanagement

Horst Reinhard *(Kapitel 1.5, 2.1.1, 2.1.9, 2.3, 4.2.5 bis 4.2.7)*

DB Training, Learning & Consulting
GE Fahrzeugtechnik
Programmmanager

Michael Rüffer *(Kapitel 8)*

Leiter des Geschäftsbereiches Schiene und
Betriebsleiter BOStrab der Verkehrsgesellschaft Frankfurt (VGF)

Notizen